Endokrinologie der Entwicklung und Reifung

16. Symposion der Deutschen Gesellschaft für Endokrinologie in Ulm vom 26.—28. Februar 1970

Schriftleitung: Prof. Dr. Joachim Kracht

Mit 179 Abbildungen

Springer-Verlag Berlin · Heidelberg · New York 1970

ISBN-13 : 978-3-642-80592-9 e-ISBN-13 : 978-3-642-80591-2
DOI : 10.1007 / 978-3-642-80591-2

Offsetdruck : J. Beltz, Weinheim.
Buchdruck und Buchbindearbeit : Brühlsche Universitätsdruckerei, Gießen

Der *Schoeller-Junkmann-Preis*, eine Stiftung der Schering AG Berlin, wurde von der Deutschen Gesellschaft für Endokrinologie 1970 verliehen an:

Priv.-Doz. Dr. R. Knuppen
Abt. für Biochemische Endokrinologie
am Institut für Klinische Biochemie
der Universität Bonn

für die Arbeit:

„Wechselwirkungen zwischen Hormonen"
Wirkung von Östrogenen auf den Abbau und die
Methylierung von Adrenalin und Noradrenalin in vitro,
bei der Perfusion und in vivo.

Dr. H. P. G. Schneider
Dept. of Pathology, Endocrine Unit, University
of Michigan, Ann Arbor, Mich.

für die Arbeit

„Dopaminergische Mechanismen und Gonadotropin
Releasing Faktoren"

Priv.-Doz. Dr. D. Lommer
I. Medizinische Klinik und Poliklinik
der Johannes Gutenberg-Universität Mainz

für die Arbeit

„In vitro Untersuchungen über die Biosynthese
der Corticosteroide und die Wirkung des ACTH"

Deutsche Gesellschaft für Endokrinologie

Inhaltsverzeichnis

Kurzvorträge zum Hauptthema

Beiträge aus verschiedenen Gebieten der Endokrinologie
Hypophyseotrope Hormone, Hypophysenvorder- und -hinterlappen

Schilddrüse

Steroidhormone, Steroidstoffwechsel

Symp. Dtsch. Ges. Endokrin. 16, 1-3 (1970)

Eröffnungsansprache des Präsidenten

Opening Remarks of the President

E. TONUTTI

Abt. klin. Morphologie, Universität Ulm

Meine Damen und Herren!

Ich darf Sie in Ulm zu Beginn des 16. Symposions der Deutschen Gesellschaft für Endokrinologie sehr herzlich begrüßen. Ein besonderer Gruß gilt unseren Ehrengästen und den Ehrenmitgliedern der Gesellschaft. Bedanken möchte ich mich bei allen Herren, die die Aufgabe übernommen haben, Referate zum Hauptthema unseres diesjährigen Symposions zu halten, ganz besonders bei den zahlreichen Herren, die aus dem Ausland zu uns gekommen sind, um über ihre Spezialgebiete zu referieren.

Wir haben bei der Programmgestaltung dieses Mal nicht ein bestimmtes Hormon oder ein bestimmtes hormonproduzierendes Organ in den Mittelpunkt der Thematik gestellt, sondern die Endokrinologie eines biologischen Prozesses. Der Prozeß der "Entwicklung und Reifung" ist weit gespannt, er reicht von der Befruchtung bis zum Abschluß der Pubertät und umfaßt im Ganzen etwa 1/5 der durchschnittlichen Lebensdauer. Hormone in ihrer spezifischen Wirkung und ihrem zeitgerechten Einsatz prägen die Phasen der Entwicklung, der Differenzierung und der Reifung, die sich in diesem Lebensabschnitt abspielen. Regulation der Entwicklung, der Differenzierung, des Wachstums, des Stoffwechsels, der Fortpflanzung, kurz alle Vorgänge, die der Prägung und Erhaltung des Individuums sowie der Erhaltung der Art dienen, sind in weitem Maße "Erfolgssubstrate oder Erfolgsfunktionen" von Hormonwirkungen.

Der Prozeß der Entwicklung und Reifung ist das Ergebnis einer unüberschaubaren Zahl regulierter Einzelvorgänge, die jeweils die Voraussetzungen für den regelrechten Ablauf der nachfolgenden Entwicklungs- und Differenzierungsschritte schaffen. Am Beginn steht der so einfach erscheinende Vorgang der Befruchtung, d. h. der Vereinigung von Eizelle und Samenzelle. Der bereits um 1910 von Otto WARBURG erhobene Befund, daß unmittelbar nach Befruchtung des Seeigeleies der Sauerstoffverbrauch um das 1000-fache ansteigt, läßt ahnen, welch stürmische Stoffwechselprozesse schlagartig in Gang gesetzt werden.

Im Rahmen dieses Symposions können nur Einzelaspekte in einem großen Überblick zur Darstellung kommen. Aufgabe dieses Symposions wird es vor allem sein, gesichertes Wissen zu sammeln und seine Relevanz zur Klinik aufzuzeigen. Darüber hinaus soll aber durchaus sichtbar werden, wo noch große weiße Flächen, d. h. Lücken vorliegen, die der intensiven Bearbeitung harren.

Der interdisziplinäre Charakter der "Endokrinologie" kommt bei dem gewählten Hauptthema besonders zum Ausduck: Biologen, Biochemiker, Morphologen, Gynäkologen, Pädiater, Internisten und viele andere Disziplinen sind am Vorgang der Entwicklung und Reifung in gleicher Weise interessiert. Es schien uns angebracht, auch die hochinteressante vergleichende Endokrinologie mit einzubeziehen. In ihren Ergebnissen und Befunden tritt uns oft die Natur als Experimentator gegenüber. Manches Naturexperiment verhilft uns dazu, das am Menschen Beobachtete besser zu verstehen.

Bevor nun das Programm seinen Anfang nimmt, habe ich die Aufgabe, die Preisträger des SCHOELLER-JUNKMANN-PREISES 1970 bekanntzugeben. Aufforderung zur Bewerbung um den Preis erging unmittelbar nach dem Symposion des Jahres 1969. Bis zum 1. Oktober 1969, dem Schlußtermin zur Einsendung von Bewerbungen, gingen 7 Arbeiten aus dem In- und Ausland ein. Die Jury bestand aus den gegenwärtigen Mitgliedern des Vorstandes. Einige Sondergutachten wurden zusätzlich eingeholt. Am 7.2.1970 hat der Vorstand beschlossen, den Gesamtpreis in zwei erste und einen zweiten Preis aufzuteilen.

Die Preisträger sind:

1. Preis: Privatdozent Dr. Rudolf KNUPPEN, Bonn
Institut für Klinische Biochemie der Universität
für die Arbeit:
"Wirkung von Oestrogenen auf den Abbau und die Methylierung von Adrenalin und Noradrenalin in vitro, bei der Perfusion und in vivo".

In sehr übersichtlichen Versuchsanordnungen hat Herr Knuppen zeigen können, daß 2-hydroxylierte Oestrogene die Methylierung von Adrenalin und Noradrenalin und damit die Inaktivierung der beiden Hormone fast vollständig zu hemmen vermögen. Eine der Funktionen der vor allem in der Gravidität vermehrt in Erscheinung tretenden 2-hydroxylierten Oestrogene könnte somit die sein, eine Verlängerung der biologischen Halbwertzeit von Adrenalin und Noradrenalin zu bewirken. Damit bietet sich eine überraschende Erklärung für die Entstehung eines Hochdruckes bei nicht renal bedingten Gestosen.

Herrn Knuppens Arbeit ist ein Musterbeispiel für die Erforschung von Wechselwirkungen im Hormonmetabolismus. Sie zeigt, wie die experimentelle Aufdeckung biochemischer Kausalzusammenhänge an Knotenpunkten des Stoffwechsels neue physiologische und pathologische Perspektiven eröffnet.

1. Preis: Dr. med. Hermann SCHNEIDER, Kiel
z. Z. als Stipendiat der Deutschen Forschungsgemeinschaft in Ann Arbor
für die Arbeit:
"Dopaminergic pathways and gonadotropin releasing factors".

Die Arbeit von Dr. Schneider gehört in den weiten, hochaktuellen Themenkreis "Diencephale Steuerung der Hypophysenfunktion", im Speziellen "Steuerung der gonadotropen Partialfunktion der Hypophyse". Die Arbeit besticht durch ihre neuartige Fragestellung, die subtile Methodik, durch ihre präzise, kurze Fassung, vor allem aber hinsichtlich ihrer weitreichenden Ergebnisse über die Rolle biogener Amine bei der Freisetzung der Gonadotropin-Releasing-Faktoren. Diese Ergebnisse stellen einen bedeutsamen Schritt in der Aufklärung des Regulationsmechanismus der Gonadotropinsekretion dar. Sie setzen einen neuen Akzent hinsichtlich neuroendokriner Steuerungsvorgänge und eröffnen die Möglichkeit, anders als bisher Einfluß auf die cyclische Ovarialfunktion zu nehmen.

2. Preis: Priv.-Doz. Dr. rer. nat. Dietmar LOMMER, Mainz
Medizinische Klinik und Poliklinik der Universität
für die Arbeit:
"In vitro Untersuchungen über die Biosynthese der Corticosteroide und die Wirkung des ACTH."

Die Arbeit befaßt sich mit der Corticosteroidbiosynthese der Rattennebenniere. Drei Fragen, alle drei aufs engste miteinander verknüpft, alle drei seit Jahren in der Endokrinologie aktuell, stehen im Mittelpunkt: die Frage nach der Existenz eines außerhalb der "klassischen" Linie Cholesterin-Pregnenolon-Progesteron-Cortexon verlaufenden Weges zur Synthese von Corticosteron, die Frage nach den Angriffspunkten des ACTH und schließlich die Frage nach Kinetik, Spezifität und Mechanismus der Wirkung des ACTH und seines Mediators, des cyclischen AMP.

Wichtigstes Ergebnis der Untersuchungen ist der überzeugend gelungene Nachweis der Existenz eines Nebenweges der Biosynthese von Corticosteron. Dieser Nebenweg ist zudem, und das mag überraschen, ACTH-abhängig.

Die Kinetik der ACTH-Wirkung zeigt einen zweiphasischen Verlauf: In der initialen Phase kommt die Beschleunigung der Corticosteronsekretion über einen vermehrten Substratdurchsatz auf dem klassischen Syntheseweg zustande, in einer sich daran anschließenden sekundären Phase entsteht vermehrt Corticosteron auf dem alternativen Weg.

Die Preiswürdigkeit der Arbeit von Herrn Lommer hat somit zwei Pfeiler: die erarbeiteten Resultate geben auf seit Jahren schwelende Grundfragen der Nebennierenrindenfunktion klare Antworten, und die entwickelten Methoden sind in der in dieser Arbeit praktizierten Kombination geeignet, neu auftauchende Fragenkomplexe einer experimentellen Lösung zuzuführen.

Die Deutsche Gesellschaft für Endokrinologie ist in der glücklichen Lage vom Jahre 1971 an einen weiteren Preis zu vergeben. Die Firma ORGANON GmbH hat für zunächst 10 Jahre einen Preis in Höhe von 15.000,-- DM gestiftet. Er wird entsprechend der Stiftungssatzung an in Europa ansässige Wissenschaftler, die das 30. Lebensjahr nicht überschritten haben, für eine klinische oder klinisch-experimentelle Arbeit aus den verschiedensten Gebieten der Endokrinologie vergeben. Ausgenommen sind Arbeiten auf dem Gebiet des Diabetes mellitus sowie experimentelle Arbeiten, die keine Beziehung zur klinischen Endokrinologie erkennen lassen.

Es handelt sich um einen "Förderpreis", wobei der Preisträger DM 3.000,-- zur freien Verfügung erhält und 12.000,-- DM zweckgebunden zur wissenschaftlichen Weiterbildung oder zur wissenschaftlichen Arbeit des Preisträgers dienen. Der Preis wird in diesem Jahre ausgeschrieben und erstmals 1971 auf dem 17. Symposion der Deutschen Gesellschaft für Endokrinologie vergeben.

Ich darf an dieser Stelle der Firma ORGANON sehr herzlich für die großzügige Stiftung danken und hoffen, daß junge Nachwuchskräfte aus der Stiftung reichen Nutzen für ihre Ausbildung und ihre Arbeit ziehen werden.

Ganz besonders danken möchte ich Herrn Prof. Tausk, Nyjmegen, daß er sein Einverständnis gab, dem Preis die Bezeichnung MARIUS-TAUSK-FÖRDERPREIS zu geben.

Die Deutsche Gesellschaft für Endokrinologie ist glücklich darüber, daß nunmehr drei Namen

KARL JUNKMANN
WALTHER SCHOELLER
MARIUS TAUSK

- 3 Pioniere der Endokrinologie - Pate stehen für die von ihr zu vergebenden Preise.

Damit ist das 16. Symposion eröffnet.

Symp. Dtsch. Ges. Endokrin. 16, 4-5 (1970)

Schoeller-Junkmann Preis 1970

The Schoeller-Junkmann Award 1970

Wechselwirkungen zwischen Hormonen

Wirkung von Oestrogenen auf den Abbau und die Methylierung von Adrenalin und Noradrenalin in vitro, bei der Perfusion und in vivo.

Interactions between Hormones

The Effect of Estrogens on Degradation and Methylation of Adrenalin and Noradrenalin in vitro, in Perfusion and in vivo.

R. KNUPPEN

Abt. für Biochemische Endokrinologie am Institut für Klinische Biochemie der Universität Bonn

Im Jahre 1958 gelang Axelrod die Anreicherung einer Sauerstoffmethyltransferase (E. C. 2.1.1.6) aus der Leber der Ratte. Dieses Enzymsystem überträgt die Methylgruppe von S-Adenosylmethionin auf die phenolischen Hydroxylgruppen von Adrenalin, Noradrenalin und anderen Catecholen. Die Catecholamine werden durch dieses Enzymsystem im menschlichen Organismus inaktiviert; dabei entstehen die pharmakologisch unwirksamen Verbindungen 3-O-Methyladrenalin bzw. 3-O-Methylnoradrenalin.

Die 2-Hydroxyoestrogene - die ebenso wie die Catecholamine eine o-Dihydroxybenzol-Struktur besitzen - sind natürliche Hormone, die als Hauptmetaboliten von Oestron beim Menschen - besonders während der Schwangerschaft - in größerer Menge gebildet werden; offenbar werden sowohl diese Oestrogene als auch die Catecholamine durch die gleiche Sauerstoffmethyltransferase methyliert. Daraus ergibt sich folgende interessante Frage: Beeinflussen die Oestrogene die Methylierung und damit die Inaktivierung von Adrenalin und Noradrenalin; beeinflussen umgekehrt die Catecholamine die Methylierung von 2-Hydroxyoestrogenen?

Zur Klärung dieser Frage wurden zunächst Adrenalin bzw. Noradrenalin in steigenden Konzentrationen unter Zusatz von S-Adenosylmethionin mit den Cytosol-Fraktionen der Leber von Ratten und Menschen - in diesen Fraktionen ist die Sauerstoffmethyltransferase lokalisiert - inkubiert und die Methylierung der Catecholamine quantitativ verfolgt. Wurden diesen Inkubationsansätzen 2-Hydroxyoestrogene zugesetzt, so wurde die Methylierung der Catecholamine stark gehemmt. Bei den Versuchen mit Menschenleber wird die Bildung von 3-O-Methyladrenalin bzw. 3-O-Methylnoradrenalin durch äquimolaren Zusatz von 2-Hydroxyoestrogenen um etwa 95% gehemmt.

Im umgekehrten Falle wird die Methylierung von 2-Hydroxyoestrogenen durch die Sauerstoffmethyltransferase zu den entsprechenden Monomethyläthern weder durch Adrenalin noch durch Noradrenalin - selbst bei 20fachem molaren Überschuß - beeinflußt.

In Perfusionsversuchen mit Adrenalin und Noradrenalin an Lebern von Ratten konnte gezeigt werden, daß 2-Hydroxyoestrogene den Abbau von Adrenalin und die Bildung von 3-O-Methyladrenalin ebenfalls deutlich hemmen.

Auch bei der Maus war nach Injektion von 2-Hydroxyoestrogenen der Abbau von exogen zugeführtem Adrenalin und die Bildung von 3-O-Methyladrenalin stark verzögert.

Durch 2-hydroxylierte Oestrogene wird die Wirkung von exogen zugeführtem Adrenalin auf den Blutdruck der Ratte deutlich verstärkt. So beobachtet man bei diesen Tieren unter dem Einfluß von 2-Hydroxyoestrogenen nach Injektion von Adrenalin im Vergleich zum Kontrollwert (ohne 2-Hydroxyoestrogene) nicht nur einen deutlich höheren Initialblutdruckanstieg (49:34 mm Hg), sondern auch eine Verlängerung der Adrenalinwirkung (Halbwertszeit 109:90 Sek.).

Diese Ergebnisse zeigen, daß 2-hydroxylierte Oestrogene, die zu den Hauptmetaboliten der Oestrogene gehören, durch kompetitive Hemmung der enzymatischen Methylierung der Catecholamine regulierend in den Stoffwechsel vasoaktiver Verbindungen eingreifen.

Symp. Dtsch. Ges. Endokrin. 16, 6-7 (1970)

Schoeller-Junkmann Preis 1970

The Schoeller-Junkmann Award 1970

Dopaminergische Mechanismen und Gonadotropin Releasing Faktoren

Gonadotropin Releasing Factors and Dopaminergic Pathways

H. P. G. SCHNEIDER

Dept. of Pathology, Endocrine Unit, University of Michigan, Ann Arbor, Mich.[1]

Meine Untersuchungen sind neuroendokrinologischer Natur und gehören zu einem besonders in den letzten zehn Jahren entwickelten Gebiet der reproduktiven Physiologie: Die Aufgabe des zentralen Nervensystems bzw. des Diencephalon in der Steuerung der Hypophysentätigkeit, hier insbesondere der Gonadotropinsekretion des Hypophysenvorderlappens. Die Aufklärung dieses Wirkungszusammenhanges ist unerläßlich für ein Verständnis der reproduktiven Funktion der Gonaden und damit des Uterus und für die Erarbeitung gezielterer und klarer umschriebener Methoden der Fertilitätskontrolle als es die Steroide sind.

Bereits 1932 haben Hohlweg und Junkmann in einer in der Klinischen Wochenschrift veröffentlichten Arbeit "Über die hormonal-nervöse Regulierung der Funktion des Hypophysenvorderlappens" die grundlegende Vorstellung über eine Steuerung der gonadotropen Funktion der Adenohypophyse durch ein Sexualzentrum im Hypothalamus als erste Approximation entwickelt. Sawyer und Mitarb. vermuteten 17 Jahre später, daß Neurotransmitter eine Rolle spielen bei der Auslösung der Ovulation. In den folgenden Jahren haben verschiedene Arbeitsgruppen bestätigt, daß eine Entleerung der funktionellen Monoaminspeicher des ZNS durch Reserpin sowie eine Hemmung der Catecholaminsynthese die Ovulation blockieren. Diese Beobachtungen legten die Vermutung nahe: Catecholamine haben einen stimulierenden Effekt auf die hypophysäre LH-Freigabe.

Mein Beitrag zur Kenntnis der neuroendokrinen Kontrollmechanismen der Gonadotropinsekretion besteht in dem Nachweis einer Transmitterfunktion der dopaminergischen Hypothalamusneurone auf die Freigabefaktoren des luteinisierenden und follikelstimulierenden Hormones sowie des Prolactin. Wir gingen aus von in vitro Untersuchungen, die uns zeigten, daß Catechol- und Indolamine in Konzentrationen wie sie im Hypothalamus nachgewiesen wurden, keinen Einfluß auf die adenohypophysäre LH und FSH Freigabe ausüben, daß jedoch in Gegenwart von Hypothalamusgewebe Dopamin eine spezifische LH- und FSH-Freigabe induziert. Wir beobachteten einen α-adrenergischen Übertragungsmechanismus und konnten den dopaminergischen Effekt mit spezifischen Neuroleptika unterbrechen und durch Oestradiol hemmen. Schließlich gelang es, durch Injektion der Neurotransmitter in den dritten Ventrikel Dopamin als spezifischen Transmitter für die gonadotropen Releasingfaktoren LRF und FRF und sehr wahrscheinlich auch PIF in vivo nachzuweisen.

Intraventrikuläres Dopamin induzierte Serum-LH Gipfel im Diöstrus und frühen Proöstrus der Ratte, bei der steroidblockierten kastrierten weiblichen Ratte, einem Testtier für gonadotrope Releaseraktivität, und führte zu einer dramatischen Ausschüttung des LH-Releasingfaktors in die periphere Zirkulation des hypophysektomierten Versuchstieres. Oestradiol hemmt nach unseren Beobachtungen

[1] Neue Anschrift: Universitäts-Frauenklinik Ulm/Donau

die Transmission vom tuberoinfundibulären dopaminergen Neuron auf das Releasingfaktorneuron. Dieser negative Feedbackmechanismus des Oestradiol ist abhängig von einer intakten Proteinsynthese.

Zur Zeit studiere ich die Kinetik dieser Neurotransmission. Selektive Induktion der endogenen Catecholaminsynthese in Richtung Dopamin führt zu einer gegenüber der Releasingfaktorwirkung geringfügig verzögerten, dafür aber anhaltenderen LH- und FSH-Ausschüttung und einem gleichzeitigen Abfall des Serum-Prolactin, radioimmunologisch gemessen nach kontinuierlicher Blutentnahme.

Eine genaue Charakterisierung der Kinetik dieser neuroendokrinen Steuerung der gonadotropen Hypophysenfunktion im normalen ovulatorischen Cyclus wird es in Zukunft ermöglichen, die Sequenz der Ereignisse exakt zu umschreiben, welche die Ovulation auslösen. Damit eröffnen sich neue Möglichkeiten für sehr gezielte Eingriffe in den neurohumoralen Übertragungsmechanismus, der verantwortlich ist für die cyclische Ovarialfunktion. Dies könnte geschehen entweder in der Absicht, eine Ovulation ohne Nebeneffekt und zeitlich gezielt auszulösen oder sie zu hemmen. Dabei bieten sich einmal der selektive Einsatz des echten oder falschen Neurotransmitters an, dann aber auch die Anwendung synthetischer Releasingfaktoren. Das erste dieser Neurohormone, das Tripeptid TRF (TSH-Releasingfaktor) ist im September vergangenen Jahres von Guillemin und Mitarb. in Texas sowie Schally und Mitarb. in Louisiana dargestellt worden.

Symp. Dtsch. Ges. Endokrin. 16, 8-10 (1970)

Schoeller-Junkmann Preis 1970

The Schoeller-Junkmann Award 1970

In vitro Untersuchungen über die Biosynthese der Corticosteroide und die Wirkung des ACTH

In vitro Studies on the Biosynthesis of Corticosteroids and the Action of ACTH

D. LOMMER

I. Medizinische Klinik und Poliklinik der Johannes Gutenberg Universität Mainz

In der vorgelegten Arbeit wurde über Untersuchungen berichtet, deren Ziel es war, bisherige Erkenntnisse über den Ablauf der Corticosteroidbiosynthese und die Beeinflussung des Syntheseablaufes durch ACTH zu überprüfen. Als experimentelles Modell diente dabei die in vitro Inkubation geviertelter, überlebender Rattennebennieren in einem synthetischen Medium mit nachfolgender Analyse von Synthesezwischen- und -endprodukten zwischen Cholesterin und Corticosteron. Die Ergebnisse lassen sich in drei Gruppen zusammenfassen:

1. Steroidkonzentration in Rattennebennieren und Corticosteroidbiosynthese aus endogenen Vorstufen
2. Angriffspunkt des ACTH innerhalb der Synthesesequenz der Corticosteroidbildung.
3. Mechanismus der ACTH-Wirkung

1. Nach dreistündiger Inkubation lagen die Gewebekonzentrationen an freiem und verestertem Cholesterin in der Größenordnung von 2000 und 3000 nM/100 mg Gewebe, die von Pregnenolon, Progesteron und 11-Desoxycorticosteron (DOC) um 1 nM/100 mg, und die Konzentration des Corticosterons lag um 4 nM/100 mg. Im Gegensatz dazu enthielten sofort nach der Excision analysierte Drüsen ein Vielfaches der entsprechenden "in vitro"-Konzentrationen an Pregnenolon, Progesteron und DOC. Als Ursache dieser hohen "in vivo"-Konzentrationen, die während der Inkubation innerhalb der ersten 60 Minuten auf konstant niedere Werte abgebaut wurden, wurde die Aufnahme von Cholesterin aus dem Blut und der rasche Abbau des aufgenommenen Cholesterins zu C_{21}- Steroiden diskutiert.

Vergleichende Messungen in Gewebe und Inkubationsmedium ergaben, daß von den untersuchten Substanzen nur DOC und Corticosteron als echte Sekretionsprodukte der Rattennebenniere zu betrachten sind.

Der Effekt von ACTH manifestiert sich nach zweistündiger Einwirkung im wesentlichen in einem 4-5 bzw. 7-10fachen Anstieg der DOC- und Corticosteronkonzentrationen im Gewebe und im Inkubationsmedium. ACTH wirkt demnach eindeutig synthesestimulierend. Die gesteigerte Sekretion ist eine Folge gesteigerter Synthese.

Nach ACTH-Einwirkung unverändert niedere Konzentrationen an Pregnenolon und Progesteron deuten darauf hin, daß es sich bei diesen Steroiden um Synthesezwischenstufen mit hoher Umsatzrate handelt.

Cholest-4-en-3-on, das nach theoretischen Überlegungen als C_{27}-Zwischenstufe der Corticosteroidsythese in Betracht kommt, wurde im Verlauf der Untersuchungen erstmals aus Nebennierengewebe isoliert und einwandfrei identifiziert.

Die Cholestenonkonzentration in Rattennebennieren war nach dreistündiger Inkubation der des Progesterons vergleichbar. Radioaktivitätseinbaustudien ergaben jedoch, daß dem Cholestenon als Vorstufe der Corticosteroide allenfalls eine untergeordnete Rolle zukommt.

Die Geschwindigkeit der Corticosteronbildung bzw. -sekretion war nach 60 Minuten Vorinkubation unter Kontrollbedingungen über die Versuchsdauer von 120 Minuten konstant. Unter ACTH wurde erstmals ein rhythmischer Wechsel zwischen progressiver und stationärer bzw. absinkender Synthesestimulierung aus den zeitlichen Veränderungen der Corticosteronproduktions- und sekretionsgeschwindigkeit erkannt. Eine schwächere initiale Stimulierung zwischen 0 und 30 Minuten der ACTH-Einwirkung wurde zwischen 30 und 60 Minuten von einer stärkeren Stimulierung abgelöst oder überlagert.

2. Zur Frage des Angriffspunktes von ACTH innerhalb der Synthesesequenz wurden aus Einbaustudien mit radioaktiv markiertem Cholesterin, Pregnenolon und Progesteron folgende Befunde und Schlußfolgerungen erhoben:

Eine Verminderung der Gesamtradioaktivität in Gewebecholesterin nach ACTH-Einwirkung bei gleichzeitigem Absinken der spezifischen Cholesterinradioaktivität deutete darauf hin, daß ACTH den Cholesterinumsatz stimuliert, also nicht nur den Cholesterinabbau, sondern gleichzeitig auch die Cholesterinbildung aus endogenen Vorstufen. Eine vergleichbare Erniedrigung (ca. 50%) der spezifischen Radioaktivitäten von Pregnenolon und Progesteron reflektierte diese Stimulierung des Cholesterinumsatzes. Für das Syntheseendprodukt Corticosteron wurde unter ACTH in allen Fällen ein erheblich stärkerer, z. T. über 90 prozentiger Abfall der spezifischen Radioaktivitäten gemessen. Danach hat es den Anschein, als ob unter den Bedingungen der Synthesestimulierung bedeutend mehr endogenes Präkursormaterial in das Corticosteron eingebaut wird, als die Stufen Cholesterin, Pregnenolon und Progesteron durchläuft. Zusätzlich zu der Stimulierung des Cholesterinumsatzes wurde deshalb für die ACTH-Wirkung eine spezifische Stimulierung der Corticosteronbildung, möglicherweise über einen oder mehrere von der klassischen Sequenz unabhängigen Synthesewege postuliert.

Verlaufskontrollen der spezifischen Radioaktivitäten in den einzelnen Synthesestufen bei Inkubation mit radioaktiv markiertem Pregnenolon erlaubten die Schlußfolgerung, daß ACTH während der schwächeren initialen Stimulierungsphase hauptsächlich die Corticosteroidbildung über den klassischen Syntheseweg, wahrscheinlich also über eine Stimulierung des Cholesterinumsatzes, beschleunigt, während die spezifische Stimulierung der Corticosteronsynthese erst im Verlauf der stärkeren sekundären Stimulierungsphase wirksam wird.

3. Sowohl hinsichtlich des Einbaues von ^{14}C-Pregnenolon in Progesteron, DOC und Corticosteron, als auch hinsichtlich der Quantitäten und damit auch der spezifischen Radioaktivitäten dieser Substanzen wurde zwischen der Wirkung von ACTH und der von 3', 5'-AMP weitestgehende Übereinstimmung festgestellt. Nach Inkubation mit $NADP^+$ und Glukose-6-phosphat beobachtete Muster der Radioaktivitäten und Quantitäten zeigten demgegenüber jedoch erhebliche Abweichungen. Diese Befunde wurden als eine Bestätigung der Annahme angesehen, daß die Wirkung des ACTH auf die Corticosteroidbiosynthese durch vermehrte intracelluläre Bildung von 3', 5'-AMP ausgelöst wird, daß die Wirkung des 3', 5'-AMP jedoch nicht, oder zumindest nicht ausschließlich, auf einer vermehrten Bereitstellung von NADPH beruht.

Die hohe Spezifität des 3', 5'-AMP als Überträger der ACTH-Wirkung wurde durch Befunde unterstrichen, wonach das dem 3', 5'-AMP chemisch sehr nahe verwandte 3', 5'-GMP keinerlei Wirkung auf die Corticosteronbildung zeigte.

Wirkungsunterschiede zwischen ACTH und 3', 5'-AMP, die sich aus kinetischen Untersuchungen ergaben, wurden durch die unterschiedlichen physiologischen Funktionen der beiden Substanzen als extracelluläres Hormon bzw. als intracellulärer Wirkstoff erklärt:

Die Dosis-Wirkung-Beziehung zwischen ACTH und der Corticosteronsekretionsgeschwindigkeit ergab eine lineare Funktion nach LINEWEAVER und BURK, aus der eine MICHAELIS-Konstante von 0.15 I. E./ml bzw. 7.10^{-8} M/l berechnet wurde. Daraus wurde geschlossen, daß die Initialreaktion der Synthesestimulierung durch ACTH an der äußeren Zellmembran abläuft, und daß ACTH nicht in das Zellinnere eindringt. Für die Wirkung von exogenem 3', 5'-AMP auf die Corticosteronbildung wurde dagegen im Bereich niederer Konzentrationen zunächst eine Hemmung beobachtet, als deren Ursache das erschwerte Eindringen des 3', 5'-AMP-Moleküls in das Zellinnere diskutiert wurde. Erst ab einer 3', 5'-AMP-Mediumkonzentration von 10 mM/l nahm die LINEWEAVER-BURK-Kurve einen linearen Verlauf. Die Affinität von exogenem ACTH zu dem corticosteronbildenden System Rattennebenniere war nach den erhobenen Befunden etwa 100 000 mal größer als die von exogenem 3', 5'-AMP.

Nach kurzzeitiger Einwirkung von ACTH und nachfolgendem Wachsen des Nebennierengewebes wurde während Inkubation in ACTH-freiem Medium eindeutig ein Fortdauern der Synthesestimulierung festgestellt. Danach scheint ACTH eine relativ feste Bindung mit der Zelloberfläche einzugehen, und in dieser Bindung scheint seine Aktivität im Sinne vermehrter Bereitstellung von intracellulärem 3', 5'-AMP über längere Zeit erhalten zu bleiben. Identische Experimente mit exogenem 3', 5'-AMP führten nicht zu einer Fortdauer der Synthesestimulierung, wahrscheinlich aufgrund raschen Abbaues des in die Zelle eingedrungenen 3', 5'-AMP.

Im zeitlichen Ablauf der durch 3', 5'-AMP induzierten Mehrbildung von Corticosteron wurde während der ersten 30 Minuten eine progressive, danach eine stationäre oder abfallende Stimulierung beobachtet. Dieser Befund wurde als Ausdruck einer Gleichgewichtseinstellung zwischen der Aufnahme von exogenem 3', 5'-AMP in das Zellinnere und seinem intracellulären Abbau aufgefaßt, die offenbar mit dem Ende der progressiven Stimulierungsphase abgeschlossen ist.

Symp. Dtsch. Ges. Endokrin. 16, 11-20 (1970)

Vergleichende Endokrinologie der Fetalzeit [1]

Comparative Endocrinology of the Fetal Period

KURT BENIRSCHKE

Dartmouth Medial School Hanover, New Hampshire, USA[2]

Mit 8 Abbildungen *

Historisch gesehen hat das Gebiet der "vergleichenden fetalen Endokrinologie" mit den grundlegenden Arbeiten von Keller und Tandler (1), und Lillie (2) seinen Anfang genommen. Diese Autoren zeigten eindrucksvoll, daß fetale Rinderzwillinge einander dann beeinflussen, wenn zwischen den chorialen Blutgefäßen Anastomosen bestehen. Die weiblichen Feten eines verschiedengeschlechtlichen Paares werden in frühen Embryonalstadien regelmäßig in später unfruchtbare Zwicken ("freemartins") umgewandelt, ein Effekt der ausbleibt, wenn keine placentaren Anastomosen vorliegen. Hierbei werden die Müllerschen Gänge erheblich reduziert und die Ovarien strukturell so weitgehend verändert, daß sie zuweilen histologisch wie Hoden erscheinen. Gleichzeitig gehen die primordialen Germinalzellen zugrunde. Ist ein Weibchen mit zwei männlichen Feten verbunden, sind die Virilisierungsprozesse noch stärker ausgeprägt (3).

Aus diesen Befunden schlossen die Autoren, daß der fetale Hoden endokrine Substanzen sezernieren muß, die beim weiblichen Zwilling die Vermännlichung der Geschlechtsorgane verursachen, bzw. deren normale Entwicklung verhindern. In anderen Mitgliedern der Artiodactyla, (z. B. Schwein, Ziege, Schaf) sind ähnliche Befunde erhoben worden, wenn sie auch nicht so regelmäßig vorkommen wie beim Rind (4). Der Unterschied ist wahrscheinlich auf das seltenere Vorkommen von Placentaranastomosen zurückzuführen, die bei zwei Cerviden, dem Reh (5) und dem Weißschwanzhirsch (6), offenbar nie vorkommen. In nur wenigen anderen Arten sind Untersuchungen daraufhin vorgenommen worden (4). Beim Huhn (7) und vielleicht auch beim Pferd (4) sind Zwicken auf ähnliche Verhältnisse zurückzuführen.

Diese markanten biologischen Einflüsse von embryonaler endokriner Aktivität haben die fetale Endokrinologie erschlossen. Nach anfänglich nur morphplogischen Studien ist man inzwischen zu komplizierten Steroid- und Proteohormonanalysen übergegangen. Ferner hat sich die Elektronenmikroskopie als wesentliche Stütze herausgestellt. Neben diesen analytischen Arbeiten müssen zahlreiche experimentelle Untersuchungen erwähnt werden, die unser Verständnis erheblich erweitert haben. Auf verschiedene Weise ist das fetale endokrine System auf seine Kompetenz geprüft worden; so durch die Applikation von tropen Hormonen, durch spezifische Ablationen, durch "Stress" und auch durch Applikation verschiedener Substanzen in den mütterlichen Organismus. Ferner sind wesentliche Anhaltspunkte durch spezifische Erkrankungen (z. B. Anencephalie) des Feten gewonnen worden.

Aus allen diesen Arbeiten und namentlich durch die Realisation der Existenz einer "Feto-Placentaren Einheit" ist erkenntlich geworden, daß der Fet ein sehr

1 Die Arbeiten wurden durch grant HD 03298 vom National Institute for Child Health and Human Development unterstützt.

2 Neue Anschrift: Department of Obstetrics and Gynecology, University of California at San Diego, La Jolla, Cal. 92037 USA

* Halbtonbilder s. Anhang. S. 445

komplizierter und integrierter Organismus ist und nicht ein "Parasit", wie oft früher angenommen wurde. Wenn auch verschiedene externe Einflüsse spezifische fetale endokrine Reaktionen hervorrufen, wie z. B. beim Diabetes, so ist andererseits noch der Fetus zu einem erheblichen Grade autonom. Bedauerlicherweise für vereinfachende Schemen ändert sich die Sachlage mit fortschreitender Reife kontinuierlich, so daß Verallgemeinerungen nicht zulässig sind.

Warum eine "vergleichende fetale Endokrinologie?"

Diese Frage kann dahingehend beantwortet werden, daß man sich von solcher Betrachtungsweise Schlüsse auf die menschliche Entwicklung und deren Störungen erhofft. Sicher hat die Organogenese des Frosches, der Ratte oder der Ziege interessante Aspekte per se, Tatsache aber ist, daß die vergleichende fetale Endokrinologie von besonderm Interesse für die Medizin ist. Wir hoffen also, durch dieses Studium Einsichten zu gewinnen, die beim Menschen z. Zt. nicht direkt erforschbar sind. Die Gefahr ist, daß wir aus dieser Sicht Verallgemeinerungen folgern, die für den Menschen nicht gelten. Aus der Literatur könnten hierfür viele Beispiele genannt werden.

Im Folgenden sollen einige der wesentlichen Befunde der vergleichenden Fetalendokrinologie erwähnt werden. Sie sind in vielen Arbeiten und in einigen zusammenfassenden Monographien (8 - 12) zusammengetragen und können hier nicht erschöpfend behandelt werden. Als wesentliches Defizit stellt sich in meiner Sicht heraus, daß wir weniger von den endokrinen Verhältnissen der Placenta von Tieren, als von denen der menschlichen Placenta, und so gut wie gar nichts über die feto-placentare Einheit der Tiere wissen. Aus diesem Grunde kann von echt "vergleichenden" Befunden nicht gesprochen werden, wenn sich auch einige interessante Probleme herausgeschält haben.

Das Hypophysen-Nebennierensystem

Die enorme Größe der fetalen Nebennieren des Menschen und die rapide postnatale Involution haben, neben der Genitalentwicklung, das größte Interesse beansprucht. Dies beruht teilweise auch darauf, daß beim Anencephalen die Nebenniere ausgesprochen klein ist (13). Frühzeitig diente dieser Befund als Hinweis dafür, daß eine endokrine Regulation schon lange vor der Geburt existieren muß (14). Elektronenmikroskopische Untersuchungen an der Nebenniere vor allem von Johannisson (15) haben gezeigt, daß nach der achten Woche (2 cm Fetus) äußere und fetale Zone ("X-Zone") sich abgrenzen, und daß das Cytoplasma Strukturen entwickelt, die auf eine endokrine Aktivität schließen lassen. Sie ist durch Inkubationsversuche und Perfusionsergebnisse direkt bewiesen worden, wie später zu erörtern sein wird.

Für verschiedene Versuchstiere ist eine endokrine Aktivität der fetalen Nebenniere gesichert worden. So haben z. B. Jones und Mitarb. (16) bei Schafen im venösen Blut der fetalen Nebenniere Glucocorticoide gefunden und eine Sekretionsrate ermittelt, die der des mütterlichen Organismus entspricht, wenn sie auf das Nebennierengewicht bezogen wird. Bei Rind (17), Ratte (18), Meerschweinchen (19), Gürteltier (20) und Hund (21) ist eine Glucocorticoidsekretion des Feten gesichert worden. Ferner haben unilaterale Adrenalektomie (mit kompensatorischer Hypertrophie) beim Rattenfeten (22), Dekapitation (mit Atrophie) bei Maus, Ratte oder Kaninchen (23), mütterliche Adrenalektomie (mit Hypertrophie) bei der Ratte (23), und Stress-Situationen (Epinephrin) bewiesen, daß bei verschiedenen Tieren die hypophyso-adrenale Achse vor der Geburt funktionell bereits völlig intakt sein kann. Im Detail sind die Befunde unterschiedlich, und gerade bei diesem weitgehend geklärten System stellt sich heraus, wie gefährlich es ist, von einer Tierart auf eine andere zu schließen. Es ist nicht nur der Corticoidtyp zu berücksichtigen (Cortisol, Corticosteron), sondern auch der differente Zeitpunkt ihres Entstehens. Vor allem bei Tieren mit kurzer

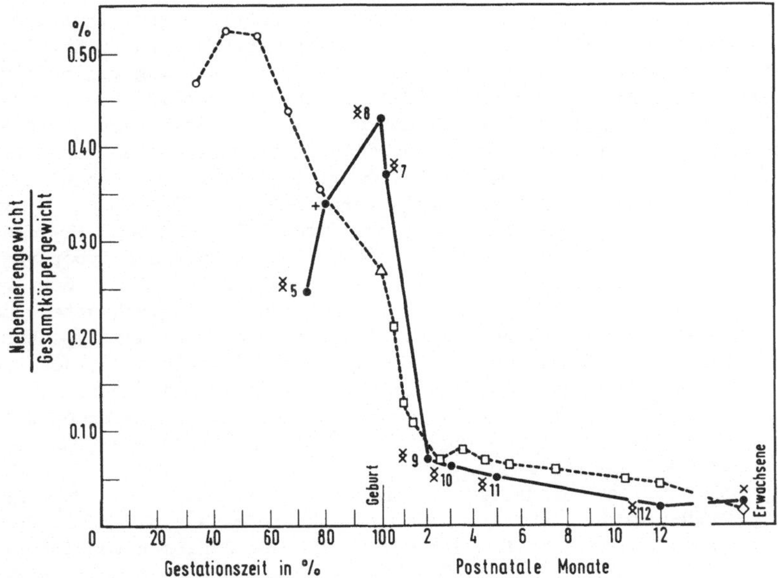

+	Durchschnittswert bei drei Würfen von Gürteltieren	Δ	Wert nach Potter
x	Durchschnittswert bei acht erwachsenen Gürteltieren	□	Wert nach Täkhä
o	Werte nach Ekholm und Niemineva	◇	Werte nach Holmes u. Mitarb.

Abb. 1. Verhältnis Nebennierengewicht : Körpergewicht von Gürteltieren (ausgezogenen Linie) und menschlichen Feten (punktierte Linie). Die rapide postnatale Involution beider Arten ist deutlich. (Aus Moser und Benirschke, Anat. Rec. 143, 47-59 (1962).

Schwangerschaft sind die morphologischen Grundbedingungen für die Sekretion auf wenige Tage vor der Geburt beschränkt, während z. B. beim Rind (24) sich diese Möglichkeit auf viele Monate ausdehnt. Androgene der Art, wie sie beim menschlichen Feten gefunden werden, werden bei den erwähnten Species adrenal nicht gebildet. Ferner muß auf die Häufigkeit von ektopen Nebennieren hingewiesen werden, die bei einigen der genannten Species normalerweise vorkommen, und die funktionell aktiv sind (25).

Von größtem Interesse ist die sog. Fetalzone des Menschen, die postnatal scheinbar völlig involviert und deren "raison d'être" noch ungeklärt ist. Die Tatsache, daß beim Anencephalen ohne Fetalzone Schwangerschaft und Kindentwicklung ungestört verlaufen, läßt vermuten, daß hier kein lebenswichtiges Hormon produziert wird. Durch viele Untersuchungen ist jedoch erwiesen, daß die Fetalzone hauptsächlich Steroide produziert, die als Oestrogenvorläufer angesehen werden können (26), ohne die die Schwangerschaft offenbar normal verlaufen kann. Welche Gründe sind für die besondere Strukturierung der fetalen Nebennierenrinde maßgebend? Man hofft, daß die vergleichende Endokrinologie Auskunft geben könnte. Dies ist jedoch nur teilweise der Fall. Dies zeigt einerseits, wie kompliziert solche Vergleiche sind, andererseits mag angedeutet werden, daß die wesentlichen oder richtigen Fragen noch nicht gestellt worden sind.

Die fetale Nebenniere des Menschen findet ein exaktes morphologisches Analogon in der Embryonalentwicklung des Neunband-Gürteltieres, Dasypus novemcinctus (27). Andere Mitglieder der Edentata sind hierauf noch nicht untersucht worden. Sowohl die Volumenverhältnisse, als auch Rindenschichtung und postnatale Involution sind jenen beim Menschen vergleichbar. Ferner finden wir in der Fetalzone helle und dunkle Zellen wie in der fetalen Nebennierenrinde des Menschen (15). Elektronenmikroskopische Untersuchungen liegen allerdings noch nicht vor. Diese morphologische Parallelität ermutigte uns, ähnliche Funktionsverhältnisse zu vermuten. In Inkubationsversuchen konnten Ketosteroide und Corticoide nachgewiesen werden (20). Die Aromatisierung von entsprechenden Vorläufern, namentlich 16-α OH DHEA, durch die Armadilloplacenta wurde bestätigt (28, 29). Es ergab sich aber, daß die quantitativen Verhältnisse grundlegend anders sind als beim Menschen, denn im Schwangerschaftsurin und -plasma fanden sich nur geringe Mengen von Östriol (30). Ferner haben wir, mit Hilfe von Dr. J. Anderson und A. Imrie versucht, den Einfluß der fetalen Hypophyse bei diesem Versuchtier zu bestimmen. Im letzten Schwangerschaftsmonat wurde bei einem der Vierlinge nach Hysterotomie die Hypophysengegend durch Elektrocoagulation zerstört. In drei Fällen konnte die Schwangerschaft eine weitere Woche unterhalten und die Feten morphologisch untersucht werden. Es stellte sich heraus, daß trotz völliger Zerstörung der Hypophysengegend die Nebennieren nicht atrophisch waren. Zunächst wurde auf einen tropen Effekt der Hypophysen der intakten Vierlinge geschlossen, wie sie z. B. beim menschlichen eineiigen Zwilling mit Anencephalie oder Acardie gefunden wird. Die sorgfältige Injektion von den Placentarkreisläufen dieser Vierlinge ergab aber keine Kommunikationen (31, 32).

Morphologisch ähnliche Nebennierenbefunde sind von Hill (33) bei grossen Feliden gefunden worden, erstaunlicherweise bestehen sie nicht bei der Hauskatze. Diese Diskrepanz ist für die vergleichenden Anatomen von Interesse.

Bei Primaten liegen morphologisch identische Fetalzonen beim Krallenäffchen und Rhesusaffen vor. Sie werden schon vor der Geburt zurückgebildet (34); ihre Funktion ist noch nicht untersucht worden. Beim Schimpansen liegen die Verhältnisse ähnlich wie beim Menschen; die Östriolausscheidung während der Schwangerschaft deutet auf ähnliche Funktionen hin (35).

Wichtig ist der Hinweis, daß vergleichende Untersuchungen die Frage nach dem Stimulans für die Fetalzone der Nebenniere unbeantwortet gelassen haben. In menschlichen Feten können ultrastrukturell spezifische Granula in der Adenohypophyse identifiziert werden (36). ACTH kann von der 16. Woche ab nachgewiesen werden. Nach den morphologischen Befunden ist also unwahrscheinlich, daß die fetale Hypophyse Sekretionsvorgänge schon von der achten Woche an zu steuern vermag, jenem Zeitpunkt, zu dem die Nebenniere offenbar bereits sezerniert. Die Tatsache, daß die Nebenniere des Anencephalen vor der 20. Woche groß und gehörig geschichtet ist und erst später atrophiert, läßt indirekt auf eine extrahypophysäre Stimulierung schließen (13). Choriongonadotropin, ein luteinisierendes Prinzip ist als stimulierendes Hormon vermutet worden. Die Reduktion der feinstrukturellen Aktivität nach Perfusion mit Anti-HCG (15) und die Tatsache, daß bei einigen Rodentia (37) X-Zonen ähnliche Lager nach HCG-Stimulierung entstehen, können zugunsten dieser Hypothese angeführt werden. Ähnliche Verhältnisse gelten für die schwangere Maus (38). Diese Analogien beweisen keinesfalls, daß im menschlichen Feten tatsächlich placentares HCG für die Entwicklung und Funktion der Fetalzone der Nebenniere verantwortlich ist. Beim Gürteltier und bei den großen Feliden ist ein solches Hormon noch nicht gesucht oder gefunden worden. Schließlich käme placentares Lactogen (HPL) in Frage, obwohl die Mengen, die im Feten gefunden werden, nur sehr gering sind.

Damit komme ich zum Kernproblem dieser sehr komplizierten Verhältnisse. Ein fundamentales Prinzip auch der fetalen Endokrinologie ist der "feed-back-Mechanismus". Sofern wir von Glucocorticoiden sprechen, ist die Situation klar, und die Hypophysen-Nebennieren-Achse funktioniert in der letzten Schwangerschaftsperiode auch beim Feten. Von parenthetischem Interesse ist, daß bei einigen Säugetieren nach histochemischen Befunden auf eine pränatale Funktion des Hypothalamus geschlossen werden kann. Beim Menschen wurden neurosekretorische Granula in den supraoptischen und paraventrikulären Kerngebieten von der 16. Woche ab nachgewiesen (39, 40). Dies könnte ein Hinweis dafür sein, daß auch andere hypothalamische Systeme (ACTH, TSH) gleichzeitig entwickelt werden. Bei Ratte und Hund liegen die Verhältnisse anders (23).

Ein feed-back-System für Nebenniere-Trophoblast ist nicht bekannt. Die Regulation des Trophoblasten scheint mir eines der wesentlichsten Gebiete für die künftige Forschung zu sein. Die verschiedenzeitliche und scheinbar unabhängige Ausscheidung von zwei Proteohormonen, HCG und HPL, von der gleichen Zellart, dem Syncytium, wäre ein endokrines Paradox. Sollte es sich tatsächlich erweisen, daß ein placentares Hormon für die Nebennierenentwicklung verantwortlich ist, müßte die Forschung auf diesem Sektor intensiviert werden.

Es muß darauf hingewiesen werden, daß die beschriebenen Verhältnisse alle Formen des adrenogenitalen Syndroms (Ags) nicht zu erklären vermögen. Wie bekannt ist, findet man bei Mädchen mit Ags zuweilen eine völlige Obliteration der externen Scheidenanteile durch Fusion der Labien ("labioscrotal fusion"). Sie muß embryologisch im ersten Trimenon stattfinden, zu einer Zeit, in der das Hypophysen-Nebennieren feed-back-System noch nicht funktionsfähig ist. Ob eine gestörte Placentafunktion gleichzeitig besteht oder ob mütterliche Androgene bei dieser Maskulinisierung teilhaben, kann z. Zt. nicht beantwortet werden.

Diese kritischen Bemerkungen über eines der meist bearbeiteten Gebiete der fetalen Endokrinologie, des Nebennierensystems, legen dar, in welchem Maße sich die vergleichende Endokrinologie auf diesem Gebiet noch in den Anfängen befindet.

Genitalsystem

Als zweites Beispiel aus der vergleichenden fetalen Endokrinologie soll die Geschlechtsdifferenzierung erörtert werden. Vielleicht noch intensiver als im Falle der Nebenniere ist das Problem der fetalen Endokrinologie hier von einem vergleichenden Gesichtspunkt aus bearbeitet worden.

Das andrenogenitale Syndrom beim Mädchen wie die externe Maskulinisierung des weiblichen Genitale bei mütterlicher Applikation von Testosteronanalogen weisen auf die Labilität der werdenden Geschlechtsorgane hin. Sie legen dar, daß Hormone bei der externen Geschlechtsdifferenzierung von Bedeutung sind. Durch Arbeiten u. a. von Burns (41) am Opussumsäugling ist die Aufmerksamkeit auf die Möglichkeit gelenkt worden, daß die normale hormonelle Steuerung der Geschlechtsdiffernzierung durch vergleichende experimentelle Studien belegt werden könnte. Experimente an Vogeleiern und Amphibien hatten ergeben, daß die Gonaden und anschließend die Müllerschen und Wolffschen Gänge durch Hormonapplikation beliebig und weitgehend heterosexuell umgewandelt werden können. Trotz ausgedehnter Versuche ist an verschiedenen Säugetierfeten eine Gonadenumwandlung bislang noch nicht gelungen, und sie wird nur zu einem gewissen Grade bei der Zwicke gefunden. Im Gegensatz zu diesen negativen Ergebnissen gelang es Burns, durch sorgsame und langdauernde Oestrogenapplikation beim Opossum den Hoden morphologisch so gut wie völlig in ein Ovar-ähnliches Gebilde umzuwandeln. Ferner sind die Geschlechtsgänge durch Hormonapplikation offenbar leichter zu beeinflussen, als es beim Säugetierfeten der Fall ist, vor allem die Reduktion der Müllerschen Gänge.

Man kann sagen, daß das Resultat vieler experimenteller Studien etwa dieses ist: Bei Säugetieren entwickelt sich der externe und interne Geschlechtsapparat in weibliche Richtung, wenn ein fetaler Hoden abwesend ist. Vom hormonellen Standpunkt scheint das Ovar ziemlich passiv zu sein, und es ist möglich, daß mütterliche Oestrogene einen bedeutenden transplacentaren Einfluß haben. Bei fast allen Säugetieren läßt sich morphologisch jedenfalls zur Zeit der Sexualdifferenzierung keine endokrine Funktion des Ovars ableiten, der Eierstock dient hauptsächlich der Ansammlung von Germinalzellen. Nur im Equiden, dem Seehund und älteren Elefantenfeten wird das Interstitium zu - zum Teil sehr starker - Aktivität angeregt (42), während Luteinisierung der Theca auch bei Mensch und Giraffe gegen Ende der Schwangerschaft vorkommt (43). Beim Pferde, bei dem sich das Hodeninterstitium ähnlich verhält, nehmen wir an, daß diese enorme Stimulierung auf die placentare (?) Sekretion von Gonadotropin (PMSG) zurückzuführen ist.

Die Umwandlung des undifferenzierten Organismus in eine männliche Richtung aber ist wohl auf die Leydigzellen des fetalen Hodens zurückzuführen. Dafür sprechen nicht nur die Experimente von Burns (41), Jost (10) und Price (45), i. a., sondern auch die feinstrukturelle Organisation der Zellen (46) und Steroidendprodukte nach Inkubation (47, 48). Was aber bringt den Hoden zur Differenzierung und dann zu jener für die Reduktion der Müllerschen Gänge und die Virilisierung des externen Genitals notwendigen Hormonproduktion? Von der normal männlichen Entwicklung von Anencephalen und auch von Dekapitationsversuchen wissen wir, daß im Säugetierfeten diese Funktionen ohne Hypophyse ablaufen. Aus den bisherigen Befunden muß man folgern, daß die Hodendifferenzierung dem unbestimmten Einfluß des Y-Chromosoms unterliegt. Bei Vögeln ist das heterogametische Geschlecht das weibliche, und hier ist auch das Ovar das hormonell dominierende Organ. Ob diese Tatsachen aber eine kausale Verbindung haben, ist völlig unbekannt, wie von Burns eingehend besprochen wurde (41). Möglicherweise erlaubt das Vorhandensein des Y-Chromosoms die nachgewiesene, etwas raschere Entwicklung der undifferenzierten Gonade, die sich andernfalls in ein Ovar entwickelt (49). Nach der Differenzierung aber unterliegt das Leydigzellensystem den Gonadotropinen der Placenta. Aber entspricht das Hormon, welches die äußere männliche Geschlechtsentwicklung und Reduktion der Müllerschen Gänge bewirkt, dem adulten Testosteron?

Es ist erstaunlich, daß die vergleichende fetale Endokrinologie das Zwickenproblem noch nicht zu beantworten vermag.Wir wissen noch immer nicht, wie es zur Fehlbildung der Zwicken kommt. Die sich widersprechenden Befunde sind folgende: In Artiodactyla werden das Ovar und die Müllerschen Gänge eines weiblichen Feten durch den transvaskulären Einfluß des männlichen Partners zerstört. Permanente Sterilität ist die Folge. Das externe Genitale wird nur gering beeinflußt. Bei Krallenäffchen dagegen hatte Wislocki (50) gefunden, daß Zwillinge häufig sind und daß zwischen verschiedengeschlechtlichen Zwillingen regelmäßige Placentaranastomosen bestehen. Wir haben den permanenten Blutchimärismus solcher Zwillinge bewiesen (51) und sogar einen Austausch von heterosexuellen Germinalzellen gefunden (52). Trotz dieser morphologisch identischen Situation wird das Marmosettenweibchen nicht durch diesen pränatalen Einfluß beeinflußt. Das gleiche gilt für die wenigen Exemplare von menschlichen heterosexuellen Blutchimären; sie sind fertil (4). Ferner ist es nicht möglich gewesen, Zwicken künstlich zu erzeugen (53, 54). Wenn schwangeren Kühen erhebliche Mengen von Testosteronpropionat während der frühen Schwangerschaft injiziert wurden, erfolgte zwar eine externe Maskulinisierung der weiblichen Feten, es kam aber nicht zur Rückbildung der Müllerschen Gänge oder gar der Ovarien.

Diese Umstände haben zu neuen Theorien geführt. So haben Ryan und Mitarb. (55) gezeigt, daß die Placenta von Krallenäffchen wie die menschliche Placenta Androgene in Oestrogene umzuwandeln vermag, indem Ring A des Steroidmoleküls aromatisiert wird. Im Gegensatz dazu ist die Rinderplacenta, obwohl enzymatisch dazu befähigt, quantitativ nicht so aktiv (56, 57). So besteht die Möglichkeit, daß beim Rind sich durch die Hodenaktivität Blutspiegel von Androgenen bilden, die den weiblichen Zwilling sterilisieren, während bei Primaten diese placentare Aromatase sozusagen schützend wirkt. Obwohl andere Theorien z. Zt. erörtert werden (4), erscheint uns diese Erklärung am wahrscheinlichsten, und wir hoffen, daß es durch verfeinerte Methoden möglich sein wird, die Blutspiegel von Androgenen z. Zt. der Geschlechtsdifferenzierung in entsprechenden Tieren zu bestimmen. Jedenfalls beleuchten diese Verhältnisse eindrucksvoll, daß es nicht zweckmäßig erscheint, von einer fetalen Endokrinologie *per se* zu sprechen, sondern daß man, unserem schwedischen Kollegen folgend (58), das Gebiet nur von der Sicht der "Feto-placentaren Einheit" aus betrachten kann.

Andere Systeme

Als vielleicht eklatantestes Beispiel für die Bedeutung der vergleichenden fetalen Endokrinologie mögen die eleganten Versuche Jost's gelten, die beweisen, daß das hypophysäre Wachstumshormon für das Fetalwachstum unnötig ist (59). In dekapitierten Feten der Ratte, des Kaninchens und nach Hypophysenzerstörung in der Maus, wächst der Fet völlig normal. Auch vom Anencephalen ist bekannt, daß sein Längenwachstum nicht gestört ist. Ferner haben Arbeiten von Jost (60) und anderen Forschern gezeigt, daß die Schilddrüse vor der Geburt tätig und regulatorischen Prinzipien unterworfen ist (61). Comline und Silver (62) fanden ähnliche Verhältnisse für das Nebennierenmark. Außerdem ist bekannt, daß die fetale Insulinsekretion vor der Geburt beginnt. Es muß erwähnt werden, daß eine Fehlregulation des Insulinsektors beim menschlichen Diabetes nicht nur ein Problem der Neugeborenenperiode ist, sondern auch bei dysmatur entwickelten Säuglingen angetroffen wird.

Verlängerte Schwangerschaft

An einem letzten Beispiel - der Einleitung der Geburt - möchte ich darlegen, wie kompliziert die mütterlich-fetalen endokrinen Konstellationen sind. Hier vermag die vergleichende fetale Endokrinologie richtunggebend zu wirken.

Es ist z. Zt. nicht bekannt, welche Faktoren den Termin der Geburt bestimmen, obwohl er bei verschiedenen Arten doch regelmäßig zur gleichen Zeit erfolgt. Die Literatur ist voll von Berichten über bestimmte hormonelle oder physische Faktoren, die eine ausschlaggebende Rolle spielen können, oder sollen, und durch bestimmte Manipulationen ist eine Verlängerung und namentlich eine Verkürzung der Schwangerschaft wohl möglich. Aber der normale Stimulus ist noch unbekannt.

Veterinärmediziner in Californien haben in den letzten zehn Jahren Versuche angestellt und Beobachtungen gemacht, aus denen man schließen muß, daß der Eintritt des Geburtsaktes zum großen Teil auf das endokrine System des Feten zurückzuführen ist. Bei Kühen gibt es zwei Arten von hereditär bedingter verlängerter Schwangerschaft, die stets für das Neugeborene letal ist, indem nach der Geburt eine Insuffizienz des hypophyso-adrenalen Systems offenbar wird. Schafe, die durch das Fressen von Veratrum-Pflanzen während der Schwangerschaft im Feten eine Cyclopie mit Hypophysenzerstörung verursachen, haben ebenfalls eine verlängerte Schwangerschaft (64), und durch experimentelle fetale Hypophysektomie kann das Phänomen experimentell reproduziert werden (65). Auch durch Dekapitation kann eine Verlängerung der Schwangerschaft erreicht werden (66), aber wenn ein normaler Zwilling gleichzeitig vorhanden ist, so wird die Schwangerschaft zeitgerecht beendet. Der Grund dieses schwangerschaftsverlängernden Effektes ist auf eine gestörte Nebennierenfunktion des Feten bezogen worden. Es ist jetzt gelungen, den Effekt durch komplette fetale Adrenalektomie zu reproduzieren (67). War die Adrenalektomie nicht vollständig, so kam es zur zeitgerechten Geburt, andernfalls wurde die Schwangerschaft um Wochen verlängert. Sie endete, wenn nicht künstlich unterbrochen, in Totgeburt.

Diese Verhältnisse sind von Kennedy (64) und Holm (68) zusammengefaßt und mit anderen Arten verglichen worden. Es zeigt sich, daß überreife Schwangerschaften fast nur bei Primaten und Ruminantia bekannt sind. Auch der menschliche Anencephale wird häufig übertragen. Gewöhnlich läßt dies entweder der Geburtshelfer nicht zu, oder das sich häufig entwickelnde Hydramnion führt zur Termination der Schwangerschaft. Es besteht aber kaum ein Zweifel, daß das fetale endokrine System einen vielleicht ausschlaggebenden Einfluß auf das Geburtsende ausübt.

Die erwähnten Beispiele sollten die Situation und Ansätze der vergleichenden fetalen Endokrinologie skizzieren und darlegen, in welchen Maßen und in welchen Grenzen von dieser Seite her Nutzen für die fetale Endokrinologie des Menschen gezogen werden kann.

Literatur

1. Keller, K., Tandler, J.: Über das Verhalten der Eihäute bei der Zwillingsträchtigkeit des Rindes. Wien. tierärztl. Mschr. 3, 513-527 (1916).).
2. Lillie, F. R.: The free martin; a study of the action of sex hormones in the foetal life of cattle. J. exp. Zool. 23, 371-452 (1917).

3. Buyse, A.: A case of extreme sex-modification in an adult bovine free-martin. Anat. Rec. 66, 43-58 (1936).
4. Benirschke, K.: Spontaneous chimerism in mammals, a critical review. Curr. Top. Path. 51, 1-56 (1970).
5. Short, R. V., Hay, M. F.: Delayed implantation in the roe deer Capreolus capreolus. In Comparative Biology of Reproduction in Mammals. I. W. Rowlands ed., London: Academic Press 1966.
6. Wurster, D. H., Benirschke, K.: Chromosome studies in some deer, the springbok, and the pronghorn, with notes on placentation in deer. Cytologia 32, 273-285 (1967).
7. Ruch, J. V.: Contribution à l'étude des modifications du système génital des embryons issus d'oeufs doubles de poule (Gallus domesticus). Arch. Anat. (Strasbourg). 45, 61-129 (1962).
8. Rowlands, I. W.: Comparative Biology of Reproduction in Mammals. London: Academic Press 1966.
9. Deanesly, R.: Foetal endocrinology. Brit. Med. Bull. 17, 91-95 (1961).
10. Jost, A.: The role of fetal hormones in prenatal development. Harvey Lect. 55, 201-226 (1961).
11. Young, W. C. ed.: Sex and Internal Secretions. V. I. Baltimore: Williams and Wilkins 1961.
12. Wynn, R. M. ed.: Fetal Homeostasis. V. II. New York Academy of Scinces 1967.
13. Benirschke, K.: Adrenals in anencephaly and hydrocephaly. Obstet. and Gynec. 8, 412-425 (1956).
14. -, Bloch, E., Hertig, A. T.: Concerning the function of the fetal zone of the human adrenal gland. Endocrinology 58, 598-625 (1956).
15. Johannisson, E.: The foetal adrenal cortex in the human. Its ultrastructure at different stages of development and in different functional states. Acta endocrin. (Kbh.) Suppl. 130. 58, 108 (1968).
16. Jones, I. C., Jarret, I. G., Vinson, G. P., Potter, K.: Adrenocorticosteroid production of foetal sheep near term. J. Endocr. 29, 211-212 (1964).
17. Chouraqui, J., Weniger, J. P.: Sécrétion de corticosteroides par la surrénale embryonnaire de Veau cultivée in vitro. Ann. Endocr. (Paris) 30, 533-543 (1969).
18. Roos, T. B.: Steroid synthesis in embryonic and fetal rat adrenal tissue. Endocrinology 81, 716-728 (1967).
19. Chouraqui, J., Weniger, J. P.: Analyse chimique de la sécrétion hormonale de la cortico-surrénale de l'embryon de Lapin. C. R. Acad. Sci. (Paris) 269, 1933-1996 (1969).
20. Bloch, E., Benirschke, K.: In vitro steroid synthesis by fetal, newborn and adult armadillo adrenals and fetal armadillo testes. Endocrinology 76, 43-51 (1965).
21. Jackson, B. T., Piasecki, G. J.: Fetal secretion of glucocorticoids. Endocrinology 85, 875-880 (1969).
22. Eguchi, Y.: Interrelationsship between the fetal and maternal hypophyseal-adrenal axes in rats and mice. In Physiology and Pathology of Adaptation Mechanisms. Bajusz, E. ed., Oxford: Pergamon Press 1969.
23. Milković, S., Milković, K.: Responsiveness of the pituitary-adrenocortical system during embryonic and early postnatal periods of life. In Physiology and Pathology of Adaptation Mechanisms. Bajusz, E. ed., Oxford: Pergamon Press 1969.
24. Hager, G.: Zur Histo- und Morphogenese der Nebennieren des Rinderfetus. Zbl. Vet. Med. 12, 57-114 (1965).
25. Conaway, C. H.: Adrenal cortical rests of the ovarian hilus of the Patas monkey. Folia primatol. 11, 175-180 (1969).
26. Shirley, I. M., Cooke, B. A.: Metabolism of dehydroepiandrosterone by separated zones of the human foetal and newborn adrenal cortex. J. Endocr. 44, 411-419 (1969).
27. Moser, H. G., Benirschke, K.: Fetal zone of the adrenal gland in the nine-banded armadillo, Dasypus novemcinctus. Anat. Rec. 143, 47-59 (1962).

28. Brinck-Johnsen, T., Benirschke, K, Brinck-Johnsen, K.: In vitro steroid aromatization by armadillo placenta. Excerpta med. Internat. Congr. Ser. 99, 126 (1965).
29. - Hormonal steroids in the armadillo, Dasypus novemcinctus. I. Oestriol in pregnancy and its in vitro biosynthesis by the placenta. Acta endocr. (Kbh.) 56, 675-690 (1967).
30. - Hormonal steroids in the armadillo, Dasypus novemcinctus. II. Oestrone and 17β-oestradiol in pregnancy and their in vitro formation by preparation of placentae, early and late in development. Acta endocr. (Kbh.) in press.
31. Anderson, J. M., Benirschke, K.: Fetal circulations in the placenta of Dasypus novemcinctus, Linn. and their significance in tissue transplantation. Transplantation 1: 306-310 (1963).
32. Benirschke, K., Sullivan, M. M., Marin-Padilla, M.: Size and number of umbilical vessels. A study of multiple prengancy in man and armadillo. Obstet. and Gynec. 24, 819-834 (1964).
33. Hill, W. C. O.: The suprarenals of the larger felidae. J. Anat. (London) 72, 71-82 (1937).
34. Benirschke, K., Richart, R.: Oberservations on the adrenals of marmoset monkey. Endocrinology 74, 382-387 (1964).
35. Jirku, H., Layne, D. S.: The metabolism of estrone-^{14}C in a pregnant chimpanzee. Steroids 5, 37-44 (1965).
36. Salazar, H., MacAulay, M. A., Charles, D., Prado, M.: The human hypophysis in anencephaly. I. Ultrastructure of the pars distalis. Arch. Path. 87, 201-211 (1969).
37. Noumura, T.: Development of the hypophyseal-adrenocortical system in the rat embryo in relation to the maternal system. Jap. J. Zool. 12, 279-299 (1959).
38. Chitty, H., Clarke, J. R.: The growth of the adrenal gland of laboratory and field voles, and changes in it during prengancy. Canad. J. Zool. 41, 1025-1034 (1963).
39. Benirschke, K., McKay, D. G.: The antidiuretic hormone in fetus and infant. Histochemical observations with special reference to amniotic formation. Obstet. and Gynec. 1, 638-649 (1953).
40. Rinne, U. K., Kivalo, E., Talanti, S.: Maturation of human hypothalamic neurosecretion. Biol. Neonat. (Basel) 4, 351-364 (1962).
41. Burns, R. K.: Role of hormones in the differentiation of sex. In: Sex and Internal Secretions. V. I., W. C. Young ed., Baltimore: Williams and Wilkins 1961.
42. Eckstein, P.: Ovarian physiology in the non-pregnant female. In: The Ovary. V. I. S. Zuckerman ed., New York: Academic Press 1962.
43. Amoroso, E. C., Finn, C. A.: Ovarian activity during gestation, ovum transport and implantation. In: The Ovary. V.I., S. Zuckerman ed., New York: Academic Press 1962.
44. Amoroso, E. C.: The biology of the placenta. In: Gestation. Vol. V. C. A. Villee ed., New York: Josiah Macy Foundation 1959.
45. Price, D., Ortiz, E.: The role of fetal androgen in sex differentiation in mammals. In: Organogenesis. R. L. DeHaan and H. Ursprung eds., New York: Holt, Rinehart and Winston 1965.
46. Pelliniemi, L. J. Niemi, M.: Fine structure of the human foetal testis. I. The interstitial tissue. Z. Zellforsch. 99, 507-522 (1969).
47. Acevedo, H. F., Axelrod, L. R., Ishikawa, E., Takaki, F.: Studies in fetal metabolism. II. Metabolism of progesteron-4-C^{14} and pregnenolone-7α-H^3 in human fetal testes. J. clin. Endocr. 23, 885-890 (1963).
48. Bloch, E.: The conversion of 7-3H-pregnenolone and 4-^{14}C-progesterone to testosterone and androstenedione by mammalian fetal testes in vitro. Steroids 9, 415-430 (1967).
49. Mittwoch, U., Delhanty, J. D. A., Beck, F.: Growth of differentiating testes and ovaries. Nature (London) 224, 1323-1325 (1969).

50. Wislocki, G. B.: Observations on twinning in marmosets. Amer. J. Anat. 64, 445-483 (1939).
51. Benirschke, K., Brownhill, L. E.: Further observations on marrow chimerism in marmosets. Cytogenetics 1, 245-257 (1962).
52. - Heterosexual cells in testes of chimeric monkeys. Cytogenetics 2, 331-342 (1963).
53. Jost, A., Chodkiewicz, M., Mauléon, P.: Intersexualité due foetus de veau produite par des androgènes. Comparaison entre l'hormone foetale responsable due freemartinisme et l'hormone testiculaire adulte. C. R. Acad. Sci. (Paris) 256, 274-276 (1963).
54. Jainudeen, M. R., Hafez, E. S. E.: Attempts to induce bovine freemartinism experimentally. J. Reprod. Fertil. 10,281-283 (1965).
55. Ryan, K. J., Benirschke, K., Smith, O. W.: Conversion of androstenedione-4-C^{14} to estrone by the marmoset placenta. Endcrinology 69, 613-618 (1961).
56. Ainsworth, L., Ryan, K. J.: Steroid hormone transformations by endocrine organs from pregnant mammals. I. Estrogen biosynthesis by mammalian placental preparations in vitro. Endocrinology 79, 875-883 (1966).
57. Pierrepoint, C. G., Anderson, A. B. M., Griffiths, K., Turnbull, A. C.: Metabolism of C_{19}-steroids by foetal cotyledons from the bovine placenta at term. Res. Vet. Sci. 10, 477-479 (1969).
58. Diczfalusy, E.: Endocrinology of the fetoplacental unit. In: Fetal Homeostasis. R. M. Wynn. ed. V.II. New York: New York Academy of Sciences 1967.
59. Jost, A., Picon, L.: Hormonal factors in the growth of the foetus. In: Symposia of the Soc. Exp. Biol. No. XI, The Biological Action of Growth Substances. 228-234 (1957).
60. - Le problème des interrelations thyréohypophysaires chez le foetus et l'action du propylthiouracile sur la thyroide foetale du rat. Rev. Suisse Zool. 64, 821-832 (1957).
61. Noumura, T.: Development of the hypophyseal-thyroidal system in the rat embryo and its relation to the maternal system. Jap. J. Zool. 12, 301-318 (1959).
62. Comline, R. S., Silver, M.: Development of activity in the adrenal medulla of the foetus and new-born animal. Brit. Med. Bull. 22,(1),16-20 (1966).
63. Renold, A. E.: Insulin biosynthesis and secretion - a still unsettled topic. New Engl. J. Med. 282, 173-182 (1970).
64. Kennedy, P. C., Liggins, G. C., Holm, L. W.: Prolonged gestation. In Comparative Aspects of Reproductive Failure. K. Benirschke ed., Berlin- Heidelberg-New York: Springer 1967.
65. Liggins, G. C., Kennedy, P. C., Holm, L. W.: Failure of initiation of parturition after electrocoagulation fo the pituitary of the fetal lamb. Amer. J. Obstet. Gynec. 98, 1080-1086 (1967).
66. Lanman, J. T., Schaffer, A.: Gestational effects of fetal decapitation in sheep. Fertil. and Steril. 19, 598-605 (1968).
67. Drost, M., Holm, L. W.: Prolonged gestation in ewes after foetal adrenalectomy. J. Endocrin. 40, 293-296 (1968).
68. Holm, L. W.: The gestation period of mammals. In Comparative Biology of Reproduction in Mammals. I. W. Rowlands ed., London: Academic Press 1966.

Symp. Dtsch. Ges. Endokrin. 16, 21-31 (1970)

Morphologie der Entwicklung und Reifung endokriner Organe

Morphology of Development and Maturation of Endocrine Organs

G. DHOM

Pathologisches Institut der Universität des Saarlandes, Homburg/Saar.

Mit 9 Abbildungen *

Summary

The morphology of the development of hormone producing glands searches for a quantitative and qualitative analysis of growth, including structural and cytochemical differentiation from the embryomic stage through puberty. The present manuscript deals with aspects of growth and differentiation in the anterior pituitary, the thyroid gland, and the adrenal cortex of man.

The hypophysis gains in weight by the factor three during the last third of gestation. Recent immunofluorescent and electron microscopic results confirm that cellular differentiation also develops during the last third of gestation. Hypophyseal growth during childhood is proportional to the growth of the whole body. The cellular composition of the anterior pituitary does not markedly change during puberty.

Up to the 80th day of gestation the thyroid gland grows relatively more rapid than the whole embryo. Colloid secretion starts between day 73 and 80. From then on through puberty thyroid growth is largely proportionate, except for a transitional loss of weight by 10 to 20% during the first three days of life. Weight and histologic structure of the organ in the newborn differ in dependence on the geographic frequency of goiter. Iodine salt prophylaxis to the mother decreases the weight of the thyroid gland and leads to an accumulation of colloid at birth. Organs taken a few minutes post mortem do not show the well known epithelial desquamation of the follicles.

The adrenal cortex is subject to deep changes by the development and involution of the fetal inner zone as well as by the development of the reticularis during the adrenarche. Histochemical and electron microscopic findings confirm the early functional differentiation of the fetal inner zone, whose postnatal involution is often delayed in prematurely born infants. The reticularis develops in the child in correlation to the very slow increase in organ weight between the third year of life and puberty, showing great individual differences. The weight increase of the adrenals is correlated to the gain in body surface.

Die Morphologie der Entwicklung und Reifung stellt ein umfangreiches Forschungsgebiet parallel zur Entwicklungsphysiologie dar. Im endokrinologischen Bereich streben wir eine quantitative und qualitative Entwicklungsmorphologie der hormonbildenden Drüsen und der von diesen gesteuerten Systemen an. Species- und Geschlechtsunterschiede, genetische und Umweltseinflüsse gilt es hierbei zu bedenken.

* Halbtonbilder s. Anhang S. 449

In diesem Referat werde ich mich auf die Verhältnisse beim Menschen, und dabei auf die Befunde am Hypophysenvorderlappen, an der Schilddrüse und an der Nebennierenrinde beschränken. Diese Beschränkung erlaubt es, über das Thema des heutigen Vormittags hinausgreifend, die Entwicklung dieser endokrinen Organe bis zur Pubertät zu verfolgen. Hinsichtlich der foetalen Entwicklung darf ich auf das Referat von TONUTTI auf dem 3. Symposion unserer Gesellschaft hinweisen, das uns als Basis dient.

Es sind 3 Perioden, die für die Entwicklung des Endokriniums von besonderer Bedeutung sind
1. Die Struktur- und Funktionsentfaltung am Ende des 1. Schwangerschaftsdrittels,
2. die Geburt, die mit einer Umstellung der hormonellen Situation verknüpft ist,
3. der Eintritt der Geschlechtsreife, die den endokrinen Reifungsprozeß beendet.

Dem Morphologen stellt sich die Frage, ob diese 3 Lebensabschnitte im Wachstum und in der Strukturentfaltung der innersekretorischen Drüsen Zäsuren setzen. Solche Zäsuren sollten sich morphologisch an den Wachstumsraten, am Zellbestand und an der cellulären Differenzierung ablesen lassen. Eine Analyse entwicklungsmorphologischer Vorgänge sieht sich an menschlichem Untersuchungsgut jedoch zahlreichen Schwierigkeiten gegenüber. Bioptisch gewonnenes Material steht nur in Einzelfällen zur Verfügung. Für statistisch verwertbare Aussagen ist man auf autoptisch gewonnene Organe angewiesen. Zur physiologischen Variabilität treten hier aber die Einflüsse der Grundkrankheiten und der Therapie erheblich störend hinzu, von den autolytischen Prozessen ganz zu schweigen. Die glücklicherweise geringe Kindersterblichkeit engt das persönliche Erfahrungsgut des einzelnen Pathologen weiter ein. Wir haben deshalb vor 2 Jahren eine Sammelaktion bei zahlreichen Pathologischen Instituten begonnen und bisher dankenswerterweise von 396 Fällen jenseits des 1. Lebensjahres Nebennieren, Gonaden und Hypophysen zur Verfügung gestellt bekommen. Soweit die Befunde bisher ausgewertet werden konnten, werden wir auf sie zurückkommen.

1. Wachstum und Reifung des Hypophysenvorderlappens

Das fetale Hypophysenwachstum ist eng mit dem Gewichtszuwachs des Feten korreliert. Das Frischgewicht beträgt bei Unreifgeborenen unter 1000 g 39 mg, von 1000 bis 2500 g 79 mg, während Reifgeborene ein mittleres Hypophysengewicht von 118 mg haben (DHOM u. FISCHER,1961). Im letzten Schwangerschaftsdrittel verdreifacht sich also das Hypophysengewicht. Die celluläre Differenzierung setzt jedoch bekanntlich schon wesentlich früher ein. Zu den älteren Befunden sind in letzter Zeit einzelne histochemische, fluorescenzmikroskopische und elektronenmikroskopische Befunde hinzu gekommen. Neben der schon vom 3. Fetalmonat an nachweisbaren Ausstattung der Vorderlappenzellen mit sauren Phosphatasen, unspezifischen Esterasen und der Lactat-Dehydrogenase (JIRASEK,1963), ist vor allem der Immunfluorescenzmikroskopische Nachweis von STH von Interesse, der regelmässig von der 17. Schwangerschaftswoche an gelingt (YATA,1964, ELLIS et al., 1966). Die Immunfluorescenz geht dem färberischen Nachweis acidophiler Granula voraus (PORTEOUS u. BECK,1968). Elektronenmikroskopisch können Granula in embryonalen Vorderlappenzellen zwischen der 6. und 19. Schwangerschaftswoche beobachtet werden (DUBOIS,1967). Aldehydthionin-positive thyreotrope Zellen sehen ROSEN u. ERZIN (1966) von der 13. Schwangerschaftswoche an. 6 unterschiedlich differenzierte Elemente enthält auch das Vorderlappengewebe beim Anencephalus, wie elektronenmikroskopische Untersuchungen ergaben (SALAZAR et al.,1969). Das Hypophysenpfortadersystem entwickelt sich mit den zugehörigen Spezialgefäßen in der Median Eminenze gleichzeitig mit der cellulären Differenzierung des Vorderlappens (RINNE,1963), neurosekretorisches Material konnte im Hinterlappen von der 16. Woche an beobachtet werden.

Der Bestand an granulahaltigen Elementen und das Volumen der Einzelzelle nehmen im letzten Schwangerschaftsdrittel deutlich zu, so daß beim Reifgeborenen ein buntes Zellbild vorliegt. Nach der Geburt verschieben sich die Relationen der verschiedenen Zelltypen nicht mehr wesentlich, sie entsprechen denen der Erwachsenenhypophyse (DHOM u. FISCHER, 1961).

Die Geburt stellt demnach für die Morphologie des Hypophysenvorderlappens keine nachweisbare Zäsur dar.

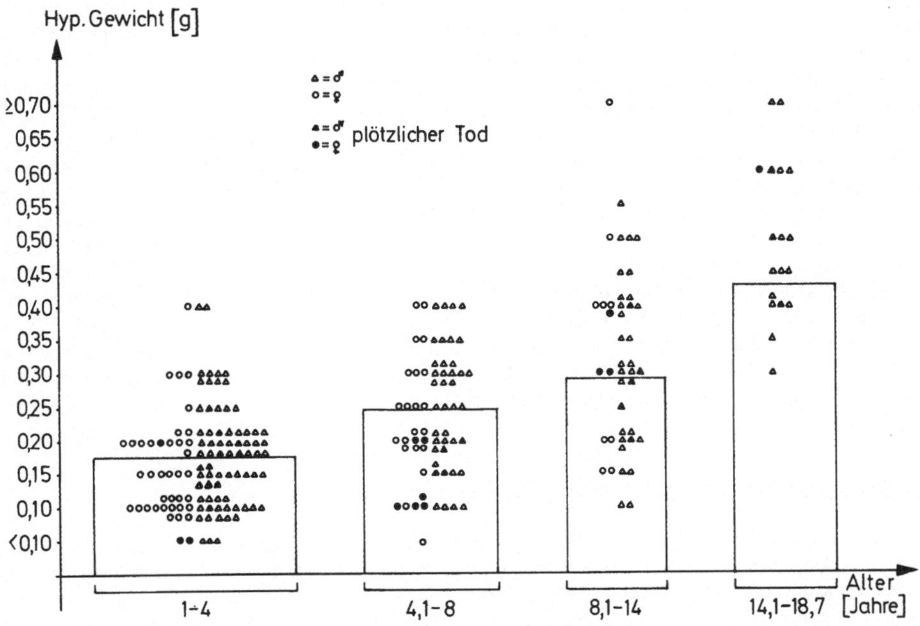

Abb. 1. Das Hypophysengewicht des Kindes in Abhängigkeit vom Lebensalter

Postnatal läßt sich im 1. Lebensmonat bei Reif- und Unreifgeborenen kein Gewichtszuwachs nachweisen, die Unreifgeborenen holen ihr Gewichtsdefizit auch bis zum 6. Lebensmonat noch nicht auf. Bis zum 14. Lebensjahr (Abb. 1) steigt

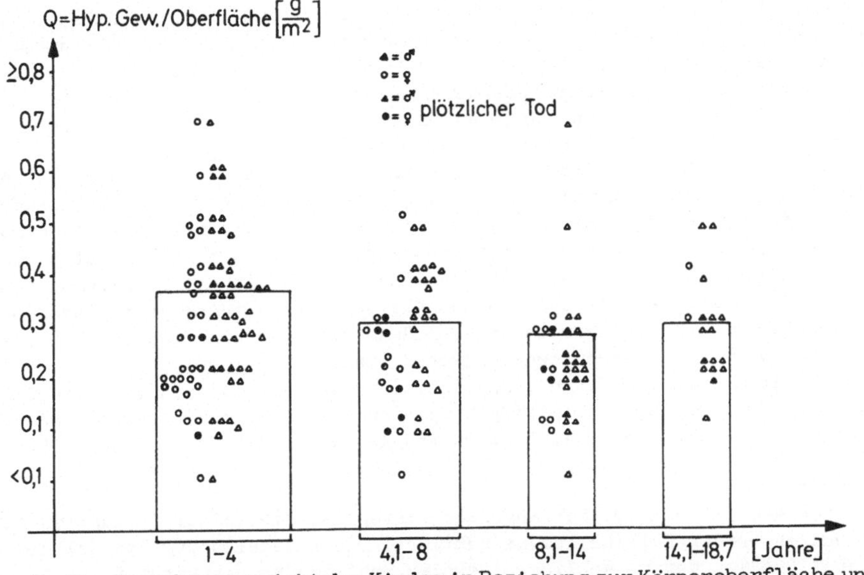

Abb. 2. Das Hypophysengewicht des Kindes in Beziehung zur Körperoberfläche und Alter

das Hypophysengewicht langsam an. Das mittlere Erwachsenengewicht, das RÖSSLE (1920) an 130 Soldaten mit 627 mg angibt, wird in der Gruppe der 14. bis 18-Jährigen in Einzelfällen erreicht. Eine Geschlechtsdifferenz sehen wir in unserem Material nicht. Bezogen auf die Körperoberfläche (Abb. 2) findet sich ein etwa gleichbleibender Quotient. Man kann schließen, daß das Hypophysenwachstum dem Gesamtkörperwachstum proportioniert ist. Röntgenologisch entspricht dem eine lineare Sellavergrößerung im Kindesalter (BUGY,1960). Die Abhängigkeit des Hypopysengewichtes von der Körpergröße hat PETERSILIE, ein Doktorand von Robert ROESSLE, schon 1920 an Soldaten nachgewiesen. Die Frage, ob die Pubertätsentwicklung mit einem Wandel des Zellbildes verknüpft ist, müssen wir nach unseren heutigen Kenntnissen negativ beantworten. Im großen Material von RASMUSSEN (1950) sind die Streubreiten bei der Differentialzählung der Vorderlappenzellen groß, die prozentualen Verschiebungen der Zellkollektive mit zunehmendem Alter aber gering. PEARSE (1953) findet einen schrittweisen, insgesamt aber geringfügigen Anstieg PAS-positiven Materials in den sog. Mucoidzellen zwischen dem 6. Lebensjahr und der Pubertät. Die Relationen der einzelnen Typen verschieben sich nicht. Offenbar genügen die bis jetzt angewandten Parameter noch nicht, um einen allmählichen Reifungsprozeß insbesondere der gonadotropen Partialfunktion mit einiger Sicherheit morphologisch zu erfassen. Es fehlt insbesondere eine Darstellung des für die Gonadotropin-Bildung verantwortlichen S-Zellkomplexes (KRACHT et al.,1967) an der kindlichen Hypophyse und der entsprechende immunfluorescenzmikroskopische Nachweis von FSH und LH in dieser Altersstufe.

2. Wachstum und Reifung der Schilddrüse

Bis zum 80. Schwangerschaftstag nimmt die embryonale Schilddrüse relativ mehr an Gewicht zu als der Gesamtkörper, dann bleibt das relative Schilddrüsengewicht konstant (SHEPARD et al.,1964).[1] Das Schilddrüsengewicht bei der Geburt hängt demnach eng mit dem Geburtsgewicht des Neugeborenen zusammen. Dies muß bei der Abgrenzung von Struma und Hypoplasie berücksichtigt werden (ROSS,1964). So ist eine 4 g schwere Schilddrüse bei einem 3000 g schweren Neugeborenen in dem gewählten Beispiel aus dem Fränkischen Raum (ROSS,1964) ein Normalgewicht, bei einem Unreifgeborenen von 1000 g würde es sich um eine Struma handeln. Gleiche Beziehungen kann man für jedes beliebige Schilddrüsengewicht konstruieren. Die bekannten Gewichtsunterschiede der Neugeborenenschilddrüse zwischen Kropf-Endemiegebieten und kropfarmen Gegenden zeigt eine Tabelle von NORDMAN (1968). Bemerkenswert sind die hohen Werte in der Schweiz vor der Jodprophylaxe. Die Abnahme der Schilddrüsengewichte Neugeborener in Endemiegebieten durch die Jodsalzprophylaxe geht aus der Tabelle von PRADERVAND (1940) hervor, und am finnischen Untersuchungsgut kommt NORDMAN zu einem sehr ähnlichen Ergebnis. Hier hat das mittlere Gewicht von 4,6 g aus einer Serie von 1924 bis 1938 auf 1,4 g nach Einführung der Jodsalzprophylaxe abgenommen.

Die geographische Situation und die etwaige Prophylaxe beeinflussen auch die fetale Strukturentfaltung und den histologischen Befund der Neugeborenenschilddrüse. In Kropfgegenden ohne Prophylaxe bleibt die fetale Schilddrüse colloidarm, in kropfarmen Gegenden oder bei Jodsalzprophylaxe der Mutter ist reichlich Colloid eingelagert (ROY et al.,1964, WALTHARD,1968). In den finnischen Schilddrüsen sieht NORDMAN 48, 1% des Flächeninhaltes nach Jodsalzprophylaxe von Colloid eingenommen, während wir in unserem Raum ein sehr colloidarmes bis colloidfreies Schilddrüsengewebe zu sehen gewohnt sind.

Dabei spielt auch die Frage einer Colloidausschwemmung nach der Geburt und das Problem der sog. Epitheldesquamation eine Rolle. Mein Mitarbeiter MÄUSLE konnte in der letzten Zeit bei einigen Frühgeborenen die Schilddrüsen 10 bis

---

[1] Zwischen dem 73. und 80. Schwangerschaftstag ist die Colloidproduktion sehr aktiv und es werden Follikellumina gebildet. Die Ausschleusung von Colloid hat SHEPARD (1968) an der menschlichen fetalen Schilddrüse dargestellt.

25 Minuten post mortem entnehmen und im Semidünnschnitt sowie elektronenmikroskopisch untersuchen. Dabei zeigt sich regelmäßig eine sehr gut erhaltene Follikelstruktur mit sog. Resorptionsvacuolen (Abb. 3). Eine Epitheldesquamation fehlt völlig. Die parafollikulären C-Zellen treten deutlich hervor. Elektronenmikroskopisch zeigt sich ein dicht geschlossener Zellverband. Die Resorptionsvacuolen liegen noch intracellulär. Die Epithelien enthalten z. T. Colloidtropfen. Die C-Zellen sind mit Sekretgranula reich gefüllt. Die am autoptischen Material so häufige Epitheldesquamation halten wir nach diesen Befunden für eindeutig autolytisch bedingt.

Postnatal verliert die Schilddrüse bei Reifgeborenen etwa 10%, bei Unreifgeborenen etwa 20% ihres Gewichts in den ersten 3 Lebenstagen (ROSS,1964). Bis zum 30. Lebenstag sinkt das Gewicht noch etwas weiter ab. Da eine Gewebsinvolution nicht besteht, wird angenommen, daß die abklingende Geburtshyperämie für den Gewichtsverlust verantwortlich ist. Vom 2. Monat an setzt wieder ein zunächst geringer Gewichtsanstieg ein. Unreifgeborene holen im 1. Lebenshalbjahr das zur Zeit der Geburt bestehende absolute Defizit noch nicht auf (ROSS,1964). Die weitere Gewichtsentwicklung der kindlichen Schilddrüse kann den Werten von ROESSLE u. ROULET aus Basel und Jena, sowie den Angaben von CHESTER KAY et al. (1966) aus den USA entnommen werden (Abb. 4). Die Kurve zeigt bis zum 15. Lebensjahr einen sehr gleichmäßigen Gewichtsanstieg, der mit dem puberalen Wachstumsschub steiler wird. Die amerikanischen Werte liegen in allen Punkten etwas tiefer. Obwohl aus dieser Kurve auf ein proportioniertes Wachstum geschlossen werden könnte, bleibt der Gewichtszuwachs der Schilddrüse doch etwas hinter der Entwicklung des Körpergewichtes zurück. Wenn beim 3000 g schweren Neugeborenen die Schilddrüse 3 g wiegt, und beim 20-jährigen 65 kg schweren Mann 24 g, so hat sich das Schilddrüsengewicht verachtfacht, das Körpergewicht ist aber um mehr als das 20-fache gestiegen.

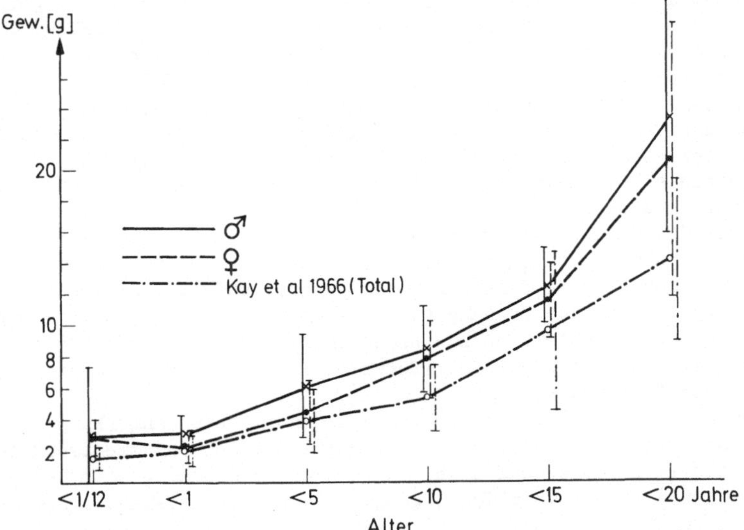

Abb. 4

Das Wachstum der kindlichen Schilddrüse beruht vor allem auf der Vergrößerung der Follikel. SUGIYAMA (1967) hat in Fortsetzung älterer Untersuchungen die allmähliche Zunahme der Follikelgröße im Kindes- und jugendlichen Erwachsenenalter studiert. Insbesondere zwischen dem 16. und 19. Lebensjahr wird eine intensive Follikelvergrößerung beobachtet. Jedoch stellt die Geschlechtsreifung keine eindeutig markierbare Zäsur für die Morphologie der Schilddrüse dar. Die Vergrösserung der Follikel und die stärkere Einlagerung von Colloid in der Pubertät und im jugendlichen Erwachsenenalter schreitet nach den Messungen von SUGIYAMA vielmehr langsam fort. Dabei variieren die Follikel nach ihrer Lage in der Schilddrüse, aber auch innerhalb der gleichen Altersgruppe von Fall zu Fall sehr.

3. Wachstum und Reifung der Nebennierenrinde

Im Gegensatz zum weitgehend gleichmäßigen Wachstum der Hypophyse und der Schilddrüse von der Fetalzeit bis zur Pubertät ist die menschliche Nebennierenrinde bekanntlich tiefgreifenden Wandlungen unterworfen. Diese sind durch den Auf- und Abbau der fetalen Innenzone, sowie durch die Strukturentfaltung im Rahmen der sog. Adrenarche gekennzeichnet. Die Aufdeckung des besonderen Steroidmetabolismus in der feto-placentaren Einheit (Übersichten bei BENIRSCHKE, 1967, VILLEE,1969) durch den Arbeitskreis von DISZFALUSY (BOLTÊ et al.,1964) haben die bis dahin rätselhafte Bedeutung der übergroßen menschlichen fetalen Nebenniere geklärt. Der bekannte lichtmikroskopische Befund der fetalen Nebennierenrinde zeigt uns eine aus großen eosinophilen Zellen aufgebaute Innenzone, Cortex fetalis, die etwa 80% des Organs einnimmt. Die Außenzone, Cortex permanens, besteht aus kleinen, in ungeordneten Läppchen gegliederten Elementen. Histochemisch finden sich in der Innenzone im 1. Schwangerschaftsdrittel Lipoide, die im 2. und 3. Schwangerschaftsdrittel wieder verschwinden. In der Außenzone treten sie erst im 2. Schwangerschaftsdrittel auf. Es findet also eine Lipoidumschichtung statt (DHOM et al.,1958, JOHANNISSON,1968). Histochemisch kann man in der Innenzone Glucose-6-Phosphat-Dehydrogenase (CAVALLERO et al.,1965), NADPH-Diaphorase, unspezifische Esterasen und - von der 9. Schwangerschaftswoche an - die 3β-Hydroxysteroiddehydrogenase nachweisen (NIEMI u. BAILLIE, 1965). Das gleiche Enzym ist im letzten Schwangerschaftsdrittel in der Außenzone nachweisbar (JIRASEK u. LOJDA,1963, CAVALLERO u. MAGRINI,1967). In vitro-Studien mit getrenntem Innen- und Außenzonen-Material belegen die Fähigkeit beider Zonen zur Produktion von Dehydroepiandrosteronsulfat, doch produziert die fetale Innenzone mehr Sulfat als die Außenzone (SHIRLEY u. COOKE, 1969).

Die besten elektronenmikroskopischen Befunde der menschlichen fetalen Nebennierenrinde verdanken wir der ausgezeichneten Studie von Elisabeth JOHANNISSON (1968). Die Zellen der Innenzone zeigen im 1. Schwangerschaftsdrittel eine Zunahme des granulären und agranulären endoplasmatischen Reticulums, der Golgikomplexe und der Mitochondrien. Liposome treten auf. Die Zellen der Außenzone erfahren erst im letzten Schwangerschaftsdrittel einen Zuwachs an Organellenstruktur, der der frühfetalen Innenzone entspricht. Sie entwickelt sich also offenbar erst spät aus einer Proliferations- zu einer Funktionszone (DHOM et al.,1958, JOHANNISSON,1968).

Zu dem bekannten Involutionsprozeß seien nur einige Anmerkungen gemacht. Er setzt normalerweise postnatal ein, einen praenatalen Zusammenbruch der Innenzone mit massiver Verfettung sieht man dagegen regelmäßig beim Hydrops congenitus (DHOM,1965). Die Involution beginnt in den ersten Lebenstagen mit einer Fettspeicherung in den Zellen der Innenzone (Abb. 5). Als Zeichen eines Membranschadens treten oft hyaline Tropfen auf.

Besonders bei Frühgeburten kann der Abbau der Innenzone verzögert sein. Noch im Alter von 1 bis 3 Monaten ist dann ein breiter Kern gut erhaltener Innenzonenkomplexe zu sehen (Abb. 6). Bei Studien der Steroidsekretion in der ersten Lebenszeit sollte dieses Phänomen in Betracht gezogen werden. Eine echte Persistenz der Innenzone mit späterem Einbau in die definitive Rinde gibt es offenbar nicht. Dies gilt besonders auch für das androgenitale Syndrom.

Ohne hier auf das Problem des Regelkreises Placenta-fetale Hypophyse-fetale Nebenniere näher eingehen zu wollen, sei nur soviel gesagt, daß eine hierzu vorgelegt Theorie nur dann akzeptabel erscheint, wenn sie die postnatale Involution der Innenzone bei gleichzeitiger Entfaltung und Funktionsentwicklung der Außenzone verständlich macht.

Über das Wachstum der kindlichen Nebenniere nach abgeschlossener Involution - wobei das Organ bekanntlich 50% des Gewichtes in den ersten 3 Lebensmonaten verliert - sind wir nur wenig informiert. Da nur autoptisches Material zur Verfügung steht, geht SYMINGTON in seiner neuen Monographie (1969) so weit, zu sagen, daß das wirkliche Gewicht der kindlichen Nebenniere unbekannt sei. Unser bisheriges Material von 274 Nebennierenpaaren vom Beginn des 2. bis zum 18. Lebensjahr zeigt, daß die Werte bis zum 8. Lebensjahr breit überlappen und erst vom 14. Lebensjahr an eindeutig höher liegen (Abb. 7). Fälle mit plötzlichem Tod liegen häufiger unter dem Medianwert. Auch im Kindesalter dürften länger dauernde Krankheiten zu einer stressbedingten Nebennierengewichtssteigerung führen. Setzt man die Gewichte zur Körperoberfläche in Beziehung (Abb. 8), so ergibt sich ein etwa gleichbleibender mittlerer Quotient, ein Befund, der wahrscheinlich wichtiger ist, als das breit streuende Absolutgewicht des Organpaares.

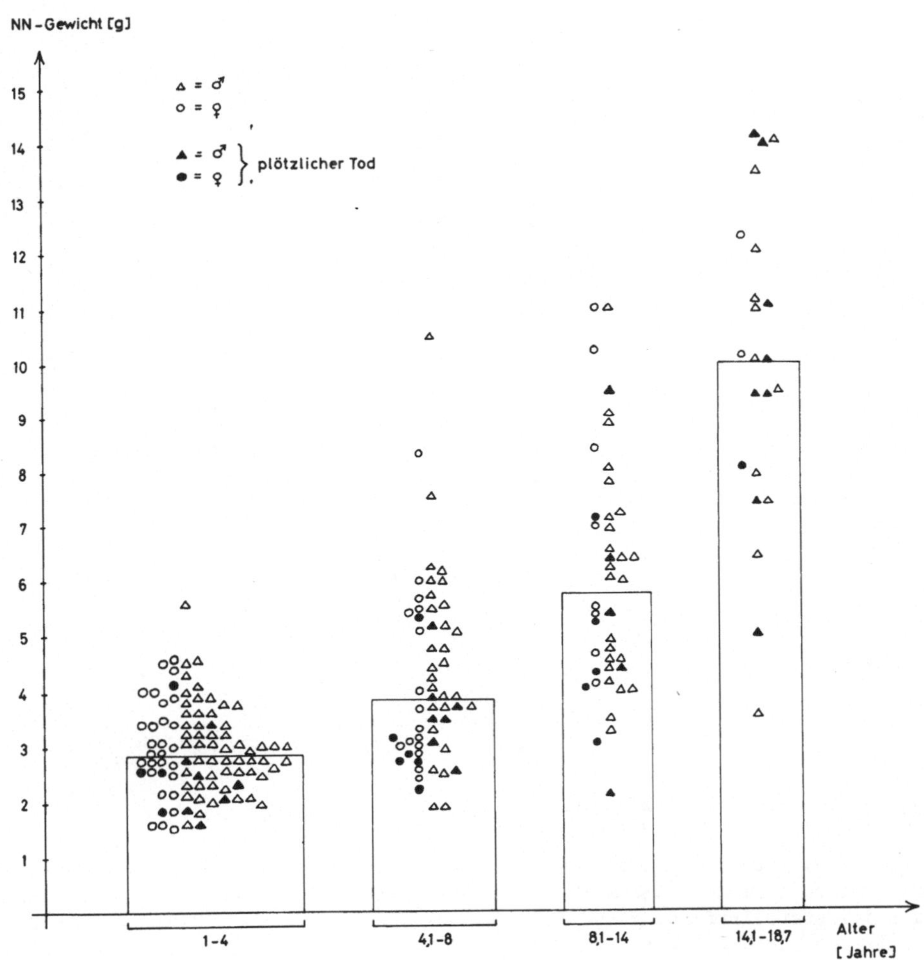

Abb. 7. Nebennierengewicht in Beziehung zum Lebensalter

Die Strukturentfaltung der kindlichen Nebennierenrinde ist durch 3 Vorgänge gekennzeichnet:

1. Ausbildung einer Zona glomerulosa am Ende des 1. Lebensjahres aus der Zona fasciculo-arciformis (ROTTER,1949),
2. weitgehende Auflösung der Markkapsel im 2. Lebensjahr,
3. Entwicklung einer Zona reticularis mit voller Ausprägung erst im Laufe der Pubertät.

Mit der Involution der Innenzone sinkt das Fasergerüst zu einem engmaschigen Netzwerk zusammen. Aus ihm entwickelt sich die Markkapsel. Sie trennt die in Glomerulosa und Fasciculata gegliederte kindliche Rinde scharf vom Mark, an den Polen fächert sie sich auf und strahlt in das Rindengewebe ein. Mit ihrem

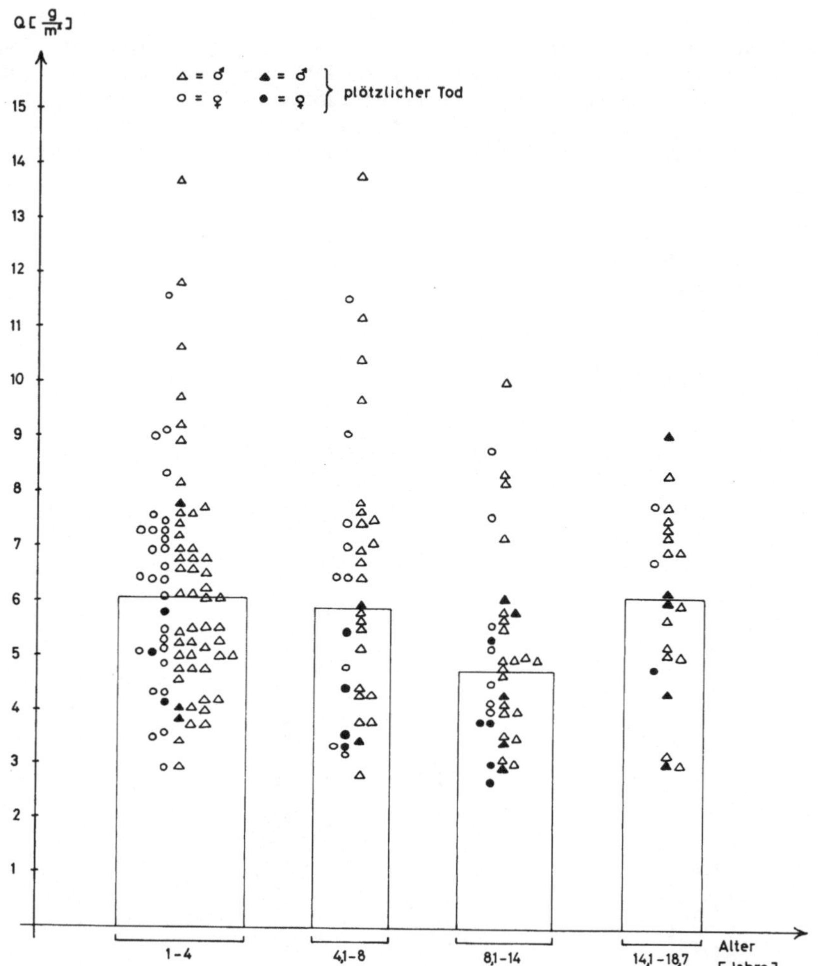

Abb. 8. $Q = \frac{\text{Nebennierengewicht}}{\text{Körperoberfläche}}$ in Beziehung zum Lebensalter

Abbau im 2. Lebensjahr kommt es zu einem zunehmenden, schließlich breiten Kontakt zwischen Rinden- und Markzellen. Erst mit dem Abbau der Markkapsel setzt auch die erste Entfaltung der Zona reticularis ein (LANDAU,1915). An der Nebennierenrinde des Erwachsenen können wir sie als innere Zone kompakter Zellen dann deutlich abgrenzen, wenn darüber eine lipoidhaltige, spongiocytäre Fasciculata liegt. Bei mehr oder weniger kompletter Lipoidentspeicherung, wie sie uns im autoptischen Material oft begegnet, ist dagegen die Reticularis als eigene Zone nicht mehr abgrenzbar. Eine rein strukturelle Definition im Sinne eines netzförmigen Zellverbandes wird dem Reticularisbegriff nicht gerecht. Elektronenmikroskopisch ist die Reticulariszelle der menschlichen Nebennierenrinde eine lipoidarme, kompakte Zelle mit zahlreichen Mitochondrien und reichen Mikrovilli an der Zellmembran (MACKAY,1969). Geht man mit SYMINGTON (1969) davon aus, daß diese innere Zone zusammen mit der Fasciculata eine funktionelle Einheit darstellt, so fragt man sich, warum sie erst im Laufe der kindlichen Entwicklung erscheint. Über den frühesten Zeitpunkt des Auftretens einer Reticularis bestehen große Meinungsverschiedenheiten (LANDAU,1915, SWINYARD,1943, STIEVE,1946, ROTTER,1949, BACHMANN,1954). Wir sehen Gruppen oder Ballen aus verhältnismäßig großen, kompakten granulären Zellen an der Grenze zwischen Rinde und Mark erstmals bei 3 bis 5-jährigen Kindern, als durchlaufende und deutlich abgrenzbare Zone sieht man die Reticularis aber frühestens im Alter von 8 bis 9 Jahren (Abb. 9). Man hat den Eindruck, daß sie beim Mädchen etwas früher auftreten kann als beim Knaben, einen deutlichen Geschlechtsunterschied können wir aber bis jetzt nicht feststellen. Innerhalb der gleichen Altersstufe gibt es große individuelle und selbstverständlich auch vom Grundleiden beeinflußte Unterschiede. Dies wird an den Nebennieren von 15-jährigen Jungen demonstriert. Der eine war durch eine Aortenisthmus-Stenose in seiner körperlichen Entwicklung weit zurück, insbesondere auch in seiner Gonadenentwicklung. Der andere verstarb plötzlich an einem Aneurysma dissecans. Bei ihm war eine voll entwickelte Spermiogenese nachweisbar. Er hat eine breit entwickelte Zona reticularis, bei dem anderen fehlte sie völlig. Die Ausbildung einer Zona reticularis muß als das morphologische Substrat einer Adrenarche beim Menschen angesehen werden. Dies bedeutet nicht, daß die für die Reticularis typische kompakte Zelle vorzugsweise oder ausschließlich Androgene produzieren muß. Neben einzelnen indirekten Hinweisen (OFSTAD et al.,1961) gibt es aber einen von JONES u. Mitarb. (1968) publizierten Befund, der mikrochemisch zeigt, daß die Bildung von Dehydroepiandrosteronsulfat überwiegend in der Zona reticularis des Menschen erfolgt. Diese These einer gewissen funktionellen Spezialisierung der Zonen der Nebennierenrinde scheint damit wieder an Wahrscheinlichkeit zu gewinnen.

Von den besprochenen endokrinen Organen macht ausschließlich die kindliche Nebennierenrinde eindrucksvolle strukturelle Wandlungen mit der Geburt und im Verlauf der Geschlechtsreifung durch. Die modernen Erkenntnisse über ihre Funktionellen Leistungen lassen die z. T. schon recht alten morphologischen Befunde in einem neuen Licht erscheinen. Die Fülle funktioneller Daten sind uns aber auch Ansporn, die morphologische Analyse auf möglichst breiter Basis weiterzuführen.

Literatur

Bachmann, R.: Die Nebenniere, Handb. der mikroskop. Anat. VI. Band, 5. Teil, Berlin-Göttingen-Heidelberg: Springer 1954.

Benirschke, K.: Placenta, Handb. der spez. Path. Anatomie, Berlin-Heidelberg-New York: Springer 1967.

Bolté, E., Mancuso, S., Eriksson, G., Wiqvist, N., Diczfalusy, E.: Overall aromatisation of dehydroepiandrosterone sulphate circulating in the foetal and maternal compartments. Acta Endocr. (Kbh.) 45, 576 (1964).

Bugyi, Bl.: Über die Entwicklung der Sellagröße bei Kindern von 2 bis 12 Jahren. Endokrinologie 40, 36 (1960).

Cavallero, C., Magrini, U.: Excerpta med. Internat. Congr. Series 132, 667 (1967).

- , -, Dellepiane, M., Cizelj, T.: Histochemical study of the adrenal cortex and the testicle in the human fetus. Ann. Endocr. (Paris) 26, 409 (1965).

Dhom, G.: Die Nebennierenrinde im Kindesalter. Berlin-Heidelberg-New York: Springer 1965.

- , Fischer, H.: Morphologische Grundlagen der Funktionsentwicklung des Hypophysenvorderlappens im Kindesalter. Beitr. path. Anat. 124, 57 (1961).

- , Ross, W., Widok, K.: Die Nebennieren des Feten und des Neugeborenen. Beitr. path. Anat. 119, 177 (1958).

Dubois, P.: Étude au microscope électronique de la pars distalis de l'hypophyse de l'embryon humain. Bull. Ass. Anat. (Nancy) 138, 434 (1967).

Ellis, S. T., Swanson Beck, J., Currie, A. R.: The cellular localisation of growth hormone in the human adenohypophysis. J. Path. Bact. 92, 179 (1966).

Jirasek, J. E.: Die Histotopochemie einiger Enzyme in der fetalen Adenohypophyse des Menschen. Acta histochem. (Jena) 15, 42 (1963).

- , Lojda, Z.: Ein histochemischer Beitrag zur Entwicklung der Nebennierenrinde menschlicher Embryonen und Feten. Acta histochem. (Jena) 18, 65 (1964).

Johannisson, E.: The foetal adrenal cortex in the human. Acta Endocrin. (Kbh.) Suppl. 130 (1968).

Jones, T., Griffiths, K., Forrest, A. P. M.: Ultramicrochemical studies on the site of formation of dehydroepiandrosterone sulphate in the adrenal cortex. Biochem. J. 110, 20 P (1968).
Kay, Ch., Abrahams, S., McClain, Ph.: The weight of normal thyroid glands in Children. Arch. Path. 82, 349 (1966).
Kracht, J., Hachmeister, U., Breustedt, H. J., Zimmermann, H. D.: Immunhistologische Hormonlokalisation im Hypophysenvorderlappen des Menschen. Materia Med. Nordmark 19, 224 (1967).
Landau, M.: Die Nebennierenrinde, Jena: 1915.
MacKay, A.: Atlas of human adrenal cortex ultrastukture in: Symington, T.: Functional Pathology of the human adrenal gland. Edinburgh and London: 1969
Niemi, M., Baillie, H.AA.: 3β-Hydroxysteroid-Dehydrogenase-activity in the human foetal adrenal cortex. Acta Endocr. (Kbh.) 48, 423 (1965).
Nordman, R.: Endemic goitre in Finland in the light of thyroids of newborn in 1962-1965. Ann. Paediat. Fenn. Suppl. 28, (1968).
Ofstad, J., Lamrik, J., Stoa, K. F., Emberland, R.: Adrenal steroid synthesis in amyloid degeneration localised exclusively to the zona reticularis. Acta Endocr. (Kbh.) 37, 321 (1961).
Pearse, A. G. E.: Cytological and cytochemical investigations on the foetal and adult hypophysis in various physiological and pathological states. J. Path. Bact. 65, 355 (1953).
Petersilie, P.: Das Hypophysengewicht beim Mann und seine Beziehungen. Diss. Jena 1920.
Porteous, J. B., Swanson-Beck, J.: The differentiation of the acidophil cell in the human foetal adenohypophysis. J. Path. Bact. 96, 455 (1968).
Pradervand, L.: Über den Einfluß der allgemeinen Jodprophylaxe auf die Schilddrüse des Neugeborenen. Endokrinologie 23, 1 (1940).
Rasmussen, A. T.: Changes in the proportion of cell types in the anterior lobe of the human hypophysis during the first nineteen years of life. Amer. J. Anat. 86, 75 (1950).
Rinne, U.: Neurosecretory material passing in to the hypophysial portal system in the human infundibulum, and its foetal development. Acta neuroveg. (Wien) 25, 310 (1963).
Roessle, R., Roulet, F.: Maß und Zahl in der Pathologie. Berlin: Springer 1932.
Rosen, F., Ezrin, C.: Embryology of the thyrotroph. J. clin. Endocr. 26, 1343 (1966).
Ross, W.: Quantitative Analyse des Schilddrüsengewichtes von Feten, Neugeborenen und Säuglingen. Virchows Arch. path. Anat. 338, 30 (1964).
Rotter, W.: Die Entwicklung der foetalen und kindlichen Nebennierenrinde. Virchows Arch. path. Anat. 316, 590 (1949).
Roy, S., Deo, M. G., Ramailingaswami, V.: Pathologic features of Himalayan endemic goiter. Amer. J. Path. 44, 839 (1964).
Salazar, H., MacAulay, M. A., Charles, D., Prado, M.: The human hypophysis in Anencephaly. Arch. Path. 87, 201 (1969).
Shepard, T. H., Andersen, H. J., Andersen, H.: Human fetal thyroid. Anat. Rec. 148, 123 (1964).
- , Thomas, H.: Development of the human fetal thyroid. Gen. comp. Endocr. 10, 174-181 (1961).
Shirley, J. M., Cooke, B. A.: Metabolism of Dehydroepiandrosterone by the separated zones of the human foetal and newborn adrenal cortex. J. Endocr. 44, 411 (1969).
Stieve, H.: Über physiologische und pathologische Veränderungen der Nebennierenrinde des Menschen und ihre Abhängigkeit von der Keimdrüse. Z. Geburtsh. Gynäk. 127, 209 (1946).
Sugiyama, Sh.: Histological studies of the human thyroid gland observed from the viewpoint of its postnatal development. Ergebn. Anat. Entwickl.-Gesch. 39, H 3 (1967).
Swinyard, C. A.: Growth of the human suprarenal glands. Anat. Rec. 87, 141 (1943).

Symington, Th.: Functional pathology of the human adrenal gland. Edinburgh and London: 1969.

Tonutti, E., Fetzer, S.: Über die Entwicklung und Differenzierung der glandotrop gesteuerten inkretorischen Gewebe beim Menschen. 3. Symposion D. Ges. Endokrinol. Berlin-Göttingen-Heidelberg: Springer 1956.

Villee, D. B.:Development of endocrine function in the human placenta and fetus. New Engl. J. Med. 281, 473 u. 533 (1969).

Walthard, B.: Veränderungen der Schilddrüse durch Jodprophylaxe. Wien. klin. Wschr. 80, 697 (1968).

Yata, J.: Acta paediat. jap. 68, 198 (1964).

Symp. Dtsch. Ges. Endokrin. 16, 32-46 (1970)

A Modified Theory of Steroid Synthesis in the Human Foeto-Placental Unit

E. DICZFALUSY

Reproductive Endocrinology Research Unit, Swedish Medical Research Council, Karolinska sjukhuset, Stockholm, Sweden

With 8 Figures

The theories of science as well as the measurements, must be accepted on the basis of probabilities.

Edwin Hubble (1954)

Summary

A modified theory of steroid synthesis in the human foeto-placental unit is presented. The modified concept states that the midgestation placenta is an incomplete steroid producing organ; it converts little, if any, sodium acetate to cholesterol or to steroids. Furthermore, it is unable to carry out steroid hydroxylation at carbon atom 16, or to produce adrenocortical steroids. However, the placenta is capable of converting large quantities of circulating cholesterol to pregnenolone and progesterone. In addition, it has the capacity of converting large quantities of androgens (more specifically 5-androsten-3β-yl sulphates, such as dehydroepiandrosterone sulphate, 16α-hydroxy-dehydroepiandrosterone sulphate etc.) to the corresponding steroids.

The midgestation human foetus is capable of utilizing very large quantities of sodium acetate for the de novo synthesis of cholesterol (especially esterified cholesterol), pregnenolone sulphate and dehydroepiandrosterone sulphate. The foetus can also synthesize steroids from circulating cholesterol. Part of the pregnenolone and progesterone secreted by the placenta together with a part of that produced by the foetus is utilized by the foetal adrenals for the synthesis of deoxycorticosterone, corticosterone, cortisol and aldosterone.

The elimination of gradually increasing large quantities of oestriol in pregnancy urine is one of the most characteristic events of gestation in the human species. The basic steps of oestriol synthesis are distributed among the foetus (precursor formation and 16α- and 16β-hydroxylation of neutral steroids) placenta (aromatisation) and mother (precursor formation and 16α-hydroxylation of phenolic steroids).

It is proposed that at least 4 pathways of oestriol synthesis exist in pregnant women: a) the "neutral" pathway involving 16α-hydroxylation of dehydroepiandrosterone sulphate by the foetus prior to placental aromatisation, b) the "phenolic" pathway involving placental aromatisation of dehydroepiandrosterone sulphate prior to 16α-hydroxylation of the phenolic steroid by the maternal organism, c) ring D steric rearrangement, involving the conversion of 16-epioestriol of foeto-placental origin to oestriol in the maternal organism and d) the "placental" pathway in which circulating cholesterol is converted to oestradiol by the placenta and subsequent 16α-hydroxylation takes place in the maternal organism. The quantitatively most important "neutral" pathway reflects predominantly foeto-placental steroidogenetic activities, whereas the maternal organism significantly contributes to the formation of oestriol by the three other pathways. In addition to the formation of a part of the precursor, the maternal contribution consists of the production of oestriol from oestrone, 17β-oestradiol, 16-epioestriol and 16-oxo-oestradiol of placental origin.

Pregnancy in the human species is characterized by a conspicuous gradual rise in the urinary elimination of certain steroids (e. g. Diczfalusy and Troen, 1961); Solomon et al., 1967; Mitchell, 1967). The most striking example is the excretion of oestriol, which shows a 1000-fold rise compared to the excretion of of this steroid in non-pregnant women. Since the presence of the placenta appears to be essential for these hormonal changes, it has been assumed, until fairly recently, that the gradual rise in steroid elimination during pregnancy reflects the steroidogenetic function of the placenta (e.g. Diczfalusy and Troen, 1961; Diczfalusy and Lauritzen, 1961).

In 1964 it has been suggested that this "classical" theory should be replaced by the concept of the foeto-placental unit (Diczfalusy, 1964 a and b, and Diczfalusy et al. 1965). According to the original concept very little de novo steroid synthesis takes place in the placenta and foetus, mostly performed circulating sterol and steroidal precursors being utilized for steroid synthesis. Furthermore, both the foetus and placenta represent incomplete steroidogenetic systems, because of the lack or non-functioning of certain enzyme systems. However, the enzymes absent from the placenta are abundant in the foetus and those absent from the foetus are functioning in the placenta. Thus foetal and placental enzyme systems complement each other and the foeto-placental unit is capable of elaborating virtually all biologically important steroids.

During the past few years a large number of studies have been carried out in this laboratory on the various phases of steroid synthesis in the foeto- placental unit. Many of these studies have been reviewed elsewhere (Diczfalusy, 1967; 1969; Diczfalusy and Mancuso, 1969). In view of the recently obtained results it seems now possible to formulate a modified theory of the steroid synthetic activities of the foeto-placental unit and to relate them to the steroid metabolic activities of the maternal organism.

The present review will be centered on three main aspects of the problem, namely cholesterol metabolism, metabolism of pregnenolone and progesterone and oestriol synthesis. Furthermore, an attempt will be made to discuss the significance of oestriol excretion in pregnancy as a tool of assessing foetal viability.

The modified theory

It is suggested that the original concept of steroid synthesis in the foeto-placental unit should be modified. The present concept states that 1) an abundant de novo cholesterol and steroid synthesis from sodium acetate takes place in the previable human foetus. 2) Little, if any, such de novo synthesis of cholesterol and of steroids occurs in the midgestation placenta. 3) Foetal steroid synthesis is characterized by the predominace of "conjugated" pathways. 4) Mainly unconjugated steroids are utilized for steroidogenesis by the placenta, which is an incomplete steroid producing organ. 5) Foetal, placental and maternal steroidogenetic steps complement each other.

Experimental approach

The modified theory is based on results obtained by the use of a significantly improved experimental approach. This improved approach made it possible to evaluate qualitatively and quantitatively the de novo sterol and steroid synthesis from sodium acetate by the isolated foetus, placenta as well as by the complete foeto-placental unit, using a perfusion system.

Following the recommendations of Westin et al. (1958) previous foetal perfusions were carried out at a temperature of 20°C with a gas mixture containing more than 93% oxygen and 6,5% carbon dioxyde. This resulted occasionally in hyperoxygenation. In addition - upon continued perfusion - the pH of the blood turned acid (e.g. Table 1.)

Table 1. Experimental conditions used previously and presently, respectively for the perfusion of previable foetuses

EXPERIMENTAL CONDITION	PERFUSION TECHNIQUE	
	PREVIOUS	PRESENT
TEMPERATURE	20°C	36°C
DURATION	30 - 60 MIN.	120 - 180 MIN.
OXYGENATION	$O_2 + CO_2$	AIR + CO_2
% O_2	93.5	23.1
% CO_2	6.5	3.7
GAS-FLOW	5.0 l./MIN.	5.0 l./MIN.
pH	7.00 → 6.70	7.00 → 7.15

In the improved method (Lerner et al. to be published) an air - CO_2 mixture is used at 36°C and the pH of the blood can be maintained during 2-3 hours. An-

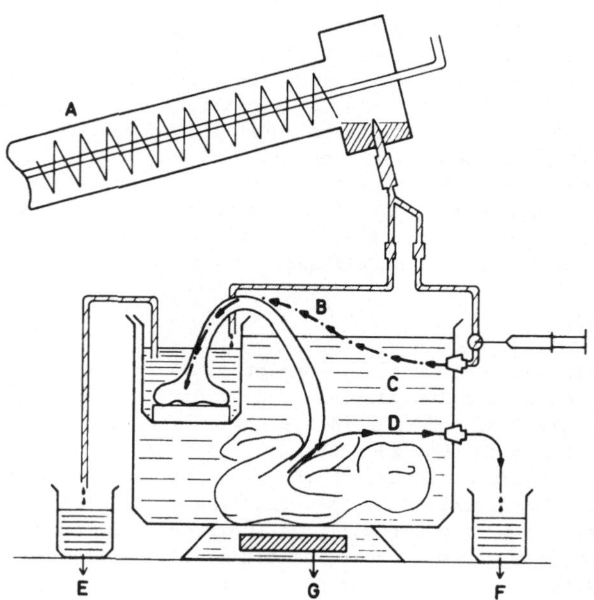

Fig. 1. System for perfusion of the complete foeto-placental unit at midpregnancy according to Lerner and Diczfalusy (1968). A: oxygenator for the blood perfused (air-CO_2-mixture), B: perfusion of the system via an umbilical artery, C: artificial amniotic fliud (saline-glucose), D: perfusate collected from the foetus via the other umbilical artery, E: perfusate collected from the blood bathing the placenta ("maternal perfusate"), F: container to collect foetal perfusate, G: heater (cf. Telegdy et al., 1970 a)

other improvement is represented by the system developed for the perfusion of the complete foeto-placental unit (shown in Fig. 1.) (Lerner and Diczfalusy, 1968; Telegdy et al., 1970 b).

The placenta is perfused _via_ an umbilical artery, the labelled material reaches the foetus from the placenta _via_ the umbilical vein and a "foetal perfusate" is collected from the other umbilical artery. A "maternal perfusate" is also collected from the blood bathing the placenta. In this system there is no recirculation from the foetus to the placenta, but metabolites formed by the placenta reach the foetus. Isolated placentas or foetuses are perfused in the same system in the same way, except that the conditions of oxygenation are different (Lerner et al., to be published). Using the improved methods it is possible to perfuse during a prolonged period of time very large amounts of labelled sodium acetate and cholesterol (Telegdy et al., 1970 a, b and c) and thus isolate metabolites which previously escaped detection.

Trivial names

The following trivial names are used in this review:

aldosterone: 11β,21-dihydroxy-3,20-dioxopregn-4-en-18-al
androstenedione: 4-androstene-3,17-dione
16α-hydroxy-androstenedione: 16α-hydroxy-4-androstene-3,17-dione
16β-hydroxy-androstenedione: 16β-hydroxy-4-androstene-3,17-dione
5β,16α-androstanetriol: 5β-androstane-3α,16α,17β-triol
16α-androstenetriol: 5-androstene-3β,16α,17β-triol
16β-androstenetriol: 5-androstene-3β,16β,17β-triol
16-oxo-androstenediol: 3β,17β-dihydroxy-5-androsten-16-one
cholesterol: 5-cholesten-3β-ol
corticosterone: 11β,21-dihydroxy-4-pregnene-3,20-dione
cortisol: 11β,17α,21-trihydroxy-4-pregnene-3,20-dione
deoxycorticosterone: 21-hydroxy-4-pregnene-3,20-dione
dehydroepiandrosterone: 3β-hydroxy-5-androsten-17-one
dehydroepiandrosterone sulphate: 17-oxo-5-androsten-3β-yl sulphate
16α-hydroxy-dehydroepiandrosterone: 3β,16α-dihydroxy-5-androsten-17-one
16β-hydroxy-dehydroepiandrosterone: 3β,16β-dihydroxy-5-androsten-17-one
16α-hydroxy-dehydroepiandrosterone sulphate: 16α-hydroxy,17-oxoandrost-5-en-3β-yl sulphate
oestrone: 3-hydroxy-1,3,5(10)-oestratrien-17-one
17β-oestradiol: 1,3,5(10)-oestratriene-3,17β-diol
16-oxo-oestradiol: 3,17β-dihydroxy-1,3,5(10)-oestratrien-16-one
oestriol: 1,3,5(1o)-oestratriene-3,16α,17β-triol
16α-hydroxy-oestrone: 3,16α-dihydroxy-1,3,5(10)-oestratrien-17-one
16β-hydroxy-oestrone: 3,16β-dihydroxy-1,3,5(10)-oestratrien-17-one
16-epioestriol: 1,3,5(10)-oestratriene-3,16β,17β-triol
pregnanediol: 5β-pregnane-3α,20α-diol
pregnenolone: 3β-hydroxy-5-pregnen-20-one
pregnenolone sulphate: 20-oxo-5-pregnen-3β-yl sulphate
17α-hydroxy-pregnenolone: 3β,17α-dihydroxy-5-pregnen-20-one
21-hydroxy-pregnenolone: 3β,21-dihydroxy-5-pregnen-20-one
17α,21-dihydroxy-pregnenolone: 3β,17α,21-trihydroxy-5-pregnen-20-one
progesterone: 4-pregnene-3,20-dione
20α-dihydroprogesterone: 20α-hydroxy-4-pregnen-3-one
20β-dihydroprogesterone: 20β-hydroxy-4-pregnen-3-one
17α-hydroxy-progesterone: 17α-hydroxy-4-pregnene-3,20-dione
16α-hydroxy-testosterone: 16α,17β-dihydroxy-4-androsten-3-one
16β-hydroxy-testosterone: 16β,17β-dihydroxy-4-androsten-3-one
16-oxo-testosterone: 17β-hydroxy-4-androstene-3,16-dione

Cholesterol metabolism

Incubation studies with minced placental perparations (van Leusden and Villee, 1965; Zelewski and Villee, 1966; Villee, 1968) and perfusion experiments (Levitz et al., 1962) suggested that term placentas might synthesize a limited amount of cholesterol from sodium acetate. Foetal perfusion studies (carried out at 20°C with 100µCi of labelled acetate) suggested that the contribution of the midgestation foetus to cholesterol and to the de novo synthesis of steroids is minimal (Solomon et al., 1967). In view of these experimental data the previous theory tended to minimize the importance of de novo steroid synthesis from acetate by the foeto-placental unit (e. g. Diczfalusy, 1969). In recent studies, in which 2.5 to 5.0 mCi amounts of ^{14}C-labelled sodium acetate were used for the perfusion of the isolated placenta, foetus and of the complete foeto-placental unit, it was not possible to detect the incorporation of labelled acetate into cholesterol, or any of the steroids isolated from the placentas (Telegdy et al., 1970 b and c). On the other hand, in the same perfusion considerable quantities of ^{14}C-labelled cholesterol were isolated from the foetal adrenals, testicles, livers and perfusates (Telegdy et al., 1970 b). Major quantities of ^{14}C-labelled pregnenolone and dehydroepiandrosterone and smaller amounts of ^{14}C-labelled progesterone, 17α-hydroxy-progesterone and androstenedione were also isolated from various foetal tissues (Telegdy et al., 1970 a).

In order to assess the quantitative significance of the de novo cholesterol synthesis from sodium acetate in the midgestation foetus, we have recently repeated these studies, using ^{14}C-labelled sodium acetate for the perfusion and ^{3}H-labelled cholesterol as an internal standard to control our recoveries (Mathur, Archer, Wiqvist and Diczfalusy, in press). These studies revealed that as much as o.7% of the administered 3 to 6 mCi amounts of ^{14}C-labelled sodium acetate could be isolated in the form of radiochemically homogeneous cholesterol from the various foetal tissues and body fluids. Almost 10% of the total ^{14}C-labelled material recovered from the extracts of adrenals consisted of cholesterol.

In the light of these studies - realizing the difficulties of proving the complete non-existence of a reaction - it is suggested that the midgestation human placenta synthesizes little, if any, cholesterol and steroids from acetate. It is also concluded that the conversion of acetate to cholesterol and to steroids is a quantitatively highly significant metabolic pathway in the previable human foetus. These conclusions form points No. 1 and 2 of the modified theory.

Relative importance of "conjugated" and "unconjugated" pathways

When foetuses and foeto-placental units were perfused with equal amounts of ^{14}C-labelled acetate and ^{3}H-labelled cholesterol (perfused $^{14}C/^{3}H$-ratio = 1.0), the principal foetal metabolites were pregnenolone and dehydroepiandrosterone; the bulk of these steroids was isolated from the perfusates, suggesting secretion of these compounds by the foetus. Since the $^{14}C/^{3}H$ ratio of the pregnenolone and dehydroepiandrosterone isolated from the conjugated fraction was much higher than that of the unconjugated compounds, it was suggested that in foetal steroidogenesis sodium acetate is utilized predominantly via a conjugated pathway and circulating cholesterol mainly via an unconjugated pathway (Telegdy et al., 1970 c). This concept is indicated schematically in Fig. 2.

Additional evidence in favour of this hypothesis was obtained when both esterified and unesterified cholesterol were isolated from the various tissues of the same experiment: almost 100-times more ^{14}C-acetate than ^{3}H-labelled cholesterol was incorporated into the cholesterol moiety of esterified cholesterol (Cekan, Wiqvist and Diczfalusy, in press). These studies form the experimental background of point No. 3 of the modified theory. They also indicate the major difficulties involved in the assessment of the extent of steroidogenetic reaction on the basis of incorporation of circulating sterol and steroidal precursors, since intracellularly formed cholesterol might be metabolized differently from circulating cholesterol.

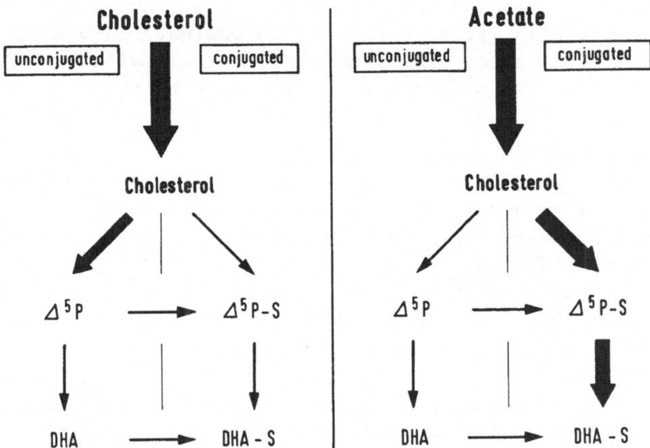

Fig. 2. Present concept of the foetal metabolism of cholesterol and acetate. The size of the arrows indicates the quantitative importance of the pathway in question. Δ^5P: pregnenolone, Δ^5P-S: pregnenolone sulphate, DHA: dehydroepiandrosterone, DHA-S: dehydroepiandrosterone sulphate. (According to Telegdy et al., 1970 c)

Placental steroidogenesis

Perfusion of isolated placentas or complete foeto-placental units with the combination of large amounts of ^{14}C-labelled sodium acetate and ^{3}H-labelled cholesterol revealed no cholesterol or steroid formation from acetate by the placenta (Telegdy et al., 1970 b and c). On the other hand, the perfused cholesterol was converted to pregnenolone and progesterone; these compounds were isolated both from the placentas and perfusates. However, in the same study smaller quantities of 20α- and 20β-dihydroprogesterone. 17α-hydroxy-pregnenolone, dehydroepiandrosterone and 17β-oestradiol were also isolated both from the placentas and perfusates (Telegdy et al., 1970 c). The findings of this study are indicated schematically in Fig. 3.

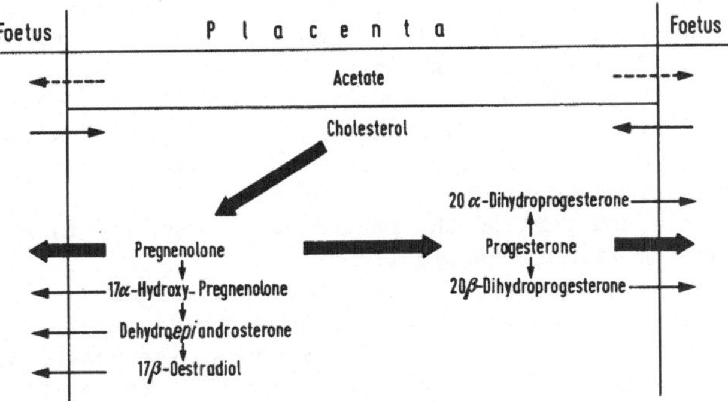

Fig. 3. Present concept of the metabolism of foetal cholesterol in the midgestation human placenta. It is assumed that maternal cholesterol is metabolized in a similar manner. According to this concept the placenta itself is not capable of synthesizing cholesterol. Heavy arrows: principal pathways, light arrows: quantitatively less important pathways, dotted arrows: postulated, but not yet proven pathways. (According to Telegdy et al., 1970 b)

In view of these and previous studies, which involved the perfusion of midgestation placentas in situ and were reviewed previously (Diczfalusy, 1969) it appears that the principal products formed by the midgestation placenta from circulating cholesterol are pregnenolone and progesterone. It also follows that the human placenta (at midgestation at least) is an incomplete steroid producing organ; it converts little, if any, acetate to cholesterol and to steroids and is not capable of carrying out certain important hydroxylation reactions, for instance at carbon atom C-16. These studies form the basis of point No. 4 in the modified theory.

Metabolism of pregnenolone and progesterone

The balance of evidence available at present indicates that both pregnenolone and progesterone are secreted by the placenta to the foetus (reviewed by Diczfalusy, 1969). On the other hand, the studies of Telegdy et al. (1970 c) also indicate the existence of a de novo synthesis of larger quantities of conjugated pregnenolone and smaller amounts of progesterone by the foetus. Which source is quantitatively more important? An analysis of the concentration of pregnenolone sulphate (Conrad et al., 1967) and of progesterone (Zander, 1961; Harbert et al., 1964) reveals that at term the concentration of pregnenolone sulphate in the umbilical arteries considerably exceeds that present in the umbilical vein, whereas the reverse is true as far as the concentration of progesterone is concerned. However, the assessment is complicated by the facts that the foetus rapidly conjugates circulating pregnenolone (Solomon et al., 1967) and that the placenta in situ metabolizes pregnenolone sulphate to progesterone (Palmer et al., 1966 b). Furthermore, the foetus rapidly metabolizes progesterone (Bird et al., 1966) whereas the placental metabolism of circulating progesterone is very limited (Palmer et al., 1966 a). Last, but not least, ligation of the cord at midgestation results only in a very limited drop in urinary pregnanediol excretion (Cassmer, 1959). It seems therefore probable that placental progesterone secretion is quantitatively much more important than that by the foetus. On the other hand, it is not yet possible to state how much of the pregnenolone sulphate present in cord blood is of placental and how much is of foetal origin. It can be stated, however, that some pregnenolone secreted by the placenta to the foetus is utilized by the foetus for the synthesis of dehydroepiandrosterone; dehydroepiandrosterone was isolated from foetuses perfused with pregnenolone (Solomon et al., 1967) pregnenolone sulphate (Jaffe et al., 1968) and 17α-hydroxy-pregnenolone (Pion et al., 1967, Jackanicz et al., 1969). Evidence is also available to indicate that part of the progesterone reaching the foetal organism is converted to important adrenocortical steroids by the foetal adrenals (for a review see Diczfalusy, 1969). Also some 21-hydroxy-pregnenolone (Pasqualini et al., 1970), 17α-hydroxy-pregnenolone (Jackanicz et al.,1969) and 17α,21-dihydroxy-pregnenolone (Pasqualini et al., 1968) were shown to be converted to corticosterone and cortisol, respectively. Aldosterone was also isolated from the adrenals of foetuses perfused with corticosterone (Pasqualini et al., 1966). On the other hand, it was not yet possible to demonstrate in perfusion studies the synthesis of adrenocortical steroids from sodium acetate (Telegdy et al., 1970 a). Thus the balance of evidence available at present indicates that part of the pregnenolone secreted by the placenta is converted by the foetus to dehydroepiandrosterone sulphate and part of the progesterone secreted is utilized for the synthesis of adrenocortical steroids.

Most recent studies (Archer, Mathur, Wiqvist and Diczfalusy, Acta endocr. in press) indicate that the midgestation foetus secretes some 300 times more Δ^5-steroids and steroid sulphates, than Δ^4-compounds. The quantitatively most important compound is dehydroepiandrosterone sulphate, followed by pregnenolone sulphate.

Oestriol synthesis

The next chain of events consists of the formation of large quantities of oestrogens by the placenta, utilizing as precursors androgens of foetal and maternal origin. The essence of these reactions is the secretion of an androgen sulphate, such as dehydroepiandrosterone sulphate by the foetus or mother to the placenta, where it is hydrolyzed, the Δ^5-compound is converted to an α,β-unsaturated 3-ketosteroid and aromatised (e. g. Boltê et al., 1964 a and b, Lamb et al., 1967). This is the pathway of oestrone and 17β-oestradiol formation. The oestrogens formed are then secreted both to the mother and to the foetus. From the quantitative point of view the amount of oestrogen released by the placenta to the maternal organism greatly exceeds that secreted to the foetus (Kirschner et al., 1966). This appears to be in a marked contrast to the behaviour of progesterone; it was calculated that approximately half of the progesterone synthesized by the placenta is secreted to the foetus (Zander, 1961).

In case the androgen is oxygenated in the 16-position, such as in the case of precursors such as 16α-hydroxy-dehydroepiandrosterone (Dell'Acqua et al., 1967 a), 16-oxo-5-androst-ene-3β,17β-diol (Reynolds et al., 1968), or 5-androst-ene-3β,16α,17β-triol (Dell'Acqua et al., 1967 b), the chain of events in the placenta is essentially the same and involves conversion to an α,β-unsaturated 3-ketonic intermediate followed by aromatisation. The essential point in this connection is that the placental contribution to oestriol formation is exclusively aromatisation, since this organ cannot carry out the necessary 16α-hydroxylation (Jackanicz and Diczfalusy, 1968; Boltê et al., 1964; Dell'Acqua et al., 1967 a; Reynolds et al., 1968). For 16α-hydroxylation of C-19 and C-18 steroids the enzyme systems of the foetal and maternal liver are required.

Urinary oestriol assays are widely used for the assessment of the foetal viability, but the usefulness of such assays is under debate (e.g. Klopper, 1969). More specifically, since the maternal organism is also capable of synthesizing dehydroepiandrosterone and small amounts of 16α-hydroxy-dehydroepiandrosterone (Easterling et al., 1966) and is capable of carrying out the 16α-hydroxylation

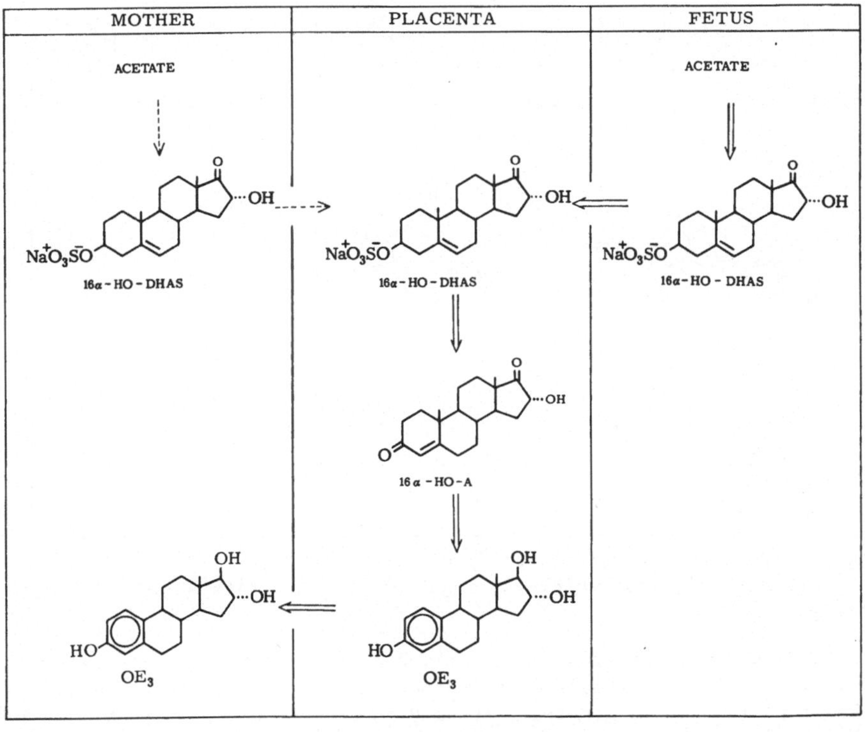

Fig. 4. Present concept of the "neutral" pathway of oestriol synthesis. Heavy arrows: principal pathways, dotted arrows: quantitatively unimportant pathways

of considerable amounts of oestrone and 17β-oestradiol, it is rightly questioned to what extent oestriol in pregnancy urine reflects foetal-placental and to what extent maternal-placental steroidogenetic activities. In an attempt to explain the relative roles of the foetus, placenta and mother in the formation mechanism of oestriol, a theory is presented below, according to which at least 4 pathways are operating in pregnant women. In order of decreasing quantitative importance, these will be named a) the "neutral" pathway, b) the "phenolic" pathway, c) ring D steric rearrangement and d) the "placental" pathway.

a) The "neutral" pathway. The basic steps involved in this reaction are shown schematically in Fig. 4.

In this pathway 16α-hydroxy-dehydroepiandrosterone sulphate of predominantly foetal origin is converted by the placenta to oestriol via the formation of 16α-hydroxy-androstenedione (e.g. Dell'Acqua et al., 1967 a). Oestriol is then transferred to the maternal organism. The balance of evidence available at present suggests that in this pathway most of the precursor formation and its subsequent 16α-hydroxylation occurs in the foetal compartment, and aromatisation in the placenta. The maternal contribution to this pathway appears to be very limited (e.g. Easterling et al., 1966; Kirschner et al., 1966; Reynolds et al., 1968).

b) The "phenolic" pathway. The basic steps involved in this recation are indicated in Fig. 5.

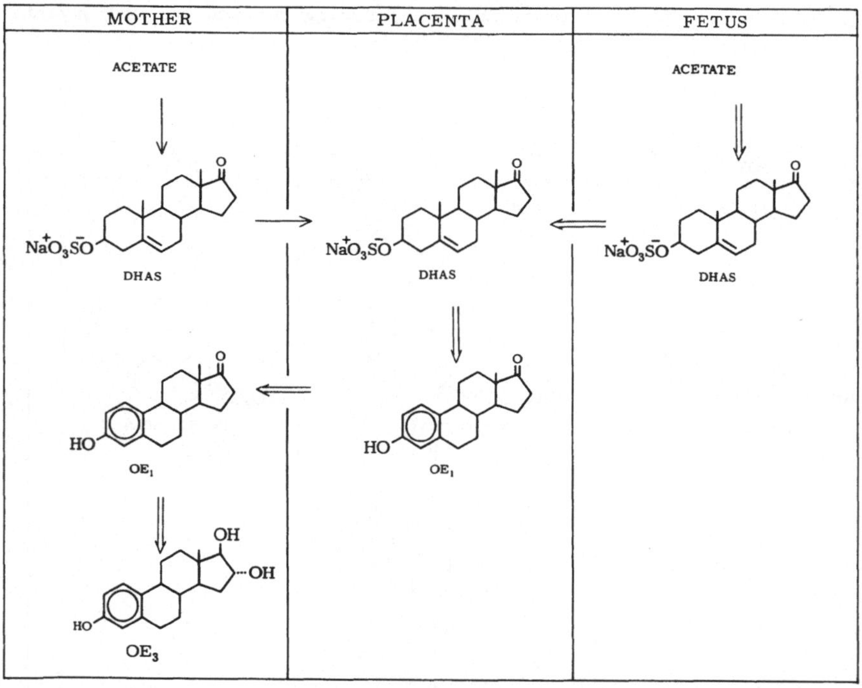

MOTHER	PLACENTA	FETUS
ACETATE ↓ NaO_3SO– DHAS →	NaO_3SO– DHAS ⇐	ACETATE ⇓ NaO_3SO– DHAS
HO– OE_1 ⇐	⇓ HO– OE_1	
⇓ HO– OE_3 (OH, ···OH)		

Fig. 5. Present concept of the "phenolic" pathway of oestriol synthesis. Heavy arrows: principal pathways, light arrows: quantitatively less important pathways

Both the foetal and maternal circulations contribute to the precursor formation, i.e. to the synthesis of dehydroepiandrosterone sulphate, although the foetal contribution is generally assumed to be greater (Simmer et al., 1964; Boltè et al., 1964 b). The precursor is converted by the placenta to oestrone and 17β-oestradiol and these oestrogens are secreted to the maternal organism

(Bolté et al., 1964 a and b). The final step, 16α-hydroxylation of the phenolic precursor, takes place almost exclusively in the maternal compartment, although the foetal liver also has the ability to convert unconjugated and conjugated oestrone and 17β-oestradiol to oestriol (Schwers et al., 1965 a and b). It follows from the scheme of Fig. 5 that some oestriol will be formed *via* this pathway even in the absence of a living foetus.

c) Ring D steric rearrangement. The principal steps involved in this reaction are indicated in Fig. 6.

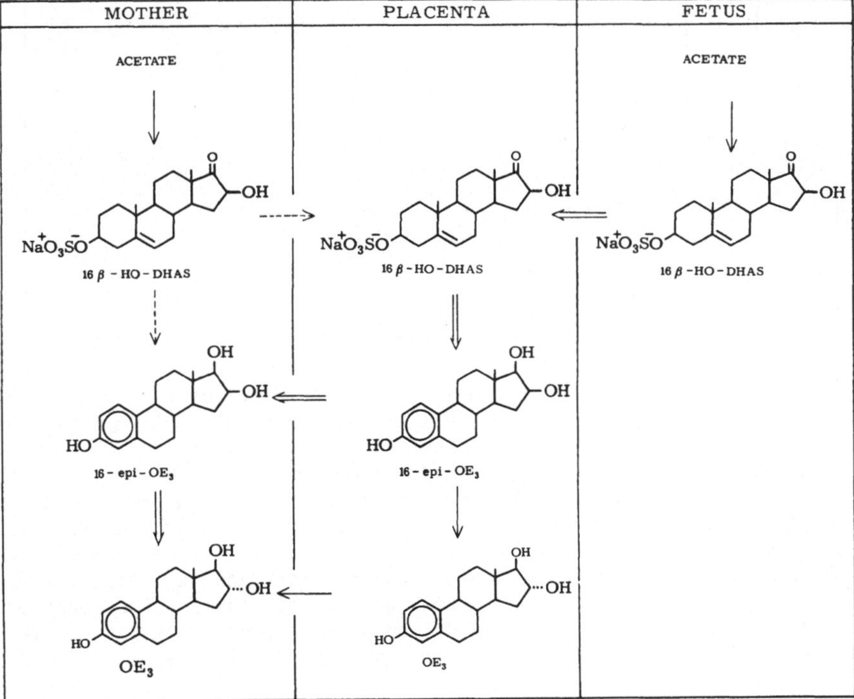

Fig. 6. Present concept of the ring D steric rearrangement leading to the "extrauterine" synthesis of oestriol. Heavy arrows: principal pathways, light arrows: quantitatively less important pathways, dotted arrows: postulated, but not yet proven

The precursor formed is an androgen with a 16β-hydroxyl group, such as 16β-hydroxy-dehydroepiandrosterone, or 5-androstene-3β,16β,17β-triol (e.g. Shackleton et al., 1968) or 16-oxo-group (Reynolds et al., 1968). Such precursors are converted to 16-epioestriol in the placenta. A part of this 16-epioestriol is converted to oestriol by the placenta, but the major part of this conversion takes place in the maternal organism (Vokal, Archer, Wiqvist and Diczfalusy, in press). Thus in addition to the conversion reaction taking place in the placenta (indicated in Fig. 7) there is another source of oestriol in pregnant women, namely 16-epioestriol secreted by the placenta. It follows from the scheme indicated in Fig. 6 that oestriol synthesis may take place *via* this pathway in the absence of a foetus.

The quantitative significance of this pathway remains to be established. However, the existence of this pathway may provide at least a partial explanation for the findings reported by Maner et al (1963). On the basis of the analysis of oestrone, 17β-oestradiol and oestriol in the maternal and foetal cir-

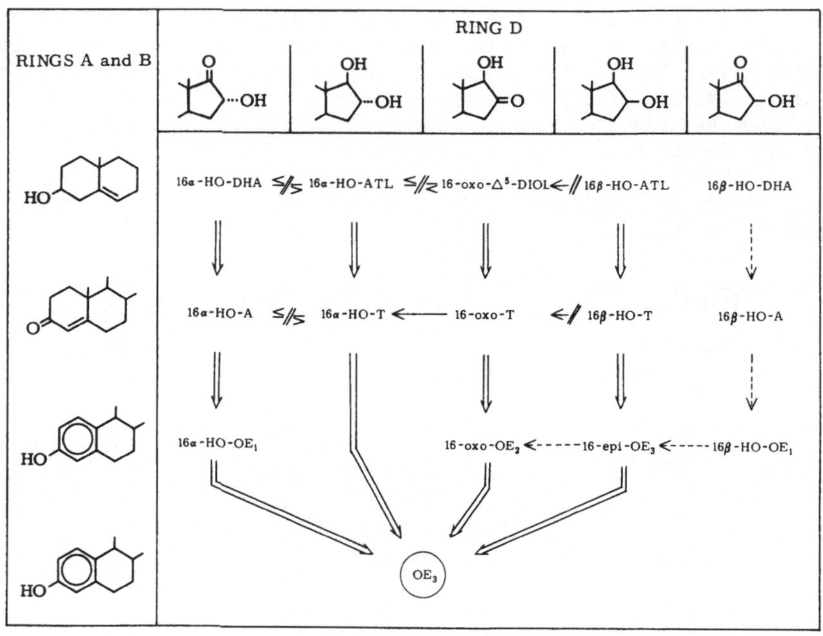

Fig. 7. Pathways of oestriol synthesis in the human placenta perfused in situ. 16α-HO-DHA: 16α-hydroxy-dehydroepiandrosterone, 16α-HO-ATL: 16α-hydroxyandrostenetriol, 16-oxo-Δ^5-diol: 16-oxo-androstenediol, 16β-HO-ATL: 16β-hydroxy-androstenediol, 16β-HO-DHA: 16β-hydroxy-dehydroepiandrosterone, 16α-HO-A: 16α-hydroxy-androstenedione, 16α-HO-T: 16α-hydroxy-testosterone, 16-oxo-T: 16-oxo-testosterone, 16β-HO-T: 16β-hydroxy-testosterone, 16β-HO-A: 16β-hydroxy-androstenedione, 16α-HO-OE_1: 16α-hydroxy-oestrone, 16-oxo-OE_2: 16-oxo-oestradiol, 16-epi-OE_3: 16-epioestriol, 16β-HO-OE_1: 16β-hydroxy-oestrone and OE_3: oestriol. Heavy arrows: principal pathways, light arrows: quantitatively less important pathways, broken arrows: excluded pathways and dotted arrows: postulated but not yet proven pathways. (According to Vokal et al.: Acta endocr., in press)

culations at term and in late pregnancy urine, these authors suggested that either a considerable part of oestriol in pregnancy urine is formed at an extrauterine site, or that substances other than oestrone, 17β-oestradiol and oestriol are secreted by the placenta and subsequently converted to oestriol by the maternal organism. Both 16-oxo-oestradiol and 16-epioestriol, which are known to be formed by the placenta (Diczfalusy and Halla, 1958; Diczfalusy and v. Münstermann, 1959; Reynolds et al., 1968) qualify for the role of an oestrogen secreted by the placenta and subsequently converted to oestriol by the maternal organism.

d) The "placental" pathway. The basic steps involved in this pathway are indicated in Fig. 8.

Cholesterol of both maternal and foetal origin can be metabolized by the midgestation placenta to 17β-oestradiol (Telegdy et al., 1970c). The quantitative importance of this pathway remains to be evaluated. In this pathway 17β-oestradiol synthesis takes place in the placenta without the intermediation of the foetal and/or maternal organisms. However, the subsequent 16α-hydroxylation occurs in the maternal organism. It is obvious, that this pathway does not necessitate the presence of a living foetus.

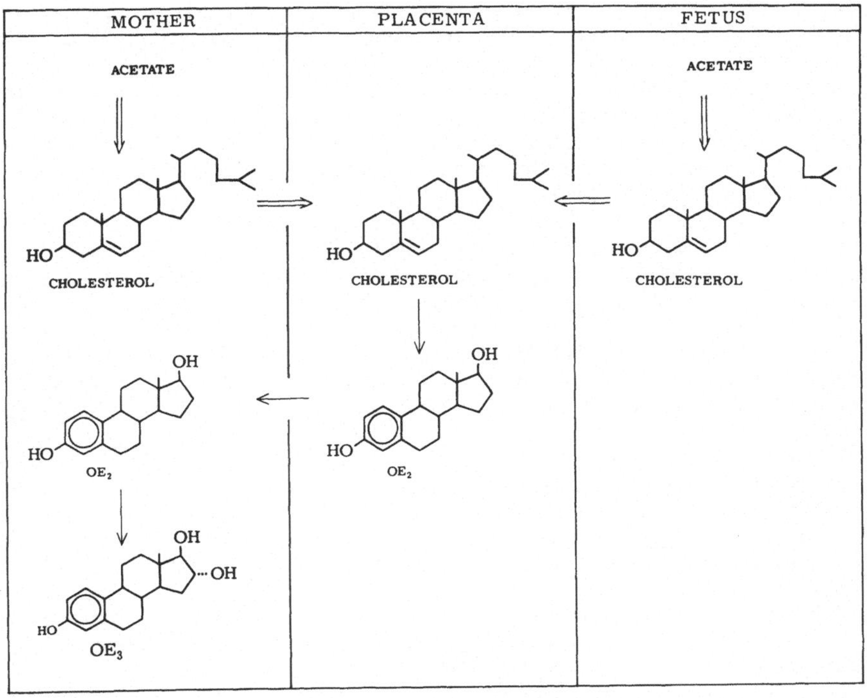

Fig. 8. Present concept of the "placental" pathway of oestriol synthesis. heavy arrows: principal pathways, light arrows: quantitatively less important pathways

Concluding remarks

Oestriol formation in pregnancy involves a complicated interaction between the functions of the foetal and maternal adrenals and livers and those of the placenta. The usefulness of urinary oestriol assays in monitoring the condition of the foetus will obviously depend on the relative importance of the four pathways mentioned. The "neutral" pathway does not seem to necessitate maternal metabolic contributions; the other three pathways may not require the contribution of foetal metabolic activities. Were it possible to measure the urinary oestriol formed exclusively by the "neutral" pathway, we would have most probably an excellent means of assessing foetal viability. In the present state of affairs, much seems to depend on the relative importance of the various pathways operating in the individual pregnancy studied.

Acknowledgements

The expenses of the investigations carried out in the author's laboratory were defrayed by Research Grants from the Ford Foundation, the Swedish Medical Research Council, Swedish International Development Authority and National Institutes of Health, USPHS, Bethesda, Md., U.S.A. (Grants No. HD-00173 and HD-01924).

References

Bird, C.E., Wiqvist, N., Diczfalusy, E., Solomon, S.: Metabolism of progesterone by the perfused previable human fetus. J. clin. Endocr. 26, 1144 (1966).

Bolté, E.: Studies on the aromatisation of neutral steroids in pregnant women. 3. Overall aromatisation of dehydroepiandrosterone sulphate circulating in the foetal and maternal compartments. Acta endocr. (Kbh.) 45, 576 (1964 b).

--, Mancuso, S., Eriksson, G., Wiqvist, N., Diczfalusy, E.: Studies on the aromatisation of neutral steroids in pregnant women. 1. Aromatisation of C-19 steroids by placentas perfused in situ. Acta endocr. (Kbh.) 45, 535 (1964 a).

Cassmer, O.: Hormone production of the isolated human placenta. Acta endocr. (Kbh.) Suppl. 45, 1 (1959).

Conrad, S. H., Pion R. J., Kitchin J. D.: Pregnenolone sulfate in human pregnancy plasma. J. clin. Endocr. 27, 114 (1967).

Dell'Acqua, S., Mancuso, S., Eriksson, G., Diczfalusy, E.: Metabolism of retrotestosterone and testosterone by midterm placentas perfused in situ. Biochim. biophys. Acta (Amst.) 130, 241 (1966).

--, Ruse, J.L., Solomon, S., Diczfalusy, E.: Studies on the aromatisation of neutral steroids in pregnant women. 6. Aromatisation of 16α-hydroxylated C-19 steroids by midterm placentas perfused in situ. Acta endocr. (Kbh.) 55, 401 (1967 a).

--, Wiqvist, N., Ruse, J.L., Solomon, S., Diczfalusy, E.: Studies on the aromatisation of neutral steroids in pregnant women. 5. Metabolism of androst-5-ene 3β,16α,17β-triol in the intact foeto-placental unit at midpregnancy. Acta endocr. (Kbh.) 55, 389 (1967 b).

Diczfalusy, E.: Endocrine functions of the human feto-placental unit. Fed. Proc. 23, 791 (1964 a).

--, The functions of biosynthesis of the placenta. Official Lectures of the IVth World Congress of Gynaecology and Obstetrics, p. 73. Buenos Aires: Editorial Medica Panamericana, 1964 b).

--, Oestrogen and progesterone metabolism in the human foeto-placental unit. Mém. Acad. roy. Méd. Belg. II Sér. 6, 111 (1967).

--, Steroid metabolism in the foeto-placental unit. Excerpta med. (Amst.) Internat. Congr. Ser. 183, 65 (1969).

--, Halla, M.: The detection of an epimeric oestriol in placental extracts. Acta endocr. (Kbh.) 27, 303 (1958).

--, Lauritzen, C.: Oestrogene beim Menschen. Berlin-Göttingen-Heidelberg: Springer 1961.

--, Mancuso, S.: Oestrogen metabolism in pregnancy. In: Klopper A. and Diczfalusy E., Eds.: Foetus and placenta, p. 191. Oxford: Blackwell Scientific Publ., 1969.

--, v. Münstermann, A.-M.: Isolation and identification of 16-oxo-oestradiol-17β in human placentae. Acta endocr. (Kbh.) 32, 195 (1959).

--, Pion, R., Schwers, J.: Steroid biogenesis and metabolism in the human foeto-placental unit at midpregnancy. Arch. Anat. micr. Morph. exp. 54, 67 (1965).

--, Troen, Ph.: Endocrine functions of the human placenta. Vitam. and Horm. 19, 229 (1961).

Easterling, W.E., Simmer, H.H., Dignam, W.J., Frankland, M.V., Naftolin, F.: Neutral C_{19}-steroids and steroid sulfates in human pregnancy. II. Dehydroepiandrosterone sulfate, 16α-hydroxydehydroepiandrosterone, and 16α-hydroxydehydroepiandrosterone sulfate in maternal and fetal blood of pregnancies with anencephalic and normal fetuses. Steroids 8, 157 (1966).

Harbert, G.M., Jr., McGaughey, H.S., Jr., Scoggin, W.A., Thorton, W.M.: Concentration of progesterone in newborn and maternal circulation at delivery. Obstet. and Gynec. 23, 413 (1964).

Hubble, E.: The nature of science and other lectures, p. 14. San Marino, Calif., U.S.A.: The Huntington Library 1954.

Jackanicz, T.M., Diczfalusy, E.: Absence of 16α-hydroxylating activity in the human midterm placenta. Steroids 11, 877 (1968).

--, Wiqvist, N., Diczfalusy, E.: Conversion of 17α-hydroxypregnenolone to α,β-unsaturated 3-ketosteroids by the previable human foetus. Biochim. biophys. Acta (Amst.) 176, 883 (1969).

Jaffe, R.B., Lamont, K.G., Perez-Palacios,G.: Metabolism of pregnenolone sulfate by the human fetus. Excerpta med. (Amst.) Intern. Congr. Ser. 157, 171 (1968).

Kirschner, M.A., Wiqvist,N., Diczfalusy,E.: Studies on oestriol synthesis from dehydroepiandrosterone sulphate in human pregnancy. Acta endocr. (Kbh.) 53, 584 (1966).

Klopper, A.: The assessment of placental function in clinical practice. In: Klopper A., Diczfalusy E., Eds.: Foetus and Placenta, p. 471. Oxford: Blackwell Scientific Publ. 1969.

Lamb,E., Mancuso,S., Dell'Acqua,S., Wiqvist,N., Diczfalusy,E.: Studies on the metabolism of C-19 steroids in the human foeto-placental unit. 1. Neutral metabolites formed from dehydroepiandrosterone sulphate by the placenta at midpregnancy. Acta endocr. (Kbh.) 55, 263 (1967).

Lerner,U., Diczfalusy,E.: A new method for the in vitro perfusion of the human foeto-placental unit. Excerpta med. (Amst.) Intern. Congr. Ser. 170, 19 (1968).

van Leusden,H., Villee, C.A.: The de novo synthesis of sterols and steroids from acetate by preparations of human term placenta. Steroids 6, 31 (1965).

Levitz,M., Emerman,S., Dancis,J.: Sterol synthesis in perfused human placenta. Excerpta med. (Amst.) Intern. Congr. Ser. 51, 266 (1962).

Maner, F.D., Saffan, B.D., Wiggins, R.A., Thompson, J.D., Preedy, J.R.: Interrelationship of estrogen concentrations in the maternal circulation, fetal circulation and maternal urine in late pregnancy. J. Clin. endocr. 23, 445 (1963).

Mitchell, F.L.: Steroid metabolism in the foeto-placental unit and in early childhood. Vitam. and Horm. 25, 191 (1967).

Palmer,R., Blair, J.A., Eriksson,G., Diczfalusy,E.: Studies on the metabolism of C-21 steroids in the human foeto-placental unit. 3. Metabolism of progesterone and 20α- and 20β-dihydroprogesterone by midterm placentas perfused in situ. Acta endocr. (Kbh.) 53, 407 (1966 a).

--, Eriksson,G., Wiqvist,N., Diczfalusy,E.: Studies on the metabolism of C-21 steroids in the human foeto-placental unit. 2. Metabolism of pregnenolone sulphate by midterm placentas perfused in situ. Acta endocr. (Kbh.) 52, 598 (1966 b).

Pasqualini, J.R., Lowy,J., Algepart,T., Wiqvist,N., Diczfalusy,E.: Studies on the metabolism of corticosteroids in the human foeto-placental unit. 3. Role of 21-hydroxypregnenolone in the biosynthesis of corticosteroids. Acta endocr. (Kbh.) 63, 11 (1970).

--, Wiqvist,N., Diczfalusy,E.: Biosynthesis of cortisol from 3β,17α,21-trihydroxypregn-5-en-20-one by the intact human foetus at midpregnancy. Biochim. biophys. Acta 152, 648 (1968).

--,--,--: Biosynthesis of aldosterone by human foetuses perfused with corticosterone at mid-term. Biochim. biophys. Acta 121, 430 (1966).

Pion, R.J., Jaffe, R.B., Wiqvist, N., Diczfalusy, E.: Formation of dehydroepiandrosterone sulphate by previable human foetuses. Biochim. biophys. Acta 137, 584 (1967).

Reynolds, J.W., Mancuso,S., Wiqvist,N., Diczfalusy,E.: Studies on the aromatisation of neutral steroids in pregnant women. 7. Aromatisation of 3β,17β-dihydroxy-androst-5-en-16-one by placentas perfused in situ at midpregnancy. Acta endocr. (Kbh.) 58, 377 (1968).

Schwers,J., Eriksson,G., Diczfalusy,E.: Metabolism of oestrone and oestradiol in the human foeto-placental unit at midpregnancy. Acta endocr. (Kbh.) 49, 65 (1965 a).

--, Govaerts-Videtsky,M., Wiqvist,N.: Metabolism of oestrone sulphate by the previable human foetus. Acta endocr. (Kbh.) 50, 597 (1965 b).

Shackleton, C.H.L., Kelly, R.W., Adhikary, P.M., Brooks, C.J.W., Harkness, R.A. Sykes, P. J., Mitchell,F. L.: The identification, measurement and mode of conjugation of 16β-hydroxydehydroepiandrosterone in infant urine. Steroids 12, 705 (1968).

Simmer, H.H., Dignam, W.J., Easterling, W.E., Jr., Frankland, M.V., Naftolin,F.: Neutral C-19 steroids and steroid sulfates in human pregnancy. I. Identification of dehydroepiandrosterone sulfate in fetal blood and quantification of this hormone in cord arterial, cord venous and maternal peripheral blood in normal pregnancies at term. Steroids 4, 125 (1964).

Telegdy,G., Weeks, J.W., Archer, D.F., Wiqvist,N., Diczfalusy,E.: Acetate and cholesterol metabolism in the human foeto-placental unit at midgestation. 3. Steroids synthesized and secreted by the foetus. Acta endocr. (KbH.) 63, 119 (1970 a).

--, Werner,U., Stakemann,G., Diczfalusy,E.: Acetate and cholesterol metabolism in the human foeto-placental unit at midgestation. 1. Synthesis of cholesterol. Acta endocr. (Kbh.) 63, 91 (1970 b).

--, Wiqvist,N., Diczfalusy,E.: Acetate and cholesterol metabolism in the human foeto-placental unit at midgestation. 2. Steroids synthesized and secreted by the placenta. Acta endocr. (Kbh.) 63, 105 (1970 c).

Villee,C. A.: De novo synthesis of steroids by the placenta. Excerpta med. (Amst.) Internat. Congr. Ser. 170, 6 (1968).

Westin,B., Nyberg,R., Enhörning,G.: A technique for perfusion of the previable human foetus. Acta paediat. scand. 47, 339 (1958).

Zander,J.: Relationship between progesterone production in the human placenta and the foetus. Ciba Foundation Study Group No. 9 p. 32 London: Churchill Ltd. 1961.

Zelewski,L., Villee, C.A.: The biosynthesis of squalene lanosterol and cholesterol by minced human placenta. Biochemistry (Wash.) 5, 1805 (1966).

Symp. Dtsch. Ges. Endokrin. 16, 47-57 (1970)

Anterior Pituitary Function in Human Fetal Life *

P. FRANCHIMONT,[1] J. J. LEGROS,[2] B. DECONINCK,[3] P. DEMEYTS,[4] M. GOULART,[5] J. M. KETELSLEGERS,[6] and C. SCHAUB[7]

Department of Internal Medicine and Medical Pathology, University of Liège, Belgium

Summary

Anterior pituitary hormones appear very early in the human fetal hypophysis: HGH at 9 weeks, FSH at 14 weeks, LH at 18 weeks, TSH at 14-16 weeks and ACTH at 16-22 weeks of gestation. These hypophyseal stimulins do not induce organ genesis but are necessary for further development of the already formed organs. Some mechanisms of secretion of these hormones are already identical to those operative in adults: increase in HGH in response to insulin-induced hypoglycemia; decrease in HGH in response to hyperglycemia produced by oral glucose load; negative feedback of the corticosteroids on ACTH secretion.

The levels of HGH, FSH, LH, TSH and ACTH in the serum of premature neonates are very high. The elevated HGH concentrations must be linked to the fall in blood sugar. With regard to serum FSH levels, which are higher in female than in male premature infants, these are elevated in comparison to maternal serum levels and the serum levels of normal one year-old children. Serum LH is probably of pituitary and placental origin. Serum TSH concentrations are high but are of the same order of magnitude as in normal full term neonates. Lastly, ACTH levels are often extremely high and may be correlated with the stress of delivery.

Information concerning the functional activity of the human fetal pituitary gland is limited. Referring to the literature and to our own data, we shall attempt in this report to answer the following three questions:

---

*Supported by Grant 1013, F.R.S.M.

[1]Associate Professor; Director, Radioimmunoassay Laboratory, Department of Internal Medicine and Medical Pathology (Prof. Van Cauwenberge), Hôpital de Bavière, Liège, Belgium.

[2]Fellow, F. N. R. S.; Department of Internal Medicine and Medical Pathology (Prof. Van Cauwenberge), Hôpital de Bavière, Liège, Belgium.

[3]Department of Pediatrics, Hôpital Calmette (Prof. Gaudier), University of Lille, France.

[4]Department of Internal Medicine and Medical Pathology (Prof. Van Cauwenberge), Hôpital de Bavière, Liège, Belgium.

[5]Department of Medical Chemistry, Secretaria Saude, Rio de Janeiro, Brazil.

[6]Fellow, F.N.R.S.; Department of Internal Medicine and Semiology (Prof. Nizet), Hôpital de Bavière, Liège, Belgium.

[7]Department of Neurosurgery and Laboratory of Psychophysiology, University of Paris, France.

1. 1. At what stage do the hormones appear in the anterior pituitary gland?
2. How do these hormones influence fetal development?
3. What are their mechanisms of secretion in the fetus?

To answer these questions, we shall present data obtained by a number of different techniques which we may classify as static or dynamic.

Static methods include histologic analysis based on optical and electron microscopy, and immunofluorescence, a technique which uses a specific antiserum to one of the anterior pituitary stimulins in order to identify the cells producing this hormone. Another static method is biochemical extraction of the hormone from the fetal pituitary, which enables the hormonal contents of the gland to be assayed.

Dynamic methods provide information regarding the secretion of the gland. The first of these is the culture of the fetal pituitary gland. Identification of cells in the implant supplies histologic evidence that the gland is secreting the hormone in vitro. In addition, the hypophyseal hormones can be estimated in the culture medium by either bioassay or immunoassay. Secretion of the implant in response to different substances may also be studied.

Another dynamic method consists of assaying the various anterior pituitary hormones in the serum of post-natal fetuses, i.e. premature infants. Radioimmunoassay techniques now make it possible to measure all human anterior pituitary hormones in small samples of serum except prolactin, whose existence in man has not yet been proven. Nevertheless, the results obtained by this method must be examined with care. In the first place, maternal and placental hormones can cross the placenta in small amounts when hormonal concentrations in the maternal serum are high. Secondly, caution is necessary since there is a cross reaction between certain pituitary and placental hormones, e.g. between human placental lactogen and human growth hormone, between human chorionic gonadotropin and pituitary luteinizing hormone.

By the eighth week of gestation, the anterior portion of the human pituitary gland is recognizable as a cystic structure separated from the oral epithelium, called the stomodium, and lying opposite the diencephalic infundibulum (Atwell, 1966). Cellular differentiation in the anterior pituitary takes place from the end of the eighth week to the eleventh week. Until the eighth week the fetal anterior pituitary does not function, and static and dynamic investigations are impossible.

I. Human Growth Hormone

Histologic studies have shown that the acidophilic type of anterior pituitary cell is recognized at the ninth or tenth week of fetal life (Falin, 1961). Using antiserum to human growth hormone (HGH), Leznoff et al. (1960), Pasteels (1963) and Pasteels et al. (1965) have studied fetal pituitary glands by immunofluorescence. Specific fluorescence is localized exclusively in the secretory granules of α-cells as early as the third month in utero. Electron microscopy of the human fetal hypophysis similarly reveals that the α-cells begin to differentiate and acquire the first secretory granules during the third month (Pasteels, 1963; Pasteels et al., 1965). Kaplan and Grumbach in 1962 detected the presence of growth hormone by immunoassay in human fetal pituitary homogenates as early as the fourteenth week of gestation.

The synthesis of immunoreactive HGH in 11 embryos and fetuses between 29 days and 18 weeks old was investigated dynamically by incubating pituitary glands in culture medium containing ^{14}C-labeled amino acids. The synthesized HGH was detected by immunoelectrophoresis of the concentrated culture fluids and by radioautography (Gitlin and Biasucci, 1969 a). Synthesis of HGH first became evident at 9 weeks' gestation whereas no synthesis had been observed with the pituitary of a fetus eight and one-half weeks old. The amount of HGH increases with the age of the fetus; Pavlova et al. (1968) have determined that the HGH content of the pituitary gland of fetuses 9-11 weeks old is 1 μg and 9.9 μg in fetuses 15-16 weeks old.

From the physiologic point of view, we may ask if the growth hormone which is present at an early stage in the pituitary gland is necessary for the growth of the fetus. An answer could be provided by either abnormal fetuses lacking a pituitary gland or experimental animals deprived of the hypophysis. Several cases of congenital absence of the pituitary have been observed with normal birth size (Edmonds, 1950; Blissard and Albert, 1956; Brewer, 1957; Reid, 1960). Moreover, animal fetuses of different species deprived of their pituitary by decapitation do not stop growing (Jost, 1966). These clinical observations and experimental findings offer evidence that normal growth can occur even in the complete absence of the pituitary gland. Nevertheless, this absence of growth hormone may be compensated for by human placental lactogen (HPL), which is somewhat similar to the pituitary stimulin. This chorionic hormone might participate in fetal development by two mechanisms. Firstly, via its metabolic properties in the mother, HPL brings energy-supplying materials such as glucose, fatty acids and amino acids from the mother to the fetus. Secondly, a small percentage of this chorionic hormone crosses the placenta, as demonstrated by Grumbach and coworkers in 1968 and more recently by Geiger et al. (1970). Thus, HPL could also act directly on fetal cells by stimulating the synthesis of nucleic acids and proteins and contribute to fetal development.

Serum HGH in the fetus is relatively high, as shown by the experiments of Cornblath et al. (1965) and by our own studies. In our study venous blood was drawn from a peripheral or umbilical vein in several premature infants during the first 6 hours of life, always prior to their first feeding (Table 1). Radioimmunoassay of HGH was performed using a specific antiserum to HGH which is not capable of reacting with HPL. In all these groups, high values were found during the first 6 hours following delivery; no difference was noted between male and female infants. In the group of 32-35 week old premature neonates, these high values persisted during the first and second days of life concomitant with a decreased blood sugar level. After 48 hours, serum HGH decreased to values which were statistically lower than those obtained during the first 48 hours of life in spite of a persistent low glucose concentration (Table 2).

Table 1. HGH in serum of premature children (ng/ml ± SD) (number of case)

Age	♀	♂
27 weeks old	17 (1)	21 (1)
30 and 31 weeks old	24 (3)	-
32 to 35 weeks old	46.2 ± 21 (7)	45 (3)
36 to 39 weeks old	34 ± 24 (8)	29 ± 27 (10)

This fall in serum HGH is similar to that seen in full-term infants, as reported by Cornblath and coworkers (1965). Nevertheless, these authors found that low birth weight infants tended to have higher HGH levels than the full term infants and showed a secondary rise between two and four weeks of age which persisted until the age of eight weeks.

The stress of labor, which results in higher levels of 17-hydroxycorticosteroids in the mother and infant, does not affect the high concentrations of HGH in umbilical blood. The mode of delivery is not a contributing factor. Perhaps

Table 2. Premature children (32 to 35 weeks old) - number of cases: 10

Day	Glycemia	HGH
1st	0.57 g °/oo ± 0.14	48.1 ng/ml ± 18.1
2nd	0.56 g °/oo ± 0.11	44.6 ng/ml ± 21.1
4th	0.41 g °/oo ± 0.11	20 ng/ml ± 12.1
15th	0.51 g °/oo ± 0.07	14 ng/ml ± 8.2

the stress of birth itself, associated with partial asphyxia, anoxia, changes in temperature, initiation of respiration, changes in circulation, sensory input and neurological function, may all stimulate HGH secretion.

The fall in blood glucose during the first few hours after birth may be an important factor. Indeed, Hunter has demonstrated that HGH provides fuel for the body continually although one eats only several times per day. This ample secretion of growth hormone might explain the rise in free fatty acids during the first hour after birth (Novak et al., 1961) as well as the increase in nitrogen retention.

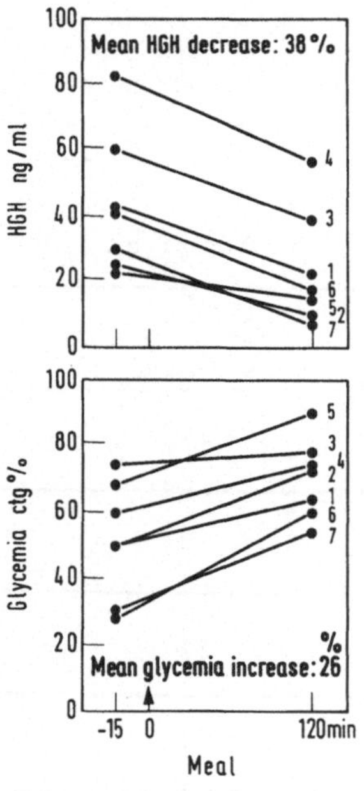

Fig. 1. Serum STH and blood sugar levels after feeding in 32-35 week premature neonates 2 days after birth

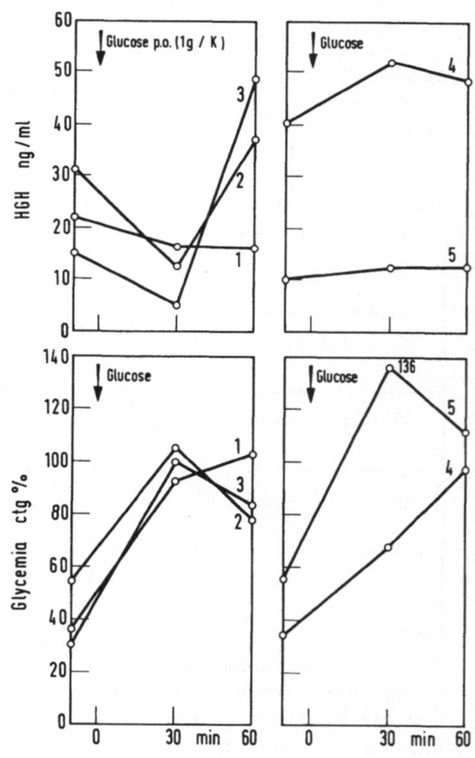

Fig. 2. Serum STH and blood sugar levels after oral administration of glucose in 32-35 week premature neonates 4 days after birth. Two types of responses are seen.

What physiologic mechanisms govern the secretion of HGH in the fetus?

Pasteels (1963) has demonstrated that serial cultures of fetal pituitary gland secrete a large quantity of prolactin but a small amount of HGH. When hypothalamic extract is added to the culture medium, the secretion of HGH increases whereas prolactin concentration decreases significantly. Thus, in man growth hormone secretion, unlike prolactin, is stimulated by the hypothalamus.

Moreover, the pituitary gland of premature neonates can respond to changes in carbohydrate metabolism. For example, Cornblath and coworkers (1965) have shown that insulin-induced hypoglycemia causes a prompt rise in HGH even in the first few hours after birth, just as in full-term infants. On the second postnatal day in premature infants, we have observed a decrease in HGH two hours after a feeding concomitant with an increase in blood sugar (Fig. 1). This response is identical to that of normal adult subjects. Hyperglycemia induced by oral glucose produces two types of response in the premature infant (Fig. 2). A decrease in HGH is observed with the increase in blood sugar, but after one hour the HGH levels again rise. The suppressive action of hyperglycemia is always brief and incomplete, compared with the normal adult response. We might hypothesize that insulin secretion in response to hyperglycemia may be more prompt and that the glucose requirement of the cells may be greater in the fetus than in normal subjects. Thus, the secondary rise in HGH would occur more rapidly. The other response is paradoxical in that HGH increased as blood sugar rose. Such paradoxical responses were also observed by Cornblath et al. (1965); in their experience, only after 15 days following delivery did the HGH levels drop with hyperglycemia. In these cases, the pathway for suppression of HGH secretion might require some time after birth to mature.

II. Gonadotropins

The role of pituitary gonadotropins in the fetus cannot be understood unless the chronology of the major events in sexual development is kept in mind. The successive stages are as follows (Jost, 1966):

1. Sexual differentiation of the gonads. In man, the testes begin to become distinguishable from the ovaries in the 5th week.
2. Sexual differentiation of the sexual tract from undifferentiated tissue. This stage begins at the end of the 7th week.
3. Growth of the formed sex structures. This is a long stage in the human fetus.

A. Follicle Stimulating Hormone

Pituitary gland cultures synthesize FSH when the male or female fetus is 14 or more weeks old (Gitlin and Biasucci, 1969 a). In contrast, Levina and Ivanova (1966) have shown that FSH is present in the pituitary gland of the female fetus just before 14 weeks' gestation whereas it does not appear in the male before the 21st week. At this point, the first two stages of sexual development are terminated, which suggests that FSH does not influence the differentiation of the gonads or the sexual tract. We have assayed FSH in the serum of several premature neonates during the first 24 hours after birth using a specific radioimmunoassay system (Franchimont, 1966). In this system no cross reaction was observed with human chorionic gonadotropin or thyroid-stimulating hormone. The values obtained during the first day of life are very high compared with maternal serum levels and the serum concentration of normal one year-old children. Serum FSH levels are higher in female than in male premature infants (Table 3). These very high values are found when the primordial follicles are developing in the ovaries. We may logically infer that FSH does not influence the genesis of the sexual organs but does stimulate the development of already formed gonads in both sexes. For the female fetus, it induces the first step of ovum maturation--prophase--which takes place during gestation.

Table 3. FSH (m IU ± S.D.) (* Franchimont 1968)

Premature children	♀	♂	Mother*
30 and 31 weeks old	12.0 ± 1.75 (5)		0.28
32 to 35 weeks old	9.3 ± 1.60 (6)	3.1 ± 0.84 (7)	0.25
36 to 39 weeks old	8.0 ± 1.05 (4)	5.7 ± 0.57 (8)	0.18
Full-term newborn	5.3 ± 1.37 (7)	2.4 ± 0.46 (7)	
1 year old children	1.2 ± 0.6 (14)	0.9 ± 0.5 (10)	

FSH concentrations in fetal serum decrease from the 30th or 31st week. This seems to indicate that FSH secretion by the pituitary passes through a period of maximum activity.

B. Luteinizing Hormone

LH was found by Levina and coworkers (1963, 1964) by the 18th week only in the female pituitary. Herlant and Pasteels (1967) identified immunofluorescent cells with an antiserum to human chorionic gonadotropin (HCG) in the pituitary of a four month-old fetus.

The specific radioimmunoassay of LH in the serum of premature infants is difficult because there is a cross reaction between pituitary LH and HCG and because a small amount of HCG crosses the placenta. In our studies, we found high LH levels in the serum of premature infants, but these values are much lower than those observed in the maternal serum. We have not yet been able to determine whether this LH is of pituitary or placental origin (Table 4). However, these high values again demonstrate that HCG crosses the placenta. The blood concentration of gonadotropin in pregnant women reaches a maximum between the 40th and the 60th postinsemination day and then decreases rapidly until day 80-85. The fetus shares this hormone with its mother. The peak coincides with the main stage of genesis of the sexual tracts in the fetus (stage 2). At this time the testicular interstitial cells are very well developed and the sex ducts, the urogenital sinus and the external genitalia acquire their definitive sexual characteristics. If the testis requires LH stimulation to perform its work during this stage, it probably receives it

Table 4. Luteinizing hormone (HCG and LH) (m IU/ml)

Age	Premature infants		Mothers
	♀	♂	
30 and 31 weeks old	222 (3)	-	17.000
32 to 35 weeks old	315 (7)	317 (3)	21.000
36 to 39 weeks old	230 (8)	301 (10)	25.000

only from the placenta since LH cells do not appear in the pituitary before the fourth month. HCG seems to stimulate the testis, and the genesis of the sex organs proceeds.

During and after the decline of HCG secretion, the interstitial cells of the fetal testis continue to hypertrophy. This continued hypertrophy of the interstitial cells despite the decrease in HCG concentration suggests that another stimulating factor is active on the testis. This stimulin must be pituitary LH.

If the fetal pituitary is absent, the growth of some sex structures such as the penis, which occurs during stage 3, may be more or less impaired depending on the level of HCG.

III. Prolactin

Prolactin erythrosinophilic cells are absent in adults and children at all times other than during pregnancy. In the fetus, these cells appear after the third month (Pasteels, 1963). The existence of human prolactin as an entity distinct from HGH is still being discussed. Indeed, several authors have proved that in man somatotropic and lactogenic activities are intrinsic properties of pure HGH preparations. Such preparations stimulate the mammary gland in rabbits and, at high doses, the pigeon's crop gland (Chadwick et al., 1965; Ferguson and Wallace, 1961). Nevertheless, some biochemical and physiologic evidence seems to indicate that prolactin does exist, and the experiments of Pasteels (1963) with fetal pituitary gland cultures probably constitute the best argument.

Using the same human fetal pituitary cultures, Pasteels and coworkers assayed lactogenic activity by the pigeon crop gland method and simultaneously estimated HGH release with complement fixation, an immunologic method. During the first few weeks of culture, lactogenic hormone secretion increased steadily whereas concomitantly the release of HGH showed a significant decrease (Pasteels, 1963; Pasteels et al., 1963; Brauman et al., 1964). The preparation's action on the pigeon crop gland cannot be attributed to HGH because the same effect is observed with boiled culture fluid in which the HGH has been destroyed by heat.

Histologic examination reveals a great number of erythrosinophilic cells (prolactin cells) and the gradual disappearance of the classic acidophils which produce HGH.

Rat hypothalamic extracts stimulate HGH secretion but inhibit prolactin secretion. It appears that the hypothalamic extracts contain growth hormone releasing factor and prolactin-inhibiting factor and that neither substance presents any species-specificity.

Addition to the culture medium of various amounts of oxytocin, vasopressin, acetylcholine, adrenalin, serotonin, testosterone and progesterone does not influence the ample secretion of prolactin by the pituitary implant (Nicoll and Meites, 1962 a, b; Pasteels, 1963; Talwalker et al., 1963).

With regard to estrogens, Pasteels (1963) and Gala and Reese (1964) did not find that these hormones modify prolactin secretion in vitro. In contrast, Nicoll and Meites (1962 a, b) and Ben-David et al. (1964) observed an increase in prolactin secretion.

Moreover, FSH and LH are detected in the culture fluids and the implants by the following bioassays: for FSH, the ovarian weight augmentation test in rats saturated with HCG, and the increase in mitosis in spermatogonia in the testis; for LH, the ovarian ascorbic acid depletion test. On the contrary, prolonged pituitary culture fails to produce any TSH or ACTH detectable by bioassay. These experiments indicate that, in contrast to the other pituitary functions, prolactin secretion is a spontaneous activity of the gland normally moderated by an inhibiting hypothalamic control. The other pituitary secretions are only partially autonomous (Pasteels, 1963; Thomson et al., 1959). Indeed, cultures separated from the hypothalamus over one and a half years contain somatotropic and gonadotropic cells detectable by immunofluorescent techniques. They release small but not negligible amounts of HGH, FSH and LH. However, the lack of hypothalamic stimulation depresses the somatotropin- and gonadotropin-secreting functions.

IV. Thyroid Stimulating Hormone

As shown by biochemical extraction and synthesis in tissue culture, thyroid stimulating hormone (TSH) first appears in the fetal pituitary gland between the 14th and the 16th week (Mitskevich, 1950; Ivanova and Levina, 1966; Gitlin and Biasucci, 1969 a). The amount synthesized increases with the age of the fetus.

This fetal pituitary TSH does not influence the morphologic and physiologic specialization of the thyroid gland from the early epithelial primordium. Morphologic differentiation of thyroid tissue can occur in the absence of the pituitary gland (Jost, 1966); in human infants lacking a pituitary the histochemical structure of the thyroid gland is easily recognized.

Moreover, the synthesis of thyroglobulin begins approximately on the 29th day (Gitlin and Biasucci, 1969 b), and iodination of proteins in the thyroid gland starts during the 11th week of gestation. At this time fetal TSH has not yet appeared and thus cannot be held responsible for these morphogenic and functional processes (Shepard, 1967). After the 14th week, however, fetal TSH contributes to the further development of the thyroid gland and is needed for normal physiologic activity.

Thus, TSH is not required for morphologic specialization of thyroid tissue. Nonetheless, in the absence of the pituitary gland morphologic differentiation is delayed and the thyroid has a low physiologic effectiveness.

In the serum of premature infants during the first day after delivery, we found high TSH concentrations (Table 5), in agreement with Lemarchand (1970)

Table 5. TSH (μU - IRP/ml)

Premature children	♀	♂
27 weeks old	15 (1)	19 (1)
30 and 31 weeks old	29 (3)	
32 to 35 weeks old	35 ± 21 (7)	23 (3)
36 to 39 weeks old	58 ± 22.4 (8)	35 ± 15.8 (10)
Pregnant women	<	17

and as Fisher and Odell have demonstrated in the full term neonate (1969). In their experiments, TSH concentrations increased rapidly to attain maximum levels at 30 minutes following delivery. Subsequently, serum TSH decreased but the levels remained high for the first 48 hours.

Maternal serum TSH concentrations were stable but low (< 17 μU). They cannot explain the high values found in premature infants, especially since the placenta is known to be impermeable to TSH (Shepard, 1969). These high values are not caused by HCG which cross-reacts with TSH: in the radioimmunologic system employed to assay human TSH, antibodies against HCG are neutralized by adding an excess of HCG to each tube.

The chorionic TSH found by Hennen et al. (1969) in the placenta and maternal serum does not interfere with the radioimmunoassay of pituitary FSH using the antiserum employed in the present study.

The persistence of relatively high serum TSH levels throughout the first 24-28 hours of life in full-term and premature infants cannot be presently explained. They are not fully accounted for by the temperature to which the infants are exposed. These data thus suggest that the mechanism underlying the early acute release of TSH in the neonate may involve a potent stimulus other than cooling. However, exposure to cold is capable of increasing TSH secretion in the newborn.

V. Adrenocorticotropic Hormone (ACTH)

Man is the only species thus far in which ACTH has been found in the fetal pituitary gland. Taylor et al. (1953) and Ghilain and Schers (1957) were able to detect ACTH in the 16-22 week-old fetal pituitary and to measure it quantitatively in fetuses aged 21 to 27 weeks.

This ACTH does not control the formation or early development of the fetal adrenal gland, since the genesis of the adrenal cortex is completed before the second month of fetal life (Milkovic and Milkovic, 1966). Nevertheless, in human fetuses that lack an anterior pituitary the adrenal cortex is invariably reduced in size. Thus, it is very likely that ACTH plays the major role in controlling the size of the fetal adrenal glands during the second half of pregnancy.

The corticoids are known to exert a negative feedback on ACTH secretion; this mechanism explains the observed decrease in adrenal cortex size when animal fetuses receive corticosteroids (Jost et al., 1955). Moreover, negative feedback may be induced by the maternal corticosteroids. For example, an excess of corticosteroids produced either by injection of steroids into the pregnant female animal or by stimulation via injection of ACTH depresses fetal adrenal function (Courrier et al., 1951; Davis and Plotz, 1954; Schmidt and Hoffmann, 1954). Conversely, when maternal corticosteroid secretion is depressed, the mitotic activity of the fetal cortex increases along with fetal corticoid secretion (Waalas and Waalas, 1944). These changes result from the increased ACTH secretion of the fetal pituitary, which in turn is due to the fact that a part of the corticosteroids circulating in the fetus crosses the placenta. Maternal ACTH cannot normally reach the fetus through the placenta, in contrast with maternal corticosteroids which do cross the placenta and interfere with the fetal pituitary-adrenal system.

We have assayed serum ACTH in a few premature infants during the first three hours following delivery. High values were obtained (near 1000 μμg/ml, while adult values range from 22 to 50 μμg/ml). Along with Gemzell (1954) and Kawahara (1958), we may interpret these high levels as the response of the neonate to the stress of birth.

Certain findings seem to indicate that ACTH secretion can be induced by the production or release of hypothalamic corticotropin releasing factors (CRF) in the fetus. For example, the hypophyseal portal system develops in the human fetus around the middle of the fetal period (Raïhä and Hjelt, 1957); neurosecretory material has been stained in the fetal hypothalamus as early as the 20th week of gestation (Benirshke and McKay, 1953); and both vasopressor and oxytocic activity has been detected in the pituitary gland of fetuses from 70 to 110 days old.

References

Apostolakis, M.: Acta endocr. (Kbh.) 49, 1 (1965).

Atwell, W. J.: Amer. J. Anat. 37, 159 (1926).

Ben-David, M., Dikstein, S., Sulman, F. G.: Proc. Soc. exp. Biol. 117, 511 (1964).

Benirshke, K., McKay, D. G.: Obstet. and Gynec. 1, 638 (1953).

Blissard, R. M., Albert, M.: J. Pediat. 48, 782 (1956).
Brewer, D. B.: J. Path. Bact. 73, 59 (1957).
Chadwick, A., Folley, S. J., Gemzell, C. A.: Lancet 2, 241 (1961).
Cornblath, M., Parker, M., Reisner, S., Forbes, A., Daughaday, W. H.: J. clin. Endocr. 25, 209 (1965).
Courrier, R., Colonge, A., Baclesse, M.: C. R. Acad. Sci. (Paris) 233, 336 (1951).
Davis, E., Plotz, E.: Endocrinology 54, 384 (1954).
Edmonds, H. W.: Arch. Path. 50, 727 (1950).
Falin, L. I.: Acta anat. (Basel) 44, 196 (1961).
Ferguson, K. A., Wallace, A. L.: Nature (Lond.) 190, 632 (1961).
Fisher, J. A., Odell, W. D.: J. clin. Invest. 48, 1670 (1969).
Franchimont, P.: Le Dosage des Hormones Somatotrope et Gonadotropes et son Application en Clinique, Brussels: Arscia; Paris: Maloine 1966.
Gala, R. R., Reece, R. P.: Proc. Soc. exp. Biol. 115, 1030 (1964).
Geiger et al., this volume, 1970.
Gemzell, C.: Acta endocr. (Kbh.) 17, 100 (1954).
Ghilain, A., Schers, J.: C. R. Soc. Biol. (Paris) 151, 1606 (1957).
Gitlin, D., Biasucci, A.: J. clin. Endocr. 29, 849 (1969 a).
--: J. clin. Endocr. 29, 926 (1969 b).
Grumbach, M. M., Kaplan, S. L., Sciarra, J. J., Burr, I. M.: Ann N.Y. Acad. Sci. 148, 501 (1968).
Hennen, G. H., Pierce, J. G., Freichet, P.: J. clin. Endocr. 29, 581 (1969).
Herlant, M., Pasteels, J. L.: In: Bajusz, E., and G. Jasmin (eds.), Methods and Achievements in Experimental Pathology, vol. 3, p. 250, New York: Karger, 1967.
Hermanus, J. P., Pasteels, J. L., Herlant, M.: C. R. Acad. Sci. (Paris) 259 6530 (1964).
Ivanova, E. A., Levina, S. E.: Dokl. Akad. Nauk SSSR, Otd. Biokh. 167, 1423 (1966).
Jost, A.: In G. W. Morris, and B. T. Donovan (eds.): The Pituitary Gland, vol. 2, p. 299, London: Butterworths, 1966.
--, Jacquot, R., Cohen, A.: C. R. Soc. Biol. (Paris) 149, 1319 (1955).
Kaplan, S. L., Grumbach, M. M.: J. clin. Endocr. 22, 1153 (1962).
Kawahara, H.: J. clin. Endocr. 18, 325 (1958).
Keene, M. F. L., Hewer, E. E.: Lancet 2, 111 (1924).
Lemarchand, T., this volume, 1970.
Levina, S. E., Ivanova, E. A.: Dokl. Akad. Nauk. SSSR, Otd. Biokh. 153, 493 (1963). - Dokl. Akad. Nauk SSSR, Otd. Biokh. 155, 988 (1964). - Dokl. Akad. Nauk SSSR, Otd. Biokh. 167, 717 (1966).
Leznoff, A. L., Fishman, J., Goodfriend, L., McGarry, E., Beck, J., Rose, B.: Proc. Soc. exp. Biol. 104, 232 (1960).
Milkovic, K., Milkovic, S, In Martini, L., and W. Ganong (eds.): Neuroendocrinology, vol. 1, p. 371, New York: Academic Press, 1966.
Mitskevich, M. S.: Dokl. Akad. Nauk SSSR, Otd. Biokh. 70, 165 (1950).
Nicoll, C. S., Meites, J.: Endocrinology 70, 272 (1962 a) - Endocrinology 70, 927 (1962 b). - Proc. Soc. exp. Biol. 117, 579 (1964).
Novak, M., Melichar, V., Hahn, P., Koldovsky, O.: Physiol. bohemoslov. 10, 451 (1961).
Pasteels, J. L.: Arch. Biol. (Liège) 74, 439 (1963). - C. R. Acad. Roy. Med. Belg. (2nd series) 7, 1 (1968).
--, Bossaert, Y., Brauman, H., Brauman, J.: J. Microsc. (Paris) 4, 158 (1965).
--, Brauman, H., Brauman, J.: C. R. Acad. Sci. (Paris) 256, 2031 (1963).
--, Ectors, F.: C. R. Acad. Sci. (Paris) 264, 106 (1967).
Pavlova, E. B., Pronina, T. S., Skebeskaya, Y. B.: Gen. Comp. Endocr. 10, 269 (1968).
Raïhä, N., Hjelt, L.: Acta paediat. scand. 72, 610 (1957).
Reid, J. R.: J. Pediat. 56, 658 (1960).
Schmidt, I., Hoffmann, R. A.: Endocrinology 55, 125 (1954).

Shepard, T. H.: J. clin. Endocr. 27, 945 (1967). - In: Gardner, L. I. (ed.), Endocrine and Genetic Diseases of Childhood, p. 204, Philadelphia: W. Saunders, 1969.
Simkin, B., Goodart, D.: J. clin. Endocr. 20, 1095 (1960).
Talwalker, P. K., Ratner, A., Meites, J.: Amer. J. Physiol. 205, 213 (1963).
Taylor, N. R., Loraine, J. A., Robertson, H. A.: J. Endocr. 9, 23 (1953).
Thompson, K. W., Vincent, M. M., Jensen, F. C., Price, R. T., Shapiro, E.: Proc. Soc. exp. Biol. 102, 403 (1959).
Walaas, W., Waalas, O.: Acta Path. microbiol. scand. 21, 640 (1944).

Symp. Dtsch. Ges. Endokrin. 16, 58-82 (1970)

Sexualdifferenzierung

Sexual Differentiation

Morphology of Development and Maturation of Endocrine Organs

F. NEUMANN, H. STEINBECK und W. ELGER

Experimentelle Forschung Pharma Schering AG, Abteilung Endokrinologie

Mit 19 Abbildungen*

Summary

Distinction is made between gonadal, somatic and psychic sex. Yet one sex, e.g. the genetic sex, must not necessarily harmonize with another one, e.g. the somatic sex.

The genetic sex is fixed at the moment of fertilization. Thereby, in mammalia the male sex is invariably heterocygotic (XY) whereas in birds, reptiles and axolotls it is the female sex. Immediately preceding gonadal differentiation, so-called primary germ cells, deriving presumably from the yolk sack, invade the gonads, so to speak "fertilizing" them. It is assumed that masculine and feminine primary germ cells do exist (although they are indistinguishable morphologically) and that the Y-chromosome mediates the differentiation of the gonads into testis in some yet unknown fashion.

All steps following gonadal differentiation depend upon the hormones which are synthesized by the gonad of the male fetus. The internal sexual tracts, Wolffian and Müllerian ducts, are formed in both sexes. In female animals, tubes and uteri develop from the Müllerian ducts, the Wolffian ducts disappear. In males, epididymes, deferent ducts, ampullae and seminal vesicles differentiate from the Wolffian ducts whereas the Müllerian ducts perish. Differentiation of the female genital tract does not depend upon any hormones. At least two factors are involved in masculine differentiation: androgens and at least one more yet unknown factor.

This was proved experimentally. If male rabbit fetuses are castrated in utero, complete feminine development ensues. Such animals later have tubes and uteri. Following transplantation of a testis to female fetuses, parts of the Wolffian ducts persist whereas parts of the Müllerian ducts perish. Under androgen influence both duct systems are maintained in female fetuses; besides tubes and uterus, also deferent ducts, accessory sexual glands and penis develop but no vagina. Under antiandrogen influence, in male fetuses both duct systems atrophy but a vagina is formed.

It can be calculated from these experiments which processes of somatic sex differentiation are controlled by androgens (stabilization and differentiation of the Wolffian ducts, differentiation of the accessory sexual glands, differentiation of the penis, prevention of vaginal development) and which processes

*Halbtonbilder s. Anhang S. 452

are governed by the unknown factor (destruction of the Müllerian ducts, presumably descensus testiculorum).

Experiments with androgens, antiandrogens and intrauterine castration in rat and mouse fetuses revealed that mammary gland development is also controlled by the presence or absence of androgens.

Somatic differentiation depends on whether androgens and the unknown factor - either alone or concomitantly - become operative or whether they do not. Thereby a total of four basic possibilities for somatic differentiation results, independent of the genetic sex. In this, one of those is the normal one, the other ones representing three different kinds of intersexuality.

All differentiation processes follow a rigid time schedule. Moreover, various structures of the sexual tract respond with different sensitivity to hormonal stimuli. Therefore differentiation of the sexual organs does not only depend on the kind of hormonal induction but also on the timing, the intensity and the duration of the impulse. It follows that disorders of normal differentiation may be extremely multiform.

Based on animal experiments, the causal genesis of a number of sexual malformations in humans can be interpreted.

The differentiation of certain hypothalamic centers, i.e. the organization of a masculine functional fashion, is also mediated by androgens. Experimentally, estrogens have effects fairly similar to androgens.

The regulatory centers of gonadotropin secretion work in a cyclic fashion in female individuals and acyclic in males. Invariably following androgenic influence in a distinct phase of development, a differentiation towards the masculine acyclic functional type ensues, independent of the genetic sex. The same holds true for certain behavioral patterns. For example, those hypothalamic centers governing female sexual behavior are changed up to dysfunction by androgen influence in the corresponding differentiation phase. Thereby, a dominance of masculine behavioral patterns results.

Hypothalamic differentiation takes place at the end of sex differentiation. In rats and mice, this phase extends for a time after birth whereas in guinea pigs (and humans?) it is still intrauterine. Disorders of the hormonal milieu during this time are probably the reason for various kinds of "psychic intersexuality", e.g. transvestitism.

Dieses Thema - Sexualdifferenzierung - ist sehr weit gefaßt, und es ist ausgeschlossen, alle Aspekte, die diese Thematik einschließt, in der zur Verfügung stehenden Zeit zu behandeln.

Was ist überhaupt Sexualität bzw. Geschlechtlichkeit? Die Frage ist nicht leicht zu beantworten. Es wird nämlich unterschieden zwischen dem genetischen oder chromosomalen Geschlecht, dem gonadalen Geschlecht, dem somatischen oder körperlichen Geschlecht und dem sog. "Hebammen"- oder legalen Geschlecht. Eine interessante Frage wurde im letzten Jahr auf einer Tagung der Royal Society (Thematik: "Determination of Sex") gestellt; nämlich, wozu gibt es überhaupt Geschlechtlichkeit? Die Antwort darauf war recht einfach: Durch die Geschlechtlichkeit sind bessere Überlebenschancen gegeben. Durch sie wird eine natürliche Auslese und damit Adaptation an veränderte Lebensbedingungen erst ermöglicht. Theoretisch sind also die Überlebenschancen umso günstiger, je mehr Geschlechter existieren, und auf die Frage, warum es nur zwei und nicht mehr Geschlechter gibt, lautete die Antwort: "This is the simplest way to have more than one sex".

Ich werde heute vorwiegend über die Differenzierung des somatischen oder körperlichen Geschlechts sprechen und andere Differenzierungsvorgänge der Vollständigkeit halber nur kurz erwähnen.

Die Festlegung des genetischen oder chromosomalen Geschlechts geschieht zuerst, und zwar mit der Vereinigung der Keimzellen. Normalerweise erfolgt danach die Differenzierung der Gonaden als nächster Schritt - entsprechend dem genetischen Geschlecht in Hoden oder Ovarien. Wie dies im einzelnen geschieht, ist heute noch unbekannt - es gibt nur Spekulationen. Man vermutet, daß das

Y-Chromosom auf irgendeine völlig unbekannte Weise bei Säugetieren die Differenzierung der Gonaden in Hoden bewirkt. Es wurde aber auch das Fehlen eines X-Chromosoms dafür verantwortlich gemacht. Die Gonaden sind zunächst noch steril. Unmittelbar vor ihrer Differenzierung wandern sog. primäre Keimzellen in die Gonaden ein und befruchten sie quasi. Die Keimzellen entstammen dem Entoblast. Sie bewegen sich amöbenähnlich und sollen eine große Affinität zum Gonadengewebe haben. Es gibt Experimente, in denen sehr deutlich gezeigt werden konnte, daß das Gonadengewebe für Keimzellen besonders attraktiv ist. Wenn man z.B. steriles Gonadengewebe in die Leber implantiert, so wird von den primären Keimzellen auch das Lebergewebe durchwandert. Die Attraktivität des Gonadengewebes für Keimzellen ist nicht artspezifisch, z.B. wirkt auch Gonadengewebe der Maus beim Küken (DUBOIS, 1969). Wie und wodurch diese Keimzellenmigration ausgelöst und gesteuert wird, ist unbekannt. Verschiedene Untersucher sprechen von Chemotaxis, obwohl diese Phrase ja nichts weiter aussagt. Es wird ferner vermutet, daß es möglicherweise männliche und weibliche primäre Keimzellen gibt und daß die männlichen Keimzellen die Differenzierung der undifferenzierten Gonaden in Hoden induzieren. Aber auch das ist nicht bewiesen, denn morphologisch kann man nicht unterscheiden zwischen weiblichen und männlichen Keimzellen (JOST, 1969). Bei der Besprechung des Free-martin werde ich darauf noch einmal zurückkommen.

Erst eine gewisse Zeit nach der Einwanderung der Keimzellen in die Gonade kann man zwischen Spermatogonien und Oogonien unterscheiden. In die Gonade eines chromosomal männlichen Individuums wandern mehr Keimzellen ein (ca. 5000) (DUBOIS, 1969). Im weiblichen Organismus unterliegen männliche Keimzellen einer weiblichen Differenzierung, sie gehen aber in der Prämeiose zugrunde (DUBOIS, 1969).

Erst nach der Gonadendifferenzierung erfolgt die Organisation der Geschlechtswege und anderer morphologischer Geschlechtsmerkmale - das somatische oder körperliche Geschlecht wird festgelegt. Jeder dieser großen Schritte setzt sich wieder aus verschiedenen Teilschritten zusammen, von denen wiederum jeder gestört sein kann. Die Folgen sind demzufolge umso tiefgreifender, je früher eine Störung in der Entwicklung eintritt. Dabei scheint prinzipiell - unabhängig vom genetischen oder chromosomalen Geschlecht - die Möglichkeit zur weiblichen oder männlichen Differenzierung gegeben zu sein.

Man hat heute schon ziemlich konkrete Vorstellungen von den biologischen Eigenschaften der Sexualinduktoren, die an der somatischen Geschlechtsdifferenzierung beteiligt sind. Ich möchte hier nur an die Namen Dantchakoff, Wolff, Wiesner, Witschi, Burns, Moore, Price, Wells, Raynaud und Jost erinnern. Es waren BOUIN und ANCEL, die bereits 1903 vermuteten, daß die Keimdrüse des männlichen Feten die Geschlechtsdifferenzierung beeinflußt. Sie kamen zu dieser Theorie, als sie im Hoden von 30 mm langen Schweinefeten gut entwickelte Zwischenzellen fanden - in einer Phase, in der die Differenzierung des Genitaltraktes erfolgt. Die Interpretation für die Entstehung des Free-martin, einer Form weiblicher Intersexualität bei Zwillingsschwangerschaften bei Rindern, die ebenfalls die Existenz von Sexualinduktoren bei männlichen Feten vermuten ließ, wurde dann zum Ausgangspunkt zahlreicher Experimente an verschiedensten Wirbeltierspecies (TANDLER u. KELLER, 1911; KELLER u. TANDLER, 1916; KELLER 1922; LILLIE, 1916, 1917; MOORE et al., 1957). Ich komme auf dieses Problem noch zurück.

Experimentell ist es bisher jedoch nur bei Kaltblütlern gelungen, eine vollkommen gegengeschlechtliche Differenzierung zu induzieren. Zu nennen sind hier die heute als klassisch anzusprechenden Experimente von HUMPHREY in den Jahren zwischen 1930 und 1950 (HUMPHREY, 1931, 1945, 1948). Er hat unter anderem weiblichen Axolotl in die Nähe der undifferenzierten Gonaden embryonales Hodengewebe implantiert. Die genetisch weiblichen Tiere waren später phänotypisch und funktionell vollständig männlich. Interessant sind die genetischen Aspekte dieses Experiments. Weibliche Axolotl sind nämlich heterozygot, männliche homozygot. Bei der Kreuzung solcher dem genetischen Geschlecht entgegengesetzt differenzierter Axolotl mit normalen weiblichen Tieren waren 75% der Nachkommen weiblich, davon 50% heterozygot und 25% homozygot. Die weitere Kreuzung der homozygoten weiblichen Tiere mit normalen männlichen Tieren ergab ausschließlich weibliche Nachkommen (siehe Abb. 1).

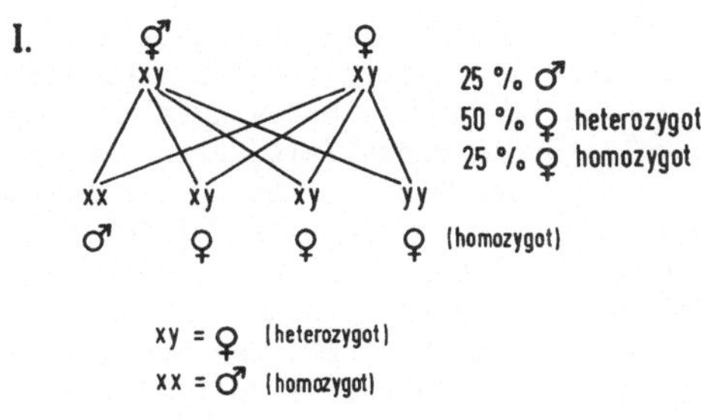

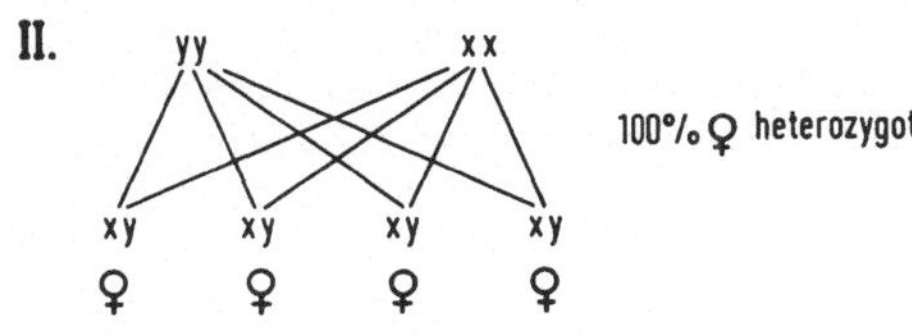

Abb. 1. Humbhrey's Experimente an Axolotln

Diese Versuche machten offensichtlich, daß die Keimdrüse genetisch männlicher Individuen zumindest bei Kaltblütern Induktoren bildet, die die Differenzierung der Keimdrüse in einen Hoden bewirken. Es lag nun nahe, anzunehmen, daß es sich dabei um Sexualhormone handelt. Bei Amphibien gelang es auch,sowohl durch Gabe von Oestrogenen als auch von Androgenen, eine gegengeschlechtliche Differenzierung zu induzieren, wobei aber auch paradoxe Effekte auftraten - wie z.B. Maskulinisierung durch Oestrogene und Feminisierung durch Androgene (Salamander). Bei den Placentariern konnte man jedoch weder durch Androgene noch durch Oestrogene die Gonadendifferenzierung beeinflussen. Dies spricht nicht gegen die Wahrscheinlichkeit, daß auch die Gonaden differenzierung durch Induktoren gesteuert wird, aber eben nicht durch Steroidhormone. Bevor ich jedoch weiter ins Detail gehe, möchte ich zum besseren Verständnis des Folgenden ganz kurz die formale Genese der normalen Sexualdifferenzierung bei Säugern beschreiben.

Das innere Genitale - einschließlich der Gonaden - entsteht in enger Beziehung zum Urnierensystem. Die indifferente Gonade besitzt primär zwei Strukturen, eine Medulla und einen Cortex. Beide Strukturen enthalten Geschlechtszellen, ein Ausdruck für die zunächst bipotente Anlage der Gonaden. Bei der männlichen Differenzierung bildet sich der Cortex zurück und die Medulla entwickelt sich weiter. Es entstehen die Tubuli seminiferi, zu Beginn der somatischen Differenzierung treten noch Zwischenzellen hinzu. Beim weiblichen Geschlecht entwickelt sich nur der Cortex weiter; die weibliche Gonadenanlage bleibt länger indifferent als die männliche.

Die inneren Geschlechtswege sind doppelt angelegt. Es bleibt bei jedem Geschlecht normalerweise nur ein Gangsystem erhalten, während das andere zugrundegeht. Bei weiblichen Tieren entwickeln sich die Müllerschen Gänge zu Tuben und Uterus, die Wolffschen Gänge atrophieren. Bei männlichen Tieren entstehen aus den Wolffschen Gängen Nebenhoden, Samenleiter, Ampullen und Samenblasen, die Müllerschen Gängen gehen zugrunde.

Abb. 2 zeigt Querschnitte durch einen weiblichen und einen männlichen Hundefeten um den 30. Tag der Embryonalentwicklung. Zu diesem Zeitpunkt sind die inneren Geschlechtswege noch nicht differenziert oder die Differenzierung setzt gerade erst ein - wie bei dem männlichen Tier erkennbar wird. Man sieht auf dieser Abbildung die Gonaden, die Nieren und die Urnieren. Die Wolffschen und Müllerschen Gänge liegen nebeneinander im Mesogenitale.

Der Sinus urogenitalis entsteht mit der Teilung der Kloake und ist zunächst bei beiden Geschlechtern gleich (siehe Abb. 3). Beim männlichen Geschlecht entwickeln sich aus ihm die definitive Urethra und der Prostatakomplex, bei weiblichen Tieren entsteht neben der Urethra je nach Species ein mehr oder weniger ausgedehnter Abschnitt der Vagina. Ein kranialer Anteil der Vagina entstammt den vereinigten Müllerschen Gängen. Bei manchen Tierarten, z.B. beim Kaninchen, entsteht fast die ganze Vagina aus den Müllerschen Gängen. Am äußeren Genitale bestehen die größten Speciesunterschiede, dennoch scheinen auch hier die wesentlichen Differenzierungsvorgänge bei allen Säugetieren grundsätzlich ähnlich zu sein. Bei beiden Geschlechtern liegt die Mündung des Sinus urogenitalis zunächst an der Phallusbasis (siehe auch Abb. 3). Beim weiblichen Geschlecht bleibt die Sinusmündung zeitlebens an der Phallusbasis, beim männlichen Geschlecht erfolgt eine sukzessive Verlagerung der provisorischen Sinusmündung auf die Phallusspitze.

Die Differenzierung des somatischen Geschlechts ist teilweise abhängig von der An- oder Abwesenheit der Androgene. Weibliche Nachkommen von Müttern, die in der Schwangerschaft mit einem Androgen behandelt wurden, haben normale Ovarien, sind aber sonst in vielen Merkmalen vollständig maskulinisiert. Unter anderem persistieren die Wolffschen Gänge, d.h. diese Tiere haben später Samenleiter und Nebenhoden. Es war mit Androgenen aber nie möglich, die Differenzierung der Müllerschen Gänge, die sich zu Uterus und Tuben entwickeln, zu verhindern. Abb. 4 zeigt ein solches Beispiel, den Genitaltrakt einer erwachsenen weiblichen Ratte. In diesem Fall wurde die Mutter vom 15. - 22. Tag der Gravidität mit Methyltestosteron behandelt. Im Alter von 130 Tagen erfolgte eine 15tägige subcutane Behandlung mit Testosteronpropionat. Dadurch wurden die vorhandenen männlichen Anlagen stark stimuliert. Sie sehen, das Tier weist Samenleiter, die accessorischen Geschlechtsdrüsen Samenleiter und Prostata und einen Penis auf, das äußere Genitale ist vollständig männlich. Die Gonaden sind aber Ovarien geblieben, und die Uteri sind nicht zurückgebildet, d.h. das innere Genitale ist doppelt angelegt.

Aus diesen Experimenten konnte nur bedingt die Bedeutung der Androgene für die männliche Sexualdifferenzierung abgeleitet werden. Erst die Kastrationsversuche von JOST (1947 a,b; 1953) ließen direkte Rückschlüsse auf die Rolle der Keimdrüsenhormone für die Sexualdifferenzierung des männlichen Organismus zu. Nach der intrauterinen Kastration von Kaninchenfoeten erfolgte eine vollständige weibliche Differenzierung, unabhängig vom genetischen Geschlecht. Ein Teil der Jost'schen Resultate konnte von RAYNAUD u. FRILLEY (1947 a,b) bestätigt werden. Sie zerstörten die Gonaden von Mäusen frühzeitig durch Röntgenstrahlen. Offensichtlich müssen in der fetalen männlichen Gonade neben Androgenen noch andere Induktoren entstehen, die an der Sexualdifferenzierung teilnehmen. JOST (1947 a,b; 1955) hat dies überprüft, indem er kastrierten Kaninchenfeten Hodengewebe in die Nähe des Genitaltraktes implantierte. Unter diesen Bedingungen konnte auch eine Regression der Müllerschen Gänge in der Nähe der Implantate erreicht werden.

Maternale Impulse scheinen normalerweise keinen Einfluß auf die Sexualdifferenzierung auszuüben (abgesehen von bestimmten pathologischen Zuständen), denn in vitro-Untersuchungen ergaben prinzipiell die gleichen Resultate wie die Ausschaltung der Gonaden (JOST u. BERGERARD, 1949; JOST u. BOZIC, 1951; PRICE u. PANNABECKER, 1956). Obwohl man nach Oestrogengaben[1] an die graviden Mütter eine teilweise Feminisierung am Genitaltrakt männlicher Feten beobachtet hat, wie z.B. persistierende Müllersche Gänge, partieller Untergang der Wolffschen Gänge, Hemmung der Prostata, scheinen Oestrogene unter physiologischen Bedingungen für die weibliche Differenzierung keine Rolle zu spielen, wenn auch - zumindest was die Gonadendifferenzierung betrifft - eine endgültige Aussage bisher unmöglich ist (GREENE et al., 1940; RAYNAUD, 1942, 1947; BURNS, 1942; MOORE, 1947). Man nimmt vielmehr an, daß Oestrogene die sekretorische Hodenfunktion hemmen. Tatsächlich sah man auch unter der Einwirkung von Oestrogenen eine Hemmung des interstitiellen Gewebes der fetalen Hoden.

Aus diesen Ergebnissen schloß JOST in Übereinstimmung mit einer damals noch nicht bewiesenen Hypothese von WIESNER (1934, 1935), daß zur weiblichen Differenzierung keine hormonalen Impulse oder Induktoren erforderlich sind und daß an der männlichen Differenzierung neben Androgenen noch andere Faktoren (oder zumindest ein anderer Faktor) beteiligt sein müssen, die normalerweise von der Gonade genetisch männlicher Individuen gebildet werden (JOST, 1960,1965,1966).

---

1 Bei den meisten Laboratoriumstieren haben Oestrogene eine ausgeprägte abortive Wirkung. Dadurch sind u.a. Experimente mit Oestrogenen nur sehr begrenzt möglich.

Es sei hier noch einmal zusammengefaßt, welche Fakten für die Existenz von wenigstens zwei Sexualinduktoren sprechen:

1. Es gelingt mit Androgenen nicht, die Entwicklung der Müllerschen Gänge zu beeinflussen, wohl aber mit Implantaten embryonaler Hoden.
2. Nach der Kastration männlicher Feten können die Ausfallserscheinungen durch eine Androgensubstitution nicht vollständig behoben werden.
3. Verschiedene Formen spontaner Intersexualität mit divergierendem Verhalten einzelner Sexualorgane (Free-martin, testiculäre Feminisierung).

Wir haben mit Hilfe von Antiandrogenen versucht, die Frage zu beantworten, wie die männliche Sexualdifferenzierung abläuft, wenn selektiv nur die Wirkung der Androgene gehemmt wird, während alle anderen Faktoren wirksam werden. Dies war bisher tierexperimentell nicht möglich, da mit der Kastration von Feten immer alle Komponenten ausgeschaltet werden, die an der männlichen Sexualdifferenzierung beteiligt sind. Als Antiandrogen wurden 6-Chlor-17-acetoxy-1α.2α-methylen-4.6-pregnadien-3.20-dion (Cyproteronacetat) und 6-Chlor-17-hydroxy-1α 2α-methylen-4.6-pregnadien-3.20-dion (Cyproteron) benutzt. Diese Substanzen hemmen, vermutlich kompetitiv, die Wirkung von Androgenen an den Erfolgsorganen (NEUMANN et al., 1967 NEUMANN et al., 1968). Wir benutzten für diese Untersuchungen Ratten, Kaninchen, Hunde, Mäuse, neuerdings auch Hamster, Meerschweinchen, Schafe und Schweine. Abgesehen vom inneren Genitale waren die bei den verschiedenen Species gewonnenen Ergebnisse ziemlich einheitlich.

Gonadendifferenzierung:

Die Gonadendifferenzierung ist ungestört (siehe dazu Abb. 5).

Differenzierung des inneren Genitales:

Müllersche Gänge:
Die Müllerschen Gänge waren bei allen bisher untersuchten Species zurückgebildet.

Wolffsche Gänge:
Hinsichtlich des Verhaltens der Wolffschen Gänge existieren offensichtlich Speciesunterschiede. So war es z.B. bei Ratten nicht möglich, die Wolffschen Gänge zu hemmen, auch dann nicht, wenn die graviden Mütter mit extrem hohen Antiandrogendosen behandelt wurden, sehr wohl aber bei Kaninchen und auch bei Hunden. So waren bei etwa 50% der männlichen Kaninchen die Wolffschen Gänge degeneriert, wenn die Mütter vom 13. - 24. Tag der Schwangerschaft mit 5 mg Cyproteronacetat/kg i.m. behandelt wurden. Bei einer Dosis von 10 mg waren bei allen männlichen Tieren die Wolffschen Gänge degeneriert (ELGER, 1966). Es zeigte sich eine deutliche Dosisabhängigkeit (s. Abb. 6). Bei insgesamt 6 untersuchten männlichen Hundefeten, deren Mütter vom 23. - 24. Tag der Schwangerschaft mit täglich 10 mg/kg Cyproteronacetat i.m. behandelt wurden, waren nur in einem Falle die Wolffschen Gänge intakt, in allen fünf Fällen waren die Wolffschen Gänge entweder unilateral oder bilateral über kürzere Strekken oder auch vollständig degeneriert. Abb. 7 zeigt dies schematisch dargestellt. Links oben erkennen Sie die Verhält-

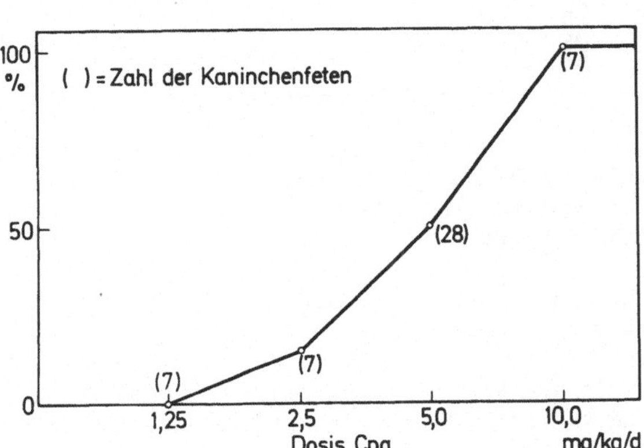

Abb. 6. Dosisabhängige Rückbildung der Wolffschen Gänge bei männlichen Kaninchenfeten unter dem Einfluß von Cyproteronacetat (Cpa). 28. Tag der Fetalentwicklung. Die Mütter wurden vom 17. - 20. Tag der Gravidität behandelt

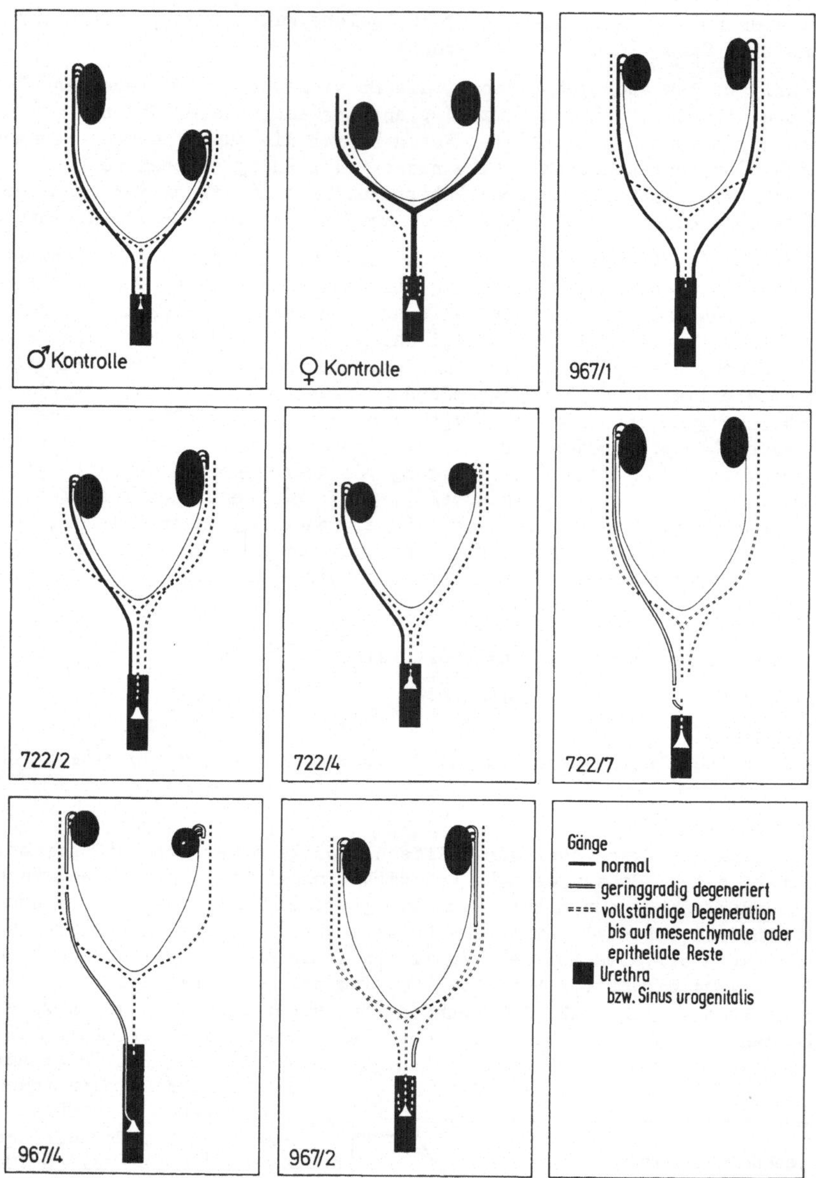

Abb. 7. Rekonstruktion des inneren Genitales von einem weiblichen, einem männlichen und sechs männlichen "feminisierten" Hundefeten am 44. Tag der Fetalentwicklung. Die Mütter der feminisierten Feten erhielten vom 23. - 43. Tag der Gravidität täglich 10 mg/kg Cyproteronacetat

nisse bei einem normalen männlichen und bei einem normalen weiblichen Tier; auch bei diesen Kontrollen sind meist noch mesenchymale oder epitheliale Reste der rückgebildeten Müllerschen (männliche Kontrolle) bzw. Wolffschen Gänge (weibliche Kontrolle) zu erkennen. In der zweiten Reihe sehen Sie drei Tiere, bei denen der rechte Wolffsche Gang völlig rückgebildet war, in einem Fall war auch noch der linke Wolffsche Gang geringgradig degeneriert, und in den beiden anderen Fällen war der linke Wolffsche Gang intakt. Bei den beiden letzten Tieren schließlich sind beide Wolffsche Gänge nahezu vollständig degeneriert. Da auch die Müllerschen Gänge rückgebildet sind, besteht in diesen Fällen keine

Verbindung mehr von der Gonade zum Sinus urogenitalis. Abb. 8 zeigt einen Querschnitt eines solchen Hundefeten dicht unterhalb der Gonaden. Man erkennt im Mesogenitale nur noch Rudimente des degenerierten Wolffschen Ganges.

Wir haben heute noch keine vernünftige Erklärung dafür, warum bei männlichen Rattenfeten die Wolffschen Gänge unter dem Einfluß von Cyproteronacetat nicht degenerieren. Es könnte sein, daß bei dieser Species die Wolffschen Gänge so empfindlich auf Androgene reagieren im Sinne einer Stabilisierung, daß sie zur Hemmung der Androgenwirkung notwendigen Antiandrogenkonzentrationen im Gewebe nicht erreicht werden. Wir haben die Hypothese in einem Versuch überprüft (ELGER et al., 1970). Zu diesem Zweck wurden weibliche Ratten von Tag 15 bis Tag 22 mit täglich 1 mg Methyltestosteron behandelt. Diese Dosis reicht gerade aus, um bei weiblichen Tieren die Wolffschen Gänge zu stabilisieren. Eine andere Tiergruppe erhielt neben Methyltestosteron gleichzeitig täglich 30 mg Cyproteronacetat. Von den untersuchten weiblichen Tieren dieser Gruppe hatten 8 von 12 Tieren keine Wolffschen Gänge, bei den übrigen 4 Tieren zeigten sich ebenfalls degenerative Veränderungen an den ein- oder beidseitig vorhandenen Wolffschen Gängen. Man kann also doch vermuten, daß auch bei Ratten die Stabilisierung der Wolffschen Gänge androgenabhängig ist (siehe dazu auch Abb. 9 a und b).

Accessorische Geschlechtsdrüsen:

Auch hierbei fanden wir eine Reihe von Speciesunterschieden, auf die ich im Detail nicht eingehen möchte. Unter der Einwirkung eines Antiandrogens wird, soweit wir es bisher übersehen, bei allen Species die Anlage der Prostata gehemmt. Dagegen wird die Samenblasenanlage bei Ratten nicht oder nur teilweise gehemmt (die Samenblasen entwickeln sich ja ebenfalls aus den Wolffschen Gängen und verhalten sich bei Ratten wie diese). Abb. 10 zeigt einen Querschnitt durch die Prostataregion eines feminisierten männlichen Hundefeten und zum Vergleich daneben einen Querschnitt durch die gleiche Region einer normalen männlichen Kontrolle.

Man erkennt deutlich, daß die Anlage der Prostata unterblieben ist, stattdessen hat dieses Tier eine Vagina. Unter der Einwirkung eines Antiandrogens erfolgt eine weibliche Differenzierung des Sinus urogenitalis und des äußeren Genitales. Dies gilt für alle bisher untersuchten Species. All die genannten Veränderungen sind natürlich irreversibel.

Diese Form der Intersexualität entspricht der testiculären Feminisierung beim Menschen. In Tabelle 1 werden die Charakteristika feminisierter Hunde mit denen der testiculären Feminisierung verglichen. Die Übereinstimmung ist frappierend. Ich komme darauf noch einmal zurück.

Eine ähnliche Form der Intersexualität konnte bisher beim weiblichen Geschlecht experimentell noch nicht erzeugt werden. Es gibt aber eine von der Natur getroffene Versuchsanordnung, die dieser Situation entspricht, der sog. Free-martin (Zwicke). Es handelt sich dabei um eine besondere Form der Intersexualität, die nur bei Zwillingsschwangerschaften des Rindes auftritt, wenn die Feten verschiedenen Geschlechts sind. Nach der bisherigen Anschauung gelangen über eine Anastomose der Placentargefäße die Induktoren der Sexualdifferenzierung von der Gonade des männlichen Zwillings in den weiblichen Feten (TANDLER u. KELLER, 1911; LILLIE, 1916,1917; KELLER u. TANDLER, 1916; KELLER, 1922; MOORE et al., 1957).

JOST (1969) vermutet, daß männliche Keimzellen (vom männlichen Zwillingsbruder) über die Blutbahn in den weiblichen Feten gelangen und eine teilweise Differenzierung der weiblichen Gonade in einen Hoden (Ovotestes) induzieren. Er glaubt nicht, daß irgendein Induktor der männlichen Gonade für die Entstehung des Free-martin verantwortlich ist. Für die Richtigkeit dieser Annahme spricht, daß nach Transplantation eines fetalen Kalbshodens in die Nähe eines undifferenzierten Kaninchenovars keine Beeinflussung der Ovardifferenzierung beobachtet wird. Dagegen spricht der Hodenbefund bei einem Syndrom, das von CASTILLO et al. (1947) beschrieben wurde. Bei diesem Syndrom fehlt das Keimepithel vollständig, Hodentubuli mit Sertolizellen sind jedoch anwesend. Man kann annehmen, daß keine Keimzellen eingewandert sind. Nach der Jost'schen

Tabelle 1. Vergleich der Charakteristika bei der "testiculären" Feminisierung mit denen feminisierter Hunde

Testiculäre Feminisierung	"Feminisierte" Hunde
Chromosomales Geschlecht ♂	Chromosomales Geschlecht ♂
Gonaden ♂	Gonaden ♂
Äußere Genitalien ♀ Entwicklung einer Vagina	Äußere Genitalien ♀ Entwicklung einer Vagina
Abwesenheit von Uterus und Tuben	Abwesenheit von Uterus und Tuben
Abwesenheit von Nebenhoden und Samenleiter	Abwesenheit von Nebenhoden und Samenleiter
Abwesenheit von männlichen accessorischen Geschlechtsdrüsen	Abwesenheit von männlichen accessorischen Geschlechtsdrüsen
Unvollständiger Descensus testiculorum	Unvollständiger Descensus testiculorum (Skrotumentwicklung unterbrochen)

Hypothese hätte dann aber die Differenzierung eines Ovars erfolgen müssen. Dies war nicht der Fall.

Nun zurück zum Free-martin:

Der Cortex ovarii ist bei dieser speziellen Form der Intersexualität mehr oder weniger stark unterdrückt. Gleichzeitig ist die Medulla oft stärker ausgeprägt, mitunter ist sogar ein hodenähnliches Bild beschrieben worden.

Bei der Schlachtung solcher Intersexe findet man nur Rudimente der inneren ableitenden Geschlechtswege. Intrauterin ist demnach eine völlige oder zumindest weitgehende Rückbildung der Müllerschen Gänge erfolgt. Interessant ist dabei, daß es sich bei einer Persistenz der Müllerschen Gänge hauptsächlich um caudale Abschnitte handelt. Andererseits sind mitunter Strukturen vorhanden, die den Wolffschen Gängen entstammen. Samenleiter sind nie vollständig entwickelt, wohl aber manchmal rudimentäre Samenblasen und Prostatae. Solche Tiere besitzen fast immer eine Vagina, die mitunter aber nur sehr kurz ist.

Obwohl manchmal die Klitoris hypertrophiert ist, erscheint das äußere Genitale sonst normal weiblich. Dies ist auch der Grund, daß man diese Form der Intersexualität oft erst dann erkennt, wenn sich die Tiere als steril erweisen.

Wenn man die Befunde beim Free-martin mit der entsprechenden experimentellen Situation bei männlichen Tieren vergleicht (nach Antiandrogenbehandlung), so ergibt sich eine weitgehende Übereinstimmung. Wie bei jeder Form der experimentell erzeugten Intersexualität männlicher Tiere fehlen auch hier ganz oder weitgehend die Müllerschen Gänge. Androgene scheinen nicht oder nicht in ausreichendem Maße wirksam geworden zu sein. Dafür spricht das völlige oder weitgehende Fehlen jener Strukturen, die den Wolffschen Gängen entstammen, das Fehlen bzw. die nur sehr rudimentäre Entwicklung der Prostata sowie das Auftreten einer Vagina und das in der Regel weiblich differenzierte äußere Genitale.

Es wird nun ersichtlich, welche Vorgänge bei der Geschlechtsdifferenzierung nicht durch Androgene induziert werden. Es ist dies mit Sicherheit die Rückbildung der Müllerschen Gänge bis auf einen sehr geringen caudalen Rest[2] denn dieser normalerweise bei männlichen Individuen ablaufende Vorgang wird auch durch Ausschaltung der fetalen Androgene nicht beeinflußt. Irgendein anderer Faktor wirkt also hier als Inhibitor eines normalerweise bei weiblichen Tieren ablaufenden Prozesses.

Inwieweit die Gonadendifferenzierung selbst hormonal gesteuert wird, kann noch nicht befriedigend beantwortet werden. Androgene spielen jedenfalls bei der Gonadendifferenzierung keine Rolle, jedoch zeigt der Fall des Free-martin, daß auch die Gonadendifferenzierung durch Induktoren gesteuert wird. Alle übrigen Differenzierungsvorgänge männlicher Individuen (der Descensus testiculorum vielleicht auch noch ausgenommen) werden ausschließlich durch Androgene gesteuert. Diese wirken einerseits als Induktor, wie z.B. bei der Stabilisierung der Wolffschen Gänge und der Anlage accessorischer Geschlechtsdrüsen, und andererseits als Inhibitor, wie z.B. bei der Anlage einer Vagina, d.h. physiologischerweise hemmen Androgene die Anlage dieses Organs bei männlichen Individuen.

In Abb. 11 ist am Beispiel des Hundes schematisch dargestellt, welche Form der Intersexualität resultiert, wenn Androgene nicht wirksam werden.

An der Differenzierung der Sexualorgane ist also neben Androgenen noch mindestens ein weiterer Faktor beteiligt. Alle der Gonadendifferenzierung folgenden Prozesse scheinen davon abzuhängen, ob Androgene und unbekannter Faktor gemeinsam oder allein wirksam werden oder nicht. Dadurch ergeben sich - unabhängig vom genetischen, chromosomalen Geschlecht - insgesamt vier prinzipielle Möglichkeiten der Sexualdifferenzierung. Eine davon ist die jeweils normale, die anderen stellen drei verschiedene Formen der Intersexualität dar.

---

2 Caudale Reste der Müllerschen Gänge fanden wir unter entsprechenden experimentellen Verhältnissen sehr ausgedehnt und regelmäßig beim Kaninchen und weniger ausgeprägt auch bei Ratten.

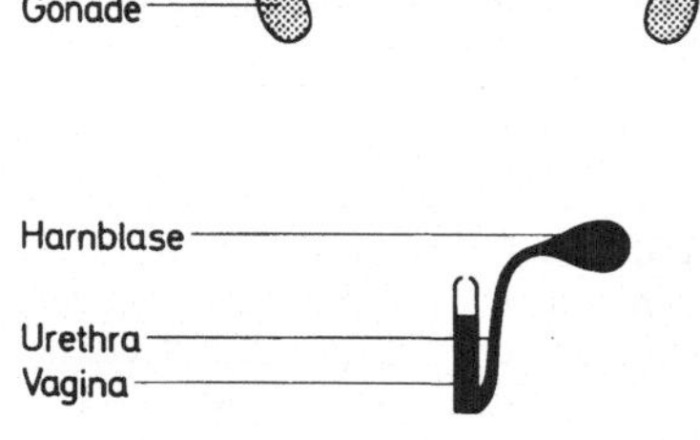

Abb. 11. Schematische Darstellung der androgen- und nicht androgenabhängigen Differenzierungsprozesse beim Hund

Sonstige Faktoren in der Sexualdifferenzierung

Neben den hormonalen Faktoren ist für eine Störung in der Sexualdifferenzierung bedeutsam, zu welchem Zeitpunkt der Embryonalentwicklung die Störung auftritt und mit welcher Intensität. Ferner ist die Sensibilität der verschiedenen Strukturen des Genitaltraktes sehr unterschiedlich.

Die Prozesse der Sexualdifferenzierung folgen, wie alle Vorgänge der Embryonalentwicklung, einem strengen Zeitplan. Die vielen Einzelschritte laufen nicht alle zur gleichen Zeit ab, vielmehr erstreckt sich die Differenzierung der einzelnen Strukturen über einen längeren Zeitraum. So gibt es Zeitpunkte im embryonalen Leben, zu denen eine Gruppe von Sexualorganen bereits determiniert ist, während eine andere noch indifferent, d.h. in ihrer weiteren Entwicklung noch nicht endgültig festgelegt, ist. Eine Störung, die zu diesem Zeitpunkt im Organismus wirksam wird, kann sich natürlich nur noch an diesen Organen auswirken. Diese Vorstellung kann dann zur Interpretation der causalen Genese von intersexuellen Zuständen herangezogen werden, wenn z.B. androgenabhängige Strukturen gegensätzlich differenziert vorgefunden werden.

Anlagen, die während der Zeit ihrer Differenzierung beeinflußt werden (z.B. durch Kastration nach Beginn der somatischen Differenzierung oder durch relativ späten Einfluß eines Androgens bzw. Antiandrogens), werden eine vollständige Ausprägung im Sinne eines Geschlechts nicht mehr erfahren. Als Resultat einer solchen Störung könnte z.B. eine zu gering entwickelte Prostata, eine nur abschnittsweise entwickelte Vagina oder ein äußeres Genitale entstehen, das Charakteristika beider Geschlechter aufweist. In Abb. 12 wird veranschaulicht, welche Rolle der Zeitfaktor in der Sexualdifferenzierung spielt.

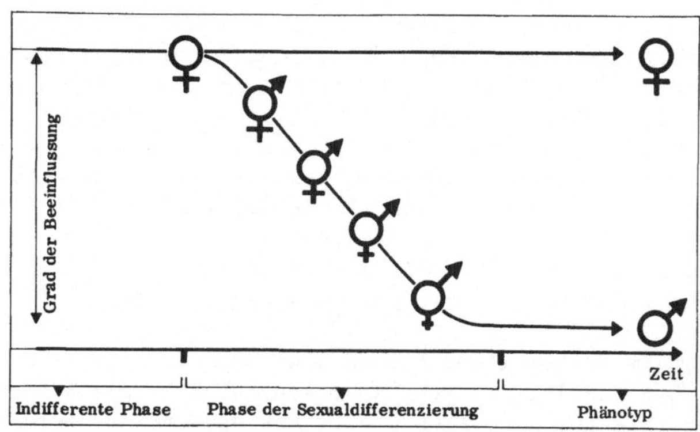

Abb. 12. Schematische Darstellung zur Bedeutung des Zeitfaktors in der gestörten Sexualdifferenzierung (Erläuterung siehe im Text)

Die Häufigkeit, mit der solche Zwischenformen zu erwarten sind, hängt davon ab, wie lange sich eine bestimmte Anlage in der Phase der Rezeptivität befindet.

Der denkbare Formenreichtum, der so möglich ist, wird noch vergrößert, wenn man berücksichtigt, daß ein hormonaler Impuls, der zum optimalen Zeitpunkt wirksam wird, mit zu geringer Intensität am Erfolgsorgan angreift. Die betreffende

Struktur wird entsprechend ihrer Empfindlichkeit nach einem Alles- oder Nichts-Gesetz reagieren oder aber eine ungenügende Umwandlung erfahren. So dürfte z.B. die beim männlichen Geschlecht nicht so selten zu beobachtende Hypospadie auf ungenügende Androgenimpulse während der fetalen Entwicklungszeit zurückzuführen sein, so daß eine vollständige Verlagerung der provisorischen Sinusmündung auf die Phallusspitze nur unvollkommen erfolgt. Gerade das männliche äußere Genitale scheint für geringe Androgendefizite besonders empfindlich zu sein. Andererseits wird das weibliche Genitale schon durch ganz geringe Androgendosen virilisiert. Dies ist jedoch nur ein scheinbarer Widerspruch.

Bei einer Dosis von 0.03 mg/Tier Methyltestosteron vom 17. - 19. Tag der Gravidität subcutan treten bei weiblichen Rattenfeten erste Anzeichen einer Virilisierung auf. Es kommt zu einer partiellen Hemmung des dem Sinus urogenitalis entstammenden Vaginalabschnittes. Offensichtlich werden die caudalen Anteile des Sinusepithels zuerst gehemmt - sie reagieren auf Androgene am empfindlichsten. Je höher also die Androgendosis ist, desto höher (weiter cranial) liegt die Einmündung der Vagina in den Sinus. Entsprechend länger wird das Vestibulum vaginae bzw. bei leichten Graden der Virilisierung tritt bei den Species, die sonst kein Vestibulum vaginae besitzen, ein solches auf (etwa bei der Ratte). Dementsprechend benötigt man extrem hohe Dosen eines Antiandrogens (täglich 10 - 30 mg), um bei männlichen Rattenfeten die Anlage einer Vagina aus dem Sinus zu induzieren. Die Strukturen des Genitaltraktes, die bei weiblichen Feten am empfindlichsten auf Androgene reagieren, sind bei männlichen Feten durch Antiandrogene am schwersten "feminisierbar" (siehe dazu Abb. 13). Andererseits kann eine stärkere Virilisierung nur durch extrem hohe Androgendosen erreicht werden, z.B. die Verlagerung der provisorischen Sinusmündung auf die Phallusspitze. Man benötigt dazu eine Dosis von 10 - 30 mg Methyltestosteron. Umgekehrt treten bei männlichen Feten schon bei 0.3 mg eines Antiandrogens Penishypospadien auf (siehe dazu Abb. 13). Da der Androgenbedarf für die Verlagerung der Sinusmündung auf die Phallusspitze sehr hoch ist, kann dieser Prozeß durch Gabe eines Antiandrogens am ehesten gehemmt werden. Bei der Virilisierung wird also zuerst eine partielle Hemmung des dem Sinus urogenitalis entstammenden Vaginalanteils zu beobachten sein, und erst später werden männliche accessorische Geschlechtsdrüsen auftreten. Ganz zuletzt kommt es zur vollständigen Verlagerung der Sinusmündung auf die Phallusspitze. Umgekehrt wird bei einer Feminisierung zuerst eine Penishypospadie in Erscheinung treten, und ganz zuletzt wird es zur Anlage einer Vagina kommen. Dadurch wird auch verständlich, daß nach einer Hypophysektomie von männlichen Feten (Dekapitation) eine Hypospadie auftritt, während an anderen Stellen des Genitaltraktes ein Androgendefizit nicht oder kaum manifestiert wird. Interessant ist die Relation von Schwellendosis zur Maximaldosis, um leichteste und schwerste Grade der Virilisierung bzw. Feminisierung zu erzeugen. Für beide Vorgänge fanden wir bei den von uns benutzten Substanzen (Methyltestosteron als Androgen und Cyproteronacetat als Antiandrogen) eine Relation von mindestens 1 : 100.

Bei der Untersuchung von Feten fallen oft - besonders unter experimentellen Verhältnissen - Seitenunterschiede paarig angelegter Organe auf. Voraussetzung für diese Asymmetrien sind:

1. Seitenunterschiede in der Empfindlichkeit und
2. eine Reaktion dieser Strukturen nach dem Alles- oder Nichts-Gesetz.

So reagiert der linke Wolffsche Gang empfindlicher auf Androgene als der rechte. GREENE, BURRIL u. IVY (1939) fanden unter dem Einfluß von Androgenen nur den linken Wolffschen Gang bei weiblichen Rattenfeten stabilisiert. In eigenen Experimenten mit Antiandrogenen an männlichen Kaninchen- und Hundefeten fanden wir des öfteren entsprechende Befunde. Bei einer einseitigen Destabilisierung handelte es sich stets um den rechten Wolffschen Gang, der sich zurückbildete. Offensichtlich ist zur Stabilisierung der Androgenbedarf des rechten Wolffschen Ganges höher als der des linken. Deshalb führt ein relatives Androgendefizit erst zu einer Regression des rechten Wolffschen Ganges. Seitenunterschiede können, wie JOST (1947 a, 1955) fand, auch durch die lokal begrenzte Wirksamkeit der gonadalen Hormone zustandekommen. Die Sexualinduktoren scheinen sich mehr per Diffusion auszubreiten, weniger über den Blutkreislauf. So konnte JOST mit Implantaten fetaler Hoden nur lokale, aber keine systemischen Effekt erzielen.

In diesem Sinne werden Asymmetrien bei echten Zwittern zu diskutieren sein.

So hängt die Differenzierung der Sexualorgane nicht nur von der Art der hormonalen Induktion ab, sondern auch vom Zeitpunkt, von der Stärke und von der Dauer der hormonalen Impulse. Das Ergebnis der Sexualdifferenzierung - besonders dann, wenn es nicht der männlichen oder weiblichen Norm entspricht - scheint das Produkt eines äußerst vieldimensionalen Prozesses zu sein, der sehr vielgestaltig gestört sein kann.

Versuch einer Interpretation der causalen Genese von Geschlechtsmißbildungen beim Menschen, soweit sie von hormonalen Induktoren abhängig sind.

Ist die causale Genese einer Geschlechtsmißbildung, die experimentell erzeugt wird, noch relativ leicht aufzudecken, so erscheint das gleiche Vorhaben bei Fällen von spontaner Intersexualität oft sehr riskant. Daher sollte auch die Zuordnung bestimmter klinischer Erscheinungsbilder zu Formen experimentell erzeugter Intersexualität nur als Versuch betrachtet werden. Soweit es sich um den noch nicht bekannten Faktor handelt, der an der normal männlichen Sexualdifferenzierung beteiligt ist, wird im Folgenden immer vom Faktor X gesprochen. Am besten zu übersehen sind die Verhältnisse, wenn überhaupt keine Sexualinduktoren zur Wirkung gelangen. Dies ist der Fall bei der Gonadenagenesie und begrenzt bei der Gonadendysgenesie (Turner-Syndrom). Aufgrund der Jost'schen Kastrationsversuche war zu erwarten, daß in Fällen von Gonadenagenesie unabhängig vom chromosomalen Geschlecht eine weibliche Differenzierung des Genitale erfolgt. Tatsächlich haben solche Patienten ein weitgehend infantiles, jedoch sonst in der Regel vollständig weibliches Genitale. Wegen der fehlenden Gonaden entstehen auch bei chromosomal männlichen Individuen keine Sexualinduktoren. Ohne die Androgene erfolgt eine Regression der Wolffschen Gänge und die weibliche Differenzierung des äußeren Genitale. Andererseits bilden sich - da Faktor X fehlt - auch die Müllerschen Gänge nicht zurück, und Tuben und Uterus werden angelegt.

Schwieriger sind einige chromatinnegative Fälle von Agonadismus zu interpretieren, bei denen das innere Genitale ganz oder doch weitgehend fehlt (OVERZIER, 1963). Man könnte annehmen, daß in diesen Fällen zu einem frühen Zeitpunkt zwar der Faktor X wirksam wurde, Androgene aber nicht oder nicht in ausreichendem Maße, und daß die Gonaden erst dann zugrunde gegangen sind. Für diese These spricht insbesondere das Fehlen (oder doch weitgehende Fehlen) jener Abschnitte des Genitaltraktes, die den Müllerschen Gängen entstammen (Tuben, Uterus).

Für die alleinige Einwirkung eines Faktor X spricht eine Form der Intersexualität, die bisher nur beim Manne beobachtet wurde, die sog. testiculäre Feminisierung. Solche Patienten erscheinen äußerlich weiblich. Sie besitzen eine, wenn auch meist nur kurze, Vagina. Die Gonaden sind descendiert und liegen in der Inguinalregion oder in den Labien, es handelt sich stets um Hoden. Sowohl weibliche als auch männliche innere Geschlechtswege fehlen. Vieles spricht dafür, daß die Ursache für diese Störungen in der Sexualdifferenzierung eine Androgenresistenz der Erfolgsorgane ist (PRADER, 1957; PHILIP u. SELE, 1965). Solche Patienten sprechen auch im Erwachsenenalter auf Androgengaben nicht mit Bartwachstum, Stimmveränderungen und dergl. an wie normale Frauen. Das gleiche Bild konnten wir bei männlichen Ratten- und Kaninchenfeten experimentell mit Hilfe von Antiandrogenen erzeugen. Die Interpretation der testiculären Feminisierung ist deshalb relativ einfach: da Androgene nicht wirksam werden, erfolgt eine Regression der Wolffschen Gänge (kein männliches inneres Genitale), und das äußere Genitale differenziert sich weiblich. Da andererseits Faktor X wirksam wird, bilden sich auch die Müllerschen Gänge zurück. Prinzipiell wird immer diese Form der Intersexualität auftreten, wenn Androgene beim männlichen Geschlecht nicht oder nicht in ausreichendem Maße wirksam werden. Die Ursache kann, wie erwähnt, ein Enzymdefekt am Receptor sein. Es kann natürlich auch eine Insuffizienz der fetalen Gonade vorliegen, so daß zuwenig Androgene gebildet werden. Im letzten Falle ist natürlich nur mit partiellen Differenzierungsstörungen zu rechnen, d.h. es werden zunächst die Differenzierungsvorgänge gestört sein, für deren Ablauf der Androgenbedarf am höchsten ist. Beim männlichen Geschlecht ist das die vollständige Verlagerung der provisorischen Sinusmündung auf die Phallusspitze. Man wird also bei einem nur geringen Androgendefizit zuerst Hypospadien beobachten. Auch bei einem bestimmten Defekt eines in der Steroidbiosynthese wichtigen Enzymes, der 3β-Hydroxy-Steroid-Dehydrogenase, ist das der Fall (darauf wird später noch kurz eingegangen).

Bei chromosomal weiblichen Personen ist diese Form der Intersexualität (inneres Genitale wie bei der testiculären Feminisierung mit weiblichem Chromosomensatz) unseres Wissens nicht beschrieben worden. Dies ist die einzige Konstellation, die bisher auch im Tierexperiment bei weiblichen Feten nicht erzeugt werden konnte. Sie tritt spontan nur bei Wiederkäuern auf (Free-martin).

Bekannt sind die Folgen nach Einwirkung von Androgenen (allein) beim weiblichen Geschlecht (andrenogenitales Syndrom). Beim AGS mit Nebennierenhyperplasie sind die neugeborenen Mädchen oft mehr oder weniger stark maskulinisiert (BIERICH, 1963). Meist zeigt sich am äußeren Genitale nur eine verschieden stark ausgeprägte Klitorishypertrophie und eine partielle Fusion der Labialfalten, es wurden jedoch auch Fälle mit völlig männlichem äußeren Genitale beschrieben, u.a. von PRADER (1958).

Es steht fest, daß diese Intersexe einen Uterus und Tuben besitzen. Bei der Konstellation "Androgene werden wirksam, Substanz X nicht" kommt es also, wie im Tierexperiment nachgewiesen wurde, bei chromosomal weiblichen Individuen zur männlichen Differenzierung des äußeren Genitale; das weibliche innere Genitale bleibt erhalten (die Müllerschen Gänge haben sich nicht zurückgebildet). Daneben müßten aber auch die Wolffschen Gänge persistieren. Wir fanden jedoch keine Hinweise dafür in der uns zugänglichen Literatur.

In den letzten Jahren wurde auch über eine Reihe von Virilisierungen nach Behandlung der Mütter in der Schwangerschaft mit androgen wirksamen Steroiden berichtet. Bei folgenden Substanzen wurden diese Nebenwirkungen beschrieben: Äthinyltestosteron, Äthinyl-19-nor-testosteron, Methylandrostendiol, Methyltestosteron.

Der isolierte Ausfall der Androgene beim männlichen Geschlecht wurde bei der testiculären Feminisierung beschrieben, dabei hat der Ausfall durch mangelnde Produktion oder durch ein defektes Erfolgsorgan die gleichen Folgen. Es sind in der Literatur aber auch sonst weitgehend normale männliche Individuen beschrieben worden, bei denen neben Samenleiter und Nebenhoden auch Tuben und Uteri gefunden wurden (NILSON, 1939; YOUNG, 1951). Diese Angaben lassen die Vermutung zu, daß auch der isolierte Ausfall des Faktors X beim Menschen vorkommen kann.

Ob die Konstellation "Androgene und Faktor X werden wirksam" beim weiblichen Geschlecht überhaupt spontan vorkommt, muß offenbleiben. Es müßte sich bei extremer Ausprägung um ein phänotypisch männliches Individuum handeln, das lediglich einen weiblichen Chromosomensatz besitzt.

Wenn man die im vorhergehenden Abschnitt aufgeführten anderen Faktoren berücksichtigt, die bei der gestörten Sexualdifferenzierung eine Rolle spielen, wird es verständlich, daß es zwischen den Extremen viele Abstufungen gibt. Diese Variationen müßten sich im Prinzip aber ebenfalls in das Schema der Sexualinduktoren einordnen lassen. Dies sei an einem Beispiel veranschaulicht. Bei einer bestimmten Störung der Steroidbiosynthese treten bei beiden Geschlechtern Anomalien am äußeren Genitale auf. Beim weiblichen Geschlecht kommt es zur Klitorishypertrophie und Fusion der Labien, beim männlichen Geschlecht zu Hypospadien (BONGIOVANNI u. ROOT, 1963). Die Ursache dafür ist das Fehlen der 3β-Hydroxy-Steroid-Dehydrogenase, die für die Biosynthese der Corticoide und des Testosterons notwendig ist (GOLDMAN et al., 1964). Es kommt zur Nebennierenhyperplasie mit verstärkter Bildung von Dehydroepiandrosteron (adrenogenitales Syndrom). Das Testosterondefizit beim männlichen Geschlecht wird offensichtlich trotz erhöhter Nebennierenrindenfunktion mit vermehrter Androgenbildung nicht ausgeglichen, da Dehydroepiandrosteron nur ein sehr schwaches Androgen ist. Es reicht beim weiblichen Geschlecht aber aus, die hier sehr androgenempfindliche Differenzierung des äußeren Genitale zu beeinflussen.

Die beim männlichen Geschlecht resultierende Intersexform müßte der Konstellation "Faktor X wird wirksam, Androgene nicht" zugeordnet werden. Beim weiblichen Geschlecht müßte man diese Form der Intersexualität der Konstellation "Androgene werden wirksam, Faktor X nicht" zuordnen. Außerdem scheint bei dem Phänomen der Virilisierung weiblicher Feten und der Feminisierung männlicher Feten durch die gleiche Ursache ein Zeitfaktor eine Rolle zu spielen. Es ist bekannt, daß die Differenzierung des äußeren Genitale beim männlichen Geschlecht früher stattfindet als beim weiblichen. Da die Störung nur am äußeren Genitale auftritt, müßte demnach die Einwirkung von Dehydroepiandrosteron bei weiblichen Feten später als bei männlichen stattgefunden haben. Dies scheint auch tatsächlich der Fall zu sein, denn es wurde festgestellt, daß bei männlichen Feten das erste Aktivitätsmaximum der 3β-Hydroxy-Steroid-Dehydrogenase viel früher als bei weiblichen Feten auftritt (GOLDMAN et al., 1962)[3] . Es ist natürlich nicht möglich, auch nur annähernd alle Geschlechtsmißbildungen in das Faktorenschema einzuordnen. Deshalb sollte unser Vorgehen auch nur als Versuch angesehen werden. Viele Formen der Intersexualität sind nicht auf Störungen im hormonalen Milieu zurückzuführen (z.B. Hemmungsmißbildungen, Atavismen). Auch andere Geschlechtsmißbildungen lassen sich nicht ohne weiteres in das Schema einordnen, obwohl man hormonale Störungen in der Entwicklungsphase nicht ausschließen kann, z.B. beim Klinefelter-Syndrom und bestimmten Varianten beim Turner-Syndrom.

Milchdrüsendifferenzierung

Seit den heute als klassisch anzusprechenden Untersuchungen von RAYNAUD und RAYNAUD u. FRILLEY (1942; 1947) weiß man, daß auch die Milchdrüsendifferenzierung durch Sexualorgane gesteuert wird. So werden z.B. nur bei weiblichen Mäusen und Ratten Saugwarzen angelegt (RAYNAUD, 1961), nicht aber bei den männlichen. Werden aber bei den männlichen Tieren Androgene in der Phase der Differenzierung nicht wirksam, so bilden sich ebenfalls Saugwarzen aus. Diese hormonale Situation kann erreicht werden durch Zerstörung der Gonaden mittels Röntgenstrahlen vor Eintritt in die Differenzierungsphase oder noch einfacher durch Behandlung der graviden Mütter über diese Phase mit einem Androgen-Antagonisten (wir haben wieder mit Cyproteronacetat gearbeitet). Umgekehrt treten nach Androgenbehandlung gravider Ratten oder Mäuse bei den weiblichen Feten keine Saugwarzen auf. Bei männlichen Mäusefeten kommt es zu einer Zerstörung des primären Drüsensprosses in seinem proximalen Bereich; nach Ausschaltung der Androgene unterbleibt dieser Prozeß. Offenbar hängt die Differenzierung der Milchdrüse in weibliche oder männliche Richtung nur davon ab, ob in einer bestimmten Phase der Fetalentwicklung Androgene wirksam werden oder nicht. Dies scheint auch Gültigkeit zu haben für die spätere Drüsengewebsentwicklung. So liegen z.B. die Milchdrüsengewichte erwachsener männlicher Ratten unter denen weiblicher Tiere. Es konnte gezeigt werden, daß dafür nicht Unterschiede in der Sexualhormonsekretion im Erwachsenenalter verantwortlich sind, denn auch unter experimentell geschaffenen gleichen hormonalen Bedingungen - etwa nach Kastration und anschließender Hormonsubstitution mit Östradiol und Progesteron - bleiben diese Unterschiede bestehen. Die spätere Drüsengewebsentwicklung scheint also ebenfalls ausschließlich davon abzuhängen, ob in einer

---

[3] Übrigens war es mit einem synthetischen Steroid (17β-Hydroxy-4.4.17α-trimethyl-2α-cyano-4-androsten-3-on) möglich, an Ratten das gleiche Krankheitsbild zu erzeugen. Diese Substanz hemmt selektiv die 3β-Hydroxy-Steroid-Dehydrogenase in jedem steroidbildenden Gewebe (GOLDMAN et al., 1965).

bestimmten Phase der Entwicklung Androgene wirksam werden oder nicht. Sind z.B. weibliche Rattenfeten einer Androgenwirkung ausgesetzt, so ist das Milchdrüsenwachstum im Erwachsenenalter sehr viel geringer als das weiblicher Kontrollen (NEUMANN et al., 1969). Umgekehrt ist das Milchdrüsenwachstum männlicher Nachkommen von Müttern, die während der Schwangerschaft mit einem Antiandrogen behandelt wurden, sehr viel ausgeprägter als das männlicher Kontrollen (NEUMANN u. ELGER, 1967). Wir haben zunächst angenommen, daß unter der Einwirkung von Androgenen primär weniger Drüsengewebe angelegt wird, d.h. es wäre dann im Erwachsenenalter einfach weniger Substrat vorhanden, das auf einen hormonalen Stimulus mit Wachstum reagieren kann. Diese Hypothese erwies sich jedoch als falsch, denn weder zum Zeitpunkt der Geburt noch im Alter von 30 Tagen konnten irgendwelche Geschlechtsunterschiede in der Drüsengewebsentwicklung festgestellt werden (RIESER et al., 1970). Es scheint so zu sein, daß durch die Einwirkung von Androgenen in der Phase der Milchdrüsenentwicklung die Ansprechbarkeit des Drüsengewebes im Erwachsenenalter (Wachstum nach hormonaler Stimulierung) herabgesetzt ist. Eine wahrscheinliche Hypothese ist, daß der positive Rückkoppelungsmechanismus zwischen Oestrogenen und Prolactin bei männlichen und weiblichen Ratten unterschiedlich arbeitet, und zwar in der Art, daß der Prolactinhemmfaktor bei weiblichen Ratten durch Oestrogene stärker gehemmt wird als bei männlichen,und daß in Konsequenz davon bei gleichen Oestrogenkonzentrationen bei weiblichen Tieren mehr Prolactin ausgeschüttet wird als bei männlichen, mit dem Resultat eines stärkeren Milchdrüsenwachstums. Auch einige Beobachtungen anderer Untersucher sprechen dafür (HAYASHI, 1967 a, b, 1969; KURCZ et al., 1967). Wir sind jetzt dabei, diese Hypothese zu überprüfen und hoffen, in einigen Wochen die Antwort zu haben. Falls sich diese Hypothese als richtig erweist, dann unterliegt nicht nur der Modus der späteren Gonadotropinsekretion einer hormonalen Prägung (darauf wird später noch eingegangen), sondern auch der Modus der Prolactinsekretion. Auch bleibt abzuwarten, inwieweit diese an Ratten und Mäusen gewonnenen Erkenntnisse auf andere Species übertragen werden können. Einige Beobachtungen sprechen jedoch dafür, daß auch die Milchdrüsendifferenzierung des Menschen einer hormonalen Prägung unterliegt. Ich möchte nur an die in der Regel mäßige bis geringe Brustentwicklung von Mädchen beim angeborenen AGS einerseits und die in der Regel gute Brustentwicklung bei der testiculären Feminisierung erinnern.

Zusammen mit Dr. GOLDMAN vom Children's Hospital, Philadelphia, haben wir im letzten Jahr untersucht, wie die Milchdrüsendifferenzierung beim experimentell induzierten adrenogenitalen Syndrom abläuft (GOLDMAN u. NEUMANN, 1969, 1970). Ein synthetisches Steroid (Cyanoketon, Formel siehe Abb. 14) hemmt spezifisch die 3β-Hydroxy-Steroid-Dehydrogenase und die $\Delta^5 \rightarrow \Delta^4$-Keto-Steroid-Isomerase. Wird diese Verbindung graviden Ratten verabfolgt, so kommt es bei den Feten zu ähnlichen Veränderungen wie bei einer seltenen Form der angeborenen Nebennierenhyperplasie mit einem genetischen Defekt dieses Enzymsystems. Sie wissen, daß es bei diesem klinischen Syndrom bei beiden Geschlechtern zu Anomalien in der Geschlechtsentwicklung kommt. So fällt bei den Mädchen meist eine Klitorishypertrophie und Fusion der Labien auf, bei männlichen Neugeborenen dagegen eine Penishypospadie. Wie bereits erwähnt, hemmt Cyanoketon spezifisch die Bildung von Δ^4-3-Keto-Steroiden aus Δ^5-3-Hydroxy-Steroiden. Wenn man graviden Ratten vom 15. - 20. Tag der Schwangerschaft (20 mg/kg/Tag) mit dieser Substanz behandelt, dann entwickeln sich bei den männlichen Feten Saugwarzen, andererseits ist die Saugwarzenentwicklung bei den weiblichen Tieren teilweise gehemmt. Hinsichtlich der Saugwarzen-

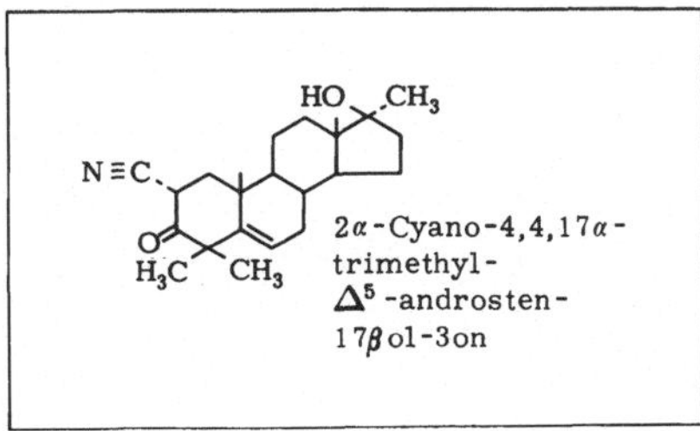

Ab. 14. Strukturformel eines Antagonisten der 3β-OH-Dehydrogenase und der $\Delta^5 \rightarrow \Delta^4$-Isomerase

entwicklung bestehen dann keinerlei Geschlechtsunterschiede mehr. Abb. 15 veranschaulicht diese Befunde.

Was ist nun die Ursache dafür, daß nach Gabe dieses spezifischen Enzymhemmers die Milchdrüsendifferenzierung bei beiden Geschlechtern gestört ist? Alle biologisch hochaktiven Steroidhormone - außer Oestrogenen - zeichnen sich durch die Δ^4-3-Ketogruppierung aus. Dies gilt für Androgene, Progesteron und auch alle aktiven Nebennierenrindenhormone - wie etwa Cortison oder Hydrocortison.

Zunächst zu den weiblichen Feten:

Das Hauptglucocorticoid bei Ratten ist Corticosteron, als Precursor dient Pregnenolon, Zwischenstufen sind Progesteron und 21-Hydroxy-Progesteron. Abb. 16 zeigt die Syntheseschritte von Corticosteron aus Pregnenolon. Cyanoketon hemmt nun die Bildung von Progesteron aus Pregnenolon, wodurch die Re-

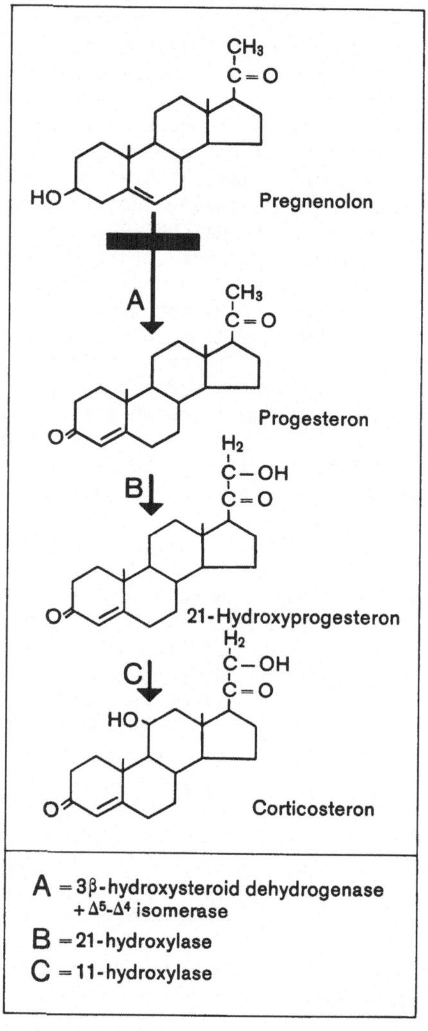

Pregnenolon

A

Progesteron

B

21-Hydroxyprogesteron

C

Corticosteron

A = 3β-hydroxysteroid dehydrogenase + Δ^5-Δ^4 isomerase
B = 21-hydroxylase
C = 11-hydroxylase

Abb. 16. Schema der Corticosteronbiosynthese bei Ratten, Cyanoketon hemmt den Syntheseschritt vom Pregnenolon zum Progesteron

gulation der Nebennierenrindenfunktion in entscheidender Weise beeinflußt wird - wie Abb. 17 schematisch veranschaulicht. Links auf Abb. 17 sehen Sie den normalen Feed-back-Mechanismus zwischen Zentren, die die ACTH-Sekretion regulieren, und den Nebennieren, in der Mitte den Feed-back-Mechanismus unter der Einwirkung des Enzymhemmers. Nur schwach wirksame oder unwirksame Corticosteroide werden produziert, und diese sind nicht mehr in der Lage, die Zentren zu blokken, die die ACTH-Sekretion regulieren. Es kommt zu einem Anstieg der ACTH-Sekretion und einer exzessiven Stimulierung der Nebennieren. Als charakteristisches Syndrom entwickelt sich eine Nebennierenhyperplasie, ähnlich wie es für das klinische Bild beim Menschen charakteristisch ist. Bedingt durch die übermäßige Stimulierung der Nebennieren werden nun auch vermehrt Androgene gebildet, im besonderen Dehydroepiandrosteron. Das vermehrt gebildete Dehydroepiandrosteron führt nun zu einer partiellen Virilisierung der Milchdrüsen, d.h. die Saugwarzenentwicklung ist bei weiblichen Feten teilweise gehemmt. Dehydroepiandrosteron ist jedoch ein relativ schwaches Androgen und nicht in der Lage, eine vollständige Virilisierung zu induzieren. Alle diese Effekte werden aufgehoben, wenn Cyanoketon und gleichzeitig Corticosteron verabfolgt wird. In diesem Falle bleibt der negative Feed-back-Mechanismus quasi intakt und die Milchdrüsendifferenzierung erfolgt ungestört (Abb. 17, rechtes Schema).

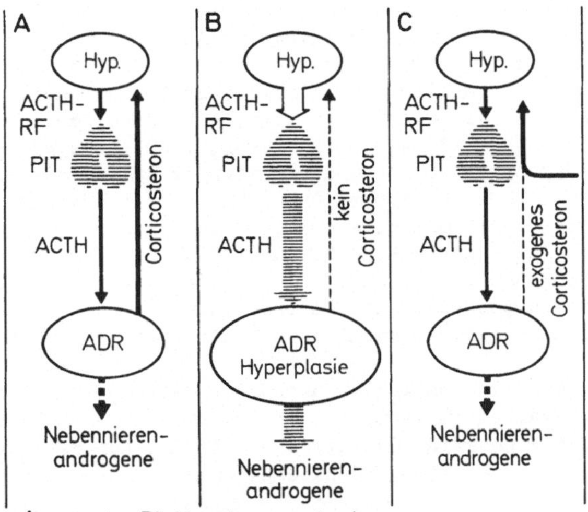

Abb. 17. Schema des Feed-back-Mechanismus zwischen Nebennierenfunktion und Zentren,die die ACTH-Sekretion regulieren

Bei männlichen Feten verhindern normalerweise - wie bereits erwähnt - die Androgene der fetalen Hoden die Saugwarzenentwicklung. Unter der Einwirkung des Enzymhemmers entstehen jedoch keine Δ^4-3-Keto-Verbindungen, d.h. auch kein Testosteron. Da die Δ^5-3-Hydroxy-Steroide biologisch nur wenig wirksam sind, sind sie nicht in der Lage, die Saugwarzenentwicklung vollständig zu hemmen; daß diese Interpretation richtig ist, beweist die Tatsache, daß bei gleichzeitiger Gabe von Cyanoketon und Testosteron keine Saugwarzen angelegt werden.

Ob sich die Milchdrüse in weibliche oder männliche Richtung entwickelt, scheint also nur davon abzuhängen, ob in einer bestimmten Phase der Entwicklung Androgene wirksam werden oder nicht. Es bleibt natürlich noch abzuwarten, inwieweit die an Ratten und Mäusen gewonnenen Erkenntnisse auf andere Species übertragbar sind. Unabhängig von der Tatsache, daß die Gabe von Oestrogenen früh in der Schwangerschaft zu verschiedensten Malformationen in der Milchdrüsenentwicklung führt, scheinen Oestrogene keine Schlüsselrolle in der Organogenese dieses Organs zu spielen. Für eine weibliche Organogenese sind offenbar überhaupt keine hormonalen Impulse notwendig; das ist in Übereinstimmung mit dem Prinzip des "basic femaleness" in der Säugetierentwicklung.

Funktionsprägung cerebraler Zentren

Es ist ganz und gar unmöglich, in der zur Verfügung stehenden Zeit einen Überblick über Untersuchungen zur Funktionsprägung cerebraler Zentren zu geben. Ursprünglich war auch, wie mir Prof. Tonutti mitteilte, ein eigenständiges Referat von Prof. Dörner zu dieser Thematik vorgesehen.

Bei Ratten erfolgt die Prägung hypothalamischer Funktionszentren nach der Geburt. Werden weibliche Ratten in den ersten Lebenstagen mit Androgenen behandelt, so sind sie im Erwachsenenalter steril, die Ovarien bleiben klein, es entwickeln sich nur Follikel. Die Tiere sind in einem Zustand des Daueroestrus, sie ovulieren nicht. Die Gonadotropine FSH und LH werden nicht cyclisch sezerniert (BARRACLOUGH, 1967). Eine cyclische Sekretion von LH ist aber die Voraussetzung für das Zustandekommen einer Ovulation.
Was ist die Ursache dafür?

Man hätte zunächst denken können, daß eine bleibende Entwicklungsstörung der Ovarien oder der Hypophyse vorliegt. Beides trifft jedoch nicht zu, denn wenn man die Ovarien solcher "androgenisierter" Ratten normalen kastrierten weiblichen Tieren implantiert, so kommt es zu Ovulationen, und die Tiere haben normale Cyclen, d.h. die Ovarialfunktion läuft ungestört (BARRACLOUGH, 1967; BRADBURY, 1941; HARRIS, 1964; YAZAKI, 1959, 1960). Das gleiche gilt auch hinsichtlich der Hypophyse. Man hat die Hypophyse androgenisierter oder männlicher Tiere in die Nähe des Hypothalamus hypophysektomierter, aber sonst normaler weiblicher Tiere implantiert. Es wurden danach wieder normale Cyclen und Ovulationen beobachtet (HARRIS, 1964; HARRIS u. JACOBSOHN, 1952; MARTINEZ u. BITTNER, 1956; SEGAL u. JOHNSON, 1959). Tatsächlich haben - wie man heute weiß - bestimmte hypothalamische Zentren, die die Sekretion der Gonadotropine regulieren, eine Prägung im männlichen Sinne erfahren. Es herrscht Acyclizität vor.

Wenn man umgekehrt männliche neugeborene Ratten kastriert und ihnen im Erwachsenenalter Ovarien implantiert, dann kommt es zu Ovulationen in den Ovarimplantaten. Als Beweis für Ovulationen gilt das Auftreten von Gelbkörpern. Übrigens hat eine Antiandrogenbehandlung neugeborener männlicher Ratten den gleichen Effekt.
Wie stellt man sich dies heute vor?

Man nimmt an, daß es zwei hypothalamische Zentren gibt, die die LH-Sekretion steuern. Ein Zentrum liegt im mittleren Hypothalamus, das für die tonische Ausschüttung von LH verantwortlich ist und bei männlichen Individuen ausreicht, um die inkretorische und damit auch generative Hodenfunktion aufrechtzuerhalten. Daneben gibt es noch ein höheres Zentrum in der präoptischen Region, das die cyclusgerechte LH-Ausschüttung, den LH-Peak, induziert (BARRACLOUGH u. GORSKI, 1961; FLERKO u. SZENTAGOTHAI, 1957; FLERKO et al., 1967; HALASZ u. PUPP, 1965). Sehr wahrscheinlich unterbleibt unter der Einwirkung von Androgenen in einer ganz bestimmten Phase der Entwicklung bei Ratten die Differenzierung dieses höheren präoptischen Zentrums (GORSKI u. WAGNER, 1965; BARRACLOUGH, 1961; HARRIS u. LEVINE, 1962; GORSKI u. BARRACLOUGH, 1963; BARRACLOUGH u. GORSKI, 1961). Anhand einer Schemazeichnung sei dies etwas näher erläutert. Sie sehen in Abb. 18 oben, wie man sich die Regulation der LH-Sekretion bei weiblichen oder neonatal kastrierten männlichen Ratten vorstellt. Unten sind die Verhältnisse beim männlichen bzw. androgenisierten weiblichen Tier dargestellt. Wenn nun Oestrogene und Progesteron in einer adäquaten Relation das präoptische Zentrum erreichen, dann wird dies ansprechbar auf exterozeptive oder enterozeptive Einflüsse, es wird quasi aktiviert und aktiviert seinerseits nun die ventromedialen Kerngebiete. Es werden vermehrt Releaserfaktoren für LH ausgeschüttet, die den ovulatorischen LH-Peak auslösen. Ist dieses in der präoptischen Region gelegene Kerngebiet nicht differenziert (männliche Individuen oder androgenisierte weibliche Tiere), dann kann LH nur tonisch sezerniert werden. Die Tiere können nicht ovulieren, da der zur Ovalutionsauslösung essentielle LH-Peak nicht auftritt. Vieles spricht dafür, daß diese Hypothese richtig ist, z.B. kann durch elektrolytische Läsionen in der präoptischen Region auch bei erwachsenen weiblichen Tieren dieses Syndrom (Daueroestrus ohne Ovulation) ausgelöst werden (BARRACLOUGH et al., 1964; FLERKO u. BARDOS, 1959).

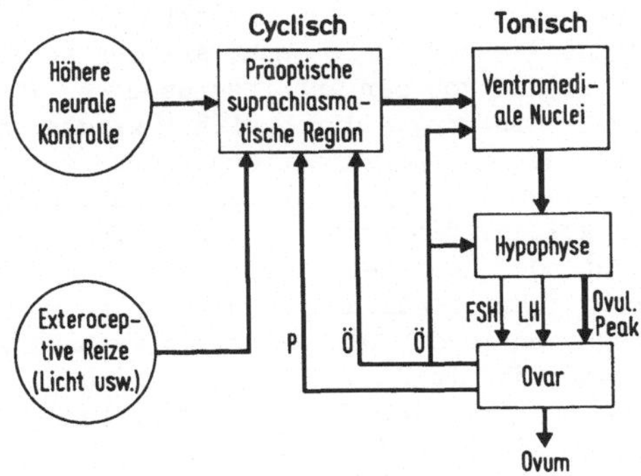

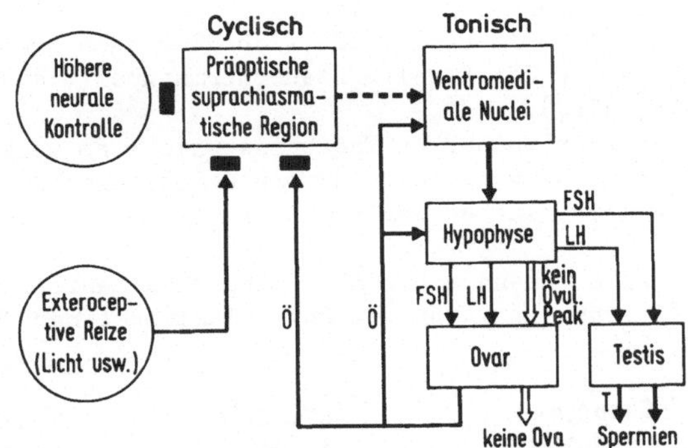

Abb. 18. Oben: Schematische Darstellung der Regulationsmechanismen, die bei weiblichen oder neonatal kastrierten männlichen Ratten (nach Ovarimplantation) eine cyclische Gonadotropinsekretion gewährleisten.
unten: Verhältnisse bei normalen männlichen oder "androgenisierten" weiblichen Ratten, bei denen Gonadotropine nicht cyclisch sezerniert werden können. (Modifiziert nach BARRACLOUGH, 1966)

Auch Verhaltensweisen unterliegen einer hormonalen Prägung. Je nach Species und Reifezustand zur Geburt erfolgt die Prägung postnatal (Ratten, Mäusen, Hamster) oder pränatal (Meerschweinchen, Affen?). Zu den Verhaltensweisen, die offensichtlich durch Sexualhormone geprägt werden, gehören in erster Linie das Sexualverhalten, ferner das Aggressionsverhalten, der Mutterinstinkt, die Spontanaktivität, das Defäkationsverhalten und scheinbar auch das Lernverhalten. Ich möchte hier nur noch kurz auf das Sexualverhalten eingehen.

Bei androgenisierten weiblichen Ratten ist im Erwachsenenalter die Fähigkeit zum weiblichen Sexualverhalten - als bestes Kriterium für weibliches Sexualverhalten gilt die Lordosebereitschaft im Oestrus - unterdrückt, bei entsprechender Substitution mit Androgenen tritt dagegen männliches Verhalten in Erscheinung (HARRIS u. LEVINE, 1965; DÖRNER, 1968). Bei in den ersten Lebenstagen kastrierten oder mit einem Antiandrogen behandelten männlichen Tieren zeigt sich im Erwachsenenalter, daß die Fähigkeit zum weiblichen Sexualverhalten erhalten geblieben ist, ganz gleich, ob die Tiere mit Androgenen oder Progesteron und Oestrogenen substituiert werden.

Es sei hier noch erwähnt, daß auch Oestrogengaben in den ersten Lebenstagen zu ähnlichen Veränderungen von Verhaltensweisen führen wie Androgengaben. Im übrigen sei auch zu dieser Problematik nur auf einige Übersichtsarbeiten hingewiesen (HARRIS u. LEVINE, 1965; LEVINE u. MULLINS, 1967; WHALEN u. NADLER, 1963).

Es ist heute noch völlig unbekannt, ob und inwieweit die hauptsächlich an Ratten, Hamstern und Meerschweinchen gewonnenen Erkenntnisse auf den Menschen übertragbar sind, obwohl gerade darüber viele Spekulationen angestellt wurden. Untersuchungen am Rhesus-Affen, die von der Arbeitsgruppe von YOUNG, GOY u. PHOENIX (1964) am Primate Center in Oregon durchgeführt wurden, machen wahrscheinlich, daß auch beim Menschen die Differenzierung der genannten hypothalamischen Zentren einer hormonalen Prägung unterliegen; zumindest scheint dies für Verhaltensweisen zu gelten. Hinsichtlich der Prägung des Modus der Gonadotropinsekretion herrscht noch keine einheitliche Meinung vor.

Die Arbeitsgruppe um Dörner führt sogar die weibliche und männliche Homosexualität auf hormonale Störungen in der Differenzierungsphase zurück. Auch männliche Hypo- und Hypersexualität wird von DÖRNER und Mitarbeitern mit einem relativen Androgenmangel bzw. Androgenüberschuß in der Differenzierungsphase erklärt (DÖRNER, 1967, 1969; DÖRNER u. HINZ, 1967). Da die Differenzierung dieser Zentren erst zu einem Zeitpunkt erfolgt, wenn die Differenzierung des somatischen Geschlechts nahezu völlig abgeschlossen ist, ist nun ohne weiteres denkbar, daß eine hormonale Störung, wenn sie erst nach Abschluß der somatischen Sexualdifferenzierung auftritt, ausschließlich die Differenzierung des "Gehirns" beeinflußt - experimentell läßt sich dies auch beweisen. Aus diesem Grunde hat DÖRNER sogar den Begriff Pseudohermaphroditismus psychosexualis geprägt (DÖRNER, 1967).

Wir möchten diese tierexperimentellen Ergebnisse nicht so weitgehend interpretieren, glauben aber sehr wohl, daß hormonale Störungen in der Phase der Differenzierung eine der Ursachen der Transsexualität und des Transvestitismus sein könnten.

Ich möchte nun zum Schluß anhand einer Abbildung zusammenfassen, wie wir uns heute die Sexualdifferenzierung vorstellen. Anläßlich einer "Workshop

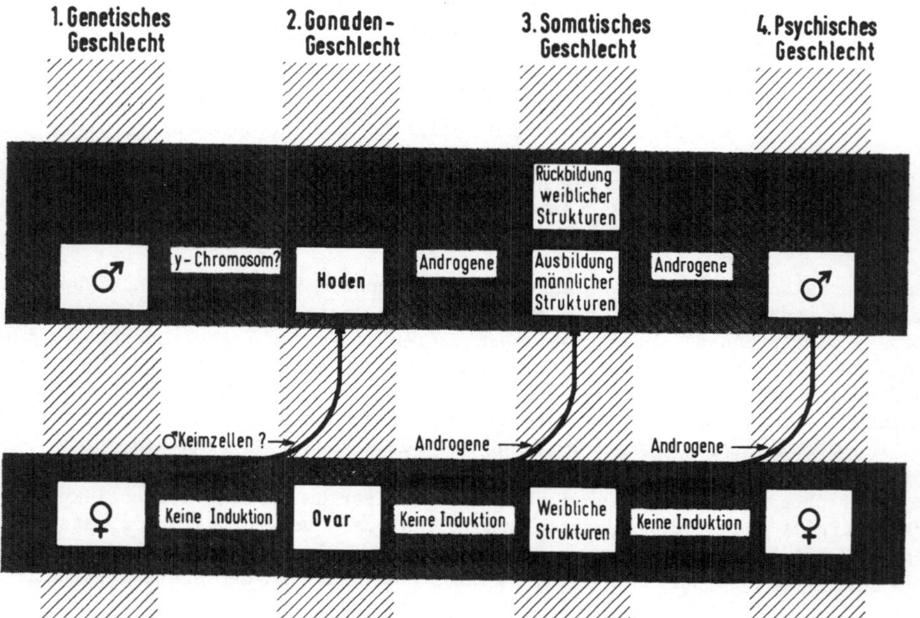

Abb. 19. Schematische Darstellung der zeitlich aufeinanderfolgenden Differenzierungsschritte und Möglichkeiten der Störung

Conference on Integration of Endocrine and Non-Endocrine Mechanisms in the Hypothalamus" hat Prof. Sir Geoffrey Harris, Oxford, dieses Schema an der Tafel entwickelt, als er die Schlußworte sprach.

Als erstes erfolgt die Festlegung des genetischen Geschlechtes (darauf bin ich heute nicht eingegangen), danach die Differenzierung der Gonaden. Zur Differenzierung eines Ovars sind offenbar keinerlei Induktoren erforderlich. Für die Richtigkeit dieser Annahme spricht, daß die undifferenzierte Gonade dem späteren Ovar sehr ähnlich sieht. Beim genetisch männlichen Geschlecht muß das Y-Chromosom auf irgendeine noch nicht bekannte Weise (evt. über männliche Keimzelleneinwanderung in die Gonade) die Differenzierung in Hoden bewirken. Alle sich daran anschließenden Differenzierungsvorgänge werden beim männlichen Geschlecht durch Induktoren gesteuert, die im Hoden gebildet werden (Androgene und Faktor X). Für die weitere weibliche Differenzierung sind wiederum keinerlei hormonale Impulse erforderlich. Treten solche jedoch auf, dann kann in jeder Phase eine gegengeschlechtliche Entwicklung eintreten. Werden z.B. nach der Gonadendifferenzierung Androgene wirksam, dann erfolgt eine teilweise männliche Differenzierung des somatischen Geschlechtes, werden Androgene erst nach Ablauf der somatischen Geschlechtsdifferenzierung wirksam, so erfolgt eine Prägung des "psychischen Geschlechts" im männlichen Sinne. Werden in der männlichen Geschlechtsdifferenzierung andererseits auf irgendeiner Stufe Induktoren (Androgene und/oder Faktor X) nicht wirksam, so gehen alle weiteren Differenzierungsvorgänge in weibliche Richtung.

Zusammenfassung

Es wird unterschieden zwischen dem genetischen Geschlecht, dem gonadalen Geschlecht, dem somatischen Geschlecht und dem psychischen Geschlecht. Dabei braucht das eine - etwa das genetische Geschlecht - nicht mit dem anderen - z.B. dem somatischen Geschlecht, übereinzustimmen.

Das chromosomale Geschlecht wird zum Zeitpunkt der Befruchtung festgelegt. Dabei ist bei Säugetieren stets das männliche Geschlecht heterozygot (XY), bei Vögeln, Reptilien und Axolotln ist es das weibliche. Unmittelbar vor der Gonadendifferenzierung wandern sog. primäre Keimzellen, die wahrscheinlich aus dem Dottersack stammen, in die Gonaden ein und 'befruchten' sie quasi. Es wird vermutet, daß es männliche und weibliche primäre Keimzellen gibt (obwohl man sie morphologisch nicht unterscheiden kann) und daß das Y-Chromosom in noch unbekannter Weise die Differenzierung der Gonaden in Hoden bewirkt.

Alle der Gonadendifferenzierung folgenden Schritte der Sexualdifferenzierung sind abhängig von den Hormonen, die in der Gonade des männlichen Feten gebildet werden. Die inneren Geschlechtswege - Wolffsche und Müllersche Gänge - sind bei beiden Geschlechtern angelegt. Bei weiblichen Tieren entwickeln sich aus den Müllerschen Gängen Tuben und Uteri, die Wolffschen Gänge gehen zugrunde. Beim männlichen Geschlecht entwickeln sich aus den Wolffschen Gängen Nebenhoden, Samenleiter, Ampullen und Samenblasen, die Müllerschen Gänge gehen unter. Die Entwicklung des weiblichen Genitaltraktes ist nicht abhängig von der Anwesenheit irgendwelcher Hormone. An der männlichen Differenzierung sind mindestens zwei Faktoren beteiligt: Androgene und mindestens noch ein weiterer, zurzeit unbekannter Faktor.

Dies wurde experimentell nachgewiesen. Wenn man männliche Kaninchenfeten noch im Mutterleib kastriert, so erfolgt eine vollständige weibliche Entwicklung. Solche Tiere haben später Eileiter und Uteri. Nach einer Hodentransplantation auf weibliche Feten persistieren dagegen Anteile der Wolffschen Gänge, während Teile der Müllerschen Gänge untergehen. Unter Androgeneinfluß bleiben bei weiblichen Feten beide Gangsysteme erhalten, es entwickeln sich neben Tuben und Uterus auch Samenleiter, accessorische Geschlechtsorgane und Penis, jedoch keine Vagina. Unter dem Einfluß von Antiandrogenen gehen beide Gangsysteme zugrunde, jedoch wird eine Vagina gebildet bei männlichen Feten.

Aus diesen Experimenten wird ersichtlich, welche Vorgänge in der somatischen Sexualdifferenzierung durch Androgene (Stabilisierung und Differenzierung der Wolffschen Gänge, Differenzierung der accessorischen Geschlechtsdrüsen, Differenzierung des Penis, Verhinderung der Vaginalentwicklung) oder den unbekannten Faktor (Untergang der Müllerschen Gänge, evtl. Descensus testiculorem) gesteuert werden.

Durch Versuche mit Androgenen, Antiandrogenen und intrauteriner Kastration bei Ratten- und Mäusefeten wurde nachgewiesen, daß auch die Milchdrüsenentwicklung durch die Anwesenheit oder Abwesenheit von Androgenen kontrolliert wird.

Die somatische Differenzierung hängt davon ab, ob Androgene und der unbekannte Faktor gemeinsam oder allein wirksam werden oder nicht. Dadurch ergeben sich - unabhängig vom genetischen Geschlecht - insgesamt vier prinzipielle Möglichkeiten der somatischen Differenzierung. Eine davon ist jeweils die normale, die anderen stellen drei verschiedene Formen der Intersexualität dar.

Alle Differenzierungsvorgänge laufen nach einem strengen Zeitplan ab. Außerdem reagieren verschiedene Strukturen des Sexualtraktes mit unterschiedlicher Empfindlichkeit auf hormonale Stimuli. Die Differenzierung der Sexualorgane hängt daher nicht nur von der Art der hormonalen Induktion ab, sondern auch vom Zeitpunkt, von der Stärke und von der Dauer der Impulse. Störungen der normalen Differenzierung können daher äußerst vielgestaltig sein.

Aufgrund der Tierversuche läßt sich die causale Genese einer Reihe von Geschlechtsmißbildungen beim Menschen interpretieren.

Auch bei bestimmten hypothalamischen Zentren erfolgt die Differenzierung, d.h. die Prägung zum männlichen Funktionstyp, durch Androgene. Experimentell haben Oestrogene dabei etwa die gleichen Wirkungen wie Androgene.

Die Steuerzentren für die Gonadotropinsekretion arbeiten bei weiblichen Individuen cyclisch, bei männlichen acyclisch. Immer dann, wenn in einer bestimmten Entwicklungsphase Androgene wirksam werden, erfolgt unabhängig vom genetischen Geschlecht eine Differenzierung zum männlichen acyclischen Typ. Das gleiche gilt für bestimmte Verhaltensweisen. So werden z.B. durch Androgeneinfluß in der entsprechenden Differenzierungsphase die hypothalamischen Zentren für weibliches Sexualverhalten bis zur Funktionslosigkeit verändert, woraus eine Dominanz männlicher Verhaltensweisen resultiert.

Die Differenzierung des Hypothalamus erfolgt am Schluß der Sexualdifferenzierung. Bei Ratten und Mäusen liegt diese Phase erst nach der Geburt, bei Meerschweinchen (und Menschen?) noch intrauterin. Störungen im hormonalen Milieu während dieser Zeit sind vielleicht die Ursache für verschiedene Formen der "psychischen Intersexualität", z.B. des Transvestitismus.

Literatur

Barraclough, C. A.: Endocrinology 68, 62 (1961). - Recent Progr. Hormone Res. 22, 503 (1966). - In: Martini, L. and W. F. Ganong (eds.): Neuroendocrinology, vol. II, p. 61, New York and London: Academic Press 1967.

--, Gorski, R. A.: Endocrinology 68, 68 (1961).

--, Yrarrazaval, S., Hatton, R.: Endocrinology 75, 838 (1964).

Bierich, J. R.: In: Overzier, C. (ed.): Intersexuality, p. 345. New York and London: Academic Press 1963.

Bongiovanni, A. M., Root, A. W.: New Engl. J. Med. 268, 1283 (1963).

Bouin, P., Ancel, P.: C. R. Soc. Biol. (Paris) 55, 1682 (1903).

Bradbury, J. T.: Endocrinology 28, 101 (1941).

Burns, R. K.: Cold Spr. Harb. Symp. quant. Biol. 10, 27 (1942).

del Castillo, E. B., Trabucco, A., de la Balze, F. A.: J. clin. Endocr. 7, 493 (1947).

Dörner, G.: Acta. biol. med. germ. 19, 569 (1967). - J. Endocr. 42, 163 (1968). - Dtsch. med. Wschr. 94, 390 (1969).

--, Hinz, G.: Germ. med. Mth. 12, 281 (1967).

Dubois, R.: The Royal Society Meeting, London 1969.

Elger, W.: Arch. Anat. micr. Morph. exp. 55, 658 (1966).
--, Steinbeck, H., Cupceancu, B., Neumann, F.: J. Endocr. Im Druck (1970).
Flerkó, B., Bardós, V.: Acta neuroveg. (Wien) 20, 248 (1959).
--, Petrusz, P., Tima, L.: Acta biol. Acad. Sci. hung. 18, 27 (1967).
--, Szentagothai, J.: Acta endocr. (Kbh.) 26, 121 (1957).
Goldman, A. S., Bongiovanni, A. M., Yakovac, W. C.: Proc. Soc. exp. Biol. (N.Y.) 121, 757 (1966).
--,--,--, Prader, A. J.: J. clin. Endocr. 24, 894 (1964).
--, Neumann, F.: Proc. Soc. exp. Biol. (N.Y.) 132, 237 (1969).
--, Yakovac, A. S., Bongiovanni, A. M.: Endocrinology 77, 1105 (1965).
Gorski, R. A., Barraclough, C. A.: Endocrinology 73, 210 (1963).
--, Wagner, J. W.: Endocrinology 76, 226 (1965).
Greene, R. R., Burrill, M. W., Ivy, A. C.: Amer. J. Anat. 65, 415 (1939).
--,--,--,Amer. J. Anat. 67, 305 (1940).
Halász, B., Pupp, L.: Endocrinology 77, 553 (1965).
Harris, G. W.: Endocrinology 75, 627 (1964).
--, Jacobsohn, D.: Proc. roy. soc. B 139, 263 (1952).
--, Levine, S.: J. Physiol. (Lond.) 163, 42 P (1962).
-- -- J. Physiol. (Lond.) 181, 379 (1965).
Hayashi, S.: J. Fac. Sci. (Tokyo) 11, 227 (1967 a).
-- J. Fac. Sci. (Tokyo) 11, 235 (1967 b).
-- Annot. zool. jap. 42, 13 (1969).
Humphrey, R. R.: Anat. Rec. 51, 135 (1931).
-- Amer. J. Anat. 76, 33 (1945).
-- J. exp. Zool. 109, 171 (1948).
Jost, A.: Arch. Anat. micr. Morph. exp. 36, 271 (1947 a).
-- C. R. Ass. Anat. 34, 255 (1947 b).
-- Recent Progr. Hormone Res. 8, 379 (1953).
-- Mem. Soc. Endocr. 4, 237 (1955).
-- Mem. Soc. Endocr. 7, 49 (1960).
-- In: de Haan, R. L., and H. Ursprung (eds.): Organogenesis, chapt. 24. New York: Holt, Rinehart and Winston 1965.
-- Excerpta med. (Amst.) Intern. Congr. Ser. 132, 74 (1967).
-- The Royal Society Meeting, London 1969.
--, Bergerard, Y.: C. R. Soc. Biol. (Paris) 143, 608 (1949).
--, Bozic, B.: C. R. Soc. Biol. (Paris) 145, 647 (1951).
Keller, K.: Wien. tierärztl. Mschr. 9, 193 (1922).
--,Tandler, J.: Mschr. Ver. Tierärtz. Oestr. 3, 513 (1916).
Kurcz, M., Kovacs, K., Tiboldi, T., Orosz, A.: Acta endocr. (Kbh.) 54, 663 (1967).
Levine, S., Mullins, R.: Excerpta med. (Amst.) Intern. Congr. Ser. 132, 925 (1967).
Lillie, F. R.: Science 43, 611 (1916).
-- J. exp. Zool. 23, 371 (1917).
Martinez, C., Bittner, J. J.: Proc. Soc. exp. Biol. (N.Y.) 91, 506 (1956).
Moore, C. R.: In: Moore, C. R. (ed.): Embryonic sex hormones and sexual differentiation. Springfield, Ill.: C. C. Thomas 1947.
Moore, K. L., Graham, M. A., Barr, M. L.: J. exp. Zool. 135, 101 (1957).
Neumann, F., von Berswordt-Wallrabe, R., Elger, W., Steinbeck, H.: 18. Mosbacher Koll. d. Gesell. f. Biologische Chemie "Wirkungsmechanismen der Hormone", Mosbach 1967, S. 218. Berlin - Heidelberg - New York: Springer 1967.
--, Elger, W.: Europ. J. Pharmacol. 1, 120 (1967).
--,--, Steinbeck, H.: J. Reprod. Fertil., Suppl. 7, 9 (1969).
--,--,--, von Berswordt-Wallrabe, R.: In: Klein, E. (Hrsg.): Das Testosteron - Die Struma, S. 78. Berlin - Heidelberg - New York: Springer 1968.
--, Goldman, A. S.: Endocrinology. Im Druck (1970).
Niemi, M., Ikonen, M.: Endocrinology 70, 167 (1962).
Nilson, O.: Acta chir. scand. 83, 231 (1939).
Overzier, C.: In: Overzier, C. (ed.): Intersexuality, p. 340. New York and London: Academic Press 1963.

Philip, J., Sele, V.: Acta endocr. (Kbh.) 48, 297 (1965).
Prader, A.: Schweiz. med. Wschr. 87, 278 (1957).
-- Helv. paediat. Acta 13, 5 (1958).
Price, D., Pannabecker, R.: Ciba Found. Coll. 2, 3 (1956).
Raynaud, A.: Acta Scientifique et Industrielles, No. 925 et 926. Paris: Herman et Cie. 1942.
-- Ann. Andocr. (Paris) 8, 96 (1947).
-- In: Kon, S. K., and A. T. Cowie (eds.): Milk - the mammary gland and its secretion. vol. I, p. 3. New York and London: Academic Press 1961.
--, Frilley, M.: Ann. Endocr. (Paris) 8, 400 (1947 a).
-- -- C. R. Soc. Biol. (Paris) 141, 1134 (1947 b).
--, Raynaud, J.: Ann. Inst. Pasteur 90, 39 (1956 a).
-- -- Ann. Inst. Pasteur 90, 187 (1956 b).
Rieser, U., Schulz, U., Neumann, F.: Experientia (Basel). Im Druck (1970).
Segal, S. J., Johnson, D. C.: Arch. Anat. micr. Morph. exp. 48, 261 (1959).
Tandler, J., Keller, K.: Dtsch. tierärztl. Wschr. 10, (1911). (zitiert nach Keller, K. u. J. Tandler, 1916)..
Whalen, R. E., Nadler, R. D.: Science 141, 273 (1963).
Wiesner, B. P.: J. Obstet. Gynaec. Brit. Emp. 41, 867 (1934).
-- J. Obstet. Gynaec. Brit. Emp. 42, 8 (1935).
Yazaki, I.: Jap. J. Zool. 12, 267 (1959).
-- Annot. Zool. Jap. 33, 217 (1960).
Young, D.: J. Obstet. Gynaec. Brit. Emp. 58, 830 (1951).
Young, W. C., Goy, R. W., Phoenix, C. H.: Science 143, 212 (1964).

Symp. Dtsch. Ges. Endokrin. 16, 83-90 (1970)

Wachstum und Wachstumshormon in der Perinatalperiode

Growth and Growth Hormone in the Perinatal Period

H.-J. QUABBE

Medizinische Klinik und Poliklinik im Klinikum Steglitz der Freien Universität Berlin

Summary

Growth hormone (STH) has been shown to be present in the fetal pituitary gland as early as the ninth week of gestation. Elevated plasma concentrations have been found during the entire fetal and perinatal period as compared with childhood and adult levels. There is, however, much evidence that the intrauterine growth of the fetus is largely or entirely independent of fetal STH. Human fetuses with normal birth weight and length have been described who had severe malformations (e.g. acephaly) excluding the formation of a pituitary gland. Similar observations have been made in acephalic animals in which the malformation existed spontaneously or had been produced experimentally.

Nor does maternal STH seem to be necessary for normal fetal growth. Maternal STH has been shown not to cross the placenta. Furthermore, normal children were born to mothers with coexisting acromegaly or in whom hypophysectomy had been performed during pregnancy. These cases offer further evidence against a role of maternal STH for the normal growth of the fetus. The importance of a placental hormone - chorionic somatomammotropin - for the growth of the fetus is as yet unknown. However, only very low concentrations of this hormone have been found in the fetal circulation as compared with the values found in the maternal blood.

The cause of the high STH plasma concentration in the fetus and in the newborn during the first days and weeks of life is still a matter of conjecture. An influence of the "physiological" hypoglycemia of this period of life and of the labile regulation of body temperature have to be discussed as well as the possibility of an influence of the central nervous system.

The high perinatal STH plasma concentrations may help to direct metabolism towards the synthesis of proteins. In addition, they may mobilize free fatty acids in a situation of severe shortage of glucose and glycogen reserves. However, exogenous STH - even if given in high doses - had no effect on plasma free fatty acids, weight, head circumference or length of the tibia if given to premature infants, but some nitrogen retention did occur. At the present time the regulation of STH secretion as well as the cause and significance of the high plasma STH concentration during the fetal and the perinatal period are still unknown.

Wachstumshormon (STH) ist mit immunologischen Methoden in der Hypophyse des menschlichen Feten der 9. Schwangerschaftswoche nachgewiesen worden (Pavlova et al., 1968; Gitlin und Biasucci, 1969). Biologisch aktives STH wurde in der

Hypophyse von menschlichen Feten der 24. bis 30. Schwangerschaftswoche nachgewiesen. Als Testmethoden wurden die Gewichtszunahme hypophysektomierter Ratten und die Dickenzunahme der Tibia-Epiphyse hypophysektomierter Ratten (sog. Tibia-Test) benutzt (Rice et al., 1968). Hypophysen aus früheren Stadien wurden mit biologischen Methoden bisher nicht untersucht. Daß STH nicht nur in der Hypophyse des Feten produziert, sondern auch ins Blut abgegeben wird, ergibt sich aus Plasmabestimmungen, die an Feten von der 10. Schwangerschaftswoche an durchgeführt werden (Kaplan und Grumbach, 1967) und aus Bestimmungen an lebenden intra-uterinen Feten beim Affen in einem Schwangerschaftsstadium das der 28. bis 36. Schwangerschaftswoche menschlicher Verhältnisse entsprechen würde (Mintz et al., 1969).

Die Konzentration des STH in der Hypophyse steigt von der 11. bis zur 16. Schwangerschaftswoche stark an, gleichzeitig ist eine schnelle Differenzierung der eosinophilen Zellen des Hypophysenvorderlappens (HVL) nachweisbar (Pavlova et al., 1968). Zum Vergleich kann angeführt werden, daß ACTH - ebenfalls schon in der 9. Woche in der Hypophyse nachweisbar - zunächst nur in geringer Konzentration vorhanden ist und erst in der 20. bis 22. Woche vermehrt produziert wird (Pavlova et al.,1968). Während die Plasmakonzentration des STH beim normalen Erwachsenen unter Basalbedingungen meist unterhalb 1 ng/ml liegt (der sog. Nüchternwert liegt meist unter 6 bis 10 ng/ml), wurde die Plasmakonzentration in der 10. Schwangerschaftswoche mit 20 ng/ml bestimmt, später (bis zur 22. Woche) noch wesentlich höher bis 206 ng/ml. Bei der Geburt lagen die Werte wieder etwas niedriger (Kaplan und Grumbach, 1967). Von denselben Autoren (Kaplan und Grumbach, 1965) wird die STH-Konzentration im Nabelschnurblut im Mittel mit 33,5 ng/ml für ausgetragene Kinder angegeben (Bereich etwa 5 bis 95 ng/ml). Auch von anderen Autoren wurden auffällig hohe STH-Werte in der unmittelbar postnatalen Zeit angegeben (Glick et al., 1963, Cornblath et al., 1965, Milner and Wright, 1966, Laron et al., 1966, Yen et al., 1967). Diese hohen Werte nach der Geburt steigen vielleicht im Mittel am 2. postnatalen Tage noch etwas an und fallen dann im Verlauf der nächsten Tage ab (Cornblath et al., 1965). Bei Frühgeborenen sind die Werte zunächst dieselben, steigen jedoch in der 2. und 3. Woche erneut an. Nach der 8. Woche unterscheiden sie sich nicht mehr von denen der ausgetragenen Kinder. Sowohl bei ausgetragenen Kindern wie auch bei Frühgeborenen ist die Plasmakonzentration aber auch mehrere Wochen nach der Geburt noch wesentlich höher als im späteren Kindesalter oder im Erwachsenenalter.

In Details weichen die wenigen Veröffentlichungen, die über frühe postnatale STH-Plasmakonzentrationen bisher vorliegen, voneinander ab: Cornblath et al. (1965) fanden signifikant höhere STH-Werte in ausgetragenen Knaben während des ersten Lebensmonats im Vergleich zu Mädchen - jedoch waren die Werte höher in Mädchen, wenn es sich um Frühgeborene handelte. Laron et al. (1966) dagegen fanden bei ausgetragenen Kindern die Werte der Mädchen höher als die der Knaben (allerdings war der Unterschied zwischen den Geschlechtern nicht signifikant, und die Angaben erstreckten sich nur auf den ersten Lebenstag, nicht den ganzen ersten Lebensmonat). Cornblath et al. (1965) fanden keine Korrelation zwischen dem Geburtsgewicht und der STH-Plasmakonzentration, während Laron et al. (1966) höhere STH-Werte in Kindern mit geringerem Geburtsgewicht angeben.

Schließlich haben Cornblath et al. (1965) die Plasmahalbwertzeit des STH beim Neugeborenen bestimmt und fanden mit 12 1/2 Minuten die Hälfte des beim Erwachsenen bestimmten Wertes. Die Autoren errechneten daraus eine tägliche STH-Produktion des Neugeborenen von 4,2 mg - ein Wert, der in der gleichen Größenordnung liegt wie der für einen 70 kg schweren Erwachsenen.

Die Annahme, daß die hohen STH-Plasmawerte während der Fetal- und Perinatalzeit mit dem starken Wachstum während dieser Periode zusammenhängen, liegt zunächst nahe. Der Einfluß des STH, insbesondere auf den Proteinstoffwechsel, ist seit langem bekannt. Dazu gehören seine Wirkung auf den Transport von Aminosäuren durch die Zellmembran, die Verstärkung des Einbaues markierter Aminosäuren in Muskelprotein, sein Einfluß auf die Synthese der verschiedenen RNS-Typen usw. (Kostyo,1968, Korner,1968,u.a.). Weiter ist eine Steigerung der

DNS-Synthese unter dem Einfluß von STH nachgewiesen worden. Rigal (1964) fand eine Stimulierung des Einbaues von H-3-Thymidin in die Stammzellen des Epiphysenknorpels der Kaninchentibia durch Rinder-STH. Daughaday and Reeder (1966) haben nachgewiesen, daß der Einfluß des STH auf das Knorpelwachstum der Rattenrippe mit einer Stimulierung der DNS-Synthese einhergeht. Entsprechende Beobachtungen wurden auch an der Leberzelle der Ratte gemacht und an der Muskelzelle der Ratte nach Hypophysektomie sowie bei Ratten mit hereditärem Panhypopituitarismus (Cheek et al., 1965). Alle diese Wirkungen sind Voraussetzung für das Wachstum und die Vermehrung der Zellen und damit der Organe und des ganzen Organismus. Dabei scheint das STH die Zellzahl bzw. die Vermehrung der Kernzahl stärker zu fördern als die Kerngröße. Cheek et al. (1966) fanden im Muskelgewebe von hypophysären Zwergen die Zellzahl stärker vermindert als die Zellgröße. Behandlung mit Wachstumshormon normalisierte die Zellzahl. Fehlt dieser Einfluß des STH beim wachsenden Kinde, so sistieren das Zellwachstum und die Zellvermehrung in praktisch allen Organsystemen einschließlich der Knochenwachstumszone, und es kommt zum Minderwuchs.

Trotz dieses wesentlichen Einflusses des STH auf die Wachstumsprozesse im späteren Lebenalter liegen wichtige Hinweise dafür vor, daß während der Fetal- und Perinatalperiode ein normales Wachstum ohne STH möglich ist. Es ist bekannt, daß Patienten mit hypophysärem Zwergwuchs meist normales Geburtsgewicht und normale Geburtslänge haben. Dies wäre eventuell dadurch zu erklären, daß die Hypophyse bis zur Geburt normal gearbeitet hätte und der spätere Mangel an STH erst durch ein die Hypophyse betreffendes Trauma während der Geburt entstanden wäre. Es wurde auf häufige Zangengeburten, Steißlagen usw. bei diesen Patienten hingewiesen. Jedoch sind einzelne Fälle von menschlichen Feten veröffentlicht worden mit sicherem Fehlen des HVL oder der gesamten Hypophyse bei der Geburt und mit Hinweisen darauf, daß eine Hypophyse auch nie vorhanden war. In einem Fall von Reid (1960) waren Geburtsgewicht und -länge eines ausgetragenen Kindes normal, Schilddrüse, Testes und Nebennieren hypoplastisch. In Serienschnitten vom Diaphragma sellae bis zum Rachendach wurde keinerlei Hypophysengewebe gefunden. Brewer (1957) beschrieb ein Kind, das mit 34 1/2 Wochen lebend geboren wurde und dessen Größe und Gewicht für das Alter normal waren. Es bestand eine Hypoplasie der Schilddrüse und der Nebennieren. Im Bereich der Sella turcica wurde normales Hypophysen-Hinterlappengewebe gefunden, jedoch konnte keinerlei Hypophysen-Vorderlappengewebe in Serienschnitten vom Diaphragma sellae bis zum Rachendach gefunden werden. In einem Fall von Blizzard (1956) wurde allerdings die Gegend zwischen Sella und Pharynx nicht untersucht. Daß bei Anencephalen die Hypophyse gelegentlich nicht gefunden werden kann - auch nicht wenn Serienschnitte vom Diaphragma sellae bis zum Rachendach untersucht werden - wurde auch von anderen Autoren festgestellt (Stowens 1966). Pennel und Kukral (1946) beschrieben weiter einen Fall von Acephalie mit normalen Körpermaßen für das Geburtsdatum (7 1/2 Monate). Weiterhin wurden entsprechende Beobachtungen in Tierversuchen gemacht, in denen bei Säugetieren (Maus, Kaninchen, Huhn) mittels verschiedener Techniken in sehr frühem Embryonalstadium die Kopfregion zerstört wurde. Diese Tiere hatten meist normale Geburtsmaße. Auch Meerschweinchen eines Stammes, in dem hereditär schwere Mißbildungen vorkommen, haben normale Geburtsmaße in Fällen von Acephalie (Literatur s. bei Seckel, 1960 und Jost, 1966).

Wenn ein normales intra-uterines Wachstum ohne fetales STH möglich scheint, muß die Frage gestellt werden, ob das STH der Mutter einen Einfluß auf das Wachstum der Frucht haben kann. Gegen diese Möglichkeit sprechen verschiedene Beobachtungen. Die Plasmakonzentration des mütterlichen STH verändert sich während der ganzen Schwangerschaft nicht (Kaplan und Grumbach, 1965, Yen et al., 1967). Vielmehr muß der früher berichtete Anstieg der STH-Werte während der Schwangerschaft auf das Chorion-somatomammotropin zurückgeführt werden, das in vielen STH-Bestimmungssystemen teilweise oder ganz mitgemessen wurde. Wichtiger ist jedoch, daß das STH der Mutter die Placenta nicht passiert (Kaplan und Grumbach, 1965, Gitlin et al., 1965, Laron et al., 1966 b). Weitere Hinweise für die Unabhängigkeit des fetalen Wachstums vom mütterlichen STH sind darin zu sehen, daß bei Hypophysektomie der Mutter in der 25. Schwangerschaftswoche ein normales Kind in der 35. Woche geboren wurde (Little et al.,1958). Die Mutter verstarb später an Brustkrebs (dieser war auch der Operationsgrund), und bei der Autopsie wurde kein Hypophysengewebe mehr gefunden. Umgekehrt wurde bei Akromegalie der Mutter keine Übergröße des Kindes beobachtet (Abelove et al.,1954 - s. dort auch weitere Literatur).

Als mögliches "Wachstumshormon" muß das von Josimovich und McLaren (1962) beschriebene Chorion-somatomammotropin (Synonyme: Chorion Wachstumshormon-Prolactin, human placental lactogen) diskutiert werden. Es ist etwa von der 5. Schwangerschaftswoche an in der Placenta nachweisbar und wird vom Syncytiotrophoblasten (d.h. also von der mütterlichen Seite der Placenta) gebildet. Seine Konzentration im mütterlichen Blut steigt kontinuierlich bis zum Ende der Schwangerschaft an, um unmittelbar nach der Geburt mit einer Halbwertzeit von etwa 30 Minuten abzufallen (Samaan,1966). Chorion-somatomammotropin hat lactogene und luteotrophe Eigenschaften und potenziert bestimmte Wirkungen des STH, z.B. auf das Wachstum der Tibiaepiphyse hypophysektomierter Ratten (Josimovich und Brande,1964). Ihm wird auch die diabetogene Wirkung der Schwangerschaft zugeschrieben (Kaplan und Grumbach,1965, Yen et al., 1967, Samaan et al.,1968). Im Nabelschnurblut ist dieses Hormon zwar ebenfalls nachgewiesen worden, jedoch in 30 bis 300fach geringerer Konzentration als im mütterlichen Blut (Kaplan und Grumbach,1965, Samaan et al.,1966). Die jetzigen Kenntnisse über seine STH-ähnliche Wirkung sind jedoch noch sehr unzureichend. Daher kann noch nicht beurteilt werden, ob die im fetalen Blut gemessenen Konzentrationen für eine Wachstumswirkung auf den Fetus ausreichend sein können. So wurden z.B. die dem STH zukommenden Wirkungen der Stickstoff-Retention und der Lipolyse von Beas et al. (1969) an hypophysektomierten Ratten nicht gefunden. Schultz und Blizzard (1966) sahen keine Stickstoff-Retention unter der Gabe des Chorion-somatomammotropins bei zwei hypophysären Zwergen. Bei der geringen Konzentration des Hormones im fetalen Blut scheint es unwahrscheinlich - wenn auch nicht unmöglich - daß es auf den Fetus eine wesentliche Wachstumswirkung ausübt. Messungen der Plasmakonzentration dieses placentaren Hormones im Feten vor der Geburt sind bisher nicht durchgeführt worden.

Eine weitere Möglichkeit der Beeinflussung des fetalen Wachstums durch das STH der Mutter könnte dann bestehen, wenn STH-abhängige Substanzen die Placenta passieren. Dies könnte z.B. für den sog. Sulfation Factor (Salmon and Daughaday, 1958) diskutiert werden. Der Name dieses "Faktors" wurde gewählt, weil er den Einbau radioaktiven Sulfates in Knorpelgewebe stimuliert (z.B. in den Rippenknorpel hypophysektomierter Ratten). Er findet sich im normalen menschlichen Plasma und ist bei Fehlen von STH erniedrigt und bei Akromegalie erhöht. Seine Halbwertzeit im Plasma ist wesentlich höher (3 bis 5 Stunden; Daughaday et al.,1968) als die des STH (20 bis 30 Minuten; Glick et al.,1964). Im Plasma schwangerer Ratten war seine Aktivität nicht erhöht (Daughaday and Kipnis,1966). Über seine Plasmakonzentration während der menschlichen Schwangerschaft ist nichts bekannt - auch nicht, ob sein nicht-dialysabler Anteil die Placenta passieren kann (ein dialysabler Anteil dürfte im wesentlichen den Aminosäuren des Plasmas entsprechen, Daughaday and Kipnis,1966). Es ist auch bisher unbekannt, ob bei erhöhter STH-Konzentration der Mutter (z.B. bei Akromegalie) seine Aktivität im fetalen Plasma erhöht ist und ob bei Hypophysektomie der Mutter oder z.B. bei Müttern mit isoliertem STH-Ausfall seine Aktivität im fetalen Plasma erniedrigt ist. Auch an dieser Stelle muß jedoch betont werden, daß die Geburt normaler Kinder bei Akromegalie der Mutter oder Hypophysektomie während der Schwangerschaft gegen einen auch nur indirekten Einfluß des mütterlichen STH (z.B. über den Sulfation Factor) auf das Wachstum des Feten spricht. Allerdings kann eingewendet werden, daß bei Akromegalie und Schwangerschaft die Erkrankung nie sehr aktiv ist (praktisch normale gonadotrope Funktion muß ja zumindest am Anfang der Schwangerschaft als Voraussetzung für die Konzeption bestanden haben) und daß die Hypophysektomie während der Schwangerschaft in dem zitierten Fall erst relativ spät erfolgte (in der 25. Schwangerschaftswoche), nämlich zu einem Zeitpunkt, in dem der Fet selbst schon genügend STH produziert.

Wenn also weder das fetale noch das mütterliche STH für das intra-uterine

Wachstum des Feten und wahrscheinlich die frühe postnatale Periode notwendig sind, erhebt sich die Frage nach der Ursache und nach der Bedeutung der hohen STH-Plasmakonzentrationen während dieser Periode. Über die Regulation der STH-Sekretion in der Perinatalperiode allerdings ist sehr wenig bekannt. Es sind aber einige Unterschiede im Vergleich zum späteren Kindes- und zum Erwachsenenalter festgestellt worden. Beim Erwachsenen stimulieren Hypoglykämie und Arginin-Infusion die STH-Sekretion während diese durch Glucose-Zufuhr gehemmt wird. Mintz et al. (1969) untersuchten Affen-Feten intra-uterin und fanden keine regelmäßige Erhöhung der STH-Plasmakonzentration nach Arginin sowie keine Senkung der STH-Werte durch Glucose. Jedoch waren die Schwankungen zwischen den Tieren bei diesen Testen sehr groß. Auch nach der Geburt wurde bei diesen Affen noch dieselbe unregelmäßige Reaktion beobachtet. Cornblath et al. (1965) fanden zwar beim menschlichen Neugeborenen regelmäßig einen starken Anstieg (300%) der STH-Werte im Verlauf einer Insulin-induzierten Hypoglykämie. Eine Senkung der STH-Plasmakonzentration durch intravenöse Infusion von Glucose sahen sie innerhalb der ersten 9 Lebenstage nicht, vielmehr kam es zu einem paradoxen Anstieg des STH. Bei einem Kinde im Alter von 15 Tagen trat jedoch die erwartete Suppression des STH ein. Laron et al. (1966 a) fanden ebenfalls einen STH-Anstieg bei 2 Neugeborenen nach i.v. Glucosegabe. Milner and Wright (1966) beschrieben eine Erhöhung der STH-Sekretionsrate in Neugeborenen als Reaktion auf i.v. Glucosezufuhr. Diese Abweichungen im Verhalten des Neugeborenen und Frühgeborenen vom Verhalten älterer Kinder und Erwachsener wurden entweder als günstig für die anabole Wirkung einer gleichzeitigen Insulin- und STH-Sekretion unter dem Einfluß der Hyperglykämie angesehen im Sinne einer Förderung des Wachstumsprozesses (Milner and Wright, 1966) oder als Ausdruck einer Unreife der Regulationsmechanismen gedeutet (Cornblath et al., 1965). Ähnliche paradoxe STH-Anstiege nach Glucosegabe wurden u.a. in manchen Patienten mit Tumoren der Hypothalamus/Hypophysen-Gegend gesehen (Beck, 1966). Nach diesen bisher spärlichen Daten scheint es, daß die Regulation der STH-Sekretion in der perinatalen Periode nicht in allen Situationen der späteren im Kindes- und Erwachsenenalter entspricht. Andererseits liegt aber wohl auch keine völlig autonome Sekretion vor, sondern gewisse Regulationsmechanismen sind vorhanden. In jedem Falle führte eine induzierte Hypoglykämie zur weiteren Erhöhung der schon hohen Ausgangskonzentrationen des STH.

Aus Tierversuchen geht nun hervor, daß in utero der Blutzuckerspiegel des Feten nur etwa die Hälfte der mütterlichen Blutzuckerkonzentration ausmacht, und auch im menschlichen Feten sind Werte von etwa 2/3 der mütterlichen Konzentration gemessen worden (Shelley and Neligan, 1966). Unter der Geburt sind die Werte etwas höher, fallen dann aber im Laufe der ersten Lebensstunden bzw. des ersten Lebenstages wieder auf niedrigere Werte ab (Cornblath et al., 1965; Shelley and Neligan, 1966). Die postnatalen Blutzuckerwerte sind niedriger im Frühgeborenen als in ausgetragenen Kindern (Shelley and Neligan, 1966). Nach 7 bis 10 Tagen in ausgetragenen und nach 3 bis 4 Wochen in frühgeborenen Kindern werden dann wieder Werte erreicht, wie sie denen des späteren Lebens entsprechen. Diese Hypoglykämie - die vom Neugeborenen relativ gut vertragen wird - erklärt sich durch die geringen Glykogenreserven, die schnell erschöpft sind, wenn die Glucosezufuhr durch die Mutter ausfällt. Der R.Q sinkt von 0,9 - 1,0 unmittelbar nach der Geburt auf 0,7 ab als Ausdruck der Umstellung auf die Energieversorgung durch Fett. Da im Kindes- und Erwachsenenalter Hypoglykämie die sicherste Stimulationsmethode zur Erzielung einer STH-Sekretion aus dem Hypophysenvorderlappen ist, und da STH in vivo eine starke lipolytische Wirkung besitzt, muß diskutiert werden, ob die "physiologische" Neugeborenenhypoglykämie die Ursache der hohen STH-Plasmakonzentrationen während der ersten Tage und Wochen nach der Geburt ist und ob diese hohen Konzentrationen dann zu einer Mobilisierung der Energiereserven der Fettdepots führen. Gegen die Hypoglykämie als Ursache der hohen perinatalen STH-Werte spricht jedoch, daß Cornblath et al. (1965) keine Korrelation zwischen den individuellen Werten ihrer Neugeborenen für Blutzucker und STH fanden. Auch fand der leichte Anstieg der STH-Werte am zweiten Lebenstag zu einer Zeit statt, zu der die Blutzuckerwerte bereits wieder leicht anstiegen (allerdings mit 62 mg/100 ml im Mittel immer noch relativ niedrig waren). Auch in der Gruppe der Frühgeborenen fanden diese

Autoren die höchsten STH-Werte nicht zur Zeit der tiefsten Hypoglykämie. Andererseits wiederum reagierten 4 ausgetragene und 2 frühgeborene Kinder bei Insulin-induzierter Hypoglykämie sofort mit einer erheblichen Steigerung der schon hohen STH-Plasma-Konzentration. Eine Abhängigkeit der Lipolyse in der frühen postnatalen Periode vom STH ist ebenfalls nicht sicher nachzuweisen (s. unten).

Weitere Faktoren, die einen Einfluß auf die Sekretion des STH in der frühen postnatalen Periode haben könnten, sind bisher nicht untersucht. Hierzu gehören z.B. die labile Temperaturregulation des Neugeborenen und der häufig zu beobachtende Temperaturanstieg während der ersten Lebenstage zur Zeit der Gewichtsverluste nach der Geburt. Für das spätere Lebensalter ist nachgewiesen worden, daß Temperaturerhöhungen durch Pyrogen-Gabe (Frohman et al.,1967) oder Temperaturanstieg nach zentraler Kühlung (Berg et al.,1966) einen STH-Anstieg bewirken, während die Kühlung selbst ohne Effekt ist. Der Einfluß der Blutentnahmezeiten auf die STH-Werte des Neugeborenen ist ebenfalls nicht untersucht. In den wesentlichen Beobachtungen von Cornblath et al. (1965) fanden diese immer etwa 3 1/2 bis 4 1/2 Stunden nach einer Mahlzeit statt, also dann, wenn auch beim Erwachsenen ein Anstieg der STH-Plasmakonzentration zu erwarten ist. Beim Erwachsenen besteht eine Korrelation der nächtlichen STH-Sekretion mit den Tiefschlafphasen (Quabbe et al.,1966, Takahshi et al.,1968,u.a.), die auf zentralnervöse Einflüsse auf die STH-Sekretion hinweist. Das Schlafverhalten des Neugeborenen ist aber von dem des Erwachsenen sehr verschieden. Mögliche Zusammenhänge der STH-Sekretion mit Tiefschlafphasen beim Neugeborenen sind bisher nicht untersucht worden.

Die Bedeutung der hohen STH-Werte in der Fetal- und Perinatalperiode für den peripheren Stoffwechsel des Neugeborenen ist ebenfalls noch weitgehend unbekannt. Bei menschlichen Frühgeborenen hatte die Gabe von STH keine oder nur äußerst geringe Wirkungen auf Stoffwechsel und Entwicklung (Chiumello et al., 1965; Ducharme und Grumbach,1961). Morphologische Daten wie Körpergewicht, Kopfumfang und Tibia- oder Fibulalänge der behandelten Säuglinge unterschieden sich nicht von denen der Kontrollgruppe. Es wurde zwar eine deutliche Stickstoff-Retention erzielt, jedoch keine regelmäßige Blutzuckererhöhung. Ein Einfluß auf die freien Fettsäuren des Plasmas war nicht nachweisbar. Wenn auch die meistens benutzte Dosis von 1 - 2 mg STH/d in Anbetracht der Angabe einer täglichen Sekretion von etwa 4,2 mg/d (Cornblath et al.,1965) in diesem Lebensstadium als nicht sehr hoch bezeichnet werden kann, so wurden jedoch 3 Kinder mit 5 bzw. 10 mg/d behandelt. Auch in diesen Fällen waren die Ergebnisse nicht wesentlich verschieden von denen der geringeren Dosis. Sogar nach i.v. Injektion von 1,25 mg STH wurde gegenüber einem Kontrollkind keine Erhöhung der FFS im Plasma gefunden (Ducharme und Grumbach,1961). Mit dieser sehr hohen i.v. Dosis werden sicher kurzzeitig exzessiv hohe Plasma-STH-Konzentrationen erzielt. Diese Befunde sind gegenwärtig schwer zu deuten. Es ist unwahrscheinlich, daß alle durch das STH beeinflußbaren Stoffwechselvorgänge bereits durch die endogenen STH-Konzentrationen so maximal stimuliert sind, daß sie praktisch keine weitere Steigerung erfahren können. So wurde z.B. durch Fasten die Konzentration der FFS im Plasma deutlich erhöht, während i.v. STH-Gabe keine Steigerung der Lipolyse erbrachte (Ducharme und Grumbach,1961). Es sieht vielmehr so aus, als ob in diesem Stadium noch eine relative Endorganresistenz gegen die Wirkungen des endogenen und exogenen STH vorläge. Zur Stützung einer solchen Hypothese wären jedoch Untersuchungen unter Ausschluß der Wirkung des endogenen STH notwendig (z.B. in vitro Untersuchungen an fetalem Gewebe). Diese sind bisher nicht durchgeführt worden.

Unter den vielen Fragen, die offen sind, wenn über die Bedeutung des Wachstumshormones in der Perinatalperiode gesprochen wird, scheint die Klärung der folgenden besonders wichtig zu sein:

1. Kann das von den mütterlichen Anteilen der Placenta gebildete Chorion-somatomammotropin in genügenden Mengen auf den Feten übergehen, um in diesem eine Wachstumshormonwirkung auszuüben? Dabei wäre zu klären, ob das fetale Gewebe überhaupt auf dieses Hormon anspricht.
2. Haben die hohen fetalen STH-Plasmakonzentrationen in der Perinatalperiode eine Bedeutung für den Stoffwechsel des Feten oder besteht zu dieser Zeit

hinsichtlich des STH eine Endorganresistenz?

3. Welches sind die Faktoren, die bestimmen, daß das Wachstum des Neugeborenen nach der STH-unabhängigen Fetalperiode langsam in die Abhängigkeit vom STH gerät?

Zusammenfassung

Wachstumshormon (STH) kann schon in der neunten Schwangerschaftswoche in der fetalen Hypophyse nachgewiesen werden. Die Plasmakonzentration ist während der ganzen Fetal- und Perinatalzeit wesentlich höher als im Kindes- und Erwachsenenalter. Dennoch spricht sehr viel dafür, daß das intra-uterine Wachstum vom STH weitgehend oder sogar völlig unabhängig ist. Bei menschlichen Feten mit Anencephalie oder Acephalie und bei experimentell im Tierversuch erzeugter Acephalie (bei der eine Hypophyse sicher nie gebildet wurde) sind normales Körpergewicht und normale Körperlänge bei der Geburt beschrieben worden (Korrektur für den fehlenden Kopf). Das mütterliche STH passiert die Placenta nicht. Zusätzlich weisen einige Beobachtungen normal ausgetragener Kinder bei Schwangerschaft mit gleichzeitig bestehender Akromegalie bzw. bei Hypophysektomie in der Schwangerschaft auf die Unabhängigkeit des fetalen Wachstums vom mütterlichen STH hin. Vorläufig nicht zu beantworten ist die Frage, ob das mütterliche Chorion-somatomammotropin für das Wachstum des Feten eine Bedeutung hat, die über seinen Einfluß auf den mütterlichen Organismus hinausgeht. Jedenfalls wurden nur geringe Mengen dieses Placenta-Hormones in der Zirkulation des Neugeborenen gefunden.

Die Ursache und die Bedeutung der sehr hohen kindlichen STH-Plasmakonzentration in den ersten Lebenstagen und -wochen ist bisher ungeklärt. Diskutiert werden muß der Einfluß der physiologischen kindlichen Hypoglykämie, von Schwankungen der Körpertemperatur und ein Einfluß des Zentralnervensystems. Die während der ganzen Perinatalperiode gefundenen hohen STH-Plasmaspiegel könnten den Stoffwechsel in die Richtung der Proteinsynthese lenken helfen und gleichzeitig bei geringen Glucose- und Glykogenreserven in der frühen postnatalen Zeit die Verwendung der Fettreserven für den Energiehaushalt fördern (lipolytische Wirkung des STH). Es ist jedoch auffällig, daß bei Frühgeborenen auch sehr hohe exogene STH-Dosen keine deutliche Erhöhung der freien Fettsäurem im Plasma bewirkten und auf Gewicht, Kopfumfang und Tibia-Länge keinen Einfluß hatten. Eine Stickstoffretention wurde allerdings beobachtet.

Die Regulation der STH-Sekretion in der fetalen und der frühen postnatalen Periode, die Ursache und die Bedeutung der hohen fetalen STH-Plasmakonzentration während dieser Zeit müssen vorläufig als weitgehend ungeklärt angesehen werden.

Literatur

Abelove, W. A., Rupp, J. J., Paschkis, K. E.: J. Clin. Endocr. 14, 32 (1954).

Beas, F., Salinas, A., Pak, N.: Proc. Soc. exp. Biol. (N.Y.) 131, 1171 (1969).

Beck, P., Parker, M. L., Daughaday, W. H.: J. Clin. Endocr. 26, 463 (1966).

Berg, G. R., Utiger, R. D., Schalch, D. S., Reichlin, S.: J. appl. Physiol. 21, 1791 (1966).

Blizzard, R. M., Alberts, M.: J. Pediat. 48, 782 (1956).

Brewer, D. B.: J. Path. Bact. 73, 59 (1957).

Cheek, D. B., Brasel, J. A., Elliott, D., Scott, R.: Bull. Johns Hopk. Hosp. 119, 46 (1966).

--, Powell, G. K., Scott, R. E.: Bull. Johns Hopk. Hosp. 117, 306 (1965).

Chiumello, G., Vaccari, A., Sereni, F.: Pediatrics 36, 836 (1965).

Cornblath, M., Parker, M. L., Reisner, S. H., Forbes, A. E., Daughaday, W. H.: J. Clin. Endocr. 25, 209 (1965)

Daughaday, W. H., Heins, J. N., Srivastava, L., Hammer, C.: J. Lab. clin. Med. 72, 803 (1968).

Daughaday, W. H., Kipnis, D. M.: Recent Progr. Hormone Res. 22, 49 (1966).
--, Reeder, C.: J. Lab. clin. Med. 68, 357 (1966).
Ducharme, J. R., Grumbach, M. M.: J. clin. Invest. 40, 243 (1961).
Frohman, L. A., Horton, E. S., Lebovitz, H. E.: Metabolism 16, 57 (1967).
Gitlin, D., Biasucci, A.: J. clin. Endocr. 29, 926 (1969).
--, Kumate, J., Morales, C.: J. clin. Endocr. 25, 1599 (1965).
Glick, S. M., Roth, J., Lonergan, E. T.: J. clin. Endocr. 24, 501 (1964).
--,--, Yalow, R. S., Berson, S. A.: Nature 199, 784 (1963).
Josimovich, J. B., Brande, B. L.: Trans. N.Y. Acad. Sci. 27, 161 (1964).
--, Maclaren, J. A.: Endocrinology 71, 209 (1962).
Jost, A.: In: The Pituitary Gland, Vol. 2, G. W. Harris and B. T. Donovan Edts., page 299, London: Butterworths 1966.
Kaplan, S. L., Grumbach, M. M.: J. clin. Endocr. 25, 1370 (1965).
--,--: Pediat. Res. 1, 303 (1967).
Korner, A.: Ann. N.Y. Acad. Sci. 148, 408 (1968).
Kostyo, J. L.: Ann. N.Y. Acad. Sci. 148, 389 (1968).
Laron, Z., Mannheimer, S., Pertzelan, A., Nitzan, M.: Israel J. med. Sci. 2, 770 (1966 a).
--, Pertzelan, A., Mannheimer, S., Goldman, J., Guttmann, S.: Acta endocr. (Kbh.) 53, 687 (1966 b).
Little, B., Smith, O. W., Jessiman, A. G., Selenkow, H. A., Van'T Hoff, W., Eglin, J. M., Moore, F. D.: J. clin. Endocr. 18, 425 (1958).
Milner, R. D. G., Wright, A. D.: Clin. Sci. 31, 309 (1966).
Mintz, D. H., Chez, R. A., Horger, E. O.: J. clin. Invest. 48, 176 (1969).
Pavlova, E. B., Pronina, T. S., Skebelskaya, Y. B.: Gen. comp. Endocr. 10, 269 (1968).
Pennel, M. T., Kukral, A. J.: Am. J. Obstet. Gynec. 52, 669 (1946) zitiert nach: Seckel (1960).
Quabbe, H. J., Schilling, E., Helge, H.: J. clin. Endocr. 26, 1173 (1966).
Reid, J. D.: J. Pediat. 56, 658 (1960).
Rice, B. F., Ponthier, R., Sternberg, W.: J. clin. Endocr. 28, 1071 (1968).
Rigal, W. M.: Proc. Soc. exp. Biol. (N.Y.) 117, 794 (1964).
Salmon, W. D., Daughaday, W. H.: J. Lab. clin. Med. 51, 167 (1958).
Samaan, N., Yen, S. C. C., Friesen, H., Pearson, O. H.: J. clin. Endocr. 26, 1303 (1966).
--,--, Gonzalez, D., Pearson, O. H.: J. clin. Endocr. 28, 485 (1968).
Schultz, R. B., Blizzard, R. M., Blizzard, R. M.: J. clin. Endocr. 26, 921 (1966).
Seckel, H. P. G.: Amer. J. Dis. Child. 99, 349 (1960).
Shelley, H. J., Neligan, G. A.: Brit. med. Bull. 22, 34 (1966).
Stowens, D.: Pediatric Pathology, page 692, Baltimore: The Williams and Wilkins Co. 1966.
Takahashi, Y., Kipnis, D. M., Daughaday, W. H.: J. clin. Invest. 47, 2079 (1968).
Yen, S. S. C., Samaan, N., Pearson, O. H.: J. clin. Endocr. 27, 1341 (1967).

Symp. Dtsch. Ges. Endokrin. 16, 91-94 (1970)

Thyroid Activity during the Perinatal Period

P. MALVAUX

Pediatric Department - University of Louvain, Belgium

It is not our purpose to review the histologic, physiologic and biochemical aspect of fetal thyroïd development. We will focus our attention on the thyroid activity of the fetus at the end of gestation and of the newborn during the first months of life. Some clinical implications will be given. This presentation is limited to data pertinent to human physiology.

Thyroïd activity at the end of gestation

At the end of gestation few data on fetal human thyroïd are available. This is due to the inherent difficulties to study the fetus in vivo "dans son milieu intérieur".

In the last month of gestation, the fetal PBI level approaches that of maternal serum (1). Although the hormone secretion rate of the fetal thyroïd is unknown, the amount of hormones produced seems to be sufficient to insure a normal fetal development. Indeed, normal euthyroïd children were born by mothers showing definite symptoms of hypothyroïdsm throughout pregnancy (2,3).

Recently, Fisher et al (4) have shown that the level of free T4 and TSH in newborn cord blood at the time of birth are higher than in maternal blood. These results cannot be attributed to the process of labor and delivery (vaginal delivery or Caesarean section).

These data indicate that serum TSH and free T4 concentration in term fetus exceed maternal levels and further support the concept of a fetal hypothalamic pituitary thyroïd control system functioning independently of the maternal system, this fetal system being more active than the maternal.

Transfer of thyroïd hormones across the placenta

During the last decade, the transplacental passage of thyroïd hormones has retained the attention of many workers. The data which will be presented have been collected only in human beings and concern chiefly thyroxine (T4); information regarding the placental transfer of triiodothyronine (T3) has been sparse because of the lack, until recently, of a suitable qualitative method for measuring total plasma T3.

One of the first experiments was performed by Grumbach and Werner (5). These authors have shown that labeled thyroxine or triiodothyronine injected at various intervals prior to delivery are present in the fetal circulation at birth; both T4 and T3 equilibrate slowly across the placental membrane, with T4 equilibrating even more slowly than T3.

Large doses of thyroxine or dessicated thyroïd must be administered to pregnant women in order to increase significantly the PBI or BEI of the cord blood; this further indicates that the placenta at term is relatively impermeable to thyroxine (6,7).

According to current concepts, thyroxine is more likely to cross the placenta in its free than in its protein-bound form. Thus, in addition to the placental permeability per se, thyroxine transfer will depend upon the level of serum free thyroxine in either side of the placenta. The levels of free T4 on each side of the placenta are controlled by a) the relative thyroxine binding capacities of the two sera, b) the output of thyroïd hormone by maternal and fetal glands and c) the thyroxine degradation rate of mother and baby. The first factor, i.e. the binding of hormone to proteins, seems to be the most important (8).

In six paired maternal and umbilical cord sera we simultaneously determined thyroxine binding proteins and free T4 level (9). We have shown, like others, that the thyroxine binding globulin (TBG) capacity is increased in maternal sera due to increased maternal oestrogen secretion during pregnancy (10) and to a lesser degree in the newborn sera (11-14). The thyroxine binding prealbumin (TBPA) capacity of the newborn is markedly decreased as compared to normal adult or pregnant women. The level of circulating free thyroxine was assessed by the equilibrium dialysis technique of Oppenheimer et al. (15). Our values were of the same order of magnitude in cord and maternal blood, the significant elevation of the dialysable fraction in cord blood being compensated by the decrease of the PBI. Recent reports have confirmed the higher proportion of dialysable T4 in the cord blood samples than in maternal blood (13, 14); this is largely explained by the lower TBG and TBPA concentration in cord blood. However, the same reports have found higher value for the concentration of free T4 in cord blood compared to maternal serum, this disagreement being due to discrepancies in the estimation of total thyroxine.

In view of these observations, we can conclude that the placenta is relatively impermeable to thyroxine, and that a fetal-maternal and not a maternal-fetal gradient of thyroxine exists across the placenta at term.

Information currently available regarding placental transfer of triiodothyroxine is sparse. As already mentioned, the studies of Grumbach and Werner (5), using tracer amounts of radioactive T3, have indicated modest placental transfer of T3. Raiti et al.(16) have shown that administration of T3 to the mother at the end of gestation induced a thyroïd suppression in the fetus which was proved by the decrease in cord blood T4 level. This demonstrated indirectly the passage of T3 across the human placenta.

By means of precise measurements of total plasma T3, Dussault et al (13) have shown that the values of total T3 were of the same order of magnitude in cord and maternal blood. Furthermore, the administration of varying doses of T3 to pregnant subjects caused a) a rise in both maternal and newborn T3 values, the newborn values being significantly lower than maternal values, b) a reduction in maternal thyroxine values (due to maternal TSH suppression by T3) and to a lesser degree a reduction in cord blood thyroxine values. These two observations indicate a partial placental block to T3 transfer.

Neonatal changes in thyroïd activity

During the first weeks of life, a physiological hyperactivity of the thyroïd gland does exist.

Already in 1951, Danowski et al (18) have reported an elevation of PBI in the newborn soon after birth; this was confirmed by Marks et al (19) and similar results have been found with reference to butanol extractable iodine (BEI) (20,21). This elevation of hormonal iodine values is maximal 2 to 5 days after birth.

The T3 erythrocyte and resin uptake discloses the same evolution, indicating that the neonatal elevation of serum hormonal iodine is not due to increased TBG but rather to an increase in free T4 (22,24). This is indeed the case: the free T4 level, determined by a direct method, has been found to be elevated 2 to 3 days after birth and to return to normal values only after 7 days of age (19,25).

Parallel to the increase of the free T4, the plasma TSH concentration measured by radioimmunoassay is markedly increased during the first hours of life and returns to normal level 24 to 48 hours after birth (26,27). Several reasons, among them an increase in thyroïd requirements, have been postulated to explain the fact that in the fetus at term and in the newborn the pituitary thyroïd system is more active than in the mother. The cooling exposure of the newborn to extra-uterine environment seems to be a factor producing thyroïd stimulation (27).

There is general agreement that thyroïd hyperactivity is present during the first week of life. However, there are differences of opinion as to the age at which the level of thyroïd function returns to adult level.

To delineate the duration of thyroïd hyperactivity, Ponchon et al (28) have studied the inorganic iodine compartment and its exchanges with the thyroïd and the kidneys in 21 infants between 6 days and two years of age. They have found that the capacity of the thyroïd gland to accumulate iodine is extraordinarly large up to six months of age.

Clinical implications

1. A normal fetus at the end of gestation has the pituitary and thyroïd reserve needed to provide its own thyroxine requirements.
2. Iodide and antithyroïd drugs readily cross the placental barrier. administered to pregnant women, these substances may block hormone production in both the fetal and maternal thyroïd glands. The development of a fetal goiter may appear under such circumstances (large administration of iodide or antithyroid drugs). This provides evidence that the fetal thyroïd pituitary feedback is operating in utero since TSH from the maternal pituitary does not cross over into the fetus, and since such a goiter develops in the absence of a maternal pituitary but not in the absence of a fetal pituitary (17).
3. When thyroid substitution is indicated during pregnancy (i.e. in a thyrotoxic pregnant woman receiving antithyroïd drugs), triiodothyronine must be used rather than thyroxine or dessicated thyroid because T3 crosses the placenta more readily and because effective concentration of fetal T3 can be attained by treating the mothers with large doses of T3, without adversely affecting the mother.

References

1. Costa, A., Cottino, F., Dellepiane, M., Ferraris, G. W., Lenart, L., Magro, G., Patrito, G., Zoppetti, G.: Thyroid function and thyrotropin activity in mother and foetus. Current Topics in Thyroid Research, pp. 738-748. New York: Academic Press 1965.
2. Parkin, G., Green, J. A.: Pregnancy occuring in cretinism and in juvenile and adult myxedema. J. clin. Endocr. 3, 466 (1943).
3. Lister, L. M., Ashe, Jr. J. R.: Pregnancy and myxedema. Obstet. and Gynec. 6, 436 (1955).
4. Fisher, D. A., Odell, W. D., Hobel, C. J., Garza, R.: Thyroid function in the term fetus. Pediatrics, 44, 526 (1969).
5. Grumbach, M. M., Werner, S. C.: Transfer of thyroid hormone across human placenta at term. J. clin. Endocr. 16, 1392 (1956).
6. Fisher, D. A., Lehman, H., Lackey, C.: Placental transport of thyroxine. J. clin. Endocr. 24, 393 (1964).
7. Bacon, G. E., Lowrey, G. H., Carr, Jr. E. A.: Prenatal treatment of cretinism : preliminary studies of its value in postnatal development. J. Pediat. 71, 654 (1967).
8. Osorio, C., Myant, N. B.: The passage of thyroid hormone from mother to foetus and its relation to foetal development. Brit.med.Bull. 16, 159 (1960).
9. De Nayer, Ph., Malvaux, P., Van Den Schrieck, H. G., Beckers, C., De Visscher, M.: Free thyroxine in maternal and cord blood. J. clin. Endocr. 26, 233 (1966).

10. Dowling, J. T., Freinkel, N., Ingbar, S. H.: The effect of estrogens upon the peripheral metabolism of thyroxine. J. clin. Endocr. 39, 1119 (1960).
11. Russell, K. P., Tanaka, S., Starr, P.: Thyroxine-binding capacity of serum of mothers and newborn infants after normal pregnancies. Amer. J. Obstet. Gynec. 79, 718 (1960).
12. Michener, W. M., Tauxe, W. N., Hayles, H. B.: Capacity of thyroxine-binding globulin to bind triiodothyronine and thyroxine in maternal and cord blood. Pediatrics, 29, 369 (1962).
13. Dussault, J., Row, V. V., Lickrish, G., Volpe, R.: Studies of serum triiodothyronine concentration in maternal and cord blood: transfer of triiodothyronine across the human placenta. J. clin. Endocr. 29, 595 (1969).
14. Robin, N. I., Refetoff, S., Fang, V., Selenkow, H. A.: Parameters of thyroid function in maternal and cord serum at term pregnancy. 29, 1276 (1969).
15. Oppenheimer, J. H., Squef, R., Surks, M. I., Hauer, H.: Binding of thyroxine by serum proteins evaluated by equilibrium dialysis and electrophoretic techniques. Alternations in non-thyroidal illness. J. clin. Invest. 42, 1769 (1963).
16. Raiti, S., Holzman, G. B., Scott, R. L., Blizzard, R. M.: Placental transfer of tri-iodothyroine in the human. New Engl. J. Med. 277, 456 (1967).
17. Jost, A., Geloso, A.: Réponse de la thyroide foetale du rat au propylthiouracile en l'absence d'hypothalamus. Remarques sur les glandes endocrines du foetus anencephale humain. C. R. Acad. Sci. (Paris) 265, 625 (1967).
18. Danowski, T. S., Johnston, S. Y., Price, W. C., McKelvy, M., Stevensson, S. S., McCluskey, E. R.: Protein-bound iodine in infants from birth to one year of age. Pediatrics, 7, 240 (1951).
19. Marks, J. F., Hamlin, M., Zack, P.: Neonatal thyroid function. II. Free thyroxine in infancy. J. Pediat. 68, 559 (1966).
20. Man, E. B., Pickering, D. E., Walker, J., Cooke, R. E.: Butanol extractable iodine in the serum of infants. Pediatrics, 9, 32 (1952).
21. Pickering, D. E., Kontaxis, N. E., Benson, R. C., Meechan, R. J.: Thyroid function in the perinatal period. Amer. J. Dis. Child. 95, 616 (1958).
22. Spafford, N. R., Carr, Jr. E. A., Lowrey, G. H., Beierwaltes, W. H.: I131 labeled triiodothyronine erythrocyte uptake of mothers and newborn infants. Amer. J. Dis. Child. 100, 844 (1960).
23. Marks, J., Wolfson, J., Klein, R.: Neonatal thyroid function: erythrocyte T3 uptake in early infancy. J. Pediat. 58, 32 (1961).
24. Fisher, D. A., Oddie, T. H.: Neonatal thyroidal hyperactivity. Response to cooling. Amer. J. Dis. Child. 107, 574 (1964).
25. Siersbaek-Nielsen, K., Molholm Hansen, J.: Thyroid function and plasma tyrosine in the neonatal period. Acta paedit. scand. 56, 141 (1967).
26. Utiger, R. D.: Plasma TSH in health and disease: immuno-assay studies. Progress in Endocrinology. Excerpta Medica Foundation. Intern. Congr. Ser. 184, p. 1186-1191 (1969).
27. Fisher, D. A., Odell, W. D.: Acute release of thyrotropin in the newborn. J. clin Invest. 48, 1670 (1969).
28. Ponchon, G., Beckers, C., De Visscher, M.: Iodide kinetic studies in newborns and infants. J. clin. Endocr. 26, 1392 (1966).

Symp. Dtsch. Ges. Endokrin. 16, 95-107 (1970)

Besonderheiten des Steroidstoffwechsels beim menschlichen Fetus und Neugeborenen[1]

Particularities of Steroid Metabolism in the Human Fetus and Newborn

WALTER M. TELLER

Department für Kinderheilkunde und Abteilung für Endokrinologie und Stoffwechsel des Zentrums für Innere Medizin und Kinderheilkunde der Universität Ulm/Donau

Mit 5 Abbildungen

Um die Jahrhundertwende wurden erstmals Vermutungen ausgesprochen, die Placenta habe in der Schwangerschaft eine wichtige Aufgabe als endokrines Organ zu erfüllen. Erst durch die Untersuchungen der Arbeitsgruppe um DICZFALUSY (Übersicht s. Referat S. 32 sowie 1969) gelang es, auch die Rolle des Feten in dem endokrinen Geschehen während der Schwangerschaft näher zu klären. Es stellte sich heraus, daß Fetus und Placenta nur gemeinsam ein biosynthetisch vollwertiges endokrines Organ darstellen. Jeder Teil für sich ist leistungsunfähig und bedarf der vikariierenden Hilfe des Partners. Diese Funktionseinheit wurde von DICZFALUSY "fetoplacentare Einheit" genannt. In den letzten Jahren haben darüber mehrere Gruppen intensiv gearbeitet (Übersichten bei SOLOMON et al., 1967; MITCHELL, 1967; TELLER 1968; REYNOLDS, 1968; MACNAUGHTON, 1969).

Das nachfolgende Referat behandelt die Besonderheiten des kindlichen Steroidstoffwechsels vor, unter und nach der Geburt. Ausgehend von den Verhältnissen in der fetoplacentaren Einheit treten im Zusammenhang mit der Geburt Veränderungen im Steroidstoffwechsel auf, die postnatal allmählich zum Steroidstoffwechsel des jungen Kindes und Adoleszenten überleiten. Letzterer wird von BLUNCK eingehender referiert werden (S. 166).

Der Steroidstoffwechsel des Feten

Beim Feten findet die Steroidsynthese in der fetalen Nebennierenrinden (NNR)-Innenzone statt, die - verglichen mit der Postnatalperiode - zu dieser Zeit ihre größten Ausmaße hat. Nur in kleiner Menge kommt eine de novo-Biosynthese von Steroiden aus Acetat in der permanenten NNR-Außenzone zustande. Als Vorstufen der Steroidsynthese dienen in erster Linie Δ^5-Pregnenolon und Progesteron, welche in der Placenta aus Cholesterin der Mutter gebildet werden. Man vermutet heute, daß der hohe Progesteronspiegel im Nabelvenenblut zu einer Hemmung des 3β-Hydroxysteroiddehydrogenase-Δ^4-Δ^5-Isomerase (3β-HSD) Systems in der fetalen Nebennierenrinde führt und daher eine Umwandlung von

[1]Herrn Professor Dr. K. H. Schäfer, Hamburg, zum 60. Geburtstag gewidmet.
Die diesem Referat zugrundeliegenden eigenen Untersuchungen wurden mit Unterstützung der Deutschen Forschungsgemeinschaft, Bad Godesberg, durchgeführt.

Δ^5-Steroiden in Δ^4-Steroide nicht stattfinden kann. Das von der Placenta stammende Progesteron wird vorwiegend in der fetalen Leber an verschiedenen Stellen des Steroidgerüstes hydroxyliert und inaktiviert; ein kleinerer Teil wird in der fetalen Nebennierenrinde weiter zu Cortisol, Corticosteron und Aldosteron umgebaut. Δ^5-Pregnenolon wird sowohl hydroxyliert als auch zu Dehydroepiandrosteron (DHA) abgebaut. Gleichzeitig erfolgt die Konjugation mit Schwefelsäure. Freies DHA, DHA-Sulfat und 16αOH-DHA gelangen zurück in die Placenta und dienen hier als Vorstufen für die Oestrogensynthese. Aus 16αOH-DHA wird vor allem Oestriol gebildet und von der Mutter im Urin ausgeschieden. Ein Rückgang der mütterlichen Oestriolausscheidung deutet auf eine Gefährdung des Feten hin (s. bei MAGENDANTZ et al., 1968). Auch eine Anencephalie oder eine angeborene Nebennierenhypoplasie des Feten können bereits intrauterin anhand des fehlenden Anstiegs oder des plötzlichen Abfalls von Oestriol sowie des steigenden Quotienten $\frac{\text{Oestron + Oestradiol}}{\text{Oestriol}}$ (> 0.06) diagnostiziert werden. Stirbt der Fetus ab, so versiegt die Oestriolausscheidung der Mutter, wohingegen die Pregnandiolwerte im Harn nahezu gleich hoch bleiben. Die Placenta ist als die Progesteronquelle ausgewiesen. Nur wenn ihre Funktion gestört ist, sinken auch die Pregnandiolwerte im Urin ab.

Aus bisher ungeklärter Ursache ist im fetalen Blut (Nabelschnur) die Konzentration von Cortison (13.6 ± 4.9 ug/ 100 ml) höher als von Cortisol (7.8 ± 4.8 ug/100 ml); der E/F-Quotient beträgt 1.8 im Gegensatz zu 0.1 im peripheren mütterlichen Blut (HILLMAN und GIROUD, 1965). Möglicherweise besteht pränatal eine erhöhte Aktivität der 11β-Hydroxysteroiddehydrogenase.

Bei dem nennenswerten Zustrom von biologisch aktiven Steroiden über die Placenta in den Feten (Progesteron, Oestrogene, Δ^4-Androstendion, Testosteron u.a.) ist eine Inaktivierung dieser Hormone unumgänglich, wenn eine Schädigung der Frucht vermieden werden soll. Zu diesem Zweck bedient sich der Fetus dreier Mechanismen:

a) der Polyhydroxylierung,
b) der Konjugation mit Schwefelsäure und
c) der Reduktion (Hydrierung).

Die schnelle Hydroxylierung geschieht an C_6, C_7, C_{11}, C_{15}, C_{16}, C_{17}, C_{20}, C_{21} und findet besonders in der fetalen Leber sowie in der fetalen Nebennierenrinde statt. Die hydroxylierten Metaboliten strömen zurück in die Placenta. Hier werden sie zu Oestrogenen umgebaut (s.o.) oder sie gelangen weiter zur Ausscheidung über den mütterlichen Organismus. Auch mittels der Schwefelsäurekonjugation werden die biologisch aktiven Hormone im Fetus inaktiviert. In der Leber und der Nebennierenrinde weist der fetale Organismus eine gesteigerte Aktivität der Sulfokinasen auf. Diese verestern vor allem Δ^5-Steroide, aber auch Oestrogene, Corticosteron, Cortisol und Cortison mit Schwefelsäure. Die Reduktion (Hydrierung) scheint organ-stereospezifisch zu verlaufen: in der fetalen Leber wird Progesteron zu 3α, 5β-Verbindungen umgebaut, während in der fetalen Lunge 3β-5α-Metaboliten entstehen (BIRD et al., 1966). Für Δ^4-Androstendion und Testosteron besteht wieder eine andere Organ-Stereospezifität (BENAGIANO et al., 1968).

In Tabelle 1 sind die Besonderheiten des fetalen Steroidstoffwechsels in ihren Ursachen und Wirkungen einander gegenübergestellt.

Nur wenige Untersuchungen liegen beim Menschen über die endokrine Aktivität der <u>fetalen Gonaden</u> vor. Bei fetalen Hoden wurde übereinstimmend von verschiedenen Arbeitsgruppen in in-vitro-Versuchen die Fähigkeit zur kompletten Testosteron- und Androstendion-Synthese festgestellt (s. bei BLOCH, 1964, 1967). Damit ist allerdings noch nicht eine aktive Steroidsynthese unter in-vivo-Bedingungen bewiesen. Menschliche Ovarien befinden sich während der Fetalzeit offenbar in einer ausgeprägteren endokrinologischen Ruhepause als Testes. In in-vitro-Studien an Homogenaten von Ovarien 20 Wochen alter Feten fanden JUNGMANN und SCHWEPPE (1968) einen Aufbau von markiertem Acetat zu Cholesterin mit nachfolgendem Umbau zu Pregnenolon und Progesteron. DHA, Δ^4-Androstendion, Testosterone und Oestrogene wurden unter diesen Versuchsbedingungen nicht gebildet.

Tabelle 1: Besonderheiten des Steroidstoffwechsels beim menschlichen Feten

Ursache		Wirkung
1. Progesteron und Oestrogene werden von der Placenta gebildet	→	Das 3β-HSD-System wird gehemmt; keine de nove-Steroidsynthese
2. Hemmung des 3β-HSD-Systems	→	Bildung von Δ^5-Steroiden
3. Mangel an Sulfatasen; Hohe Aktivität der Sulfokinasen	→	C_{19} und C_{21} Steroide werden als Sulfatester gebildet und nicht weiter abgebaut
4. Hohe Aktivität verschiedener Hydroxylasen in Leber und NNR	→	Hydroxylierung an C_6, C_7, C_{11}, C_{16}, C_{17}, C_{20}, C_{21}
5. Produktion von DHA; DHA-Sulfat; 16α-OH-DHA	→	Werden als Vorstufen zur Oestrogensynthese in die Placenta gegeben
6. Erhöhte Aktivität der 11β-Hydroxysteroiddehydrogenase	→	Cortisonspiegel höher als Cortisolspiegel im Plasma
7. Organspezifische Reduktasen	→	Abbau von Progesteron in der Leber zu 3α, 5β-, in der Lunge zu 3β, 5α-Verbindungen

(3β-HSD-System = 3β-Hydroxysteroiddehydrogenase - Δ^4 - Δ^5-Isomerase System)
(DHA = Dehydroepiandrosteron)
(16α-OH-DHA = 16α-Hydroxydehydroepiandrosteron)

Die Umschaltvorgänge des Steroidstoffwechsels während der Geburt

Im Moment der Durchtrennung der Nabelschnur ist die fetoplacentare Einheit unterbrochen. Das Neugeborene ist jetzt auf eine komplette Steroidbiosynthese aus eigenen Mitteln angewiesen. Durch den schon pränatal langsam abfallenden Progesteronspiegel im mütterlichen und Nabelschnurblut (GREIG et al., 1962) wird die Hemmung des 3β-HSD-Systems vermindert. Mit der Geburt hört der Zustrom von Progesteron zum Neugeborenen abrupt auf. Die Hyperplasie der fetalen NNR-Innenzone nimmt rapide ab und die de novo-Steroidsynthese in der permanenten NNR-Außenzone kommt sofort in Gang. Diese Vorgänge sind in der Abb. 1 schematisch dargestellt.

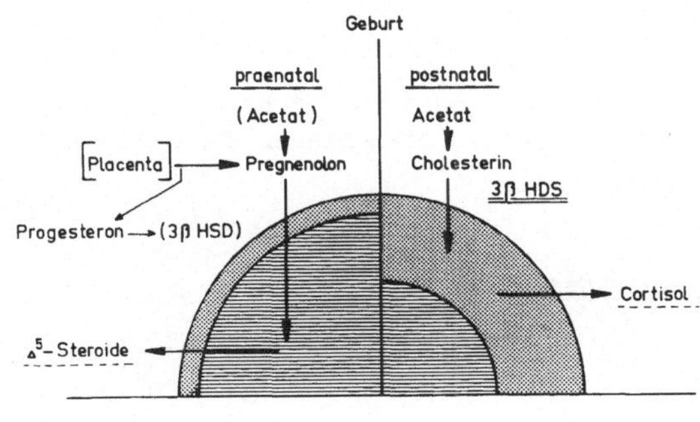

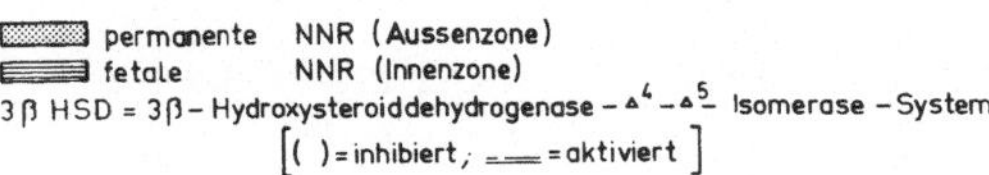

Abb. 1: Schematische Darstellung der Umschaltung der Steroidsynthese in der Nebennierenrinde von den praenatalen auf die postnatalen Verhältnisse

Entgegen früheren Annahmen haben neuere Untersuchungen gezeigt, daß eine Nebennierenrindeninsuffizienz beim Neugeborenen nicht auftritt (BERTRAND et al., 1962; KENNY et al., 1966). Es findet eine Verschiebung der NNR-Sekretionsprodukte von Dehydroepiandrosteron und Corticosteron nach Cortisol und Cortison statt (Abb. 2), wobei noch etwa 2 - 3 Monate lang beide Steroidgruppen neben-

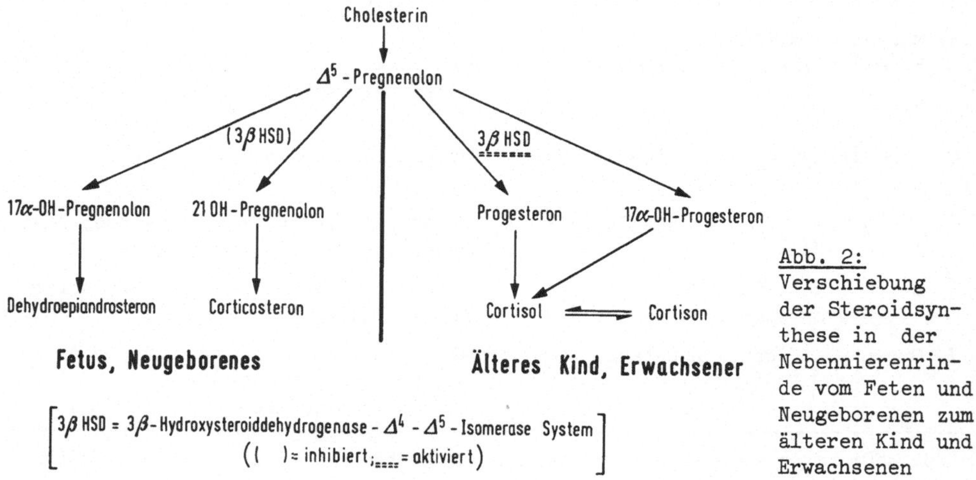

Abb. 2: Verschiebung der Steroidsynthese in der Nebennierenrinde vom Feten und Neugeborenen zum älteren Kind und Erwachsenen

einander gebildet werden. Solange die fetale NNR-Innenzone funktionstüchtig ist, werden in dieser Schicht Δ^5-Steroide gebildet und sezerniert. Tabelle 2 gibt eine Übersicht über die Ausscheidung ungesättigter Δ^5-Steroide im Harn eines Neugeborenen verglichen mit derjenigen eines Erwachsenen. Auf die perinatal einsetzenden Umschalt- und Anpassungsvorgänge des Steroidstoffwechsels ist die Tatsache zurückzuführen, daß eine größere Zahl von Steroidmetaboliten praktisch nur in dieser Lebensphase im Plasma und/oder Urin nachweisbar ist (Tabelle 3). Im späteren Leben bilden lediglich pathologische Zustände, wie das adrenogenitale Syndrom, eine Ausnahme, wobei die fetale Nebennierenrindenhyperplasie mit der Bildung abnormer Δ^5-ungesättigter Steroide bestehen bleibt (EBERLEIN, 1965). Durch die Zufuhr von humanem Choriongonadotropin konnten LAURITZEN et al. (1969) bei Neugeborenen die Ausscheidung von DHA steigern, während ACTH in einem entsprechenden Untersuchungskollektiv lediglich zu einem Anstieg von Cortisol und seiner Tetrahydroderivate im Urin führte (LAURITZEN et al., 1968).

Tabelle 2: Die Ausscheidung von Δ^5-Steroiden im Harn (µg/m² Körperoberfläche) beim Neugeborenen verglichen mit einem erwachsenen Mann (MITCHELL und SHACKLETON, 1966)

	Neugeborenes, 1 Tag alt	Erwachsener Mann
Androstendiol (17α + 17β)	710	370
16-Ketoandrostendiol	1800	150
16α OH - DHA	2480	745
16α OH - Pregnenolon	2380	-
Androstentriol	2120	300

Tabelle 3: Übersicht der Steroide, die charakteristischerweise während der Neugeborenenperiode gebildet und/oder ausgeschieden werden

CHEMISCHE BEZEICHNUNG	TRIVIALNAME	VORKOMMEN
3β-Hydroxyandrost-5-en-17-on	Dehydroepiandrosteron(DHA)	Plasma, Urin, Mekonium
3β,16α-Dihydroxyandrost-5-en-17-on	(16αOH-DHA)	Urin, Plasma
3β,17β-Dihydroxyandrost-5-en-16-on	16-Ketoandrostendiol	Urin
3β,17β-Dihydroxyandrost-5-en	Androstendiol	Urin, Plasma
3β,16α,17β-Trihydroxyandrost-5-en	Androstentriol	Urin
3β-Hydroxypregn-5-en-20-on	Pregnenolon	Plasma
3β,16α-Dihydroxypregn-5-en-20-on	16α OH-Pregnenolon	Urin
3β,21-Dihydroxypregn-5-en-20-on	21 OH-Pregnenolon	Urin
Pregn-4-en-3, 20-dion	Progesteron	Plasma
16α-Hydroxypregn-4-en-3, 20-dion	16α OH-Progesteron	Plasma
20α-Hydroxypregn-4-en-3-on	20α-Dihydroprogesteron	Plasma
20β-Hydroxapregn-4-en-3-on	20β-Dihydroprogesteron	Plasma
6β,11β,17α,21-Tetrahydroxypregn-4-en-3,20-dion	6β OH-Cortisol (6βOH-F)	Urin
3α,20α-Dihydroxy-5βpregnan	Pregnandiol	Urin, Plasma, Mekonium
3α-Hydroxy - 5β-pregn-16-en-20-on	16-Dehydropregnanolon	Mekonium

Der Steroidstoffwechsel des Neugeborenen

Im Zusammenhang mit der postnatalen Involution der fetalen Nebennierenrinde verschwinden allmählich die in Tabelle 3 zusammengestellten, ungesättigten C_{19} und C_{21} Steroide aus Blut und Urin. Dieser Prozeß kann einige Monate lang dauern (s. REYNOLDS, 1968). Bis dahin produziert und eliminiert das menschliche Neugeborene sowohl ungesättigte wie gesättigte Steroide. Der Steroidstoffwechsel des Neugeborenen ist somit durch eine Reihe von Besonderheiten gekennzeichnet. Diese sind in Tabelle 4 zusammengestellt und decken sich teilweise mit den Charakteristica des fetalen Steroidstoffwechsels (Tabelle 1). Im späteren Leben treten "neonatale" Verhältnisse des Steroidstoffwechsels nur unter pathologischen Bedingungen auf (z.B. 6α-Hydroxylierung bei Lebercirrhose; AGS).

Tabelle 4: Besonderheiten des Steroidstoffwechsels beim menschlichen Neugeborenen

Ursache	Wirkung
1. Aktivitätsmangel der 3 β-Hydroxysteroiddehydrogenase u. $\Delta^4 - \Delta^5$-Isomerase	→ Δ^5-Steroide im Plasma und Urin ↑
2. Erhöhte Aktivität der 11 β-Hydroxysteroiddehydrogenase	→ E/F im Plasma ↑ ;THF/THE im Urin ↓
3. Aktivitätsmangel der 17 α-Hydroxylase	→ B im Plasma und Urin ↑
4. Persistierende Aktivität der Leber - 16 α-Hydroxylase	→ Ausscheidung von 16α-Hydroxysteroiden
5. Konjugationsschwäche	→ Ausscheidung freier Steroide im Urin↑

Neben Cortisol produziert das Neugeborene noch größere Mengen von Corticosteron (im Alter von 2 Wochen: 2.5 mg/m^2 Körperoberfläche/Tag) (LORAS et al., 1966). In den ersten Lebenstagen erreicht der Plasma-Corticosteronspiegel die höchsten Werte während des ganzen Lebens (HUGHES et al., 1962). Bemerkenswert ist dabei die Tatsache, daß sowohl die Cortisol- als auch die Corticosteronwerte zwischen dem 5. und 9. Lebenstag einen Gipfel zeigen (Abb. 3), der an-

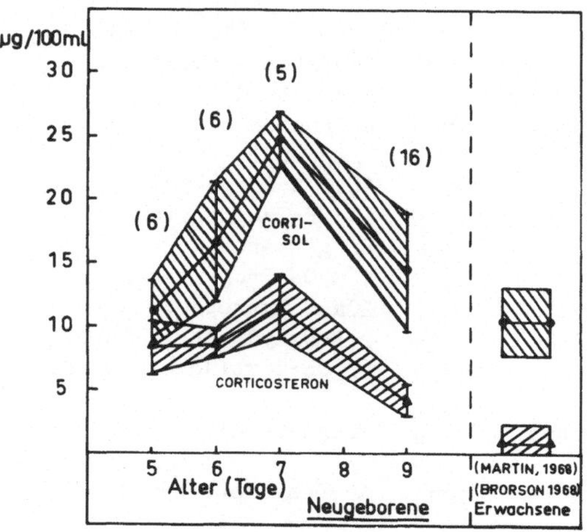

Abb. 3: Spiegel von freiem Cortisol und Corticosteron in Plasma von Neugeborenen während der zweiten Lebenswoche (Bestimmungsmethode s. TELLER und BECKMANN, 1969)

nähernd mit dem PBJ- und dem STH-Gipfel korreliert. Der F/B-Quotient ($^{\text{Cortisol}}/_{\text{Corticosteron}}$) im Plasma steigt von 1.3 am 5. Lebenstag auf 3.9 am 9. Lebenstag an (TELLER und BECKMANN, 1969), was ein Licht auf die schnelle Reihenfolge der Veränderungen des Steroidstoffwechsels beim Neugeborenen wirft. Die mit modernen Methoden ermittelten F/B-Quotienten bei Erwachsenen betragen 16 bis 24 (MARTIN und MARTIN, 1968; BRORSON, 1968). Durch eine verlängerte Halbwertzeit von Corticosteron oder die mangelnde Aktivität der 17α-Hydroxylase können die Befunde beim Neugeborenen erklärt werden. Die zum Beweis dieser Hypothesen erforderlichen kinetischen und enzymatischen Studien stehen noch aus.

Auch das Verhältnis $^{\text{Cortisol}}/_{\text{Cortison}}$ ist noch einige Tage nach der Geburt zugunsten der 11-Dehydro-Verbindung verschoben. Es beträgt etwa 1. Halbwertszeitbestimmungen mit markierten Steroiden zeigten, daß Cortisol beim Neugeborenen eine verlängerte Eliminationszeit hat und in verstärktem Maß zu Cortison oxydiert wird (HILLMAN und GIROUD, 1965). Auf diese Weise kann es zu einem niedrigen F/E-Quotienten kommen, allerdings könnte auch eine erhöhte Aktivität der 11β-Hydroxysteroiddehydrogenase zur Erklärung der hohen Cortisonspiegel in den ersten Lebenstagen herangezogen werden. Im Urin spiegelt sich der niedrige $^{F}/_{E}$-Quotient mit einer nahezu ausschließlichen Ausscheidung von THE wider (s. Tabelle 8).

Die 17-Ketosteroidspiegel im Plasma steigen nach der Geburt auf höhere Werte (etwa 120 µg/100 ml) als im Nabelschnurblut (etwa 80 µg/100 ml) an. Gegen Ende der ersten Lebenswoche fallen sie dann fast auf Nullwerte ab (GARDNER und WALTON, 1954). MIGEON et al. (1955) fanden, daß besonders Dehydroepiandrosteron unmittelbar nach der Geburt im Plasma ansteigt, während Androsteron in etwa gleicher Konzentration bei Mutter und Kind vorkommt.

Die postpartal noch einige Tage weiter bestehende Polyhydroxylierung in der Leber führt zur Bildung von Steroidmetaboliten, die an verschiedenen - im späteren Leben unter normalen Umständen nicht auftretenden - Positionen (C_6, C_7, C_{16} etc.) hydroxyliert sind. Sie werden dadurch weitgehend wasserlöslich und können als freie, nicht konjugierte Steroide im Urin ausgeschieden werden. Hierdurch erklärt sich das Auftreten freien 6β-Hydroxycortisols im Neugeborenenurin (ULSTROM et al., 1960). REYNOLDS (1968) wies 16-hydroxylierte C_{21}und C_{19} Steroide im Harn von Säuglingen noch einige Wochen nach der Geburt nach. Erst von etwa 6 Monaten ab fanden sich weder ungesättigte Δ^5-Verbindungen noch "abnorm" hydroxylierte Metaboliten.

Bei den konjugierten C_{19} und C_{21} Steroiden im Urin des Neugeborenen handelt es sich vorwiegend um Sulfatester der 3β-Hydroxy- und der Δ^4-3-Keto-Steroide, die im späteren Leben perhydriert und größtenteils als Glucuronsäure-Konjugate ausgeschieden werden (DRAYER und GIROUD, 1965; DUCHARME et al., 1966; KLEIN et al., 1969). Bei reifen Neugeborenen beträgt das Verhältnis C_{19}-Glucuronide/C_{19}-Sulfate etwa 1, während es bei Frühgeborenen unter 1 liegt (Abb. 4). Die Wege der Inaktivierung von Steroidhormonen in den verschiedenen Altersgruppen sind in Tabelle 5 einander gegenübergestellt.

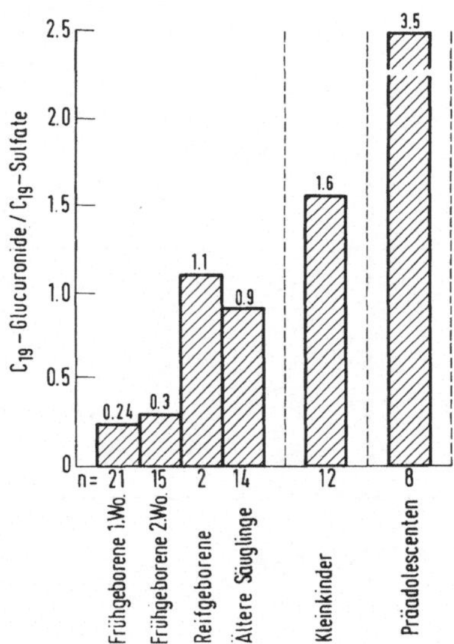

Abb. 4: Das Verhältnis C_{19}-Glucuronide/C_{19}Sulfate in verschiedenen Altersgruppen (TELLER, 1970)

Tabelle 5: Wege der Inaktivierung von Steroidhormonen in verschiedenen Altersgruppen

Fetus, Neugeborenes	Älteres Kind, Erwachsener
1. Sulfokonjugation > Glucuronsäurekopplung	Glucuronsäurekopplung > Sulfokonjugation
2. Polyhydroxylierung (C_6, C_7, C_{11}, C_{17}, C_{20}, C_{21})	Perhydrierung (Hexahydrocortisol, -cortison)
3. Ausscheidung freier Steroide	Ausscheidung konjugierter Steroide

Das Muster der Steroide im Harn Neugeborener ist nicht nur durch ungewöhnliche, im späteren Leben nicht mehr auftretende Metaboliten charakterisiert, sondern es weist auch Verschiebungen der Verhältnisse der normalen C_{19} und C_{21} Steroide untereinander auf (CATHRO et al., 1963; TELLER, 1967, 1970). In den Tabellen 6, 7 und 8 sind die Durchschnittswerte der Ausscheidung von drei 11-Deoxy-C_{19} Steroiden, vier 11-Oxy-C_{19} Steroiden und drei C_{21} Steroide im Harn von Säuglingen verschiedenen Alters zusammengestellt (TELLER, 1970; bzgl. der Methodik der Fraktionierung s. TELLER, 1967). Bei Frühgeborenen ist der Anteil der identifizierten 11-Deoxy-C_{19} Steroide an dem gesamten Zimmermann-positiven Material 4 - 8-fach größer als bei Reifgeborenen und älteren Säuglingen. Dies kommt auch in der größeren Summe von DHA, Ätiocholanolon und Androsteron zum Ausdruck. Besonders erwähnenswert ist das Auftreten von DHA im Harn von Frühgeborenen; bei Reifgeborenen ist es nur in Spuren vorhanden, während bei älteren Säuglingen DHA nicht mehr im Harn nachweisbar ist. Der Quotient

Tabelle 6: Die Ausscheidung einzelner 11-Deoxy C_{19} Steroide im Harn von Frühgeborenen, Neugeborenen und älteren Säuglingen

Gruppen und Alter	Zahl der Kinder	% d. Zimmermann-positiven Materials	DHA *	Aetio *	Andro *	Summe *	5α/5β +
Frühgeborene (3.-6. Tag) (1500 - 2200 g)	21	23.5	6.5	3.9	17.3	27.7	4.4
Frühgeborene (9.-14. Tag)	15	21.3	10.0	9.3	35.1	54.4	3.8
Reifgeborene (4.-21. Tag)	12	2.8	1.5	1.2	2.2	5.0	1.8
Ältere Säuglinge (1.-10. Mon.)	14	8.0	∅	6.4	3.2	9.6	0.7

*Zahlenangaben in µg/24^h/Kind (Mittelwerte)

$+ = \frac{\text{Androsteron}}{\text{Ätiocholanolon}}$

∅ = Steroid nicht nachweisbar

Androsteron/Ätiocholanolon liegt im Neugeborenenstadium deutlich oberhalb 1, später fällt er auf Werte unter 1 ab. Das Muster der 11-Oxy-C_{19} Steroide ist in allen untersuchten Altersgruppen annähernd gleich. Der Anteil der 11-oxygenierten 17-Ketosteroide am Gesamt-Zimmermann-positiven Material liegt zwischen 11 und 20% und ist somit bei Reifgeborenen und älteren Säuglingen größer als derjenige der 11-Deoxy-C_{19} Steroide. Frühgeborene weisen dagegen eine niedrigere 11-Oxy-C_{19} Steroidausscheidung im Vergleich zu den 11-Deoxy-C_{19} Steroiden auf. Analog zum Quotienten Androsteron/Ätiocholanolon fällt der 5α/5β-Quotient der 11-oxygenierten C_{19} Steroide von etwa 1.0 bei der Geburt auf Werte unter 1 bei älteren Säuglingen ab. Es besteht ein reziprokes Verhältnis zwischen 5α/5β und Reife des Kindes.

Bemerkenswert ist weiterhin der Quotient $C_{19}O_2/C_{19}O_3$ Steroide in der ersten Lebenszeit. Bekanntlich läßt sich von diesem Quotienten auf die Herkunft der C_{19} Steroide schließen: $C_{19}O_2$ Metaboliten stammen vor allem aus dem Androgenstoffwechsel (Testosteron, Δ^4-Androstendion), während die $C_{19}O_3$ Steroide von

Tabelle 7: Die Ausscheidung einzelner 11-Oxy-C_{19} Steroide im Harn von Frühgeborenen, Neugeborenen und älteren Säuglingen

Gruppen und Alter	Zahl der Kinder	%d. Zimmermann-positiven Materials	11-OHAE *	11-OHA *	11-OAE *	11-OA *	Summe *	5α/5β +
Frühgeborene (3.-6.Tag) (1500-2200 g)	21	18.9	3.7	5.3	6.2	5.0	20.2	1.1
Frühgeborene (9.-14. Tag)	15	15.0	1.1	7.5	9.3	10.8	28.7	0.9
Reifgeborene (4.-21. Tag)	12	11.0	4.0	3.0	8.1	8.3	23.6	0.9
Ältere Säuglinge (1.-10.Mon.)	12	20.0	3.1	2.5	10.1	6.1	21.8	0.6

*Zahlenangaben in µg/24^h /Kind (Mittelwerte) $+ = \frac{\text{11-OHA + 11-OA}}{\text{11-OHAE + 11-OAE}}$

Tabelle 8: Die Ausscheidung einzelner C_{21} Steroide im Harn von Frühgeborenen, Neugeborenen und älteren Säuglingen

Die Ausscheidung einzelner C-$_{21}$-Steroide im Harn von Neugeborenen und älteren Säuglingen

Gruppen und Alter	Zahl der Kinder	% d. Porter-Silberpositiven Materials	THF *	allo-THF *	THE *	Summe *	%allo-THF +	THF / THE
Frühgeborene (3.-6. Tag) (1500 - 2200 g)	21	40.0	2.2	6.4	10.3	18.9	34	0.2
Frühgeborene (9.-14. Tag)	18	49.5	3.0	15.4	22.5	40.9	38	0.1
Reifgeborene (4.-21. Tag)	12	45.0	4.6	37.4	48.0	140.0	27	0.05
Ältere Säuglinge (1.-10.Mon.)	13	48.0	42.2	∅	55.0	97.2	-	0.8

*Zahlenangaben in µg/24^h /Kind (Mittelwerte)

∅ = Steroid nicht nachweisbar

$+ = \frac{\text{allo-THF}}{\text{THF + allo-THF + THE}} \times 100$

Nebennierenrindenhormonen (Cortisol, 11β-Hydroxyandrostendion, Adrenosteron) abzuleiten sind. Abbildung 5 zeigt, daß Frühgeborene mehr 11-Deoxy-C_{19} Steroide als 11-Oxy-C_{19} Steroide im Harn ausscheiden. Ähnliche Quotienten werden erst wieder bei Präadoleszenten (8 - 11 Jahre) erreicht. Bei Reifgeborenen und älteren Säuglingen überwiegen die 11-Oxy-C_{19} Steroide im Verhältnis 2-3:1 über die 11-Deoxy-C_{19} Steroide.

Mit zunehmendem Alter und Gewicht steigt die Ausscheidung der C_{21} Steroide im Urin an. Bei Früh- und Reifgeborenen läßt sich eine phenylhydrazinpositive Substanz nachweisen, die ein chromatographisches Verhalten wie allo-THF hat. Ihr Prozentsatz an den tetrahydrierten Cortisolmetaboliten fällt bei Neugeborenen mit zunehmender Reife ab. Bei älteren Säuglingen ist die Verbindung nicht mehr nachweisbar. Das Verhältnis von THF zu THE liegt bei Neugeborenen weit unter 1. Erst bei älteren Säuglingen wird THF in annäherend gleichen Mengen wie THE ausgeschieden. Entsprechend dem niedrigen $^F/B$-Quotienten im Plasma ist auch das Verhältnis der Cortisolmetaboliten zu den Corticosteronabkömmlingen bei Neugeborenen niedrig (etwa 0.3) (s. MITCHELL, 1967). Bei Kleinkindern beträgt es 4 und bei Adoleszenten 5 - 6 (BLUNCK, 1968). MITCHELL (1967) gibt bei Erwachsenen einen $^F/B$-Quotienten im Urin von 3 an.

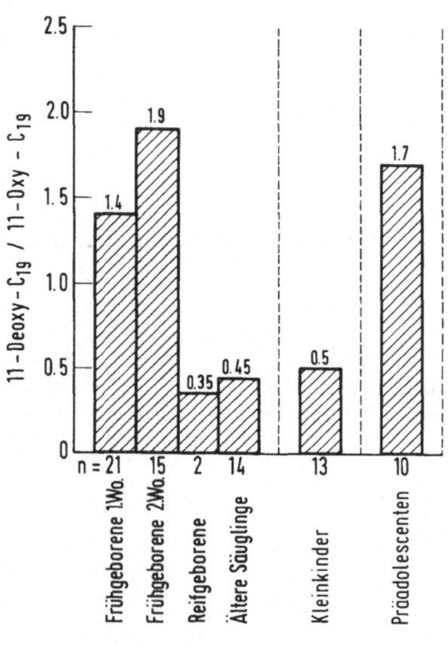

Abb. 5: Das Verhältnis von 11-Deoxy-C_{19} Steroiden zu 11-Oxy-C_{19} Steroiden ($C_{19}O_2/C_{19}O_3$) in verschiedenen Altersgruppen (TELLER, 1970)

Die Cortisol-Produktionsraten (CPR) sind bei Neugeborenen mit etwa 20 mg/m^2/24^h höher als bei Erwachsenen (15 mg/m^2/24^h) (BERTRAND et al., 1963; AARSKOG, 1965; KENNY et al., 1966). Nach dem 5. Lebenstag sinkt die CPR auf Erwachsenenwerte ab (KENNY et al., 1967).

Nur sehr wenige Untersuchungen liegen über die Ausscheidung von Oestrogenen bei Neugeborenen vor. Ein Teil der Oestrogene stammt sicher noch aus dem Stoffwechsel der fetoplacentaren Einheit. Es handelt sich dabei in erster Linie um Oestriol, doch wurden auch 16-Hydroxyoestron und 16-Ketooestriol nachgewiesen. Die Gesamtoestrogenausscheidung fällt von 1.0 - 7.0 mg/l Urin am 2. Lebenstag auf 0.06 mg/l Urin am 5. Lebenstag ab (LORAINE und BELL, 1966; DICKEY et al., 1967).

Im Meconium konnten bisher folgende Steroidmetaboliten nachgewiesen werden: 16-Pregnenolon, 5β-Pregnandiol (3α, 20α), allo (5α)-Pregnandiol (3α, 20α), Dehydroepiandrosteron und Oestriol. Der größte Teil dieser Verbindungen ist mit Schwefelsäure als Mono- oder Disulfat verestert. Nur 16-Pregnenolon wird fast ausschließlich als Glucuronid ausgeschieden (Übersicht s. TELLER, 1968). Im Sammelstuhl von jungen Säuglingen (1 - 4 Monate alt) identifizierten GUSTAFSSON et al. (1969) 18 Steroidmetaboliten, die meist zur Gruppe der ungesättigten 3β, 16-Dihydroxy-Δ^5-Verbindungen gehörten und als Monosulfate ausgeschieden wurden. Bei älteren Säuglingen (6 - 12 Monate alt) fanden sich nur noch geringe Mengen von Δ^5-Pregnen-3 β, 20α-diol und Δ^5-Pregnen-3β, 17α, 20α-triol.

Zusammenfassung

Der pränatale Steroidstoffwechsel ist gekennzeichnet durch die vikariierenden Enzymaktivitäten von Fetus und Placenta in der sogenannten "fetoplacentaren Einheit". Durch placentare Hormone, wie Progesteron und Oestrogene wird im Feten die 3β-Hydroxysteroiddehydrogenase (einschl. der Δ^4-Δ^5-Isomerase) (3β-HSD) gehemmt. Dies führt zu einer vermehrten Bildung von Δ^5-Steroiden in der fetalen Nebennierenrinde. Durch Veresterung mit Schwefelsäure und/oder Polyhydroxylierung wird die biologische Wirkung dieser Substanzen aufgehoben.

Mit der Geburt ist der Zustrom von Steroiden aus der Placenta zum Feten unterbrochen. Das 3β-HSD-System wird aktiviert und die Cortisol-de novo-Synthese kommt in der permanenten Nebennierenrinde (Außenzone) ohne das Auftreten einer temporären Insuffizienz in Gang. Diese Vorgänge führen zu einer raschen Involution der fetalen Nebennierenrinde (Innenzone), da sie nunmehr "funktionslos" geworden ist.

In den ersten Tagen nach der Geburt erfolgt die Umschaltung vom fetalen auf den permanenten Steroidstoffwechsel. Die Übergangsphase geht mit der Bildung und Ausscheidung von ungesättigten und/oder polyhydroxylierten Steroiden einher, die für die Fetalzeit typisch sind und im späteren Leben nur unter pathologischen Bedingungen wieder in Körperflüssigkeiten auftreten. Die Inaktivierung der Steroide erfolgt noch einige Wochen lang unter Zuhilfenahme der Sulfatierungs- und Polyhydroxylierungsmechanismen des Fetalstadiums bis sich die Enzymaktivitäten zur Perhydrierung entwickelt haben und/oder die Kopplung an Glucuronsäure in größerem Maße möglich wird.

Anmerkung

Die im Text erwähnten Steroide tragen folgende chemische Bezeichnungen:

Androst-4-en-3, 17-dion = Δ^4-Androstendion (A); 3β-Hydroxyandrost-5-en-17-on = Dehydroepiandrosteron (DHA); 11β-Hydroxyandrost-4-en-3, 17-dion = 11β-Hydroxyandrostendion; 11β, 17α, 21-Trihydroxypregn-4-en-3, 20-dion = Cortisol (F); 11β, 21-Dihydroxypregn-4-en-3, 20-dion = Corticosteron (B); 3β-Hydroxy-Δ^5-pregnen-20-on = Δ^5-Pregnenolon; Pregn-4-en-2, 20-dion = Progesteron; 17α-Hydroxypregn-4-en-3, 20-dion = 17α-Hydroxyprogesteron; 21-Hydroxypregn-4-en-3, 20-dion = Desoxycorticosteron; 17β-Hydroxyandrost-4-en-3-on = Testosteron; 3-Hydroxyoestra-1,3,5(10)-trien-17-on = Oestron (Oe_1); Oestra-1,3,5(10)-trien-3,17β-diol = Oestradiol-17β (Oe_2); Oestra-1,3,5(10)-trien-3,16α,17β-triol = Oestriol (Oe_3); 5β-Pregnan-3α,20α-diol = Pregnandiol; 3α-Hydroxy-5α-androstan-17-on = Androsteron (Andro); 3α-Hydroxy-5β-androstan-17-on = Ätiocholanolon (Ätio); 3β,21-Dihydroxy-Δ^5-pregnen-20-on = 21 Hydroxypregnenolon; 3α,11β, 17α,21-Tetrahydroxy-5β-pregnan-20-on = Tetrahydrocortisol (THF); 3α,11β,17α,21-Tetrahydroxy-5α-pregnan-20-on = allo-Tetrahydrocortisol (allo-THF); 3α,17α,21-Trihydroxy-5β-pregnan-11,20-dion = Tetrahydrocortison (THE); 3α-Hydroxy-5β-pregn-16-en-20-on = 16-Pregnenolon; 17α, 21-Dihydroxypregn-4-en-3,11,20-trion = Cortison (E); 17α,21-Dihydroxypregn-4-en,3,20-dion = 11-Desoxycortisol (Reichstein S); 11β, 17α, 21,6β-Tetrahydroxypregn-4-en-3,20-dion = 6β-Hydroxycortisol (6β-OH F); 3β-16α-Dihydroxypregn-5-en-20-on = 16-Hydroxypregnenolon (sulfat); 3β, 16α-Dihydroxyandrost-5-en-17-on = 16α-Hydroxydehydroepiandrosteron(sulfat) (16-OH-DHA{S}); 3β,17β-Dihydroxyandrost-5-en-16-on = 16-Ketoandrostendiol; 3β,17β, 16α-Trihydroxyandrost-5-en = Δ^5-Androstentriol;3α, 11β-Dihydroxy-5α-androstan-17-on = Hydroxyandrosteron (11-OHA); 3α-Hydroxy-5α-androstan-3,17-dion = Ketoandrosteron (11-OA); 3α, 11β-Dihydroxy-5β-androstan-17-on = Hydroxyätiocholanolon (11-OHÄ); 3α-Hydroxy-5β-androstan-3-17-dion = Ketoätiocholanolon (11 OÄ).

Literatur

Aarskog, D.: Cortisol in the newborn infant. Acta paediat. Scand. Suppl. 158, (1965).

Benagiano, G., Mancuso, S., Mancuso, F. P., Wiqvist, N., Diczfalusy, E.: Studies on the metabolism of C_{19} steroids in the human foeto-placental unit. 3. Dehydrogenation and reduction products formed by previable foetuses perfused with androstenedione and testosterone. Acta endocr. (Kbh.) 57, 187 (1968).

Bertrand, J., Gilly, R., Loras, B.: Neonatal adrenal function: free and conjugated plasma 17-hydroxycorticosteroids in the newborn during the first five days of life: effect of hydrocortisone and ACTH administration. In: CURRIE, A. R.; SYMINGTON, T.; GRANT, J. D. (eds.): The Human Adrenal Cortex, p. 608, Edinburgh-London: Livingstone, 1962.

--, Loras, B., Gilly, R., Lautenet, B.: Contribution à l'étude de la sécrétion et du métabolisme du cortisol chez le nouveau-né et le nourrison de moins de trois mois. Path. et Biol. 11, 997 (1963).

Bird, C. E., Wiqvist, N., Diczfalusy, E., Solomon, S.: Metabolism of progesterone by the perfused previable human fetus. J. clin. Endocr. 26, 1144 (1966).

Bloch, E.: Metabolism of 4 -^{14}-C-progesterone by human fetal testes and ovaries. Endocrinology 74, 833 (1964). - The conversion of 7 - ^{3}H - pregnenolone and 4 - ^{14}C - progesterone to testosterone and androstenedione by mammalian fetal testes in vitro. Steroids 9, 415 (1967).

Blunck, W.: Die α-ketolischen Cortisol- und Corticosteronmetaboliten sowie die 11-Oxy- und 11-Deoxy- 17-Ketosteroide im Urin von Kindern. Acta endocr.(Kbh.) 59, Suppl. 134 (1968).

Brorson, J.: Concentration of corticosterone and cortisol in peripheral plasma of patients with adrenocortical hyperplasia and normal subjects. Acta endocr. (Kbh.) 58, 455 (1968).

Cathro, D. M., Birchall, K., Mitchell, F. L., Forsyth, C. C.: The excretion of neutral steroids in the urine of newborn infants. J. Endocr. 27, 53 (1963).

Dickey, R. P., Robertson, A. F., Lewis, G. W., Besch, P. K.: Estrogen excretion during the first 24 hours of life. J. Pediat. 70, 429 (1967).

Diczfalusy, E.: Steroid metabolism in the human foetoplacental unit. Acta endocr. (Kbh.) 61, 649 (1969).

Drayer, N. M., Giroud, C. J. P.: Corticosteroid sulfates in the urine of the human neonate. Steroids 5, 289 (1965).

Ducharme, J. R., Leboeuf, G., Sandor, T.: C_{21} steroid excretion in the premature infant. Excerpta med. (Amst.) Intern. Congr. Ser. 111, 293 (1966).

Eberlein, W. R.: Virilizing congenital hyperplasia. Excerpta med. (Amst.) Intern. Congr. Ser. 99, 181 (1965).

Gardner, L. J., Walton, R. L.: Plasma 17-ketosteroids of fullterm and premature infants. J. clin. Invest. 33, 1642 (1954).

Greig, M., Coyle, M. G., Cooper, W., Walker, J.: Plasma progesterone in mother and foetus in the second half of human pregnancy. J. Obstet. Gynaec. Brit. Cwlth. 69, 772 (1962).

Gustafsson, J.-A., Shackleton, C. H. L., Sjövall, J.: Steroids in newborns and infants. C_{19} and C_{21} steroids in faeces from infants. Europ. J. Biochem. 10, 302 (1969).

Hillman, D. A., Giroud, C. J. P.: Plasma cortisone and cortisol levels at birth and during the neonatal period. J. clin. Endocr. 25, 243 (1965).

Hughes, E. R., Seely, J. R., Kelley, V. C., Ely, R. S.: Corticosteroid levels before and after corticotropin. Amer. J. Dis. Child. 104, 605 (1962).

Jungmann, R. A., Schweppe, J. S.: Biosynthesis of sterols and steroids from acetate - ^{14}C by human fetal ovaries. J. clin. Endocr. 28, 1959 (1968).

Kenny, F., Malvaux, P., Preeyasombat, C., Spaulding, J., Migeon, C. J.: Cortisol production rate in the perinatal period: normal newborns and abnormal conditions. Excerpta med. (Amst.) Intern. Congr. Ser. 111, 175 (1966).

Kenny, F. M., Preeyasombat, C., Richards, C.: Cortisol production rate. VI. Hypoglycemia in the neonatal and postneonatal period and in association with dwarfism. J. Pediat. 70, 65 (1967).

Klein, G. P., Chan, S. K., Giroud, C. J. P.: Urinary excretion of 17-hydroxy- and 17-deoxysteroids of the pregn-4-ene series by the human newborn. J. clin. Endocr. 29, 1448 (1969).

Lauritzen, C., Shackleton, C. H. L., Mitchell, F. L.: The effect of exogenous corticotrophin on steroid excretion in the newborn. Acta endocr. (Kbh.) 58, 655 (1968).

--, The effect of exogenous human chorionic gonadotrophin on steroid excretion in the newborn. Acta endocr. (Kbh.) 61, 83 (1969).

Loraine, J. A., Bell, T.: Hormone assays and their clinical application. Edinburgh: Livingstone, 1966.

Loras, B., Lautenet, B., Do, F., Forest, M., De Peretti, E., Saez, J. M., Bertrand, J.: Corticosterone secretion rate in infants and children before and during salt depletion. Excerpta med. (Amst.) Intern. Congr. Ser. 111, 175 (1966).

MacNaughton, M. C.: The foetoplacental unit. In: R. J. Kellar: The Modern Trends in Obstetrics. Vol. IV, p. 110, London: Butterworths 1969.

Magendantz, H. G., Klausner, D., Ryan, K. J., Yen, S. S. C.: Estriol determinations in the management of high-risk pregnancies. Obstet. and Gynec. 32, 610 (1968).

Martin, M. M., Martin, A. L. A.: Simultaneous fluoremetric determination of cortisol and corticosterone in human plasma. J. clin. Endocr. 28, 137 (1968).

Migeon, C. J., Keller, A. R., Holmstrom, E. G.: Dehydroepiandrosterone, androsterone and 17-hydroxycorticosteroid levels in maternal and cord plasma in cases of vaginal delivery. Bull. Johns Hopk. Hosp. 97, 415 (1955).

Mitchell, F. L.: Steroid metabolism in the fetoplacental unit and in early childhood. Vitam. and Horm. 25, 191 (1967).

--, Shackleton, C. H. L.: The excretion of Δ^5-steroid like compounds in the newborn infant. Excerpta med. (Amst.) Intern. Congr. Ser. 111, 176 (1966).

Reynolds, J. W.: Aspects of steroid metabolism in the foeto-placental unit and the newborn infant. In: J. H. P. Jonxis, H. K. A. Visser, J. A. Troelstra (eds.) Aspects of Praematurity and Dysmaturity, p. 3, Leiden: H. E. Stenfert Kroese N. V. 1968.

Solomon, S., Bird, C. E., Ling, W., Iwamiya, M., Young, P. C. M.: Formation and metabolism of steroids in the fetus and placenta. Recent Prog. Hormone Res. 23, 297 (1967).

Teller, W.: Die Ausscheidung von C_{19}- und C_{21}-Steroiden im Harn unter normalen und pathologischen Bedingungen der Entwicklung und Reifung. Z.ges.exp.Med. 142, 222 (1967). - Perinataler Steroidstoffwechsel. In: F. Linneweh: Fortschritte der Pädiologie, Bd. II, S. 181, Berlin-Heidelberg-New York: Springer, 1968. - Nebennierenrindenhormone und ihre Veränderungen in der Neugeborenenzeit. In: G. Joppich und H. Wolf Hrsg.:Stoffwechsel des Neugeborenen, S. 378 Stuttgart: Hippokrates, 1970.

--, Beckmann, D.: Cortisol and corticosterone in human plasma during the newborn period. Acta endocr. (Kbh.) 61, Suppl. 138, p. 57 (1969).

Ulstrom, R. A., Colle, E., Burley, J., Gunville, R.: Adrenocortical steroid metabolism in newborn infants. II. Urinary excretion of 6β-hydroxycortisol and other polar metabolites. J. clin. Endocr. 20, 1080 (1960).

Symp. Dtsch. Ges. Endokrin. 16, 108-116 (1970)

Kohlenhydratstoffwechsel in der perinatalen Periode

Carbohydrate Metabolism in the Perinatal Period

ETTORE ROSSI, KLAUS ZUPPINGER und ROLF ZURBRÜGG

Universitäts-Kinderklinik Bern

Mit 4 Abbildungen*

Das Neugeborene ist während der ersten Lebenstage weitgehend auf die während der Schwangerschaft angereicherten Energielieferanten angewiesen. Es wird allgemein angenommen, daß die notwendige Energie für die Entfaltung vitaler Funktionen hauptsächlich aus Kohlenhydraten gewonnen wird.

Die verschiedenen Kohlenhydrate passieren die Placenta in unterschiedlichem Ausmaß. Einerseits treten die Aldo-Hexosen und die Aldo-Pentosen beide sehr leicht durch; allerdings nicht durch einfache Diffusion, sondern durch einen komplexeren selektiven Mechanismus, der im einzelnen noch nicht genau bekannt ist. Andererseits passieren die Keto-Hexosen die Placenta nur schlecht, und die Disaccharide treten überhaupt nicht über (1, 2).

Für Insulin ist die Placenta in beiden Richtungen durchgängig. Ein Drittel des fetalen Insulinbedarfes stammt von der Mutter (3), doch ist bekannt, daß der menschliche Fetus in der Lage ist, bereits ab 3. Schwangerschaftsmonat selbst Insulin zu produzieren. Dadurch wird es dem Fetus ermöglicht, Glykogen zu speichern; außerdem unterstützt die besondere enzymatische Konstellation die Bildung von Glykogenreserven während der Schwangerschaft. So zeichnen sich die an der Glykogen-Synthese beteiligten Enzyme wie Glukokinase, Hexokinase, Phosphoglukomutase und die Glykogen-Synthetase durch eine gesteigerte Aktivität aus, während die glykogenolytischen Enzyme wie die Phosphorylase und die Glukose-6-Phosphat-Dehydrogenase nur schwach aktiv sind (4, 5). Die faszinierenden Untersuchungen von JOST, sowie von JACQUOT und KRETSCHMER haben ferner gezeigt, daß die Glykogen-Bildung bei decapitierten fetalen Ratten ausbleibt (6, 7); diese Störung kann durch ACTH und Corticosteroide behoben werden. Diese Beobachtungen sprechen für eine Beteiligung dieser hormonellen Faktoren an der Regulation des fetalen Kohlenhydratstoffwechsels.

Die Glykogen-Speicherung findet jedoch nicht nur in der Leber, sondern auch im Herzen statt. Im Gegensatz zur Leber nimmt die Konzentration des Herzglykogens bis zur Geburt regelmäßig ab. Dafür ist besonders die relative Hypoxie des Fetus verantwortlich. Demgegenüber steigt das Glykogen in der Skelettmuskulatur an und erreicht Werte, die fünfmal höher liegen als im Erwachsenenalter (8). VILLEE konnte nachweisen, daß der oxydative Metabolismus ab der 8. bis 10. und der Hexose-Monophosphat-Shunt ab der 10. Schwangerschaftswoche aktiv werden (9). Es ist noch unklar, ob die Gluconeogenese beim menschlichen Fetus in Funktion tritt, nachdem McCANCE und STRANGEWAYS zeigen konnten, daß das fastende Neugeborene nicht imstande ist, Proteine in Glucose überzuführen (10). Ein Absinken des Blutzuckers nach der Geburt wird durch die Glykogenreserven vor allem der Leber und insbesondere durch verschiedene, die Glykogenolyse fördernde Faktoren, verhindert. In der Tat steigt die Aktivität der glykogenolytischen Enzyme wie Phosphorylase und Glucose-6-Phosphatase postnatal stark

*Halbtonbilder s. Anhang S. 461

an, während die Glykogenreserve in der Leber entsprechend abnimmt. Erst nach einigen Tagen gleicht sich das Defizit aus.

Wie MILNER und WRIGHT (11) festgestellt haben, steigt die Blutglucose auch beim Neugeborenen nach Glucagon deutlich an; gleichzeitig kommt es zu einem Abfall der freien Fettsäuren, einem kurzen, wahrscheinlich durch direkte Stimulation bedingten Insulinanstieg, sowie einem beim Erwachsenen nicht beobachteten Anstieg des Wachstumshormons (Tab. 1). Die Bedeutung dieses gleichzeitigen Anstieges von Insulin und Wachstumshormon im Zustande der Hyperglykämie mag in der synergistischen Stimulation des Eiweißaufbaus liegen (12), der im Neugeborenenalter ein weit größeres Ausmaß annimmt als zu jedem anderen Zeitpunkt.

Tabelle 1. Hyperglykämie nach Glucagonbelastung (nach MILNER und WRIGHT, 1967)

gewöhnlich beim Neugeborenen		gewöhnlich beim Erwachsenen
↑	Glucose	↑
↓	Freie Fettsäuren	↓
↑	Insulin	↑
↑	Wachstumshormon	↑

Die Kohlenhydrat-Reserven genügen nur für wenige Stunden nach der Geburt. Beim Ausbleiben einer ausreichenden Kohlenhydratzufuhr werden andere Energielieferanten, hauptsächlich Fette, herangezogen. Ausdruck dafür ist der rasche Anstieg der freien Fettsäuren unmittelbar nach der Geburt sowie die Vermehrung von Glycerol und Ketonkörpern. Kinder mit niedrigem Gewicht und Länge im Verhältnis zur Schwangerschaftszeit (die sogenannten "small for date babies") zeigen noch höhere Werte als Folge einer noch ausgeprägteren Lipolyse und besonders ungenügender Glykogenreserve. Würden beim fastenden Neugeborenen die gleichen Mechanismen gelten wie beim erwachsenen fastenden Adipösen (13), so wäre es denkbar, daß anstelle der rasch erschöpften Kohlenhydratreserven andere Energielieferanten, wie vor allem das Beta-Hydroxy-Butyrat verwendet würden. Falls das Gehirn des hypoglykämischen Neugeborenen tatsächlich zu einer Energiegewinnung aus Beta-Hydroxy-Butyrat fähig wäre, so wäre wenigstens zum Teil die erstaunliche klinische Toleranz der Neugeborenen erklärt.

Blutglucosewerte sind nach CORNBLATH (14, 15) nur dann als hypoglykämisch zu bezeichnen, wenn sie beim am Termin Geborenen in den ersten 72 Lebensstunden auf Werte unter 30 und nach 72 Stunden unter 40 mg/100 ml absinken. Bei Untergewichtigen (d.h. bei "small for date babies") und bei Frühgeburten liegen die entsprechenden Werte noch niedriger, d.h. unter 20 mg/100 ml (Tab. 2). In der Nabelvene liegt der Glucosespiegel 10 - 15 mg/100 ml tiefer als bei der Mutter und in der Nabelarterie 10 mg/100 ml tiefer als in der Vene. Zur Messung der Blutglucose im Neugeborenenalter kommen heute nur mehr zwei Methoden in Frage: Bei Verwendung der Glucose-Oxydase-Methode ist zu beachten, daß das in den Erythro-

Tabelle 2. Hypoglykämie beim Neugeborenen (nach CORNBLATH)

bei am Termin geborenen Kindern	< 30 mg/100 ml in den ersten 72 Stunden
	< 40 mg/100 ml nach den ersten 72 Stunden
bei Untergewichtigen ("small for date babies")	< 20 mg/100 ml
bei Frühgeborenen	< 20 mg/100 ml

Tabelle 3. Statistik der Neugeborenen-Hypoglykämien

Hypoglykämie mit und ohne Symptome	17,0 o/oo (1968 - GRIFFITHS)
Hypoglykämie mit Symptomen	10,1 o/oo (1968 - GRIFFITHS)
Hypoglykämie mit Symptomen und mit positivem therapeutischem Test	1,3 o/oo (1963 - ZETTERSTRÖM) 2,0 o/oo (1963 - NELIGAN) 2,9 o/oo (1963 - CORNBLATH)

Tabelle 4. Einteilung der neonatalen Hypoglykämien

1. Hypoglykämie, transitorische neonatale
2. Kinder diabetischer Mütter
3. "Infant giants" (Foetopathia pseudodiabetica)
4. Kinder mit Erythroblastosis foetalis
5. Inselzelladenome
6. Kongenitale β-Zellhyperplasie
7. Kongenitaler α-Zellmangel
8. Angeborene Stoffwechselstörungen
9. Frühmanifestation der idiopathischen Formen
10. Bei Polyglobulien
11. Bei Wiedemann-Beckwith-Combs-Syndrom
12. Bei Störungen des ZNS
13. Bei Nebennierenblutungen
14. Bei Kälte ("cold injury")

Tabelle 5. Plasma-Cortisol-Werte bei Neugeborenen mit Austauschtransfusion

Patient 1	vor Austausch	55,0 µg%
	letzte Konserve	12,0 µg%
	nach Austausch	34,6 µg%
Patient 2	vor Austausch	17,4 µg%
	letzte Konserve	10,5 µg%
	nach Austausch	28,4 µg%
Patient 3	vor Austausch	17,7 µg%
	letzte Konserven	5,7 µg%
	nach Austausch	13,5 µg%

Tabelle 6. Transitorischer Diabetes mellitus des Säuglingsalters

1. Untergewichtige Kinder
2. Dehydratation ohne Erbrechen oder Diarrhoe
3. Polyurie
4. Glucosurie
5. Selten Acetonurie
6. Hyperglykämie
7. Insulin-Überempfindlichkeit
8. Transitorisch

cyten vorhandene Glutathion als Wasserstoffdonator wirkt und dadurch zu tiefe Glucosewerte vortäuscht. Dieser Fehler kann weitgehend umgangen werden, wenn anstelle von Vollblut sofort abgehobenes Plasma verwendet wird. Zuverlässigere und reproduzierbarere Werte ergibt die Hexokinase-Methode (16).

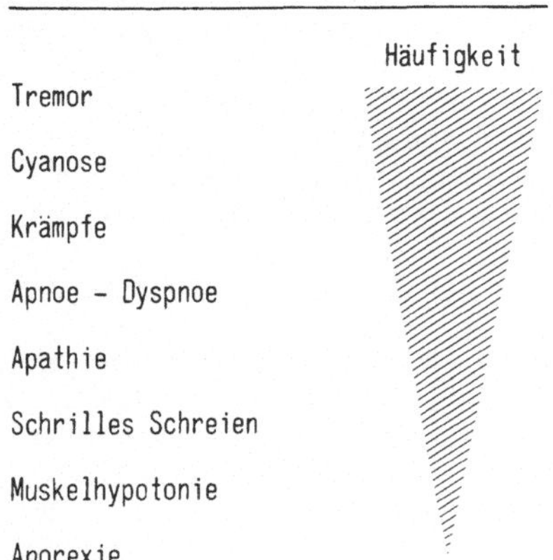

Abb. 1

Die klinischen Symptome der neonatalen Hypoglykämie sind unspezifisch und in Abb. 1 in der Reihenfolge ihrer Häufigkeit dargestellt. Charakteristisch sind Episoden von Tremor, Cyanose-Attacken, Krämpfen, Apnoe, Dyspnoe, Apathie und Hypotonie. Systematische Glucosebestimmungen bei Neugeborenen haben gezeigt, daß auch sehr tiefe Glucosewerte häufig ohne klinische Symptome ertragen werden, vor allem wenn es sich um eine persistierende Hypoglykämie handelt. Differentialdiagnostisch zeigen sich ähnliche Symptome auch bei anderen Affektionen des Neugeborenen, besonders bei Erkrankungen des Zentralnervensystems, septischen Zuständen, Herzkrankheiten sowie vielen metabolischen Erkrankungen. Dabei ist aber zu beachten, daß diese Affektionen ebenfalls von einer Hypoglykämie begleitet sein können.

In neuerer Zeit wurde ganz besonders auf die Häufigkeit der Kombination Katarakt/Hypoglykämie hingewiesen. Bis zu 20% der Hypoglykämien sollen einen Katarakt aufweisen (17). Bei 8 eigenen Patienten mit Hypoglykämie Typ "Zetterström" fand sich z.B. zweimal ein doppelseitiger Katarakt. Wir sind deshalb der Auffassung, daß bei allen symptomatischen Hypoglykämien des Neugeborenenalters eine regelmäßige Augenkontrolle angezeigt ist.

Die Einführung eines therapeutischen Tests in die Diagnostik der neonatalen Hypoglykämien (Verabreichung von 1 - 3 g Glucose i.v.) vermindert die Häufigkeit der echten symptomatischen Hypoglykämie von 10,1 0/00 (18) auf 1,3 - 2,2 0/00 (19, 20, 14) (Tab. 3). PILDES und Mitarb. (21) fanden jedoch bei "low-birth-weight-infants" in den ersten fünf Lebenstagen sogar bei 5,7% eine symptomatische Hypoglykämie, die auf intravenöse Glucose ansprach. Die Untersuchungen von GRIFFITHS (18) an 1000 Neugeborenen ergaben andererseits, daß sich normo- und hypoglykämische Kinder hinsichtlich ihrer klinischen Symptomatik erstaunlicherweise nicht von einander unterschieden. Diesem Problem muß sicher in Zukunft noch weitere Beachtung geschenkt werden.

Neben den wohlbekannten Hypoglykämieformen des Kindes, die sich gelegentlich schon in der Neugeborenenzeit manifestieren, bestehen einige für das Neugeborenenalter spezifische Formen, die in Tab. 4 aufgeführt sind.

Transitorische neonatale Hypoglykämie

Eine Reihe von Faktoren sind bei dieser Form von pathogenetischer Bedeutung. Eine wichtige Rolle kommt sicher den ungenügenden Glykogenreserven zu bei untergewichtigen Kindern ("small for date babies"), beim kleineren Zwillingskind, bei Schwangerschafts-Toxikose sowie bei schwerer Unterernährung der Mutter. Die stark gestörte Homeostase, bedingt durch die verminderten Glykogenreserven, durch eine nur schwach ausgebildete Gluconeogenese, durch die Acidose sowie durch den vermehrten peripheren Glucoseverbrauch infolge plötzlichen Beginns vitaler Lebensfunktionen, ist ebenfalls verantwortlich für die Entstehung einer transitorischen Hypoglykämie. Außerdem dürfte das in diesem

Alter relativ große Volumen des Glucose verbrauchenden Gehirnes im Vergleich zum relativ kleinen Volumen der Glucose produzierenden Leber (Gehirn/Leber-Quotient) eine wichtige Rolle spielen.

Die frühere simplizistische Auffassung, die neonatale Hypoglykämie sei durch einen Hyperinsulinismus bedingt, ist heute nicht mehr gültig. Vielmehr ist nämlich in den ersten Lebenstagen die Insulinsekretion vermindert und durch die physiologische Acidose der Neugeborenenzeit in ihrer Wirkung erst noch gehemmt. Die Glucosetoleranz ist demnach pathologisch, und auch der Leucin- und Tolbutamid-Stimulus ist nicht in der Lage, eine normale Insulinsekretion hervorzurufen (14, 15). Adrenalin hingegen scheint normal sezerniert zu werden und steigt nach insulininduzierter Hypoglykämie an, wie wir dies auch bei einem unserer Patienten mit früher Säuglingshypoglykämie feststellen konnten (Abb. 2, rechts). Andererseits war dieser Anstieg bei einem anderen hypoglykämischen Säugling deutlich vermindert (Abb. 2, links), wie dies bei der Zetterström' Form zu beobachten ist, die somit schon in den ersten Lebenswochen in Erscheinung treten kann.

Der Wachstumshormon- und Cortisolspiegel ist in den ersten Lebenstagen erhöht, und die Cortisolsekretionsrate ist beim Neugeborenen höher als später (22). Unsere Untersuchungen bei drei Neugeborenen anläßlich einer Austauschtransfusion (Tab. 5) ergaben eine sehr rege Cortisolproduktion im Anschluß an den Eingriff. Bei dieser an und für sich günstigen Hormonkonstellation in der Neugeborenenzeit muß offenbar anderen Faktoren in der Pathogenese der Hypoglykämie die entscheidende Rolle zukommen.

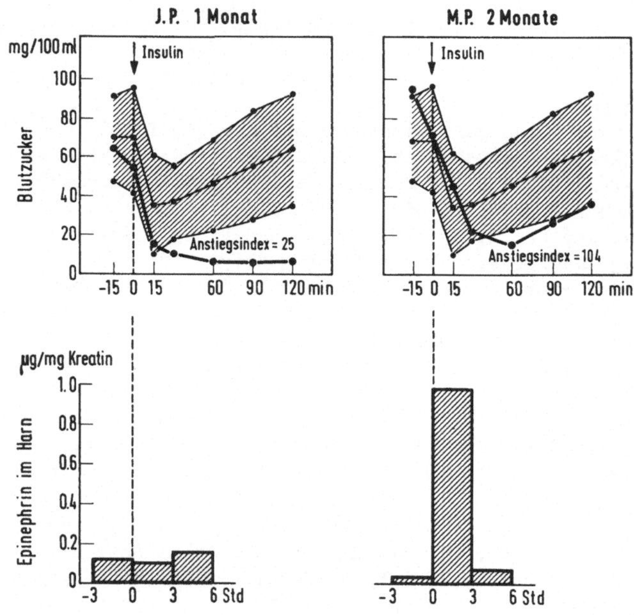

Abb. 2. Insulinbelastung bei Säuglingshypoglykämie.
links: Hypoglykämie Typ Zetterström mit fehlendem Adrenalinanstieg.
rechts: idiopathische infantile Hypoglykämie mit normalem Adrenalinanstieg

Die Prognose der asymptomatischen Formen der transitorischen Neugeborenen-Hypoglykämien ist relativ gut. Bei den symptomatischen Formen hingegen (23) sollen bei 30 - 50% der Patienten Zeichen einer Störung des Zentralnervensystems, gestörte geistige Entwicklung oder neurologische Befunde nachweisbar sein.

Kinder diabetischer Mütter

Der Name "Embryopathia diabetica" ist im Grunde genommen irreführend, denn abgesehen von der umstrittenen Häufung von Mißbildungen bei diesen Kindern bestehen keine Anhaltspunkte für eine Störung der Embryonalzeit. Die Aborthäufigkeit ist in der ersten Schwangerschaftshälfte nicht gesteigert. Die typischen Veränderungen, die zur Erhöhung der Kindermortalität dieser Gruppe führen, spielen sich in der zweiten Schwangerschaftshälfte ab. Das Abortrisiko erhöht sich von der 28. Schwangerschaftswoche an. Die perinatale Mortalität (zweite Schwangerschaftshälfte und erste Lebenswoche) ist mit durchschnittlich 26% gegenüber der Norm (4%) deutlich erhöht. Man wäre geneigt, die Mutter vor dem Anstieg der Mortalität zu entbinden, doch stellt sich hier das Problem des Frühgeburten-Risikos. Unter Berücksichtigung beider Risiken sind die Überlebenschancen am größten bei Entbindung um die 37. Schwangerschaftswoche.

Kinder diabetischer Mütter zeigen eine Makrosomie und häufig eine schwere, bereits in den ersten Lebensstunden beginnende Hypoglykämie, die während Tagen fortbestehen kann, deren Pathogenese noch nicht vollständig geklärt ist. Einerseits wird angenommen, daß die leicht durch die Placenta durchtretende Glucose beim Kind zu einer Hyperglykämie führt mit sekundärer Hypertrophie der Beta-Zellen und Hyperinsulinismus. Die pathologische Vermehrung des Fettgewebes, die zum größten Teil für die Makrosomie verantwortlich ist, könnte als eine Folge des fetalen Hyperinsulinismus aufgefaßt werden. Durch diese Hypothese ist jedoch nicht erklärt, weshalb auch Kinder prädiabetischer Mütter dasselbe klinische Bild aufweisen können. Der von VALLANCE-OWEN im Plasma von Diabetikern festgestellte Insulin-Antagonist, der "Synalbumin-Faktor", tritt durch die Placenta durch und hemmt beim Fetus die Insulinwirkung am Muskel-, jedoch nicht am Fettgewebe (24). Das fetale Pankreas würde dadurch angeregt, die Insulinproduktion zu steigern, um diesen Antagonismus zu überwinden. Da der "Synalbumin-Faktor" auch bei Prädiabetikern festgestellt werden kann, wäre durch diese Hypothese auch das Vorkommen der Makrosomie und Hypoglykämie bei prädiabetischen Müttern erklärt.

Eine ähnliche Hypoglykämieform bei Kindern nicht diabetischer Mütter, mit gleicher klinischer Manifestation, wurde von HANSSON und REDIN (25) beschrieben und als "Infant giants" oder "Pseudofoetopathia diabetica" bezeichnet. Auch diese Kinder zeigen eine Hyperplasie der Beta-Zellen des Pankreas. Es handelt sich um ein sehr seltenes Krankheitsbild mit schlechter Prognose; einzelne nicht fatale Fälle sind jedoch bekannt (26). Ob es sich wirklich um eine selbständige Krankheit handelt, ist noch nicht geklärt.

Hypoglykämie bei Erythroblastosis fetalis

In einer Gruppe von 16 Neugeborenen mit Erythroblastosis fetalis ließ sich in rund einem Drittel der Fälle eine Hypoglykämie nachweisen (27); bei 4 dieser Kinder wurde die Insulinämie bestimmt, wobei erhöhte Werte gefunden wurden. MILNER und WRIGHT verfolgten die Insulinkonzentrationen während Austauschtransfusionen bei Neugeborenen mit Erythroblastosis fetalis und konnten dabei ebenfalls erhöhte Werte nachweisen (11). Die gesteigerte Insulinämie könnte durchaus auf der pathologisch-anatomisch erfaßbaren Hyperplasie der Langerhans' Inseln beruhen. Außerdem zeigen die Kinder mit Erythroblastosis fetalis interessanterweise noch weitere pathologisch-anatomische Ähnlichkeiten mit den Kindern diabetischer Mütter: gesteigerter Glykogengehalt im Herzmuskel und vermehrte extramedulläre Blutbildungsherde.

Inselzelladenome

Obwohl Inselzelladenome sehr selten sind, ist bei jeder unbeeinflußbaren Hypoglykämie selbst in den ersten Lebenswochen an diese Möglichkeit zu denken, da eine chirurgische Intervention unter Umständen zum Erfolg führen kann. Leider sind die klassischen Befunde, wie man sie im späteren Lebensalter erheben kann, für die Neugeborenenzeit nicht charakteristisch. Auch bei gesicherten

Fällen (28, 29) fanden sich nicht einmal erhöhte Insulinwerte im Plasma; sie waren höchstens relativ erhöht im Vergleich zu den tiefen Blutzuckerwerten. Auch ein negativer Tolbutamidtest und eine sogar erhöhte Insulinempfindlichkeit schließt diese Diagnose nicht aus (28). Wachstumsretardierung bei persistierender, therapieresistenter Hypoglykämie ergibt die Indikation zur explorativen Laparotomie.

Hypoglykämie bei Polyglobulie

Die von WOOD festgestellte Kombination von Polyglobulie und Cyanose mit Krampfanfällen wurde bis vor kurzem noch ungenügend verfolgt (30). Interessanterweise fand sich bei 7 von CORNBLATH (14) beobachteten Hygoglykämien im Neugeborenenalter eine Polyglobulie mit Hämoglobinwerten über 25% während der ersten Lebenswoche. Auch bei einem unserer Patienten konnten wir dieselbe Kombination feststellen, so daß bei allen transitorischen Polyglobulien des Neugeborenen eine strenge Überwachung der Blutglucose gerechtfertigt ist (Abb. 3).

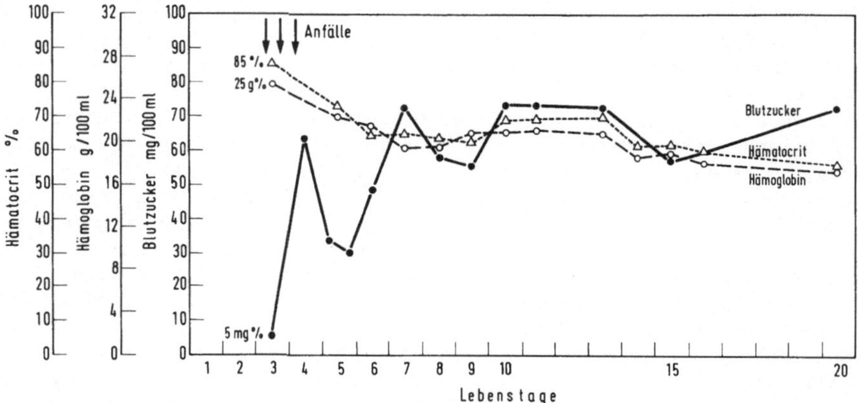

Abb. 3. Neonatale Hypoglykämie bei Polyglobulie

Hypoglykämie beim Wiedemann-Beckwith-Combs-Syndrom

Ein erst vor kurzem von WIEDEMANN (31) beschriebenes Syndrom ist durch folgende Symptome gekennzeichnet: ausgeprägte Makroglossie, Mikrocephalie, Hepatomegalie, Gigantismus, renale Hyperplasie und Omphalocele. Auch diese Kinder sind ferner polycythämisch. BECKWITH und Mitarb. (32) konnten eine Hyperplasie der Langerhans' Inseln feststellen, und in einem der drei Fälle von COMBS fand sich zudem ein Hyperinsulinismus (33).

Ein von uns beobachteter Patient zeigte die charakteristische Makroglossie (Abb. 4), eine Cardiomegalie und deutlich vergrößerte Nieren. Die Plasmaglucose betrug bloß 4,4 mg/100 ml, und das Seruminsulin war stark erhöht auf 108 μE/ml. Hingegen fand sich keine Polycythämie (Hämatokrit 57%, Hämoglobin 16,9%). Die nach dem plötzlichen Exitus am zweiten Lebenstag durchgeführte Autopsie bestätigte die klinische Diagnose, und histologisch konnte eine Polynesie des Pankreas festgestellt werden.

Transitorischer Diabetes mellitus des Neugeborenen

Als weitere, unter Umständen in die Neugeborenenzeit fallende Störung des Kohlenhydratstoffwechsels sei der bisher nur selten beobachtete und wenig bekannte "transitorische Diabetes mellitus" erwähnt. Es handelt sich meist um Mangelgeburten, die unter dem Bild einer extremen Dystrophie und Dehydratation erkranken. Diese kann jedoch weder auf Erbrechen noch Diarrhoe zurückgeführt werden, vielmehr kommt sie durch eine ausgeprägte Polyurie zustande. Das trotz der Polyurie erhöhte spezifische Gewicht des Urins läßt den Kurzschluß zu, daß es sich um eine Glucosurie handelt. Blutzuckerwerte bis zu 1'200 mg/100 ml wurden festgestellt. Die Patienten zeigen das typische Bild eines hyperosmolaren Komas - denn sie sind nur leicht acidotisch und zeigen keine Acetonurie (Tab. 6) (14).

Vor kurzem hatten wir Gelegenheit, ein solches Kind zu beobachten, das die klassische Symptomatik aufwies[1]. Die Blutglucose betrug 1'336 mg/100 ml. Typischerweise zeigte der Säure-Basenstatus nur eine leichte Acidose (capilläres pH 7,24, Base-Excess -7,5 mAeq/1), und im Urin war der Ace-Test negativ. Die radioimmunologische Insulinbestimmung ergab mit 228 µE/ml einen auffallend erhöhten Befund, als ob es sich um eine Insulinresistenz handeln würde. Dies müßte sich allerdings nur gegen die Wirkung des endogenen Insulins richten, da mit bloß 2 E Actrapid-Insulin pro Tag und einer Rehydrierung die Plasmaglucose auf Werte um 200 mg/100 ml gesenkt werden konnte.

Die hier zwangsläufig nur kursorische Betrachtung der Kohlenhydrat-Regulation und ihrer Störungen während der perinatalen Zeit soll darauf hinweisen, daß umfassende und systematische Untersuchungen während der Neugeborenenzeit eine Notwendigkeit darstellen. Vor allem sollen auch longitudinale Entwicklungsuntersuchungen die Frage erörtern, ob ein kausaler Zusammenhang zwischen neonataler Hypoglykämie und Entwicklungsstörungen besteht.

Diese Arbeit wurde unterstützt durch den Schweizerischen Nationalfonds zur Förderung der Wissenschaftlichen Forschung, Gesuch Nr. 4588.

Literatur

1. Davies, J.: Differential permeability of the rabbit placenta to various sugars. Amer. J. Physiol. 188, 21 (1957).
2. Holmberg, N. G., Kaplan, B., Karvonen, M. J., Lind, J., Malm, M.: Permeability of human placenta to glucose, fructose and xylose. Acta physiol. scand. 36, 291 (1956).
3. Gitlin, D., Kumate, J., Morales, C.: On the transport of insulin across the placenta. Pediatrics 35, 65 (1965).
4. Dawkins, M. J. R.: Glycogen synthesis and breakdown in fetal and newborn rat liver. Ann. N.Y. Acad. Sci. 111, 203 (1963).
5. Ballard, F. J., Oliver, I. T.: Glycogen metabolism in embryonic chick and neonatal rat liver. Biochim. biophys. Acta 71, 578 (1963).
6. Jost, A.: Hormonal factors in the development of the fetus. Cold Spr. Harb. Symp. quant. Biol. 19, 167 (1954).
7. Jacquot, R., Kretschmer, N.: Effect of fetal decapitation on enzymes of glycogen metabolism. J. biol. chem. 239, 1301 (1964).
8. Shelley, H. J.: Carbohydrate reserves in the newborn infant. Brit. med. J. 1, 273 (1964).
9. Villee, C. A.: Enzymes in the development of homeostatic mechanisms. Ciba-Found. Symp. on somatic stability in the newly born. p. 246, London: Churchill, 1961.
10. McCance, R. A., Strangeways, W. M. B.: Protein katabolism and oxygen consumption during starvation in infants, young adults and old men. Brit. J. Nutr. 8, 21 (1954).
11. Milner, R. D. G., Wright, A. D.: Plasma glucose, nonesterified fatty acid, insulin and growth hormone response to glucagon in the newborn. Clin. Sci. 32, 249 (1967).

---

[1] Patient von Dr. R. Tobler, Säuglingsheim Elfenau, Bern, dem an dieser Stelle gedankt sei.

12. Knobil, E., Hotchkiss, J.: Growth hormone. Ann. Rev. Physiol. 26, 47 (1964).
13. Owen, O. E., Morgan, A. P., Kemp, H. G., Sullivan, J. M., Herrera, M. G., Cahill Jr., G. F.: Brain metabolism during fasting. J. clin. Invest. 46, 1589 (1967).
14. Cornblath, M., Schwartz, R.: Disorders of carbohydrate metabolism in infancy. Philadelphia: W. B. Saunders Company 1966.
15. Cornblath, M.: Hypoglycemia in the newborn. XII International congress of pediatrics, Mexico, 1968, official reports, volume II, p. 125.
16. Dubach, U., Bierens de Haan, J., Bürgi, W., Märki, H. H., Zender, R.: Methodologische Aspekte der Glukosebestimmung. Schweiz. med. Wschr. 100, 234 (1970).
17. Gabilan, J.-C., Chaussain, J.-L.: L'association hypoglycemie idiopathique et cataracte chez l'enfant. Arch. franç. Pédiat. 26, 633 (1969).
18. Griffiths, A. D.: Association of hypoglycaemia with symptoms in the newborn. Arch. Dis. Childh. 43, 688 (1968).
19. Zetterström, R., Eeg-Olofson, O., Nilsson, L.: Neonatal chemistry. (Discussion workshop.) Ann. N.Y. Acad. Sci. 111, 537 (1963).
20. Neligan, G. A., Robson, E., Watson, J.: Hypoglycaemia in the newborn. A sequel of intrauterine malnutrition. Lancet 1, 1282 (1963).
21. Pildes, R., Forbes, A. E., O'Connor, S. M., Cornblath, M.: The incidence of neonatal hypoglycemia - a completed survey. J. Pediat. 70, 76 (1967).
22. Kenny, F. M., Preeyasombat, Ch.: Cortisol production rate. VI. Hypoglycemia in the neonatal and postneonatal period, and in association with dwarfism. J. Pediat. 70, 65 (1967).
23. Haworth, J. C., McRae, K. N.: Neonatal hypoglycemia. A 6-year experience. J.-Lancet 87, 41 (1967).
24. Vallance-Owen, J.: Synalbumin insulin antagonism and diabetes. Ciba Foundation Colloquia on Endocrinology 15, 217 (1964).
25. Hansson, G., Redin, B.: Familial neonatal hypoglycemia. A syndrome resembling foetopathia diabetica.Acta paediat. scand. 52, 145 (1963).
26. Haworth, J. C., Coodin, F. J., Finkel, K. C., Weidman, M. L.: Hypoglycemia associated with symptoms in the newborn period. Canad. med. Ass. J. 88, 23 (1963).
27. Barrett, C. T., Oliver Jr., Th. K.: Hypoglycemia and hyperinsulinism in infants with erythroblastosis fetalis. New Engl. J. Med. 278, 1260 (1968).
28. Garces, L. Y., Drash, A., Kenny, F. M.: Islet cell tumor in the neonate. Studies in carbohydrate metabolism and therapeutic response. Pediatrics 41, 789 (1968).
29. Salinas, E. D., Mangurten, H. H., Roberts, St. S., Simon, W. H., Cornblath, M.: Functioning islet cell adenoma in the newborn. Report of a case with failure of diazoxide. Pediatrics 41, 646 (1968).
30. Wood, J. L.: Plethora in the newborn infant associated with cyanosis and convulsions. J. Pediat. 54, 143 (1959).
31. Wiedemann, H.-R., Spranger, J., Mogharei, M., Kübler, W., Tolksdorf, M., Bontemps, M., Drescher, J., Gunschera, H.: Über das Syndrom Exomphalos-Makroglossie-Gigantismus, über generalisierte Muskelhypertrophie, progressive Lipodystrophie und Miescher-Syndrom im Sinne diencephaler Syndrome. Z. Kinderheilk. 102, 1 (1968).
32. Beckwith, J. B., Wang, C. I., Donnell, G. N., Gwinn, J. L.: Hyperplastic fetal visceromegaly with macroglossia, omphalocele, cytomegaly of adrenal cortex, postnatal somatic gigantism and other abnormalities: Newly recognized syndrome. (Abst. No 41). Proc. Amer. Pediat. Soc. Seattle, Washington, June 16 - 18, 1964.
33. Combs, J. T., Grunt, J. A., Brandt, I. K.: New syndrome of neonatal hypoglycemia. Association with visceromegaly, macroglossia, microcephaly and abnormal umbilicus. New Engl. J. Med. 275, 236 (1966).

Symp. Dtsch. Ges. Endokrin. 16, 117-130 (1970)

Growth and Development at Adolescence

J. M. TANNER

Department of Growth and Development Institute of Child Health, University of London

With 11 Figures*

From birth onwards the growth rate of most body tissues falls steadily, the fall being swift in the first two or three years and slower from about 3 onwards. The rate of growth in height decreases slowly from an average of 6.5 cm/yr at age 5.0 to about 5.0 cm/yr just before the adolescent spurt begins. Weight velocity is almost constant from age 3 to puberty, (rising from an average of 2.0 kg/yr to about 2.7 kg/yr) since the increase in fat velocity balances the drop in velocity of muscular and skeletal dimensions. Body shape continues to change, since the rate of growth of some parts, such as the legs and arms, is greater than the rate of growth of others, such as the trunk. But the change is a steady one, a smoothly continuous development of the final prepubescent physique rather than any passage through a series of separate stages.

Then, at puberty, a very considerable change in growth rate occurs. There is a swift increase in body size, a change in shape and body composition, and a rapid development of the gonads, the reproductive organs, and the characters signalling sexual maturity. Some of these changes are common to both sexes, but most are sex-specific. Boys have a great increase in muscle size and strength, together with a series of physiological changes making them more capable than girls of doing heavy physical work, and running faster and longer. The changes specifically adapt the male to his primitive Primate role of dominating, fighting and foraging. Such adolescent changes occur generally in Primates, but are more marked in some species than in others. Man lies at about the middle of the Primate range, both as regards adolescent size increase and degree of sexual differentiation.

The adolescent changes are brought about by hormones, either secreted for the first time, or secreted in much higher amounts than previously. Each hormone acts on a set of targets or receptors, but these are often not concentrated in a single organ, nor in a single type of tissue. Testosterone, for example, acts on receptors in the cells of the penis, the skin of the face, the acromial and clavicular cartilages and certain parts of the brain. Whether all these cells respond by virtue of having the same enzyme system, or whether different enzymes are involved at different sites is not yet clear. The systems have developed through natural selection, producing a functional response of obvious biological usefulness.

The extent of the adolescent spurt in height is shown in Fig. 1. For a year or more the velocity of growth approximately doubles; a boy is likely to be

*Half-Tone Illustration see Appendix page 462

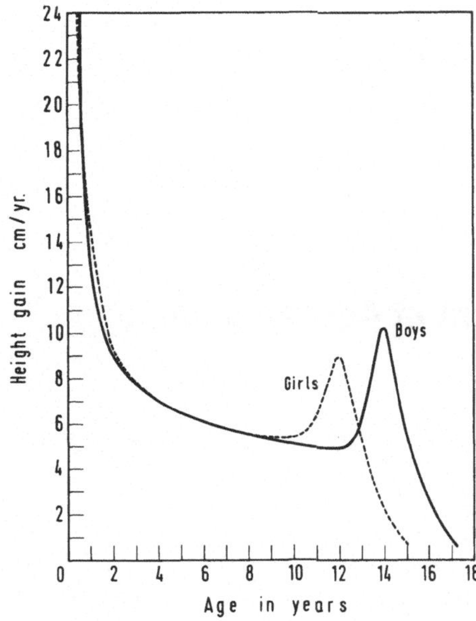

Fig. 1.
Typical individual velocity curves for supine length or height in boys and girls. These curves represent the velocity of the typical boy and girl at any given instant.
(From TANNER, WHITEHOUSE and TAKAISHI, 1966)

growing again at the rate he last experienced about age two. The peak velocity of height (P.H.V., a point much used in growth studies) averages about 10.5 cm/yr in boys and 9.0 cm/yr in girls (with a standard deviation of about 1.0 cm/yr) but this is the "instantaneous" peak given by a smooth curve drawn through the observations. The velocity over the whole year encompassing the six months before and after the peak is naturally somewhat less. During this year a boy usually grows between 7 and 12 cm and a girl between 6 and 11 cm. Children who have their peak early reach a somewhat higher peak than those who have it late.

The average age at which the peak is reached depends on the nature and circumstances of the group studied more, probably, than does the height of the peak. In moderately well-off British children at present the peak occurs on average at about 14.0 years in boys, and 12.0 years in girls. The standard deviations are about 0.9 yr. in each instance. Though the absolute average ages differ from series to series the two-year sex difference is invariant.

The adolescent spurt is at least partly under different hormonal control from growth in the period before. Probably as a consequence of this the amount of height added during the spurt is to a considerable degree independent of the amount attained prior to it. Most children who have grown steadily up, say, the 30th centile line on a height chart till adolescence end up at the 30th centile as adults, it is true; but a number end as high as the 50th or as low as the 10th, and a very few at the 55th or 5th. The correlation between adult height and height just before the spurt starts is about 0.8. This leaves some 30% of the variability in adult height as due to differences in the magnitude of the adolescent spurt.

Practically all skeletal and muscular dimensions take part in the spurt, though not to an equal degree. Most of the spurt in height is due to acceleration of trunk length rather than length of legs.There is a fairly regular order in which the dimensions accelerate; leg length as a rule reaches its peak first, followed by the body breadths, with shoulder width last amongst them. The earliest dimensions to reach their adult status are the head, hands and feet.

Changes in body composition at adolescence

The relative changes in bone muscle and fat can be followed in radiographs of the limbs, taken in a standardised way. The marked spurt in muscle is illustrated in Fig. 2 and the simultaneous loss of fat in Fig. 3. These curves are

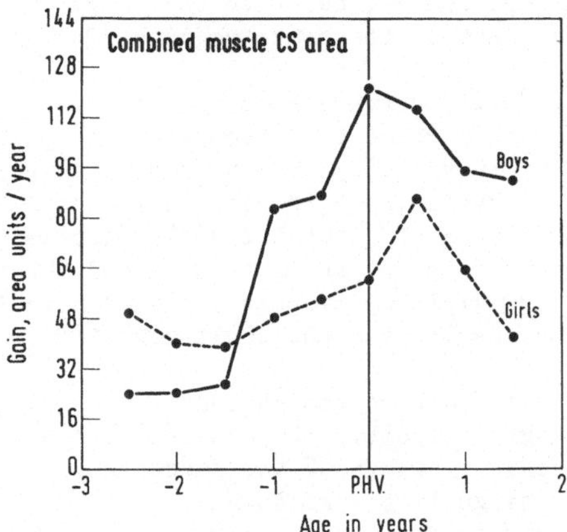

Fig. 2. Mean velocity of combined muscle cross-sectional area (calf, arm and thigh). Longitudinal data, individual curves aligned on peak height velocity (P.H.V.). (From TANNER, 1969)

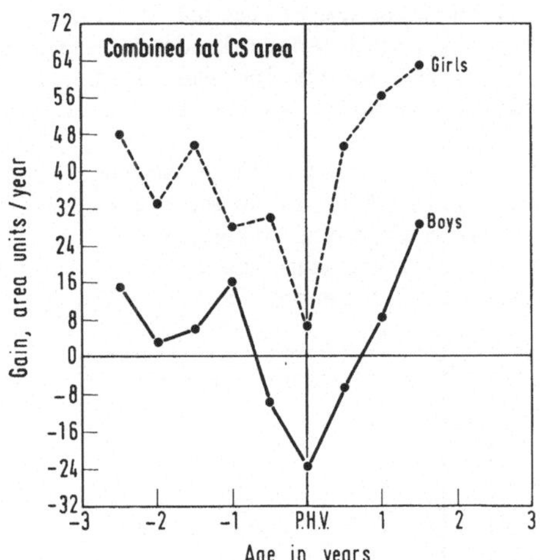

Fig. 3. Mean velocity of combined subcutaneous fat cross-sectional area (calf, arm and thigh). Longitudinal data, individual curves aligned on peak height velocity (P.H.V.). (From TANNER, 1969)

derived from 28 boys and 21 girls measured every six months during puberty. The resulting individual curves have been aligned according to the child's point of peak height velocity (P.H.V.) instead of according to chronological age. This technique overcomes the difficulty caused by some children having an early adolescent spurt and some a late one. When chronological age is used as a base a mixture of pre-, mid- and post-adolescent children at each age obscures the course of events.

Fig. 2 and 3 represent a summary of radiographic measurements of calf, thigh and upper arm. In each case the width of the bone, muscle and fat were measured at a standard level, and the cross-sectional areas of each were calculated on the assumptions that the limb was circular, and that, at the level measured, the three tissues were distributed in concentric rings. (Simple muscle and fat widths,however,give very similar curves). The values for muscle cross-sections in calf, arm and thigh were summed, but with the thigh value halved first, since it was about twice that of the other regions. The same procedure was followed with the fat.

The Figs. give the velocity curves. Both boys and girls muscle cross-sections show large increases in velocity, reaching their peaks a trifle after the points of maximal height velocity. The boys reach a considerably greater velocity than the girls. From infancy to adolescence boys have on average somewhat larger muscles than girls, but the girls' adolescent spurt, beginning two years earlier than the boys', carries them beyond the boys temporarily. Thus from about 12½ to 13½ girls on average actually have larger muscles than boys. Then the boys' spurt begins and the adult sex difference comes to be established.

The curve for limb bone width resembles that for muscle, but with its peak coincident with peak height velocity. The adolescent spurt is wholly or largely attributable to increase in width of the dense bony cortex; the size of the marrow cavity seems to change little if at all.

Fig. 3 shows the curve for fat. Boys on average actually lose fat at adolescence, with maximum rate of loss coincident with peak height velocity. Girls show an identically-shaped curve, but the decrease in velocity is not sufficiently great to carry the mean below zero, that is to give an absolute loss. Most girls have to content themselves with a temporary go-slow in fat accumulation. Fat on the body shows a much smaller decrease of velocity than fat on the limbs.

These tissue-component changes are reflected in changes in body density shown by under-water weighing and by an adolescent increase in total body under-water weighing and by an adolescent increase in total body potassium, total body water and intracellular water which is more marked in boys than in girls.

The increase in muscle size is naturally accompanied by an increase in strength, illustrated in Fig. 4. This is so much greater in boys than in girls, however,that it seems probable that the strength per gm of muscle becomes greater in boys at this time, presumably due to the development, under hormonal influence, of biochemical differences in the cells.

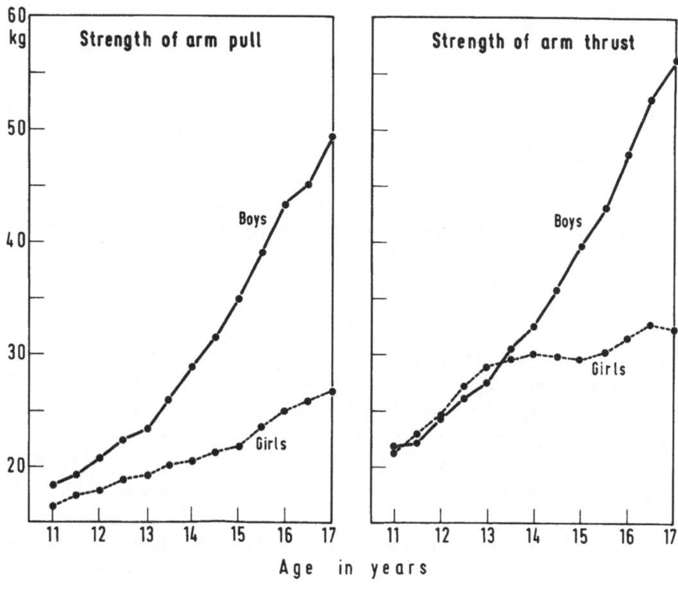

Fig. 4
Strength of arm pull and arm thrust from age 11 to 17. Mixed longitudinal data, 65-95 boys and 66-93 girls in each age group.
(From TANNER 1962; data from JONES, 1949)

Likewise there is an increase in the number of red blood cells and the amount of haemoglobin in the blood in boys (Fig. 5). The increase is related to pubertal development rather than chronological age, and occurs chiefly between the puberty stages described below as 3 and 5. Girls lack this rise, which establishes the adult sex difference. The rise is due to the secretion of testosterone, which probably acts by increasing the production of the erythropoiesis - stimulating factor in the kidney and elsewhere. Other physiological changes important in sustained physical exercise also occur at adolescence. There is a marked increase in heart and lung size, a higher systolic pressure and a lower resting heart rate, and an increased ability to contract an oxygen debt. Creatinine excretion per 24 hrs.rises, and considerably more in boys than in girls. It is not known whether this simply reflects the increase in muscle mass, or whether the excretion is related also to the functional maturity of the muscle. There is an increased excretion of hydroxyproline, the values paralleling the velocity curve for height.

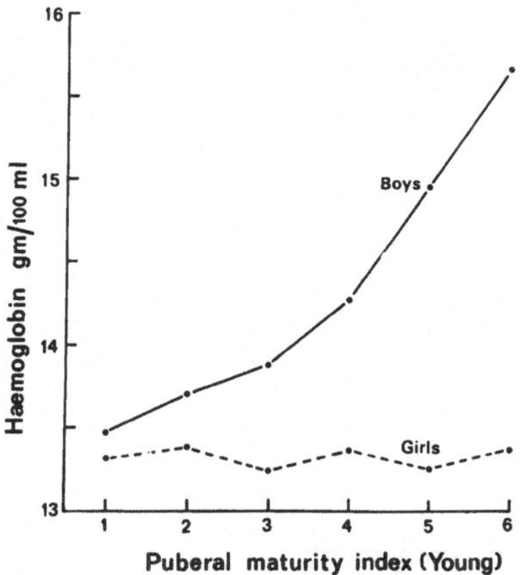

Fig. 5
Blood haemoglobin level in girls and boys according to stage of puberty. Cross-sectional data.
(From YOUNG 1963 cited in TANNER 1969)

It is as a direct result of these anatomical and physiological changes that athletic ability increases so much in boys at adolescence. The popular notion of a boy 'outgrowing his strength' at this time has little scientific support. It is true that the peak velocity of strength is reached a year or so later than that of height, so that a short period may exist when the adolescent, having completed his skeletal and probably also muscular growth, still does not have the strength of a young adult of the same body size and shape. But this is a temporary phase; considered absolutely, power, athletic skill and physical endurance all increase progressively and rapidly throughout adolescence. It is certainly not true that the changes accompanying adolescence enfeeble, even temporarily. If the adolescent becomes weak and easily exhausted it is for psychological reasons and not physiological ones.

Development of the Reproductive System

The adolescent spurt in skeletal and muscular dimensions is closely related to the rapid development of the reproductive system which takes place at this time. The course of this development is outlined diagramatically in Fig. 6. The solid areas marked breast in the girls and penis and testis in the boys represent the period of accelerated growth of these organs and the horizontal lines and the rating numbers marked pubic hair stand for its advent and development. The sequence and timings given represent in each case average values for British boys and girls. To give an idea of the individual departures from the average, figures for the range of age at which the various events begin and end are inserted under the first and last points of the curves or bars.

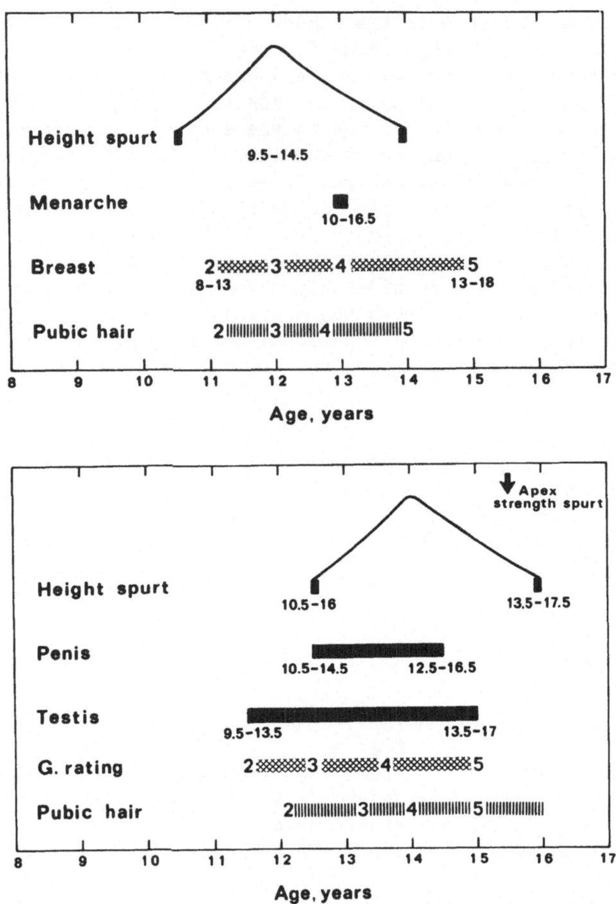

Fig. 6. Diagram of sequence of events at adolescence in boys and girls. The average boy and girl are represented: the range of ages within which each event charted may begin and end is given by the figures placed directly below its start and finish. (From MARSHALL and TANNER, 1970)

The acceleration of penis growth, for example, begins on average at about age 12½ years, but sometimes as early as 10½ and sometimes as late as 14½. The completion of penis development usually occurs at about age 14½ but in some boys is at 12½ and in others at 16½. There are a few boys, it will be noticed, who do not begin their spurts in height or penis development until the earliest maturers have entirely completed theirs. At age 13 and 14 and 15 there is an enormous variability amongst any group of boys, who range all the way from practically complete maturity to absolute pre-adolescence. The same is true of girls aged 11, 12 and 13. This is illustrated in Fig. 7.

The psychological and social importance of this is very great, particularly in boys. Boys who are advanced in development are likely to dominate their contemporaries in athletic achievement and sexual interest alike. Conversely the late developer is the one who all too often loses out in the rough and tumble of the adolescent world; and he may begin to wonder whether he will ever develop his body properly or be as well endowed sexually as those others he has seen developing around him. A very important part of the educationist's and the doctor's task at this time is to provide information about growth and its variability to pre-adolescents and adolescents and to give sympathetic support and reassurance to those who need it.

The sequence of events, though not exactly the same for each boy or girl, is much less variable than the age at which the events occur. The first sign of puberty in the boy is usually an acceleration of the growth of the testes and scrotum with reddening and wrinkling of the scrotal skin. Slight growth of pubic hair may begin about the same time, but is usually a trifle later. The spurts in height and penis growth begin on average about a year after the first testicular acceleration. The testicular growth is mainly due to increase in the size of the seminiferous tubules. The Leydig cells take up little space; they are present at birth, but regress rapidly and from one month till puberty are few, inconspicuous and inactive. At puberty they reappear and their full development, judged by histological criteria, is only reached late in puberty, at about the time when active sperm are being produced and the testes have reached near-adult size.

Concomitantly with the growth of the penis, and under the same stimulus, the seminal vesicles, the prostate and the bulbourethral glands enlarge and develop. There is a great increase in prostatic size, due to development of the secreting alveoli. The time of the first ejaculation of seminal fluid is to some extent culturally as well as biologically determined, but as a rule is during adolescence, and about a year after the beginning of accelerated penis growth.

Axillary hair appears on average some 2 years after the beginning of pubic hair growth; that is when pubic hair is reaching stage 4. However there is enough variability and dissociation in these events, so that a very few children's axillary hair actually appears first. Circumanal hair, which arises independently of the spread of pubic hair down the perineum, appears shortly before axillary hair. In boys, facial hair begins to grow at about the time the axillary hair appears. There is a definite order in which the hairs of moustache and beard appear; first at the corners of the upper lip, then over all the upper lip, then at the upper part of the cheeks in the mid-line below the lower lip, and finally along the sides and lower border of the chin. The remainder of the body hair appears from about the time of first axillary hair development until a considerable time after puberty. The ultimate amount of body hair an individual develops seems to depend largely on heredity, though whether because of the kinds and amounts of hormones secreted or because of the reactivity of the end-organs is not known.

Breaking of the voice occurs relatively late in adolescence; it is often a gradual process and so not suitable as a criterion of puberty. It accompanies enlargement of the larynx, caused by the action of testosterone on the laryngeal cartilages.

During adolescence the male breast undergoes changes, some temporary and some permanent. The diameter of the areola, which is equal in both sexes before puberty, increases considerably, though less than it does in girls. Representative figures are 12.5 mm before puberty, 21.5 mm in mature men and 35.5 mm in mature women. In some boys (between a fifth and a third of most groups studied) there is a distinct enlargement of the breast (sometimes unilaterally) about midway through adolescence. This usually regresses again after about one year.

In girls the appearance of the "breast bud" is as a rule the first sign of puberty, though the appearance of pubic hair sometimes precedes it. The uterus and vagina develop simultaneously with the breast. Menarche, the first menstrual period, is a late event in the sequence. It occurs almost invariably after the peak of the height spurt has been passed. Though it marks a definitive and probably mature stage of uterine development, it does not usually signify the attainment of full reproductive function. The early cycles, which may be more irregular than later ones, are often anovulatory. There is frequently a period of adolescent sterility lasting a year to eighteen months after menarche; but it cannot be relied on in the individual case. Similar considerations may apply to the male, but there is no reliable information about this. On average girls grow about 6 cm more after menarche, though gains of up to twice this amount may occur. The gain is practically independent of whether menarche occurs early or late.

Ratings of Development for Clinical Use

Some designation of how far a given child has progressed through adolescence is often required in clinical work, and various rating systems for judging this have been proposed. Some systems use a combination of genital and pubic hair growth for the male, but as some degree of dissociation between these two developments may exist, particularly in pathological cases, it seems better to keep them separate. In this way also the same standards for pubic hair can be used for males and females. A simple and practical scheme is given in Figs. 8, 9 and 10 illustrating stages of genital development in boys, pubic hair in both sexes, and breast development in girls. All ratings are on a scale from 1 to 5, 1 representing the pre-pubescent state. Naturally the ratings can be assigned with much more accuracy if a longitudinal study of a child is available, since they are really based on the occurrence of change from a previous state. But fair reliability is attainable even when the child is only seen once; pubic hair ratings are probably more accurate under these circumstances than genital or breast development ones. Axillary hair may be rated, this latter on a simple 3 point scale of 1 for no hair, 3 for adult and 2 intermediate.

The genital development stages are illustrated in Fig. 8

Stage 1. Pre-adolescent. Testes, scrotum and penis are about same size and shape as in early childhood.

Stage 2. Scrotum and testes slightly enlarged. Skin of scrotum reddened and changed in texture. Little or no enlargement of penis at this stage.

Stage 3. Penis slightly enlarged, at first mainly in length. Testes and scrotum further enlarged than in stage 2.

Stage 4. Penis further enlarged, with growth in breadth and development of glans. Testes and scrotum further enlarged than stage 3; scrotal skin darker than in earlier stages.

Stage 5. Genitalia adult in size and shape.

The size of the testes can be measured if necessary, or more conveniently assessed by palpation in comparison with a string of plastic models of testicular shape known as the Prader orchidometer. The models are marked according to their volumes in cml: size 1 and 2 correspond to stage 1 in genital development, 4, 4 and 5 to stage 2; 6, 8 and 10 to stage 3; 12, 15 to stage 4, and 20 and 25 (depending on individual variations) to the adult.

The pubic hair stages, are illustrated in Fig. 9 for boys and girls.

Stage 1. Pre-adolescent. The vellus over the pubes is not further developed than that over the abdominal wall, i.e. no pubic hair.

Stage 2. Sparse growth of long, slightly pigmented downy hair, straight, or slightly curled, chiefly at the base of the penis or along labia.

Stage 3. Considerably darker, coarser and more curled. The hair spreads sparsely over the junction of the pubes.

Stage 4. Hair now adult in type, but area covered is still considerably smaller than in the adult.. No spread to the medial surface of thighs.

Stage 5. Adult in quantity and type with distribution of the horizontal (or classically "feminine") pattern. Spread to medial surface of thighs but not up linea alba or elsewhere above the base of the inverse triangle.

In about 80% of men and 10% of women the pubic hair spreads further, into one of the patterns called sagittal, acuminate or disperse but this takes some time to occur after stage 5 is reached. When it does happen the pubic hair is rated 6, a terminology which retains the uniform rating for males and females on the 5-point scale, and at the same time places this longer-term development beyond the more concentrated period of adolescence.

The breast development stages, are illustrated in Fig. 10.

Stage 1. Pre-adolescent: elevation of papilla only.

Stage 2. Breast bud stage: elevation of breast and papilla as small mound. Areola diameter enlarged over stage 1.

Stage 3. Breast and areola both enlarged and elevated more than in stage 2, but with no separation of their contours.

Stage 4. The areola and papilla form a secondary mound projecting above the contour of the breast.

Stage 5. Mature stage: papilla only projects, with the areola recessed to the general contour of the breast.

The stage 4 development of the areolar mound does not ever occur in some girls; in probably some 10% it is absent and in a further 20% slight. Furthermore when it does occur it may persist well into adulthood.

Normal Variations in Pubertal Development

The diagram of Fig. 6 must not be allowed to obscure the fact that children vary a great deal both in the rapidity with which they pass through the various stages of puberty and in the closeness with which the various events are linked together. At one extreme one may find a perfectly healthy girl who has not yet menstruated though she has reached adult breast and pubic hair ratings and is already two years past her peak height velocity; at the other a girl who passed all the stages of puberty within the space of two years. Details of the limits of what may be considered normal can be found in the papers of Marshall and Tanner (1969, 1970).

In girls the interval from the first sign of puberty (which is B2 in about two-thirds of all girls and PH2 in one-third) to complete maturity (B5, PH5) varies from 1½ to 6 years. From B2 (that is the moment when the breast bud first appears) to menarche averages 2.3 years but may be as little as 6 months or as much as 5½ years. The rapidity with which a child passes through puberty seems to be independent of whether puberty is occurring early or late. There is some independence between breast and pubic hair developments, as one might expect on endocrinological grounds. A few girls reach pubic hair stage 3 (and very exceptionally stage 4) before any breast development starts; conversely breast stage 3 may be reached before any pubic hair appears. At breast stage 5 however, pubic hair is always present in girls, and only about 10% are at less than pubic hair stage 4. Menarche usually occurs in breast stage 4 and pubic hair stage 4 (see Fig. 6) but in about 10% of girls occurs in stage 5 for both, and occasionally may occur in stage 2 or even 1 of pubic hair. Menarche invariably occurs after peak height velocity is passed, so the tall girl can be reassured about future growth if her periods have begun.

In boys a similar variability occurs. The genitalia may take any time between 2 and 5 years to pass from G2 to G5, and some boys complete the whole process while others have still not gone from G2 to G3. Pubic hair growth in the absence of genital development is very unusual in normal boys, but in a small percentage of boys the genitalia develop as far as stage 4 before the pubic hair starts to grow.

The height spurt occurs relatively later in boys than in girls. Thus there is a difference between the average boy and girl of 2 years in age of peak height velocity, but of only one year in the first appearance of pubic hair. The PHV occurs in very few boys before genital stage 4, whereas 75% of girls reach PHV before breast stage 4. Indeed in some girls the acceleration in height is the first sign of puberty; this is never so in boys. A small boy whose genitalia are just beginning to develop can be unequivocally reassured that an acceleration in height is soon to take place, but a girl in the corresponding situation may already have had her height spurt.

The basis of some children having loose and some tight linkages between pubertal events is not known. Probably the linkage reflects the degree of integration of various processes in the hypothalamus and the pituitary gland, for breast growth is controlled by one group of hormones, pubic hair growth by another and the height spurt probably by a third. In rare pathological instances the events may become widely divorced.

The Development of Sex Dimorphism

The differential effects on the growth of bone, muscle, and fat at puberty increase considerably the difference in body composition between the sexes. Boys have a greater increase not only in the length of bones but in the thickness of cortex, and girls have a smaller loss of fat. The most striking dimorphism,however, are the man's greater stature and breadth of shoulders and the woman's wider hips. These are produced chiefly by the changes and timing of puberty but it is important to remember that sex dimorphisms do not only arise at that time. Many appear much earlier. Some, like the external genital difference itself, develop during foetal life. Others develop continuously throughout the whole growth period by a sustained differential growth rate. An example of this is the greater relative length and breadth of the forearm in the male when compared with whole arm length or whole body length.

Part of the sex difference in pelvis shape antedates puberty. Girls at birth already have a wider pelvic outlet. Thus the adaptation for child-bearing is present from a very early age. The changes at puberty are concerned more with widening the pelvic inlet and broadening the much more noticeable hips. It seems likely that these changes are more important in attracting the males' attention than in dealing with its ultimate product.

These sex-differentiated morphological characters arising at puberty - to which we can add the corresponding physiological and perhaps psychological ones as well - are secondary sex characters in the straightforward sense that they are caused by sex hormone or sex-differential hormone secretion and serve reproductive activity. The penis is directly concerned in copulation, the mammary gland in lactation. The wide shoulders and muscular power of the male, together with the canine teeth and brow ridges in man's ancestors, developed probably for driving away other males and insuring peace from other animals, an adaptation which soon becomes social.

A number of traits persist, perhaps through another mechanism known to the ethologists as ritualization. In the course of evolution a morphological character or a piece of behaviour may lose its original function and becoming further elaborated, complicated, or simplified, may serve as a sign stimulus to other members of the same species, releasing behaviour that is in some way advantageous to the spread or survival of the species. It requires little insight into human erotics to suppose that the shoulders, the hips and buttocks, and the breasts (at least in a number of widespread cultures) serve as releasers of mating behaviour. The pubic hair (about whose function the textbooks have always preserved a cautious silence) probably survives as a ritualized stimulus for sexual activity, developed by simplification from the hair remaining in the inguinal and axillary regions for the infant to cling to when still transported, as in present apes and monkeys, under the mother's body. Similar considerations may apply to axillary hair, which is associated with special apocrine glands which themselves only develop at puberty and are related histologically to scent glands in other mammals. The beard, on the other hand, may still be more frightening to other males than enticing to females. At least ritual use in past communities suggests this is the case; but perhaps there are two sorts of beards.

The Endocrinology of Pubertal Changes

The events of puberty take place under hormonal control. But as yet our understanding of what is evidently a very complex series of events, each with a feed-back on the others, is incomplete. We do not even know which hormones are responsible for each of the morphological changes, let alone how their secretion is controlled.

Certain things, however, are clear. As well as testes and ovaries, the adrenal and thyroid glands show an adolescent growth spurt in weight. The anterior pituitary also has a spurt, but chiefly or entirely in girls. The volume of the sella turcica also increases more in girls than in boys. Before adolescence there is little if any sex difference in pituitary weight; after it girls have a distinctly larger pituitary, with a higher proportion of acidophil celles.

The first event in the sequence of puberty, immediately preceding the morphological changes, is believed to be an increase in secretion of gonadotrophins by the pituitary. Both FSH and LH are present in the blood and urine of prepuberal children though at a considerably lower level than at adolescence. The rising level of FSH causes the tubules of the testis and the follicles of the ovary to develop, and the rising level of LH causes the Leydig cells to enlarge and to secrete testosterone.

There is a low and relatively constant excretion of oestrogen, by both boys and girls from age three to seven, after which a gradual rise occurs in both sexes until adolescence occurs, when in girls excretion increases sharply and becomes cyclic. Cycles are established at about the time when breast buds appear. In boys a rise in oestrogen excretion occurs at a point between the beginning of stages G3,PH3 and G4, PH4. Probably this is responsible for the gynecomastia seen in some boys.

A small amount of testosterone is present in the blood of prepubertal boys and girls, but at puberty in boys a very large increase occurs, probably under the stimulus of LH from the pituitary.

The secretion of adrenal androgenic hormones, increases greatly at puberty, in both boys and girls. Before puberty very little dehydroepiandrosterone (DHA) or DHA sulphate can be demonstrated in blood or urine. The androgen metabolites in the urine increase sharply at about the time the height spurt begins. This occurs in both sexes, but in boys the 17-oxosteroids reach a level about one and a half times that in girls. The sex difference is probably entirely due to the fact that testosterone is also partly metabolized to 17-oxosteroids so that the boys' levels include both adrenal and testicular androgen metabolites. It seems likely that the adrenal contribution is fairly similar in both sexes.

The cause of the increase in androgen secretion is far from clear. ACTH cannot be responsible, for it always causes a much greater increase in corticoid than in androgen secretion, yet the corticoids rise only slightly at puberty. Either some still unknown pituitary hormone is concerned ("adrenarche hormone") or else something modifies the response of the adrenal to ACTH at this time. This adrenal component of adolescence is sometimes referred to as "adrenarche".

These adrenal androgens are clearly important in bringing about some of the changes of puberty, particularly in girls, in whom they cause growth of the pubic and axillary hair. The condition known as "premature adrenarche" "premature pubarche", may represent an isolated release of the hypothetical "adrenarche hormone".

The differential growth of hair at pubes, axilla, and face seems most easily explicable on the basis of locally different thresholds to stimulation, coupled perhaps with a predilection of hair at each site for either testicular or adrenal hormone. On this hypothesis, the skin of the pubes has the lowest threshold and responds to the small amount of adrenal androgen secreted by both girls and boys early in puberty. Axillary hair has a higher threshold, develops later and is somewhat more responsive to testosterone; the beard has a still higher treshold to adrenal androgens and a more pronounced preference for testosterone. Probably this view is over-simplified and a sequence of changes in receptivity occurs, as it seems to so often. Large doses of testosterone administered to boys whose testes fail to develop at puberty cause a fully normal growth of penis and pubic hair, but have little effect on the facial hair follicles.

The cause of the adolescent growth spurt in body size is not yet known. The excess of the male over the female spurt is probably due to testosterone, as is the excess of male muscle and bone development. The rest of the spurt, common to both sexes, must be due to an increase in growth hormone secretion of to the adrenal androgens or to a combination of both. The part played by growth hormone at adolescence is not yet clear.

The changes in body composition are presumably hormonally caused. The increase of muscle is due to adrenal androgens in both sexes, with testosterone acting as a bonus in boys. In young adult men the excretion of 17-oxosteroids is related to the amount of muscle, both absolute and relative, in the body. The loss of fat, particularly in boys, may also be due to testosterone, and, to a lesser extent, adrenal androgens. We must presume that the fat cells in the limbs are more reactive to this stimulus than those in the trunk. Some of the loss may be due to increased growth hormone secretion. At least in children lacking growth hormone, administration of the substance causes an initial loss of body fat. The greater growth of bone cortical width in boys is presumably due to testosterone.

Lastly, we may ask what hormonal event, if any, controls the closing of the epiphyses in girls and boys. The older view was that this was due to oestrogen and testosterone respectively, but there is much evidence against this. We know very little about the hormonal influence on skeletal maturation during growth. Lack of thyroid hormone causes a delay in maturation, and so, it seems, does lack of growth hormone in man, animal experiments notwithstanding. Excess of adrenal androgens or the presence of testosterone in the prepubertal years causes an acceleration. But the influences causing bones to mature vary with the stage of maturation, and at adolescence administration of even large doses of testosterone does not cause the epiphyses to close in children lacking growth hormone. Here again the synergies of hormone action are complex, and remain to be unravelled.

The Initiation of Puberty

The manner in which puberty is initiated has a general importance for the clarification of developmental mechanisms. Certain children develop all the changes of puberty, up to and including spermatogenesis and ovulation, at a very early age, either as the result of a brain lesion or as an isolated developmental, sometimes genetic, defect. The youngest mother on record was such a case, and gave birth to a full-term healthy infant by Caesarean section at the age of 5 years 8 months. The existence of precocious puberty and the results of accidental ingestion by small children of male or female sex hormones indicate that breasts, uterus and penis will respond to hormonal stimulation long before puberty. Evidently an increased end-organ sensitivity plays at most a minor part in pubertal events.

The signal to start the sequence of events is given by the brain, not the pituitary. Just as the brain holds the information on sex, so it holds information on maturity. The pituitary of a newborn rat successfully grafted in place of an adult pituitary begins at once to function in an adult fashion, and does not have to wait till its normal age of maturation has been reached. It is the hypothalamus, not the pituitary, which has to mature before puberty begins.

Maturation, however, does not come out of the blue and at least in rats a little more is known about this mechanism. In these animals small amounts of sex hormones circulate from the time of birth and these appear to inhibit the prepubertal hypothalamus from producing gonadotrophin releasers. At puberty it is supposed that the hypothalamic cells become less sensitive to sex hormone. The small amount of sex hormones circulating then fails to inhibit the hypothalamus, gonadotrophins are released, and the level of sex hormone rises until the same feedback circuit is re-established, but now at a higher level of gonadotrophins and sex hormones. The sex hormones are now high enough to stimulate the growth of secondary sex characters and support mating behaviour.

Secular Trend

During the last hundred years there has been a striking tendency for children to become progressively larger at all ages (Tanner 1968). This is known as the "secular trend". The magnitude of the trend in Europe and America is such that it dwarfs the differences between socio-economic classes.

The data from Europe and America agree well: from about 1900, or a little earlier, to the present, children in average economic circumstances have increased in height at age 5 to 7 by about 1 to 2 cm each decade, and at 10 to 14 by 2 to 3 cm each decade. Pre-school data show that the trend starts directly after birth and may, indeed, be relatively greater from age 2 to 5 than subsequently. The trend started, at least in Britain, a considerable time ago, because Roberts, a factory physician, writing in 1876 said that "a factory child of the present day at the age of nine years weighs as much as one of 10 years did in 1833 ..... each age has gained one year in forty years". The trend in Europe is still continuing at the time of writing but there is some evidence to show that in the United States the best-off sections of the population are now growing up at something approaching the fastest possible speed.

During the same period there has been an upward trend in adult height, but to a considerably lower degree. In earlier times final height was not reached till 25 years or later, whereas now it is reached at 18 or 19. Data exist, however, which enable us to compare fully grown men at different periods. They lead to the conclusion that in Western Europe men increased in adult height little if at all from 1760 to 1830, about 0.3 m per decade from 1830 to 1880, and about 0.6 cm per decade from 1880 to 1960. The trend is apparently still continuing in Europe.

Most of the trend toward greater size in children reflects a more rapid maturation; only a minor part reflects a greater ultimate size. The trend toward earlier maturing is best shown in the statistics on age at menarche. A selection of the best data is illustrated in Fig. 11 (the sources are detailed in TANNER, 1968). The trend is about 4 months per decade since 1850 in average

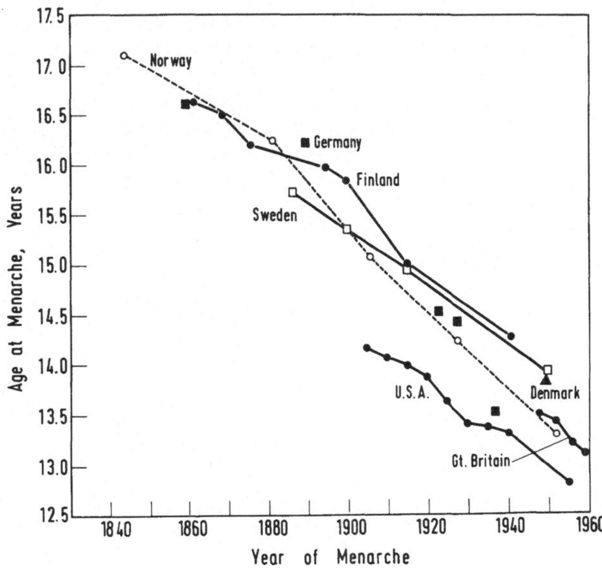

Fig. 11. Secular trend in age at menarche 1830-1960. (Sources of data and method of plotting detailed in TANNER, 1962)

sections of Western European populations. Well-off persons show a trend of about half this magnitude, having never been so retarded in menarche as the worse-off. Details on average age of menarche of various populations and the methods for collecting these statistics will be found in TANNER (1968).

The causes of the secular trend (or acceleration of growth at it is sometimes called) are probably multiple. Certainly better nutrition is a major one, and perhaps in particular more protein and calories in early infancy. A lessening of disease may also have contributed. Some authors have supposed that the increased psychosexual stimulation consequent on modern urban living has contributed, but there is no positive evidence for this. Girls in single-sex schools have menarche at exactly the same age as girls in coeducational schools, but whether this is a fair test of difference in psychosexual stimulation is hard to say.

References

Donovan, B. T., van der Werff ten Bosch, J. J.: Physiology of puberty. London: Arnold 1965.

Falkner, F.: Child development: an international method of study. Annal. paediat. (Basel) Suppl. 72 (1960). - Human Development London: Saunders 1966.

Greulich, W. W., Pyle, S. I.: Radiographic atlas of skeletal development of the hand and wrist. 2nd edition. Stanford, California: Stanford University Press 1959.

Marshall, W. A., Tanner, J. M.: Variations in the pattern of pubertal changes in girls. Arch. Dis. Childh. 44, 219 (1969). - Variations in the pattern of pubertal changes in boys. Arch. Dis. Childh. 45, 13-23 (1970).

Tanner, J. M.: Human Growth. Symp. Soc. Study Human Biology. Vol. III, London: Pergamon Press 1960. - Growth at Adolescence. 2nd edition, Oxford: Blackwell Sci. Publ. 1962. - Earlier maturation in man. Sci. Amer. 218, 21-27 (1968). - Growth and Endocrinology of the Adolescent. In: Endocrine and Genetic Diseases of Childhood ed. L. Gardner, Philadelphia and London: Saunders 1969.

--, Goldstein, H., Whitehouse, R. H.: Standards for height of British children age 3 to 9 years, allowing for parental height.Arch.Dis.Childh.(in press).

--, Takaishi, M.: Standards from birth to maturity for height, weight height velocity and weight velocity; British children. Arch. Dis. Childh. 41, 454-471; 613-635 (1966).

--, Whitehouse, R. H.: Standards for subcutaneous fat in British children. Percentile for thickness of skinfolds over triceps and below scapula. Brit. Med. J. 1, 446-450 (1962).

--,--, Healy, M. J. R.: A new system for estimating skeletal maturity from the hand and wrist, with standards derived from a study of 2,600 healthy British children. Parts I and II. Paris: Centre International de l'Enfance, 1962.

van der Werff ten Bosch, J. J.; Haak, A.: Somatic growth of the child. Leiden: Stenfert, Kroese 1966.

Symp. Dtsch. Ges. Endokrin. 16, 131-150 (1970)

Gonadotropine in der Präpubertät und Pubertät

Gonatotropins in Prepuberty and Puberty

CH. LAURITZEN

Department für Gynäkologie und Geburtshilfe der Universität Ulm

Mit 6 Abbildungen

Summary

From the very low gonadotropin values in childhood a 2.5-fold increase of FSH-values in plasma and urine and an approximately 10-fold increase in LH-secretion is seen in prepuberty and puberty. These changes occur earlier and more pronounced in girls than in boys. They are significant 1 1/2 years before menarche. Adult values are reached with 14 to 16 years. Firm correlations exist with bone age and maturity index. The increase in LH-secretion seems to be the decisive event of initiation of puberty. Maturity is reached when FSH and LH show cyclical changes followed by ovulation and formation of a corpus luteum. Production and secretion of gonadotropins are governed by the hypothalamus. In childhood the hypophyseotropic areas are still unripe. There exists, however, already a feedback with the gonads. The hypothalamus is very sensitive so that already small amounts of sexual steroids inhibit the hypophyseotropic areas. In childhood, prepuberty and puberty sensivity decreases. A tonic secretion of FSH and LH takes place, whereas after puberty the cyclic center of gonadotropin release begins to exert its periodic stimulatory influence. The pineal glands and the amygdalic area inhibit the release of gonadotropins and are increasingly inhibited by the rise of the estrogen level. The role of antigonadotropic substances in the urine of children is not quite clear at present. The normal values for gonadotropins (FSH and LH) in plasma and urine with biological, immunological and radioimmunoassay methods are given, some critical remarks are made and an outlook on the lines of future research is given.

Bei der Durchsicht derjenigen Arbeiten, die sich mit dem Verhalten der hypophysären Gonadotropine während Präpubertät und Pubertät befassen, gelangt man rasch zu der Einsicht, daß diese Thema, obwohl als Forschungsgebiet ausserordentlich interessant, doch als Gegenstand eines Referats ziemlich undankbar ist. Von den etwa 50 Arbeiten, die ich ausgewertet habe, ist mehr als die Hälfte aus Gründen der Versuchsplanung, der kleinen Zahl oder der Methodik weitgehend irrelevant. Selten findet man so viele widersprechende Ergebnisse und so unterschiedliche Bezugssysteme oder Interpretationen auf einem so abgegrenzten Feld. Dabei soll nicht verkannt werden, daß Bildungsort und Zielorgane der Gonadotropine schlecht zugänglich sind, daß nur die indirekten Wirkungen faßbar sind, daß es sich um Proteohormone noch unbekannter Struktur handelt und daß die Methodik ihrer Bestimmung sich trotz aller Bemühungen und Fortschritte immer noch im Anfangsstadium befindet.

Sie erwarten nun von mir die Wiedergabe gesicherter Fakten oder wenigstens zuverlässiger Befunde, ihre sorgfältige Sichtung und ihre Einordnung in über- oder nachgeordnete Bezüge. Dies soll im Folgenden versucht werden. Mehr als sonst muß aber leider die Kritik an methodischen Unzulänglichkeiten, das Aufzeigen von Wissenslücken und der Versuch, Vorschläge für ein künftig besseres Vorgehen zu formulieren, in den Vordergrund gestellt werden.

Dabei soll systematisch wie folgt vorgegangen werden:

1) Gonadotropine im Gewebe des Hypophysenvorderlappens
2) Gonadotropine im Harn, biologisch: Gesamtgonadotropine, FSH, LH, LTH
3) Gonadotropine im Plasma und im Harn, immunologisch und radioimmunologisch, FSH und LH
4) Kritik der Versuchsplanung und der Bestimmungsmethoden
5) Zusätzliche Hinweise aus der Morphologie und Funktion gonadotropinabhängiger Zielorgane: Ovarien, Ovulation
6) Faktoren, die Produktion, Sekretion oder biologische Aktivität der hypophysären Gonadotropine in der Pubertät beeinflussen: Antigonadotropine, Epiphyse, Amygdala
7) mögliche Korrelationen des Verhaltens der Gonadotropine während der Pubertät zum Zwischenhirn und zur Nebennierenrinde
8) Integration und Interpretation der Befunde
9) Prospektive Gesichtspunkte

Gonadotropinbildung im Hypophysenvorderlappen: Einen Anhalt für die Funktionsaufnahme des gonadotropen Sektors im Hypophysenvorderlappen scheint die histochemische Untersuchung dieser Drüse zu geben. Bereits bei Kindern jenseits des 6. bis 10. Lebensjahres findet man ein Eisen-PAS-positives Mucoprotein und eine zunehmende Anzahl basophiler Delta-1-Zellen. Das Material scheint Beziehung zu den Gonadotropinen zu haben, und die Zunahme der Zellen wird als Zeichen eines allmählichen Beginns der Produktionszunahme von Gonadotropinen gewertet (Pearse, 1953, Halemi und Cormick, 1969). Dennoch scheint die Beweiskraft solcher Befunde wegen methodischer Probleme und bestehender Lücken in unseren Grundlagenkenntnissen nicht voll gesichert.

Über den Gonadotropingehalt des menschlichen Hypophysenvorderlappens liegen nur sehr spärliche Untersuchungen vor (Currie und Dekanski, 1961, Kirk, 1962). Saxton und Loeb (1937) fanden in der Hypophyse von Kindern nur sogenannte FSH-Aktivität in niedriger Konzentration. Auch nach Bahn u. Mitarb. (1953) ist in solchen Hypophysen sehr wenig oder kein Gonadotropin nachweisbar. Sie fanden in der Hypophyse eines 4 Jahre alten Knaben sowohl FSH- als auch LH-Aktivität. Die Konzentration betrug weniger als 1/10 derjenigen von Drüsen Erwachsener. Witschi (1961) gibt an, daß die Hypophyse Erwachsener pro Einheit Gewebe vierzig mal so viel FSH enthielt als die präpubertaler Kinder. Nach Midgley (1967) soll die FSH-Aktivität der Hypophysen von Kindern etwa 1/40 der von Personen in der Geschlechtsreife betragen. Nach Ryan (1962) enthält die Hypophyse von Kindern etwa 1/5 der Konzentration von LH bei jungen Frauen. Bettendorf fand bei einem zweijährigen Kind 7 HMG-Einheiten pro Hypophyse (1965). Skalicky u. Mitar. (1966) bestimmten die Gonadotropinkonzentration in den Hypophysen 9 bis 19-jähriger Mädchen. Sie war kaum niedriger als die erwachsenen Personen. Auch bezüglich der Gonadotropinkonzentration im Hypophysenvorderlappen sind also die Angaben sehr unterschiedlich. Auskunft über Konzentrationsänderungen während der Pubertät ist aus diesen Befunden kaum zu entnehmen.

Aus Tierversuchen an Ratten, Kaninchen und Affen geht hervor, daß die Hypophyse in der Kindheit Gonadotropine in kleinen Mengen enthält, aber praktisch nicht abgibt. In der weiblichen Drüse ist mehr FSH enthalten als in der männlichen. LH ist dagegen kaum vorhanden. (Lisk, 1968, Kragt und Ganong, 1968). In Präpubertät und Pubertät steigt die FSH-Konzentration wenig, die LH-Konzentration beträchtlich an und zwar bei weiblichen Tieren stärker als bei männlichen. Danach kommt es mit Auftreten der ersten Cyklen zu einem Abfall der Hormonkonzentration im Vorderlappengewebe, der durch eine verstärkte Sekretion mit Anstieg des Plasma LH bedingt ist. Schließlich stellen sich cyclische Schwankungen ein (Ramirez und Sawyer, 1966).

Gonadotropine im Harn, biologisch: Zum Problem der Gonadotropinausscheidung im Harn liegen seit den ersten Versuchen biologischer Bestimmung des Vorderlappenhormons durch Zondek im Jahre 1931 etwa 40 Arbeiten vor (Tab. 1-3). Meist han-

Tab. 1

Gonadotropinwerte im Harn während Kindheit, Präpubertät und Pubertät. Biologische Methoden

Autoren	Knaben	Mädchen	Alter Jahre	Ergebnisse	Methodik
Neumann u. Peter 1931	100	--	6-10	37% positiv	Mäuseovar
Schörcher, 1931	25	22	7-20	alle negativ	Ovarhyperämie Maus
Soeken, 1932	22	28	0-18	50% positiv	Follikelreifung
Reiss, 1934	+	+	Pubertät	positiv mit 2-3ml	Ovarluteinisierung Maus
Katzman u. Doisy, 1933 1934	5	5	10-15	alle negativ vor Eintritt der Pubertät, später 21 ME	vag. Kornifikat. u. Uterus infantile Mäuse
Saethre, 1935	25	--	11-14	alle negativ	Ovarhyperämie Maus
Hamburger, 1933	5	--	2-15	alle negativ	Rattenovar
Freed, 1935	+	+	Kinder	positiv	Rattenovar
Catchpole u. Mitarb., 1938	33	--	4-16	11-16 J. 2-10 ME	Mäuseuterus
Nathanson u. Mitarb., 1938 Nathanson, 1942	15	25	9-14	13 J. negativ 1 Jahr vor Nenarche 50% positiv Knaben 30% pos.	Follikelwachstum Mäuseovar
Greulich u. Mitarb.,	64	--	10-17	ab 11 J. positiv in 50% ab 14 J. 7-20 ME	Mäuseuterus
Solomon u. Culotta, 1942	+	+	9-16	ab 14 J. 7-20 ME	Mäuseuterus
Catchple u. Greulich, 1943	+	+	4 1/2-14 J.	Serienbestimmungen positiv	Mäuseuterus
Pedersen-Bjergaard u. Tønnesen, 1948	2	+	3-16	Mädchen: 3-12 J. 1 RE 12-16 J.=bis 12 RE Knaben 8 J. negativ 15 J. = 6 RE	Rattenuterus

Autoren	Knaben	Mädchen	Alter Jahre	Ergebnisse	Methodik
McCullagh, 1948	25	-	9-15	meist positiv	Mäuseuterus
Lloyd u. Mitarb. 1948	2	2	11	negativ	Mäuseuterus
Evans u. Simpson, 1950	+	+	Kinder	2-3 ME/die	Rattenovar
Henry, 1954	+	+	Präpubertät	positiv	Rattenovar
De Sario, 1955	+	+	5-15	ab 5 J. pos.	Mäuseuterus
Gavini u. Sparta, 1956	+	+	5-15	ab 5 J. pos.	Mäuseuterus
Albert, 1956	mehrere dutzend	mehrere dutzend	Präpubertät	alle negativ	Rattenovar, immatur
Schwenk u. Ohndorf, 1956	45	45	6-16	Mädchen 10 J. neg. Knaben 12 1/2 J. neg. später 10-20 ME/die	Mäuseuterus
Zacco u. Mitarb., 1957	7	4	8-14	Präpubertät: neg. Pubertät: 2, 5-6, 2 FSH ICSH negativ	Mäuseuterus
McArthur u. Mitarb., 1958	2	1	6-9	ICSH-Aktivität pos.	ventrale Prostata Repair hypophysekt. Ratten.
Brown, 1958	Urin-pool	Urin-pool	10-15	Knaben: 10-11 J. 2,9 mg. 12-15 J. 35 mg Mädchen: 10-11 J. 8,2 mg. 12-13 J. 7,3 mg. 14-15 J. 14,0 mg. HMG 20 A/Liter	Mäuseuterus
Bulbrook u. Mitarb., 1958	-	2	10	5-20 ME/24^{h}	Mäuseuterus
Johnson, 1959	+	+	6-15	< 9 bzw. 10 J. neg. 2^{1}/2J. vor Menarche u. vor Stimmbruch positiv.	Mäuseuterus
Rosemberg, 1960	+	+	10	negativ	Mäuseuterus
Kehyayan, 1960	+	+	10-11	negativ	Mäuseuterus Rattenuterus

Autoren	Knaben	Mädchen	Alter Jahre	Ergebnisse	Methodik
Morato-Monaro u. Mitarb., 1960	--	+	7-9	FSH pos. ICSH	Mitosen Samenblase hypophysekt. Ratte
Simonnet, 1962	--	+	6-16	bis 10 J. 6 ME/die über 11 J. 15 ME/die	Mäuseuterus
Knappe u. Mitarb., 1961	--	Urin-pool	3-5	positiv	Rattenuterus
Minkina, 1961	--	+	1-3 12-13	positiv 1-3 J. höher als 12-13	Mäuseuterus
Carletti u. Mitarb., 1961	Urin-pool +	Urin-pool +	6-8	positiv	Mäuseuterus Rattenuterus
Carletti u. Kehyayan, 1962	Urin-pool	Urin-pool	3-6	positiv	Rattenuterus
Bell u. Mukerje, 1964	9	--	0-10 1/2	LHO, 06-2 HMG-E/die	Ascorbinsäure Verarmung Ovar
Soszka u. Mitarb., 1964	--	55	12-19	Anfangs nur LH. ab 14 J. FSH, LH. u. LTH ansteigend	Uterusgewicht Mitosen Samenblase Ratte
Fitschen u. Clayton, 1965	46	58	0-15	bis 7 J. <1,0 mg über 7-15 J. 0, 4-7, 0 mg IRP/24^{h}	Mäuseuterus
Rifkind u. Mitarb., 1967	Urin-pool	Urin pool	Präpubertät Pub.	FSH.2, 2 LH. I,44 IE/Liter FSH 2, 5 facher LH 10, 7 facher Anstieg in Pub.	Steelman-Pohley ventrale Prostata

Tab. 2

Gonadotropinwerte bei Kindern
Radioimmunoassay
IE HMG 2. IRP

	Alter	FSH		Alter	LH	
Serum mIE/ml	0-11 J.	1,2-8	Midgley, 1967	0-10 J.	3,0	Midgley, 1966
	0-11 J.	2,5	Faiman u. Ryan 1967	1-8 J.	6,4	Odell u. Mitarb., 1967
	4-6 J.	28	Saxena u. Mitarb., 1968			
	4-6 J.	28	Saxena u. Mitarb., 1968	0-6 J.	35	Saxena u. Mitarb., 1967
Urin IE/24^h				5-8 J.	10-30	Wilde u. Mitarb., 1965

Tab. 3

Gonadotropinwerte in der Präpubertät und Pubertät

Radioimmunoassay
IE HMG 2 IRP
9-14 Jahre

	FSH			LH		
	2,5-40	Franchimont,	1966	14,6	Franchimont,	1966
	2,6 (2,6-3,6)	Faiman u. Ryan,	1967	12,48	Faiman u. Ryan,	1967
	3,3-35	Midgley,	1967	6,0	Midgley,	1966
Plasma	10,1 (5,6-18,5)	Saxena u. Mitarb.,	1968	10,2 (2,5-15,0)	Saxena u. Mitarb.,	1968
	4,0 (2-8)	Kenny u. Mitarb.,	1968	3,0 (0-7)	Kenny u. Mitarb.,	1968
mIE/ml	4,5 ± 0,9	Raiti u. Davis,	1969	10,24 (4,8-12,8)	Odell u. Mitarb.,	1967
	15,0 ± 0,8	Taymor,	1968	6,8 ± 0,9	Taymor u. Mitarb.,	1968
				0-5,6	Schalch u. Mitarb.,	1968
				4,8 + 1,2	Johannson u. Mitarb.,	1969
				2,8	Yen u. Mitarb.,	1969
Urin IE/24^h	5,0 ± 0,9	Raiti u. Davis,	1969	10-50	Wilde u. Mitarb.,	1965
				10-30	Bagshave u. Mitarb.,	1966

delt es sich um Stichproben an einem kleinen Material verschiedenen Alters, oft ohne weitere klinische Angaben. Die für eine wissenschaftliche Auswertung wesentliche Korrelation zum Maturitätsindex, zum Knochenalter, zum präpuberalen Wachstumsschub, zur Pubarche, zur Thelarche wurden nicht, zum Stimmbruch und zur Menarche nur selten aufgezeigt. Die verwendeten biologischen Methoden besaßen anfangs nur quantitativen Charakter. Sie waren relativ unempfindlich und unzuverlässig. In manchen Untersuchungen wurde, da man an der Grenze der Empfindlichkeit arbeitete, gepoolter Urin verwendet, wodurch natürlich eine differenziertere Befunderhebung weitgehend unmöglich gemacht wird. Andererseits war die Anzahl untersuchter Fällte für statistische Auswertung meist nicht groß genug. Wegen des niedrigen Gonadotropingehalts bestand die Notwendigkeit, die Harnextrakte hoch zu konzentrieren, sodaß deren Toxizität erheblich war. Das drückte sich teilweise in einer hohen Morbidität und Mortalität der Versuchstiere, einer Hemmung der Wachstumsreaktionen an den Zielorganen und Abweichungen von der Parallelität der Dosis-Wirkungskurven aus. Häufig wurden zu kleine Tierzahlen verwendet. Die Angabe der Ergebnisse erfolgte mit positiv-negativ oder in Tiereinheiten. Erst knapp in einem Dutzend Veröffentlichungen der letzten Jahre wurden Inzuchtstämme und Wurfgeschwister verwendet und die Ergebnisse in HMG-Äquivalenten oder in (IRP I oder II) internationalen Einheiten angegeben. Schon bei der Aufarbeitung der Urine waren die methodischen Verluste sehr unterschiedlich, aber meistens ziemlich groß.

Nur kurz sollen hier die wichtigsten Ergebnisse und Schlußfolgerungen einiger relativ zuverlässig erscheinender Arbeiten besprochen werden. Catchpole und Mitarbeiter (1938, 1943) fanden in Mäuseuterustest gonadotrope Gesamtaktivität ab einem Jahr vor der Menarche mit langsam fortschreitendem Anstieg etwa zur Zeit der ersten Blutung (Abb. 1). Die Angabe entspricht etwa den Befunden von

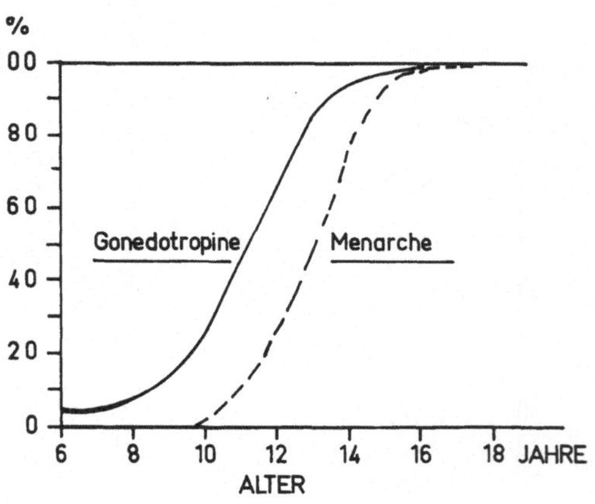

Abb. 1. Zeitliche Korrelation der Gonadotropinarche zur Menarche in einem Kollektiv von Mädchen in der Pubertät bei Anwendung einer mäßig empfindlichen biologischen Methode der Gonadotropinbestimmung

Schwenk und Ohndorf (1957). Nathanson u. Mitarb. (1941) konnten FSH-Aktivität vom 10. Lebensjahr an nachweisen. Sie stellten fest, daß die FSH-Menge bei Mädchen zwischen dem 10. bis 15. Lebensjahr gering abfiel, während der LH-Spiegel einen konstanten Anstieg aufwies. Bei Mädchen war die Ausscheidung von FSH in allen Altersgruppen höher als bei Knaben, auch die Ausscheidung von LH war bei Mädchen höher als bei Knaben, der pubertäre Anstieg deutlicher. Allerdings wurde die LH-Aktivität aus der Differenz zwischen FSH- und Gesamtgonadotropinaktivität errechnet, was nicht zulässig ist. Leider wurden die Ergebnisse nur nach dem chronologischen Alter geordnet und nicht unter Bezug auf sexuelle Reife, Knochenalter oder Menarchebeginn gesammelt. Greulich u. Mitarb. fanden eine deutliche Beziehung der Gonadotropinwerte im Harn zum Maturitätsindex (Abb. 2). Sozka u. Mitarb. (1964) ermittelten nach dem 13. Lebensjahr einen deutlichen Anstieg des FSH bei niedriger LH-Ausscheidung. Vom 16. Lebensjahr an kam es unter Etablierung des Cyclus zu einer beträchtlichen Zuname des LH. Nach P. S.

Brown (1958) sind die FSH-Werte und die Gesamtgonadotropine bei Mädchen höher als bei Knaben. Der Autor fand bei Mädchen zwischen 10 bis 11 Jahren 8,2 mg pro Liter, im Alter von 12 bis 13 7,3 mg und zwischen 14 und 15 Jahren 14 mg HMG 20 A im Mäuseuterustest. Rifkind u. Mitarb. (1967) verwendeten den Steelman-Pohley Test. Ihre Bestimmungen ergaben bei Kindern 2,2 IE FSH und 0,44 IE LH

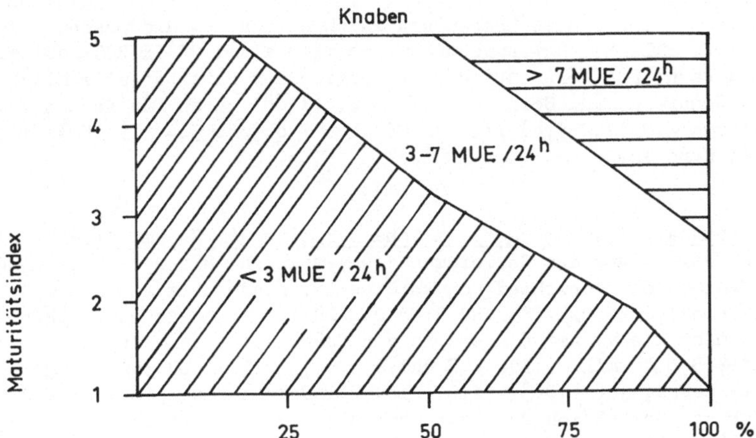

Abb. 2. Korrelation zwischen dem Maturitätsindex und der Höhe der biologisch bestimmten Gonadotropinausscheidung im Harn bei Knaben in der Pubertät

pro Liter Harn, bei Erwachsenen 5,6 bzw. 4,7 IE. Demnach kam es in der Pubertät zu einem 2,5-fachen Anstieg von FSH und einem 10,7-fachen Anstieg des LH (Abb.3). Kulin u. Mitarb. (1967) fanden einen Anstieg der Gesamtgonadotropine zur Zeit

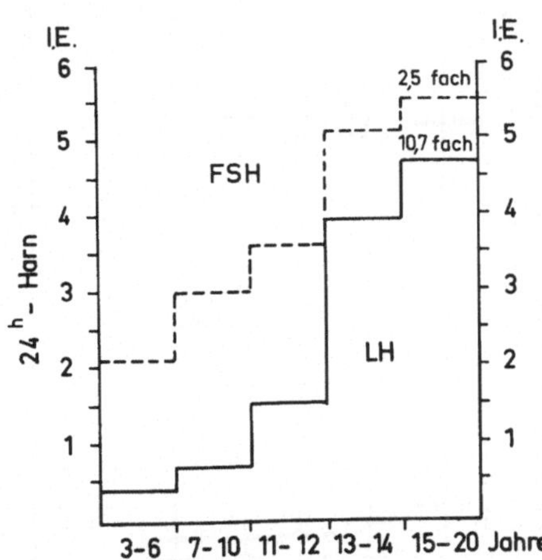

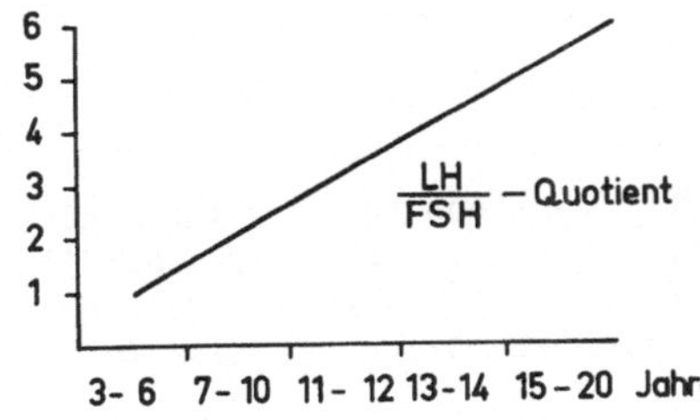

Abb. 3. Zunahme der FSH- und LH-Aktivität sowie des LH/FSH-Quotienten zwischen Kindheit und Reife (nach Rifkind u. Mitarb. 1967)

der Pubertät. Fitchen und Clayton (1965) sahen im Alter unter 7 Jahren bei Knaben und Mädchen weniger als 1 mg IRP 1 pro 24-Stunden-Harn. Zwischen 7 bis 15 Jahren lagen die Befunde bei 0,4 bis 7,0 mg im Mäuseuterustest. Auch hier gab es also einen deutlichen Anstieg zur Zeit der Pubertät. Die Verfasser weisen darauf hin, daß die Tag-zu-Tag-Fluktuation in der Präpubertät besonder groß ist.

Mit immunologischer Methodik (Wide, 1966) fand man im Hämagglutinationshemmungstest bei präpuberalen Knaben und Mädchen (Laschet und Laschet, 1967, eigene unveröffentlichte Untersuchungen) weniger als 1,25 IE HCG-Äquivalente im 24-Stunden-Harn. Die Werte stiegen bei Beginn der Pubertät allmählich auf das Drei- bis Zehnfache an. Sciarra u. Mitarb. (1968) gaben für Knaben zwischen 5 und 10 Jahren 2,9 (1,2-5,4) IE, für Mädchen 2,8 (o,6-5,4) IE LH-Äauivalente pro 24-Stunden-Harn an.

Radioimmunoassay. Bestimmungen von Gonadotropinen im Serum: Diese wurden erst durch die Entwicklung des Radioimmunoassay möglich. Mit radioimmunologischen Methoden fanden die verschiedenen Autoren bei Kindern im Alter von 4 bis 6 Jahren Werte von 1,2-28 mIE FSH und 3-35 mIE LH pro ml, also einen LH/FSH-Quotienten von mehr als 1. Bei Kindern in der Präpubertät und Pubertät waren die Werte auf 2,5 - 40 mIE/ml für FSH und 2,5 - 15 mIE/ml LH angestiegen. Das LH/LSH-Verhältnis betrug jetzt 0,8 - 1,0 (Tab. 2). Demnach lagen sowohl FSH wie LH kaum höher und der LH/FSH-Quotient eher niedriger. Im Material von Yen u. Mitarb. (1969) waren die Werte nach der Menarche doppelt so hoch wie vor Eintritt der ersten Regelblutung. Die meisten Untersucher geben an, daß die Konzentration beider Hormone nach dem 10. Lebensjahr anzusteigen beginnt und zwar bei Mädchen früher und höher als bei Knaben. Erwachsenenwerte werden im Alter von 15 bis 16 Jahren erreicht. Normalwerte für LH findet man oft erst nach Etablierung eines ovulatorischen Cyclus (Tab. 3).

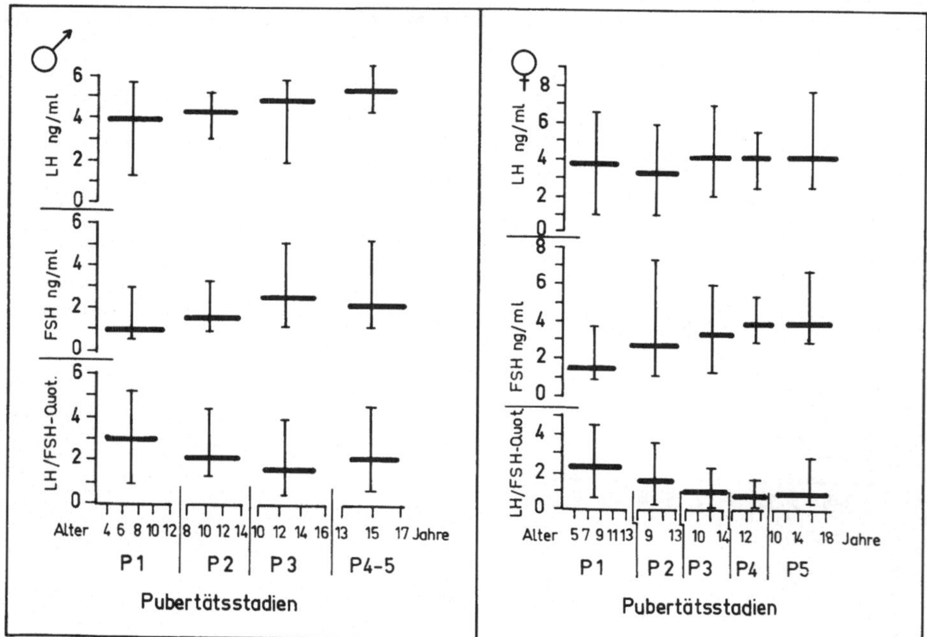

Abb. 4. FSH, LH-Spiegel im Plasma sowie LH/FSH-Quotient während der Kindheit, Präpubertät und Pubertät in Relation zum chronologischen Alter und zum Maturitätsindex (nach Tanner) bei Knaben und Mädchen. Radioimmunoassay (nach Burr u. Mitarb. sowie Sizonenko u. Mitarb. 1970)

Burr u. Mitarb. (1970) sowie Sizonenko u. Mitarb. (1970) haben ihre radioimmunologisch gemessenen FSH- und LH-Werte auf Testisvolumen, Pubertätsindex, Knochenalter und chronologisches Alter bezogen. Bei Knaben stieg das LH im Serum vom Stadium der Präpubertät (4,2 ng/ml) bis zur Pubertät ständig an (5,3 ng/ml im Stadium P4-5). Auch das FSH nahm von der Entwicklungsstufe P_1-P_3 zu, ohne daß ein weiterer Anstieg von P_3-P_5 eintrat. Dementsprechend fiel der LH/FSH-Quotient während P_1-P_3 ab und stieg zwischen P_3-P_4 an. Auf das Knochenalter bezogen, stieg LH von 9 bis 10 Jahren ab an, mit einem weiteren Anstieg zwischen 13 bis 15 Jahren. FSH zeigte eine stetige Zunahme im Knochenalter 11 bis 14. Die größte Vermehrung des Testisvolumens korrelierte mit dem steilen Anstieg des FSH im chronologischen Alter zwischen 11 und 15 Jahren.

Bei Mädchen war die mittlere LH-Serumkonzentration im Stadium P_2 etwas niedriger als im Stadium P_1 und stieg während P_3 mäßig an, um danach etwa gleich zu bleiben. Sie war auch bei menstruierten und nicht menstruierten Mädchen gleich und zeigte keine Variationen in den drei Cyclusphasen. FSH stieg von 1,70 ng/ml während P_1, auf 3,4 ng/ml während P_3. In den Stadien P_3 und P_4 trat danach keine wesentliche Änderung mehr auf. Ein signifikanter Anstieg von FSH und LH war bei einem Knochenalter von 12 Jahren deutlich. Der LH/FSH-Quotient sank vom Stadium P_1-P_4 ab, um danach nur gering zuzunehmen. (Abb. 4).

Nach Kenney u. Mitarb. (1968) haben Kinder mit echter Pubertas präcox signifikant höhere FSH- und LH-Werte als gleichaltrige Kinder, Mädchen mit prämaturer Thelarche zeigen ebenfalls signifikant erhöhte LH-Werte gegenüber Mädchen gleichen Alters.

Radioimmunoassay Bestimmungen im Harn: Über die Gonadotropinausscheidung im Harn liegen relativ wenige Befunde vor. Für FSH liegen die Ergebnisse bei 5, für LH zwischen 5 und 50 IE pro 24-Stunden-Urin. Das LH/FSH-Verhältnis ist hier mit 6 - 10:1 also viel höher als im Plasma. FSH und LH werden ja offenbar unterschiedlich metabolisiert oder ausgeschieden (Tab. 2 und 3).

Die Befunde über eine LTH-Produktion und -Ausscheidung sind aufgrund methodischer Schwierigkeiten sehr unterschiedlich. Die Untersuchungen wurden fast ausschließlich in Taubenkropftest mit lokaler Injektion des Materials vorgenommen. Simkin und Goodart, (196/) sowie Gáti u. Mitarb. (1967) konnten im Blut von Kindern kein Prolaktin nachweisen. Flaskamp u. Mitarb. (1968) bestimmten dagegen im Blut gesunder Kinder 24 IE/100 ml Prolaktin. Sozka u. Mitarb. (1964) fanden bei 16-jährigen Mädchen im Harn sehr wenig Prolactin und vom 17. Lebensjahr ab einen beträchtlichen Anstieg. Diesen Angaben kann man kaum eine wesentliche Aussagenkraft zubilligen. Es kommt hinzu, daß die Identität und biologische Bedeutung des Prolactin für den Menschen bis heute ganz unsicher ist.

Methodische Kritik: Es muß betont werden, daß selbst die modernen Ergebnisse, die mit verschiedenen Methoden gewonnen wurden, nicht immer untereinander vergleichbar sind. So sind z.B. die radioimmunologischen Werte von Odell un Parlow (1967) höher als diejenigen anderer Autoren. Darüberhinaus ist sicherlich das 2 IRP-HMG nicht ideal für Bestimmungen im Serum und Gewebe. Inkubationsveränderungen am markierten FSH können zu erhöhten Werten führen. Auch der Radioimmunoassay arbeitet an der Grenze der Empfindlichkeit. Ein Vergleich zwischen biologischen und immunologischen Verfahren der verschiedenen Techniken wird erst möglich sein, wenn adäquate standardisierte Versuchstechniken, gleiche Standards, auch für Serumbestimmungen, und ein allgemein erhältliches gleiches Antigen und Antiserum zur Verfügung stehen werden.

Die Richtigkeit der biologischen wie der immunologischen Ergebnisse läßt sich zur Zeit wohl kaum schlüssig beweisen. Dies wird nur durch Zusammentragen zahlreicher Indizien in immer näherer Approximation möglich sein.

Über Produktionsrate, Sekretionsraten, endogene Clearance und circadiane Rhythmen des FSH und LH in der Pubertät wissen wir bisher noch nichts. Untersuchungen in Galle oder Stuhl liegen nicht vor. Interessant sind die Befunde von Carletti und Kehyayan (1968), die berichten, daß im Frühjahr höhere Gonadotropinwerte nachweisbar als im Herbst.

Bei geschlechtsreifen Tieren gibt es einen circadinen Rhythmus der ovariellen Cholesterolkonzentration, der unter dem Einfluß der LH-Stimulierung steht. Mit dem Anstieg des LH in der Pubertät beginnt dieser Tagesrhytmus sich beim reifenden Tier zu etablieren (Zarrow u. Mitarb. 1969). Es ist nicht bekannt, aber doch wohl möglich, daß dies auch für den Menschen gilt.

Korrelationsstudien zwischen der Ausscheidung von Gonadotropinen und Steroidhormonen: Solche Untersuchungen sind leider nur sehr spärlich vorhanden. In den Untersuchungen von Nathason u. Mitarb. (1941) beginnt der Anstieg der Oestrogene und 17-Ketosteroide früher als derjenige der Gonadotropine. Das hängt aber zweifellos mit der verwendeten, wenig empfindlichen Methode der Gonadotropinbestimmung zusammen. 1 1/2 Jahre vor der Menarche begann die cyclische Ausscheidung der Oestrogene. Man darf wohl annehmen, daß dies aufgrund einer cyclischen Absonderung von FSH und LH geschieht.

Greulich u. Mitarb. (1942) fanden eine Korrelation zwischen Oestrogen-, Androgen-, Gonadotropinaussscheidung und der sexuellen Reifung. Nach ihren Angaben beginnt die Erhöhung der Androgen- bzw. 17-Ketosteroidausscheidung vor derjenigen der Gonadotropine, offenbar als Folge der Adrenarche.

Hain (1947) fand keine eindeutige Korrelation zwischen Steroidhormonen und Gonadotropinen.

Da die Befunde und Schlußfolgerungen aus der Bestimmung von Gonadotropinen noch nicht eindeutig erscheinen, soll versucht werden, zusätzliche Hinweise aus der morphologischen Entwicklung der Ovarien und der Testes heranzuziehen: Präpubertale und pubertale Ovarien können bereits die Größe adulter Ovarien haben und zeigen öfter Follikelcysten, reifende Follikel, Vascularisierung der Theca, gelegentlich Thecaluteinisierung und zahlreiche atretische Follikel (Spivak, 1934, Polhemus, 1953, Merrill, 1963).

Die beschriebene mikroskopische Histologie der präpubertalen Ovarien dürfte auf die ansteigende Produktion von Gonadotropinen zurückzuführen sein. Das Hervortreten einer luteinisierten Theca, die man auch im Neugeborenen- und Schwangerenovar findet, spricht für einen relativ hohen LH-Spiegel.

Das spätere Verschwinden der cystischen Veränderungen beruht wahrscheinlich auf dem Eintreten cyclischer Veränderungen der Gonadotropinsekretion.

In den Testes entwickeln sich die Leydig-Zellen bereits in der Präpubertät. Anfangs wird Androstendion, mit zunehmender Reife zunehmend Testosteron sezerniert, was nach unseren gegenwärtigen Kenntnissen überwiegend als LH-Wirkung interpretiert werden muß (Donovan und van der Werff ten Bosch, 1965).

Auch aus Untersuchungen der morphologischen Entwicklung der Ovarien und der Testes in der Pubertät ist also zu schließen, daß es zunächst zu einem Anstieg der FSH- danach der LH-Produktion und -Sekretion kommt (Charney u. Mitarb. 1952, Sniffen u. Mitarb. 1951). Hiermit stimmt überein, daß die ersten Cyclen beim Mädchen in der Mehrzahl der Fälle monophasisch-anovulatorisch sind (Ashley-Montagu, 1939, Matsumoto u. Mitarb., 1963, Döring, 1965).

Faktoren, welche die Gonadotropinbildung und -sekretion während der Pubertät beeinflussen: Für eine pubertätshemmende oder verzögernde Wirkung der Epiphyse bzw. der benachbarten Amygdala sprechen zahlreiche experimentellen und klinischen Befunde. Eine solche Wirkung dürfte nach unseren gegenwärtigen Kenntnissen über eine Hemmung der Gonadotropinproduktion oder -sekretion gehen.

Die Epiphyse und ihre hormonales Produkt, das Melatonin, sollen nach klinischen und tierexperimentellen Befunden eine hemmende Kontrolle auf die LH-Sekretion (Motta u. Mitarb., 1967, Fraschini u. Mitarb., 1968) sowie auf den Beginn der Pubertät ausüben (Wurtmann, 1967, Kitay, 1967). Bei Kindern mit Tumoren in dieser Gegend und bei pinealektomierten Tieren setzt die Pubertät verfrüht ein. Die Struktur und die biosynthetische Aktivität dieser Drüse wird durch die Höhe des zirkulierenden Oestrogenspiegels beeinflußt. Auch in der Habenula-Region befinden sich von der Epiphyse unabhängige Areale, die die LH-Freisetzung hemmen und durch lokale Oestrogenwirkung außer Funktion gesetzt werden können (McGuire und Lisk, 1969).

Aus dem Harn von Kindern kann mit bestimmter Methodik eine Substanz mit biologischer Anti-LH-Wirkung extrahiert werden (Soffer u. Mitarb., 1961, 1962, 1963, 1965; Landau u. Mitarb., 1960, 1965; Ota u. Mitarb., 1967; Hipkin, 1968). Da diese Ergebnisse nicht von allen Nachuntersuchern bestätigt wurden, ist noch unklar, ob solche Substanzen überhaupt eine Rolle in der Entwicklung der gonadotropen Funktion während der Kindheit und Pubertät spielen. Ich möchte daher nicht näher auf diese Frage eingehen.

Faktoren, welche den Beginn der Gonadotropinerhöhung in der Pubertät auslösen: Der zeitliche Beginn der Pubertät wird von genetischen, sozio-ökonomischen und klimatischen Faktoren mitbestimmt und accelleriert. Die gleichen Faktoren dürften auch den Beginn der hypothalamisch-hypophysären Gonadotropinproduktion und -sekretion beeinflussen.

Wie kann man sich nun die Auslösung dieser am Anfang der Pubertät stehenden zentralen hypophysotropen Abläufe als Hypothese vorstellen?

Nach allem was an Daten vorliegt, ist die Kontrolle der hypophysär-gonadalen Funktion schon beim Kind prinzipiell ähnlich wie beim Erwachsenen.

Hypothalamische Releasingfaktoren sind bereits bei Feten, Neugeborenen und Kindern vorhanden (Campbell und Gallardo, 1966), jedoch in niedriger Konzentration. Die präpubertale Hypophyse enthält FSH- und LH-aktive Gonadotropine (Clark, 1935, Lauson u. Mitarb., 1939, Matsuyama u. Mitarb., 1966, Moore, 1966, Corbin und Daniels, 1967), diese werden jedoch normalerweise in der Kindheit nur in geringem Umfang sezerniert, da die freisetzenden Zentren noch unreif sind.

Implantiert man juvenile Hypophysen unter einen reifen Hypothalamus, sezernieren diese Gonadotropine, sie funktionieren also wie Erwachsenenhypophysen (Harris und Jacobsohn, 1952). Auch die präpubertalen Gonaden sind in der Lage, lange vor Einsetzen der Pubertät wie Gonaden Erwachsener zu funktionieren. Sie sezernieren jedoch nur geringe Mengen von Oestrogenen oder Androgenen. Immerhin scheinen diese Steroide, wenn auch auf einem sehr niedrigen Niveau, ein funktionelles Gleichgewicht zum Hypothalamus-Hypophysensystem aufrecht zu halten. Jedenfalls steigen nach Ovariektomie bei einem Kind die Gonadotropine an, wie beim Erwachsenen, und sind durch Oestrogengaben in gleicher Weise zu bremsen (Donovan, 1969).

Man stellt sich heute vor, daß der unreife Hypothalamus sehr empfindlich bereits auf niedrige Sexualsteroidmengen reagiert und zwar hauptsächlich im System des negativen Feedback, also der Hemmung. Mit zunehmender Reifung soll dann durch Abnahme der Empfindlichkeit seine Reizschwelle erhöht werden, wodurch in zunehmendem Maße Gonadotropine sezerniert werden und auch der positive Feedback und bei der Frau das cyclische Freisetzungszentrum zunehmend aktiviert wird (Ramirez und McCann, 1963) (Abb. 5).

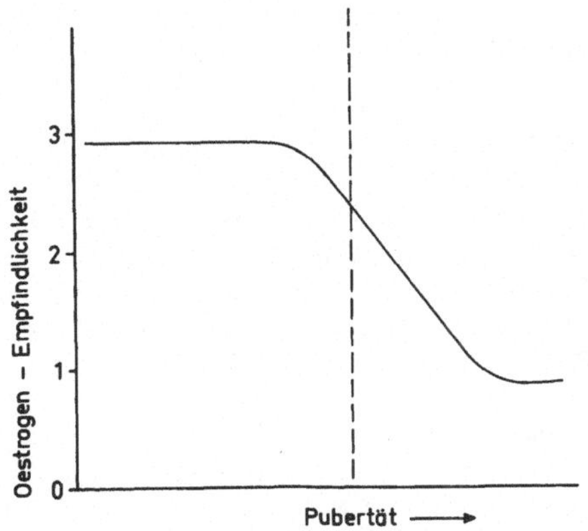

Abb. 5. Abnahme der Oestrogenempfindlichkeit der hypophyseotropen Areale des Hypothalamus um die Zeit der Pubertät (nach Ramirez und McCann, 1963)

Der entscheidende Anreiz zum Eintritt der Pubertät geht demnach vom Hypothalamus aus.

Reifungsfaktoren für die hypothalamischen gonadotropinfreisetzenden Zentren scheinen die Oestrogene und Androgene zu sein. Sie führen zu einer Freisetzung von sowohl FSH-RF als auch LH-RF beim präpubertären Tier (Ramirez und Sawyer, 1966, Corbin und Daniels, 1966, Smith und Davidson, 1968).

Männliche und weibliche gonadotropinfreisetzende Hypothalamusfunktion unterscheiden sich dadurch, daß die männliche Freisetzungsfunktion durch das sog. tonische Zentrum mehr anhaltend gleichmäßig ist, während die weibliche zusätzlich durch das cyclische Zentrum, das in der Pubertät reift und mit seiner Funktion beginnt, beeinflußt wird (McCann und Ramirez, 1964, Harris und Donovan, 1965). Entscheidend für den Eintritt der Pubertät ist offenbar eine Zunahme der tonischen Sekretion von FSH und LH und die allmähliche Reifung der cyclischen LH-Freisetzung, die zum Auftreten der für Ovulation und Gelbkörperbildung typischen LH-Spitze führt.

Adrenarche: In der Präpubertät tritt ein für die weitere Entwicklung wahrscheinlich bedeutsamer Funktionswandel der Nebennierenrinde ein. Im Gefolge einer starken Verbreiterung der Zona reticularis mit entsprechender Enzyminduktion (Adrenarche) kommt es zu einem Anstieg der 17-Ketosteroide, hauptsächlich Dehydroepiandrosteron und Androstendion. Sie bewirken die Pubarche. Knapp 1% dieser Verbindungen wird im Stoffwechsel in Oestrogene umgewandelt.

Da eine Erhöhung des ACTH nicht nachzuweisen war, haben einige Autoren angenommen, daß die Stimulierung der Zona reticularis durch LH gemeinsam mit ACTH erfolgen kann (Albright u. Mitarb., 1948). In der Tat konnte eine Mehrzahl von Autoren mit dem LH-wirksamen Choriongonadotropin (HCG) im Tierversuch und beim Menschen eine Stimulierung der Zona reticularis mit Erhöhung der Ketosteroidausscheidung erzielen (Janniruberto, 1961).

Der fast gleichzeitige Beginn der Reifungsvorgänge in der Nebennierenrinde und in den Keimdrüsen könnte aber für die Bedeutung des LH als gemeinsamen Stimulator der Neusynthese von Sexualsteroiden in beiden Organsystemen sprechen. Die engen Beziehungen zwischen Pubertätsbeginn und Skeletreife bilden ein weiteres Argument für die Bedeutung der Adrenarche in der Auslösung der Pubertätsvorgänge. Unabhängig vom chronologischen Alter beginnt die Geschlechtsreifung beim Mädchen, sobald ein Knochenalter von 11 Jahren, beim Knaben von 12 1/2 Jahren, erreicht ist. Diese Beziehungen finden auch bei Endokrinopathien ihre Bestätigung. So erfolgt z.B. bei Mädchen mit einem adrenogenitalen Syndrom, die Cortison erhalten, Geschlecthsreife und Menarche entsprechend der prämaturen Ossifikation schon mit 9 Jahren. Dagegen erreichen hypophysäre Zwerge kaum jemals das kritische Knochenalter von 11 bis 13 Jahren, sodaß die Pubertät nicht eintritt. Stimuliert man die Knochenentwicklung durch Anabolika, so kommt es zu einem nachweisbaren Gonadotropinanstieg (Donovan, 1969).

Trotz aller Hinweise scheint jedoch die Bedeutung der Adrenarche für den Beginn der in der Pubertät eintretenden Reifung der hypophyseotropen Areale des Zwischenhirns sowie auch die Rolle des LH bei der Verbreiterung und Stimulierung der Zona reticularis nicht genügend gesichert.

Zusammenfassung: Bei dem Versuch einer Bestandsaufnahme unserer gegenwärtigen Kenntnisse über die Produktion und Sekretion von Gonadotropinen in Kindheit, Präpubertät und Pubertät kommt man zu dem Ergebnis, daß sich noch kein ganz klares Bild über das Verhalten der gonadotropen Hormone in diesem wichtigen Zeitraum der sexuellen Entwicklung zeichnen läßt. Bei vorsichtiger Formulierung kann man wohl Folgendes sagen: In der Kindheit findet man bei beiden Geschlechtern bereits FSH und vielleicht kleine Mengen LH. Diese liegen beim Kind niedriger als in der Pubertät und beim Erwachsenen. Mit Erreichen der Präpubertät steigen die FSH-, vor allem aber die LH-Werte allmählich an. Es ist jedoch darauf hinzuweisen, daß manche Autoren keinen Anstieg des LH in der Pubertät nachweisen konnten. Das Auftreten der sekundären Geschlechtsmerkmale oder die Menarche fallen nicht mit Spitzenwerten der gonadotropen·Hormone zusammen. Sie markieren aber wichtige Bezugspunkte zur Einordnung der Homonwerte in den allgemeinen Reifungsablauf. Entsprechend der früheren Reifung der Mädchen erfolgt der Gonadotropinanstieg bei ihnen früher und deutlicher als bei Knaben, insbeson-

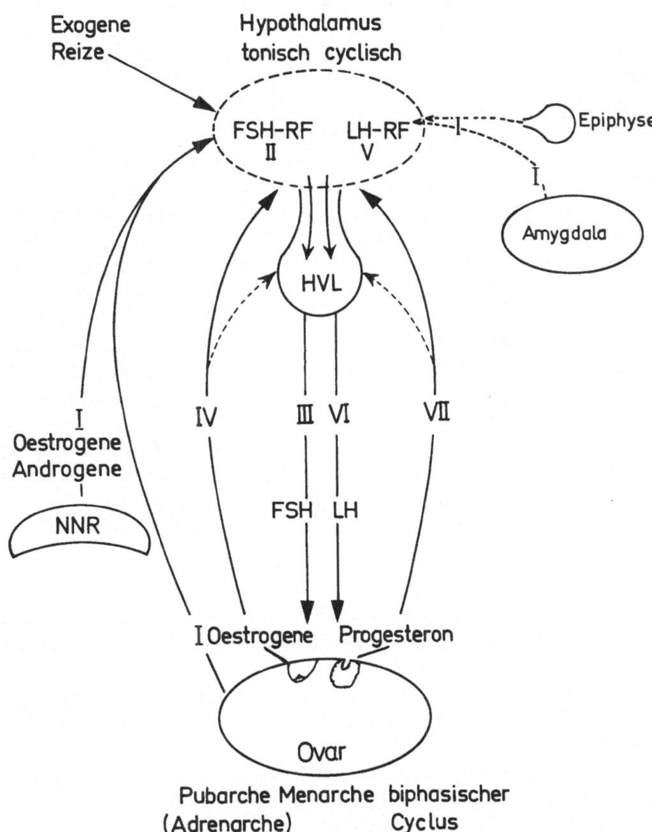

Abb. 6. Hypothetische Vorstellung über Auslösung und Ablauf der Pubertät im hypothalamisch-hypophyseotropen-gonadotrop-gonadalen Regelkreis.

I. Sensibilisierung des Hypothalamus durch kleine Mengen adrenaler Sexualsteroide (Adrenarche) und kleine Mengen Oestrogene aus dem Interstitium des Ovars. Hemmung der hypophyseotropen Areale des Hypothalamus durch Amygdala und Epiphyse.

II. Infolge Herabsetzung der Sensibilitätsschwelle des Hypothalamus für Oestrogene durch Repression der Hemmzentren, Zunahme der FSH-Freisetzungsaktivität.

III. Tonische FSH-Sekretion mit Stimulierung des Follikelwachstums und der Oestrogenbildung (monophasischer Cyclus).

IV. Bei ausreichend hohem Oestrogenspiegel funktionierende Rückkopplung zum Hypothalamus.

V. Tonische und zyklische LH-Freisetzung.

VI. Ovulation, Gelbkörperbildung, Progesteronproduktion (biphasischer Cyclus).

VII. Bei ausreichender Progesteronbildung Rückkopplung zur LH-Freisetzung und -Sekretion sondere im Bezug auf das LH. Der Anstieg von Gonadotropinen und von Oestrogenen sowie von 17-Ketosteroiden erfolgt parallel. Korrelation waren meist nicht aufzuzeigen, da es sich um Prozesse handelt, die über einen längeren Zeitraum evolutionär ablaufen. Meines Erachtens müßte es aber möglich sein, feste Beziehungen zwischen dem Anstieg der Gonadotropine und der Steroidhormone an einem genügend großen Material statistisch zu sichern. Über die Produktion und die Bedeutung des LTH, der Antigonadotropine sowie des Epiphysenhormons ist immer noch nicht genügend Sicheres bekannt, um sie endgültig in unsere Vorstellungen über Ursache und Ablauf der Gonadotropinarche und der Pubertät einzubauen. (Abb. 6)

In der zukünftigen Forschung könnten in Queschnittsuntersuchungen an einem sehr großen Material mit gepooltem Urin bei guter Planung und Anlegen geeigneter statistischer Kriterien die Tendenzen der Gonadotropin- und Steroidsekretion in der Pubertät zuverlässig aufgezeigt werden. Was wir dringend benötigen, sind Longitudinalstudien, in denen das volle Spektrum der Gonadotropine und Steroidhormone in kurzen Abständen über die Jahre der Präpubertät und Pubertät hin bestimmt wird und eine sichere klinische Zuordnung zum Knochenalter, zur sexuellen Reifung, zu den Wachstumsschüben und zur Menarche, bzw. zum Stimmbruch. Interessant wäre eine Zuordnung der Hormonwerte zu Körpergewicht und -oberfläche. Paralleluntersuchungen mit biologischen und immunologischen Verfahren sind trotz des großen Aufwandes dringend erforderlich. Solche Untersuchungen sollten unter Zusammenarbeit mehrerer Zentren nach sorgfältiger Planung und mit gleichen Bestimmungsverfahren durchgeführt werden. Auf diese Weise wird es mit der Zeit besser möglich sein, Normalwerte festzulegen und ihre Abgrenzung gegen pathologische Befunde vorzunehmen.

Die Ermittlung von Produktions- und Sekretionsraten sowie metabolischer Clearance der Gonadotropine wird die Voraussetzung für ein besseres Verständnis der Vorgänge sein, welche den Pubertätsablauf bestimmen.

Literatur

Albright, F., Forbes A. P. Bartler J.: How many adrenocorticotropic hormones are there in man. Josiah Macy Conf. Metab. Aspects Conval. Trans. 17, 139 (1948).

Ashley-Montagu, M. F.: Adolescent sterility. Quart. Rev. Biol. 14, 13 (1939).

Bagshawe, K., Wilde C., Orr A.: Radio-immunoassay of HCG and LH. Lancet 290, 1118 (1966).

Bahn, R. C., Lorenz N., Bennett W. A., Albert A.: Gonadotropins in the pituitary gland during infancy and early childhood. Endocrinology 52, 608 (1953).

Bell, E. T., Mukerji S.: Zit. n. Loraine, J. A. and E. T. Bell. Hormone Assays and their Clinical Application. Edinburgh and London: Livingstone 1966.

Bettendorf, G.: Gonadotrophins in human pituitaries. Acta endocr. (Kbh.) Suppl. 101, 7 (1965).

Brown, P. S.: Human urinary gonadotropins. I. In relation to puberty. J. Endocr. 17, 329 (1958).

Burr, I. M., Sizonenko P. C., Kaplan, S. L., Grumbach, M. L.: Hormonal changes in puberty. I. Correlation of serum luteinizing hormone and follicle stimultating hormone with stages of puberty, testicular size and bone age in normal boys. Pediat. Res. 4, 25 (1970).

Campbell, H. J., Gallardo, E.: Gonadotrophin-releasing activity of the median eminence at different ages. J. Physiol. (Lond.) 186, 689 (1966).

Carletti, B., Kehyayan, E.: L'eliminazione urinaria delle gonadotropine nell' eta infantile. Studio di un gruppo di soggetti di 3-6 anni. Minerva Pediat. 14, 21 (1962).

-,-: Caratteristiche biologiche della gonadotropine urinarie in soggetti di sesso femminile di 11-14 anni. Variazioni stagionali. Folia endocr. (Roma) 16, 624 (1963).

-,-: Caratteristiche delle gonadotropine urinarie nei bambini di 3-5 anni in raporto all sesso e alle stagioni. Minerva Pediat. 20, 1014 (1968).

-,-, Fraschini, F.: Remarkable seasonal variations of urinary gonadotrophin excretion in young girls. Experientia (Basel) 20, 383 (1964).
-,-, Perletti, L.: Studio sulli caratteristiche biologiche e chimiche delle gonadotropine urinarie nell'eta infantile. Folia Endocr. (Roma) 3, 388 (1961).
Catchpole, H. R., Greulich, W. W.: The excretion of gonadotrophic hormone by prepuberal and adolescent girls. J. clin. Invest. 22, 99 (1943).
-,-, Sollenberger, R. T.: Urinary excretion of follicle stimulating hormone in young and adolescent boys. Amer. J. Physiol 123, 32 (1938).
Charny, C. W., Conston, A. S., Meranze, D. R.: Testicular developmental histology. Ann. N. Y. Acad. Sci. 55, 597 (1952).
Clark, H. M.: A prepubertal reversal of the sex difference in gonadotropic content of the pituitary gland of the rat. Anat. Rec. 61, 175 (1935).
Corbin, A., Daniels, E. L.: Changes in concentration of female rat pituitary FSH and stalk median eminence follicle stimulating hormone releasing factoe with age. Neuroendocrinology 2, 304 (1967).
-,-: Induction of puberty in immature female rat: effect of estrogen on pituitary FSH and stalk-median-eminence FSH-releasing factor. Neuroendocrinology 4, 65 (1969).
Currie, A. R., Dekanski, J. B.: Gonadotrophins and prolactin in human pituitary glands. Acta endocr. (Kbh.) 36, 185 (1961).
Döring, G. K.: Über die relative Sterilität in den Jahren nach der Menarche. Geburtsh. u. Frauenheilk. 23, 30 (1963).
Donovan, B. T.: The innitiation of female sexual maturation. J. Obstet. Gynaec. Brit. Cwlth. 76, 83 (1969).
-, Van der Werff ten Bosch, J. J.: Physiology of Puberty. London: Arnold, 1965.
Faiman, C, Ryan, R.: Radioimmunoassay for human follicle stimulation hormone. J. clin. Endocr. 27, 444 (1967).
-,-: Radio-immunoassay for human luteinizing hormone J. clin. Endocr. in press.
Fitschen, W., Clayton, B. E.: Urinary excretion of gonadotrophins with particular reference to children. Arch. Dis. Childh. 40, 10 (1965).
Flaskamp, D., v.Berswordt-Wallrabe, I., Jantzen, K., Herlyn, U., Geller, H. F.: Untersuchungen zur Frage der laktotropen Aktivität des somatotropen Hormons. Arch. Gynäk. 205, 267 (1968).
Franchimont, P.: Radioimmunoassay of Gonadotropins. Advances in the Biosciences 1. Schering Symposium on Endocrinology, Berlin 1967, Oxford: Pergamon Press Berlin: Vieweg, p. 19.
Fraschini, F., Mess, B., Martini, L.: Pineal gland, melatonin and the control of luteinizing hormone secretion. Endocrinology 82, 919 (1968).
Gati, I., Doszpod, J., Preisz, J.: LTH Production and steriod excretion during the menstrual cycle. Acta physiol. Acad. Sci. hung. 32, 115 (1967).
Greulich, W. W., Dorfman, R. I., Catchpole, H. R., Solomon, C. I., Culotta, C. S.: Somatic and endocrine studies of puberal and adolescent boys. Monogr. Soc. Res. Child. Developm. 7, 3 (1942).
Hain, A. M.: The excretion of 17-Ketosteroids and gonadotrophin in children: normal and abnormal cases. Arch. Dis. Childh. 22, 152 (1947).
Halemi, N. S., Cormick, W. F.: The delta cell of the human hypophysis in childhood. J. clin. Endocr. 29, 1036 (1969).
Harris, G. W., Donovan, B. T.: The Pituitary Gland Vol. I and II. London: Butterworths 1966.
-, Jacobsohn, D.: Functional grafts of the anterior pituitary gland. Proc. roy. Soc. B. 139, 263 (1952).
Hipkin, L. J.: Effect of urinary inhibitor on the uterine weight response to gonadotrophins. Acta endocr. (Kbh) 59, 417 (1968).
Jaffe, R. B., Midgley, A. R.: Current status of human gonadotropin radioimmunoassay. Obstet. gynec. Surv. 24, 200 (1969).
Janniruberto, A.: L'effettto della gonadotropina corionica sull'escrezione dei 17-chetosteroidi e dei 17-idrossicorticosteroidi totali in sogetti anni. Atti Soz. ital. Ostet. Ginec. 48, 719 (1961).
Johanson, A. J., Migeon, C. J., Light, C., Guyda, H., Blizzard, R. M.: Serum luteinizing hormone (LH) by radioimmunoassay in normal children. J. Pediat.

74, 416 (1969).
Johnsen, S. G.: A clinical routine-method for the quantitative determination of gonadotrophins in 24-hour urine samples. II. Normal values for men and women at all age groups from prepuberty to senescence. Acta endocr. (Kbh) 31, 209 (1959).
Kehyayan, E.: L'eliminazione urinaria delle gonadotropine dagli 8 ai 14 anni. Minerva Pediat. 12, 1601 (1960).
Kenny, F. M., Midgley, A. R. jr., Jaffe, R. B., Garces, L. Y., Vazquez, A.: Radioimmunoassay of luteininzing and follicle stimulating hormone in normal children and various abnormal conditions. J. Pediat. 72, 565 (1968).
Kirk, J. E.: Variations with age in the tissue content of vitamins and hormones. Vitam. and Hrom 20, 67 (1962).
Kitay, J. I.: Possible functions of the pineal gland In: Neuroendocrinology, Vol. II, P. 641. L. Martini and W. F. Ganong Edit. New York: Academic Press 1967.
Knappe, G., Dörner, G., Stahl, F.: Nachweis hypophysärer Gonadotropine im Harn von Kindern. Klin. Wschr. 39, 971 (1961).
Kragt, C. L., Ganong, W. F.: Pituitary FSH content in female rats of various ages. Endocrinology 82, 1241 (1968).
Kulin, H. E., Rifkind, A. B., Ross, G. T.: Human LH activity in processed and unprocessed urine measured by radioimmunoassay and bioassay. J. Clin. Endocr. 28, 100 (1968).
-,-,-, Odell, W. D.: Total gonadotropinactivity in the urine of prepubertal children. J. clin. Endocr. 27, 1123 (1967).
Landau, B., Landau, R., Schwartz, A. D.: Presence of a gonadotrophin-inhibiting factor in the urine of hypogonadotropic-hypogonadal patients and further studies of its properties. J. clin. Endocr. 25, 339 (1965).
-, Schwartz, H. S., Soffer, L. J.: Presence of a gonadotrophin-inhibiting factor in urine of young children. Metabolism 9, 85 (1960).
Laschet, U., Laschet, L.: The quantitative immunological JCSH determination in the diagnosis of fertility or sterility. Proc. V. World Congr. Fertil. Steril, p. 138 Exc. Med. Fond. Amsterdam 1967.
Lauson, H. D., Golden, J. B., Sevringhaus, E. L.: The gonadotropic content of the hypophysis throughout the life cycle of the normal female rat. Amer. J. Physiol. 125, 369 (1939).
Lisk, R. D.: Luteinizing hormone in the pituitary gland of the albino rat: concentration and content as a function of sex and age. Neuroendocrinology 3, 18 (1968).
Matsumoto, S., Ozawa, M, Nogami, Y., Ohashi, H.: Menstrual cycle in puberty Gunma J. med. Sci. 12, 119 (1963).
Matsuyama, E., Weisz, J., Lloyd, C. W.: Gonadotropin content of pituiatary glands of testosterone-sterilized rats. Endocrinology 79, 261 (1966).
McArthur, J. W., Ingersoll, F. M., Worcester, J.: Urinary excretion of interstitial-cell stimulating hormone by normal males and females of various ages. J. clin. Endocr. 18, 460 (1958).
McCann, D., Ramirez, V.: The neuroendocrine regulation of hypophyseal luteinizing hormone secretion. Recent Progr. Hormone Res. 20, 131 (1964).
McGuire, J. L., Lisk, R. D.: Localisation of estrogen receptors in the rat hypothalamus. Neuroendocrinology 4, 289 (1969).
Merrill, J. A.: The morphology of the prepubertal ovary. Sth. med. J. (Baham/ Ala.) 56, 225 (1963).
Midgley, R.: Radioimmunoassay: a method for HCG and HLH. Endocrinology 79, 10 (1966).
-: Radioimmunoassay for human follicle stimulating hormone. J. clin. Endocr. 27, 295 (1967).
Midgley, A. R., Jaffe, R. B.: Gonadotropins in the human male and female. In Progress in Endocrinology, Exc. Med. Found. Int. Congr. Series No. 184, p. 885, Amsterdam: 1969.
Moore, W. W.: Changes in pituitary LH-concentration in prepubertal and post-

pubertal rats. Neuroendocrinology 1, 333 (1965/66).
Morato-Manaro, J., Cervino, J. M., Maggiolo, J.: A method of dertermining interstitial-cell stimulating hormone in urine: Some results in normal and pathological cases. In: Ciba Found. Coll. on Endocrinology 13, 238 (1960).
Motta, M., Fraschini, F., Giuliani, G., Martini, L.: The central nervous system, estrogen and puberty. Endocrinology 83, 1101 (1968).
Nathanson, I. T., Towne, L. E., Aub, T. C.: Normal excretion of sex hormones in childhood. Endocrinology 28, 851 (1941).
Odell, W. D., Parlow, A. F.: Some physiological studies of human FSH using radioimmunoassay. Abstr. North. Amer. Endocr. Soc. 1967, Nr. 65.
-, Ross, G., Rayford, P.: Radioimmunoassay for LH in human plasma of serum. Physiological studies. J. clin. Invest. 46, 248 (1967).
Ota, M., Dronkert, A., Gates, A. H.: A simple extraction procedure for gonadotropin inhibiting substance in human urine. Endocr. jap. 14, 284 (1967).
Pearse, A. G. E.: Localisation of pituitary hormones by immunofluorescence. In Polvani, F. and P. Crosignani, Edit. "Immunological properties of protein hormones", p. 7, New York and London: Academic Press 1966.
Polhemus, D. W.: Ovarien maturation and cyst formation in children. Pediatrics 11, 588 (1953).
Raiti, S., Johanson, A., Light, C., Migeon, C. J., Blizzard, R. M.: Measurement of immunologically reactive follicle stimulating hormone in serum of normal male children and adults. Metabolism 18, 234 (1969).
Ramirez, D. V., McCann, S. M.: Comparison of the regulation of luteinizing hormone (LH) secretion in immature and adult rats. Endocrinology 72, 452 (1963).
Ramirez, V. D., Sawyer, C. H.: Changes in hypothalamic luteinizing hormone releasing factor (LHRF) in the female rat during puberty. Endocrinology 78, 958 (1966).
Rifkind, A. B., Kulin, H. E., Ross, G. T.: Follicle stimulating hormone (FSH) and luteinizing hormone (LH) in the urine of prepubertal children. J. clin. Invest. 46, 1925 (1967).
Ryan, R. J.: The luteinizing hormone content of human pituitaries. I. Variations with sex and age. J. clin. Endocr. 22, 300 (1962).
Saxena, B. B., Demura, H., Gandy, H. M., Peterson, R. E.: Radioimmunoassay of human follicle stimulating and luteinizing hormones in plasma. J. clin. Endocr. 28, 519 (1968).
-, Leyendecker, G., Chen, W., Gandy, H. M., Peterson, R. E.: Radioimmunoassay of follicle-stimulating (FSH) and luteinizing (LH) hormones by chromatoelectrophoresis. Karolinska Sympos. on Res. Meth. in Reprod. Endocrinology. 1. Sympos. Immunoassay of Gonadotrophins. Stockholm: 1969.
Saxton, J. A., Loeb, L.: Thyroid stimulating and gonadotropic hormones of the human anterior pituitary at different ages and in pregnant and lactating women. Anat. Rec. 69, 261 (1937).
Schalch, D. S., Parlow, A. F., Boon, R. C., Reichlin, S.: Measurement of human luteinizing hormone in plasma by radioimmunoassay. J. clin. Invest. 47, 665 (1968).
Schwenk, A., Ohndorf, H.: Untersuchungen zur Endokrinologie der Pubertät. I. Mitteilung: Die Urinausscheidung der hypophysären Gonadotropine in der männlichen und weiblichen Pubertät. Z. Kinderheilk. 79, 645 (1957).
Sciarra, N., Leone, U.: Urinary excretion of luteinizing hormone in boys and adult men. J. Endocr. 46, 229 (1970).
-,-, Pastorini, G. F.: Luteinizing hormone in the urine of prepubertal children. J. Endocr. 42, 167 (1968).
Simkin, B., Goodart, D.: Preliminary observations on prolactin activity in human blood. J. clin. Endocr. 20, 1096 (1960).
Sizonenko, P. C., Burr, I. M., Kaplan, S. L., Grumbach, M. C.: Hormonal changes in puberty. II. Correlation of serum luteinizing hormone and follicle stimulating hormone with stages of puberty and bone age in normal girls. Pediat. Res. 4, 36 (1970).
Skalicky, J., Kosecky, L., Badinka, P.: Ein Beitrag zur Frage des Verhältnisses

zwischen gonadotroper Aktivität und histologischem Bild der Hypophyse nach Alter und Geschlecht. Zbl. Gynäk. 88, 933 (1966).

Smith, E. R., Davidson, J. M.: Role of estrogen in the cerebral control of puberty in female rate Endocrinology 82, 100 (1968).

Sniffen, R. C.: The Testis. 1. The normal testis. Arch. Path. Lab. Med. 50, 259 (1950).

Soffer, L. J., Fogel, M.: Effect of urinary "gonadotrophin-inhibiting substance" upon the action of human chorionic gonadotrophin (APL) and on human postmenopausal urinary gonadotrophin (Oergonal). J. clin. Endocr. 23, 870 (1963).

-,-, Rudawski, A.: The presence of a gonadotrophin-inhibiting substance in pineal gland extracts. Acta Endocr. (Kbh) 48, 561 (1965).

-, Futterweit, W., Salvaneschi, J.: A gonadotropin-inhibiting substance in the urine of normal young children. J. clin. Endocr. 21, 1267 (1961).

Soszka, S., Krawczuk, A., Jakowicki, J., Wisniewski, L., Goszczynski, J., Szamatowicz, M., Jozwik, M.: Die Bewertung der Gonadotropinfraktionen bei Mädchen in der Pubertätsperiode. Endokrinologie 46, 97 (1964).

Spivak, M.: Polycystic ovaries in the newborn and early infancy and their relationship to structures of the endometrium. Amer. J. Obstet. Gynec. 27, 157 (1934).

Taymor, M. L., Aono, T., Pheteplace, C.: Serum levels of FSH and LH by radioimmunoassay. In Gonadotropins. Los Altos, Calif.: Geron-X, Inc. 1968.

Van der Werff ten Bosch, J. J.: Anterior pituitary function in infancy and puberty. In Harris, G. W. and B. T. Donovan. The Pituitary Gland, Vol. 2, London: Butterworths 1966.

Wide, L.: Immunoassay of human pituitary hormone. In "Immunological properties of protein hormones", Pelvani, F. and P. Crosignani, Edit., p. 47. New York and London: Academic Press 1966.

Wilde, C., Orr, A., Bagshawe, K. D.: A radioimmunoassay for human chorionic gonadotropin. Natur 205, 191 (1965).

-,-,-: A sensitive radioimmunoassay for human chorionic gonadotrophin and luteinizing hormone. J. Endocr. 37, 23 (1967).

Witschi, E.: Bioassay for FSH content of human hypophyses. In: "Human Pituitary Gonadotropin". A. Albert Edit. p. 349. Springfield, Ill.: Ch. C. Thomas 1961.

Wurtman, R. I.: Effect of light and visual stimuli on endocrine function. In: Neuroendocrinology, Vol. II p.

Yen, S. S. C., Vicic, W. J.: Serum follicle stimulating hormone levels in puberty. Amer. J. Obstet. Gynec. 106, 134 (1970).

-,-, Kearchner, D. V.: Gonadotropin levels in puberty: I. Serum luteinizing hormone. J. clin. Endocr. 29, 382 (1969).

Zacco, M., Dalfino, G., Pacilio, V.: Sulla titolazione delle gonadotropine FSH ed LH. Verifica del procedimento di estrazione dall'urina e perfezionamento della prova biologica. Segnalazione di valori normali nei due sessi e nelle varie eta. Folia endocr. (Roma) 10, 269 (1957).

Zarrow, M. X., Clark, J. H., Denenberg, V. H.: The onset of the diurnal rhythm in ovarian cholesterol levels in the rat, in relation to the onset of puberty and ovarian and uterine weight changes. Neuroendocrinology 4, 270 (1969).

Symp. Dtsch. Ges. Endokrin. 16, 151-165 (1970)

Testosteron und Pubertät bei Knaben

Testosterone and Puberty in Males

D. KNORR

Universitäts-Kinderklinik München

Mit 14 Abbildungen

Summary

Modern methods like gas liquid chromatography (GLC) and protein binding technique provided the opportunity to measure testosteron (T) in urine, plasma and testicular tissue.

T. glucoronide is found in urine in very low levels just before the onset of puberty [less than 5μg/d]. Urinary T. glucoronide in children and in females derives primarily from dehydroepiandrosterone.

Starting at the age of 9-10 years urinary T. excretion increases up to the mean value of 70 μg/d in the adult male. In the age group 17 and 18 years, the mean T. excretion is below the mean of adult males.

Plasma T in prepuberty is <5 ng/100 ml. Plasma T of the adult male is 470-1050 ng/100 ml. The significant rise of T during puberty occurs normally after the age of 12 years.

T production rates during puberty are not investigated very well. The T production rate in the adult male is about 6 mg/d, in females 0,3 mg/d. Testicular tissue T. during puberty is investigated in rats.

Testosterone secretion can be stimulated by chorionic gonadotrophin (HCG) also before puberty. Plasma testosterone in boys rises to the adult level within two weeks stimulated by 1500 U. HCG every other day independent from age. (Between the age of 3-15 years).

Testosterone secretion before puberty is limited not only by the deficiency of enzymes needed for testosterone synthesis but also by enzymes reducing testosterone to androstandiole.

Der lang gehegte Wunsch, Testosteron quantitativ in biologischen Flüssigkeiten zu bestimmen, wurde in den vergangenen 10 Jahren durch große methodische Fortschritte Wirklichkeit.

Wir sind heute in der Lage, selbst bei der Frau und beim Kind Testosteron im Harn und im Plasma zu messen. Von besonderer biologischer Bedeutung ist die Verfolgung des Testosteronspiegels während der Pubertät. Die Werte müssen stets im Verhältnis zu den Normalwerten bei Mann und Frau gesehen werden. Zur Testosteronbestimmung in biologischen Flüssigkeiten werden heute die in der Tabelle 1 aufgeführten Methoden eingesetzt.

Die Spezifität hängt, abgesehen von den gas-chromatographischen Methoden, weitgehend von den vorangehenden chromatographischen Schritten ab.

Alle Methoden erfordern mehrfache chromatographische Reinigungsschritte. Werte, welche ohne radioaktiven internen Standard gewonnen wurden, weisen in der Regel einen Verlust von 20-30% auf. Wegen der aufwendigen Technik konnten Normalwerte der Pubertät nur langsam gesammelt werden.

Tabelle 1. Methoden zur Testosteronbestimmung

	Empfindlichkeit	Spezifität	Aufwand
Colorimetrie	gering	gering	gering
Fluorometrie	hoch	gering	mäßig
Doppel-Isotopen Technik	sehr hoch	hoch	sehr groß
Proteinbindung-Technik	hoch	(gut)	groß
Gas Chrom. FID.	mäßig	gut	groß
Gas Chrom. ECD.	hoch	gut	groß

Tabelle 2. Freies und glucuronsäure-gebundenes Testosteron (µg/d) im Urin bei Erwachsenen. Mittelwerte und Normbereich aus einigen neuen Arbeiten. In älteren Untersuchungen lagen die Werte teilweise etwas höher.

Autor	♂	♀	Methode	Int. Stand.
Schubert 1968	91 (30-280)	8 (5-32)	UV Photometrie	-
Gupta 1967	65 (48-86)	10 (5-14)	Colormetrie	-
McRoberts 1968	61 (10-110)	9 (2-14)	GLC	+
France 1967	67 (37-133)	11 (4-16)	GLC	+

Tabelle 3. Freies und glucuronsäure-gebundenes Epitestosteron (µg/d) im Harn bei Erwachsenen. Mittelwerte und Normbereich aus neuen Arbeiten.

Autor	♂	♀	Methode	Int. Stand.
Schubert 1968	68 (20-160)	24 (10-55)	UV Photometrie	-
Gupta 1967	32 (20-45)	12 (10-15)	Colormetrie	-
McRoberts 1968	46 (4-111)	11 (1-19)	GLC	+
France 1967	29 (18-47)	8 (6-11)	GLC	+

Testosteron im Harn

Schubert und Wehrberger zeigten als erste, daß Testosteron als Glucuronid auch im Harn ausgeschieden wird. Knapp 1% des sezernierten Testosterons gelangt auf diesem Wege in den Harn. Jedoch nicht alles Testosteronglucuronid entstammt freiem Testosteron. Diese Tatsache ist für die Bestimmung niedriger Spiegel bei Frauen und Kindern von Bedeutung. Desgleichen ist zu berücksichtigen, daß im Harn auch das biologisch inaktive Epitestosteron, welches ebenfalls nicht dem Testosteron entstammt, in etwa gleicher Menge im Harn ausgeschieden wird. Für das Erwachsenenalter wurden mehrfach repräsentative Werte für Testosteron und Epitestosteron in der Literatur angegeben (Tab. 2 u. 3).

Die ersten systematischen Untersuchungen über die Testosteronausscheidung beim Kind und beim Jugendlichen wurden von Knorr nach der Methode Vermeulen-Verplancke gewonnen. Diese Methode besitzt jedoch den großen Nachteil, daß sie Testosteron und Epitestosteron nicht trennt (Tab. 1).

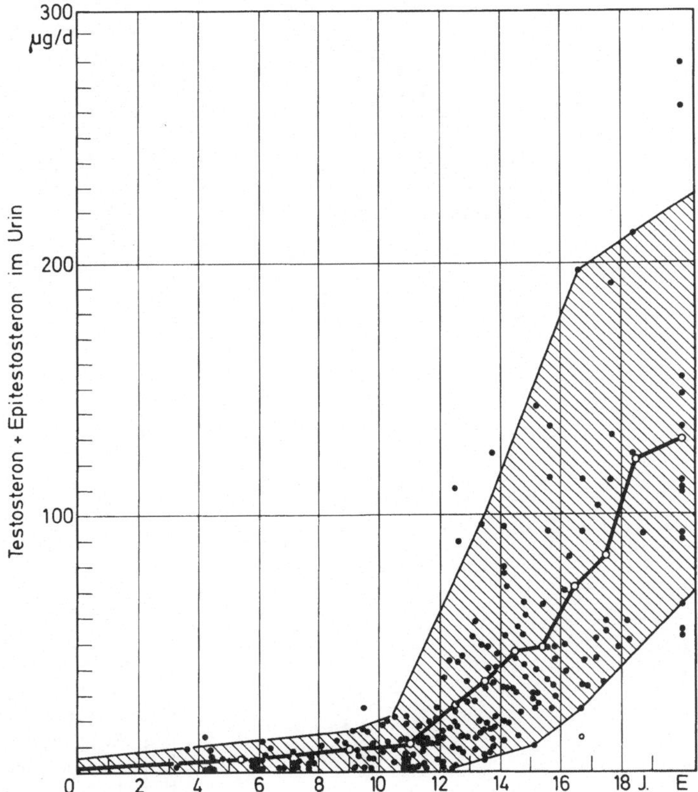

Abb. 1. Freies und glucuronsäure-gebundenes Testosteron + Epitestosteron im Urin von Kindern und Jugendlichen nach Knorr (1967). Die hier verwendete Methode nach Vermeulen und Verplancke unterscheidet nicht Testosteron und das biologisch inaktive Epitestosteron

Gupta verdanken wir eine Untersuchung über die Testosteron- und Epitestosteronausscheidung im Harn bei Mädchen und Jungen sowie die ersten Längsschnittuntersuchungen während des Kindes- und Jugendalters (Abb. 2).

In eigenen Untersuchungen an 87 männlichen Probanden verschiedener Altersstufen fanden wir eine ähnliche Altersabhängigkeit für freies und glucuronsäuregebundenes Testosteron im Harn (Abb. 3).

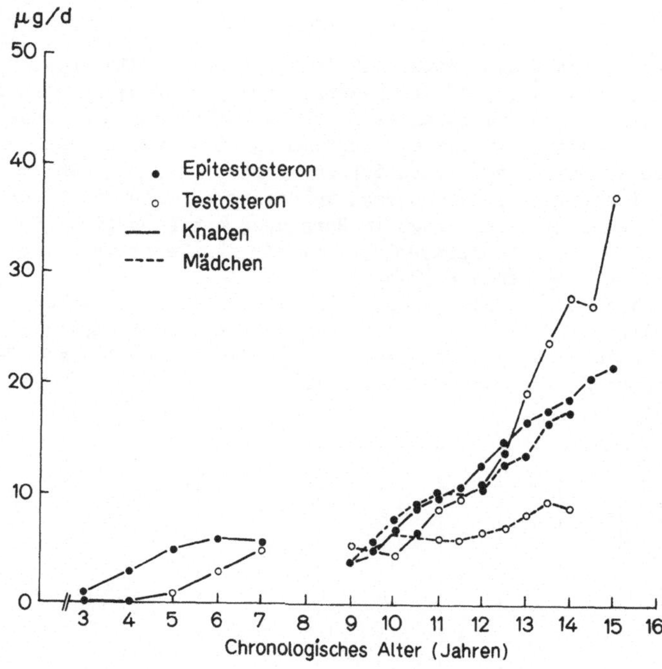

Abb. 2. Mittelwerte der Ausscheidung von Testosteron und Epitestosteron in Abhängigkeit vom chronologischen Alter nach Gupta 1969. Für das Alter von 3 bis 7 Jahre sind beide Geschlechter zusammengefaßt

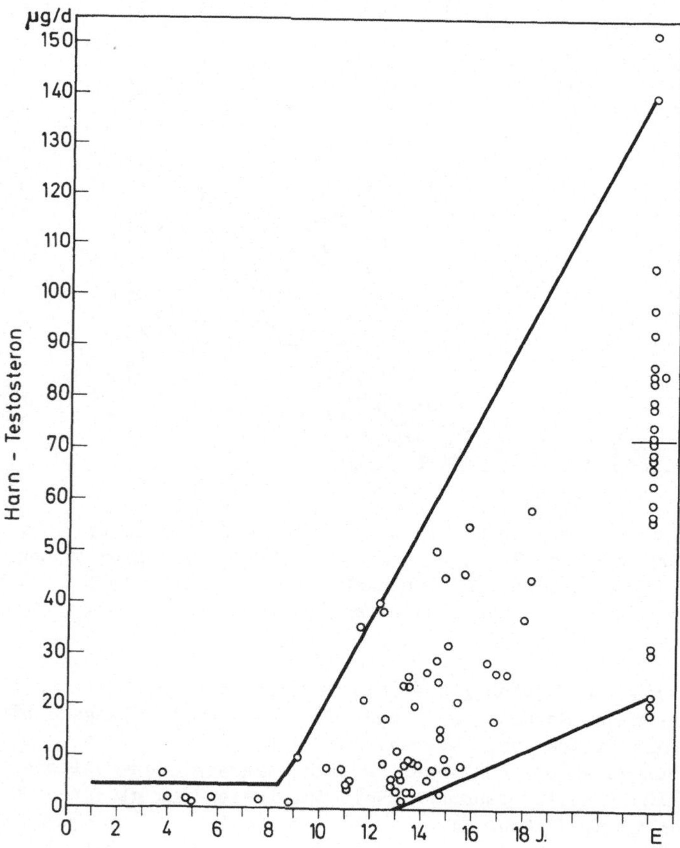

Abb. 3. Freies und gluconsäuregebundenes Testosteron im Harn bei männlichen Probanden in Abhängigkeit vom Lebensalter, n=82; (Knorr nicht veröffentlicht). Die Bestimmung erfolgte gaschromatographisch mit Elektroneneinfangdetektor (ECD) als Hexadekafluoronanoat nach Kirschner. Die wenigen z.T. spät reifenden 17- und 18-Jährigen hatten noch nicht den Mittelwert der erwachsenen Männer erreicht. Medianwert der erwachsenen Männer 73 µg/d

Die Längsschnittuntersuchungen von Gupta zeigen sehr deutlich den scharfen Knick der Kurve der Testosteronausscheidung nach oben innerhalb von 6 Monaten, meist im 13. Lebensjahr. In streuenden Mittelwertskurven wird dieser Knick geglättet. (Abb. 4)

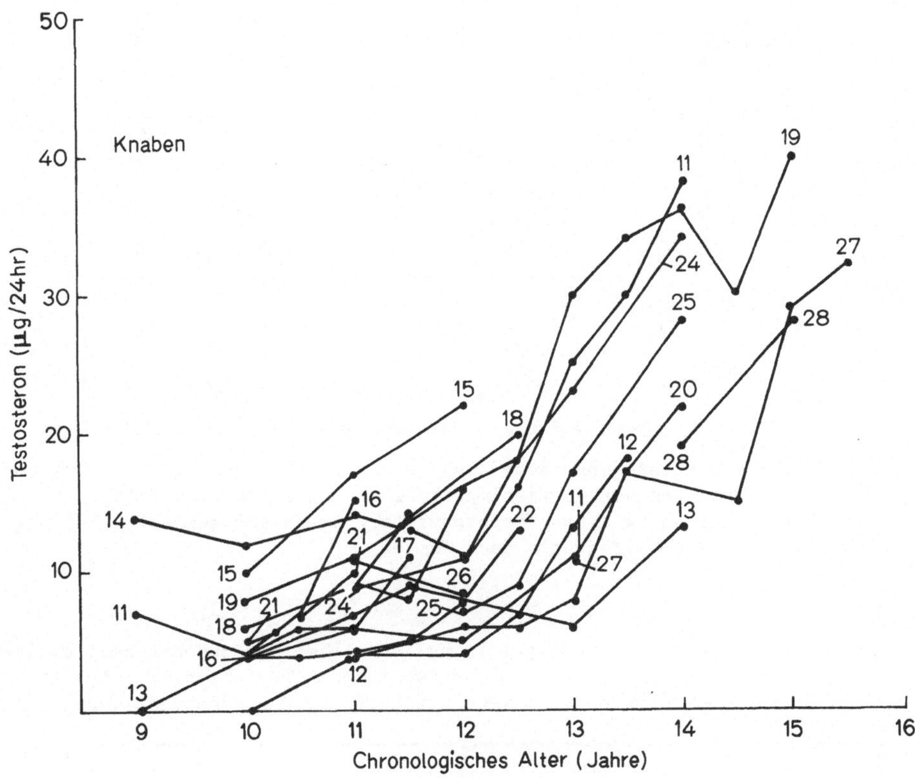

Abb. 4. Testosteronausscheidung bei Jungen in 6-monatigen Abständen bestimmt. Die Zahlen geben individuelle Probanden an. Gupta (1969). Diese individuellen Werte lassen den scharfen Knick der Kurve nach oben im Verlauf eines halben Jahres erkennen, welcher in Mittelwertskurven geglättet wird

Weitere Untersuchungen widmete Gupta der Frage der Abhängigkeit der Testosteronausscheidung vom Reifungsstatus (Abb. 5). Im Gegensatz zu anderen Untersuchungen fand er den entscheidenden sprunghaften Anstieg der Testosteronausscheidung erst zwischen dem Reifestatus 4 und 5.

Testosteron im Plasma

Da beim Kind und bei der Frau 50-90% des im Harn ausgeschiedenen Testosteronglucuronids nicht freiem Testosteron sondern Dehydroepiandrosteron entstammen, ist es biologisch sinnvoll, direkt das freie Testosteron im Plasma zu messen. Dieses ist heute technisch durchaus möglich, erfordert aber den Vorstoß aus dem μg-Bereich in den ng-Bereich. Als Methoden werden Doppelisotopentechnik, Gas-Chromatographie (GLC) mit Elektroneneinfangdetektor (ECD) und Protein-binding-Technik gebraucht. Die Werte verschiedener Methoden für Erwachsene stimmen gut überein (Tabelle 4).

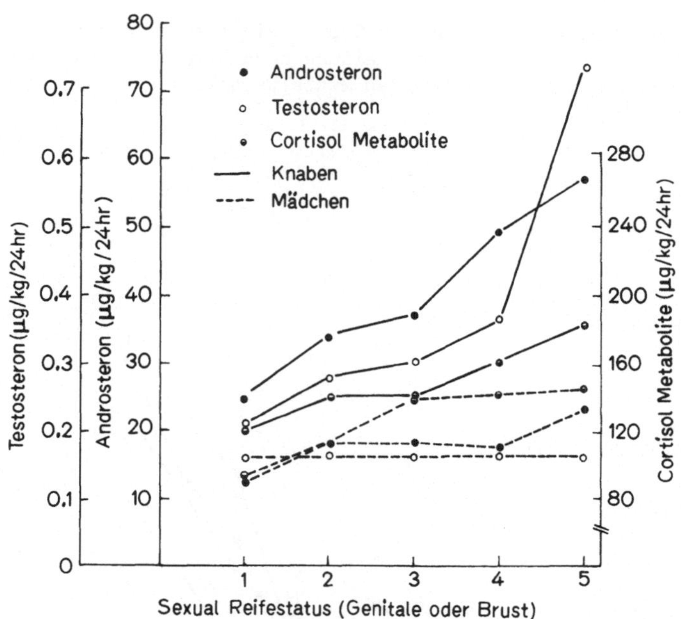

Abb. 5. Mittlere Testosteronausscheidung verglichen mit der Ausscheidung von Androsteron und von Cortisolmetaboliten bei Jungen und Mädchen korrigiert auf das gleiche Körpergewicht während der sexuellen Reifung (Gupta 1969). Reifestatus nach Tanner

Tabelle 4. Plasma-Testosteronspiegel in ng/100 ml bei Erwachsenen nach einigen neuen Arbeiten gewonnen mit verschiedenen Techniken. In älteren Untersuchungen waren z.T. wesentlich höhere Werte genannt worden.

	♂		♀		
Autor	Mittelw.	Bereich	Mittelw.	Bereich	Methode
Bardin 1967	730	350-1160	37	16-70	Doppel Isotop.
Kirschner 1968	640	470-1050	44	19-126	GLC-ECD
Collins 1968	528	238-1195	40	18-71	GLC-ECD
Meada 1968	731	273-1211	54	26-108	Protein-binding.

Wir bestimmten mit einer von Kirschner et al. angegeben, neuen gas-chromatographischen Technik bei 44 Knaben und Adoleszenten das freie Testosteron im Plasma (Abb. 6).

Der Normbereich des erwachsenen Mannes war von drei langsam reifenden 18-Jährigen noch nicht erreicht. Jungen mit pathologisch verzögerter Pubertät weisen im Alter von 16 Jahren und älter abnorm niedrige Testosteron-Plasmaspiegel auf.

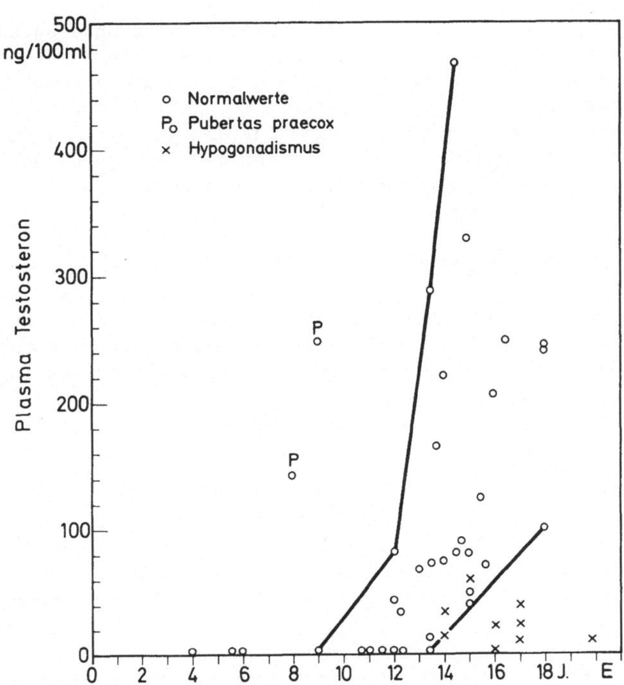

Abb. 6. Plasma-Testosteronspiegel bei Knaben und männlichen Jugendlichen in Abhängigkeit vom Lebensalter, n = 44. Die präpuberalen Werte unterscheiden sich nicht von Null. o = Normale Probanden. ^{P}o = Zwei Knaben mit Pubertas praecox vera. x = Testosteronspiegel bei Jungen, welche wegen verzögerter Reifung zur Untersuchung kamen. (Knorr unveröffentlicht).

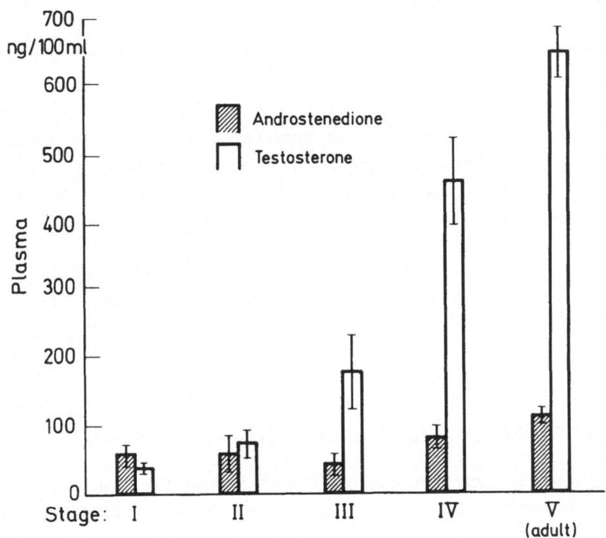

Abb. 7. Plasma-Konzentration von Testosteron und Androstendion in der Präpubertät (Stage I), in der Pubertät (Stage II-IV) und bei erwachsenen Männern (Stage V). Mittelwerte ± 1 Standardabweichung (aus Frasier et al., 1969)

Frasier et al. veröffentlichten vor kurzem gleiche Untersuchungen mit Doppelisotopentechnik und fanden ähnliche Ergebnisse. Ihre Werte der Präpubertät liegen jedoch etwas höher. Frasier zeigte außerdem die strenge Korrelation des freien Plasmatestosterons mit dem Reifestatus (Abb. 7). Er fand im Gegensatz zu Guptas Untersuchungen im Harn bereits für den Reifegrad 4 nach Tanner fast mature Testosteronwerte, während der Reifegrad 2 im Plasma-Testosteronspiegel sich kaum von den präpuberalen Werten unterscheidet.

Testosteron - Produktionsraten

Nach Verabreichung markierten Testosterons an Probanden läßt sich durch gleichzeitige Messung der Radioaktivität und des genuinen Testosterons im Blut oder im Urin die Blut- bzw. Urin-Testosteron-Produktionsrate in mg errechnen (Tabelle 5).

Tabelle 5. Testosteron Blut- und Urin-Produktionsraten (mg/d) bei der Frau und beim Mann. Bei Berechnung der Testosteron-Produktionsrate aus der Ausscheidung im Urin (= Urin-Produktionsrate) werden die niedrigen Werte bei der Frau nach oben verfälscht, weil Dehydroepiandrosteron direkt als Testosteronglucuronid ausgeschieden werden kann.

Autor	♂	♀	
Bardin et al.	9,2 ± 2,4	0,23 ± 0,7	Blut Prod. R.
Southren	6,2 ± 1,7	0,3 ± 0,1	
Horton	6,5 ± 1,9	1,9 ± 0,9	Urin Prod. R.

Da im Harn Testosteronglucuronid erscheint, welches sich nicht vom freien Testosteron sondern von Dehydroepiandrosteron herleitet, fallen die niedrigen Produktionsraten der Frau und des Kindes bei Berechnung aus den Harnwerten wesentlich zu hoch aus. Die Plasmaproduktionsrate der Frau von 0,3 mg/d entsteht vorwiegend peripher aus Androstendion.

Systematische Bestimmungen der Testosteron-Produktionsrate bei gesunden Kindern sind wegen der notwendigen Verabreichung tritiummarkierten Testosterons bisher nicht bekannt. Die zu erwartenden Werte müssen jedoch noch unter der Produktionsrate der Frau liegen.

Testosteron im Hodengewebe der Ratte während der Pubertät

Diese Untersuchungen wurden zusammen mit Vanha-Perttula und Lipsett durchgeführt. Mit der extrem sensitiven gas-chromatographischen Technik der Testosteronbestimmung von Kirschner waren wir in der Lage, Testosteron im peripheren Blut, in der Vena spermatica und im Hodengewebe einzelner Ratten vor und während der Pubertät zu messen.

Der untersuchte Rattenstamm zeigte mit ca. 30 Tagen erste Zeichen der Reifung. Im Blut der V. spermatica war Testosteron auch vor der Pubertät nachweisbar (Abb. 8).

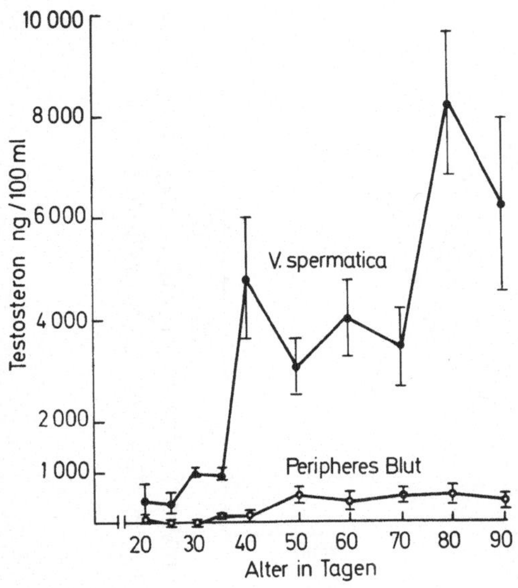

Abb. 8.
Testosteron-Konzentration im peripheren Plasma und im Plasma der V. spermatica der Ratte. Mittelwerte ± 1 Standardabweichung. Im Alter von 40 Tagen setzt bei diesem Stamm eine intensive Testosteron-Sekretion ein. Knorr et al. 1970

Die im Rattenhoden nachweisbare Menge freien Testosterons war bis zum 50. Lebenstag sehr niedrig, obwohl mit 40 Tagen schon eine hohe Sekretion im Blut der V. spermatica erkennbar war (Abb. 9).

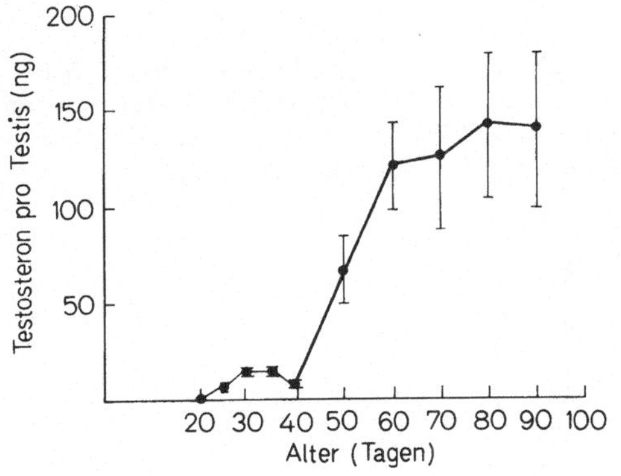

Abb. 9.
Testosterongehalt je eines Hodens bei der Ratte in Abhängigkeit vom chronologischen Alter. Erst im Alter von 50 Tagen nimmt der Testosterongehalt stark zu, Knorr et al. 1970 Mittelwert ± 1σ

Die absolute Zahl der Leydigzellen nimmt in der zweiten Hälfte der Pubertät wieder ab. Wir berechneten eine relative Zahl der Leydigzellen mit dem Produkt aus Zahl der Leydigzellen pro Flächeneinheit im histologischn Schnitt und dem Hodengewicht. Die Testosteronkonzentration der Leydigzellen steigt bei diesen Ratten vom 40. bis zum 90. Lebenstag kontinuierlich an (Abb. 10).

Die Testosteron-Stimulation durch HCG

In mehrfachen Untersuchungen wurde gezeigt, daß die Ausscheidung von Testosteronglucuronid während der üblichen HCG-Behandlung der Retentio testis stark ansteigt.

Saez et al. verdanken wir Befunde über den Anstieg des Plasmatestosterons unter HCG-Behandlung in Abhängigkeit vom Lebensalter der Kinder (Abb. 11). Er konnte zeigen, daß die Stimulationsfähigkeit des Leydigzellensystems durch HCG

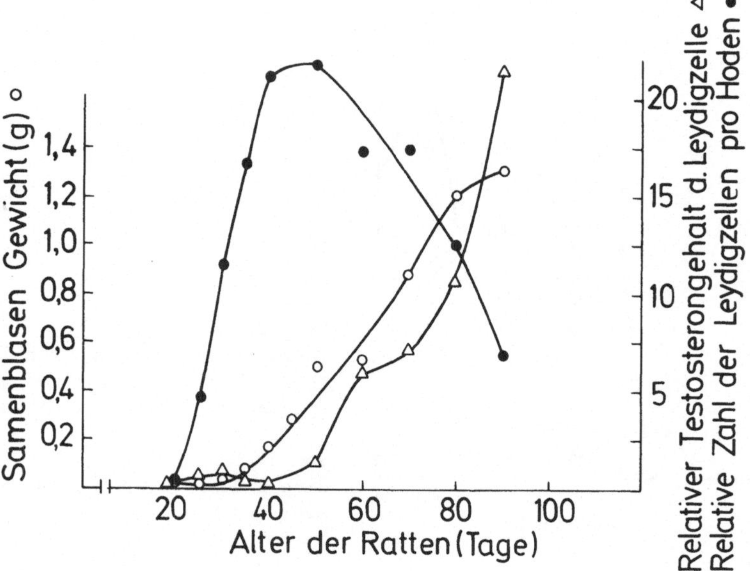

Abb. 10. Relative Zahl der Leydigzellen (•), relativer Testosterongehalt pro Leydigzelle (Δ) und Samenblasengewicht (o) bei der Ratte vor und während der Reifung. KNORR et al. 1970.
Der Testosterongehalt der Leydigzellen nimmt nach dem 40. Lebenstag kontinuierlich zu. Die Testosteronsekretion hatte schon mit 40 Tagen eingesetzt

zwischen dem 3. und 14. Lebensjahr nahezu gleichartig ist. Unter 1.500 E.HCG jeden zweiten Tag steigt der Testosteronspiegel im Verlauf von 15 Tagen um den Faktor 17 und mehr an. Wir bestimmten bei einem 15-jährigen, hypogonadalen Knaben das Plasma-Testosteron im Verlauf einer HCG-Behandlung. Im Verlauf von 6

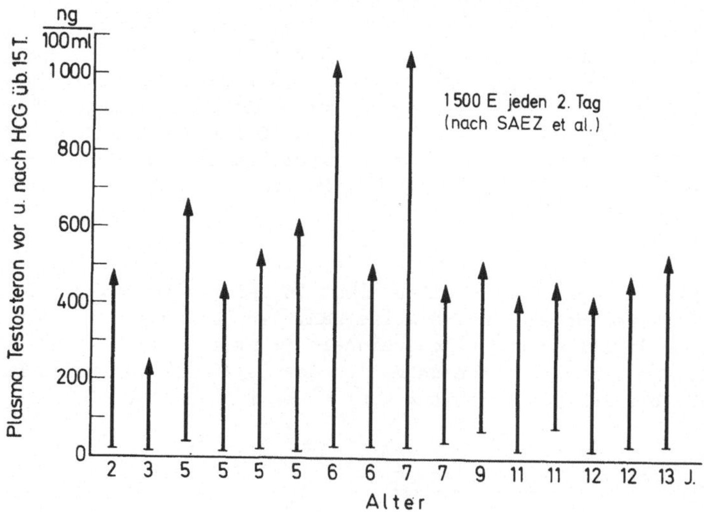

Abb. 11. Plasma-Testosteronspiegel bei Knaben im Alter von 2 bis 13 Jahren vor Behandlung (= Basis der Pfeile) und nach Gabe von 1.500 HCG jeden zweiten Tag über je 15 Tage (= Spitze der Pfeile). Nach SAEZ et al. Die Testosteronbildung wird unabhängig vom Alter innerhalb dieser Gruppe durch die 15-tägige Behandlung in gleicher Weise stimuliert

Wochen stieg die Testosteronkonzentration von 25 ng/100 ml auf 500 ng/100 ml an, um im Verlauf von 3 Monaten nach der Behandlung wieder auf 0 abzufallen (Abb. 12).

ng/100 ml
1500 E HCG
500
400
300
200
100
0
Plasma-Testosteron
0
1.
2.
3.
4.
5.
6. Woche
3 Mon.

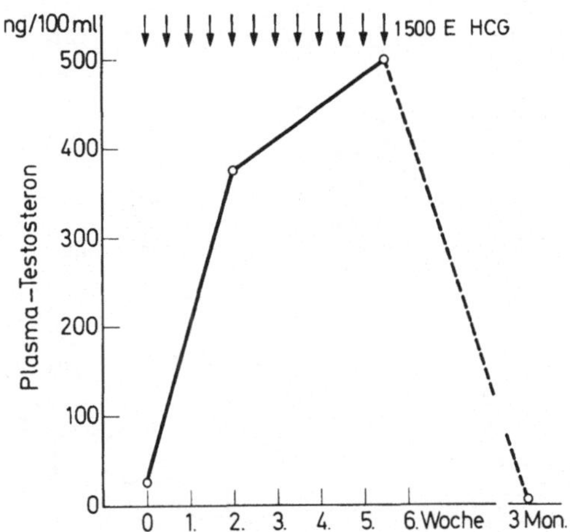

Abb. 12. Plasma-Testosteronspiegel bei einem 15-jährigen, infantilen Jungen vor, während und 3 Monate nach einer sechswöchigen Behandlung mit 2 x wöchentlich je 1.500 E. HCG (KNORR unveröffentlicht)

Limitierende Schritte der Testosteronsynthese vor und während der Pubertät

Es darf als gesichert gelten, daß ICSH und ACTH die Cholesterinsynthese und dessen weiteren Abbau bis zum Pregnenolon in ihren Zieldrüsen gewaltig steigern (Abb. 13).

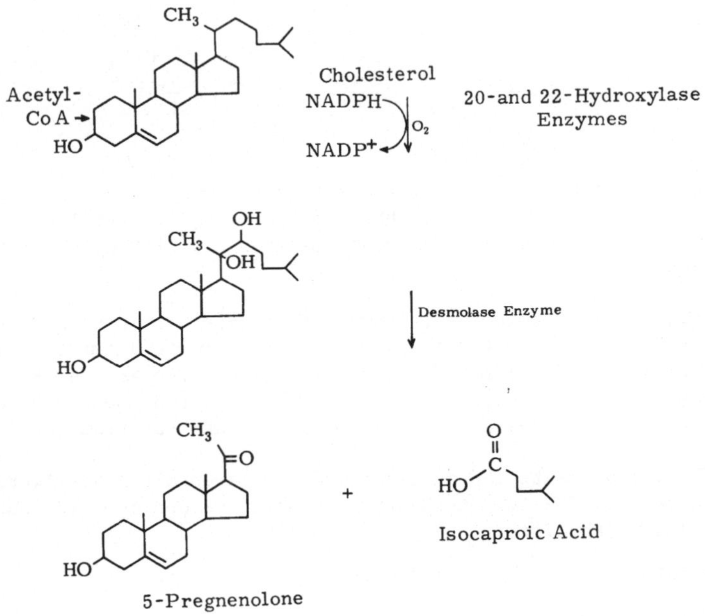

CH3
Acetyl-
Co A
HO
Cholesterol
NADPH
O2
NADP+
20-and 22-Hydroxylase
Enzymes
OH
CH3
OH
HO
Desmolase Enzyme
CH3
O
HO
+
O
C
HO
Isocaproic Acid
5-Pregnenolone

Abb. 13. ICSH- bzw. ACTH-abhängige Syntheseschritte der Steroidhormone (aus McKERNS)

STEINBERGER et al. konnten zeigen, daß im Hodengewebe die 17α-Hydroxylierung ICSH-unabhängig verläuft (Abb. 14). Nach diesen Untersuchungen metabolisiert Hodengewebe der Ratte jeglicher Altersstufe über 90% zugesetzten, markierten Progesterons in vitro.

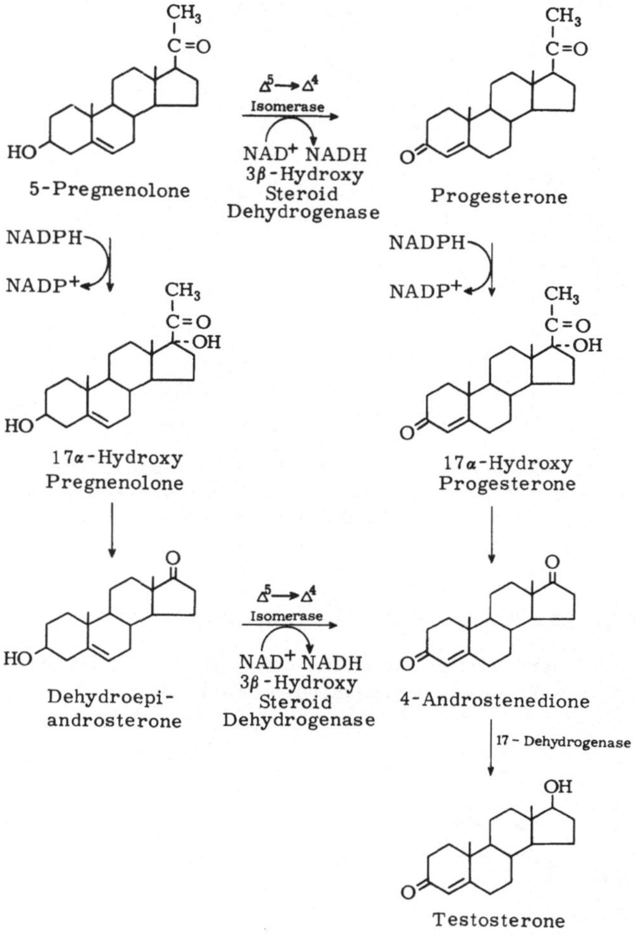

5-Pregnenolone

$\Delta^5 \rightarrow \Delta^4$ Isomerase

NAD^+ NADH

3β-Hydroxy Steroid Dehydrogenase

Progesterone

NADPH

$NADP^+$

NADPH

$NADP^+$

17α-Hydroxy Pregnenolone

17α-Hydroxy Progesterone

Dehydroepi-androsterone

$\Delta^5 \rightarrow \Delta^4$ Isomerase

NAD^+ NADH

3β-Hydroxy Steroid Dehydrogenase

4-Androstenedione

17 - Dehydrogenase

Testosterone

Abb. 14. Wege der Testosteron-Biosynthese (aus McKERNS). Die Umsetzung von Progesteron zu Testosteron bzw. zu Androstandiol erfolgt in vitro mit Hodengewebe neugeborener und maturer bzw. infantiler Ratten unabhängig von ICSH

Während jedoch mit Hodengewebe der neugeborenen oder der maturen Ratte vorwiegend Testosteron gebildet wird, entsteht mit Hodengewebe der infantilen Ratte Androstandiol. (Tabelle 6). STEINBERGER glaubt daher, daß während der Kindheit ein Enzymsystem wirksam ist, welches anfallendes Testosteron noch im Hoden zu Androstandiol reduziert. Dieses Enzymsystem wird in der Pubertät supprimiert.

Tabelle 6. In vitro Umsatz von markiertem Progesteron mit Hodengewebe der Ratte nach STEINBERGER. Unabhängig vom Alter werden ca. 97% des Progesterons metabolisiert.

Neugeborene Ratte	Progesteron	→	Testosteron
20 Tage alt	Progesteron	→	Androstandiol
90 Tage alt	Progesteron	→	Testosteron

Faßt man die neuen Ergebnisse über die Biologie des Testosterons vor und während der Pubertät zusammen, so spricht vieles für die Annahme, daß wir bisher die hormonelle Potenz der kleinen Buben unterschätzt haben. Kinder sind in Bezug auf ihre Sexualhormone nicht so neutral wie bisher angenommen. Die Konzentrationen der Sexualhormone liegen lediglich so niedrig, daß sie bisher unseren Nachweismethoden entgingen.

In der Pubertät findet nicht nur eine einfache Reifung Testosteron-produzierender Enzyme statt. Gleichzeitig kommt es zu einer Suppression testiculärer Enzyme, welche Testosteron zu Androstandiol metabolisieren.

Literatur

Apostolakis, M., Tamm, J., Voigt, K. D.: Testosteron und Behaarung. Med. Klin. 61, 2 (1966).

Barding, C. W., Lipsett, M. B.: Estimation of testosterone and androstenedione in human peripheral plasma. Steroids 9, 71 (1967).

--, Peterson, R. E.: Studies of androgen production by the rat: Testosterone and adrostenedione content of blood. Endocrinology 80, 38 (1967).

Baulieu, E.-E., Mauvais-Jarvis, P.: Studies on testosterone metabolism. J. biol. Chem. 239, 1569 (1964).

Berger, H., Fink, M., Fritz, H. J., Gleispach, H., Heidemann, P., Wolf, J.: Gas-chromatographische Bestimmung der Androgen- und Pregnanausscheidung bei gesunden Knaben und Mädchen. Chromatographia 2, 515 (1969).

Brinck-Johnsen, T., Eik-Nes, K.: Effect of human chorionic gonadotropin on the secretion of testosterone and 4-androstene-3, 17-dione by the canine testis. Endocrinology 61, 676 (1957).

Camacho, A. M., Migeon, C. J.: Studies on the origin of testosterone in the urine of normal adult subjects and patients with various endocrine disorders. J. clin. Invest. 43, 1083 (1964).

Collings, W. P., Sisterson, J. M., Koullapis, E. N., Mansifeld, M. D., Sommerville, I. F.: The evaluation of a gas-liquid chromatographic method for the determination of plasma testosterone using Nickel-63 electron capture detection. J. Chromatog. 37, 33 (1968).

Dray, F., Mowszowicz, I., Ledru, M.-J.: Identification and measurement of epitestosterone in the sulfate fraction of plasma of normal men. Steroids 10, 501 (1967).

France, J. T., Knox, B. S.: Urinary excretion of testosterone and epitestosterone in hirsutism. Acta endocrin. (Kbh.) 56, 177 (1967).

Frasier, S. D., Gafford, F., Horton, R.: Plasma androgens in childhood and adolescence. J. clin. Endocr. 29, 1404 (1969).

--, Horton, R.: Androgens in the peripheral plasma of prepubertal children and adults. Steroids 8, 777 (1966).

Guerra-Garcia, R., Chattoraj, S. C., Gabrilove L. J., Wotiz, H. H.: Studies in steroid metabolism. The determination of plasma testosterone using thin-layer and gas-liquid chromatography. Steroids, 2, 606 (1963).

Gupta, D.: Separation and estimation of testosterone and epitestosterone in the urine of prepubertal children. Steroids 10, 457 (1967).

--, Excretion of testosterone and epitestosterone glucoronid in preschool, preadolescent and adolescent children. Steroids 14, 343 (1969).

Hashimoto, I., Suzuki, Y.: Androgens in testicular venous blood in the rat, with special reference to puberal change in the secretory pattern. Endocr. jap. 13, 326 (1966).

Horton, R., Shinsako, J., Forsham, P. H.: Testosterone production and metabolic clearance rates with volumes of distribution in normal adult men and women. Acta endocr. (Kbh.) 48, 446 (1965).
Kamitsuna, S., Cole, V. W.: Urinary testosterone production and metabolism in man: Sequential effects of dexamathasone, estrogen, ACTH and HCG. Hiroshiman J. med. Sci. 17, 141 (1968).
Kirschner, M. A., Coffman, G. D.: Measurement of plasma testosterone and -androstenedione using electron caputre gas-liquid chromatogrphy. J. clin. Endocr. 28, 1347 (1968).
--, Lipsett, M. B., Collins, D. R.: Plasma ketosteroids and testosterone in man: A study of the pituitary-testicular axis. J. clin. Invest. 44, 657 (1965).
Knorr, D.: Untersuchungen zur Altersabhängigkeit der Ausscheidung einzelner chromatographisch getrennter Steroide während des Kindes- und Reifungsalters. Fortschr. der Padolog., Band I, Berlin-Heidelberg-New York, Springer-Verlag, 1965 - Über die Ausscheidung von freiem und glucuronsäuregebundenem Testosteron im Kindes- und Reifungsalter. Acta endocr. (Kbh.) 54, 215 (1967).
--, Vanha-Perttula, T., Lipsett, M. B.: Structure and function of rat testis through pubescence. J. clin. Endocr.
Korenman, S. G., Lipsett, M. B.: Direct peripheral conversion of dehydroepiandrosterone to testosterone glucurononide. Steroids 5, 509 (1965).
Kurth, H., Menning, B., Holtz, H.: Die Clearance der androgenen Hormone. Dtsch. Gesundh.Wes. 19, 884 (1963).
Lipsett, M. B., Migeon C. J., Kirschner, M. A., Bardin, C. W.: Physiologic basis of disorders of androgen metabolism. Combined clinical staff conference at the National Institutes of Health. Ann. intern. Med. 68, 1327 (1968).
--, Tullner, W. W.: Testosterone synthesis by the fetal rabbid gonad. Endocrinology 77, 273 (1965).
--, Wilson, H. Kirschner, M. A., Korenman, S. G., Fishman, L. M., Sarfaty, G. A., Bardin, C. W.: Studies on leydig cell physiology and pathology: Secretion and metabolism of testosterone. Recent Progr. Hormone Res. 22, 245 (1966).
Maeda, R., Okamoto, M., Wegienka, L. C., Forsham, P. H.: A clinically useful method for plasma testosterone determination. Steroids 13, 83 (1969).
McKerns, K. W.: Steroid Hormones and Metabolism. Appleton-Century-Crofts, New York: Meredith Coporation 1969.
McRoberts, J. W., Olson, A. D., Hermann, W. L.: Determination of urinary testosterone and epitestosterone in men, women and children. Clin. Chem. 14, 565 (1968).
Molen van der, H. J.: Produktion und Metabolismus der Androgene. Das Hormon 1, 5 (1964).
Morer-Fargas, F., Nowakowski, H.: Die Testosteronausscheidung im Harn bei männlichen Individuen. Acta endocr. (Kbh.) 49, 443 (1965).
Resko, J. A.: Plasma androgen levels of the rhesus monkey: Effects of age and season. Endocrinology 81, 1203 (1967).
--, Feder, H. H., Goy, R. W.: Androgen concentrations in plasma and testis of developing rats. J. Endocr. 40, 485 (1968).
Robel, P., Emiliozzi, R., Baulieu, E.-E.: Studies on testosterone metabolism. J. biol. Chem. 241, 5879 (1966).
Sachs, L., Szereday, Z.: Beitrag zu einer nicht-isotopischen Testosteronbestimmung. Endokrinologie 47, 278 (1965).
Saez, J. M., Bertrand, J.: Plasma concentrations of testosterone, dehydroepiandrosterone and its sulfate before and after stimulation with human chorionic gonadotrophin. Steroids 12, 749 (1968).
Schmidt, H., Starcevic, Z.: Die Testosteronausscheidung bei verschiedenen Formen und Schweregraden der inkretorischen testiculären Insuffizienz. Klin. Woschr. 45, 377 (1967).
Schollberg, K., Seiler, E., Hinkel, G. K.: Die Ausscheidung von freiem und glucuronosidkonjugiertem Epitestosteron und Testosteron bei Kindern. Zschr. Kinderheilk. 102, 341 (1968).

Schriefers, H., Cremer, W., Otto, M.: Sexualcharakteristika des Stoffwechsels von Testosteron in der perfundierten Rattenleber. Hoppe-Seylers Z. physiol. Chem. 348, 183 (1967).

Schubert, K., Frankenberg, G.: Zur Bestimmung des Testosterons und weiterer, -ungesättigter Ketosteroide der C_{19}-Reihe im Harn. Endokrinologie 53, 322 (1968).

Southern, A. L., Gordon, G. G., Tochimoto, S.: Further study of factors affecting the metabolic clearance rate of testosterone in man. J. clin. Endocr. 28, 1105 (1968).

Steinberger, E., Ficher, M.: Conversion of progesterone to testosterone by testicular tissue at different stages of maturation. Steroids 11, 351 (1968). - Differentiation of steroid biosynthetic pathways in developing testes. Biol. of Reproduction 1, 1 (1969).

Tamm, J.: Testosterone. Stuttgart: Georg Thieme Verlag 1967. - Der Testosteronstoffwechsel beim Menschen. Dtsch. med. Woschr. 92, 1983 (1967).

Vermeulen, A., Exley, D.: Androgens in normal and pathological conditions. Amsterdam: Excerpta medica foundation. 1966.

Visser, H. K. A., Degenhart, H. J.: Excretion of six individual 17-keto-steroids and testosterone in four girls with precocious sexual hair (premature adrenarche). Helv. paediat. Acta 21, 409 (1966).

Wieland, R. G., Vorys, N., Folk, R.L., Hamwi, G. J.: Urinary testosterone fractions. Amer. J. Obstet. Gynec. 99, 489 (1967).

Wilson, H., Lipsett, M. B.: Metabolism of epitestosterone in man. J. clin. Endocr. 26, 902 (1966).

Symp. Dtsch. Ges. Endokrin. 16, 166-174 (1970)

Produktion und Stoffwechsel der übrigen Steroidhormone während der Präpubertät und Pubertät

Production and Metabolism of the Other Steroid Hormones during Prepuberty and Puberty

W. BLUNCK

Universitäts-Kinderklinik Hamburg-Eppendorf

Mit 7 Abbildungen

Summary

In both sexes production of progesterone, 17-OH-progesterone and estrogens predominantly depends on gonadotrophic stimulation and is directly related to sexual maturation. Little is known about the physiological significance of these steroids for sexual development of the male.

The production of cortisol, corticosterone and aldosterone is apparently independent of sexual maturation. There are, however, changes of metabolism and excretion. These concern the increased conversion to 11-hydroxylated 17-ketosteroids and an increased rate of sulfatation of C_{19}-steroids. The apparently high corticosterone excretion rates in early childhood must be corroborated by the determination of production-rates.

The comparatively low excretion of the 5α-reduced cortisolmetabolite allo-THF and the shift of the allo-THF/THF-ratio during sexual maturation is not satisfactorily explained by an introduction of the 5α-reduction pathway ("puberty of the rat liver").

Schon vor dem Auftreten sekundärer Geschlechtsmerkmale reifen die Gonaden unter dem Einfluß der Gonadotropine anatomisch und funktionell. Die die Produktion der Sexual-Steroid-Hormone steuernden hypothalamischen Zentren sind während der gesamten Kindheit in Funktion, geringe Gonadotropinmengen regen die Produktion geringer Mengen von Androgenen und Oestrogenen an. Die Kindheit ist kein Leben ohne Sexualhormone; die Spiegel sind aber so niedrig, daß die Endorgane noch nicht ansprechen. In der Präpubertät werden die Führungsgrößen in den die Sexualhormonproduktion steuernden Regelkreisen verstellt. Höhere Androgen- und Oestrogenspiegel werden angefordert, es kommt unter dem Einfluß der zunehmenden Gonadotropinspiegel zum Wachstum der Gonaden. Beim Knaben ist das erste Zeichen der beginnenden Pubertät die Hodenvergrößerung. Zwar ist der Anteil der Leydig-Zellen am Hodenvolumen minimal, das gonadale Wachstum ist aber ein guter anatomischer Parameter für die zunehmende gonadotrope Stimulation unabhängig von deren unterschiedlichen Aktivitäten. Für die Beurteilung von Veränderungen bezüglich der Produktion, des Stoffwechsels und der Ausscheidung der verschiedenen Steroidgruppen während der Kindheit und im Laufe der sexuellen Reifung sind somatische Parameter notwendig.

In Abb. 1 ist als Parameter die Entwicklung des Hodengewichts aufgezeichnet, es ist deutlich, daß die von Knorr (1967) angegebenen Mittelwerte für die Testosteron- und Epitestosteronausscheidung einen ähnlichen Kurvenverlauf zeigen. Unabhängig von den beiden Gonadotropinfraktionen wird der Zusammenhang zwischen

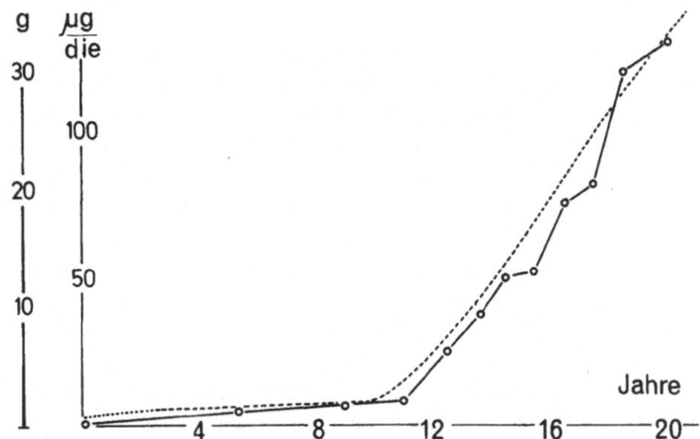

Abb. 1. Das Hodengewicht während der Kindheit und der Adoleszenz (gebrochene Linie) im Vergleich zu den von Knorr (1967) angegebenen Werten für die Ausscheidung von Testosteron und Epitestosteron

der gonadotropen Stimulation und der Ausscheidung von Testosteron und Epitestosteron deutlich. Ganz anders verhält sich die Ausscheidung der Porter-Silber-Chromogene als Anhalt für die Cortisolproduktion. Die Ausscheidung der Porter-Silber-Chromogene ist unabhängig von der sexuellen Reifung. Als Parameter wird hier allgemein die Körperoberfläche angesehen. Die Problematik dieser Annahme geht bereits aus der Abb. 2 hervor. Sie soll hier nicht im einzelnen

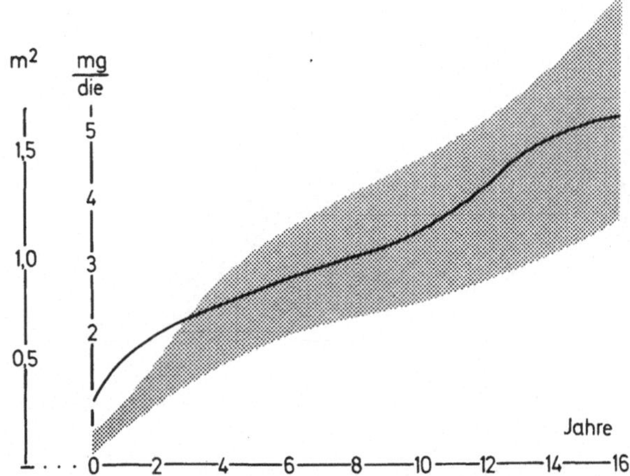

Abb. 2. Körperoberfläche (durchgezogene Linie) während der Kindheit und der Adoleszenz im Vergleich zur Ausscheidung der Porter-Silber-Chromogene (17-OHCS). Die schattierte Fläche entspricht dem Mittelwert ± der einfachen Standardabweichung

diskutiert werden. Nach dem 6. Lebensjahr ist ein zwischen Wachstum der Körperoberfläche und der 17-OHCS-Ausscheidung ähnlicher Kurvenverlauf deutlich. Entsprechend diesen beiden Beispielen soll im folgenden versucht werden, das Verhalten der übrigen Steroidhormone vor und während der sexuellen Reifungsphase darzustellen.

Von der gonadotropen Stimulation direkt abhängige Steroide

Neben dem Testosteron gehören in diese Gruppe Progesteron, 17-OH-Progesteron und die Oestrogene. Pregnandiol ist zwar nach Arcos u. Mitarb. nicht ausschließlich Metabolit des Progesterons, doch korreliert die Pregnandiolausscheidung während des weiblichen Cyclus gut mit der Corpus-luteum-Aktivität. Gleispach und Berger (1969) haben bei 191 Knaben und 132 Mädchen die Pregnandiolausscheidung gaschromatographisch bestimmt. Die Ausscheidung des Pregnandiols zwischen dem 5. und 16. Lebensjahr korreliert nicht mit der wachsenden Körperoberfläche, ähnlich wie bei der Testosteronausscheidung kommt es zum deutlichen Anstieg während der Pubertät. Bei Knaben übersteigen die absoluten Werte der Pregnandiolausscheidung nach Gleispach und Berger noch die der Mädchen, es findet sich ein ähnlicher Kurvenverlauf.

Eik-Nes fand 1967 einen Anstieg der Progesteronkonzentration im Hodenvenenblut des Hundes nach HCG-Stimulation auf das 3-fache des Ausgangswertes. Strott, Yoshiimi und Lipsett zeigten 1969, daß die Progesteronkonzentration im Plasma des Mannes mit 0,02/µg/100 ml halb so hoch wie die der Frau während der ersten Cyclusphase ist. Sie zeigten aber auch, daß die Plasmaspiegel des 17-OH-Progesterons unter HCG beim Mann auf das Doppelte ansteigen und sich durch Dexamethason, also bei Bremsung der ACTH-Ausschüttung, nicht supprimieren lassen. Nach der Gabe von Androgenen, d.h. Suppression der ICSH-Sekretion, fallen die 17-OH-Progesteronspiegel beim Mann auf einen minimalen Wert ab. Abb. 3 zeigt die von

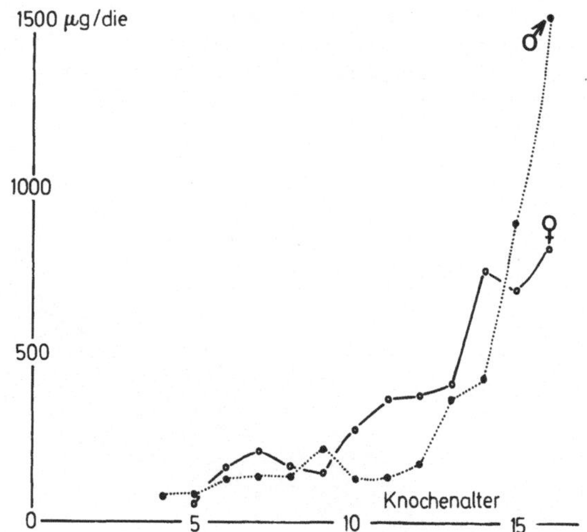

Abb. 3. Pregnantriolausscheidung im Harn nach Gleispach und Berger (1969)

Gleispach und Berger bei den gleichen Probanden erhaltenen Werte für die Pregnantriolausscheidung. Entsprechend dem Mechanismus der vermehrten 17-OH-Progesteronproduktion beim adrenogenitalen Syndrom (Austritt von Metaboliten der Cortisolsynthese aus der Nebennierenrindenzelle) ist ein Teil des sezernierten Progesterons und 17-OH-Progesterons wohl auch beim Gesunden ACTH-abhängig. Aus den angeführten in vivo Experimenten und dem Verlauf der Ausscheidung von Pregnandiol und Pregnantriol im Laufe der Entwicklung ist aber bei beiden Geschlechtern eine erhebliche Gonadotropin-abhängige Komponente deutlich.

Da die Oestrogen-Ausscheidung im Kindesalter an der unteren Grenze der Nachweisbarkeit mit chemischen Methoden liegt, sind nur wenige Normalwerte publiziert. Abb. 4 zeigt Untersuchungen über die Oestriol-Ausscheidung bei gesunden Knaben und Mädchen und die Schwankung der Ausscheidung im Cyclus der Frau. (Eberlein u. Mitarb. 1958). Steeno u. Mitarb. bestimmten die Ausscheidung der

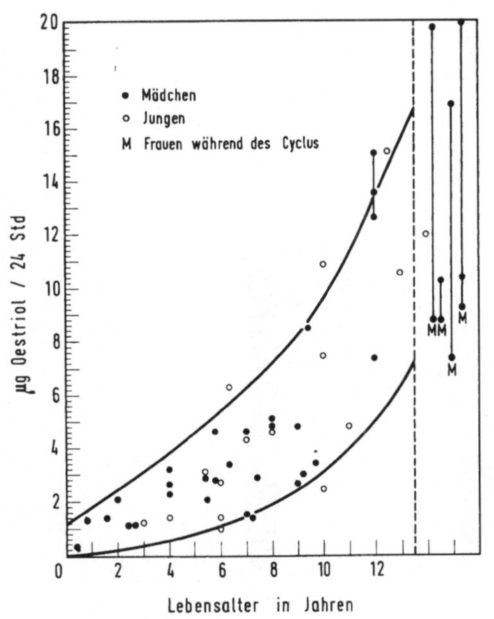

Abb. 4. Oestriolausscheidung normaler Kinder und Adoleszenten nach Eberlein und Mitarb. (1958). Abbildung aus Wilkins (1965). Rechts die Werte bei Frauen während des Cyclus

Gesamtoestrogene bei Knaben. Die Gonadotropinabhängigkeit, d.h. der Zusammenhang mit der sexuellen Entwicklung, ist auch hier deutlich. Es findet sich ein starker Anstieg um das 12. Lebensjahr. Nach Jull u. Mitarb. (1963) ist bei Knaben mit einer Pubertätsgynäkomastie die Oestrogenausscheidung nicht höher als beim Normalkollektiv. Fishman u. Mitarb. (1967) errechnen bei jungen Männern eine Oestrogenproduktionsrate von 65µg täglich. Die Produktion wird beim Mann durch HCG auf das Vierfache erhöht. Die periphere Konversion von Androgenen, insbesondere von Androstendion zu Oestrogenen muß bei der Beurteilung der Oestrogenausscheidung und der Oestrogenproduktionsraten berücksichtigt werden. Vorwiegender Bildungsort der Oestrogene sind beim Mann die Leydigzellen. Diesbezüglich soll auf die Vorträge und Diskussionen auf dem CIBA Kolloquium 1966 hingewiesen werden.

Steroidhormone ohne direkte Abhängigkeit von der Gonadotropinproduktion

A priori ist eine Abhängigkeit der Cortisol-, Corticosteron- und Aldosteronsekretion von der sexuellen Entwicklung nicht zu erwarten. Sie gehören nicht in die Gruppe der Sexual-Steroidhormone. Nach den Untersuchungen von New u. Mitarb. (1966) korreliert die Ausscheidung des Aldosteron-3-oxo-Konjugats bei konstanter Natrium-Zufuhr während der Kindheit und Adoleszenz am ehesten mit der Körperoberfläche. Da bisher nur wenige Angaben über die Aldosteronsekretionsraten bei gesunden Probanden während der sexuellen Reifungsphase vorliegen und da die Aldosteronproduktion stark von der Natriumzufuhr abhängig ist, kann dieser Zusammenhang noch nicht als gesichert angesehen werden. Nach unseren eigenen Untersuchungen ist die Ausscheidung der Corticosteronderivate THB, allo-THB und THA noch im Alter von 4-6 Jahren im Vergleich mit der Ausscheidung der Cortisolmetaboliten THF, allo-THF und THE deutlich höher als später während der Pubertät und beim Erwachsenen (Blunck, 1968). Das Verhältnis der obengenannten Cortisolmetaboliten zu den Corticosteronmetaboliten (= F/B - Ratio) ist zu Gunsten des Corticosterons mit 2,64 in der jüngsten von uns untersuchten Gruppe (4-6 Jahre) signifikant gegenüber älteren Kindern erniedrigt. Bei 7-10 jährigen Probanden betrug der Quotient 5,75, bei 14-15 Jahre alten Adoleszenten 5,42. Diese relativ höhere Ausscheidung von Corticosteronderivaten muß bei der Diagnostik von Fermentdefekten der Steroidsynthese (17-Hydroxylase-Defekt, 18-Hydroxylase-Defekt) beachtet werden.

Eine Abhängigkeit der Cortisolproduktion von der sexuellen Reifung ist nicht nachweisbar, es sind aber Unterschiede im Abbau der Glucocortocoide in Abhängigkeit von der somatischen Entwicklung bekannt. Die Abb. 5 zeigt die Ausscheidung der

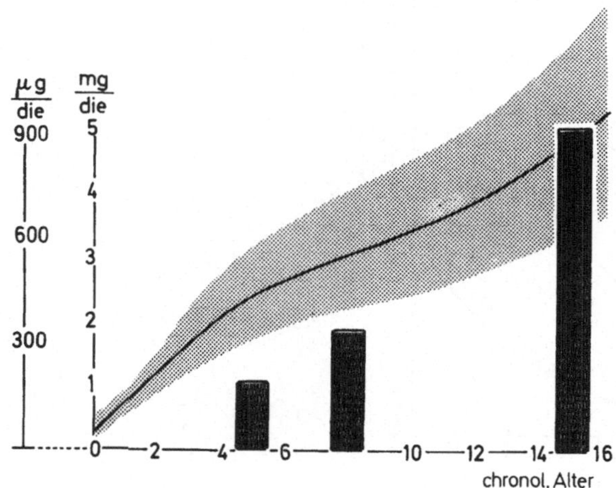

Abb. 5. Ausscheidung der $C_{19}O_3$-Steroide in drei Altersgruppen; zum Vergleich Mittelwert ± einfache Standardabweichung der Porter-Silber-Chromogene

$C_{19}O_3$-Steroide, also die als Metaboliten des Cortisols am C-Atom 11 oxygenierten 17-Ketosteroide in 3 Altersgruppen. Bei Vergleich mit der Porter-Silber-Chromogenausscheidung wird während der sexuellen Reifungsphase eine relativ hohe Ausscheidung deutlich. Dies spricht für eine Änderung des Cortisolabbaus im Sinne einer Aktivierung des - oder der die Seitenkette abspaltenden Enzyme. Der starke Anstieg der $C_{19}O_2$-Steroide unter der Pubertät steht im Zusammenhang mit der erhöhten Testosteron- und Androstendionproduktion. Ein zweiter Einfluß auf den Metabolismus der C_{19}-Steroide wurde von Loras und Bertrand und besonders in den Longitudinalstudien bei Kindern zwischen dem 8. bis 12. Lebensjahr von Tanner und Gupta deutlich. Beide Arbeitsgruppen konnten in der sexuellen Reifungsphase eine zunehmende Ausscheidung von mit Schwefelsäure veresterten $C_{19}O_2$-Steroide bei Vergleich mit den Glucuronsäurekonjugaten feststellen. Die Ausscheidung der Porter-Silber-Chromogene und die Bestimmung spezifischer Cortisolmetaboliten wie sie von Gupta, Teller, Visser und Cost und uns durchgeführt wurden, sowie die Sekretionsratenbestimmungen des Cortisols, wie sie z.B. von Kenny u. Mitarb., Bertrand u. Mitarb. sowie Degenhardt angegeben wurden, zeigen nach dem 4.-6. Lebensjahr am ehesten eine Korrelation mit der Körperoberfläche. Von Guignard - de Maeyer, Crigler und Gold wurden 1963 erstmals von Erwachsenen unterschiedliche Befunde bezüglich der Ausscheidung der α-ketolischen Cortisol-Metaboliten THF, allo-THF und THE, festgestellt. Cortisol wird in der Leber zunächst am A-Ring reduziert. Es entstehen entweder 5 β-reduzierte, also in cis-Stellung verbleibende Abbauprodukte oder 5 α-reduzierte in trans-Stellung weiter metabolisierte Steroide. Die Gruppe um Crigler und Gold stellte fest, daß die Substanz allo-THF, die über den 5 α-Abbauweg gebildet wird im Kindesalter, bei Vergleich mit dem 5 β-reduzierten Tetrahydrocortisol (THF) in sehr geringer Menge ausgeschieden wird. Teller (1967) konnte eine große Zahl von Befunden sammeln und eine eindeutige Abhängigkeit der relativen Ausscheidung der Substanz allo-THF im Vergleich zur Substanz THF in Abhängigkeit vom Alter und der sexuellen Reifung nachweisen.

Für die Reduktion des A-Ringes des Cortisols sind in der Rattenleber durch Forchielli und Dorfmann (1956) 2 Enzyme nachgewiesen. Die Δ_4-5 α-Steroidhydrogenase ist an die Mikrosomenfraktion gebunden, die Δ_4-5 β-Steroidhydrogenase findet sich bei der Zellfraktionierung im Überstand. Yates u. Mitarb. konnten 1958 in vitro einen starken Anstieg der 5α-Reduktase-Aktivität der Rattenleber zwischen dem 18. und dem 70. Lebenstag, d.h. der vollen Geschlechtsreife, nachweisen. Dieses Phänomen der Induktion des 5α-Abbauwegs wurde von mehreren Untersuchern vor allem Schriefers sowie de Moor und Denef weiterverfolgt. De Moor und Denef sprechen von der "Puberty of the rat liver". Es ist natürlich verlockend die in vitro-Befunde an der "pubertierenden" Rattenleber mit dem Anstieg der Harnausscheidung des 5α-reduzierten allo-Tetrahydrocortisols im Laufe der sexuellen Entwicklung beim Menschen in Zusammenhang zu bringen.

Wir hatten ähnliche Befunde; bei 10 Mädchen vor der Pubertät war das Verhältnis von allo-THF zu THF 0,24, bei 10 Mädchen während der Pubertät betrug dieser Quotient 0,56, der Unterschied konnte mit nicht-parametrischen Tests auf dem 1% Niveau gesichert werden. Diese Befunde entsprechen dem oberen Teil der Abb. 6. Im Rahmen einer anderen Fragestellung änderten wir unsere hydrolytischen Methoden. Wir extrahierten die Steroidkonjugate zunächst aus dem Urin und ließen auf diesen Konjugatextrakt das Glucuronidase-Sulfatase-Gemisch aus Helix Pomatia einwirken. Nach der Extraktion der so freigesetzten Steroide wurde noch eine Solvolyse durchgeführt. Nach Anwendung dieses hydrolytischen Verfahrens war der vorher statistisch gesicherte Unterschied aufgehoben. Die allo-THF/THF-ratio der 35 von uns untersuchten Kinder stammte unabhängig vom Alter aus einem normal verteilten Kollektiv. Diese Befunde entsprechen der unteren Hälfte der Abb. 6.

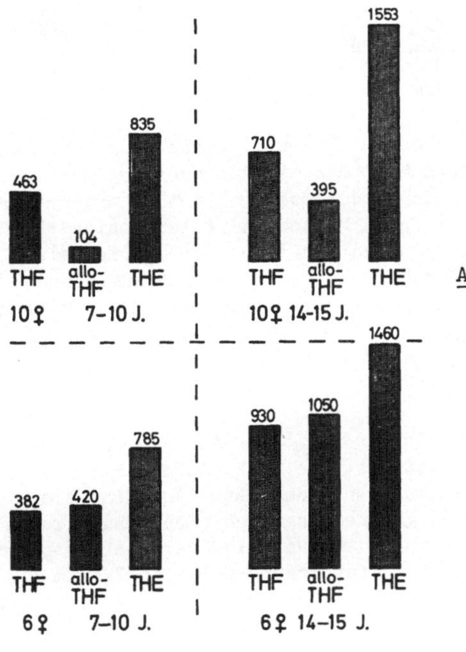

Abb. 6. Ausscheidung der drei wichtigsten α-ketolischen Cortisolmetaboliten Tetrahydrocortisol (= THF), allo-Tetrahydrocortisol (= allo-THF) und Tetrahydrocortison (= THE). Oben: Je 10 Mädchen im Alter von 7-10 Jahren und im Alter von 14-15 Jahren, Werte nach Glucuronidase-Hydrolyse im Urin. Unten: Je 6 Mädchen der gleichen Altersgruppen, es wurde eine Glucuronidase-Sulfatase-hydrolyse nach Konjugatextraktion und eine Solvolyse durchgeführt. Wert in μg/die

Wir untersuchten die Wiederfindung von THF, allo-THF und THE nach den verschiedenen Schritten der Hydrolyse. Die in Abb. 7 dargestellten Säulen stellen die durchschnittlichen Ergebnisse aus 5 unterschiedlichen Urin-pools dar, die den 3 hydrolytischen Verfahren unterworfen wurden. Deutlich wird, daß der entscheidende Schritt die Konjugatextraktion ist. Bei anschließender Anwendung der gleichen Glucuronidase (= Ketodase) in gleicher Konzentration im Konjugatextrakt kommt es durchschnittlich zur Verdoppelung der allo-THF-Ausbeute bei Vergleich mit dem Resultat nach Ketodase-Hydrolyse im Harn. Außerdem steigt die Gesamtausbeute der α-ketolischen Cortisolmetaboliten an. Die ausschließliche

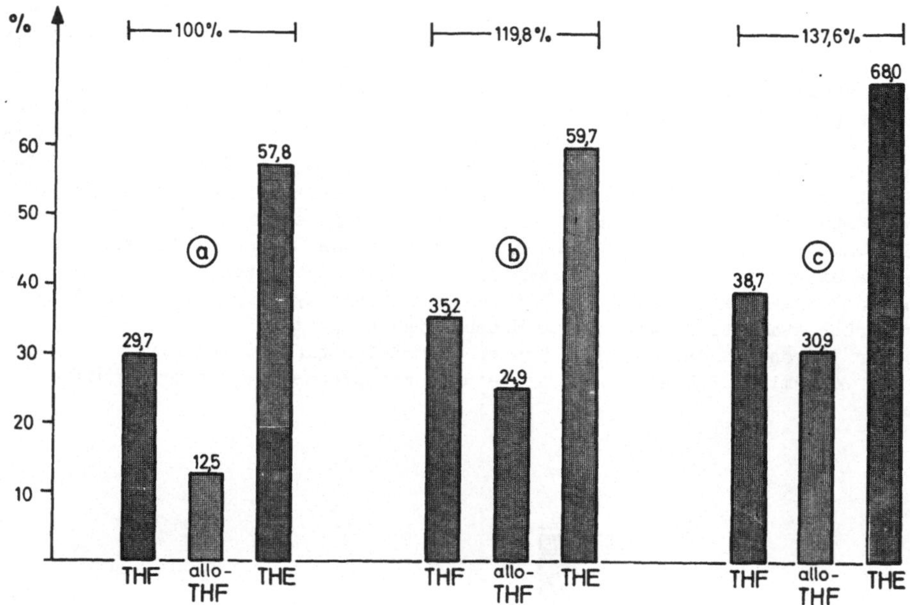

Abb. 7. In 5 Tagesurinen gesunder Kinder vor der Pubertät wurde nach Anwendung von 3 verschiedenen hydrolytischen Methoden die Ausscheidung von Tetrahydrocortisol (THF), allo-Tetrahydrocortisol (allo-THF) und Tetrahydrocortison (THE), bestimmt. Die nach Methode a) (Glucuronidasehydrolyse im Urin) gewonnenen Werte wurden für jeden der 5 Urine als 100% bezeichnet. Alle prozentualen Angaben beziehen sich auf diesen Wert. b) = Konjugatextraktion und Ketodasehydrolyse im Konjugatextrakt, c) = Konjugatextraktion, Hydrolyse mit einer Helix pomatia-Präparation und Solvolyse nach Extraktion der so freigesetzten Steroide

Bedeutung einer Aktivierung der 5α-Abbauroute zur Erklärung der genannten Befunde wird durch diese Versuche in Frage gestellt. Die Diskussion der Erklärungsmöglichkeiten sowie unsere weiteren Experimente darzustellen würde hier zu weit führen. Unsere Experimente der Konjugattrennung nach unterschiedlichen chromatographischen Methoden zeigen bisher nur, daß zwar eine gewisse Verschiebung der Konjugation im Sinne einer erhöhten Sulfatbindung des allo-THF im Kindesalter nachweisbar ist, die Unterschiede reichen aber zur Erklärung nicht aus (Blunck 1969).

Zusammenfassung

Die Produktion von Progesteron, 17-OH-Progesteron und den Oestrogenen ist bei beiden Geschlechtern überwiegend von der gonadotropen Stimulation abhängig und steht in direktem Zusammenhang mit der sexuellen Reifung. Über die physiologische Bedeutung dieser Steroide im Rahmen der Sexualentwicklung beim Mann ist nur wenig bekannt.

Die Produktion von Cortisol, Corticosteron und Aldosteron scheint von der sexuellen Entwicklung unabhängig. Es finden sich aber Änderungen im Metabolismus und in der Ausscheidung. Diese betreffen den vermehrten Abbau zu 11-hydroxylierten 17-Ketosteroiden und die Zunahme der Sulfatierung von C_{19}-Steroiden. Die relativ hohe Corticosteronausscheidung im frühen Kindesalter muß noch durch Sekretionsratenbstimmungen abgesichert werden. Die relativ niedrige Ausscheidung des 5α-reduzierten Cortisolmetaboliten allo-THF im Kindesalter und die Verschiebung der allo-THF/THF-Ratio im zeitlichen Zusammenhang mit der sexuellen Reifung läßt sich durch eine Induktion des 5α-Abbauweges nicht befriedigend erklären.

Literatur

Arcos, M., Gurpide, E., Van de Wiele, R. L., Lieberman, S.: Precursors of urinary pregnanediol and their influence on the determination of the secretory rate of progesterone. J. clin. Endocr. 24, 237 (1964).

Bertrand, J., Loras, B., Gilly, R., Roux, Mme., Saez, J. M., Frederich. A.: Détermination de la sécrétion surrénale en cortisol par dilution isotopique. Intérêt clinique. Ann. Endocrin. 24, 598 (1963).

Blunck, W.: Die α-ketolischen Cortisol- und Corticosteronmetaboliten sowie die 11-Oxy- und 11-Desoxy-17-ketosteroide im Urin von Kindern. Acta endocrin. (Kbh.) 59, Suppl. 134 (1968).

--: Conjugation of corticosteroids in the urine of children. 8th annual meeting of the Europ. Soc. for Paediatric Endocrinology Malmö/Sweden 1969. Abstract in: Acta paediat. scand. 58, 668 (1969).

Degenhardt, H. J., Visser, H. K. A., Wilmink, R., Croughs, W.: Aldosterone and cortisol secretion rates in infants and children with congenital adrenal hyperplasia suggesting different 21-hydroxylation defects in "salt-losers" and "non salt-losers". Acta endocrin. (Kbh.) 48, 587 (1965).

De Moor, P., Denef, C.: The "puberty" of the rat liver. Feminine pattern of cortisol metabolism in male rats castrated at birth. Endocrinology 82, 480 (1968).

Eberlein, W. R., Bongiovanni, A. M.: Estriol excretion in childhood: a sensitive index of adrenocortical function. Amer. J. Dis. Child. 96, 465 (1958).

Eik-Nes., K. B.: Factors influencing the secretion of testosterone in the anaesthetized dog. CIBA Foundation, Colloquia on Endocrinology 16, 120 (1967).

Fishman, L. M., Sarfaty, G. A., Wilson, H., Lipsett, M. B.: The role of the testis in oestrogen production; CIBA Foundation, Colloquia on Endocrinology 16, 156 (1967).

Forchielli, E., Dorfman, R. I.: Separation of Δ^4-5α- and Δ^4-5β-hydrogenases from rat liver homogenates. J. biol. Chem. 223, 443 (1956).

Gleispach, H., Berger, H.: The normal excretion of androgens and pregnanes in childhood. Acta endocr. (Kbh.) 61, Suppl. 138, 75 (abstract) (1969).

--, Heidemann, P., Berger, H.: Über die Altersabhängigkeit der Testosteronausscheidung im Harn im Vergleich zur Ausscheidung der Einzelmetabolite der 17-Ketosteroide und der Pregnane. Symp. Dtsch. Ges. Endokrin. 16, Abstract Nr. 50 (1970).

Guignard- de Maeyer, J. A., Crigler, J. F., Gold, N. I.: An alternation in cortisol metabolism in patients with Cushing's syndrome and bilateral adrenal hyperplasia J. clin. Endocr. 23, 1271 (1963).

Gupta, D.: The developtment of individual differences in the pattern of steroid excretion during human growth. London: Thesis 1965.

Jull, J. W., Dosset, J. A.: Hormone excretion studies of gynaecomastia of puberty. Brit. Med. J. 20, 795 (1964).

Kenny, F. M. Gancayco, G. P., Heald, F. P., Hung. W.: Cortisol production rate in adolescent males in different stages of sexual maturation. J. clin. Endocr. 26, 1231 (1966).

--, Malvaux, P., Migeon, C. J.: Cortisol production rate in newborn babies, older infants and children. Pediatrics 31, 360 (1963).

Knorr, D.: Über die Ausscheidung von freiem und glucuronsäuregebundenem Testosteron im Kindes- und Reifungsalter. Acta endocr. (Kbh.) 54, 215 (1967).

Loras, B., Roux, H., Cautenet, B., Ollagnon, C., Forest, M., de Peretti, E., Bertrand, J.: Determination of the 17-ketosteroids in children of various ages by paper chromatography. Excerpta Medica (Amsterdam) Intern. Congr. Ser. 101, 93 (1966).

New, M. I., Gross, J., Peterson, R. E.: Aldosteron excretion in normal children and in children with adrenal hyperplasia. J. clin. Invest. 45, 412 (1966).

Schriefers, H.: Factors regulating the metabolism of steroids. (review). Vitam. and Horm. 25, 217 (1967).

Steeno, O., Heyns, W., van Baelen, H., van Herle, A., de Moor, P.: Urinary steroid excretion in normal pubertal boys. Europ. J. Steroids 2, 273 (1967).

Strott, Ch. A., Yoshimi, T., Lipsett, M. B.: Plasma progesterone and 17-hydroxyprogesterone in normal men and children with congenital adrenal hyperplasia; J. clin. Invest. 48, 930 (1969).

Tanner, J. M., Gupta, D.: A longitudinal study of the urinary excretion of individual steroids in children from 8 to 12 years old. J. Endocr. 41, 139 (1968).

Teller, W. M.: Die Ausscheidung von C_{19}- und C_{21}-Steroiden im Harn unter normalen und pathologischen Bedingungen der Entwicklung und Reifung. Z. ges. exp. Med. 142, 222 (1967).

Visser, H. K. A., Cost, W. S.: A new hereditary defect in the biosynthesis of aldosterone: Urinary C_{21}-corticosteroid pattern in three related patients with a salt-losing syndrome, suggesting an 18-oxidation defect. Acta endocr. (Khb.) 47, 589 (1964).

Wilkins, L.: The diagnosis and treatment of endocrine disorders in childhood and adolescence. 3rd Edition, Springfield/USA: Charles C. Thomas 1965.

Yates, F. W., Herbst, A. L., Urquart, I.: Sex difference in rate of ring A reduction of Δ^4-3-ketosteroids in vitro by rat liver. Endocrinology 63, 887 (1958).

Symp. Dtsch. Ges. Endokrin. 16, 175-182 (1970)

Die Schilddrüse und ihre Hormone in der Präpubertät und Pubertät

The Thyroid and Its Hormones in Prepuberty and Puberty

E. KLEIN

Städt. Krankenanstalten Bielefeld

Mit 4 Abbildungen *

Summary

In comparison with adults thyroid function and iodine metabolism in adolescence are characterized by

1. a higher avidity of the thyroid gland for iodine with low iodine offer due to
2. a lower level of plasma iodide caused by a greater renal clearance.
3. Similar conditions in each phase of thyroidal iodine turnover.
4. No differences in the hormonal blood level (PBI,BEI).
5. A reduced hormone-binding capacity of thyroxine binding pre-albumin (TBPA) in serum with normal transport function of thyroxine binding protein (TBP), leading to
6. an accelerated elimination of thyroxine (and triiodothyronine?) from the plasma and the intercellular fluid and therefore
7. a moderate increase in the metabolism of thyroid hormones in peripheral tissues.

When growth has concluded around 20 years, these relations, which are not identical with hyperthyroidism, approximate those of adults. A normal thyroid gland does not become hyperplastic during adolescence. Hence juvenile goiter is not a physiological but a pathological condition. It has rather the same pathogenesis as that of adult goiter and beyond that can be excellently and succesfully treated with thyroid hormones over a long period. The instability of hormonal balance during puberty is similar to that of pregnancy and climacterium and, as in these cases, prone to the development of goiter. Although the occurence of all other thyroid diseases during puberty presents therapeutic problems, they are not basically different from those encountered in adults.

Während die Altersveränderungen der Schilddrüse und im Haushalt ihrer Hormone recht gut bekannt sind, liegen über die Verhältnisse vor dem 20. Lebensjahr erst seit einigen Jahren relativ wenige und darüber hinaus widerspruchsvolle Befunde vor. Das ist sehr weitgehend auf die komplizierte und teils auch umstrittene Methodik sowie auf die unerläßliche in vivo-Anwendung von Spürdosen mit radioaktivem Jod markierter Verbindungen zurückzuführen. Mit älteren oder gar rein klinischen Verfahren ermittelte Befunde sind indessen bei der Komplexität des hormonellen Geschehens im Jugendalter für eine so detaillierte Frage

* Halbtonbilder s. Anhang S. 466

wie die nach den physiologischen Verhältnissen in der Pubertät praktisch unbrauchbar. Sie hatten denn auch stets nur die Labilität und Entgleisungsbereitschaft der Schilddrüse des Jugendlichen mit der möglichen Ausbildung eines in seiner Bedeutung sehr unterschiedlich interpretierten Jugendkropfes konstatiert, ohne sie mit bestimmten pathophysiologischen Vorgängen korrelliert zu haben.

Wenn die Präpubertät als Zeit vom Beginn einer nennenswerten Andro- und Oestrogenproduktion bis zur Pubertät mit Erreichen der Geschlechtsreife durch Menarche bzw. Vorhandensein reifer Spermatozoen gekennzeichnet ist, so umfaßt die hier hinsichtlich der Schilddrüsentätigkeit zu erörternde Lebensphase die Zeit vom etwa 10.-14. Lebensjahr bei Mädchen und 12.-16. Lebensjahr bei Jungen. In dieser Zeit findet sich ein Maximum an jährlicher Gewichtszunahme, während die Wachstumsrate nach vorangegangener Regression ebenfalls einen zweiten und physiologischerweise endgültig letzten Gipfel erreicht (19). In dieser Entwicklungsphase mit lebenentscheidenden Wachstums- und Differenzierungsprozessen, die durch das Einsetzen der Produktion von Steroidhormonen gekennzeichnet sind, könnte man durchaus mit einem ähnlichen eindrucksvollen Geschehen im Bereich der Schilddrüse rechnen, noch zumal ihre Hormone als 'Reifungsfaktoren' eine permissive Rolle für die Wirksamkeit und Wirkungsweise besonders der Steroidhormone und des Wachstumshormons spielen (34). In diesem Sinne ist immer wieder eine passager-physiologische Hyperaktivität der Schilddrüse während der Präpubertät und Pubertät erwartet oder vorausgesetzt worden, als ob nur so die zweifellos erhebliche Stoffwechselintensität des schnell wachsenden und reifenden Organismus erklärt werden könnte.

Die bei der Geburt 2 bis 3 g schwere Schilddrüse wiegt um die Zeit der Pubertät herum bereits etwa 15 bis 20 g und hat damit die gleiche Relation zum Körpergewicht - nicht zur Körpergröße - wie das Organ des Erwachsenen mit durchschnittlich 25 bis 30 g. Wie letzteres hyperplasiert sie entsprechend dieser Relation in einem Jodmangelgebiet, so daß hinsichtlich der Schilddrüsengröße eine kontinuierliche Zunahme ohne besondere Akzentuierung in Präpubertät und Pubertät festzustellen ist (3,4). Das gilt auch für histologische Kriterien, früher als 'histologische Lebenskurve' der Schilddrüse aufgrund von Follikelzahl, Kolloidgehalt und Proliferationsfrequenz in Form eines Index berechnet (30,35). Global ist dabei vorab schon die wichtige Tatsache festzuhalten, daß es keine physiologische Hyperplasie geschweige denn kropfige Vergrößerung während der Wachtumszeit gibt.

Zur Beurteilung der Schilddrüsenfunktion, insbesondere von Veränderungen oder Schwankungen innerhalb der Norm bei gesunden Personen, sind nur Jodstoffwechsel-Parameter geeignet. Bei Untersuchungen des Blut-Hormonspiegels durch Hormonjodanalysen wurden als PBI (Protein Bound Iodine) oder BEI (Butanol Extractable Iodine) sowohl geringere (9,31), höhere (2,12,32) als auch gleiche Werte wie bei Erwachsenen gefunden (17,18,22), während für die ersten Lebensjahre ein erhöhter Hormonspiegel charakteristisch sein soll (5,8,14,26,29). In jener Zeit sorgen aber die besonderen Bindungsverhältnisse der Schilddrüsenhormone im Plasma für eine euthyreotische Stoffwechsellage (5).

Diese allerdings nur innerhalb des Normalbereiches unterschiedlichen Angaben über den Hormonspiegel des Blutes sollten für den Fall, daß sie real sind, durch Untersuchungen des thyreoidalen Jodumsatzes und der Transportverhältnisse der Hormone im Blut abzuklären sein. In beiden Stoffwechselbereichen müßten einander koordinierbare Abweichungen von den Verhältnissen bei Erwachsenen aufzufinden sein.

Vom 7. bis 18. Lebensjahr, bevorzugt aber zwischen dem 10. und 16. Lebensjahr findet sich eine stärkere Jodid-Avidität der Schilddrüse als im Erwachsenenalter (5,8,28,29,36,37,41 u. Abb. 1). Dieser verstärkte Jodsog darf aber nicht als Hyperaktivität der Schilddrüse fehlinterpretiert werden, denn die täglich aufgenommene Jodmenge ist nicht größer, sondern eher geringer als die bei Erwachsenen, während der Blutjodidspiegel niedriger und die Harnjodausscheidung höher als bei diesen liegen (29). Eigene Untersuchungen an 28 gesunden Jugendlichen ergaben durchschnittlich 0,11 Gamma % Blutjodid und 188 Gamma Harnjodid täglich gegenüber 0,36 Gamma % bzw. 141 Gamma täglich bei Erwachsenen (34).

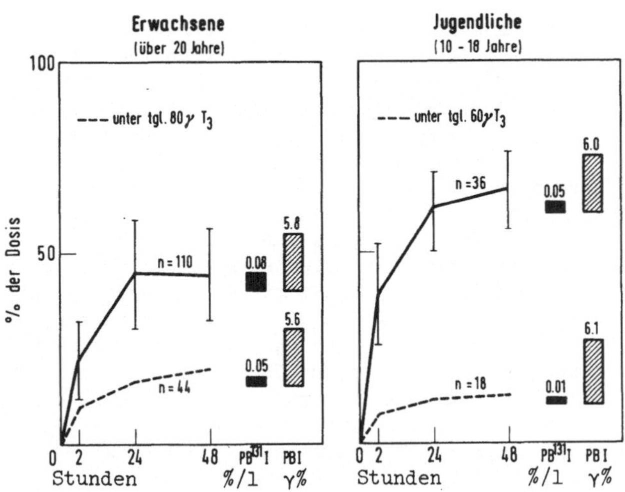

Abb. 1. Jodumsatz und Suppressibilität der gesunden Schilddrüse im Jugend- und Erwachsenenalter

Die Konstellation erklärt sich als Anpassungsmechanismus der präpuberalen Schilddrüse an einen in diesen Jahren starken Jodidverlust durch die Nieren, deren auf 62 ± 8 ccm/min. gegenüber 28 bis 41 ccm/min. erhöhte Jodid-Clearance (1,36) auf die schnell ansteigende Produktion und Inkretion von Steroidhormonen zurückgeführt wird (11,14,29). Die Schilddrüse muß also ihre drüseneigenen Kompensationsmechnismen einsetzen, um das ihr zur Verfügung stehende Jodangebot so weit als möglich ausnutzen zu können. Diese homöostatische Regulation bedarf nicht der Mitwirkung des Hypophysenvorderlappens und es ist demzufolge auch keine vermehrte TSH-Einwirkung auf die Schilddrüse in diesem Lebensabschnitt vorhanden (27) - sie kommt nur pathologischerweise bei der Juvenilen-Struma ins Spiel. Die zweifellos verstärkte Jodavidität der Pubertätsschilddrüse dient also nur einer ausreichenden Versorgung mit Jod als Hormonbaustein und ist nicht Ausdruck einer Hyperaktivität im Sinne einer Überproduktion von Schilddrüsenhormonen. Sie läßt vom 18. Lebensjahr ab nach und geht nie mit einem beschleunigten Jodumsatz der Schilddrüse, also einem Anstieg der Hormonphase in Form des $PB^{131}I$, einher (22,37).

Bei gleich hohem Hormonspiegel im Blut ist das PB^{131} I sogar niedriger als bei Erwachsenen (Abb. 1) und damit eine ähnliche Situation wie bei manchen schilddrüsengesunden Erwachsenen mit vegetativer Labilität gegeben, die auch in keiner Weise zu einer Entgleisung in Richtung Hyperthyreose neigen (15,22). Das wird belegt durch die reaktionsschnelle Supprimierbarkeit des thyreoidalen Jodumsatzes durch Trijodthyronin-Zufuhr, die in geringerer Dosis eine sogar stärkere Suppression als bei Erwachsenen zur Folge hat und normale sowie stabile Relationen zwischen Schilddrüse und Hypophysenvorderlappen belegt (Abb. 1).

Wenn es demnach bei den hier skizzierten Befunden als gesichert gelten kann, daß die Schilddrüse selber in der Pubertät nicht anders als in späteren Lebensjahren funktioniert, so bleibt offen, ob das extrathyreoidale Verhalten der Schilddrüsenhormone dem Pubertätsalter und seinen Besonderheiten im Steroidhaushalt irgendwie Rechnung trägt. Untersucht in dieser Richtung sind der Transport der Schilddrüsenhormone im Blut und ihr Umsatz in der Körperperipherie

Entsprechend dem Hormonjodspiegel ist auch die Thyroxin-Bindungs-Kapazität (TBC) des Blutes mit 14 bis 28 Gamma % zu Beginn der Pubertät nicht verschieden von der im Erwachsenenalter (1,17,18,21), während die Konzentration an Thyroxin-bindendem Prae-Albumin (TBPA) mit 89 ± 19 Gamma Thyroxin pro 100 ccm niedriger als physiologischerweise etwa 80 bis 150 Gamma % im Erwachsenenalter liegt (9,12,13,21). In den beiden Jahren nach der Pubertät ändert sich diese Situation in Richtung eines Anstiegs des TBPA bei Reduktion des Thyroxin bindenden Globulins (TBG). Diese Tendenz scheint vom Reifegrad der betreffenden Jugendlichen abhängig (9) und dadurch bedingt zu sein, daß die vermehrt anfallenden Steroidhormone und besonders Androgene die Bindungsfähigkeit des TBG für Schilddrüsenhormone hemmen, die des TBPA dahingegen steigern (11). Obgleich die physiologische Rolle des TBPA als Hormonvehikel für die Hormonabwanderung aus dem Blut noch nicht genau umrissen ist, spricht am meisten dafür, daß es seine von ihm transportierten Hormone bei Bedarf sehr schnell zur Verfügung stellt. Wenn bei gleich fester Bindung von Hormonen an das TBG das TBPA erniedrigt ist, so kann eine genügende Versorgung der Körperperipherie nur durch einen schnelleren Umsatz ("Turnover") von Schilddrüsenhormonen aufrecht erhalten werden. Das ist bei Kindern und besonders in der Pubertät mit einer kürzeren Halbwertzeit der Thyroxin-Abwanderung aus dem extracellulären Flüssigkeitsraum tatsächlich der Fall (2,5,7,16,17,18,40 - s. Abb. 2) und entspricht den Verhältnissen bei anderweitig verursachten Erniedrigungen des TBPA, z.B. postoperativ und bei chronischen Krankheiten (38). Dem lokal vermehrten Hormonbedarf bei diesen Krankheiten könnten die wechselnden Bedürfnisse der schnell wachsenden Organe im Pubertätsalter, z.B. zunehmende Muskelmasse, entsprechen.

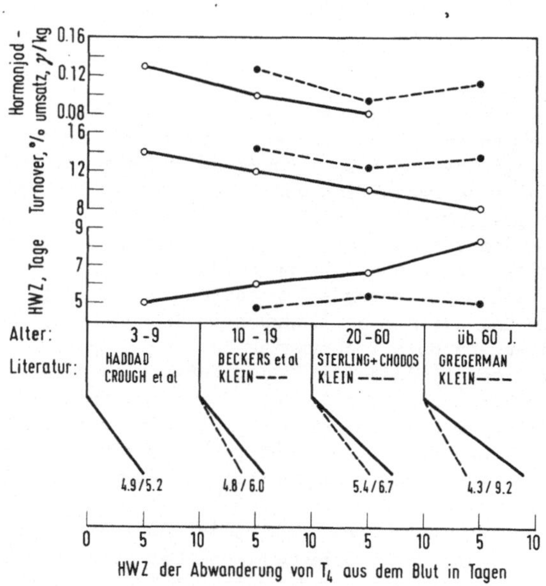

Abb. 2. Der periphere Hormonumsatz in Abhängigkeit vom Lebensalter

Konform mit dem geringeren Körpergewicht und der Körpergröße sind dabei die Werte für den gesamten Hormonumsatz geringer als bei Erwachsenen und pro kg Körpergewicht praktisch gleich (16-18), obwohl auch geringfügig höhere Werte angegeben wurden (2,6). Die Berechnung des Hormonumsatzes auf kg Körpergewicht erscheint problematisch, weil die Relation der besonders stoffwechselaktiven zu den weniger stoffwechselaktiven Geweben mit zunehmendem Wachstum zugunsten der letzteren verschoben wird und die Verhältnisse dann nicht mehr vergleichbar sind. Nach eigenen Befunden (22,23 - s. Abb. 2) ähneln sich die Verhältnisse des Hormonumsatzes im Jugend- und hohen Alter, weil einmal eine relativ hohe Stoffwechselaktivität, zum anderen ein relativ hoher Hormonbedarf bei Gewebsresistenz zur Aufrechterhaltung einer adäquaten Stoffwechselaktivität offenbar auf gleiche Weise reguliert werden. Mit einer Mehrproduktion von Schilddrüsenhormonen haben beide Situationen nichts zu tun.

Bei kritischer Berücksichtigung und Bewertung der angewandten Methoden und ihrer Zuverlässigkeit läßt sich feststellen, daß Schilddrüsenfunktion und Jodhaushalt in Präpubertät und Pubertät, verglichen mit dem Erwachsenenalter, gekennzeichnet sind durch:

1. Stärkere Jodavidität der Schilddrüse bei geringerem Jodidangebot durch
2. niedrigeres Blutjodid infolge erhöhter Jodid-Clearance der Nieren.
3. Gleichartiger thyreoidaler Jodumsatz (Hormonphase).
4. Gleichartige Hormonproduktion.
5. Gleicher Hormongehalt des Blutes.
6. Verminderte Hormonbindungskapazität des TBPA und dadurch
7. beschleunigte Abwanderung von Thyroxin (und Trijodthyronin?) aus dem Extracellularraum mit
8. höherer sogenannter 'Turnover rate', d.h. schnellerer Umsatz der dissoziierten Hormonfraktion.

Die Verhältnisse in der Pubertät ordnen sich zwanglos als fließender Übergang von denen der Kindheit zu denen des erwachsenen Organismus ein, und es finden sich keine speziellen Eigenarten, die denen etwa des Längenwachstums oder der schnell einsetzenden Steroidhormon-Produktion korrespondieren würden. Wenn man die Streuungen der Ergebnisse und methodischen Insuffizienzen mit in Betracht zieht, so läßt sich sogar eine überraschende Kontinuität des Verhaltens der Schilddrüse und ihrer Hormone während der ansonsten diskontinuierlichen puberalen Eintwicklungsphase konstatieren. Sie könnte die dispositionelle Voraussetzung dafür sein, daß die übrigen hormonellen Faktoren in physiologischer Weise zur Wirkung gelangen. Es mag hier nur ergänzend erwähnt sein, daß bei Störungen in der gleichmäßigen Versorgung des wachsenden Organismus mit Schilddrüsenhormonen, z.B. bei kongenitalen oder juvenilen Hypo- und Hyperthyreosen, weder die hypophysären noch die peripheren für eine wohlproportionierte Entwicklung erforderlichen Hormone physiologisch wirken können: je nach Quantität und Qualität der Störung resultieren mehr oder weniger schwere, zum Teil irreversible Schäden bis hin zu Kleinwuchs, Mißwuchs und Schwachsinn beim Kretinismus.

Insgesamt ist nach dem heutigen Stand der Kenntnisse festzustellen, daß weder das Wachstum mit einer Über- noch der Alterungsprozeß des Menschen mit einer Minderproduktion von Schilddrüsenhormonen korreliert ist. Es sind vielmehr periphere und wahrscheinlich interhormonelle Mechanismen von Hormontransport und -umsatz für die Eigenarten im Jod- und Hormonhaushalt während der Pubertät zuständig, deren Natur hier nur angedeutet werden konnte und weiterer Abklärung bedarf.

Abgesehen von den beide Geschlechter gleichmäßig betreffenden kongenitalen Hypothyreosen mit und ohne Struma sind Schilddrüsenkrankheiten im Jugendalter seltener als bei Erwachsenen. Kommen sie aber vor, so manifestieren sie sich vorzugsweise in Präpubertät und Pubertät, wie das später mit einer Häufung der Morbidität auch in anderen Zeiten endokriner Umstellungen, z.B. während und nach einer Gravidität oder im Klimakterium der Fall ist (39). Bezeichnenderweise aber ist der Sexual-Quotient für Schilddrüsenkrankheiten im Erwachsenenalter mit etwa 6-8 ♀/1♂ deutlich höher als im Jugendalter mit etwa 2-3 ♀/1♂: Ausdruck der beide Geschlechter gleichmäßiger belastenden Pubertät gegenüber dem später stärker gefährdeten weiblichen Geschlecht. Das gilt insbesondere für Hyperthyreosen einschließlich der endokrinen Ophthalmopathie und für blande Strumen (25,34,39). Im eigenen Krankengut außerhalb von Endemiegebieten kommen auf

1.000 nacheinander untersuchte blande Strumen mit einem Sexual-Quotienten von 7♀/1♂
206 um die Zeit der Pubertät entstandene mit einem Sexual-Quotienten von 3♀/1♂ und
32 vor dem 12. Lebensjahr entstandene mit einem Sexual-Quotienten von 2♀/1♂.
1.000 nacheinander untersuchte Hyperthyreosen mit einem Sexual-Quotienten von 10♀/1♂

68 um die Zeit der Pubertät entstandene mit einem Sexual-Quotienten von 3♀/1♂ und

19 vor dem 12. Lebensjahr entstandene mit einem Sexual-Quotienten von 1,5♀/1♂.

Pathogenetische Vorstellungen, Klinik und Therapie der uns in der Präpubertät und Pubertät begegnenden Schilddrüsenkrankheiten sind zwar auf das jugendliche Alter der Patienten abzustimmen, weichen aber nicht grundsätzlich von den entsprechenden Verhältnissen bei Erwachsenen ab (24-26,34). Sie können und sollen deshalb in ihrer Vielfalt hier nicht erörtert werden mit Ausnahme der häufigsten Schilddrüsenkrankheit in der Präpubertät und Pubertät, der sogenannten J u v e n i l e n - S t r u m a .

Zu häufig und völlig zu Unrecht gilt eine diffuse blande Hyperplasie bzw. Struma im Jugendalter als physiologisches Vorkommnis, mit dessen spontanen Rückgang in einigen Jahren gerechnet wird und das deshalb keiner besonderen Beachtung bedarf. Dabei besteht auch rein empirisch nicht der geringste Anlaß für eine so optimistische Einstellung, die immer wieder subklinisch-hypothyreote Phasen übersieht und das betroffene Kind ohne die für seine Entwicklung vorteilhafte, wenn auch nicht lebenswichtige Therapie läßt. Noch bedauerlicher und sogar von echtem Nachteil ist die ebenfalls verbreitete Auffassung, daß die Schilddrüse zum Pubertätskropf hyperplasiert, um auf diese Weise einen während des Wachstums vermehrten Hormonbedarf zu decken und daß sie dabei zur Hyperthyreose neigt: Die daraufhin eingeleitete Medikation von antithyreoidal wirkenden Lycopuspräparaten oder gar massiven chemischen Mitteln läßt die Struma größer und größer werden.

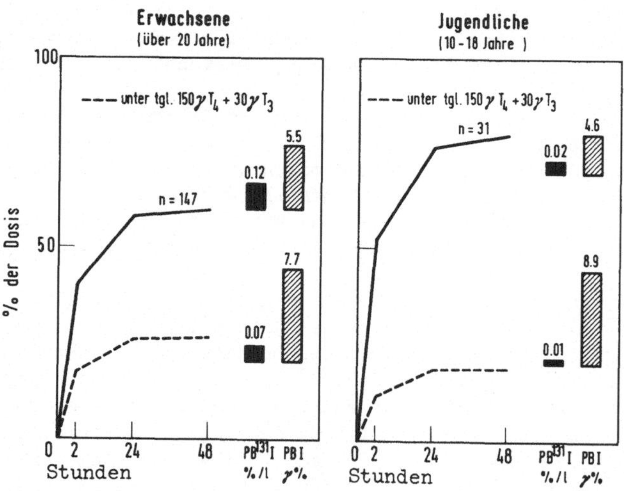

Abb. 3. Jodumsatz und Suppressibilität der diffusen blanden Struma im Jugend- und Erwachsenenalter

Die typische Juvenilen-Struma entsteht in der Präpubertät und Pubertät bei vorhandener Disposition wahrscheinlich infolge der schon erörterten Jodid-Verluste durch die Nieren (1,2). Es handelt sich um die Reaktion auf einen auch wohl noch anderweitig endogen zustande gekommenen Jodmangel mit vermehrter TSH-Inkretion und somit um die gleichen pathogenetischen Mechanismen wie bei der sporadischen Erwachsenen-Struma. Dabei ist entsprechend den physiologischen Verhältnissen des Jodstoffwechsels während der Pubertät die Jodavidität der Juvenilen-Struma betonter als die von vergleichbaren Erwachsenen-Strumen und der Jodumsatz sogar langsamer mit einer sehr niedrigen Hormonphase bei darüber hinaus auch noch unter dem Durchschnitt gleichaltriger gesunder Jugendlicher liegendem Hormonjodgehalt des Blutes. Der suppressive Effekt zugeführter Schilddrüsenhormone auf den thyreoidalen Jodumsatz ist sogar eindrucksvoller als bei Erwachsenen (Abb. 3), so daß auf diese Weise der oben skizzierte pathogenetische Mechnismus der Juvenilen-Struma ohne jede Tendenz zur hyperthyreotischen Entgleisung belegt ist. In Übereinstimmung damit ist die Frequenz von Hyperthyreosen unter Erwachsenen-Strumen deutlich höher als die unter Juvenilen-Strumen (Tabelle 1).

Tabelle 1. Die Hyperthyreose-Frequenz unter Strumen bei Jugendlichen und Erwachsenen

In durch Zuweisung ausgewähltem Krankengut
kommen auf

6000 nacheinander untersuchte blande
Erwachsenen-Strumen
771 = 11,4% Hyperthyreosen

600 nacheinander untersuchte blande
Juvenilen-Strumen
48 = 7,4 % Hyperthyreosen

(Unter unausgewählten Kropfträgern ist die
Hyperthyreose-Frequenz in beiden Gruppen
wesentlich geringer)

Die Frequenz der Juvenilen-Struma entspricht der Kropffrequenz unter Erwachsenen im gleichen, unter Umständen auch durch eine Kropfendemie gekennzeichneten Lebensraum (10,20,34). Bei etwa 20-25 % aller Kropfträger ist die Struma um die Zeit der Pubertät entstanden, persistiert sie und wird sie gegebenenfalls im Lauf der weiteren Jahre zusätzlich knotig verändert. Abgesehen von in jedem Lebensalter vorkommenden Einzelfällen gibt es keine Beobachtungen über das spontane Verschwinden eines einmal entstandenen und unbehandelt belassenen Jugendkropfes. Die Pubertät ist demnach entsprechend den ihr eigenen physiologischen Verhältnissen im endogenen Jodstoffwechsel eine erste Lebensphase mit Voraussetzungen, die einer Kropfmanifestation entgegen kommen. Eine solche Manifestation ist dabei wie jede spätere Manifestation dieser Krankheit stets pathologisch, eine gesunde Schilddrüse hyperplasiert auch in der Pubertät nicht.

So gleichartig wie die Pathogenese mit zentraler Bedeutung einer vermehrten TSH-Einwirkung, so gleichartig ist die Therapie der typischen diffusen Jugend- und Erwachsenen-Struma: stets sind Schilddrüsenhormone indiziert, die selbst bei einer sehr großen Juvenilen-Struma fast immer zu einem befriedigenden Erfolg führen und eine Operation überflüssig machen (Abb. 4). Die Therapie muß jahre-, wenn nicht lebenslang beibehalten bleiben und ist einer optimalen Dosierung wegen durch Hormonjodanalysen zu überwachen. Bei zu frühem Absetzen der Behandlung rezidiviert ein Jugendkropf ebenso häufig wie eine Erwachsenen-Struma. Zuweilen bewährt sich eine Zusatzmedikation von 100-300 Gamma Jodid zu den üblicherweise verwendeten synthetischen Hormonpräparaten (etwa 0,1-0,3 mg L-Thyroxin mit zusätzlich 0,02-0,06 mg L-Trijodthyronin täglich) bzw. die Gabe von Jodid enthaltender bzw. nach Inkorporierung freigebender Thyreoidea siccata (24,25,34).

Abschließend sei erwähnt, daß eine Juvenilen-Struma öfter als vermutet oder auch nach den Daten der Funktionsanalysen erkennbar mit einer autoimmunologischen Komponente in der Pathogenese vergesellschaftet und damit partiell-lymphomatöser Natur ist (2,4,9,33). Für die Therapie ergeben sich daraus keine anderen als die schon angeführten Gesichtspunkte.

Literatur

1. Baschieri, I., de Luca, F., Negri, M., Rinchera, A.: Folia endocr. (Roma) 11, 376 (1958)
2. Beckers, C., Malvaux, P., de Visscher, M.: J. clin. Endocr. 26, 202 (1966)
3. Büchner, F.: Arch. klin. Chir. 130, 199 (1924)
4. Bürkle de la Camp, H.: Arch. klin. Chir. 130, 207 (1924)
5. Costa, A., Ravera, G. P.: La tiroide - Il surrene nell'infanzia 1, 311 (1961)
6. Cottino, F., Ferrara, G. C., Colombo, G., Costa, A.: Panminerva med. 3, 471 (1961)
7. Croughs, W., Visser, H. K. A., Woldring, M. G., Bakker, A.: Acta endocr. (Kbh.) 45, Suppl. 89, 10 (1964)
8. Danowski, T. S.: Clinical Endocrinology Vol. II: Thyroid. Baltimore: Williams and Wilkins Comp. 1962
9. Dreyer, D. J., Man, E. B.: J. clin. Endocr. 22, 31 (1962
10. Endemic Goitre. W. H. O. Genf 1960.
11. Federman, D. D., Robbins, J., Rall, J. E.: J. clin. Invest. 37, 1024 (1958)
12. Ferrier, P., Lemarchand-Beraud, Th.: Acta endocr. (Kbh.) 45, Suppl. 89, 11 (1964)
13. --,--: Acta endocr. (Kbh.) 48, 547 (1965)
14. Fisher, D. A., Oddie, T. H.: J. clin. Endocr. 23, 811 (1963)
15. Bauwerky, F., Petsersen, F.: Nucl.-Med. (Stuttg.), Suppl. 2, 99 (1965)
16. Gregerman, R. I., Gaffney, G. W., Shock, N. W.: J. clin. Invest. 41, 2065 (1962)
17. Haddad, H. M.: J. Pediat. 57, 391 (1960)
18. --: J. clin. Invest. 39, 1590 (1960)
19. Harnack, G.-A. von: Med. Mschr. 23, 1 (1969)
20. Heiman, P.: Acta med. scand. 179, 113 (1966)
21. Ingbar, S., Freinkel, N.: Recent. Progr. Hormone. Res. 16, 353 (1960)
22. Klein, E.: Der endogene Jodhaushalt des Menschen und seine Störungen. Stuttgart: Thieme, 1960
23. --: Klin. Wschr., 1962, 3
24. --: Internist (Berl.) 6, 30 (1965)
25. --: Die Schilddrüse. Ärztl. Prax. 19, 3121 (1967) Berlin-Heidelberg-New York: Springer, 1969
26. Lamberg, B.-A.: Sköldkörtelns sjukdomar. Helsingfors: Remedia Fennica 1969
27. Lemarchand-Beraud, Th., Vannotti, A.: Acta endocr. (Kbh.) Suppl. 138, 171 (1969)
28. Maggiore, U. della, Pardelli, L.: Fol. endocr. (Roma) 10, 447 (1957)
29. Malvaux, P., Beckers, C., de Visscher, M.: J. clin. Endocr. 25, 817 (1965)
30. May, H.: Arch. klin. Chir. 149, 501 (1928)
31. McGavan, A.: Serum Butanol extractable Iodine in normal children 10 to 18 years of age. Thesis, New Haven, Yale Univ. school of Medicine 1958
32. Mosier, H. D., Armstrong, M. K., Schultz, M. A.: Pediatrics 31, 426 (1963)
33. Müller, W.: Internist 11, 17 (1970)
34. Oberdisse, K., Klein, E.: Die Krankheiten der Schilddrüse, Stuttgart: Thieme 1957
35. Oca, M. de: Ziegl. Beitr. Pathol. Anat. 85, 333 (1930)
36. Oddie, T. H., Meade, J. H., Myhill, J., Fisher, D. A.: J. clin. Endocr. 26, 1293 (1966)
37. Oliner, L., Kohlenbrenner, R. M., Fields, Th., Kunstadter, R. H.: J. clin. Endocr. 17, 61 (1957)
38. Oppenheimer, J. H., Bernstein, G.: In: Current Topics in Thyroid Research, Ed. by C. Cassano, M. Andreoli. Page 674. New York - London: Academic Press 1965
39. Reinwein, D., Horster, F. A.: In: Das Testosteron - Die Struma. Herausgeb. von E. Klein, S. 175. Berlin - Heidelberg - New York: Springer, 1968
40. Sterling, K., Chodos, R. B.: J. clin. Invest. 35, 806 (1956)
41. Tubiana, M. Ravaud, G.: Ann. Endocrin. (Paris) 17, 175 (1956)

Symp. Dtsch. Ges. Endokrin. 16, 183-194 (1970)

Pubertas praecox und Pubertas tarda

Precocious and Retarded Puberty

J. R. BIERICH

Universitäts-Kinderklinik Tübingen

Mit 15 Abbildungen*

Summary

The commonest cause of retarded puberty is the constitutional form of delayed adolescence, - a functional and temporary disorder which occurs frequently in several members of the family. Growth, sceletal and sexual development are equally retarded by several years. At the end the children attain normal sexual maturity and (almost) normal height. Treatment appears indicated only when the patients suffer from psychological disturbances.

Although all types of true precocious puberty most probably take rise from the diencephalon they are divided into cerebral forms sensu strictori (I. hamartomas of the tuber cinereum, II. other anatomical lesions of the brain) and other forms (III. idiopathic type, IV. Weil-Albright-syndrome). I: The hamartomas consist of excessive hypothalamic tissue which histologically corresponds to the nerve cells of the tuber cinereum. They produce large amounts of LRF (Bierich et al, 1967). II: Such lesions appear to interfere with the suppression which the release-regulating-system during infancy and childhood normally exerts upon the hypophysiotropic area. III: This most frequent type of sexual precocity (more than 600 published cases) is encountered mainly in girls. IV: The same type of precocity is found in the Weil-Albright-Syndrome. In addition one observes large café-au-lait-coloured pigmentations of the skin and polyostotic fibrous dysplasia of the sceleton. - In both of the latter forms there is evidence not only for a premature gonadarche but also premature adrenarche, manifested by increased excretion of 17-oxosteroids, esp. 11-deoxy, 17-oxosteroids which exert androgenic activity. We have found a positive correlation between urinary 17-oxosteroids and sceletal development (bone age), pointing to a causal interrelationship between adrenal androgens, sceletal maturation and growth in height.

Today children with idiopathic sexual precocity are usually treated with medroxyprogesteron acetate (Depo-provera) which leads to the suppression of menses and breast development. Bone maturation and growth continue, however, to proceed in accelerated velocity. According to own investigations it is eventually possible to suppress this acceleration by use of chlormadinone acetate or cyproterone acetate, both steroids acting not only progestationally but in addition antiandrogenically.

Zu Anfang möchte ich um des besseren Verständnisses willen kurz rekapitulieren, welche Mechanismen bei der sexuellen Reifung involviert werden. Die Vorgänge spielen sich auf 5 Ebenen ab. Die Angriffspunkte der Sexualhormone sind die inneren und äußeren Genitalorgane (Ebene V), ihr Produktionsort die Keimdrüsen (IV). Die nächst höhere Ebene (III) ist die Adenohypophyse, die die Gonadotro-

* Halbtonbilder s. Anhang S. 467

pine sezerniert; darübergeschaltet die hypophysiotrope Area, in deren Bereich die Releasing Factors FRF und LRF synthetisiert werden. Schließlich stellt die oberste Ebene das sog. Release regulating System dar, in dem exogene, über die Hirnrinde einfließende Stimuli, hemmende Impulse aus dem negativen Feedback der Sexualhormone und wahrscheinlich drosselnde Impulse aus dem epithalamischen Gebiet und der Zirbeldrüse integriert werden und auf neuralem Wege der hypophysiotropen Area zugehen. Eine Rückkoppelung ist aber auch schon auf der Ebene der hypophysiotropen Area gegeben. Vereinfacht ergibt sich das in Abb. 1a gezeigte Schema, in dem die hypophysiotrope Area mit dem Tuber cinereum gleichgesetzt ist, da es sich um die Gonadotropin-freisetzende Funktion dieses Gebietes handelt, und das Release regulating System mit "Relais" bezeichnet ist. Dieses Relais übt in Abhängigkeit von dem Sexualhormonspiegel fortwährend eine gewisse Drosselung auf das Tuber cinereum aus.

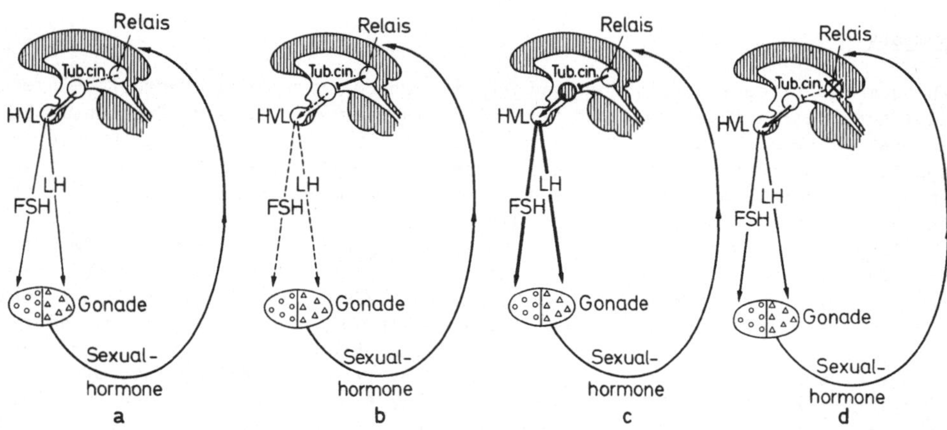

Abb. 1a-d. Hormonale Regulation der Gonadenfunktion.
a) beim Erwachsenen
b) vor der Pubertät
c) bei Frühreife infolge Hamartom des Tuber cinereum
d) bei Frühreife infolge cerebraler Läsion in der Pinealisregion (aus Bierich 1965)

Von den Verhältnissen beim Erwachsenen unterscheiden sich diejenigen beim Kind durch eine stärkere Drosselung des Tuber cinereum, so daß nur geringe Mengen Gonadotropin produziert werden (Abb. 1b). Diese Drosselung erfolgt schon bei sehr niedrigen Sexualhormonspiegeln im Blut. Hohlweg, Bidulph u.a. und 1966 erneut McCann haben gezeigt, daß die Gonadotropinproduktion infantiler Ratten schon durch etwa 1/30 der Oestrogendosis unterdrückt wird, die beim Erwachsenen Tier dafür erforderlich ist.

Zusammenfassend bedeutet also der primäre Vorgang der Pubertät die Umstellung der hypothalamischen Regulation, eine Empfindlichkeitsminderung des zentralen Regelmechanismus gegenüber den zirkulierenden Sexualhormonen.

Im folgenden möchte ich mich nunmehr den klinischen Problemen der sexuellen Reifung zuwenden. Die Definition, was noch als normal, was schon als pathologisch zu gelten hat, hat von den statistisch ermittelten Grenzen der normalen sexuellen Reifung auszugehen. Im Zuge der Acceleration hat sich die Pubertät ständig zu früheren Terminen hin verschoben. Die jüngste repräsentative Untersuchung von Scott aus dem Jahre 1961 ergibt für Londoner Mädchen einen mittleren Menarchetermin von 13,06 Jahren. Bei einer Standardabweichung von 1,1 Jahr betragen die Vertrauensgrenzen $\bar{x} \pm 4$ s, die 99% aller gesunder Kinder umschließen, 8 2/3 bis 17 1/2 Jahre. Menarchetermine vor dem Alter von 8 2/3 und in

Übereinstimmung damit eine beginnende sexuelle Entwicklung unter 6 2/3 Jahren sind als Pubertas praecox zu betrachten. Beim physiologischerweise später pubertierenden männlichen Geschlecht gelten 2 Jahre spätere Termine. Menarchetermine jenseits 17 1/2 bzw. Reifungsbeginn jenseits von 15 1/2 Jahren sind als Pubertas tarda anzusprechen. Beim Knaben gelten 2 Jahre spätere Termine.

Wenn ich zunächst auf die Pubertas tarda zu sprechen komme, möchte ich hier nicht detailliert auf die verschiedenen differentialdiagnostischen Probleme eingehen, die durch die primären und sekundären Keimdrüseninsuffizienzen gegeben sind, bei denen die Reifung letztlich ausbleibt, sondern nur auf die häufigste Form der Pubertas tarda, bei der die sexuelle Reifung verspätet, aber schließlich vollständig eintritt, auf die sog. konstitutionelle Entwicklungsverzögerung, die in Deutschland viel zu wenig bekannt ist und zu selten diagnostiziert wird, obgleich sie gerade bei uns schon in den 30iger Jahren beschrieben worden ist (Rosenberg). Von den Minderwüchsigen im Krankengut von Wilkins in Baltimore machten diese Kinder 43% aller Fälle aus und stellten damit bei weitem die größte Einzelgruppe und die häufigste Ursache des Minderwuchses dar. Abb. 2 zeigt einen 17-jährigen minderwüchsigen Patienten mit gerade beginnender Pubertät neben einem normal entwickelten Kontrollfall. Auch die Schwester dieses Jungen wies eine verzögerte Pubertät und einen verspäteten Pubertätswachstumsspurt auf. Eine familiäre Häufung des Syndroms findet man in etwa 50% der Fälle. Unser Patient hat anschließend eine normale sexuelle Entwicklung durchlaufen und eine Erwachsenengröße von 169 cm erreicht. Abb. 3

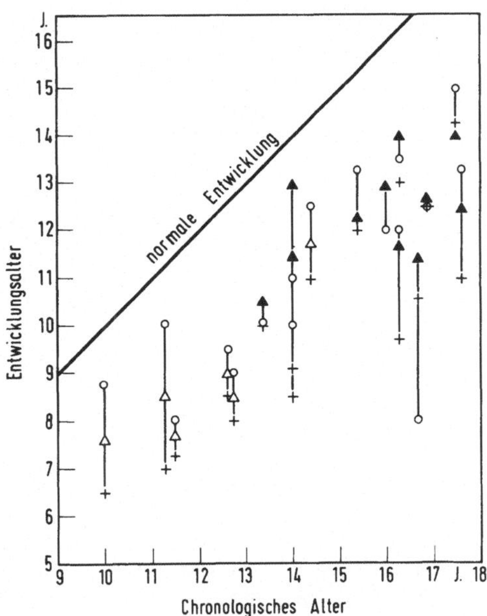

Abb. 3. Entwicklungsdiagramme von Kindern und Jugendlichen mit konstitutioneller Entwicklungsverzögerung. Skeletalter (O), Längenalter (+) und sexueller Reifestand (Δ präpuberal, ▲ im Gang befindliche Pubertät) (aus Bierich 1961)

zeigt das Entwicklungsdiagramm von 17 derartigen Patienten, auf der Abszisse das Lebensalter, auf der Ordinate das Entwicklungsalter mit Daten für die Körperlänge, ausgedrückt als Größenalter (Kreuze), Skeletalter (Kreise) und sexuelle Entwicklung (Dreiecke) (Bierich 1961). Im allgemeinen ergibt sich eine ziemlich enge Korrelation dieser 3 Größen, die alle gleichmäßig retardiert sind.

Die Erwachsenengröße der Patienten variiert erheblich, erreicht aber in der Regel Werte innerhalb der Norm. Längsschnittuntersuchungen unserer Hamburger Patienten, die zusammen mit Blunck und Gierthmühlen durchgeführt wurden, ergaben für die männlichen Patienten eine mittlere Endgröße von 167 cm, einen Wert, der der Zehnerperzentile der Norm entspricht. Von den Eltern unserer Patienten waren viele relativ kleinwüchsig, so daß eine größere Erwachsenengröße aus genetischen Gründen nicht zu erwarten war.

Damit möchte ich die Pubertas tarda abschließen und auf die Frühreife zu sprechen kommen, wobei ich allein auf die echte Pubertas praecox eingehe und die Pseudo-Pubertas praecox auf Grund von Gonadentumoren und adrenogenitalem Syndrom ausklammere. Generell kann angenommen werden, daß die echte Frühreife ihren Ausgang stets vom Zwischenhirn nimmt. Als cerebrale Frühreife im engeren Sinn werden jedoch solche Formen herausgehoben, bei denen pathologisch anatomisch faßbare Befunde am Gehirn vorgefunden werden; ihnen werden die idiopathische Formen ohne derartige Veränderungen gegenübergestellt. Innerhalb der cerebralen Frühreife im engeren Sinne unterscheiden wir zwei verschiedenartige Formen, 1. die Pubertas praecox auf Grund diencephaler Hamartome, 2. diejenige infolge anderer Tumoren und von Hydrocephalie des 3. Ventrikels. Die Häufigkeit der verschiedenen Frühreifeformen geht aus der folgenden Tabelle (Tab. 1) her-

Tab. 1. Echte Frühreife

	Anzahl der publiz. Fälle
Hamartome des Hypothalamus	40
Andere cerebrale Läsionen	> 200
Idiopathische Frühreife	> 600
Weil-Albright-Syndrom	48
Unbehandelte Hypothyreose	9

vor. Während die diencephalen Hamartome zu den seltenen Ursachen der Pubertas praecox zählen, wird Frühreife auf Grund anderer cerebraler Läsionen relativ häufig beobachtet. Weitaus an der Spitze mit über 600 publizierten Fälle steht die idiopathische Frühreife. Es ist zu vermuten, daß heutzutage durchaus nicht alle Fälle mehr publiziert werden. Dies gilt sicherlich auch von dem Weil-Albright-Syndrom, von dem wir in Hamburg alleine 6 gesehen haben. Frühreife auf Grund von Hypothyreose kommt dagegen sicherlich sehr selten vor.

Die Hamartome sind erbs-bis walnußgroße Tumoren, die vom Boden des 3. Ventrikels zwischen Hypophysenstiel und Corpora mammillaria ausgehen; sie stellen keine echten Geschwülste, sondern cerebrale Überschußbildungen dar, die sich aus den kleinen Ganglienzellen zusammensetzen, die das Tuber cinereum bilden. Diese Zellen produzieren beim Nagetier den Releasing Factor für das LH. Das klinisch führende Symptom ist eine meistens innerhalb der ersten Lebensjahre auftretende Makrogenitosomia praecox. Abb. 4 zeigt einen 3-jährigen Jungen mit einer Überlänge von 25 cm und stark entwickelten Testes und Genitalien, bei dem wir encephalographisch einen Tumor am Boden des 3. Ventrikels darstellen konnten. Abb. 5 zeigt einen 10-jährigen Jungen mit einer angeborenen Frühreife; in diesem Fall war das Wachstum bei einer Körperlänge von 134 cm beendet, die Epiphysenfugen waren sämtlich geschlossen. Beide Patienten schieden täglich 30 bis 40 μg Testosteron aus, d.h. Erwachsenenwerte. In diesem Fall lagen zusätzlich eine Imbezillität und ein epileptisches Krampfleiden vor, Befunde, die in einem großen Teil der bisher publizierten Fälle vorhanden waren und in Verbindung mit der außerordentlich frühen Pubertas praecox stets den Verdacht auf ein Hamartom erwecken müssen. Charakteristisch sind ferner zwangshafte Lachanfälle, die wir sowohl bei diesem als bei einem dritten Kind beobachtet haben und die auch von List und von Hampson beschrieben worden sind. Encephalographisch fanden wir mit Hilfe einer Luftfüllung der Basalcisternen jeweils etwa haselnußgroße Tumoren am Boden des 3. Ventrikels. Abb. 5a und b zeigen einen solchen in die Cisterna interpeduncularis hineinragenden Tumor. In 2 von unseren Fällen wurde von Guillemin in Houston, Texas, ein stark erhöhter Gehalt an Gonadotropin-freisetzenden Faktoren und zwar an LRF nachgewiesen. Damit sind diese Hamartome die erste Erkrankung, bei der es gelungen ist, die pathologisch vermehrte Produktion eines Hypothalamushormons als Ursache nachzuweisen. Abb. 1c zeigt die Verhältnisse schematisch. Der feedback-Mechanismus findet an dem autochthonen Hamartom keinen Ansatzpunkt; die Gonadotropinproduktion ist deswegen stark erhöht.

Häufiger als durch solche Hamartome wird die cerebrale Frühreife durch Tumoren im occipitalen Hypothalamus und Epithalamus verursacht, unter denen beim Knaben vor allem die Pinealome zu nennen sind, ferner durch Hirnerkrankungen, die mit einem Hydrocephalus des 3. Ventrikels verbunden sind. Klinisch stehen bei diesen Kindern neurologische Erscheinungen ganz im Vordergrund. Auch wir haben ausführlich über mehrere derartige Fälle berichtet (Bierich, Blunck u. Schönberg, 1967). Wahrscheinlich handelt es sich bei diesen Patienten um Läsionen solcher Hirngebiete, die normalerweise als zentraler Rezeptor für den Sexualhormonspiegel im Plasma dienen und der hypophysiotropen Area als hemmendes Relais übergeordnet sind (Abb. 1d).

Die häufigste Frühreifeform ist, wie erwähnt, die idiopathische Pubertas praecox. Wir selbst verfügen über 30 Beobachtungen. Die Gruppe ist heterogen und umfaßt einerseits die seltenen dominant erblichen Fälle, die nur bei Knaben vorkommen, andererseits die viel häufigeren sporadischen Fälle. Das Geschlechtsverhältnis der betroffenen Knaben zu den Mädchen beträgt 1:7. Klinisch ist das erste objektive Symptom die Wachstumsbeschleunigung. Das Mädchen in Abb. 6 ist mit 2 1/4 Jahren 11 cm übergroß. Noch stärker avanciert als das Längenwachstum ist jedoch die Skeletreifung, was zur Folge hat, daß die Epiphysenfugen früh

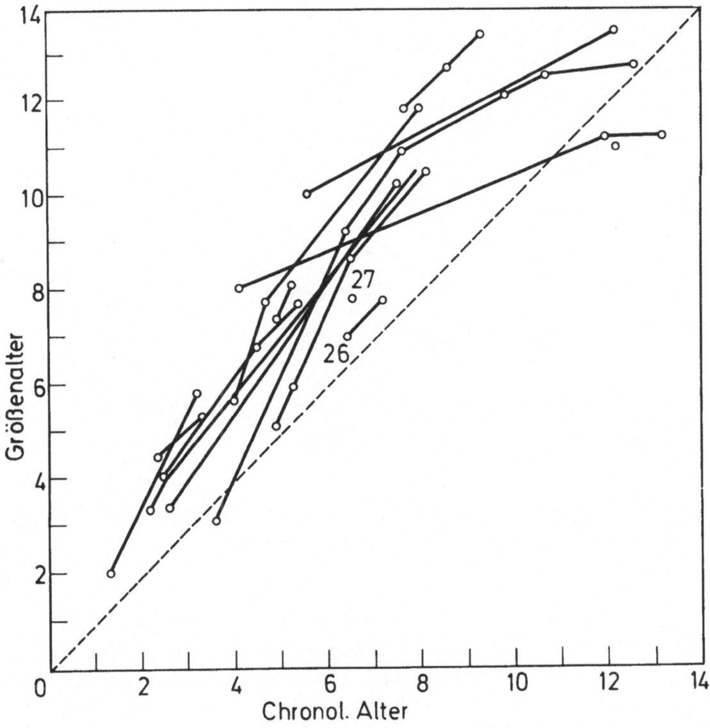

Abb. 8. Wachstumskurven von 16 Kindern mit idiopathischer Frühreife (aus Blunck et al 1967)

verschlossen und das Wachstum vorzeitig beendet ist, wie z. B. bei dem 12-jährigen Mädchen in Abb. 7, bei dem sämtliche Epiphysenfugen synostosiert sind. Abb. 8 zeigt die Wachstumskurven unserer Fälle. Zwischen 10 und 13 Jahren ist das Längenwachstum in der Regel beendet. Das Skeletalter beträgt in diesem Alter rund 17 Jahre, - eine Reifungsstufe, die mit dem Schluß der Epiphysenfugen verbunden ist.

Was den Eltern zuerst auffällt, ist meistens die Brustentwicklung; doch auch die Menarche tritt oft schon in den beiden ersten Lebensjahren ein. Von den übrigen Befunden ist bei den Mädchen der positive Vaginalabstrich der konstanteste und verläßlichste; wir haben ihn in keinem einzigen Fall vermißt. Eine nachweisbare Gonadotropinausscheidung findet man nur in der Hälfte der Fälle. Das Einsetzen der Adrenarche, der Androgenbildung der Nebennierenrinde, wird durch die erhöhten 17-Oxosteroide im Harn angezeigt (Abb. 9). Die Steroidchro-

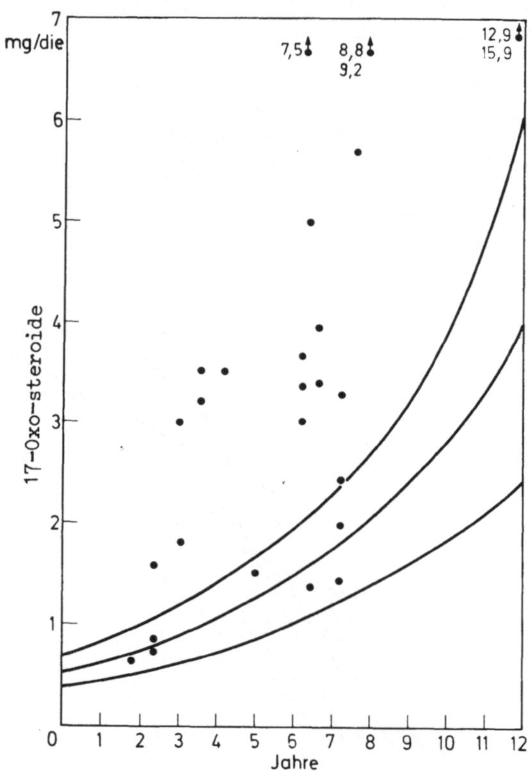

Abb. 9. Ausscheidung der 17-Oxo-steroide bei 16 Kindern mit idiopathischer Frühreife. Eingezeichnet sind die Normalwerte ($\bar{x} \pm 1$ s)

matographie ergibt einen Anstieg namentlich der 11-Deoxy-17-Oxosteroide als Zeichen der echten Androgensynthese. Wichtig ist der Befund, daß zwischen der Menge der ausgeschiedenen 17-Oxosteroide und dem Knochenalter eine positive Korrelation besteht; in dem abgebildeten Diagramm sind die 17-Oxosteroide jeweils über dem auf der Abszisse aufgetragenen Lebensalter der Kinder eingezeichnet; trägt man auf der Abszisse jedoch das Skeletalter, bestimmt nach dem Röntgenbild der Hand, auf, so rücken die Werte der Oxosteroide nach rechts und entsprechen dann sehr viel besser der Norm. Ihre Korrelation zum Skeletalter ist mit anderen Worten sehr viel enger als zum Lebensalter (Bierich u. Nowak 1965; Bierich 1968).

Umgekehrt ausgedrückt nehmen wir an, daß die adrenalen Androgene, deren Derivate ja als 17-Oxosteroide im Harn erscheinen, die Acceleration des Skeletalters verursachen, - ganz genau wie beim kongenitalen adrenogenitalen Syndrom. Auch die temporäre Wachstumsbeschleunigung entspricht einem Steroidwachstum, wie wir es beim AGS beobachten.

Einem der idiopathischen Form klinisch gleichenden Typus der Frühreife begegnet man beim Weil-Albright-McCune-Sternberg-Syndrom, das nur bei Mädchen beobachtet wird. Typisch ist die Symptomentrias echte Pubertas praecox, flächenhafte segmental angeordnete braune Hautpigmentationen und polyostotische Knochenplasie. Die Ursache der Frühreife beim Weil-Albright-Syndrom ist bisher noch unklar bzw. umstritten.

Echte Frühreife ist schließlich bei insgesamt 9 Kindern mit einer lange bestehenden angeborenen oder erworbenen unbehandelten Hypothyreose beobachtet worden. In mehreren Fällen wurden Gonadotropine in Erwachsenenmengen im Harn nachgewiesen. Wurden diese Kinder auf Thyreoidea sicca eingestellt, so verschwanden die Symptome der sexuellen Reifung völlig. Offenbar ist in diesen seltenen Fällen die vermehrte TSH-Sekretion der basophilen Zellen der Hypophyse mit einer gleichzeitigen Mehrsekretion von Gonadotropinen verbunden. Beides verschwindet, wenn Schilddrüsenhormon zugeführt wird.

Therapie

Während die Frühreife ärztlich bis vor kurzem nur eine diagnostische Aufgabe darstellte, ist sie seit 1962 in zunehmendem Maße auch dem therapeutischen Zugriff erschlossen worden. Eine Indikation für die Therapie besteht aus folgenden drei Gründen:

1. Zahlreiche frühreife Kinder, die ihrem Aspekt entsprechend ja stets für älter gehalten werden als sie sind, werden frühzeitig verführt und konzipieren vor dem 16. Lebensjahr.
2. Die körperliche Acceleration is nicht mit einer gleichzeitigen geistigen und psychischen Entwicklungsbeschleunigung verbunden; wegen dieser Diskrepanz einerseits, andererseits wegen der Ausnehmestellung, die die weitentwickelten Mädchen unter ihren Altersgenossen einnehmen, ergeben sich oft erhebliche psychologische Probleme.
3. Der einzige bleibende Nachteil, den diese Kinder davontragen, ist ihre Kleinheit als Erwachsene. Im Mittel werden sie nicht größer als 145 cm.

Die Ära der oral wirksamen Gestagene, die mit der Entdeckung der Nortestosterone begann, hat auch die Voraussetzungen für die Behandlung der Frühreife geschaffen. Als erste haben 1962 Kuppermann et al. das Medroxyprogesteronacetat zu diesem Zweck verabfolgt; bald darauf wurde das Mittel von Laron, Hahn, Thamdrup und Lemli et al. und anderen mehr verwendet. Die Resultate lassen sich dahingehend zusammenfassen, daß es im allgemeinen gelingt, die Menstruationen zu unterdrücken, daß die Brustentwicklung meistens zurückgeht und der Vaginalabstrich negativ wird. Eine Verminderung des Längenwachstums, der Skeletreifung und der Schambehaarung werden dagegen vermißt. Abb. 10 aus der Arbeit von Lemli et al. zeigt das Beispiel eines typischen Wachstumsverlaufes; zu Beginn der Behandlung war das Größenalter dem Lebensalter um knapp 1 Jahr voraus, am Schluß der Behandlung nach 2 Jahren dagegen um rund 2 Jahre. Das Knochenalter war anfangs 1 1/2 Jahre voraus, am Schluß dagegen 3 1/2 Jahre. Die schlechte Wachstumsprognose wird durch Medroxyprogesteronacetat mit anderen Worten nicht verbessert, sondern wird fortlaufend schlechter.

Wie man heute weiß, beruht die ovulationshemmende Wirkung der oralen Gestagene nicht, wie man anfänglich geglaubt hat, auf einer drastischen Senkung der Gonadotropinsekretion der Hypophyse, sondern 1. in der nachgewiesenen Nivellierung des Mid-Cycle-Peaks der Gonadotropinausschüttung, die normalerweise die Ovulation auslöst, 2. in einer direkten Wirkung auf die Ovarien. In derselben Weise ist sicherlich großenteils der Therapieerfolg der Gestagene bei der Frühreife zu interpretieren. Die ersten Berichte von Kuppermann und Epstein und von Laron et al. über eine Unterdrückung der Gonadotropinsekretion frühreifer Mädchen mit Depo-provera, d.h. Medroxyprogesteronacetat, sind von Lemli et al. und anderen Autoren in langfristigen Untersuchungen nicht bestätigt worden. Hervorzuheben ist jedoch, daß nicht alleine die Menstruation bzw. Ovulationen, sondern auch

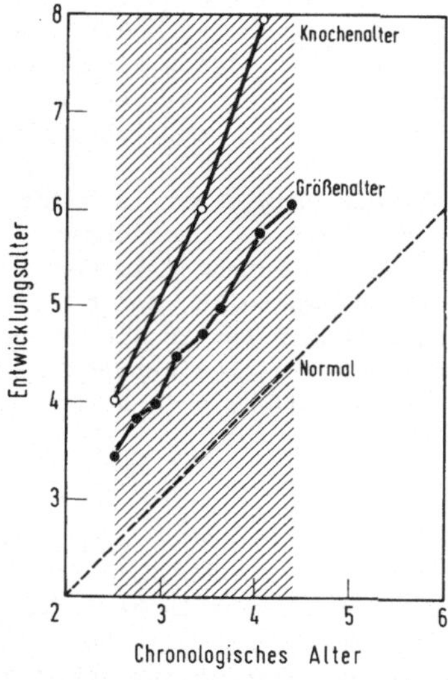

Abb. 10. Ablauf von Längenwachstum und Skeletreifung bei idiopathischer Frühreife unter Behandlung mit Medroxyprogesteronacetat; die Periode der Behandlung ist punktiert gezeichnet (aus Lemli u. Smith, 1964)

die Mammavergrößerung durch Depo-provera unterdrückt werden, daß der Vaginalsmear völlig negativ werden kann und daß die Östrogenausscheidung auf minimale Werte absinkt.

In dem Bestreben, die Behandlung nach Möglichkeit peroral durchzuführen, hat unsere Arbeitsgruppe in Hamburg (Bierich, Blunck u. Menking) bzw. in Tübingen die Therapie mit folgenden Gestagenen in Tabletten-Form aufgenommen:

1. mit 17-α-Äthinyl, 19-nortestosteronacetat,
2. mit Chlormadinonacetat,
3. mit beiden Mitteln in Kombination mit Cyproteron,
4. mit Cyproteronacetat, welches gestagene und antiandrogene Eingenschaften in sich vereinigt.

Mit dem Äthinyl-Nortestosteron haben wir in Dosen bis 20 mg keine Erfolge gehabt. Die Brustentwicklung wurde nicht unterdrückt, das Skeletalter stieg stärker an als vor der Behandlung.

Mit dem Chlormadinonacetat wurden insgesamt 21 Kinder länger als 1 Jahr, maximal über 5 Jahre behandelt, darunter 14 Kinder mit idiopathischer Frühreife. Im folgenden möchte ich vor allem unsere Erfahrungen bei diesen letztgenannten Kindern besprechen, und zwar jeweils unter 2 Gesichtspunkten:

1. die Wirkung auf die sexuelle Reifung im engeren Sinne,
2. die Wirkung auf das Längenwachstum und die Knochenreifung.

Abb. 11[1] **zeigt** Ihnen das Diagramm eines Mädchens, das wir jetzt länger als 5 Jahre in Behandlung haben. Unter der Behandlung mit Chlormadinonacetat geht die Brustentwicklung vollständig zurück, die Menstruation sistiert - abgesehen von einer einzigen Blutung nach Absetzen des Mittels; der Vaginalsmear wird östrogennegativ. Von besonderer Wichtigkeit ist die Feststellung, daß das Längenwachstum sich parallel der Normalkurve bewegt. Dem entspricht, daß auch die Skeletreifung nich mehr exzessiv zugenommen hat, sondern mit dem Längenwachstum korreliert bleibt.

---

[1] Es ist zu beachten, daß in Abb. 11-15 die den 2-Jahresintervallen des Skeletalters entsprechenden Teilstrecken (Ordinate links!) eine mit ansteigendem Knochenalter zunehmende Verkürzung zeigen, da sie den Zuwachsstrecken des Längenwachstums nachgezeichnet sind.

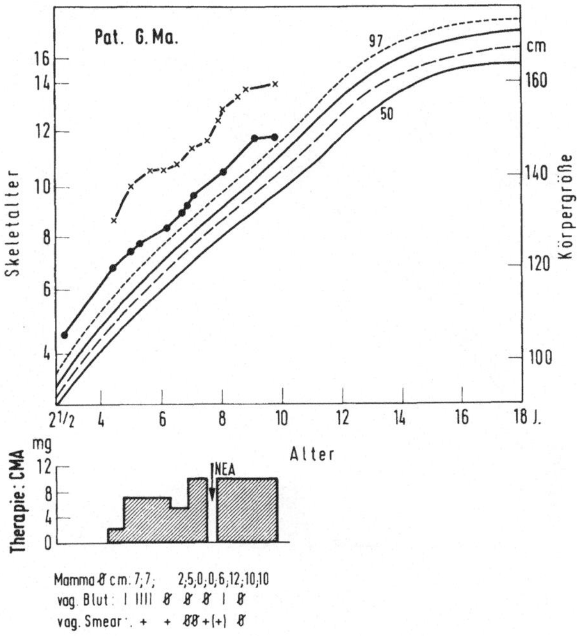

Abb. 11. Langzeittherapie eines Mädchens mit idiopath. Frühreife mit Chlormadinonacetat (CMA); kurzfristig wurde Norethisteronacetat (NEA) ver-abfolgt. ●—● Körpergröße, x—x Skeletalter

Einen ähnlichen günstigen Effekt zeigt die Abb. 12; einerseits Rückgang der Mammae und negativer Vaginalsmear, andererseits keine Zunahme der Acceleration von Wachstum und Skeletreifung.

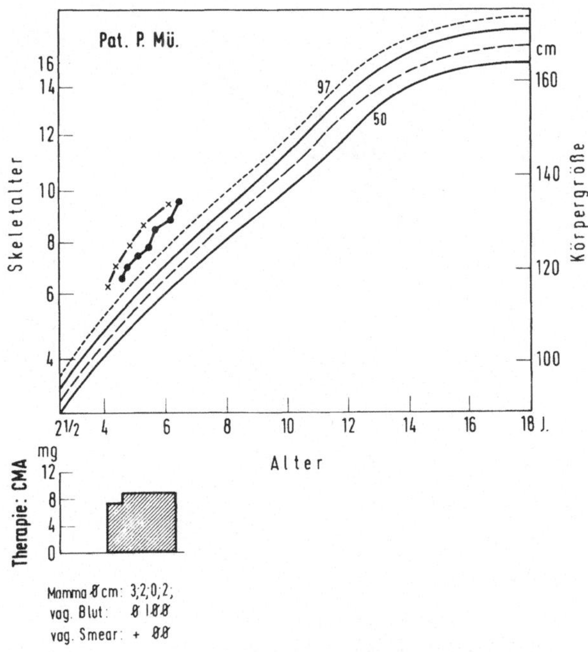

Abb. 12. Langzeitbehandlung mit Chlormadinonacetat (CMA) bei idiopath. Frühreife

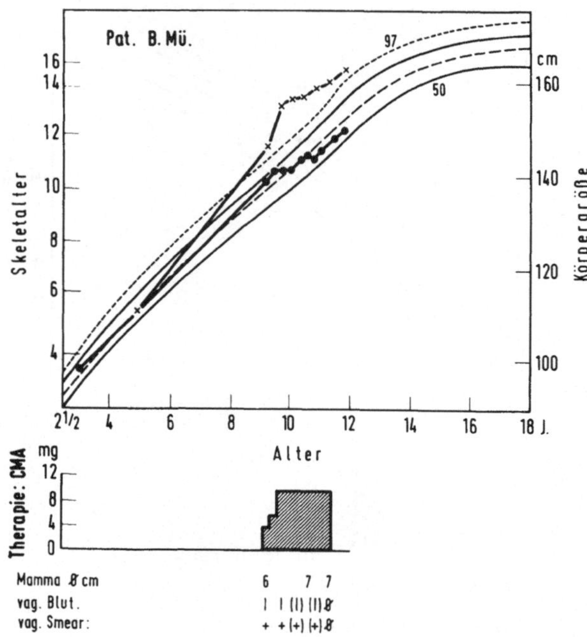

Abb. 13. Langfristige erfolgreiche Therapie mit Chlormadinonacetat (CMA) bei idiopath. Frühreife

Das Kind auf dem nächsten Diagram (Abb. 13) war wegen anderweitiger Erkrankungen schon mit 2 1/2 und mit 5 Jahren in unserer Klinik gewesen und wies damals eine normale Körpergröße und ein normales Skeletalter auf. Mit knapp 9 Jahren

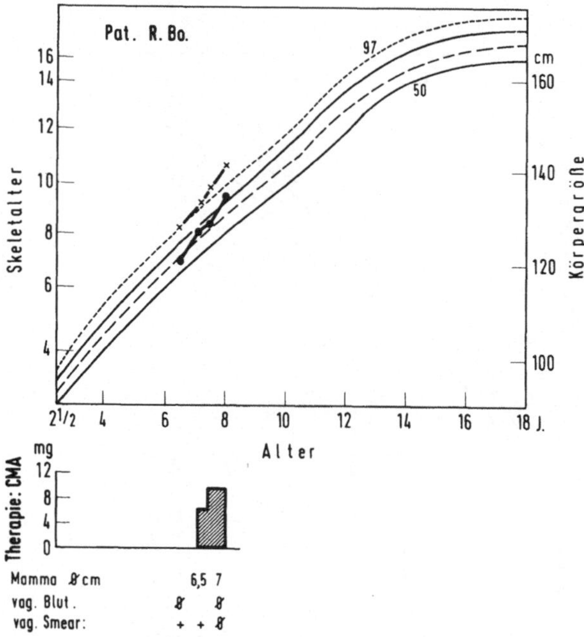

Abb. 14. 1-jähr. Behandlung einer idiopath. Frühreife mit Chlormadinonacetat (CMA); ungünstiger Effekt: die Acceleration von Längenwachstum und Knochenreifung nimmt noch zu

erfolgte die 1. Menstruation, Größe und Skeletreifung waren jetzt deutlich acceleriert. Unter Chlormadinonacetat setzte eine deutliche Besserung ein, die auch die Skeletentwicklung betraf.

Das folgende Diagram (Abb. 14) zeigt hingegen einen nicht derartig günstigen Fall. Nach einem Jahr Therapie ist die Mammagröße noch unverändert, wenngleich der Vaginalmesser negativ geworden ist. Längenwachstum und Skeletreifung haben stärker zugenommen, als der Norm entsprechen würde.

Beobachtungen wie diese haben uns vor 3 Jahren veranlaßt, bei stark accelerierter Skeletentwicklung außer Chlormadinonacetat zusätzlich das Antiandrogen Cyproteron zu empfehlen und einzusetzen. Abb. 15 zeigt einen in dieser Weise

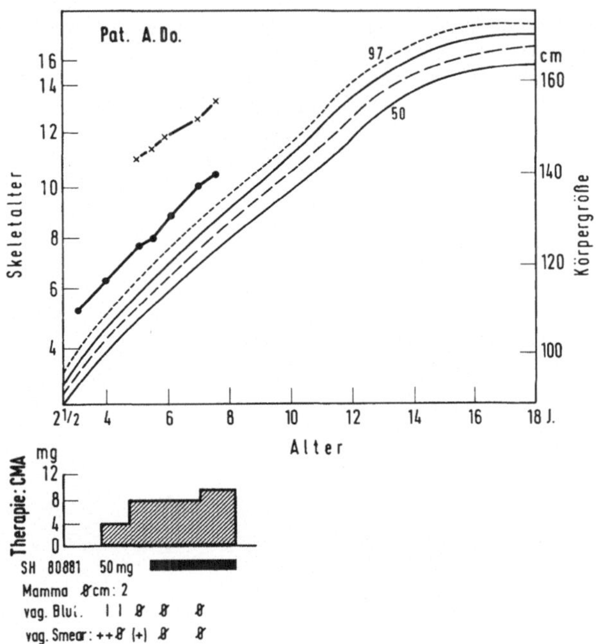

Abb. 15. Kombinierte Therapie mit Chlormadinonacetat (CMA) und Cyproteron (SH 80881) bei idiopath. Frühreife; günstiger Effekt der Behandlung

behandelten Fall. Wiederum trat eine Rückbildung der eigentlichen Frühreifesymptomatik ein. Darüberhinaus erreichten wir, daß das Längenwachstum und die Skeletreifung parallel der 50iger Perzentile verliefen und nicht weiter exzesziv anstiegen. In 2 weiteren Fällen haben wir an Stelle dieser Medikamentenkombination das Cyproteronacetat verabreicht, das wie erwähnt, eine starke gestagene und antiandrogene Wirkung besitzt. In beiden Fällen hatten wir gute Erfolge. Auch Hellge et al. haben über gute Erfolge mit Cyproteronacetat berichtet, sowohl hinsichtlich der eigentlichen sexuellen Reifung als im Bezug auf das Wachstum und die Skeletentwicklung. Von Interesse ist schließlich die Feststellung, daß wir nicht nur bei idiopathischer Pubertas praecox mit der Gestagentherapie Erfolg gehabt haben, sondern auch bei organisch cerebraler Frühreife, nämlich bei einem Mädchen mit einem diencephalen Hamartom und bei 2 Mädchen mit Frühreife infolge eines Hydrocephalus.

Insgesamt lassen sich die Behandlungserfolge dahingehend zusammenfassen, daß es mit reinen Gestagenen heute wohl möglich ist, die Symptome der sexuellen Frühreife im engeren Sinne zu unterdrücken. Längenwachstum und Skeletreifung werden dadurch jedoch nicht befriedigend beeinflußt. An manchen Kliniken, so z.B. an der Cornell-Universität in New York, verzichtet man heute auf die Gestagentherapie, weil sie das Haupthandicap der Frühreife, den vorzeitigen Epiphysenfugenschluß, nicht verhindert. Um das Längenwachstum und die Reifung des Skelets, die unserer Anschauung nach durch die adrenalen Androgene verursacht werden, zu hemmen, muß man Steroide anwenden, die gleichzeitig antiandrogenwirksam sind. Geeignete Mittel sind in vielen Fällen das Chlormadinonacetat in Dosen um 10 mg täglich, eventuell unter Zusatz von Cyproteron (50-100 mg täglich), sowie das Cyprotercnacetat in Dosen um 100 mg täglich. Darüberhinaus ist es bezüglich des Wachstums wichtig, mit der Therapie so früh wie irgend möglich zu beginnen.

Nachtrag

Die exakte Vorausberechnung der zu erwartenden Erwachsenen-Körpergröße unserer Patienten nach den Tabellen von Bayley u. Pinneau vor und nach längerdauernder Behandlung mit Chlormadinonacetat hat indessen keine sichere Verbesserung der Wachstumsprognose durch die Therapie erkennen lassen (Menking, Blunck u. Bierich, Mschr. Kinderheilk. (1970) im Druck).

Symp. Dtsch. Ges. Endokrin. 16, 195-198 (1970)

Psychologie des Pubertätsalters

Psychology of the Puberal Age

W. ZÜBLIN

Kinderpsychiatrischer Dienst des Kantons Bern

Summary

1. The main factors influencing the psyche during puberty are the brain dysfunction syndrome (generally mild) due to endocrine changes, environmental reactions to the physical alterations and the new social situation.
2. Psychological disturbances are frequently caused by retarded puberty. Here a psycho-social indication for hormonal treatment is very often given.
3. Affective or educational frustration or chronic brain dysfunction is frequently followed by psychic disorders in puberty. The connection between puberty and schizophrenia beginning at this age is not yet understood.
4. Treatment of the psychic disturbances must be adapted to the patient's personality and milieu. Hormonal treatment with anti-androgens is sometimes needed in order to suppress socially unadapted sexual behaviour.

Die Psychologie der Pubertät wird durch zwei Vorgänge bestimmt, die allerdings praktisch in ihren Auswirkungen nicht scharf voneinander abzugrenzen sind, sondern Hand in Hand wirken.

Die hormonale Umstellung, zentral in Gang gebracht, wirkt sich direkt auf das Zentralnervensystem aus, und zwar im Sinne eines endokrinen Psychosyndroms (Bleuler). Dieses ist psychopathologisch vom hirnlokalen Psychosyndrom (Bleuler) nicht zu unterscheiden. Dieses findet sich unter anderem auch bei Störungen des Stammhirnes, das an der Reifung ja wesentlich beteiligt ist. Es ist, wie das der Prämenstruation, der Schwangerschaft und der Menopause, physiologisch, und führt in der Regel zwar nicht zu krankhaften Störungen, aber zu typischen Besonderheiten. Das psychoendokrine Syndrom besteht einerseits in einer Veränderung des Antriebs und der Triebe, andererseits in einer Neigung zur Verstimmung in beliebiger Richtung. Die Antriebsveränderung bewirkt je nachdem eine gewisse Apathie oder wenigstens eine physiologisch bedingte Faulheit, aber auch gesteigerten Tatendrang bis zur übermäßigen Aktivität. Unter den Triebveränderungen ist das Auftreten des Sexualtriebes nur die auffälligste. Sehr häufig sind aber auch quantitative Verschiebungen im Bereiche des Appetits, des Durstes, des Bewegungsdranges usw. Beim normalen Pubertierenden sind diese Veränderungen in der Gesamtpersönlichkeit integriert, wenn auch sein Verhalten unverkennbar eine "psychoendokrine Färbung" hat.

Die pubertätsbedingten anatomischen Veränderungen haben einen mächtigen Einfluß auf die soziale Stellung des jungen Menschen. Er erhält einmal seinen Sex-Appeal, also den Aufforderungscharakter für das andere Geschlecht. Er wird daher als möglicher Sexualpartner erlebt und löst damit schon im gewöhnlichen sozialen Kontakt Reaktionen aus, die er bisher nicht erleben konnte. Es ist anzunehmen und bei vielen Tieren beweisbar - daß dieses wiederum zu einer psychischen Sexualisierung führt, die sogar ohne Geschlechtshormonwirkung bis zu einem gewissen Grade möglich ist. Eine psychische Sexualisierung durch das Milieu ist auch beim Menschen vor der Pubertät nicht selten zu beobachten. - Die sekundären Geschlechtsmerkmale wirken aber nicht nur als sexuelle Aufforderung, sondern auch als Herausforderung unter Gleichgeschlechtlichen. Dementsprechend lassen sich in diesem Alter mehr oder weniger spielerische Konkurrenzen beobachten, bei denen es darum geht, wer in der Gruppe den größten Penis oder die größten Brüste hat, wer sich rasieren kann und wer schon Binden trägt. Diese Wettbewerbe unter Gleichgeschlechtlichen dienen viel eher der Festlegung der Rangstufe als daß sie Ausdruck einer undifferenzierten homosexuellen Beziehung sind. Die Mitglieder einer gleichaltrigen gleichgeschlechtlichen Gruppe, die in der Entwicklung der sekundären Geschlechtsmerkmale weiter fortgeschritten sind, erlangen in der Regel eine dominierende Stellung. Sie haben es nicht mehr nötig, sich mit den sexuell noch nicht entwickelten zu messen. Sie werden aber gleichzeitig von den schon Erwachsenen als Konkurrent ernst oder wenigstens ernster genommen, da sie eben keine Kinder mehr sind. Tatsächlich wird von ihnen auch erwachseneres Verhalten verlangt, und es ist natürlich kein Zufall, daß sich die Stellung des Pubertierenden in der Gesellschaft auch auf vielen anderen Gebieten einschneidend ändert. In diesem Alter erfolgt die Berufswahl, die bisherige Schule wird von der Lehre oder einer Mittelschule abgelöst, und in beiden wird eine mehr oder weniger erwachsene Einstellung zur Arbeit und zum Leben an sich gefordert.

Diese Entwicklung öffnet einerseits eine ganz neue Welt. Sie macht aber - wie jede Entwicklung - vorerst einmal Angst, denn der junge Mensch erlebt zwar den Verlust der ihm bekannten Kindheit, ist sich aber in der Regel noch nicht im klaren, wie er die neu erkannten oder auch nur erahnten Möglichkeiten realisieren und integrieren kann. Dies erklärt dann auch die Art des Jugendlichen, für sich einmal die Rechte des Erwachsenen zu beanspruchen und selber für sich verantwortlich zu sein, um sich im Handumdrehen zu benehmen wie ein kleines Kind. Er schwankt so zwischen Vorprellen und Regredieren, was beim Erwachsenen je nachdem Unwillen oder Rührung hervorruft. Die Erfahrung der eigenen Möglichkeiten und des Erlebens der Reaktionen der Erwachsenen einerseits und die Umstellung des Zentralnervensystems auf die neuen hormonalen Verhältnisse andererseits bewirken schließlich die Entwicklung zum ruhigeren und ausgeglicheneren Erwachsenen.

Wenn gesagt wurde, daß die Pubertät in der Regel nicht zu krankhaften psychischen Störungen sondern zu altersspezifischen Besonderheiten führe, so heißt das natürlich nicht, daß diese Besonderheiten vom Erwachsenen, z.B. von den Eltern oder Erziehern, ohne weiteres als "normal" hingenommen werden. Es liegt dies aber auch zu einem großen Teil daran, daß das Heranwachsen eines Kindes zum Mann oder zur Frau die erwachsenen Bezugspersonen zwingt, sich umzustellen, was offenbar nicht immer leicht fällt, sei es, daß ältere Menschen an sich Mühe haben, sich veränderten Situationen anzupassen, sei es, daß sie sich durch die Heranwachsenden, die nun ihre Stellung in der Gesellschaft der Erwachsenen erkämpfen, konkurrenziert und sogar bedroht fühlen. So ist ein guter Teil der "Pubertätsprobleme", die der Jugendpsychiater lösen sollte, in Tat und Wahrheit das Problem des alternden Menschen, eben eine typische Elternproblematik.

Psychische Störungen des Pubertätsalters sind nur zu einem kleinen Teil direkte Folge einer hormonalen Dysfunktion. Schwierigkeiten macht vor allem die verspätete Pubertät, selbst dann, wenn ihr Eintreten noch innerhalb an sich normaler Zeit erfolgt. Das in der sexuellen Entwicklung verzögerte Kind verliert, eben weil es den altersgemäßen Aufforderungscharakter noch nicht hat, oft sehr rasch seinen bisherigen Kontakt mit den Gleichaltrigen. Es zählt nicht mehr so viel, selbst dann, wenn es nicht ausgelacht wird. Der Effekt ist je nachdem ein mehr oder weniger gut gelungener Versuch, sich auf anderen Gebieten hervorzutun, oder eine Regression in eine kindliche Stufe mit entsprechend starker Abhängigkeit von den Eltern, oder aber eine einfache Aktualdepression. Bei schwereren Störungen dieser Art ist oft die psychosoziale Indikation einer medikamentösen Einleitung der Pubertät gegeben.

Nach dem Gesagten ist es verständlich, daß ein frühes Eintreten der Pubertät im Rahmen des Normalen in der Regel keine krankhaften psychischen Störungen verursacht. (Bei einer echten Pubertas praecox sehen wir allerdings nicht selten schwerere, meist psychogene Störungen, die Folge der Diskrepanz zwischen Alter und Körperlänge einerseits und körperlicher Reifung andererseits sind. In der Regel, aber lange nicht immer, sind Patienten mit einer Pubertas praecox psychosexuell nicht acceleriert. Ihnen ist die körperliche sexuelle Entwicklung eine peinliche Äußerlichkeit, und die Reaktionen der Mitmenschen bewirken bei ihnen vor allem eine stärkere Abhängigkeit von schützenden Erwachsenen. Auch die oft zu beobachtende psychische Frühreife muß wohl vor allen Dingen als psychogene Altklugheit eines körperlich auffälligen und daher isolierten Kindes gedeutet werden.)

Es ist bis heute ungeklärt, warum im Pubertätsalter das Auftreten der Schizophrenie häufiger ist als in den Jahren vor der Pubertät. Es scheint wahrscheinlich, daß dabei sowohl endokrine wie psychogene Momente eine Rolle spielen.

Am häufigsten finden sich aber in der Pubertät psychische Störungen bei Menschen, die schon vorher psychisch beeinträchtigt waren. Zu diesen gehören die, deren psychische Entwicklung infolge psychogener Störung nicht normal verlief. Mangel an psychischer Bindungsfähigkeit durch frühe affektive Verwahrlosung oder ständigen Wechsel der Elternfiguren, Mangel an adäquaten Vorbildern, mangelhafte Erziehung im Sinne der Verwahrlosung, die dazu führt, daß sich der Mensch den Forderungen der Gesellschaft nicht einordnet oder Verwöhnung, die den Leistungswillen und den Arbeitsehrgeiz nicht entwickeln läßt, treten in der Situation des Pubertierenden deutlicher und in ihrem Effekt eindrücklicher zutage als in der Kindheit. Die Unfähigkeit zur Identifizierung mit der gleichgeschlechtlichen Elternfigur bewirkt in der Pubertät eine Störung in bezug auf das sexuelle Triebziel; eine Identifizierung mit der Mutter, die aber abgelehnt wird, bewirkt bei jungen Mädchen eine Pubertätsmagersucht, eine übermäßige Abhängigkeit von der Mutter beim jungen Manne die Unfähigkeit zur reifen sexuellen Beziehung zum Mädchen. Je nach Art der Störung und vor allem nach Art der betroffenen Persönlichkeit müssen derartige Störungen verschieden behandelt werden. Einmal wird eher die Psychotherapie, ein andermal werden eher erzieherische Maßnahmen im Vordergrund stehen. Einmal werden eher Psychopharmica, die sich auf Stimmung, Angst und Antrieb auswirken, verwendet werden, ein andermal vielleicht eher ein Anti-Androgen, und zwar nicht, weil der Sexualtrieb an sich zu stark wäre, sondern weil er infolge des a- oder antisozialen Verhaltens sich gesellschaftsfeindlich auswirkt.

Besonders gefährdet sind in der Pubertät die Menschen, die schon vorher ein Hirnschadensyndrom aufwiesen. Zu diesen gehören unter anderem viele Patienten mit einer dysharmonischen Entwicklung auf körperlichem und auf psychischem Gebiet (Steinwachs), aber auch Patienten mit sogenannten Degenerationsmerkmalen. Das Hirnschadensyndrom, das im einzelnen sehr vielgestaltig sein kann und dessen Ausformung vom Milieu stark mitbestimmt wird, besteht vor allem in einer affektiven Labilität oder überstarken affektiven Erregbarkeit, einer Neigung zu Verstimmungen, Störungen des Antriebes und der Einzeltriebe und schließlich in einer Herabsetzung der Merkfähigkeit und der Auffassung. Dazu kommt bei Hirnstörungen, die schon lange Zeit andauern (z.B. bei einer Encephalose) so gut wie immer eine vollständige oder teilweise Retardation der Persönlichkeitsentwicklung. Patienten mit einem Hirnschadensyndrom sind - abhängig vom Milieu - entweder nach Art eines jüngeren Kindes im Sinne einer Kümmerentwicklung angepaßt, wenn auch nicht unauffällig, oder aber infolge äußerer Überforderung durch ihre Kompensationsversuche und ihre Unausgeglichenheit ausgesprochen störend. Dadurch provozieren sie oft zwar wohlgemeinte, aber inadäquate und daher schädliche Erziehungsmaßnahmen, die anstelle einer ärztlichen Behandlung und Erziehungsberatung treten. Die Patienten mit einem Hirnschadensyndrom sind mit Eintritt ins Pubertätsalter noch exponierter und haben an sich infolge der bei dieser Störung häufigen Umstellungsschwierigkeiten und der oft vorhandenen Retardation der Persönlichkeitsentwicklung mehr Mühe als andere, sich in die neue Rolle zu finden. Sie sind darüber hinaus ohnehin schon psychisch auf eine Art geprägt, die sich durch das endokrine Syndrom bedeutend akzentuieren kann. So sind sie in der Pubertät noch mehr als sonst abhängig von der Meinung anderer, von ihren eigenen Trieben und Antrieben. Dementsprechend sind sie sehr rasch überfordert. Sie reagieren je nach dem Milieu im Sinne eines vom Erwachsenen zu stark abhängigen, unreifen Jugendlichen oder aber versuchen, in unkritischer und unangepaßter Weise zu kompensieren, was häufig zu groben Verhaltensstörungen mit den entsprechenden Reaktionen der Öffentlichkeit führt. Diese sucht meist durch naive erzieherische Methoden zu erreichen, was der Jugendliche infolge seines Hirnschadensyndroms nicht aus eigener Kraft erreichen konnte.

Da das Hirnschadensyndrom häufig familiär vorkommt, kombiniert sich mit diesem sehr oft ein Milieuschaden. Beide wirken inbezug auf das Verhalten in ungefähr gleicher Richtung.

Patienten mit Hirnschadensyndroms sollten selbstverständlich schon vor der Pubertät betreut werden. Ist einmal die Pubertät erreicht, kommt allenfalls auf endokrinem Gebiet eine Dämpfung des unangepaßten Sexualtriebes mit einem Anti-Androgen in Frage. Sehr viel häufiger ist aber eine umfassendere Behandlung nötig, die sowohl das Hirnschadensyndrom wie auch die Milieuschäden und Milieureaktionen berücksichtigt. Gerade bei Patienten mit Hirnschadensyndrom läßt sich häufig eine Nachreifung, nämlich eine später mehr oder weniger spontan eintretende Besserung des Verhaltens, feststellen. Es ist daher darauf zu achten, daß die oft vorhandene Asozialität nicht durch gutgemeinte, aber falsche sogenannte erzieherische Maßnahmen im Pubertätsalter die Entwicklung zur Antisozialität bewirkt oder wenigstens fördert.

Zusammenfassung

1. Die Psyche des Pubertierenden wird durch das Zusammenwirken eines physiologischen endokrinen Psychosyndroms, der Milieureaktionen auf den durch die körperliche Reifung veränderten Aufforderungscharakter und die so entstandene neue soziale Situation bestimmt.
2. Die verspätete Pubertät bewirkt besonders häufig psychische Störungen, die durch eine medikamentöse Einleitung der Pubertät behandelt werden müssen.
3. Psychische Störungen während der Pubertät sind - abgesehen von der Schizophrenie - in der Regel Folge einer schon vorher vorhandenen Fehlentwicklung, sei es infolge von Milieuschäden, infolge eines Hirnschadensyndroms oder beider zugleich.
4. Die Behandlung derartiger Störungen muß in der Regel individuell sein und auch das Milieu erfassen. Ausschließlich hormonale Therapien kommen höchstens im Sinne einer Dämpfung eines sozial untragbaren Geschlechtstriebes in Frage.

Literatur

Bleuler, M.: Endokrinologische Psychiatrie, Stuttgart: Georg Thieme Verlag 1954

Steinwachs, F.: Körperlich-seelische Wechselbeziehungen in der Reifezeit, Bibliotheca "Vita Humana", Fasc. 1. Basel/New York: S. Karger 1962

Symp. Dtsch. Ges. Endokrin. 16, 199-201 (1970)

Endokrinologische Aspekte der Jugendpsychiatrie

Endocrine Problems in Youth Psychiatry

URSULA LASCHET und HANS-ROBERT FETZNER

Psychoendokrinologische und Jugendpsychiatrische Abteilung der Pfälzischen Nervenklinik Landeck über Bad Bergzabern

Summary

A review is given on a seven-year-teamwork of the departments of youth psychiatry and psychoendocrinology. In 10% of all patients of the department of youth psychiatry (100 clinical; 600-700 ambulant cases/year) an endocrine disorder is the determinant factor. The essential causes of psychic retardation and disturbances of personality are: dystopia testes (not noted; treated insufficiently; operated unsuccessfully), testes and ovary dysgenesia, pubertas tarda, pituitary dwarfism, primary and secondary amenorrhea, cycle-dependent female hypersexuality and depressive reactions. An experienced hormonal treatment must be combined with youth psychiatric treatment. The possibility to reduce or inhibit male sexuality temporarily and reversibly by antiandrogens (cyproterone acetate) opens new aspects for the treatment of juvenile sex offenders.

Die nunmehr siebenjährige direkte Zusammenarbeit zwischen einer jugendpsychiatrischen und einer endokrinologischen Abteilung ist dem Novum der Integration einer diagnostisch-therapeutischen endokrinologischen Abteilung in eine Landesnervenklinik zu verdanken.

Endokrine Diagnostik und Therapie im Rahmen der Psychiatrie werden in Deutschland allgemein nur in Verbindung mit konsultatorisch tätig werdenden zentralen Laboratorien und Kollegen der Hormonfachabteilungen an Universitätskliniken praktiziert. Für eine eingehende Funktionsdiagnostik und eine Laborkontrolle der Therapie, vor allem bei Längsschnittuntersuchungen, muß eine solche Abteilung jedoch in die Klinik direkt integriert sein. Daß das Patientengut der Landesnervenkliniken von besonderem Interesse ist, wird allein durch die Tatsache unterstrichen, daß mehr als 90% aller psychiatrischen Betten zu Landesnervenkliniken und nur ca. 10% zu Universitätskliniken gehören. Entsprechend groß sind die Einzugsgebiete der einzelnen Landeskliniken.

Das Einzugsgebiet der jugendpsychiatrischen Abteilung der Pfälzischen Nervenklinik Landeck umfaßt nicht nur das gesamte Bundesland Rheinland-Pfalz, sondern wegen der festgelegten Aufnahmealter auch bestimmte Altersstufen aus dem angrenzenden Saarland und Baden-Württemberg: Mainz, Homburg und Heidelberg limitieren das Aufnahmealter nach oben auf 14-15 Jahre. Wir nehmen zwischen 12 und ca. 22 Jahren auf, wobei die obere Grenze keine starre ist, sondern sich an den psychiatrisch-psychologischen Gegebenheiten, an der psychischen Reife also, orientiert.

Unserem enormen Einzugsgebiet stehen z. Zt. nur 10 Betten für männliche und 10 für weibliche Jugendliche, daneben 15 Betten für Kinder bis zu 12 Jahren gegenüber. 70% aller Aufnahmeersuchen müssen abgelehnt und der unbefriedigenden, zeitraubenden und schließlich ineffektiveren ambulanten Behandlung vorbehalten werden. Zur Zeit stehen durchschnittlich 100 klinischen Aufnahmen pro Jahr 600 bis 700 ambulant betreute Fälle gegenüber.

Die psychiatrisch-endokrinologische Zusammenarbeit der letzten Jahre hat gezeigt, daß in ca. 10% der Behandlungsfälle endokrine Störungen ursächlich oder zumindest maßgeblich für die psychischen Alterationen sind. Der Anteil der männlichen Jugendlichen an diesen 10% überwiegt. Etwa 3-4% unserer endokrin stigmatisierten jugendpsychiatrischen Fälle, also 20 bis 25 Jugendliche pro Jahr, würden einer jugendpsychiatrischen Behandlung nicht bedürfen, wenn sich an ihnen nicht ein weiteres diagnostisch-therapeutisches Manko der großen ländlichen Einzugsgebiete bemerkbar machen würde: der Mangel an pädiatrisch-endokrinologischer Betreuung und die Unsicherheit der Eltern, ob im entsprechenden Fall ein Arzt aufgesucht werden sollte und gegebenenfalls welcher. Der Pädiater wird als nicht mehr zuständig angesehen, und der praktische Arzt ist oftmals überfragt. Bei diesen 20 bis 25 Jugendlichen pro Jahr stehen psychische Retardierung und Persönlichkeitsfehlentwicklung bei Hodendystopien im Vordergrund, für die verschiedene Ursachen gleichrangig nebeneinander stehen: das Genitale als Tabu im konfessionell fixierten häuslichen Erziehungsmilieu - die Hodendystopie wird erst mit dem Offenbarwerden der psychischen Retardierung bemerkt; noch nicht korrigierte ärztliche Ansichten über den Zeitpunkt der zu ergreifenden therapeutischen Maßnahmen - "das findet sich alles mit der Pubertät!"; das oft unbefriedigende Operationsergebnis an kleinen chirurgischen Abteilungen, an denen diese Eingriffe so nebenher mitgemacht werden, insbesondere dann, wenn keine Gonadotropintherapie vorausging; die Ansicht der Eltern und nicht selten auch des behandelnden Arztes, daß mit dem operativen Eingriff die Therapie abgeschlossen sei, letztlich also das Fehlen der eventuell notwendigen postoperativen Hormonbehandlung; nicht nur in Einzelfällen auch die Tatsache, daß von der therapeutischen Ansicht ausgegangen wird, daß die Hodendystopie oder die Retentio testes mit Androgenen behandelt werden müsse; schließlich "erfolglos operierte Hodendystopien", bei denen es sich um Hodendysgenesien handelt, an deren Vorliegen diagnostisch nie gedacht wurde. Es gehören zu dieser Gruppe auch ein bis zwei undiagnostizierte Ovardysgenesien und ein bis zwei ohne vorherige Funktionsdiagnostik operativ angegangene Hormonmangelstrumen, deren Endergebnis Myxoedeme sind; daneben der bis zur Schulentlassung meist unbehandelt gebliebene hypophysäre Zwergwuchs, durchschnittlich 4 bis 5 Fälle pro Jahr. Die psychische Problematik des hypophysären Zwergwuchses wird in dem Augenblick akut, in dem der Übergang von der Schule in ein Lehrverhältnis zu Schwierigkeiten führt und die Jugendpsychiatrie vom Schul- oder Amtsartz eingeschaltet wird. Das Dilemma dieser 20 bis 25 Fälle pro Jahr wird durch die Schwierigkeiten abgerundet, die sich kassentechnisch für die Übernahme von Untersuchungskosten abzeichnen, wenn man bedenkt, daß die Verwaltung selbst großer Krankenhäuser mit dem stolzen Namen "Städtische Krankenanstalten" keine Möglichkeiten haben, ambulante Hormonbestimmungen aus ihrem Etat zu finanzieren.

Die Dystrophia adiposogenitalis, der idiopathische Eunuchoidismus, die Pubertas tarda und die differentialdiagnostisch abzuklärende hochgradige Adipositas komplettieren die therapiebedürftigen Fälle bei männlichen Jugendlichen. Bei den Mädchen stehen psychische Probleme bei primärer und sekundärer Amenorrhoe und die cyclusabhängige übersteigerte Sexualität sowie cyclusabhängige psychische Verstimmungen vor allem depressiven Charakters im Vordergrund. Das AGS und Cushing-Fälle sind bei uns unter den jugendpsychiatrischen Fällen rar.

Neue therapeutische Gesichtspunkte hat die temporäre reversible Hemmung der Sexualität des Mannes durch Antiandrogene für die häufig zur Behandlung überwiesenen jugendlichen Sexualdeliquenten eröffnet. Das Bekanntwerden dieser Therapiemöglichkeit führt in der letzten Zeit nicht aktenkundig gewordene sexualdeviante Jugendliche in zunehmender Zahl der Behandlung zu. Die der Deviation zugrundeliegende psychische Problematik läßt sich bei gleichzeitiger Reduzierung der Sexualität durch allgemein erzieherische, sexualpädagogische und psychotherapeutische Maßnahmen verhältnismäßig einfach korrigieren. Bei jugendlichen, mehrfach rückfälligen Sexualdelinquenten ist bei gegebener Einsicht in die Behandlungsnotwendigkeit und daraus resultierender Therapie im Rahmen der Bewährungsauflagen eine erstaunlich schnelle und vollständige Resozialisierung zu erzielen. Im Zusammenhang mit der im Kastrationsgesetz fixierten unteren

Altersgrenze von 25 Jahren für die chirurgische Kastration ist die Antiandrogentherapie für die Jugendpsychiatrie von besonderer Bedeutung.

Für eine erfolgreiche positive Entwicklung der gestörten Persönlichkeit des Jugendlichen bei vorliegenden endokrinen Störungen ist es notwendig, das jugendpsychiatrische Bemühen in seiner Gesamtheit und die Hormontherapie ständig neu aufeinander abzustimmen. Gelingt dies, dann ist auch psychisch die völlige Restitution zu erzielen.

Mit gewissen Einschränkungen und unter Anpassung an den Fortschritt der psychiatrischen und endokrinologischen Erkenntnisse behandeln wir ganzheitlich die erste Manifestation des endokrinen Psychosyndroms nach Bleuler, und bei der eingangs beschriebenen, 3 bis 4% unseres endokrin überlagerten Patientengutes umfassenden Gruppe könnte die rechtzeitige, sachgemäße Behandlung der endokrinen Störung die Manifestation eines endokrinen Psychosyndroms oder eines Äquivalents verhindern.

Symp. Dtsch. Ges. Endokrin. 16, 202-205 (1970)

Podiumsgespräch: Endokrinologie der Präpubertät und Pubertät

Round Table Discussion: Endocrinology of Prepuberty and Puberty

Moderator: A. PRADER (Zürich)

Im Podiumsgespräch, das sich den sieben Hauptreferaten über verschiedene Aspekte der Endokrinologie der Präpubertät und Pubertät anschloß, wurden Fragen, die teilweise schon in den Referaten angeschnitten worden waren, ausführlicher diskutiert. Dabei wurde das Hauptgewicht auf Folgerungen von praktischer und klinischer Bedeutung gelegt. Neben den Hauptreferenten J. M. Tanner (London), Ch. Lauritzen (Ulm), D. Knorr (München), W. Blunck (Hamburg), E. Klein (Bielefeld), J. Bierich (Tübingen) und W. Züblin (Bern) nahmen an dem von A. Prader (Zürich) geleiteten Gespräch auch G. Dhom (Homburg-Saar), E. Diczfalusy (Stockholm), H. J. Quabbe (Berlin), W. Teller (Ulm) und O. Weller (Koblenz) teil.

Im Folgenden soll versucht werden, ohne Berücksichtigung der einzelnen Voten und des chronologischen Ablaufes des Gespräches die wichtigsten Ergebnisse kurz zusammenzufassen.

Über die Wichtigkeit von genauen Wachstumsanalysen zur Beurteilung Wachstum und Entwicklung bestand Einigkeit. Eine wertvolle Einsicht in das dynamische Geschehen gibt vor allem die Berechnung und Darstellung der Wachstumsgeschwindigkeit (= Größenzunahme pro Jahr). Sie ist besonders bei wachstumsfördernden Therapieversuchen von Bedeutung. Zur Bestimmung der Wachstumsgeschwindigkeit sollte der Patient während einer nicht zu kurzen Zeitperiode, am besten während eines Jahres, beobachtet werden. Bei kürzeren Beobachtungsperioden wirken sich die Meßfehler zu stark aus. Um die Meßfehler möglichst klein zu halten, sollten die Messungen möglichst immer von der gleichen geübten Person durchgeführt werden. Normalwerte für Größe, Gewicht und Geschwindigkeit sind allerdings unter Umständen schwer erhältlich, da sich die Normalwerte eines Landes nicht ohne weiteres auf ein anderes Land übertragen lassen und da manche Normalwerte wegen der Akzeleration überholt sind. Ferner ist zu berücksichtigen, daß die üblichen Querschnittsuntersuchungen nur Normen für Größe und Gewicht geben, während für die Geschwindigkeitsnormen viel aufwendigere longitudinale Untersuchungen notwendig sind. Tanner u. Mitarb. haben kürzlich für England gültige Normalwerte aus Querschnittsuntersuchungen und aus longitudinalen Untersuchungen angegeben (Arch. Dis. Childh. 41: 454 und 613, 1966). Die mancherorts üblichen Entwicklungskurven mit gleichzeitiger Darstellung von "Längenalter", "Gewichtsalter" und "Knochenalter" haben zwar zur Orientierung über den Entwicklungsstand und das Entwicklungstempo eine gewisse praktische Bedeutung, sind aber den modernen Wachstums- und Geschwindigkeitskurven unterlegen, da sie einen Vergleich mit der normalen Streubreite nicht zulassen.

Heute noch weitgehend unbeantwortet ist die Frage nach den Ursachen des normalen Pubertätswachstumsschubes. Man nimmt allgemein an, daß dabei die Androgene aus den Nebennieren (Mädchen) und aus Nebennieren und Testes (Knaben) eine wichtige Rolle spielen. Andere Faktoren, wie das Wachstumshormon, dürften aber ebenfalls von Bedeutung sein. Es ist bekannt, daß die Stimulation der Wachstumshormon-Sekretion nach Insulinhypoglykämie durch Testosteron gesteigert werden kann. Allerdings sagen die Wachstumshormon-Provokations-Tests, wie sie heute durchgeführt werden, wenig über die Sekretion unter physiologischen Bedingungen aus. Der Pubertätswachstumsschub wird vielleicht durch Bestimmungen der Wachstumshormon-Sekretionsrate, die heute noch nicht möglich sind, besser analysiert werden können. Aus verschiedenen Gründen darf jedenfalls schon heute eine synergistische oder komplementäre Wirkung von Wachstumshormonen und Testosteron beim Pubertätswachstumsschub angenommen werden.

Obschon die Forschung auf dem Gebiete der Gonadotropine in jüngster Zeit durch die Möglichkeit der Gonadotropin-Bestimmung im Plasma mit radioimmunologischen Methoden stark an Interesse gewonnen hat, ist der Zeitpunkt für klare Folgerungen für Klinik und Praxis noch verfrüht. Die Gonadotropin-Bestimmungen im Urin haben eine gewisse Bedeutung zur Differenzierung von primärem (hypergonadotropem) und sekundärem (hypogonadotropem) echtem Hypogonadismus. Die Erfahrung zeigt aber, daß die Resultate oft unzuverlässig sind, vor allem wenn nicht mehrere Bestimmungen durchgeführt werden. Oft liefern Gonadotropin-Bestimmungen nicht mehr Information als eine genaue klinische Untersuchung. Die Meinungen darüber, ob Clomiphen die Gonadotropin-Sekretion schon vor Auftreten der ersten Pubertätszeiczen stimulieren kann, sind geteilt. Einzelne Beobachtungen einer gesteigerten Oestrogenausscheidung durch Clomiphen wurden gemacht. Eine Behandlung der Pubertas tarda mit Clomiphen scheint nach dem heutigen Stand des Wissens wenig erfolgversprechend.

Die modernen Methoden der Steroidanalyse (Gaschromatographie, Isotopenmethoden) haben es ermöglicht, geringe Mengen von Testosteron in Urin und Plasma zu erfassen. Von praktisch-klinischer Bedeutung ist die Möglichkeit, durch die Bestimmung von Testosteron in Plasma oder Urin vor und nach Stimulation mit Choriongonadotropin die Leydigzellfunktion zu prüfen und damit zwischen primärem und sekundärem Hypogonadismus unterscheiden zu können. Interessanterweise reagieren die Hoden in diesem Test schon vor der Pubertät, ja sogar schon im Säuglingsalter, mit einer vermehrten Testosteron-Produktion. Im Plasma steigt die Testosteron-Konzentration nach 15-tägiger Stimulation schon bei 2-Jährigen gleich stark an wie bei 13-Jährigen. Eine einzige Choriongonadotropin-Injektion führt schon bei Säuglingen und Kleinkindern zu einem deutlichen Anstieg der Testosteron-Ausscheidung. Dabei nimmt die maximale Ausscheidung in Abhängigkeit vom Knochenalter logarithmisch zu. Diese Befunde sind auf den ersten Blick überraschend, da oft die Ansicht vertreten wird, bei Kindern vor der Pubertät fänden sich keine funktionstüchtigen Leydigzellen. Diese Annahme ist aber vom Standpunkt des Histologen aus eine Frage der Definition. Kindliche Hoden verfügen zwar über keine ausgereiften Leydigzellen, es finden sich jedoch interstitielle Zellen, die Lipoide speichern können und unter Umständen nur in der Sudanfärbung sichtbar sind. Solche Zellen können als "juvenile" Leydigzellen charakterisiert werden.

Die Möglichkeiten der Untersuchung von Veränderungen der übrigen Steroidhormone wurden durch moderne analytische Methoden ebenfalls wesentlich verfeinert. Der spezifischen Bestimmung einzelner Steroide sind durch die Komplexität der Methoden allerdings Grenzen gesetzt. Die einfachen colorimetrischen Gruppenbestimmungen (Zimmermann-Reaktion und Porter-Silber-Chromogene) werden in ihrer Bedeutung im allgemeinen überschätzt. Die 17-Ketosteroide sind beispielsweise bei den meisten Fällen von Pubertas praecox, ja sogar in gewissen Fällen von unbehandeltem kongenitalem adrenogenitalem Syndrom normal, und die Streuung der Normalwerte der Porter-Silber-Chromogene ist, besonders bei Kleinkindern, derart groß,daß ihre diagnostische Bedeutung gering ist. Unter den einfachen Gruppenanalysen ist wohl die fluorometrische Bestimmung der Plasma-11-Hydroxycorticoide am wertvollsten, besonders wenn sie für dynamische Untersuchungen (Belastungstest, Tagesrhythmus, Hemmung durch Dexamethason oder Stimulation durch ACTH) eingesetzt wird.

Im Zusammenhang mit der Pubertas praecox wurde besonders auf die differentialdiagnostische Bedeutung der prämaturen Thelarche hingewiesen. Diese wird oft mit einer echten Pubertas praecox verwechselt, obschon die Patienten normal groß sind, ein normales Knochenalter und keine prämature Pubarche haben sowie normale Steroidbefunde aufweisen. Dieses "temporäre", benigne Syndrom unterscheidet sich auch prognostisch von der echten Pubertas praecox. Es könnte sich dabei um eine passagere vermehrte Sekretion von FSH aus unbekannten Gründen handeln. Im Vaginalabstrich und im Urocytogramm findet man öfters eine gewisse Oestrogenwirkung. Das Syndrom bedarf keiner Behandlung. Die Patienten sind aufmerksam zu verfolgen, damit nicht ein Granulosazelltumor, der sich anfänglich ähnlich manifestieren kann, verpaßt wird.

Die Therapie der Pubertas praecox ist im allgemeinen noch nicht befriedigend. Sowohl Gestagene (Chlormadinonacetat oder Medroxyprogesteronacetat) wie auch das Antiandrogen Cyproteronacetat scheinen Wachstum und Knochenentwicklung im allgemeinen weniger zu hemmen als die übrigen Symptome. Chlormadinonacetat wurde in letzter Zeit durch Tierversuche (Brustveränderungen bei Hunden), die allerdings nicht sehr überzeugend sind, in Mißkredit gebracht. Auch die Behandlung mit Medroxyprogesteronacetat ist nicht ganz harmlos, da für einen befriedigenden therapeutischen Effekt Dosen verwendet werden müssen (z.B. 200 mg alle 14 Tage), die sehr hoch sind, wenn man bedenkt, daß schon eine einzige Dosis von 150 mg bei der erwachsenen Frau eine langdauernde Amenorrhoe erzeugen kann. Von den Antiandrogenen kommt nur Cyproteronacetat in Betracht, da freies Cyproteron über einen positiven Gonadotropin-feedback-Mechanismus die Testosteronproduktion steigert. Während die Erfolge mit Cyproteronacetat zur Dämpfung der Hypersexualität von Erwachsenen im allgemeinen gut sind, sind die Erfahrungen bei der Pubertas praecox unterschiedlich. Die meisten Kliniker haben einen Stillstand oder gar einen Rückgang der sekundären Geschlechtsmerkmale gesehen, einige berichten auch über eine Verlangsamung des beschleunigten Wachstums und der beschleunigten Knochenreifung, während andere gerade in dieser Beziehung keinen sicheren Erfolg feststellen konnten. Möglicherweise beruhen diese Unterschiede auf der unterschiedlichen Dosierung und der unterschiedlichen Aufteilung in Einzeldosen. Die Erfahrungen über Langzeitbehandlungen mit Cyproteronacetat sind noch ungenügend, so daß ein abschließendes Urteil noch nicht möglich ist. Untersuchungen bei Erwachsenen lassen vermuten, daß das Medikament wahrscheinlich keine irreversiblen Schädigungen der Leydigzellen oder der Spermiogenese verursacht.

Der Begriff der benignen Pubertas tarda bzw. der "Spätentwickler" sollte nur als genau definierte Diagnose verwendet werden: Man versteht darunter eine benigne, konstitutionelle Wachstums- und Entwicklungsverzögerung mit verzögertem Knochenalter. Das Problem ist fast nur bei Knaben von praktischer Bedeutung. Wahrscheinlich ist aber die Häufigkeit bei beiden Geschlechtern gleich, denn oft findet man bei gezielter Anamnese, daß auch die Mutter des Patienten eine späte Menarche hatte. Zunächst ist es von großer Bedeutung, die sonst normalen "late maturers" von Patienten mit wirklich pathologischen Zuständen (isolierter Wachstumshormonmangel, echter (primärer oder sekundärer) Hypogonadismus) zu unterscheiden. Die Bestimmung des Knochenalters ist hier sehr wichtig. Bei der Pubertas tarda ist das Knochenalter verzögert. Beträgt es trotz fehlender Pubertätszeichen mehr als 14 Jahre, so liegt ein echter Hypogonadismus vor. Die klinische Differenzierung zwischen Pubertas tarda und isoliertem Wachstumshormonmangel, der nach den heutigen Kenntnissen wahrscheinlich nicht sehr selten ist, ist allerdings oft fast unmöglich. Die Ursache der benignen Pubertas tarda ist nicht bekannt. Ob, wie vermutet wurde, der Rhythmus der Wachstumshormonsekretion gestört ist, muß näher untersucht werden. Es besteht kein physiologischer Grund für eine Therapie der Pubertas tarda. Im Prinzip sollten die Patienten so lange wie möglich gar nicht behandelt werden, da Androgene die zukünftige Erwachsenengröße oft herabsetzen. Oft besteht jedoch eine zwingende psychosoziale Indikation für eine Behandlung mit Testosteron. Diese sollte so kurz wie möglich dauern, um die Erwachsenengröße möglichst wenig zu beeinflussen: Testosteron wird nur solange verabreicht, bis ein pubertätsgerechtes Knochenalter erreicht ist (ca. 13 Jahre); dann geht die Pubertätsentwicklung nach Absetzen der Medikation spontan weiter. Man gibt am einfachsten monatlich eine Injektion eines Testosteron-Depotpräparates (Testosteron-enanthat oder eine Mischung von Testosteron-propionat, -undecylenat und -valerianat). Die Dosierung beträgt 100-250 mg/m^2/Monat, was einer Gesamtdosis von ca. 250-300 mg pro Monat entspricht. Obschon eine Behandlung mit Gonadotropinen physiologischer wäre, wird die Testosteron-Behandlung im allgemeinen vorgezogen, da sie einfacher ist (weniger Injektionen). Eine irreversible Schädigung der Testes ist wahrscheinlich nicht zu befürchten, die Erfahrungen darüber sind allerdings noch beschränkt. Bei Mädchen besteht nur selten eine psychosoziale Indikation für die Behandlung der Pubertas tarda. In einem solchen Fall wird man natürlich Oestrogene und Gestagene in einem möglichst physiologischen Cyclus einsetzen.

Auch beim Großwuchs besteht gelegentlich eine psychosoziale oder orthopädische (Skoliose) Indikation zur Behandlung. Diskutiert wird eine hormonale Beschleunigung der Pubertätsentwicklung mit Oestrogenen und Gestagenen in physiologischem Cyclus bei Mädchen und mit Testosteron bei Knaben. Damit wird die Wachstumsdauer verkürzt und die zu erwartende Erwachsenengröße herabgesetzt. Die besten Resultate sind zu erwarten, wenn die Therapie schon vor dem spontanen Pubertätsbeginn einsetzt und hochdosiert durchgeführt wird. Über die Gefahren dieser Therapie (bleibende Gonadenschädigung?) weiß man noch zu wenig, so daß sie vorläufig nicht empfohlen werden kann.

Symp. Dtsch. Ges. Endokrin. 16, 206-207 (1970)

Catechol-O-Methyltransferase des Menschen

Catechol-O-methyltransferase in Man

ROLAND GUGLER und HEINZ BREUER
Institut für Klinische Biochemie und Klinische Chemie der Universität Bonn

Summary

A S-adenosylmethionin: catechol-O-methyltransferase, which catalyses the methylation of catecholamines and of 2-hydroxyoestrogens, is localised in the 150000 × g supernatant of human placenta. The enzyme was purified 66fold by ammonium sulphate precipitation and by repeated filtration of the ammonium sulphate precipitate through a Sephadex G-100 column. In the pH range of 6-8, the activity of the enzyme increased steadily. The Michaelis-Menten constants were found to be 43.5×10^{-5} M for adrenaline and 7.8×10^{-5} M for S-adenosylmethionine. The enzyme shows a temperature optimum at 50^0; the activation energy of the reaction was 17.3 kcal/mole within the range of $24-42^0$. The methylation of adrenaline is inhibited by 2-hydroxyoestradiol-17β. The inhibitor constant was found to be 17.4×10^{-6} M.

1958 isolierten Axelrod und Tomchick ein Enzym aus der Rattenleber, welches die Methylgruppe von S-Adenosylmethionin auf die 3-Hydroxygruppe von Adrenalin und anderen Catecholaminen überträgt. Diese Catechol-O-Methyltransferase katalysiert auch die enzymatische Methylierung von 2-Hydroxyoestrogenen, die als Hauptmetaboliten von Oestron - besonders in der Schwangerschaft - in nicht unbedeutender Mengen entstehen. Aus diesem Grunde schien die Frage von Interesse, ob in der Placenta des Menschen eine Catechol-O-Methyltransferase vorkommt, die Catecholamine und 2-Hydroxyoestrogene methyliert.

Frisches Placentagewebe wurde fraktioniert, zentrifugiert und der 150000 × g-Überstand mit Ammoniumsulfat behandelt. Dabei wurde die höchste Enzymaktivität in der Fraktion erhalten, die zwischen 30 und 60% Sättigung lag. Die 30-60%ige Ammoniumsulfat-Fällung wurde wiederholt über eine Säule mit Sephadex G-100 filtriert; dadurch konnte eine 66fache Anreicherung der spezifischen Aktivität gegenüber dem 150000 × g-Überstand erreicht werden. Die Enzymausbeute betrug nach dem letzten Reinigungsschritt 40%. Folgende Standardinkubationsbedingungen wurden gewählt: 0,5 µMol Adrenalin wurden mit jeweils 20-80 µg Eiweiß, 0,1 µMol [Methyl-^{14}C] S-Adenosylmethionin, 1 µMol Magnesiumsulfat und 10 µMol Cystein in 0,5 M Soerensen-Phosphat-Puffer 30 min bei 37^0 inkubiert. Nach Beendigung der Inkubation wurde die Inkubationslösung mit 1 M Borat-Puffer auf pH 10 eingestellt. Die gebildeten Methyläther (3-O-Methyladrenalin und 4-O-Methyladrenalin) wurden mit Butanol extrahiert und durch Messung einer Aliquoten in einem Tri-Carb-Szintillations-Spektrometer quantitativ bestimmt. Das Hauptreaktionsprodukt wurde mit Hilfe mikrochemischer Reaktionen als Metanephrin identifiziert.

Die gereinigte Enzympräparation diente zur Durchführung kinetischer Untersuchungen. In einem pH-Bereich von 6-8 nahm die Aktivität des Enzyms stetig zu; wegen der Instabilität von Adrenalin konnte die Methylierung bei höheren pH-Werten nicht mehr gemessen werden. Die Michaelis-Menten-Konstanten betrugen für Adrenalin $43,5 \times 10^{-5}$ M und für S-Adenosylmethionin $7,8 \times 10^{-5}$ M; demnach besitzt der Cofaktor eine höhere Affinität zum Enzym als das Substrat. Das Temperaturoptimum der enzymatischen Reaktion lag bei 50^0; für die Aktivierungsenergie wurde in einem Temperaturbereich von 24 bis 42^0 ein Wert von 17,3 kcal/Mol errechnet. Das gereinigte Enzym war nur in Gegenwart von Cystein aktiv - eine Beobachtung, die auf die Bedeutung von freien Sulfhydrylgruppen im aktiven Zentrum des Enzyms hinweist. Magnesium, Mangan, Eisen, Cobalt und Calcium hatten einen aktivierenden, Zink, Nickel und Kupfer einen hemmenden Einfluß auf die Aktivität. Mit Hilfe der Gelfiltration an Sephadex G-100 wurde für die Catechol-O-Methyltransferase ein Molekulargewicht von etwa 52000 ermittelt.

Die Catechol-O-Methyltransferase ist substratspezifisch für Verbindungen mit Catecholstruktur. So werden nicht nur die Catecholamine Adrenalin, Noradrenalin, 3,4-Dihydroxymandelsäure und 3,4-Dihydroxybenzaldehyd, sondern auch 2-hydroxylierte Oestrogene (z.B. 2-Hydroxyoestradiol-17β) methyliert. Die enzymatische Methylierung von Adrenalin wird bereits durch Zugabe kleinster Mengen 2-Hydroxyoestradiol-17β gehemmt, während umgekehrt ein 10facher molarer Überschuß an Adrenalin erforderlich ist, um die Methylierung von 2-Hydroxyoestradiol-17β um nur 10% zu hemmen. Die hemmende Wirkung von 2-Hydroxyoestradiol-17β auf die Methylierung von Adrenalin hat kompetitiven Charakter; die Inhibitorkonstante beträgt $17{,}4 \times 10^{-6}$ $\underline{M}$.

Die hier beschriebenen Ergebnisse legen den Schluß nahe, daß die placentare Catechol-O-Methyltransferase des Menschen einen wesentlichen Anteil an der Methylierung der während der Gravidität vermehrt gebildeten 2-Hydroxyoestrogene hat und somit zur biologischen Inaktivierung der Catecholamine beiträgt.

Symp. Dtsch. Ges. Endokrin. 16, 208-209 (1970)

17β-Hydroxysteroid-Oxydoreduktase-Enzymaktivität zum vergleichenden histochemischen Nachweis in der menschlichen Placenta und zur klinisch-biochemischen Bestimmungsmethode im Serum

Comparative Histochemical Studies on the Placental Enzyme 17β-Hydroxysteroid-Oxydoreductase and its Quantitative Measurement in Serum

S. DADZE, P. BAUST, E. KAISER, E. WIRSZ, K. DAHHAN und S. POTTHOFF

Frauenklinik der Universität Düsseldorf

Mit 1 Abbildung

Summary

Histochemical studies of the steroid enzyme 17β-hydroxysteroid-oxydoreductase confirm its occurrence in the placenta and show the relative distribution of the enzyme in various placental microscopic structures where some of the metabolic processes involving estradiol and estron probably take place. Parallel quantitative studies of the same enzyme in the serum of pregnant women show a significant increase of enzyme activity levels with advancing gestational age. Hence clinical examination of the possibilities of using 17β-hydroxysteroid-oxydoreductase enzyme activity as index of placental function is suggested.

Mit der Lokalisation von Enzymen in den morphologischen Formationen der endokrinen Organe erfaßt die Histochemie Korrelationen der Histologie, Biochemie und Enzymologie.

Da die bisherigen histochemischen Untersuchungen über das Vorkommen der 17β-Hydroxysteroid-Oxydoreduktase in der Placenta nur isoliert vorliegen - ebenso die quantitativen Bestimmungen der Enzymaktivität - erschien uns interessant, den simultanen und vergleichenden histochemischen Nachweis der 17β-Hydroxysteroid-Oxydoreduktase und die klinisch-biochemische quantitative Bestimmung im Serum zu untersuchen. Den Versuchsbedingungen beider Methoden lag das gleiche Prinzip zugrunde. Somit war die Voraussetzung für Vergleiche gegeben.
In folgenden Strukturen konnte histochemisch die 17β-Hydroxysteroid-Oxydoreduktase nachgewiesen werden: Amnionepithel, Bindegewebe der Chorionplatte, Trophoblastzellen, größere Zottengefäße, einzelne Bindegewebszellen des Zottenstroma, Deciduazellen. Entsprechende quantitative Untersuchungen wurden im Serum schwangerer Frauen durchgeführt (Abb. 1). Es ließ sich eine Regressionsgerade $y = a + bx$ aufstellen. Der Korrelationskoeffizient ist hoch 0,7879 und unterscheidet sich signifikant von Null ($p < 0{,}001$). Somit unterscheidet sich der Regressionskoeffizient b_{xy} signifikant von Null. Es liegt also ein tatsächlicher Anstieg der Enzymaktivität bei fortschreitender Schwangerschaftsdauer vor.

Der Aussagewert der angewandten histochemischen Technik über quantitative Erfassung des Enzyms ist begrenzt. Die Histotopochemie der 17β-Hydroxysteroid-Oxydoreduktase in der Placenta vermag lediglich die Beziehung zwischen einem biokatalytischen System und dem Ort des Steroidstoffwechsels aufzuzeigen. Dagegen weist die quantitative Bestimmung der 17β-Hydroxysteroid-Oxydoreduktase im Serum der Schwangeren auf eine definierbare Beziehung zwischen Enzymaktivi-

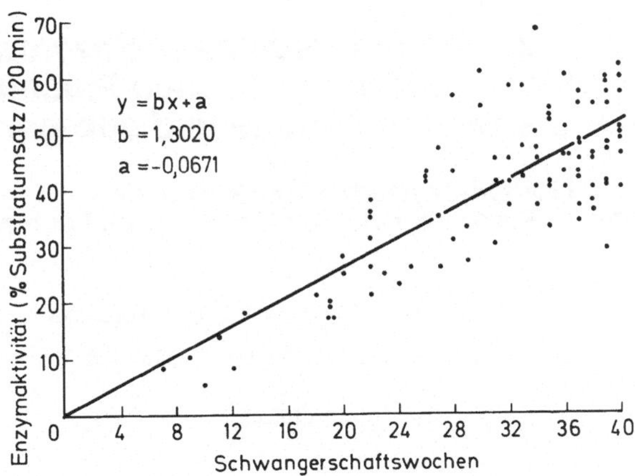

Abb. 1. Beziehung zwischen 17β-Hydroxysteroid-Oxydoreduktase-Enzymaktivität und fortschreitender Schwangerschaftsdauer, $r = 0{,}7879$; $p < 0{,}001$.

tätszunahme und fortschreitender Schwangerschaftsdauer hin und stellt damit eine Ausgangsbasis zur Erprobung der möglichen klinischen Nutzanwendbarkeit der quantitativen Bestimmung der 17β-Hydroxysteroid-Oxydoreduktase-Aktivität dar.

Literatur

Hart, D. M.: Histochemie 6, 17 (1966).
Breuer J., Meusers W., Breuer H.: Z. klin. Chem. 6, 163 (1968).

Symp. Dtsch. Ges. Endokrin. 16, 210-211 (1970)

17β-Hydroxysteroid-Oxydoreduktase-Enzymaktivität zur Funktionsprüfung der menschlichen Placentaleistung in der pränatalen Periode und sub partu

17β-Hydroxysteroid-Oxydoreductase – An Index of Placental Function Prenatally and sub partu

S. DADZE, E. KAISER, E. WIRSZ, CH. WERNER, J. BOKELMANN und H. ALBRECHT

Frauenklinik der Universität Düsseldorf

Mit 1 Abbildung

Summary

The steroid enzyme 17β-hydroxysteroid-oxydoreductase was examined for its practical possibilities as aid in the assessment of placental function. A p r i o r i enzyme levels were estimated and retrospectively compared with a p o s t e r i o r i estimations based on clinical placental and fetal parameter. Low enzyme levels depicted worsening placental function and fetal welfare.

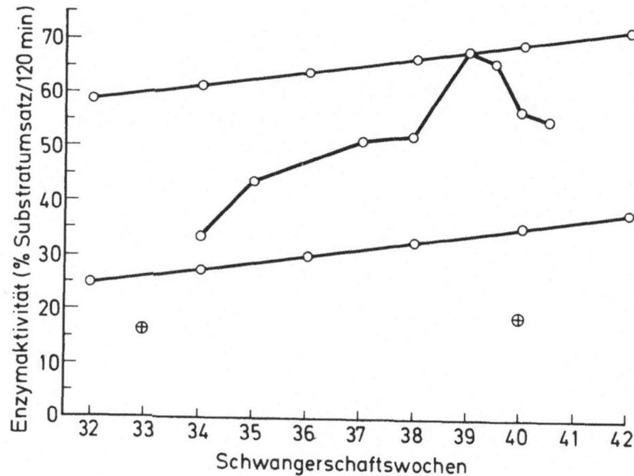

Abb. 1a. Enzymaktivitätskurve einer Primipara mit Präeklampsie schweren Grades. Da sich die Enzymwerte im Bereich der provisorisch ermittelten 95%-Toleranzgrenze bewegen - trotz der Präeklampsie - müßte a p r i o r i eine normale Placentafunktion angenommen werden. Die prä- und perinatalen Kriterien ergaben a p o s t e r i o r i eine entsprechend gute Indexzahl.

b. Zwei Enzymaktivitätswerte einer unkooperativen Patientin ebenfalls mit Präeklampsie schweren Grades. Die Enzymwerte liegen unterhalb der a p r i o r i ermittelten unteren Grenze der 95%-Toleranzgrenze. A p o s t e r i o r i wurde eine chronische Placenta-Insuffizienz bestätigt, und es kam nach eindeutigen Zeichen des fetal distress ein ausgeprägt dystrophes Kind zur Welt.

Nachdem die placentare 17β-Hydroxysteroid-Oxydoreduktase histotopochemisch nachgewiesen und das Enzym von Jarabak et al. aus der Placenta isoliert, rein dargestellt und von Breuer im Serum enzym-kinetisch näher charakterisiert worden ist, erhob sich die Frage, inwieweit die Aktivitätsbestimmung des Steroidenzyms zur klinischen Prüfung der Placentafunktion nützlich sein kann.

Es wurden zunächst induktiv normale Enzymaktivitätswerte a priori bei klinisch gesunden Frauen ohne Schwangerschaftskomplikationen ermittelt. Anhand eines Index-Systems, das die klinischen Kriterien über Kindeszustand praenatal und perinatal berücksichtigt, erfolgte a posteriori eine retrospektive Überprüfung der a priori - Enzymwerte. Die Untersuchung einer Gruppe Probandinnen auf der Basis des Index-Systems zeigte, daß ansteigende Indexzahl bzw. Verschlechterung der Placentaleistung und des kindlichen Zustandes mit einer Erniedrigung der 17β-Hydroxysteroid-Oxydoreduktase-Enzymaktivität einhergeht. In Abb. 1 wird die klinisch-praktische Nutzanwendbarkeit der 17β-Hydroxysteroid-Oxydoreduktase-Bestimmung verdeutlicht.

Literatur

Jarabak J., Adams J. A., Williams-Ashmann H. G., Talalay P.: J. biol. Chem. 237, 2 (1962).

Symp. Dtsch. Ges. Endokrin. 16, 212-213 (1970)

Einwirkung von Dehydroepiandrosteron und seinen Sulfokonjugaten auf die Aktivität der Glucose-6-Phosphat-Dehydrogenase in menschlicher Placenta

The Influence of Dehydroepiandrosterone and its Sulfoconjugates on the Activity of Glucose-6-Phosphate-Dehydrogenase in the Human Placenta

GEORG W. OERTEL, PETER MENZEL und MARITA GOBBERT

Abteilung für Experimentelle Endokrinologie, Universitäts-Frauenklinik, Mainz

In früheren Mitteilungen (1-3) wurde bereits über die Hemmung der Glucose-6-phosphat-dehydrogenase (G-6-PDH) in menschlichen Erythrocyten oder menschlicher Leber durch freies Dehydroepiandrosteron (DHEA), vor allem aber durch lipophiles DHEA-Sulfatid berichtet. DHEA-Sulfat und DHEA-Glucuronosid hingegen erwiesen sich als völlig unwirksam in diesem in-vitro Enzymtest (4). Als Fortsetzung solcher Experimente untersuchte man nun den Einfluß von DHEA und seinen Sulfokonjugaten auf die Aktivität der G-6-PDH in menschlicher Placenta, da die Konzentration des genannten Steroids im Placentagewebe besonders hoch ist (5).

Nach gründlichem Spülen der frischen Placenta mit physiologischer Kochsalzlösung wurde ein Teil des Gewebes in 10 ml 0.9% Natriumchlorid/0.025% EDTA-Lösung pro g Frischgewebe homogenisiert und das Homogenat für 30 Minuten bei 14500 g zentrifugiert. Der weiteren Reinigung des Enzyms diente die fraktionierte Ammoniumsulfatfällung bei 30% und 50% Sättigung, gefolgt von einer Adsorption letzterer Fraktion an Calciumphosphatgel und einer zweiten Ammoniumsulfatfällung des Geleluats bei 35% und 55% Sättigung. Die Enzymaktivität wurde wie üblich in 0.05 M Triäthanolamin/0.005 M EDTA-Puffer von pH 7.6 gemessen in Gegenwart unterschiedlicher Konzentration von G-6-P oder NADP. Die Endkonzentration zugesetzten Steroids bzw. Steroid-Konjugats bewegte sich zwischen 10^{-5} M und 10^{-7} M.

Betrug die spezifische Aktivität des ungereinigten Enzympräparats 17.7 mE/mg Protein, so ermittelte man für das gereinigte Enzym eine spezifische Aktivität von 2 111 mE/mg Protein, was einer 120fachen Anreicherung entspricht. Die Michaelis-Konstante des gereinigten Enzympräparates belief sich auf 1.23×10^{-4} M für G-6-P und 1.00×10^{-4} M für NADP und kommt den von Betz und Warren (6) gefundenen Werten nahe. In 10^{-5} M Lösung von synthetischem DHEA-Sulfatid beobachtete man eine 79%ige Hemmung der G-6-PDH-Aktivität. Eine derartige Konzentration aber ist dem normalen Plasmaspiegel sulfokonjugierten DHEA's durchaus vergleichbar. Obwohl freies DHEA eine deutlich geringere Hemmwirkung entfaltete, dürfte unter physiologischen Bedingungen eine Hemmung des Enzyms durch freies DHEA nicht zu unterschätzen sein angesichts der Sulfatase-Aktivität in menschlicher Placenta (7). So beruht sicherlich auch die gerade feststellbare Hemmung des Enzyms durch DHEA-Sulfat auf einer partiellen Hydrolyse des Konjugats, die sich durch Verwendung markierten DHEA-Sulfats übrigens bestätigen ließ.

Bei abnehmender Konzentration von G-6-P bzw. NADP in Gegenwart konstanter Mengen des zweiten Substrats und des jeweiligen Inhibitors erhielt man im Lineweaver-Burk-Diagramm verschiedene Geraden, die sich auf der horizontalen Achse schneiden. Die Auswertung der gleichen Ergebnisse nach der Methode von Hunter und Downs erbrachte anhand einer parallel zur horizontalen Achse verlaufenden Gerade gleichfalls eine nicht-kompetitive Hemmung des Enzyms. Bei Einsatz von synthetischem DHEA-Sulfatid erhielt man für G-6-P einen K_i-Wert von 5.08×10^{-6}

M und für NADP einen solchen von 6.52×10^{-6} M, die beide eine hohe Affinität des lipophilen Sulfokonjugats für das Enzym kennzeichnen.

Wenngleich in Abwesenheit von G-6-P eine Beteiligung NADP-abhängiger Steroiddehydrogenasen an der Bildung von NADPH photometrisch nicht nachzuweisen war, so konnte bei Zusatz von ^{3}H-markiertem Steroid oder Steroid-Sulfokonjugat ein gewisser Metabolismus des Steroids demonstriert werden. Dieser führte u.a. zur Bildung von 4-Androsten-3,17-dion, 5-Androsten-3β,17β-diol sowie von kleinen Mengen an 5-Androsten-3β,16α,17β-triol, Oestrogenen und 3α-Hydroxy-5α- oder 5β-Androstan-17-on. Die Gesamtausbeute an Metaboliten erreichte gelegentlich 7% des vorgelegten Steroids.

Zusammenfassend läßt sich feststellen, daß freies DHEA, insbesondere jedoch DHEA-Sulfatid in physiologischen Konzentrationen die Aktivität der G-6-PDH in der menschlichen Placenta zu hemmen vermögen. In welchem Umfange unter in vivo Bedingungen das freie Steroid oder das lipophile Sulfatid an einer Enzymregulation beteiligt sind, entzieht sich noch unseren Kenntnissen.

Literatur

1. Oertel, G. W., Rebelein, I.: Biochim. biophys. Acta (Amst.) 184, 459 (1969).
2. -,-,: Symp. Dtsch. Ges. Endokrin. 15, 191 (1969).
3. - , Menzel, P., Bauke, D.: Clin. chim. Acta 27, 197 (1970).
4. Tsutsui, E. A., Marks, P. A., Reich, P.: J. biol. Chem. 237, 3009 (1962).
5. Diczfalusy, E.: Excerpta med. (Amst.) Intern. Congr. Ser. 83, 732 (1965).
6. Betz, G., Warren, J. C.: Acta endocr. (Kbh.) 49, 47 (1965).
7. Warren, J. C., French, A. P.: J. clin. Endocr. 25, 278 (1965).

Symp. Dtsch. Ges. Endokrin. 16, 214-215 (1970)

Histochemische und elektronenmikroskopische Untersuchungen an den Riesenzellen der Rattenplacenta

Histochemical and Ultrastructural Investigations on the Giant Cells of the Rat Placenta

S. SANFILIPPO und L. CASTROGIOVANNI

Lehrstuhl für Histologie und allgemeine Embryologie Universität Catania/Italien

Summary

In the giant cells of the rat placenta during the 16th - 18th day of gestation, the authors observed a large amount of sudanophile material, which, however, is absent in the other layers of the placenta. By specific histochemical methods this material revealed to be mainly composed of cholesterol. Not all giant cells, however, gave positive reaction to such a substance. There is evidence to distinguish two types of giant cells. Investigations of the cholesterol-rich giant cells by electron microscope revealed that these elements were, from the ultrastructural point of view, very active for they presented a smooth endoplasmic reticulum remarkably developed, and, above all, an elevated number of mitochondria of tubular type, numerous multivesicular elements, membrane whorls, myelin-figures and fine lipid droplets. These ultrastructural findings make these particular elements remarkably resemble that of the other cells in which steroidosynthesis takes effect. On the basis of these findings the authors submit that at the level of these placental giant cells it verifies a steroidosynthesis activity starting from cholesterol. The authors submit also that these rat giant cells are derived from the decidua.

Daß die Placenta meistens bei den Säugetieren eine sehr wichtige Rolle wegen ihrer Produktion von Progesteron in der 2. Hälfte der Schwangerschaftszeit spielt, wird heutzutage allgemein anerkannt und verwertet. Umstritten bleibt jedoch die Frage der exakten Identifizierung des Produktionsortes des Progesterons in der Placenta.

Zahlreiche, vom spezifischen Schrifttum gewonnene Daten, sowie Ergebnisse früherer, persönlicher Untersuchungen sprechen dafür, daß die Riesenzellen der Placenta sehr wahrscheinlich an der Progesteronsynthese direkt beteiligt sind.

Wir haben unsere Untersuchungen an Placenten von Albino-Ratten am 16.-18. Schwangerschaftstage durchgeführt. Die an der Peripherie der Placenta liegenden Riesenzellen zeigten eine erhebliche Menge sudanophilen Materials, während die übrigen Placentaregionen solches Material nicht erkennen ließen. Nach Anwendung spezifischer, histochemischer Untersuchungsmethoden konnten wir nachweisen, daß dieses Material aus Cholesterol bestand, und zwar freiem Cholesterol, denn eine Vorbehandlung mit 1%igem Digitonin ließ kein Cholesterol mehr oder nur spärliche Spuren erkennen. In denselben Zellen konnte auch eine 20-β- sowie eine 3-β-Hydroxysteroid-Dehydrogenase-Aktivität beobachtet werden.

Auf Grund solcher Resultate wäre es dann möglich anzunehmen, daß in diesen Zellen der Prozeß einer Progesteron-Synthese via Cholesterol-Pregnenolon stattfinden kann.

Eine nicht unerhebliche Unterstützung einer derartigen Vermutung wurde von den ultrastrukturellen Merkmalen der von uns untersuchten Riesenzellen geliefert. Erst nach den durch die Elektronenmikroskopie erweiterten und befestigten biochemischen Kenntnissen, die im Laufe der letzten 10 Jahre erreicht worden sind, konnten alle Stadien der Steroidsynthese auch morphologisch rekonstruiert werden.

So ergab sich bei unseren elektronenoptischen Untersuchungen, daß sich grundsätzlich zwei Typen von Riesenzellen unterscheiden lassen. Eine Zellart liegt mehr oberflächlich, direkt unter der Cytotrophoblastschicht. Ihre Zellorganellen zeigen keine spezifische Form oder Struktur im Sinne einer speziellen Funktion. Oft weisen sie auch phagocytäre Aktivität auf.

Die zum 2. Type gehörenden Riesenzellen liegen dagegen tiefer in Richtung der Decidua hin, sind etwas größer als die des ersten Types und von Zellorganellen gekennzeichnet, die ihre Beteiligung an der placentaren Steroidsynthese eindeutig vermuten lassen. Riesenzellen dieser Art zeigen zwar Mitochondrien tubulären Types, Mitochondrien, die nach den Erörterungen von Belt und Pease, Sabatini und de Robertis ein typisches Merkmal der Zellen aller steroidbildenden Organe darstellen. Die gleichen Riesenzellen weisen ferner ein stark entwickeltes, glattes endoplasmisches Reticulum, sowie Vesiculae auf. Letztere Substrukturen stellen nach den klassischen Untersuchungen und Überlegungen von Murota, Shikita und Tamaoki die "Mikrosomenfraktion" der steroidbildenden Zelle dar, wo der meiste Teil der an der Steroidsynthese beteiligten Enzyme nachgewiesen worden ist. Typische Gebilde der steroidbildenden Zellen, wie z.B. plurimembranöse oder plurilamelläre Wirbel, stark osmophile "Myelin-Figuren" und Lipoidtropfen treten in solchen Riesenzellen auch sehr oft auf.
Auf Grund unserer Untersuchungsergebnisse sind wir zu der Meinung gekommen, daß der Produktionsort von Progesteron in der Rattenplacenta von den Riesenzellen dieser zweiten Art vertreten wird.

Anhand dieser Resultate möchten wir zum Schluß einige Betrachtungen anstellen. Sind die Riesenzellen der Rattenplacenta tatsächlich trophoblastischer Herkunft? Oder, vielleicht besser ausgedrückt, stammen >alle< Riesenzellen aus dem Trophoblast?

Wir sind der Ansicht, daß nicht nur zufällig alle steroidbildenden Zellen, wie die Follikelzellen des Ovars, des Corpus luteum, der Nebennierenrinde und die Leydig-Zellen vom Cölomepithel stammen. Eine enge Verwandtschaft verbindet solche cellulären Elemente, und zwar die embryogenetische Herkunft. Besagte Verwandtschaft wird ferner betont und bekräftigt durch eine submikroskopische morphologische Identität der sich in diesen Zellen befindenden Organellen, und zwar das stark entwickelte, vesiculäre endoplasmische Reticulum und die Mitochondrien tubulären Types. Da auch alle Membranen des Endometriums sich aus einer Differenzierung des Cölomepithels herleiten, stellt also die Decidua auch ein Cölomderivat dar. Riesenzellen der Placenta mit Zellorganellen, die jenen anderer steroidbildender Zellen entsprechen, könnten eine reaktive Differenzierung der oberflächlichen Deciduazellen darstellen.

Literatur

Belt, W. D., Pease, C. D.: J. biophys. biochem. Cytol., 2 Suppl., 369-374 (1956).
Murota, S., M. Shikita, Tamaoki, B.: Steroids 5, 409-413 (1965).
Sabatini, D., de Robertis, F.: J. biophys. biochem. Cytol. 9, 105 (1961).

Symp. Dtsch Ges. Endokrin. 16, 216-217 (1970)

Die 11-Hydroxycorticosteroide im Plasma der Mutter und im Nabelschnurblut des Kindes

11-Hydroxycorticosteroid Levels in Plasma of the Mother sub partu and in the Vessels of the Umbilical Cord

R. KAISER, H. J. KARL und S. BÖCKH

I. Frauenklinik und I. Medizinische Klinik der Universität München

Mit 1 Abbildung

Summary

Plasma concentration of 11-OHCS was measured in 60 parturients and synchronically in arterial and venous cordblood by means of fluorography. 11-OHCS values in nonpregnant women were on an average of 15 µg/100 ml plasma. During labour they were 5 times higher in the parturient's plasma and twice as high in the vessels of the umbilical cord. The levels of 11-OHCG were significantly lower in cases with primary cesarean sections and significantly higher in overweight women and newborns. 11-OHCS seems to be predominantly of maternal origin since the relationship between the value of the mother and the child was almost the same, and no differences between ven. and art. umbilic. were revealed.

Zur Bestimmung von 11-OHCS im Plasma des mütterlichen Venenblutes und des Nabelschnurblutes wurde die fluorometrische Bestimmung von de Moor in der Modifikation nach Bethge angewandt. Es handelt sich um eine Gruppenreaktion, die vor allem Cortisol und Corticosteron erfaßt. Die relativ einfache Methode erscheint hinsichtlich ihrer Spezifität aufgrund der bisherigen Erfahrungen besonders für klinische Fragestellungen geeignet. Wegen der relativ geringen Ausbeute aus den Artt. umbilicales erfolgte die Extraktion jeweils aus 1 ml Plasma. Die 11-OHCS-Konzentration betrug im Plasma bei 15 nichtschwangeren Frauen im Durchschnitt 15 µg/100 ml. Zum Zeitpunkt der Geburt lagen die Werte bei 60 Müttern um das 5-fache und in den Nabelgefäßen um das Doppelte höher. Zwischen Vena und Arteria umbilicalis ließ sich keine signifikante Differenz nachweisen. Die materne Konzentration machte also das 3-fache gegenüber der im fetalen Kreislauf aus. Diese Relation bleib unter allen Geburtsbedingungen weitgehend konstant.

Gegenüber den Durchschnittswerten bei Spontangeburten lagen die Konzentrationen bei Vacuumextraktionen etwas niedriger und bei der primären Sectio ohne vorausgegangene Wehentätigkeit sowohl im Plasma der Mutter wie auch in den Nabelgefäßen signifikant tiefer (Abb. 1). Bei einer Steißlage wurden besonders hohe Werte gemessen.

Eine Abhängigkeit der 11-OHCS-Werte zum Zeitpunkt der Geburt ergab sich außerdem in Bezug auf das Gewicht der Mutter. Während die Konzentration bei Frauen unter 65 kg relativ niedrig war, bestand bei übergewichtigen Frauen über 85 kg eine signifikant erhöhte Durchschnittskonzentration im mütterlichen Plasma und im Plasma der Nabelgefäße (Abb. 1). Außerdem bestand bei den Neugeborenen über 4000 g mit entsprechend großer Placenta eine statistisch wahrscheinlich erhöhte Konzentration im mütterlichen Venenblut (Abb. 1).

Ohne Einfluß auf die Konzentrationen erwies sich das Alter der Mutter, die Dauer von Schwangerschaft, Geburt und die Wehenqualität. Von seiten des Kindes fehlten Zusammenhänge zum Geschlecht und zur Lebensfrische, und auch Narkosemittel und Medikamente zeigten keine Auswirkungen. Der Tagesrhythmus der 11-OHCS-Konzentration war vollkommen aufgehoben; d.h. die Konzentrationen lagen innerhalb der 24 Stunden durchschnittlich immer in demselben Bereich.

Bei der weitgehenden Parallelität der Plasmawerte von Mutter und Kind und bei der fehlenden signifikanten Differenz zwischen Vena und Arteria umbilicalis ist der Beitrag des Fetus an der Bildung von 11-Hydroxycorticosteroiden unter der Geburt nicht faßbar. An der Stressituation der Geburt beteiligt sich offenbar in erster Linie die mütterliche Nebennierenrinde.

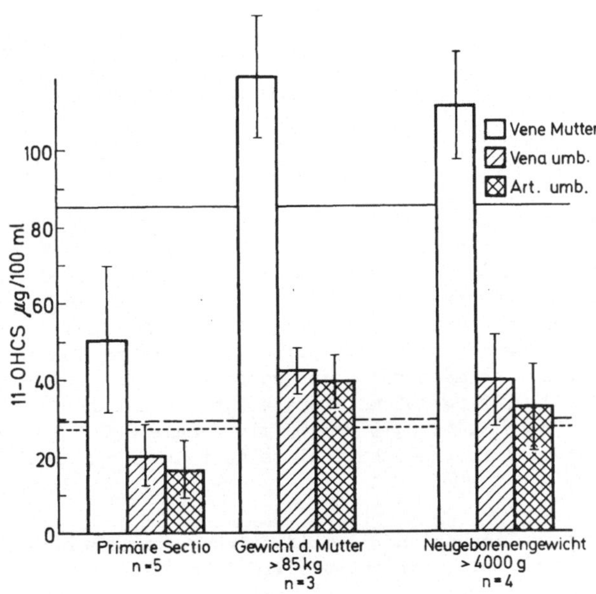

Abb. 1. Statistisch wahrscheinliche Abweichungen der 11-OHCS-Konzentration im Plasma der Mutter und in den Nabelgefäßen gegenüber Normalgeburten: (—— mütterl. Plasma; ----- V. umbilical.; ..... A. umbilical.).

Literatur

Bethge, H., Winkelmann, W., Zimmermann, H.: Klin. Wschr. 43, 1274 (1965).

Symp. Dtsch. Ges. Endokrin. 16, 218-220 (1970)

Cortisol- und Cortisonspiegel im Blut von Nabelvenen und Nabelarterien bei männlichen und weiblichen Neugeborenen

Cortisol and Cortisone Levels in Blood of Umbilical Veins and Arteries from Male and Female Newborns

B. RUNNEBAUM, K. HOLZMANN, A.-M. VON MÜNSTERMANN und J. ZANDER

Universitäts-Frauenklinik Heidelberg

Summary

The identification of cortisol and cortisone from 8227 ml umbilical cord plasma was based on UV-absorption, the Porter-Silber chromogens, the formation of different derivatives, infrared analysis and mass spectrometry.

The mean cortisol concentrations (M ± SE) in umbilical veins (male 7,5 ± 0,37 µg/100 ml, female 6,4 ± 0,65 µg/100 ml) and in umbilical arteries (male 7,2 ± 0,02 µg/100 ml, female 7,3 ± 1,2 µg/100 ml) were in the same range of values for both sexes. The mean cortisone concentrations (M ± SE) in umbilical veins (male 7,4 ± 0,32 µg/100 ml, female 4,6 ± 0,29 µg/100 ml) and in the umbilical arteries (male 3,1 ± 0,75 µg/100 ml, female 2,5 ± 0,9 µg/100 ml) were about twice as high in the umbilical veins than in the umbilical arteries for both sexes.

Es wird über die Isolierung und Identifizierung von Cortisol und Cortison im Plasma von Nabelschnurblut berichtet sowie über quantitative Bestimmungen der beiden Substanzen im Plasma der Nabelvenen und Nabelarterien von männlichen und weiblichen Neugeborenen.

Unmittelbar nach der Geburt wurde die Nabelschnur vor der mütterlichen Vulva und vor dem Nabel abgeklemmt und das Blut durch Punktion aus den Nabelschnurgefäßen gewonnen. Die 24-stündlich im Kreiß-Saal gesammelten Blutmengen wurden bei 2°C aufbewahrt, anschließend zentrifugiert und das Plasma mit Äthanol-Äther (3:1, v/v) extrahiert. Äthanol-Äther Extrakte von 250 bis 420 ml Plasma wurden vereinigt. Den Sammelextrakten wurden jeweils 8240 cpm Cortisol-4-^{14}C (spez. Aktivität 45 mCi/mM) und 3020 cpm Cortison-4-^{14}C (spez. Aktivität 22,6 mCi/mM) zugegeben. Lediglich in vier Fällen wurden größere Plasmamengen vereinigt (860-3430 ml, s.Tab. 1 u.2), denen keine radioaktiven Substanzen zugesetzt wurden. Aus diesen vier Pools (8227 ml) erfolgte die Identifizierung von Cortisol und Cortison.

Zur Reinigung und Trennung der Steroide wurden die Äthanol-Äther Extrakte wie folgt aufgearbeitet: (1) Extraktion der wässrigen Phasen mit 6mal gleichem Volumen Äther; (2) Ausfrieren der Ätherextrakte in 60%igem wässrigem Methanol; (3) Extraktion der wässrigen Phasen mit 6mal doppeltem Volumen Äther; (4) mehrmalige Papierchromatographie der Ätherextrakte im System Benzol; Methanol:Wasser (100; 50:50); (5) UV-Spektrophotometrie der Papiereluate und Bestimmung der Radioaktivität in einem Aliquot der Eluate. Die Genauigkeit der Methode betrug ± 10,3%.

Identifizierung: Die Cortisol- und Cortisonfraktionen von 8227 ml Nabelschnurplasma wurden rechromatographiert. Die photometrischen Bestimmungen ergaben 110,9 µg Cortisol und 69,4 µg Cortison.

Identifizierung von Cortisol: (1) UV-Absorption bei 240 mμ; (2) Porter-Silber Chromogene; (3) Bildung von Derivaten: a) Cortisolacetat, b) Cortisonacetat, c) Adrenosteron; (4) Infrarotspektralanalyse; (5) Massenspektrometrie.
Identifizierung von Cortison: (1) UV-Absorption bei 240 mμ; (2) Porter-Silber Chromogene; (3) Bildung von Derivaten: a) Cortisonacetat, b) Adrenosteron; (4) Infrarotspektralanalyse; (5) Massenspektrometrie.
Quantitative Ergebnisse: Die Cortisolkonzentrationen im Nabelvenenplasma liegen bei männlichen und weiblichen Neugeborenen in gleicher Größenordnung, während die Cortisonkonzentrationen bei den weiblichen Neugeborenen etwas niedriger zu liegen scheinen als bei den männlichen Neugeborenen (s. Tab. 1). Ein Vergleich von Tab. 1 und 2 zeigt, daß Cortisol im Plasma der Nabelvenen in gleicher Konzentration vorliegt wie im Plasma der Nabelarterien. Die Konzentration von Cortison hingegen ist für beide Geschlechter im Nabelvenenplasma etwa doppelt so hoch wie im Plasma der Nabelarterien. Die Werte sind für Verluste korrigiert.

Es ist bekannt, daß die Cortisolkonzentration im peripheren mütterlichen Plasma am Ende der Schwangerschaft etwa 5- bis 10-fach höher liegt (1,2,4) als die hier mitgeteilten Werte für die Cortisolkonzentrationen im Plasma der Nabelvenen und Nabelarterien. Da Cortisol die Placenta passiert, ist anzunehmen, daß im Plasma der Nabelvene das Cortisol zum Teil aus dem mütterlichen Compartment stammt. Ferner scheint der Fetus einen Teil des Cortisols zu metabolisieren (5), so daß im Nabelarterienplasma teilweise Cortisol enthalten ist, welches im Fetus neu gebildet wurde (3,6). Die Cortisonkonzentration dagegen scheint im mütterlichen Blut niedriger zu sein (1,2,4) als im Plasma der Nabelvenen (3, Tab. 1). Die gegenüber dem Plasma der Nabelvene verminderte Konzentration von Cortison in den Nabelarterien spricht dafür, daß Cortison im Fetus weiter metabolisiert wird (5).

Tabelle 1. μg/100 ml Nabelvenenplasma

ml	Geschlecht	Cortisol	Cortison
355	♂	8,7	7,3
250	♂	6,5	7,5
295	♂	7,8	8,4
335	♂	7,6	7,2
3430	♂	7,0	6,4
330	♀	5,7	4,4
350	♀	6,2	4,2
355	♀	8,7	5,7
272	♀	6,6	4,2
2970	♀	4,8	4,3

Tabelle 2. μg/100 ml Nabelarterienplasma

ml	Geschlecht	Cortisol	Cortison
420	♂	7,1	3,8
967	♂	7,2	2,3
280	♀	8,5	3,4
860	♀	6,1	1,6

Literatur

1. Bro-Rasmussen, F., Buus, O., Trolle, D.: Acta endocr. (Kbh.) 40, 579 (1962).
2. Hillmann, D. A., Giroud, C. J. P.: J. Clin. Endocr. 25, 243 (1965).
3. James, V. H. T.: Europ. J. Steroids 1, 5 (1966).
4. Seely, J. R.: Am. J. Dis. Child. 102, 474 (1961).
5. Pasqualini, J. R., Diszfalusy, E.: Excerpta med. (Amst.) Intern. Congr. Ser. 170, Abstract 70 (1968).
6. Zander, J., Holzmann, K., von Münstermann, A.-M., Runnebaum, B., Sieber, W.: Excerpta med. (Amst.) Intern. Congr. Ser. 183, 162 (1969).

Symp. Dtsch. Ges. Endokrin. 16, 221-222 (1970)

Der Steroidgehalt des Fruchtwassers bei pathologischem Schwangerschaftsverlauf

Steroids in Amniotic Fluid of Complicated Pregnancies

ADOLF E. SCHINDLER
Universitäts-Frauenklinik, Tübingen

Mit 1 Abbildung

Summary

In pregnancies complicated by severe Rh-isoimmunization and anencephaly the concentrations of oestriol, 16αOH-dehydroepiandrosterone and 16-ketoandrostenediol are low. At the same time the pregnanediol levels remain normal. Therefore the low concentration of oestriol and its precursors cannot be due to fetal renal failure. We rather have to postulate a low concentration of these steroids in the fetal circulation. An explanation is presented for the difference of steroid concentrations in these complications of pregnancy.

Bis vor wenigen Jahren hatte das Fruchtwasser als direktes Milieu des Feten wenig Beachtung gefunden. Neuere Untersuchungen zeigten jedoch unerwartete Ergebnisse. So wurde von uns festgestellt, daß in Schwangerschaften, die durch schwere Rh-Inkompatibilität gefährdet waren, die Oestriolausscheidung im Urin der Mutter normal war (1). Das gleiche konnten wir für das Plasma bestätigen (2). Nur wenn intrauteriner Fruchttod bevorstand oder bereits eingetreten war, konnten niedrige Oestriolwerte auch im mütterlichen Urin sowie im Plasma gemessen werden. Unsere Ergebnisse für die mütterliche Urinoestriolausscheidung stimmen mit den Resultaten von Klopper und Stephenson überein (3) und sind kürzlich auch von Lundvall und Stakemann bestätigt worden (4).

Da die Oestriolproduktion der Placenta im großen Umfange von der intakten Fähigkeit des Feten abhängig ist, 16-hydroxylierte Steroidvorstufen bereitzustellen, haben wir bei einer größeren Zahl normaler Fruchtwasserproben nicht nur Oestriol, sondern auch 16αOH-Dehydroepiandrosteron, 16-Ketoandrostendiol, Pregnandiol und Dehydroepiandrosteron bestimmt und die gleichen Steroide im Fruchtwasser von Schwangerschaften mit schwerer Rh-Unverträglichkeit und Anencephalie untersucht. Die Ergebnisse sind in Abb. 1 zusammengefaßt.

Oestriol, 16αOH-Dehydroepiandrosteron und 16-Ketoandrostendiol liegen im normalen Fruchtwasser in hoher Konzentration vor. Die Konzentration von Dehydroepiandrosteron ist niedrig und Pregnandiol als Abbauprodukt des placentaren Progesteron nimmt eine Zwischenstellung ein. Im scharfen Gegensatz dazu steht der Steroidgehalt des Fruchtwassers in Schwangerschaften mit schwerer Rh-Inkompatibilität. Das gleiche trifft auch für Anencephalie zu. Die Konzentration von Oestriol, 16αOH-Dehydroepiandrosteron und 16-Ketoandrostendiol ist sehr erniedrigt, während gleichzeitig der Pregnandiolspiegel normal ist.

Aufgrund dieser normalen Pregnandiolkonzentrationen ist eine Unterfunktion der fetalen Niere auszuschließen. Vielmehr müssen wir eine herabgesetzte Konzentration dieser Steroide in der fetalen Zirkulation annehmen. Dies ist in Fällen von Anencephalie durch eine Hypoplasie der Nebennierenrinde des Feten bedingt. Jedoch bei Vorliegen einer schweren Rh-Unverträglichkeit dürfte eine Beeinträchtigung der 16-Hydroxilierung in der fetalen Leber eine bedeutende Rolle spielen.

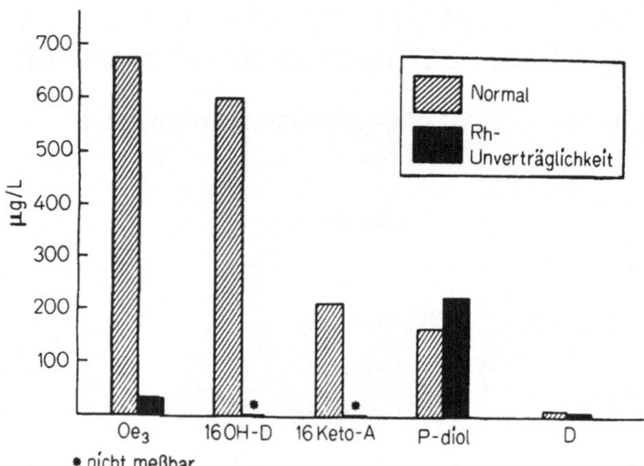

Abb. 1 Steroidgehalt des Fruchtwassers bei normaler Schwangerschaft und schwerer Rh-Inkompatibilität.

Literatur

1. Schindler, A. E., Ratanosopa, V., Lee, T. Y., Herrmann, W. L.: Obstet. and Gynec. 29, 625 (1967).
2. Ratanasopa, V., Schindler, A. E., Lee, T. Y., Herrmann, W. L.: Amer. J. Obstet. Gynec. 99, 295 (1967).
3. Klopper, A., Stephenson, R.: J. Obstet. Gynaec. Brit. Cwlth. 73, 282 (1966).
4. Lundvall, F., Stakemann, G.: Acta obstet. gynec. scand. 48, 497 (1969).

Symp. Dtsch. Ges. Endokrin. 16, 223-224 (1970)

Wechselbeziehungen der Steroidprofile im Fruchtwasser, Nabelschnurblut und Neugeborenenurin

Interrelationship of the Steroid Profiles in Amniotic Fluid, Cord Blood and Urine of Newborns

ADOLF E. SCHINDLER

Universitäts-Frauenklinik, Tübingen

Mit 1 Abbildung

Summary

The isolation and quantitative determination of steroids in amniotic fluid revealed a high concentration of 16αOH- and 16-O-steroids. The corresponding steroid precursors were found only in low concentrations. A similar steroid pattern is present in the urine of newborns. The reverse picture is encountered in cord blood. From our own investigations and a review of the literature the following conclusions can be drawn: 1. The steroid excretion pattern of the newborn and the intrauterine fetus is similar. 2. The amniotic fluid steroid concentration reflects mainly fetal urinary excretion. 3. The vast differences in amniotic fluid steroid concentrations cannot be accounted for by the form of conjugation of these steroids. 4. The renal clearance of steroids is enhanced by 16-hydroxylation since 16-hydroxylation diminished the steroid-protein-binding.

Die Isolierung und quantitative Bestimmung eines Spektrums von Steroiden im Fruchtwasser führte uns zu der Feststellung, daß 16-hydroxylierte Steroide in hoher Konzentration vorzufinden waren, während die entsprechenden nicht 16-hydroxylierten Steroidvorstufen nur in geringer Konzentration angetroffen wurden (1). Wenn wir die Steroidkonzentrationen im Fruchtwasser und Nabelschnurblut vergleichen, lassen sich 2 Feststellungen treffen.

1. Im Nabelschnurblut liegen die nicht 16-hydroxylierten Steroide in höherer Konzentration vor als ihre 16-hydroxylierten Metaboliten.
2. Die Konzentrationen der 16-hydroxylierten Steroide sind nahezu gleich in Nabelschnurblut und Fruchtwasser.

Vergleicht man die Steroidkonzentrationen im Fruchtwasser mit dem Neugeborenenurin, so kommt man zu der Feststellung, daß sich die Steroidprofile des Neugeborenenurins und des Fruchtwassers qualitativ und quantitativ im Gegensatz zum Nabelschnurblut sehr gleichen. Damit findet die Annahme Bestätigung, daß das Steroidmuster des Fruchtwassers am Ende der Schwangerschaft hauptsächlich durch fetale Urinausscheidung in die Eihöhle bestimmt wird.

Was führt nun aber zu den markanten Unterschieden der Steroidkonzentrationen im Fruchtwasser und zu den gegensätzlichen Nabelschnurspiegeln dieser Steroide? Die Form der Steroidkonjugierung kann die Ursache dafür nicht sein, denn Oestriol findet sich im Fruchtwasser hauptsächlich als Glucoronid, während 16αOH-Dehydroepiandrosteron ausschließlich als Sulfat zu finden ist. Wir können aber daraus schlußfolgern, daß 16-Hydroxylierung der Steroide zu einem Molekül führt, das bevorzugt von der Niere ausgeschieden wird. Die Hauptausscheidung von Oestriol im Urin erfolgt innerhalb 24 Std., während der Hauptteil der Ausscheidung von Oestron und Oestradiol bei 48 bis 72 Std. liegt (2,3). Der Grund für diese unterschiedliche Ausscheidung der 16-hydroxylierten Steroide gegenüber den nicht 16-hydroxylierten Vorstufen scheint in einer Veränderung der Steroid-Protein-Bindung zu liegen. Entsprechende Dialyseversuche mit drei radioaktiv markierten Steroidpaaren und Albumin als Protein ergaben die in Abb. 1 dargestellten Resultate.

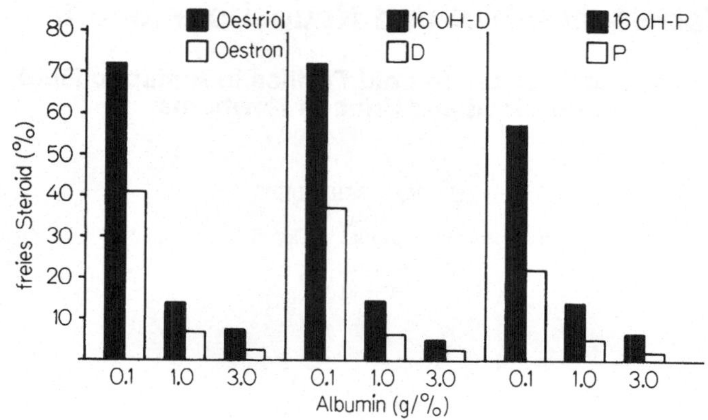

Abb. 1 Steroid-Protein-Bindung von drei Steroidpaaren.

Wie zu ersehen ist, erhielten wir für alle drei Steroidpaare etwa die gleichen Ergebnisse, d.h. es war etwa die doppelte Menge der 16-hydroxylierten Steroide ungebunden gegenüber den nicht 16-hydroxylierten Vorstufen. Mit zunehmender Proteinkonzentration fiel der Anteil des freien Steroids stark ab.

Literatur

1. Schindler, A. E., Siiteri, P. K.: J. clin. Endocr. 28, 1189 (1968).
2. Brown, C. H., Saffan, B. D., Howard, C. M., Preedy, J. R. K.: J. clin. Invest. 43, 295 (1964).
3. Sandberg, A. A., Slaunwhite, W. R.: J. clin. Invest. 44, 694 (1965).

Symp. Dtsch. Ges. Endokrin. 16, 225-228 (1970)

Ausscheidung von Progesteron sowie Progesterol-20α* und -20β** im Harn von Neugeborenen

Excretion of Progesterone, Progesterol-20α* and -20β** in the Urine of Newborns

C. LAURITZEN und H. SCHAPER

Frauenkliniken der Universitäten Ulm und Kiel

Summary

Progesterone, progesterol-20α and -20β were shown to occur in the urine of male and female newborns during the first 3 days of life in decreasing amounts of 0-40 μg/24 hours urine. The mean ratio progesterone/progesterol was 1.7 (0.38-3.0). The hormones are excreted mainly as free compounds. Progesterol-20α came up to 80-90%, -20β to 10-20% of the progesterol complex. When the three gestagens were injected to the mother prior to delivery, they crossed the placenta and were excreted with less than 1% in the urine of the newborn.

Mehr als 70 mg Progesteron erreichen den Fetus pro 24 Stunden von der Placenta her (Zander und Solth, 1953). Zander (1961) konnte zeigen, daß von der Placenta stammendes Progesteron im Feten zu Progesterol-20α und -20β reduziert und nach Rücklauf durch die Nabelarterien in der Placenta zu Progesteron reoxydiert wird. Progesteron wurde auch im peripheren Venenblut des Neugeborenen und im Fruchtwasser nachgewiesen (Harbert, 1964, Zander 1953, 1961). Mit biologischen Methoden hatten bereits früher Hoffmann (1947) das Vorkommen von Progesteron in der fetalen Nebennierenrinde, Philipp (1936) und Hoffmann und Uhde (1954) Gestagenaktivität im Harn von Neugeborenen mit biologischer Methodik nachgewiesen. Die biochemische Identität dieser Substanz wurde nicht festgestellt. Die Autorem nahmen an, daß es sich um kleine Mengen Progesteron handelte.

Material und Methodik

Wir haben die biologischen Untersuchungen mit gepoolten Neugeborenenurinen wiederholt. Nach fraktionierter Hydrolyse wurde mit Äther extrahiert, nach Girard getrennt und der ketonische Anteil aus Aluminiumoxydsäulen mit Benzol-Äthanol eluiert, schließlich nach Einengung und Lösung am Kaninchen mit dem intrauterinen Gestagentest nach McGinty et al. (1939) ausgewertet.

70 Urine von 10 Neugeborenen der ersten 3 Lebenstage wurden biochemisch untersucht. Vorgehen: Ätherextraktion, β-Glukuronidasehydrolyse. Solvolyse mit 70% Schwefelsäure bei pH_1, Ätherextraktion, Ausschütteln mit NaCl/NaOH, mit Natriumsulfat Trocknung, Einengung im Vacuumrotationsverdampfer. Anschließend zweidimensionale Chromatographie in Kieselgel G aufsteigend unter Verwendung von Sandwich-Kammern in Chloroform/Aceton 9:1, später Auftrennung in Cyclo-

* 20α-Hydroxy-pregn-4-en-3-on (20α-Dihydroprogesteron)
** 20β-Hydroxy-pregn-4-en-3-on (20β-Dihydroprogesteron)

hexan-Äthylacetat-Äthanol. Gestagene und Testsubstanzen wurden durch Besprühen mit Aqua dest. sichtbar gemacht, abgekratzt und in der Zaffaroni-Reaktion bei 291, bzw. 297 mμ quantitativ bestimmt. Die Wiederfindung betrug 81 ± 7%.

Die Identifizierung des Progesteron sowie der beiden Dihydroverbindungen erfolgte durch Parallellauf mit authentischen Substanzen im Chromatogramm, durch das UV-Absorptionsspektrum in Methanol mit Maximum bei 240 mμ und negativem peak bei 520 mμ nach Zimmermann-Reaktion und 410 mμ nach Porter-Silber-Reaktion. Nach der Zaffaroni-Raktion lag das Maximum bei 290 - 295 mμ, das Minimum bei 235 mμ. Auf die Behandlung mit Chromtrioxyd verhielten sich Progestoron-20α und -20β wie Progesteron. Nach Injektion von Progesteron, Progesterol-20α und -20β erschienen die Substanzen jeweils an der typischen Stelle der Chromatogramme. Die R_F-Werte stimmten mit den von Lisboa (1968) angegebenen in den verschiedenen Systemen überein. 6β-Hydroxyprogesteron konnte nicht nachgewiesen werden.

Ergebnisse

Bei Extraktion aus insgesamt 20 Urinen des 1. Lebenstages (400 ml) konnte eine positive Gestagenwirkung gefunden werden, die etwa ein Äquivalent von 50 μg Progesteron pro l Urin entsprechen würde.

In 39 von 70 Urinen konnten wir biochemisch nachweisen, daß das Neugeborene im Harn der ersten Tage kleine Mengen von Progesteron und von Progesterol-20α und -20β in freier Form ausscheidet (Tab. 1). Progesteron findet sich in Mengen von 8 bis 40 μg (Mittel: 21,4 ± 11,0 μg) im 24-Stunden-Urin des ersten Tages, Progesterol in Mengen von 7 bis 35 μg (Mittel: 17,5 ± 11,3 μg). Die Werte sinken in den folgenden Tagen ab. Nach dem 3. Tag ist keine Ausscheidung mehr nachweisbar. Das Progesteron/Progesterol-Verhältnis bewegt sich zwischen 0,38 bis 3,0 mit einem Mittel von 1,7. Die Trennung von Progesterol und Progesteron machte anfangs Schwierigkeiten. Sie konnte jedoch schließlich nach der Methode von Lisboa (1963) mit Cyclohexan-Äthylacetat-Äthanol 45:45:10 vollzogen werden. Wir fanden dabei, daß etwa 80-90% der Gesamtmenge Progesterol aus Progesterol-20α und knapp 10-20% aus Progesterol-20β bestand. Nach Injektion von 50 mg Progesteron an die Mutter, etwa 1/2 Stunde vor der Entbindungen, wurden weniger als 1% der verabfolgten Menge von Progesterol und Progesteron im Neugeborenen gefunden, und zwar berechnet als zusätzliche Ausscheidung im Vergleich zum Mittelwert der Kontrolluntersuchungen. Bei Injektion von 50 mg Progesterol-20α waren es 0,4% der an die Mutter verabfolgten Menge. Nach Injektion von 50 mg Progesterol-20β i.m. an die Mutter fanden wir 0,09% von Progesterol-20β, aber kein Progesteron und Progesterol-20α im Harn des Neugeborenen wieder.

Die vom Neugeborenen ausgeschiedenen Mengen von Progesteron sowie Progesterol-20α und 20β stammen offenbar fast ausschließlich aus der Placenta, vielleicht zu einem geringen Teil aus dem Fruchtwasser, da nach dem 3. Tage die Ausscheidung dieser Verbindungen nicht weiterhin nachweisbar ist. Die von der Nebenniere und vom Ovar gebildeten sehr geringen Mengen von Progesteron und Progesterol kann das Neugeborene anscheinend zu Pregnanderivaten metabolisieren (Lauritzen und Lehmann, 1967). Die drei gestagenen Hormone werden offenbar als freie Verbindungen ausgeschieden, da die Wiederfindung mit und ohne Solvolyse oder Glucuronidaseinkubation keine signifikanten Unterschiede ergab.

Literatur auf Wunsch beim Verfasser

Tabelle 1. Ausscheidung von Progesteron und Progesterol im Harn Neugeborener in den ersten Lebenstagen

Name	Geschlecht	1. Lebenstag			2. Lebenstag			3. Lebenstag		
		Progesteron µg/24h Urin	Progesterol- 20α + 20β µg/24h Urin	Progesteron / Progesterol-quotient	Progesteron µg/24h Urin	Progesterol- 20α + 20β µg/24h Urin	Progesteron / Progesterol-quotient	Progesteron µg/24h Urin	Progesterol 20α + 20β µg/24h Urin	Progesteron / Progesterol-quotient
Bo.	w	34,0	34,4	0,99	23,0	48,9	0,47	---	---	---
Un.	m	28,0	21,3	1,32	17,9	21,3	0,84	---	---	---
Po.	m	20,8	7,8	2,66	18,4	7,1	2,59	---	---	---
Gr.	m	8,6	11,3	0,76	6,5	6,2	1,05	---	---	---
Kz.	m	28,3	---	---	20,4	19,3	1,06	---	---	---
Ja.	m	40,3	13,1	3,07	37,4	10,5	3,56	10,9	5,6	1,99
Ri.	m	13,0	34,1	0,33	28,2	22,1	1,28	---	---	---
Sch.	m	14,5	11,5	1,38	38,2	11,2	3,41	---	---	---
La.	m	9,5	---	---	---	---	---	---	---	---
Pe.	m	17,0	---	---	---	---	---	10,6	5,9	1,80
	m =	21,4	17,5	22,6	17,8			10,8	5,7	
	±	11,0	11,3	12,6	13,2					

Tabelle 2. Trennung von Progesterol - 20α u.-20β im Harn Neugeborener

		1. Lebenstag			2. Lebenstag		
Name	Geschlecht	Progesterol-20α µg/24h Urin	Progesterol 20β µg/24h Urin	$\frac{\alpha}{\beta}$	Progesterol-20α µg/24h Urin	Progesterol-20β µg/24h Urin	$\frac{\alpha}{\beta}$
Va.	m	26,1	3,4	7,7	18,6	< 3,0	ca.7
Br.	m	12,7	< 3,0	ca.5,0	8,8	< 3,0	ca.4
Ne.	m	30,0	3,2	9,4	17,4	< 3,0	ca.8
Ma.	w	19,3	< 3,0	ca.7,0	11,2	< 3,0	ca.6

Symp. Dtsch. Ges. Endokrin. 16, 229-230 (1970)

Vergleichende radio-immunologische Untersuchungen von GH, HPL und HCG aus kindlichem Nabelarterien- und Nabelvenen- und mütterlichem Cubitalvenenblut post partum

Comparative Radioimmunological Determinations of GH, HPL and HCG in Umbilical Venous and Arterial Blood and Maternal Venous Blood after Delivery

W. GEIGER, R. KAISER und P. FRANCHIMONT

I. Univ.-Frauenklinik München und Dep. Clin. Médecine, Université Liège.

Summary

HGH, HPL and HCG were determined in maternal vein and umbilical artery and vein after delivery in the same 18 subjects. The average serum concentrations in ng/ml ± standard deviation were as follows:
HCG: 1752 ± 1555 (M), 5,62 ±±4,06 (UA), 6,47 ± 4,95 (UV);
HPL: 4412 ± 1638 (M), 8,10 ± 5,26 (UA), 9,20 ± 8,24 (UV);
HGH: 3,61 ± 0,80 (M), 14,7 ± 12,0 (UA), 11,7 ± 10,4 (UV).
The level of HGH in the umbilical artery was significantly higher than in the umbilical vein. From 5 children with relatively high HGH-concentrations 4 were pedatrophics. The concentration of HCG and HPL was higher in cases with dysfunctional placentas.

Aus jeweils 18 Serumproben von mütterlichem Cubitalvenenblut und dem zugehörigen kindlichen Nabelarterien- und Nabelvenenblut wurden die Hormone GH (Wachstumshormon), HPL (Placentalactogen) und HCG (Choriongonadotropin) radioimmunologisch im Doppelantikörperverfahren in Anlehnung an eine von Franchimont angegebene Methode bestimmt. Die verwendeten Antigen-Antikörper-Systeme waren soweit spezifisch, daß die Ergebnisse durch immunologische Kreuzreaktionen mit GH, HPL, HCG und TSH nicht verfälscht wurden. Die Einzelwerte stellen das Mittel von jeweils 2 Ansätzen in 2 verschiedenen Konzentrationsstufen mit einem Variationskoeffizienten von ± 2 - 5% dar.

Tabelle 1

	HCG			HPL			GH		
	M	A	V	M	A	V	M	A	V
ng/ml	1 752	5,62	6,47	4 412	8,1	9,2	3,61	14,7	11,7
s	±1555	±4,06	±4,95	±1638	±5,26	±8,24	±0,80	±12,0	±10,4
min. max.	80 5150	1,0 14,8	1,2 17,7	1890 7660	1,9 22,5	2,3 37,0	2,4 6,7	2,6 42,7	1,8 38,0
rel.(MAV)	271 :	0,87 :	(1)	480 :	0,88 :	(1)	0,31 :	1,26 :	(1)
rel.(MGH=1)	485 :	1,55 :	1,79 :	1222 :	2,24 :	2,50 :	(1) :	4,07 :	3,24
signif. diff. A-V		t_{17}=1,82			t_{17}=1,27			t_{17}=6,33	

Die Tabelle zeigt die Zusammenfassung der Bestimmungen von HCG, HPL und GH aus mütterlichem (M), Nabelarterien (A) und Nabelvenenblut (V) in ng/ml Serum (3. Spalte), die zugehörigen Standardabweichungen (4. Spalte), die niedrigsten (min.) und höchsten (max.) beobachteten Hormonkonzentrationen (5. Spalte), die relative Verteilung der Hormone auf M, A und V innerhalb der Gruppen mit V als Bezugsgröße (6. Spalte), die relative Verteilung der Konzentrationen zwischen den 3 Hormongruppen mit GH - M als Bezugsgröße (7. Spalte) und die Signifikanz der A-V-Differenz mit dem t-Test (8. Spalte).

Es ergibt sich, daß zum Zeitpunkt der Geburt von der Placenta HCG und HPL in unverhältnismäßig großer Menge in den mütterlichen Kreislauf abgegeben werden und auf das Kind, wahrscheinlich über die Nabelvene nur in Spuren übergehen. Nach Josmovich (1968) ist die spezifische Wachstumswirkung von HPL etwa 0,1 bis 1% derjenigen von STH. 4400 ng HPL im mütterlichen Serum am Ende der Schwangerschaft entsprächen demnach der zusätzlichen Wirkung von 4,4 bis 44 ng STH, womit das Auftreten der Schwangerschafts-Akromegalie erklärt werden kann.

Bei Betrachtung der Einzelergebnisse ist für keines der Hormone eine Korrelation zwischen den Konzentrationen im mütterlichen und kindlichen Serum feststellbar. Die Streuung der Werte ist im mütterlichen Serum für HCG am größten und für GH am kleinsten, umgekehrt ist es im kindlichen Serum. HPL nimmt jeweils eine Mittelstellung ein.

Beim Vergleich mit den klinischen Befunden fällt auf, daß die 5 höchsten GH-Konzentrationen im Nabelschnurblut bei relativ kleinen Kindern (2874 ± 365 g, 49 ± 2,4 cm; Mittelwert des Kollektivs: 3239 ± 406 g, 50,88 ± 2,6 cm) gefunden wurden. Von diesen 5 Kindern waren zwei ausgeprägt, 2 leicht paedatrophisch. Das schwerste Kind (4070 g) zeigte durchwegs unternormale, das längste Kind (57 cm) durchschnittliche Werte, bei letzterem wies aber die Mutter den höchsten HPL-Wert (7660 ng/ml) auf. Zwischen Placentagewicht und Hormonspiegel ließ sich in diesem Fällen kein Zusammenhang erkennen. Den höchsten HCG- und HPL- zusammen mit einem relativ hohen GH-Spiegel bot ein paedatrophisches Kind mit intrauteriner und postpartaler Asphyxie und vorzeitigem Blasensprung im Geburtsverlauf. Möglicherweise ist eine funktionsgestörte Placenta in Richtung Kind durchlässiger für placentare Proteohormone.
Anmerkung: 1 mg HCG = 10 000 IE HCG (biol.).

Der ENDOCRINOLOGY STUDY SECTION NIAMD, Bethesda, sind wir für die Überlassung von HGH und Anti-HGH, der Fa. LEDERLE für HPL, der Fa. ORGANON GmbH für HCG und der Fa. SCHERING AG für die großzügige Unterstützung zu Dank verpflichtet.

Literatur

Franchimont, P.: Le dosage des hormones hypophysaires somatotrope et gonado tropes et son application en clinique. Brüssel: Arscia 1967.
Josimovich, J. B.: IN: Addamsons (Ed.), Diagnosis and Treatment of Fetal Dysorders. Berlin-Heidelberg-New York: Springer 1968.

Symp. Dtsch. Ges. Endokrin. 16, 231-233 (1970)

Enzymaktivitäts- und Verteilungsmuster im Rattenovar während der infantilen und juvenilen Entwicklungsperiode

Enzyme Activity Patterns and Activity Histograms in the Rat Ovary during Infantile and Juvenile Development

HARTMUT BRANDAU

Frauenklinik, Medizinische Hochschule Hannover

Mit 1 Abbildung

Summary

In ovaries of rats the alterations of enzyme activities between the 5th and 60th day of life were studied by quantitative biochemical analysis in tissue extract. Furthermore oxydoreductases were localized by means of histochemical technique. The activities of enzymes of the aerobic glycolysis per g fresh weight increase continually while the activities of lactic dehydrogenase and enzymes of the citric acid cycle are slightly decreasing. The activity of NADPH-supplying glucose-6-phosphat dehydrogenase shows a striking rise between the 5th and 15th resp. 45th and 60th day of life. The increase of activities in the development of the infantile ovary and differentiation of the interstitial cells are coincident with the first maximum of LH-production.

Die quantitativen Relationen im Muster der Enzymaktivitäten sowie ihre celluläre Zuordnung sind aufschlußreiche Parameter der funktionsspezifischen Metabolik der Ovarien. Ihr Studium während Entwicklung und Reifung der Ovarien verspricht einen Einblick in den Prozeß ihrer funktionellen Differenzierung und führt zu einer besseren Deutung der Beziehung zwischen spezifischer Metabolik und funktioneller Leistung des Ovars.

Material und Methode

In Rattenovarien wurden vom 5. Lebenstag bis zum Eintritt der Geschlechtsreife die Schwankungen der Aktivitäten von Enzymen des energieliefernden Stoffwechsels durch quantitative Bestimmung im Gewebsextrakt verfolgt. Dazu wurden am 5. und 15. Lebenstag jeweils 120 Ovarien, an den späteren Lebenstagen 10 bis 20 Ovarien in einem Ansatz extrahiert. Die Enzymaktivitäten wurden am Phosphatgesamtextrakt im üblichen optischen Test gemessen (1). Zum Studium der cellulären Verteilung, insbesondere in sich nicht synchron entwickelnden Strukturen, wurden Oxydoreduktasen gleichzeitig histochemisch mit der Tetrazoliumtechnik in Kryostatschnitten lokalisiert (2).

Ergebnisse und Diskussion

Die getesteten Enzyme lassen sich infolge übereinstimmender Tendenz der Aktivitätsänderungen in Gruppen ordnen. Die Aktivitäten von TIM, GAPDH und PGK[1], Enzyme der glykolytischen Phospho-Triose-Glycerat-Gruppe, deren Aktivitäten in

[1] Erläuterung der Abkürzungen siehe Legende Abb. 1

vielen Geweben proportionskonstant gefunden wurden (3), steigen vom 5. bis 60. Lebenstag stetig an. Einen ebenfalls kontinuierlichen, aber steileren Anstieg besitzt die F6PK, ein Schlüsselenzym der Glykolyse. Dagegen bleiben die Aktivitäten der LDH und der getesteten Enzyme des Citrat-Cyclus, MDH und FUM, nach einem Anstieg zwischen dem 5. und 15. Tage unverändert, oder fallen wie die MDH und LDH sogar geringfügig ab. Im Anstieg der Aktivitäten der F6PK und der Enzyme der Phospho-Triose-Glycerat-Gruppe bei gleichzeitigem Abfall der LDH zeigt sich eine differente Entwicklung des aeroben und anaeroben Funktionsteils der Glykolyse. Die stetige Zunahme der aeroben Glykolyse steht in Rela-

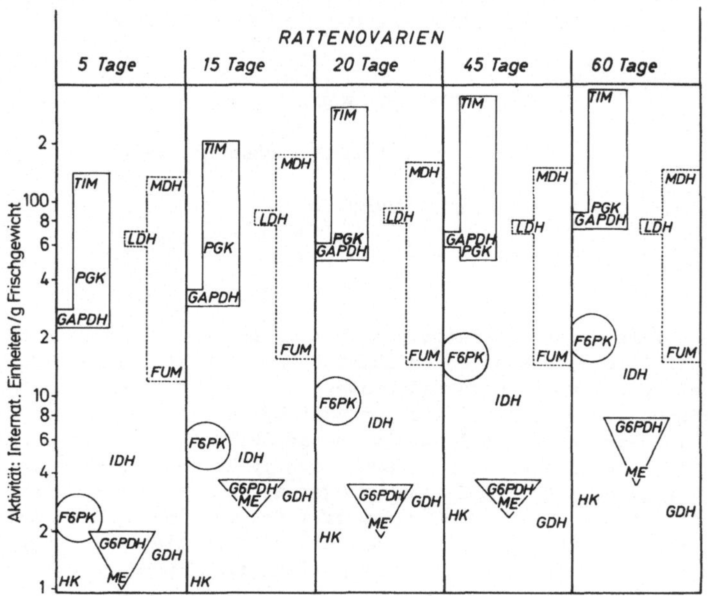

Abb. 1. Enzymaktivitätsmuster in einigen Stadien der Ovarentwicklung
Abkürzungen: F6PK = Fructose-6-phosphat-Kinase; FUM = Fumarase; GDH = Glycerin-1-phosphat-Dehydrogenase; GAPDH = Glyceraldehyd-3-phosphat-Dehydrogenase; G6PDH = Glucose-6-phosphat-Dehydrogenase; HK = Hexokinase; IDH = Isocitrat-Dehydrogenase; LDH = Lactat-Dehydrogenase; MDH = Malat-Dehydrogenase; ME = malic enzyme; PGK = 3-Phospho-glycerat-Kinase; TIM = Triosephosphat-Isomerase

tion zur ständig verbesserten Capillarisierung bis hin zum geschlechtsreifen Ovar als typischer endokriner Drüse. Die neben der Energielieferung wesentliche funktionelle Bedeutung der Glykolyse, die Bildung von Acetyl-CoA für die Steroidbiosynthese, läßt sich aus dem ständig größer werdenden Quotienten Glykolyse/Citrat-Cyclus bei gleichzeitigem Abfall der LDH ablesen. Ein weiteres Charakteristikum der steroidbildenden Zelle, die hohe Rate NADPH-verbrauchender Syntheseschritte im Steroidmetabolismus, kommt im Anstieg der NADPH-spezifischen IDH und den Aktivitätsschwankungen der G6PDH und des ME zum Ausdruck. Zwischen dem 5. und 15. Tag erfolgt zunächst eine Verdreifachung der Aktivität von G6PDH und ME. Sie erklärt sich, wie die histochemische Analyse zeigt, durch eine Induktion dieser beiden Enzyme im sich formenden interstitiellen Gewebe. Danach sinken ihre Aktivitäten im Gewebsextrakt ab als Folge der relativen Zunahme der Granulosa, die praktisch keine Aktivitäten dieser Enzyme enthält. Der zweite Aktivitätssprung erfolgt zwischen dem 45. und 60. Lebenstag durch die Bildung hochaktiver Corpora lutea. Schon das infantile Ovar besitzt die typische hohe Sensibilität der G6PDH auf die Einwirkung des LH. Der erste Anstieg der LH-Ausschüttung in der infantilen Periode (4) deckt sich nämlich zeitlich mit der Induktion der G6PDH in den sich formierenden Zwischenzellen. In Übereinstimmung mit den Untersuchungen von Presl et al. (5) beginnen die Zwischenzellen des Rattenovars schon nach diesem Induktionsvorgang mit der Bildung von Oestrogenen.

Literatur

1. Bücher, Th., Luh, W., Pette, D.: Hdb. Hoppe-Seyler-Thierfelder, 10. Aufl., Bd. IV/A, S. 292, Berlin-Göttingen-Heidelberg: Springer 1964.
2. Brandau, H., Luh, W.: Acta endocr. (Kbh.) 46, 580 (1964).
3. Pette, D., Bücher, Th.: Biochem. biophys. Res. Commun. 7, 419 (1962).
4. Weisz, J., Ferin, C. W.: In: Chemistry of Gonadotrophins. Edinburgh-London: E. and S. Livingstone Ltd. im Druck.
5. Presl, J., Horský, J., Herzmann, J., Mikuláŝ, I., Henzl, M.: J. Endocr. 38, 201 (1967).

Symp. Dtsch. Ges. Endokrin. 16, 234-236 (1970)

Progesteron-4-^{14}C Metaboliten in Organkulturen menschlicher fetaler Ovarien und Testes

Studies on the Metabolites of Progesterone-4-^{14}C in Organ Cultures of Human Fetal Gonadal Tissues

K. HOLZMANN, B. RUNNEBAUM und J. ZANDER

Universitäts-Frauenklinik Heidelberg, Germany

Mit 3 Abbildungen

Summary

Metabolism of progesterone-4-^{14}C was studied in organ cultures of ovarian and testicular tissue of human fetuses aged 9-11 weeks. Explants were maintained in chemical defined medium for periods up to 2 days. A rapid progesterone metabolism could be shown in testicular cultures, whereas in ovarian cultures no conversion of progesterone-4-^{14}C could be observed. In testes incubations, radioactive 17aOH-progesterone, androstenedione, testosterone, 16aOH-progesterone, 16aOH-testosterone were isolated and identified. The data regarding the conversion products of progesterone-4-^{14}C by ovarian and testicular cultures demonstrate characteristic patterns for each of these tissues within defined time intervals.

In vitro Versuche mit fetalen Gonaden des 1. Schwangerschaftsdrittels zeigen in fetalem Hodengewebe eine beträchtliche Steroidstoffwechselaktivität, während gleichaltrige Ovarien vergleichsweise kaum aktiv sind (1,2,4,5,6). Die Versuchsdauer solcher Inkubationen beträgt in der Regel mehrere Stunden. Die vorliegenden Untersuchungen sollen zeigen, a) ob sich diese Unterschiede im Steroidmetabolismus von Gonaden auch anhand von Organkulturen nachweisen lassen, b) ob zeitliche Abläufe von Steroidumwandlungen sichtbar werden, da Organkulturen unter gewissen Bedingungen längere Inkubationszeiten erlauben als beispielsweise Homogenate und Zellfraktionen.

Untersucht wurden Testes und Ovarien von Feten mit einer Scheitelfußlänge von 9,5 und 11,5 cm. Die Gewinnung der Organe und deren Präparation in 1 x 1 x 1 mm messende Gewebsblöckchen erfolgte unter sterilen Kautelen. Die Gewebe wurden in Inkubationsgefäße explantiert, die neben 500 000 cpm Progesteron-4-^{14}C je 10 ml Eagles Medium (3) enthielten. Die Inkubationen, dankenswerterweise im Heidelberger Institut für Experimentelle Krebsforschung ermöglicht, erfolgten in einem Gyrotory Shaker bei 37°C unter Luft über 48 Stunden. Dieselben Gewebe wurden anschließend nochmals in erneute Ansätze transferiert, die gleiche Aktivitätsmengen markierten Progesterons enthielten. Auf Veränderungen der Gaszusammensetzung als auch auf Zusätze von Co-Faktoren, Wasserstoff-regenerierenden Systemen, Serum und Antibiotica wurde verzichtet. Histologische Kontrollen liegen vor. In geplanten Intervallen wurden jeweils 1ml Medium entnommen, mit gleichem Volumen Äther (v/v) extrahiert und papierchromatographisch fraktioniert. In den Inkubationen mit Ovarialgewebe fanden sich nur geringe Mengen 20a-Dihydroprogesteron-4-^{14}C. In den Inkubationen mit Testesgewebe wurden abhängig von den Entnahmezeiten in unterschiedlichem Ausmaß markiertes 17aOH-Progesteron, Androstendion, Testosteron, 16aOH-Testosteron und 16aOH-Progesteron isoliert und aufgrund von Derivatbildungen sowie radiochemischer Reinheit identifiziert. Die quantitativen Bestimmungen der entstandenen Metaboliten erfolgten planimetrisch. Die Wiederfindung der zugesetzten Aktivität lag zwischen 75-90%. Auf Verluste wurde nicht korrigiert. In Kontrollen mit abgetötetem Gewebe wurde nach 2-tägiger Inkubationsdauer über 90% der eingesetzten Aktivität wiedergefunden. Während in den Ansätzen mit Ovarialexplantaten nach 2 Tagen noch über 90% des zugesetzten Progesterons vorhanden war (Abb.1), hatten die Testesexplantate das zugesetzte Progesteron nach 36

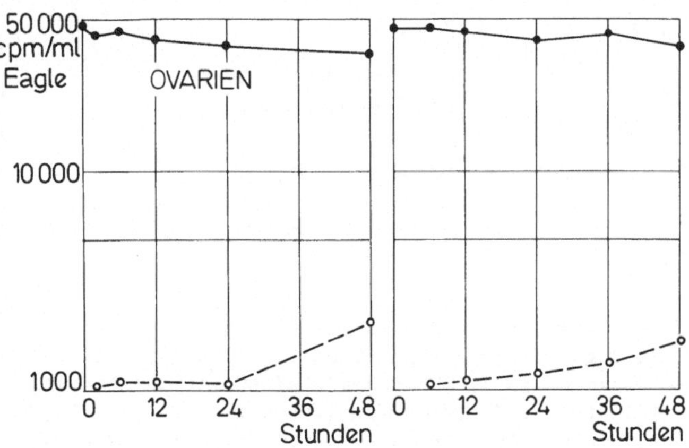

Abb. 1. Verteilung der Radioaktivität bei Inkubation 8 fetaler Ovarialexplantate mit 489 250 cpm Progesteron-4-^{14}C über 48 Std. (●—● Progesteron-4-^{14}C, o--o Ätherextrahierbare Metaboliten). Nach 2 Tagen Transfer von 6 dieser Explantate in einen 2. Ansatz mit gleicher Aktivität

Stunden völlig umgesetzt (Abb.2). Bei der Verteilung der einzelnen Metaboliten in den Testesinkubationen findet sich ein relativ früher Abfall von 17aOH-Progesteron. Ihm folgten etwas verzögert zunächst Androstendion und dann Testosteron, während 16aOH-Testosteron sich erst nach 12 Std. nachweisen läßt und dann kontinuierlich ansteigt (Abb. 3).

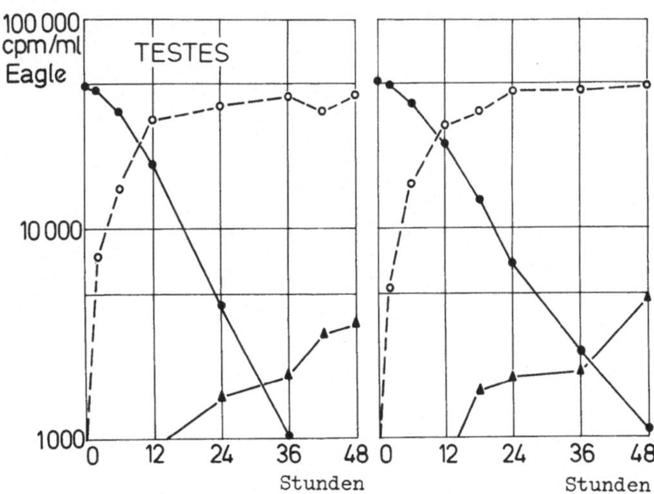

Abb. 2. Verteilung der Radioaktivität bei Inkubation 6 fetaler Hodenexplantate mit 496 760 cpm Progesteron-4-^{14}C über 48 Stunden. (●—● Progesteron-4-^{14}C, o--o Ätherextrahierbare Metaboliten, ▲—▲ Wasserlösliche Metaboliten). Nach 2 Tagen Transfer von 5 dieser Explantate in einen 2. Ansatz mit gleicher Aktivität

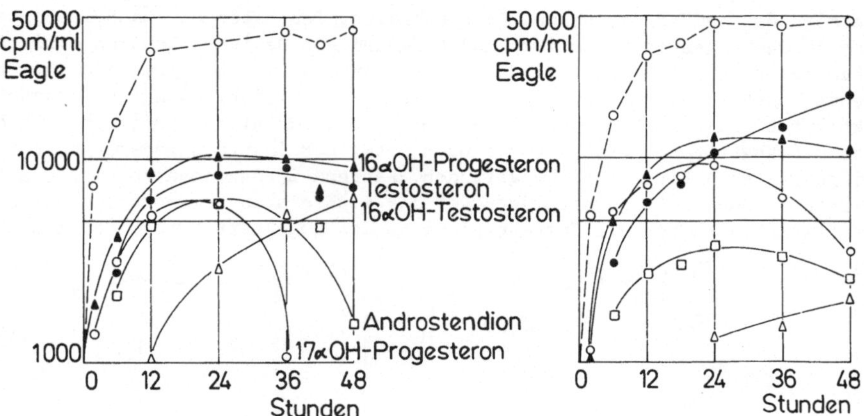

Abb. 3. Quantitatives Verhalten verschiedener ätherextrahierbarer Progesteronmetaboliten bei der in Abb. 2 dargestellten Inkubation mit Testesexplantaten

Die eingangs gestellten Fragen lassen sich so beantworten:
1. Mit Hilfe von Organkulturen sind erhebliche Unterschiede im Steroidmetabolismus fetaler Gonaden des 1. Schwangerschaftsdrittels nachweisbar. 2. Es werden zeitliche Abläufe von Steroidumwandlungen sichtbar. 3. Fragen wie Gewebsvitalität, endogener Steroidmetabolismus und Enzymhemmung-Produkthemmung stehen zur Diskussion.

Literatur

1. Acevedo, H.F., L.P. Axelrod, E.Ishikawa, F.Takaki: J.clin.Endocr. 23,885 (1963).
2. Bloch, E., S. L. Romney, M. Klein, L. Lippiello, P. Cooper, I. P. Goldring: Proc. Soc. exp. Biol. (N.Y.) 119, 449 (1965).
3. Eagle, H.: Science 130, 432 (1959).
4. Goldman, A. S., W. C. Yakovac, A. M. Bongiovanni: J.clin.Endocr.26, 14 (1966).
5. Jungmann, R. A., J. S. Schweppe: J.clin.Endocr. 28, 1599 (1968).
6. Rice, B. R., C. A. Johanson, W. H. Steinberg: Steroids 7, 79 (1966).

Symp. Dtsch. Ges. Endokrin. 16, 237-238 (1970)

Geschlechtsunterschiede im Oestrogenstoffwechsel der menschlichen Leber bei Neugeborenen und Erwachsenen

Sex Differences in the Metabolism of Oestrogens in the Liver of Newborns and Adults

W. D. LEHMANN

Universitäts-Frauenklinik Ulm, Donau

Mit 1 Abbildung

Summary

The metabolism of (4-^{14}C) oestrone was studied in the microsomal fraction of the liver of male and female newborn and of adult men and women. The rate of metabolism of (4-^{14}C) oestrone (formation of ether-soluble, water-soluble and protein-bound fractions) is much higher in the liver of the adult man than in the liver of the woman, but in the liver of the newborn there are no sex differences in oestrone degradation.

Aus gesundem Lebergewebe von Männern und Frauen, das bei Oberbauchoperationen gewonnen wurde, sowie Lebergewebe von frischtot geborenen Knaben und Mädchen ist durch fraktionierte Zentrifugation die Mikrosomenfraktion hergestellt worden. Diese Fraktion wurde mit markiertem (4-^{14}C) Oestron unter Anwesenheit eines NADPH generierenden Systems und Sauerstoffs bei pH 7,4 inkubiert. Die entstandenen Metaboliten wurden mit Äther-Chloroform 3:1 extrahiert und papierchromatographiert. Die quantitative Messung erfolgte mit einem Radiochromatogramm-Scanner. Radioaktives Oestron wurde bei allen Inkubationsversuchen zu einer ätherlöslichen, wasserlöslichen und proteingebundenen Fraktion abgebaut. In der ätherlöslichen Fraktion fanden sich folgende Metaboliten: 6α-, 6β-, 7α-, 15α- und 16α-Hydroxyoestron, 6α-, 6β, 7α-Hydroxyoestradiol-17β und Oestriol. Die Lebermikrosomenfraktion von Männern zeigte eine wesentlich höhere Hydroxylierungskapazität als diejenige von Frauen. Oestron als

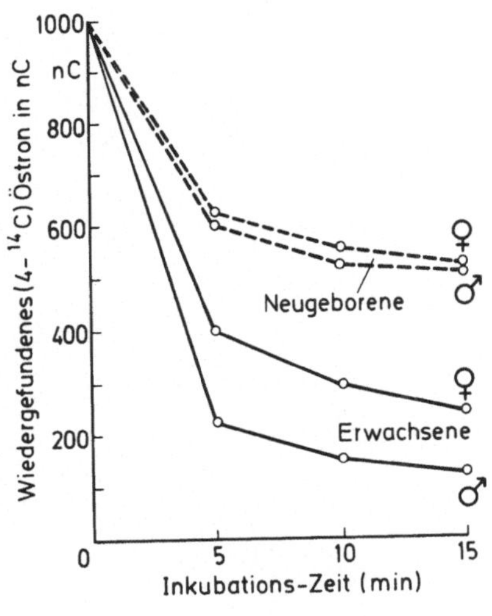

Abb. 1.
Zeitlicher Verlauf des Umsatzes von (4-^{14}C) Oestron in der Lebermikrosomen-Fraktion von je 4 erwachsenen Männern und Frauen, sowie von je 4 neugeborenen Knaben und Mädchen. Es wurden jeweils 1 000 nC (18 n Mol) (4-^{14}C) Oestron (spez. Aktivität 53,5 mC/m Mol) in Gegenwart von Sauerstoff und des NADPH generierenden Systems mit der Mikrosomenfraktion aus 0,6 g Leber-Frischgewebe für 5, 10 und 15 min. inkubiert

Substrat wurde nach 5minütiger Inkubation bei Männern fast doppelt so schnell zur wasserlöslichen und proteingebundenen Fraktion abgebaut und inaktiviert wie bei Frauen. (Abb. 1). Qualitative Unterschiede im Metabolitmuster konnten dagegen nicht festgestellt werden.

Bei neugeborenen Knaben und Mädchen bestanden keine Geschlechtsunterschiede im Oestrogenstoffwechsel der Leber. Höchstwahrscheinlich wird das unterschiedliche Hydroxylierungsvermögen erst mit der Geschlechtsreife erlangt. Gegenüber dem Leberstoffwechsel der Erwachsenen fällt beim Neugeborenen eine besonders hohe Aktivität der 16-Hydroxylase auf.

Literatur

Conney, A. H., Klutch, A.: J.biol.Chem. 238, 1611 (1963)

Hecker, E., Betz, D.: Hoppe-Seylers Z.physiol.Chem. 338, 260 (1964).

Lehmann, W. D., Breuer, H.: Hoppe-Seylers Z.physiol.Chem. 350, 191 (1969).

Remmer, H.: Naunyn-Schmiedebergs Arch.exp.Path.Pharmak. 235, 279 (1959).

Symp. Dtsch. Ges. Endokrin. 16, 239-243 (1970)

Die Wirkung von FSH und LH auf die Proteinsynthese verschiedener Organe des weiblichen neugeborenen Meerschweinchens

Effects of FSH and LH on Protein Synthesis of Various Organs of Newborn Female Guinea Pigs

K.-D. SCHULZ, H. HAARMANN, A. HARLAND und F. HÖLZEL

Abteilung für klinische und experimentelle Endokrinologie der Universitäts-Frauenklinik Hamburg; H. Pette-Institut für Experimentelle Virologie an der Universität Hamburg

Mit 5 Abbildungen

Summary

This study demonstrates that guinea pig ovary and uterus are sensitive to gonadotropic or oestrogenic stimulation already during the neonatal period. Uterine protein synthesis indicates an increase of nearly 100% as early as 1 hour after injection of 0,1 μg oestradiol/100 g body weight. 1 hour after subcutaneous application of 5 I.U. LH (NIH-LH-B 3) H^3-leucine incorporation into ovarian protein is markedly elevated. The peak of this gonadotropic stimulation is seen after 6 hours. The tenfold dose of LH produces an earlier increase of protein synthesis but does not cause an additional elevation of amino acid incorporation. Furthermore LH effects the permeability of ovarian cells. After LH treatment a higher concentration of H^3-leucine in the acid soluble supernatant is found. In another series of experiments also an activation of ovarian RNA-synthesis is demonstrable. The simultaneous increase of uterine protein and RNA synthesis shows a stimulation of endogenous oestrogen in the regulation of ovarian steroidogenesis.

The application of 7 I.U. FSH (NIH-FSH-S 3) per 100 g body weight resulted in an elevation of precursor incorporation into ovarian protein and RNA. This effect may be correlated to hormonal control of the morphogenesis of this organ. As uterine H^3-leucine and H^3-uridine incorporation rate is not changed by FSH in the intact animal, one can conclude that FSH alone is ineffective in the regulation of ovarian steroidogenesis.

In den vorliegenden Untersuchungen sollte geprüft werden, ob die Erfolgsorgane der Gonadotropine und Oestrogene, nämlich Ovar und Uterus, bereits in der neonatalen Periode einer hormonellen Regulation unterliegen, oder aber wegen funktioneller Unreife auf eine hormonelle Stimulierung nicht reagieren.

Zunächst wurde die Wirkung von Oestradiol untersucht. Die Hormonantwort oestrogenabhängiger Gewebe wird sicherlich zum großen Teil durch die spezifische Bindungskapazität dieser Organe für Oestradiol bestimmt. Nach McGuire und Lisk (1) ist diese Bindungskapazität abhängig vom endogenen Oestrogenspiegel. Jedoch müssen nach Eisenfeld und Axelrod (2) außer der Bindungskapazität noch andere regulierende Faktoren für die Hormonantwort oestrogensensitiver Gewebe verantwortlich sein. Über die Reaktion von Uteri verschiedener Species auf eine oestrogene Stimulierung während unterschiedlicher Stadien der sexuellen Reifung ist bisher wenig bekannt.

Als Versuchstiere dienten neugeborene, 24 - 36 Std. alte Meerschweinchen. Zu verschiedenen Zeitpunkten nach einmaliger subcutaner Injektion von 0,1 µg 17ß-Oeastradiol pro 100 g Körpergewicht wurden 100 µC H^3-Leucin subcutan verabfolgt. Die spezifische Aktivität des H^3-Leucin betrug 19,7 C /mMol. 30 min. nach Leucin-Application erfolgte die Tötung der Tiere.

Bereits 1 Std. nach Oestradiol-Injektion steigt der Leucin-Einbau in die Proteine des Uterus um fast 100% an. In den anderen geprüften Organen - wie Ovar, Leber, Hypophyse, Hypothalamus, Nebenniere - läßt sich keine Alteration der Proteinsynthese unter Oestrogenwirkung feststellen. Dieses Ergebnis zeigt, daß schon im Uterus neugeborener Meerschweinchen eine hormonelle Regulation möglich ist.

Nach den Untersuchungen von Pavic (3) und Ben-Or (4) befindet sich das Ovar neugeborener Ratten und Mäuse während der ersten 7 Lebenstage in einer Phase erheblich herabgesetzter Gonadotropin-Sensitivität. Das Resultat eigener Untersuchungen (5) ließ jedoch vermuten, daß beim neugeborenen Meerschweinchen eine derartige gonadotropin-resistente Phase nicht besteht. Die Überprüfung der Protein- und RNS-Synthese in verschiedenen Organen neugeborener Versuchstiere unter der Wirkung von FSH und LH sollte diese Hypothese bestätigen.

Nach subcutaner Verabreichung von hypophysären Gonadotropinen fanden sich Veränderungen der Protein- und RNS-Syntheserate lediglich in Ovar und Uterus, nicht dagegen in der Leber, der Hypophyse, dem Hypothalamus und der Nebenniere. Die 1. Abbildung zeigt, daß bereits 1 Std. nach Injektion von 5 I.E. LH vermehrt H^3-Leucin in das Ovar eingebaut wird. Das Maximum ist nach 3 Std. erreicht. Nach 12 Std. ist der stimulierende Effekt des LH fast vollständig wieder verschwunden. Eine Erhöhung der LH-Dosis auf 50 I.E. führt nicht zu einer weiteren Stimulierung der Proteinsynthese. Lediglich der Beginn der biochemischen Veränderungen wird unter der höheren Dosis vorverlegt. Weiterhin bewirkt das LH eine vermehrte Aufnahme von tritiiertem Leucin in den säurelöslichen Überstand. Eine Dosisabhängigkeit ist hierbei jedoch nicht erkennbar.

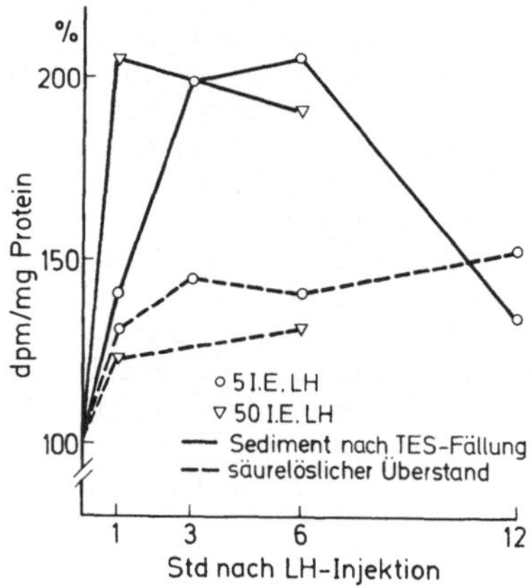

Abb. 1. Proteinsynthese im Ovar neugeborener Meerschweinchen unter der Wirkung von LH (NIH-LH-B3)

Aus der nächsten Abbildung (Abb. 2) geht hervor, daß unter der LH-Wirkung auch im Uterus der Aminosäure-Einbau sehr schnell zunimmt. Diese Tatsache muß als Folge einer sehr schnellen gonadotropinbedingten Stimulierung der ovariellen Oestrogensynthese angesehen werden. Nach Applikation von 50 I.E. LH ist bereits nach 1 Std. die Proteinsyntheserate im Uterus maximal erhöht. Bei Verwendung der niedrigeren Dosis von 5 I.E. ist das Maximum erst nach 6 Std. erreicht.

In der nächsten Abbildung (Abb. 3) sind die LH-bedingten Veränderungen der Protein- und RNS-Synthese einander gegenübergestellt. Dabei ist im Ovar ein an-

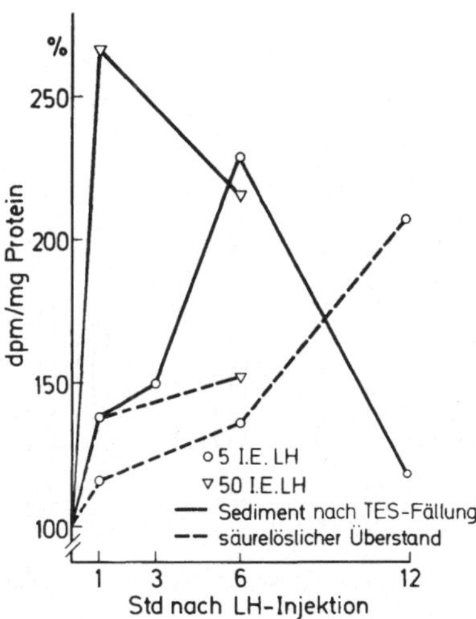

Abb. 2. Proteinsynthese im Uterus neugeborener Meerschweinchen unter der Wirkung von LH (NIH-LH-B3)

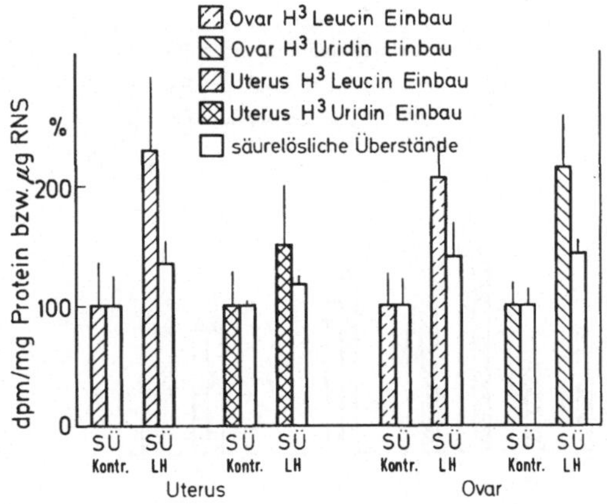

Abb. 3. Protein- und RNS-Synthese in Ovar und Uterus neugeborener Meerschweinchen 6 Std. nach einmaliger subcutaner Injektion von 5 I.E. LH (NIH-LH-B3)

nähernd gleichsinniger Anstieg von H^3-Leucin- und H^3-Uridin-Einbau sichtbar. Die applizierte Uridin-Dosis betrug 500 µC pro 100 g Körpergewicht (spez. Akt. 1,52 C/m Mol). Im Vergleich zum Ovar ist im Uterus die Stimulierung der Proteinsynthese wesentlich ausgeprägter als die Aktivierung der RNS-Synthese. In allen Fällen findet sich ein mäßiger, jedoch statistisch signifikanter Anstieg der RNS- und Protein-Precursor im säurelöslichen Überstand.

Auch das FSH ist, wie die folgende Abbildung (Abb. 4) zeigt, in der Lage, die Protein- und RNS-Synthese im Ovar zu stimulieren. In dem Bereich von 0,07 bis 7 I.E. FSH ist eine deutliche Dosisabhängigkeit der erwähnten biochemischen Veränderungen erkennbar. Im Vergleich zum LH sind jedoch keine statistisch signifikanten Konzentrationsveränderungen von H^3-Leucin und H^3-Uridin im säurelöslichen Überstand vorhanden. - Während nach Applikation verschiedener Dosen von LH im Uterus die Protein- und RNS-Synthese sehr schnell an-

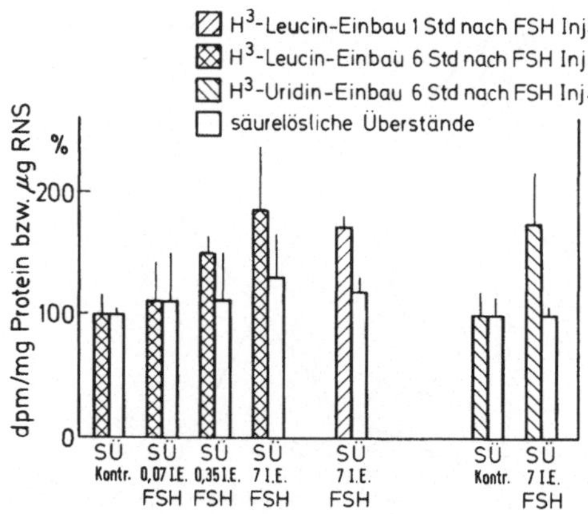

Abb. 4. Protein- und RNS-Synthese im Ovar neugeborener Meerschweinchen unter der Wirkung von FSH (NIH-FSH-S3)

steigt, sind - wie die letzte Abbildung zeigt (Abb. 5) - unter der Wirkung von FSH im Uterus keine signifikanten Veränderungen der eben genannten biochemischen Parameter nachweisbar.

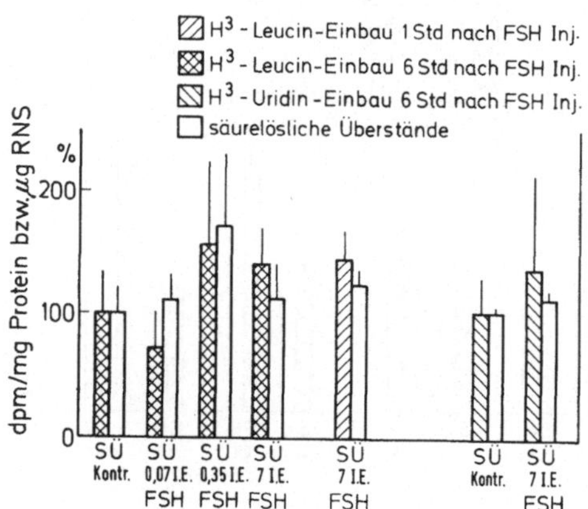

Abb. 5. Protein- und RNS-Synthese im Uterus neugeborener Meerschweinchen unter der Wirkung von FSH (NIH-FSH-S3)

Da es sich bei den verwendeten Gonadotropin-Standard-Präparationen (NIH-LH-B 3 und NIH-FSH-S 3) nicht um reines FSH oder LH handelt, wurde die im FSH enthaltene LH-Aktivität und die im LH enthaltene FSH-Aktivität bestimmt und hinsichtlich ihrer Wirkung auf die Proteinsynthese von Ovar und Uterus getestet.

5 I.E. NIH-LH-B 3 enthielten 0,07 I.E. FSH. Diese niedrige FSH-Dosis hat in unserem Ansatz keinen Einfluß auf den ovariellen H^3-Leucin-Einbau. - In 7 I.E. NIH-FSH-S 3 fanden sich 1,5 I.E. LH. Diese Menge bewirkt weder im Ovar, noch im Uterus eine Änderung der Inkorporationsrate von H^3-Leucin.

Damit scheinen die beobachteten Veränderungen der Proteinsynthese von Ovar und Uterus nach 5 I.E. LH bzw. 7 I.E. FSH allein auf die Wirkung von LH bzw. FSH zurückzuführen sein. Es bleibt jedoch unsicher, ob nicht eine Spur FSH im LH oder eine minimale Menge LH im FSH die Wirkung beider Hormone potenziert bzw. erst möglich macht. Die Untersuchungen von Lunenfeld und Mitarbeitern (6) an der Maus scheinen jedoch diese Möglichkeiten auszuschließen.

In einer weiteren Experimentserie wurde der Einfluß von auf der Transkriptions- und Translationsstufe angreifenden Hemmstoffen auf die LH-Stimulierung der Protein- und RNS-Synthese geprüft. Erste Resultate zeigen, daß nach Verwendung von 100 bzw. 300 µg Actinomycin die Proteinsynthese im Ovar nicht beeinflußt, dagegen die RNS-Synthese um 50% reduziert wird. Erfolgt eine Behandlung der Meerschweinchen mit 5 I.E. LH und 300 µg Actinomycin, so ist die Stimulierung der Proteinsynthese im Ovar durch LH reduziert, jedoch nicht völlig aufgehoben. Der Anstieg der RNS-Syntheserate ist jedoch völlig nivelliert. Nach Verwendung von 200 µg Cycloheximid, einem Hemmstoff der Translationsstufe, ist kein LH-Effekt auf den ovariellen Leucin-Einbau mehr erkennbar. Offensichtlich scheint das LH sowohl auf der Stufe der Transskription als auch auf der Stufe der Translation anzugreifen, wobei eine Wirkung auf die Zellpermeabilität mit in Betracht gezogen werden muß.

Die Protein- und RNS-Synthese im Uterus wird erstaunlicherweise durch Actinomycin überhaupt nicht beeinflußt. Auch nach Cycloheximid ist keine Depression des Leucin-Einbaus sichtbar. Eine inhibierende Wirkung des Actinomycin und Cycloheximid wird erst dann erkennbar, wenn eine zusätzliche Behandlung der Meerschweinchen mit LH erfolgt. Es ist dann der stimulierende LH-Effekt nicht nur verschwunden, sondern die Leucin- und Uridin-Einbaurate ist im Vergleich zu völlig unbehandelten Kontrolltieren sogar um 55 bzw. 30% gesenkt. Die Ursache für diese unerwarteten Befunde scheint darin zu liegen, daß die Zellmembranen des nicht hormonell stimulierten Uterus neugeborener Meerschweinchen für die Hemmstoffe nicht passierbar ist. Erst nach LH-Behandlung ist die Permeabilität im Uterus so verändert, daß die Hemmstoffe der Protein- und RNS-Synthese in die Zelle eindringen können.

Die Resultate der vorliegenden Untersuchungen lassen mit Einschränkung folgende Schlüsse zu:

a) Das Ovar neugeborener Meerschweinchen zeigt keine Resistenz gegenüber einer Stimulierung durch hypophysäre Gonadotropine.
b) Sowohl FSH als auch LH bewirken im Ovar eine sehr schnelle Stimulierung der RNS- und Proteinsynthese.
c) LH scheint im Vergleich zum FSH zusätzlich einen Einfluß auf die Zellpermeabilität des Ovars zu besitzen.
d) Während der Anstieg der Protein- und RNS-Synthese unter FSH-Wirkung im Ovar wahrscheinlich in enger Korrelation zum morphogenetischen Effekt dieses Hormons gesehen werden muß, scheint der stimulierende Effekt von LH engstens mit der Steroidgenese verknüpft zu sein.

Literatur

1. McGuire, J. L., List, R. D.: Proc.nat.Acad.Sci. (Wash.) 61, 497 (1968).
2. Eisenfeld, J. A., Axelrod, J.: Endocrinology 79, 38 (1966).
3. Pavic, D.: J. Endocr. 26, 531 (1963).
4. Ben-Or, S.: J. Embryol. exp. Mroph. 2, 1 (1963).
5. Schulz, K.-D., Breckwoldt, M., Bettendorf, G.: Acta endocr. (Kbh.) 119, 110 (1967).
6. Lunenfeld, B., Eshkol, A.: In: Gonadotropins 1968, Proceedings of the Workshop Conference, Vista Hermosa, Mexico 1968, Hrsg. E. Rosemberg, p. 197.

Symp. Dtsch. Ges. Endokrin. 16, 244-245 (1970)

Die Einlagerung von ³H-Oestrogen in das hypothalamo-hypophysäre System und den Uterus der Ratte und ihre Veränderungen im Laufe der postnatalen Entwicklung

Changes in ³H-Estrogen Uptake by the Hypothalamo-Hyphophyseal System and Uterus with Postnatal Development in the Rat

J. PRESL, S. RÖHLING, J. POSPÍŠIL, J. HERZMANN und J. HORSKÝ

Institut für Mütter- und Kinderfürsorge, Prag, Tschechoslowakei

Summary

Changes in the uptake of ^{3}H-estradiol by the brain, pituitary and uterus of rats from birth to sexual maturity were studied by liquid scintillography and autoradiography. Scintillography demonstrated a preferential uptake of radioactivity in the median eminence and anterior hypothalamus occurring in 15 and 20-day-old females, respectively. Autoradiography, however, revealed different changes in the anterior hypothalamic complex, a decrease in concentration of radioactivity in the preoptic-suprachiasmatic region between the age of 15 and 20 days and the first appearance of the radiochemical in the anterior hypothalamic area between the age of 10 and 15 days simultaneously with its diappearance from the amygdala.

Den 5, 10, 15, 20, 25, 30 und 50 Tage alten Rattenweibchen wurde Oestradiol-6, 7-^{3}H (37,7 Ci/mmol = 116 mCi/mg) in einer Aktivität von 40 µCi/100 g i.p. verabreicht. 2 Std. nach der Injektion wurde die ^{3}H-Konzentration im Gehirn, in der Hypophyse, im Uterus und Skeletmuskel mit dem Szintillationszähler gemessen. Im Alter von 5 und 10 Tagen war in allen Geweben ein hoher ^{3}H-Gehalt zu beobachten, der dann rasch abgenommen hat und weiter schon relativ niedrig war, mit Ausnahme von Hypophyse und Uterus. Ein Gewebe: Gehirnrinde ^{3}H-Konzentrationsverhältnis hat sich in der Eminentia mediana im Alter von 15 und in dem vorderen Hypothalamus im Alter von 20 Tagen signifikant erhöht.

Höhere Konzentration von ^{3}H im Gehirn von 5 und 10 Tage alten Jungen wird für die Folge einer supponierten hohen ^{3}H-Konzentration im Blut gehalten. Die Ursache der folgenden und mit der Beendigung der kritischen Periode der neuronalen Kompetenz koinzidierenden Konzentrationsabnahme ist vermutlich die ^{3}H-Konzentrationsabnahme im Blut, worauf die gleichzeitige Abnahme der Radioaktivität im Skeletmuskel hindeutet. Eine Erhöhung von dem Gewebe: Gehirnrinde ^{3}H-Konzentrationsverhältnis wird als Ergebnis der spezifischen Bindung des Oestrogens betrachtet, wodurch die Rückkoppelung zustande kommt.

Die Einlagerung von ^{3}H in die Hypophyse, die eine ähnliche Abhängigkeit vom Alter zu erkennen gibt wie die Einlagerung in Uterus, spricht für die Vorstellung, die Hypophyse sei auch ein Zielgewebe der primären Wirkung der Oestrogene schon bei den jüngsten Tieren.

Bei der zweiten Gruppe von gleich behandelten Ratten wurde die Distribution der Radioaktivität im Gehirn und im Hypophysenvorderlappen sowie auch ihre Veränderungen in Abhängigkeit vom Alter autoradiographisch untersucht. Die Konzentration der reduzierten Silberkörner in einigen Gehirnstrukturen war bereits in den beiden jüngsten Altersgruppen relativ hoch. Zwischen 15 und 20 Tagen nach der Geburt wurde eine Konzentrationsabnahme der Radioaktivität in der präoptisch-suprachiasmatischen Gegend beobachtet; demgegenüber in der Area hypothalamica anterior wurden die reduzierten Körner zum erstenmal im Alter von 15 Tagen festgestellt, gleichzeitig aber sind sie aus der Amygdala verschwunden. Die Konzentration der Radioaktivität in der tuberalen und mamillaren Gruppe der hypothalamischen Nuclei war während des ganzen studierten Zeitraums dauernd relativ hoch, hingegen in dem Hypophysenvorderlappen relativ niedrig.

Die autoradiographische Untersuchung hat also einen Beweis geliefert, daß es bei der Ratte präpubertal zu charakteristischen Veränderungen der Konzentration der Radioaktivität in der präoptisch-suprachiasmatischen Gegend, in der Area hypothalamica anterior - im Zielgewebe der positiven Rückkopplung der Oestrogene - und in der Amygadala nach einmaliger ^{3}H-Oestradiolverabreichung kommt.

Symp. Dtsch. Ges. Endokrin. 16, 246-247 (1970)

Familiärer pränataler Wachstumshormon-Mangel mit erhöhter Bereitschaft zur Bildung von Wachstumshormon-Antikörpern

Hereditary Prenatal Growth Hormone Deficiency with Increased Tendency to Growth Hormone Antibody Formation

RUTH ILLIG, A. PRADER, A. FERRANDEZ und M. ZACHMANN

Universitätskinderklinik Zürich

Summary

Among 19 patients with isolated growth hormone (GH) deficiency, 6 children could be distinguished by the following characteristic features: 1) small body length in relation to weight at birth, 2) retarded growth which appears early and leads to extreme dwarfism, 3) typical face with large, vaulted forehead and small nose with retracted bridge, 4) strong anabolic action of GH during a short metabolic test, 5) early appearance of GH antibodies in high concentration followed by an almost complete arrest of growth after an initial growth spurt. Four of these patients are related to each other.
These observations suggest that these 6 childeren suffer from a hereditary total GH-deficiency which is effective already before birth, and which causes a lack of immuntolerance to homologous human GH.

Von 19 Patienten mit isoliertem Wachstumshormon (WH)-Mangel, die wir in den letzten Jahren untersucht und mit menschlichem WH behandelt haben, läßt sich eine Gruppe von 6 Kindern abtrennen, die sich in den folgenden Merkmalen von den übrigen Typen von isoliertem WH-Mangel unterscheidet: 1) Kleine Körperlänge in bezug auf Körpergewicht bei der Geburt: sie betrug bei keinem dieser Patienten mehr als 49 cm, obwohl 2 Kinder über 4000 g und 2 Kinder 3500 g wogen. Der pränatale Wachstumsrückstand kommt deutlich zum Ausdruck beim Vergleich der Patienten mit ihren gesunden Geschwistern. 2) Früh in Erscheinung tretende Wachstumsverzögerung, die zu extremem Kleinwuchs führt: der Wachstumsrückstand, ausgedrückt in Standardabweichungen der Altersnorm beträgt bei unseren 6 Patienten im Alter von 2 Jahren 7,3 (± 1.0), und im Alter von 10 Jahren 8 (± 0.8) Standardabweichungen. Bei 13 andern Patienten mit isoliertem WH-Mangel fanden wir im Alter von 8,8 Jahren einen Wachstumsrückstand von 4,7 (± 0,9) Standardabweichungen. Der Unterschied zwischen diesen Patienten und den übrigen Kindern mit isoliertem WH-Mangel ist hoch signifikant ($p < 0,001$).
3) Der Gesichtsausdruck aller 6 Kinder ist von frappanter Ähnlichkeit. Das puppenhaft runde Gesicht mit stark vorgewölbter Stirn, eingezogener Nasenwurzel und kleiner Nase erinnert entfernt an das Gesicht von Chondrodystrophikern.
4) Starke anabole Wirkung von WH: die Stickstoff-Retention (Prader et al. 1968) während einer 5-6tägigen probatorischen WH-Behandlung betrug bei unseren 6 Patienten im Mittel 43,7% (± 12,6), bei 6 anderen Fällen mit isoliertem WH-Mangel 31,3% (± 1,5) und bei 9 Kontrollfällen ohne WH-Mangel 12% (± 3,7). Der Unterschied zwischen den beiden Gruppen von isoliertem WH-Mangel ist statistisch signifikant ($p < 0.05$).
5) Frühzeitiges Auftreten von Antikörpern gegen WH: nach einem kurzen Wachstums-

spurt kam es bei allen 6 Patienten zum fast vollständigen Wachstumsstillstand, der auf die Bildung von Antikörpern gegen menschliches WH zurückzuführen war. Diese Antikörper traten schon wenige Monate nach Behandlungsbeginn in sehr hohen Konzentrationen und mit hoher Bindungskapazität auf, und waren noch Jahre nach Absetzen der WH-Therapie nachweisbar.

6) Vier dieser 6 Fälle von isoliertem WH-Mangel gehören der gleichen Sippe an.

Die Beobachtungen an dieser Gruppe von 6 Patienten lassen uns vermuten, daß hier ein hereditärer, totaler WH-Mangel vorliegt, der sich im Gegensatz zum klassischen idiopathischen hypophysären Zwergwuchs schon intrauterin auswirkt, und der ein Fehlen der Immuntoleranz gegenüber homologem menschlichem WH zu Folge hat.

Mit Unterstützung des Schweiz. Nationalfonds zur Förderung der wissenschaftlichen Forschung, (Nr. 3.67.68)

Literatur

Prader, A., Zachmann, M., Poley, J. R., Illig, R.: The metabolic effect of a small uniform dose of human growth hormone in hypopituitary dwarfs and in control children. Acta endocr. 57, 115 (1968).

Symp. Dtsch. Ges. Endokrin. 16, 248-249 (1970)

Ruheumsatz und freies Serumthyroxin bei graviden Meerschweinchen und Feten

Basal Metabolic Rate and Free Serum Thyroxine in Pregnant or Fetal Guinea Pigs

J. HERRMANN, H. L. KRÜSKEMPER, W. KÜNZEL, W. MOLL und H. MÜLLER

Department Innere Medizin und Department Physiologie der Medizinischen Hochschule Hannover.

Summary

The basal metabolic rate of the guinea pig decreases continously during pregnancy. The BMR of the fetus amounts to 75% of that found in the mothers. By measuring the free T_4 levels in plasma, an explanation for these differences of the metabolic rates of mothers and fetuses was expected. There were no differences in the serum concentration of total T_4 and AFT_4 in the pregnant, non-pregnant or male adult animal. The same value for total T_4 as in adults was found in the fetus; on the other hand, the percentual free T_4- as well as the AFT_4-value were twice that of the mothers, i.e.: no correlation could be found between BMR and the concentration of free T_4. The metabolic significance of the considerably increased fetal AFT_4-value is discussed.

Der Ruheumsatz von trächtigen Meerschweinchen, gemessen an ihrem O_2-Verbrauch, ist signifikant niedriger als der nicht gravider Tiere. Dabei sinkt der O_2-Verbrauch mit dem Fortschreiten der Gravidität kontinuierlich ab. Der Sauerstoffverbrauch der Feten, berechnet auf kg Körpergewicht/min. beträgt am Ende der Tragzeit nur etwa 75% des bei den Müttern ermittelten Wertes. - Durch Bestimmung des freien, stoffwechselaktiven T_4-Gehalts (1) im Blut von Mutter und Fet sollte überprüft werden, ob sich eine Erklärung für das Absinken des Ruheumsatzes in der Gravidität und den relativ niedrigen O_2-Verbrauch finden ließ. - Die Ergebnisse zeigten, daß sich in den Konzentrationen des freien T_4 zwischen graviden Tieren einerseits und weiblichen und männlichen erwachsenen Normaltieren andererseits keine Unterschiede aufweisen ließen. - Bei den Feten und Müttern betrug das direkt bestimmte Gesamt-T_4 ohne signifikanten Unterschied etwa 4,1 µg%. Der Prozentwert des freien T_4 bei den Feten war aber mit einem Mittelwert von 0,241 ± 0,146 gegenüber den Müttern (0,095 ± 0,028%,n:7) um so mehr als das Doppelte erhöht. Bei etwa gleichem Gesamt-T_4-Gehalt lag also auch die Konzentration des freien T_4 bei den Feten (9,53 ± 3,66 mµg%, n:7) signifikant um das Doppelte über dem des mütterlichen Blutes (4,07 ± 1,67 mµg%). Am 1. postnatalen Tag betrug der AFT_4-Wert 6,48 ± 1,37 mµg%, am 5. Lebenstag 8,20 ± 1,63 mµg%.

Die vorliegenden Ergebnisse zeigen, daß weder der absinkende Ruheumsatz des graviden erwachsenen Tieres, noch der relativ niedrige O_2-Verbrauch der Feten durch entsprechende Reduktion der Schilddrüsenhormonspiegel im Blut zu erklären ist. Der absinkende Ruheumsatz des graviden Tieres könnte auf zunehmende Immobilisierung unter dem Einfluß der Gestagene und der Zunahme des Körpergewichtes zurückzuführen sein. - Die Diskrepanz zwischen hoher Schilddrüsenhormon-Konzentration im Blut der Feten und relativ niedrigem Ruheumsatz läßt darauf schließen, daß während der Perinatalperiode des Meerschwinchens isoliert die oxydativen Stoffwechselraten nicht in dem Maß wie beim erwachsenen Tier der Regulation durch Schilddrüsenhormon unterliegen, eine These, die durch neuere Befunde von Geloso (2) unterstützt wird: Thyreoidektomie von Ratten bei Geburt senkte den O_2-Verbrauch zwar nach dem ersten Lebensmonat, hatte aber keinen Effekt vor dem 14. Lebenstag. - Aus den Ergebnissen anderer Autoren (3) ist zu ersehen, 1. daß der Fet beim Säugetier schon sehr frühzeitig von der Versorgung mit mütterlichen Schilddrüsenhormonen unabhängig wird, 2. daß das fetale Hypophysen-Schilddrüsen-System auf einem höheren Regulationsniveau arbeitet als das von erwachsenen und neugeborenen Tieren, 3. daß beim Meerschweinchen zwar eine geringe diaplacentare Passage von Schilddrüsenhormonen in Richtung Mutter ⟶ Fet, nicht aber in Richtung Fet ⟶ Mutter möglich ist (4).

Unsere Untersuchungen sind im Einklang mit diesen Ergebnissen:

1. Die hohen freien T_4-Spiegel beim Feten sprechen für einen vergleichsweise sehr aktiven Funktionszustand der Hypophysen-Schilddrüsen-Achse.
2. Der Unterschied in der Konzentration an freiem T_4 zwischen Feten und Müttern weist zumindest auf einen hohen feto-maternalen Gradienten hin.

Literatur

1. Herrmann, J., Krüskemper, H. L., Müller, H.: Clin chim.Acta 24, 457 (1969).
2. Geloso, J. P., Hemon, P., Legrand, J., Legrand, C., Jost, A.: Gen.comp.Endocr. 10,, 191 (1968).
3. D'Angelo, S. A.: Endocrinology 81, 132 (1967).
4. London, W. T., Money, W. L., Rawson, R. W.: Endocrinology 73, 205 (1963).

Symp. Dtsch. Ges. Endokrin. 16, 250-251 (1970)

Autoradiographische Untersuchungen zur Entwicklung der Nebennierenrinde der Ratte

Radioautographic Studies on the Development of the Adrenal Cortex in Rats

G. PAPPRITZ

Exp. Pathologie, Dr. Karl Thomae GmbH., Bieberach

Mit 1 Abbildung

Summary

In 56 SPF-rats the proliferative activity of the adrenal cortical cells was studied from the 18th day of pregnancy up to 12 weeks p.p. Rats were given 2 μC/g H^3-thymidine and killed 1 hour thereafter. It was shown that there was no sex-related difference in the degree of proliferation that couls explain the sexual dimorphism in adrenal weights. The highest percentage of labelled cells was found in the reticularis. The time-curve showed a steep initial decline of labelled cells in the glomerulosa from the end of pregnancy until birth, which was followed by a rise during the first two weeks of life. Thereafter, a linear decline into steady state was observed, similar to that seen in the other two cortical zones. Mitoses were positively correlated to the H^3-Index. There was evidence for a change in length of the G_2-phase of the cell generation cycle.

Hinsichtlich der Gewichtsentwicklung der Nebennieren der Ratte sind geschlechtsspezifische Unterschiede bekannt (Seebach und Dhom, 1969), wobei bislang ungeklärt blieb, ob diesem Verhalten eine celluläre Hypertrophie oder Hyperplasie zugrunde liegt. Unsere Untersuchungen sollten klären, ob auch hinsichtlich der Proliferationsaktivität der Nebenniere ein Sexualdimorphismus besteht.

Material und Methodik

56 SPF-Ratten (FW 49/Biberach; 28 Männchen, 28 Weibchen) erhielten 2μC/gH^3-Thymidin (spez. Akt.: 6,7 C/mM) i.p. appliziert. Radioaktive Versuchszeit: 60 min. Versuchszeitraum: 18. Tag der Gravidität bis 12. Lebenswoche (wöchentliche Intervalle). An Strippingfilm-Autoradiogrammen wurden der H^3-Index und die Mitoserate für die Zona glomerulosa, äußere und innere Fasciculata resp. Reticularis bestimmt. Die Ergebnisse wurden mittels programmierter, multipler Regressionsanalyse überprüft.

Ergebnisse

Die Proliferationsaktivität der Nebennierenrinde weist keine Geschlechtsunterschiede auf; die differenten Nebennierengewichte beruhen folglich nicht auf einem unterschiedlichen Zellgehalt. Die Kurven bestätigen, daß die Glomerulosa das eigentliche Blastem der Nebennierenrinde darstellt (Ford and Young, 1963). Sie zeigen ebenso eindeutig, daß auch in der Reticularis Zellvermehrung möglich ist (Stöcker et al., 1965). Der Verlauf des H^3-Index in der Glomerulosa unterscheidet sich von demjenigen der beiden anderen Rindenzonen. Von der Fetalperi-

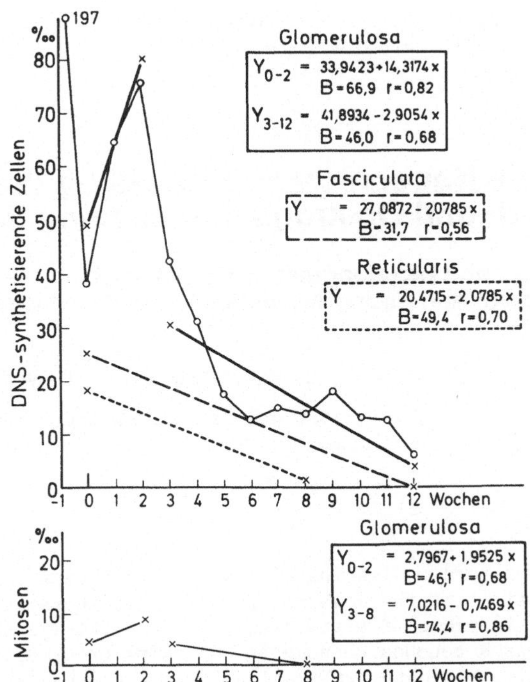

Abb. 1. Berechnete Kurven der Zellvermehrungsaktivität in den Zonen der NNR, ausgedrückt in % DNS-synthetisierender Zellen und % Mitosen in der Z. glomerulosa;
B = Bestimmtheitsmaß, r = Korrelationskoeffizient
——— = Glomerulosa, — — — = Fasciculata; ----- = Reticularis

ode bis zur Geburt ist ein steiler Abfall zu verzeichnen, an den sich bis zum Ende der 2. Woche eine teilexponentielle Wachstumsphase anschließt. Mitoserate und H^3-Index sind positiv korreliert, verlaufen jedoch nicht parallel. Unter der Annahme, daß die Silberkornzahl/Kernfläche ein Maß für die DNS-Synthese ist (Koburg und Maurer, 1962) und die Nucleotidsynthese pro Zeiteinheit konstant abläuft (Pilgrim und Maurer, 1962), wird von den vergleichbaren Silberkorndichten auf eine geänderte G_2-Phasenlänge geschlossen. Der Übergang in das Ersatzwachstum erfolgt zwischen der 6. - 8. Woche, früher, als für andere Zellarten beschrieben (Stöcker et al., 1964).

Literatur

Ford, J. K., Young, R. W.: Anat. Rec. 146, 125-137 (1963).
Koburg, E., Maurer, W.: Biochim. biophys. Acta (Amst.) 61, 229-242 (1962).
Pilgrim, Ch., Maurer, W.: Naturwissenschaften 49, 544-545 (1962).
Seebach, H. B., Dhom, K.: Verh. dtsch. Ges. Path. 53, 411-417 (1969).
Stöcker, E., Kabus, K., Dhom, G.: Z. Zellforsch. 65, 206-210 (1965).
--, Teubner, E., Rosenbusch, G.: Verh. dtsch. Ges. Path. 48, 295-299 (1964).

Symp. Dtsch. Ges. Endokrin. 16, 252-253 (1970)

Die postnatale Nebennieren-Entwicklung der Ratten nach Corticoid- und Oestrogenbehandlung der Mutter

Postnatal Development of Rat Adrenals Following Corticoid- and Estrogen Application to the Mother Animals

H. SEELIGER, W. OTT, R. WEIGAND, H. UEBERBERG und H. B. VON SEEBACH

Pathologisches Institut der Universität des Saarlandes Homburg-Saar, und Abt. Experimentelle Pathologie der Fa. Karl Thomae, Biberach/Riß

Summary

Following corticosteroid medication of female rats during pregnancy, body weight and adrenal weight of the newborn showed marked increase on the 7th and 14th day p.n. and an increase of mitotic acitivity on the 7th day. The changes are interpreted as a rebound phenomenon following prenatal hormonal inhibition. After estradiol benzoate application to female rats during pregnancy, the newborn showed a marked decrease of body and adrenal weight which in connection with histological findings may represent a focal inhibition of fetal steroid synthesis.

In einer ersten Versuchsserie wurden 17 trächtige Wistar-Ratten (Stamm SPF-FW 49/Biberach, ca. 60 Tage alt, ca. 230 g schwer, keimarme Umweltbedingungen, Standardkost, Spermiennachweis am Tag der Paarungsnacht = 1. Schwangerschaftstag) in 3 Gruppen zu 4 Tieren und eine Kontrollgruppe mit 5 Tieren unterteilt. Je eine Versuchsgruppe erhielt vom 12.-22. Trächtigkeitstag pro Tier 2 mal täglich in Äthanol gelöstes und mit NaCl verdünntes Cortison (Charge Nr. 08984 Schering, 0,075% in 0,6 ml), Corticosteron (Charge 7232 Organon, 0,075% in 0,6 ml) und Dexamethason (WE-Nr. 14014, Organon, 0, 001% in 0,6 ml). Von den spontanen Würfen (159 Neugeborene) wurden je 1/3 am 1., 7. und 14. Tag post partum getötet.

Ergebnisse

Die Körpergewichte sind am 1. Tag in der Cortisongruppe deutlich, in der Dexamethasongruppe dagegen mäßig gegenüber der Kontrollgruppe erhöht. Leichte Gewichtsverminderung in der Corticosterongruppe. Am 7. und 14. Tag ist in allen Versuchsgruppen eine unterschiedlich deutliche Erhöhung der Körpergewichte gegenüber der Kontrollgruppe zu beobachten. Die Nebennierengewichte zeigen am 1. Tag eine geringe Zunahme in der Cortison-, eine geringe Abnahme in der Corticosteron- und Dexamethasongruppe gegenüber der Kontrollgruppe. Am 7. und 14. Tag Gewichtszunahme in allen Gruppen, besonders deutlich in der Cortison- und Dexamethasongruppe. Bei Kernzählringen pro konstante Fläche der Nebennierenrinde ist bei allen Gruppen eine deutliche Erhöhung der Kerndichte in der subkapsulären Außenschicht gegenüber einer nicht scharf abgesetzten inneren Schicht bestehend aus äußeren Fasciculataabschnitten und Übergangszone zur Glomerulosa zu erkennen. Gegenüber der Kontrollgruppe ist am 7. Tag in allen Gruppen besonders deutlich in der Dexamethasongruppe eine Erhöhung der Mitoserate in der subkapsulären zelldichten Zone zu beobachten. Die NN-Gewichtszunahme aller Versuchsgruppen gegenüber der Kontrollgruppe hinkt der Erhöhung der Mitoserate deutlich nach. Die beschriebenen Veränderungen werden als Reboundphänomen nach pränataler Bremsung des NN-Wachstums gedeutet.

In einer zweiten Versuchsserie wurden 16 weibliche gravide Wistar-Ratten (Stamm Wistar FW-49/Biberach) in 4 Gruppen eingeteilt. Die 1. Gruppe erhielt vom 15.-17., die 2. Gruppe vom 17.-19., die 3. Gruppe vom 19.-21. Tag einmal täglich je 1 mg Oestradiolbenzoat (Progynon B oleosum Schering). Die 4. Gruppe wurde mit physiologischer Kochsalzlösung behandelt und diente als Kontrollgruppe. 111 Neugeborene wurden am 1. Lebenstag untersucht.

Ergebnisse

Die Tiere der 1. und 4. Gruppe warfen spontan am 22. Tag. In den beiden anderen Gruppen mußten die Jungen durch Sectio entbunden werden. Die durchschnittlichen Körpergewichte sind gegenüber der Kontrollgruppe in den Gruppen 1 und 3 gering, in der 2. Gruppe deutlich vermindert. Gleiches gilt für die Nebennierengewichte. Auch findet sich der deutlichste Gewichtsabfall in der 2. Gruppe, die genau in der Zeit behandelt wurde, in der der Beginn der Funktion des Hypophysennebennieren-Regelkreises angenommen wird. Die Analyse der Kerndichtemessungen und der Mitoseraten zeigt in allen Gruppen nahezu konstante Werte. Die Kerndichte der äußeren subkapsulären Schicht ist dabei deutlich höher als in der Übergangszone und der äußeren Fasciculata. Die histologische Auswertung zeigt in den Gruppen 1 und 2 eine z.T. mächtige herdförmige Vergrößerung des Cytoplasmas in der äußeren Fasciculata.

Durch die Oestrogenbehandlung der Mütter ist somit eine Beeinflussung von Körper- und Nebennierengewicht im Sinne einer Wachstumshemmung besonders in der Gruppe 2 gelungen. Die histologisch nachweisbaren Anschwellungen des Cytoplasmaleibes werden als Störung der Steroidsynthese gedeutet.

Symp. Dtsch. Ges. Endokrin. 16, 254-255 (1970)

Zur Frage eines ultrastrukturellen Geschlechtsdimorphismus der Nebennierenrinde der Ratte

Electron Microscopic Studies on the Sex Dimorphism of the Adrenal Cortex of the Rat

E. MÄUSLE

Pathologisches Institut der Universität des Saarlandes, Homburg

Mit 2 Abbildungen*

Summary

Female Sprague-Dawley-rats have enlarged mitochondria and smaller and more dispersed liposoma in contrast with male animals from the 5th week of life. This sex dimorphism is interpreted by functional differences.

Nach Untersuchungen von v. Seebach und Dhom entwickelt sich mit der Pubertät in der äußeren Zona fasciculata der Nebennierenrinde der Ratte eine lichtmikroskopisch erfaßbare Geschlechtsdifferenz, die vor allem an der Cytoplasmastruktur und an der geringeren Kerndichte ablesbar ist. Im Halbdünnschnitt zeichnet sich die weibliche Zona fasciculata durch durchschnittlich größere Zellkerne und breiteres Cytoplasma gegenüber der männliches aus; außerdem besteht ein deutlich unterschiedliches Muster in der Lipoidverteilung.

Diese lichtmikroskopische Geschlechtsdifferenz wurde elektronenmikroskopisch von der 1. bis zur 12. Lebenswoche an 52 weiblichen und 52 männlichen Sprague-Dawley-Ratten untersucht (Blockfixation mit phosphatgepuffertem Glutaraldehyd und OSO_4, Aralditeinbettung, Zeiss EM9).

Ein prinzipieller Unterschied in der Ultrastruktur der weiblichen und männlichen Nebennierenrinde besteht nicht. Ab der 5. Lebenswoche läßt sich jedoch an Liposomen und Mitochondrien ein Geschlechtsunterschied feststellen, während am glatten endoplasmatischen Reticulum keine eindeutigen Differenzen abgrenzbar sind. Bei weiblichen Tieren liegen gleichförmig kleine Liposome gleichmäßig verstreut, und selbst bei dichter Aneinanderlagerung findet keine Verschmelzung zu großen Fettvacuolen statt. Bei den Männchen hingegen herrscht eine Gruppierungs- und Verschmelzungstendenz. Dabei sind in der 5. Lebenswoche noch überwiegend dichtgruppierte Liposome vorhanden, während sich bei etwas älteren Tieren eine ausgesprochene Neigung zur Ausbildung großer Liposomen darstellt. Die zahlreicheren kleineren Liposome beim Weibchen täuschen bei einer Gegenüberstellung einen höheren Lipoidgehalt vor. Eine quantitative Lipoidbestimmung bei etwa 300 g schweren Ratten ergab relativ gesehen eine Differenz von ± 2%, welche nicht signifikant ist (Ueberberg, unveröffentlichte Befunde). Dagegen bestätigen quantitative Messungen der Mitochondrienanschnitte, daß ein Teil der Mitochondrien weiblicher Tiere - bei gleicher Mitochondrieninnenstruktur - vergrößert ist. Mit dem Teilchengrößenanalysator TGZ 3 (Zeiss) wurden die Durchmesser von je 12 800 weiblichen und männlichen Mito-

---

* Halbtonbilder s. Anhang S. 469

chondrienanschnitten bestimmt. Dabei ergab sich, wie auf den Rückstandskennlinien ablesbar ist, daß bei den Weibchen eine höhere Anzahl größerer Mitochondrien vorliegt.

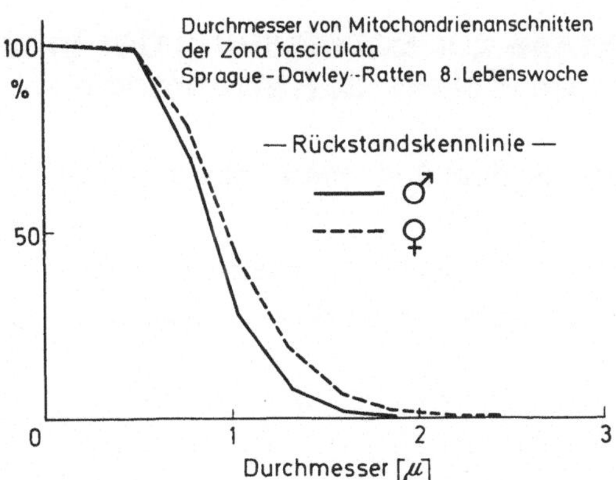

Abb. 2. Mitochondrienanschnitte Rückstandskennlinie

Kernvergrößerung, teilweise größere Mitochondrien und kleindisperse und somit leichter aktivierbare Liposome sind dem erhöhten Sekretionsniveau beim Weibchen äquivalent und als funktionsbedingt zu erklären. In diesem Sinne dokumentiert sich in der Ultrastruktur der Fasciculatazelle auch die erhöhte Sekretionsbereitschaft des Weibchens im Stress. Eine Bestätigung liefern noch nicht abgeschlossene eigene Versuche, nach denen unter ACTH-Application innerhalb von 30 min. männliche Ratten sich in ihrem morphologischen Nebennierenbild dem unbehandelter Weibchen angleichen.

Literatur

H. B. v. Seebach, Dhom, G.: Acta endocr. (Kbh.) Suppl. 138, 254 (1969).

Symp. Dtsch. Ges. Endokrin. 16, 256-257 (1970)

Elektronenmikroskopie zur Entwicklung der intestinalen, endokrinen Zellen im Rattenmagen

Electron Microscopy of Intestinal Endocrine Cells in the Rat Stomach

J. DALDRUP[1] und W. G. FORSSMANN

Institut d'Histologie, Ecole de Médecine, Genève (Schweiz).

Mit 3 Abbildungen*

Summary

Endocrine cells in gastrointestinal mucosa were found to be already differentiated in fetal rats. Entero-chromaffin cells (EC-Cells), gastrin cells (G-Cells) and enteroglucagon cells (A-Cells) were found fully developed in 18 day embryos, indicating that functional activity is already possible during the embryonic period.

Nach neueren Untersuchungen ist der Magendarmtrakt nicht nur physiologisch und biochemisch als ein endokrines Organ definiert, sondern es lassen sich auch morphologisch endokrine Zellen nachweisen, die für die bekannten Hormone als Syntheseort in Frage kommen (Forssmann et al., 1969; Vasallo et al., 1969). Über drei der endokrinen Zelltypen im Magendarmepithel embryonaler Ratten soll in dieser Arbeit berichtet werden.

In Abb. 1 sieht man den Ausschnitt einer enterochromaffinen Zelle aus dem Duodenum eines Rattenembryos von 25 mm, das entspricht 20 Tagen. Das Cytoplasma enthält im basalen Zellteil dichtgepackt polymorphe, elektronendichte Granula. Im gleichen Stadium finden sich z.B. auch im Pylorusepithel solche EC-Zellen. Die Anzahl der enterochromaffinen Zellen nimmt vom 18. Embryonaltag bis zur Geburt stark zu. Die EC-Zellen zeigen schon in diesem Stadium eine Differenzierung wie beim erwachsenen Tier (siehe auch Vollrath, 1969).

Die intestinale A-Zelle fanden wir ebenfalls schon vor der Geburt (Abb. 2). Sie enthält die typischen runden elektronendichten Granula und Prosekretgranula im Golgiapparat. A-Zellen wurden in der Cardia und im Duodenum beobachtet.

Gastrinzellen fanden wir im Pylorus von 18 Tagen alten Rattenembryonen (Abb. 3). Die meisten Granula enthalten eine elektronendichte Substanz. Bis kurz nach der Geburt bleiben die Sekretgranula der Gastrinzellen auffallend gefüllt. 12 Stunden nach der Geburt, wenn die jungen Ratten bereits gesaugt haben, beobachtet man häufig Gastrinzellen, deren Sekretgranula teilweise entleert sind; die Gastrinzelle ist dann schon ausgebildet, wie beim erwachsenen Tier. Diese Veränderungen in den Gastrinzellen dürften mit der Nahrungsaufnahme zusammenhängen, die eine Stimulierung der Gastrinsekretion bewirkt (Forssmann und Orci, 1969).

Die endokrinen Zellen des Magendarmtraktes der Ratte sind also schon in der Embryonalzeit differenziert und zeigen eine Ausbildung ihrer typischen Sekretgranula, die auf eine Funktionsbereitschaft schließen läßt. Inwieweit diese Zel-

---

*Halbtonbilder s. Anhang S. 470

[1]Neue Anschrift: Anat. Institut 69 Heidelberg, Brunnengasse 1

len jedoch bereits sekretorisch tätig sind, läßt sich anhand unserer Untersuchungen nicht eindeutig feststellen.

Literatur

Forssmann, W. G., Orci, L.: Ultrastructure and secretory cycle of the gastrin-producing cell. Z. Zellforsch. 101, 419-432 (1969).

--,--, Pictet, R., Renold, A. E., Rouiller, Ch.: The endocrine cells in the epithelium of the gastrointestinal mucosa of the rat. J. Cell Biol. 40, 692-715 (1969).

Orci, L., Lambert, A. E., Rouiller, Ch., Renold, A. E., Samols, E.: Evidence for the presence of A-cells in the endocrine fetal pancreas of the rat. Horm. Metab. Res. 1, 108-110 (1969).

Vasallo, G., Solcia, E., Capella, C.: Light and electron microscopic identification of several types of endocrine cells in the gastrointestinal mucosa of rat. Z. Zellforsch. 98, 333-356 (1969).

Vollrath, L.: Über die Entwicklung des Dünndarms der Ratte. Ergebn. Anat. Entwickl.-Gesch. 41, Heft 2 (1969).

Mit Unterstützung durch den schweizerischen Nationalfonds für wissenschaftliche Forschung.

Symp. Dtsch. Ges. Endokrin. 16, 258-259 (1970)

Elektronenmikroskopische Autoradiographie von biogenen Aminen

High-Resolution Autoradiography of Biogenic Amines

W. G. FORSSMANN, J. DALDRUP und PH. WACKER

Institut d'Histologie, Ecole de Médecine, Genève (Schweiz) und Anatomisches Institut der Universität Heidelberg (Deutschland).

Summary:

High-resolution autoradiography of biogenic amines was performed in various organs, such as intestine, pancreas, adrenals, liver, kidney, right atrium, paraganglia, and spleen. The incorporation pattern after administration of tryptophan, 5-HTP, DOPA, and serotonin shows strong differences related to the ability of the cells to hydroxylate, decarboxylate, or store, biogenic amine precursors or biogenic amines themselves.

Über die Beziehungen zwischen Syntheseort und Speicherung biogener Amine bestehen zahlreiche, sich widersprechende Meinungen (siehe bei Garattini und Valzelli, 1965; Iversen, 1967; Taxi, 1969). Ob diese Überträgersubstanzen des vegetativen Nervensystems in den präsynaptischen Faserabschnitten selbst synthetisiert werden oder ob die dort lokalisierten biogenen Amine nach ihrer Synthese in spezialisierten Zellen zu den Nervenendigungen transportiert werden, ist dabei die Kernfrage. Wir versuchten daher mittels elektronenmikroskopischer Autoradiographie zur Lösung dieses Problems beizutragen.

Unsere Untersuchungen umfassen den Nachweis des Einbaus von Serotonin, dessen Vorstufen Tryptophan (Try) und 5-Hydroxy-Tryptophan (5-HTP) sowie den Einbau von Dihydroxyphenylalanin (DOPA).

Nach intraperitonealer oder intravenöser Applikation von 2,5 mc Tryptophan-H^3 sind die enterochromaffinen Zellen stark markiert. Die schwache Markierung anderer Zellen beziehen wir auf einen Einbau in die Proteine; dagegen wird das Tryptophan in den enterochromaffinen Zellen wahrscheinlich großenteils zur Biosynthese des Serotonins eingebaut.

Nach Injektion von 2,5 mc 5-HTP-H^3 findet sich neben dem starken Einbau in die enterochromaffinen Zellen auch eine Aufnahme in andere endokrine Zellen, wie die A-Zellen und B-Zellen des Pankreas, die Nebennierenmarkzellen und die endokrinen Zellen des Magendarmtraktes. Diese Zellen sollen zur Decarboxylierung des 5-Hydroxytryptophan befähigt sein, und sie werden als APUD-Zellen bezeichnet, die "amine precursor uptake and decarboxylating cells" von PEARSE. Zu ihnen gehören anscheinend alle peptidhormonbildenden endokrinen Zellen.

Nach Injektion von Dopa-H^3 findet sich eine ähnliche Verteilung der Radioaktivität in den APUD-Zellen wie bei 5-Hydroxytryptophan. Nach unseren Versuchen sind Endigungen der marklosen Nerven durch die Vorläufer der biogenen Amine nicht oder nur schwach markiert. In den granulahaltigen Zellen des rechten Vorhofs war ebenfalls keine Aufnahme von DOPA-H^3 oder 5-HTP-H^3 zu finden, obwohl in diesen Zellen die Bildung von Catecholaminen vermutet wurde.

Injiziert man das biogene Amin, also z.B. Serotonin selbst, so findet sich wieder eine andere Verteilung der Radioaktivität. Die enterochromaffinen Zellen zeigen zwischen 5 min bis 3 Stunden keine Markierung. Auch die APUD-Zellen sind nicht markiert, dagegen beobachtet man einen schnellen Einbau des Serotonins in Nervenendigungen, z.B. des Plexus submucosus im Magendarmtrakt. Ein Einbau in die Thrombocyten ist ebenfalls für die Versuche mit Serotonin charakteristisch.

In Tabelle 1 sind die Versuche zusammengefaßt: am Beispiel des Serotonins und seiner Vorläufer erkennt man, daß Syntheseorte und Speicherorte der biogenen Amine durch die elektronenmikroskopische Autoradiographie unterschieden werden. Insbesondere ist hervorzuheben, daß die enterochromaffine Zelle durch ihre Spezifität auffällt, die beiden Serotoninvorläufer aber nicht das Serotonin selbst einbauen zu können. Die EC-Zelle ist damit als spezifischer Syntheseort für Serotonin anzusehen.

Tabelle 1 Einbau von Indolaminen und Catecholaminen in verschiedenen Geweben

	Try	5-HTP	5-HT	DOPA
EC - Zelle	+++++	++++	⊖	++
andere intestinale endokrine Zellen	+	++	⊖	++
exokrine Zellen	+	⊖	⊖	⊖
A und B Zellen im Pankreas	+	++	⊖	++
Nebennierenmark	+	++	⊖	+++
Nebennierenrinde	⊖	⊖	⊖	⊖
Nervenenden (veg)	⊖	⊖ (+)	+++++	⊖ (+)
Thrombocyten	⊖	⊖	+++	⊖

Literatur

Garattini, S., Valzelli, L.: Serotonin, Amsterdam: Elsevier 1965.

Iversen, L. L.: The uptake and Storage of Noradrenaline in Sympothetic Nerves. Cambridge: University Press 1967.

Taxi, J.: Morphological and cytochemical studies on the synapses in the autonomic nervoux system. In: Mechanisms of synaptic transmission, K. Akert und P. G. Waser, Eds., Progress in Brain Research, Vol. 31, 5-20. Amsterdam: Elsevier 1969.

Mit Unterstützung durch die Fondation Sandoz.

Symp. Dtsch. Ges. Endokrin. 16, 260-261 (1970)

Histochemische Untersuchungen beim experimentellen Kryptorchismus der Ratte nach Behandlung mit HCG*

Histochemical Studies in Experimental Cryptorchidism of Rats after Application of HCG*

J. G. MOORMANN und F. STÄDTLER

Urologische Klinik und Pathologisches Institut der Universität des Saarlandes Homburg/Saar

Summary

After application of HCG histochemical studies in rats with unilateral experimental cryptorchidism demonstrate, compared with controls, a positive effect on the proved enzym systems. The 3β-hydroxysteroid-dehydrogenase activity increases significantly after heightened HCG-dose, and decreases within 6-8 weeks. Lipoids were demonstrated only in the abdominal testes.

Die Frage nach der Wirkungsweise einer HCG-Behandlung beim experimentellen Kryptorchismus wurde am Rattenhoden fermenthistochemisch geprüft. Bei männlichen B.D.II-Ratten wurde im Alter von 10 Tagen der linke Hoden ins Abdomen zurückverlagert. In die Versuchsanordnung wurden ausschließlich Tiere genommen, bei denen nur der rechte Hoden im Scrotum lag. Es wurden 6 Versuchs- und 2 Kontrollgruppen untersucht.

Im Alter von 21 Tagen wurde mit der Hormonbehandlung begonnen. 6 Gruppen erhielten wöchentlich 2 Injektionen über 3 Wochen mit Einzeldosen von 50 - 300 I.E. HCG. Die Hoden wurden vom 47. Lebenstag an in 14-tägigem Abstand fermenthistochemisch untersucht.

An beiden Hoden wurden die Lipoide und folgende Fermente bestimmt:
1. Lipoyl-Dehydrogenase (DPN-Diaphorase), 2. Glucose-6-Phosphat-Dehydrogenase, 3. Lactat-Dehydrogenase, 4. 3β-Hydroxysteroid-Dehydrogenase (3).

Die Aktivität der Lipoyl-Dehydrogenase war in beiden Hoden groß. Seitendifferente Reaktionsintensitäten ließen sich nicht nachweisen. In den Gruppen mit relativ hoher Einzel- und Gesamtdosis war die Intensität am stärksten.

Die Glucose-6-Phosphat-Dehydrogenase und die Lactat-Dehydrogenase reagierten in allen Behandlungsgruppen auch in der zeitlichen Kontrolle in beiden Hoden gleich stark.

Die 3β-Hydroxysteroid-Dehydrogenase war im Interstitium des scrotalen und zurückverlagerten Hodens der Kontrollgruppen über die gesamte Versuchsdauer von gleicher Intensität. Unter der HCG-Belastung fanden wir mit zunehmender Steigerung der Einzeldosis eine Aktivitätszunahme der 3β-Hydroxysteroid-Dehydrogenase in den Zellen des Interstitiums.

Bereits in der Gruppe mit einer Einzeldosis von 200 I.E. ist die Reaktionsintensität am höchsten. Es zeigte sich, daß mit zeitlichem Abstand von der Hor-

* Die Untersuchungen wurden mit Unterstützung der Deutschen Forschungsgemeinschaft durchgeführt.

monbehandlung die Reaktionszunahme wieder abnimmt und sich den Befunden der Kontrolltiere angleicht.

Lipoide ließen sich im gesamten tierexperimentellen Material nur vereinzelt nachweisen. Dabei zeigte es sich, daß fast ausschließlich das Interstitium und das Samenepithel der abdominellen Hoden Lipoide enthalten.

Zusammenfassend läßt sich sagen, daß die Zurückverlagerung des Hodens in das Abdomen bei der jungen männlichen Ratte keinen nachweisbaren negativen Einfluß auf das geprüfte Fermentmuster hatte. Unter der HCG-Behandlung kam es zu einer angedeuteten Aktivitätszunahme der Fermente, die sich mit zeitlichem Abstand von der Behandlung den Kontrollbefunden wieder anglich.

Im Gegensatz zu anderen Dehydrogenasen zeigte sich bei der 3β-Hydroxysteroid-Dehydrogenase zwar eine Abhängigkeit von der Höhe der Hormondosis; eine beliebige Steigerung der Intensität ließ sich jedoch mit weiterer Erhöhung der Dosis nicht erreichen. Die Aktivität der 3β-Hydroxysteroid-Dehydrogenase im Interstitium reagierte am scrotalen und retinierten Hoden gleich.

Der positive Lipoidnachweis im abdominellen Hoden ist schwer zu deuten. Nach Mancini und Mitarb. (1) weist er auf eine verzögerte Leydigzellreifung hin. Dementsprechend finden Niemi und Ikonen (2) nur im unreifen Rattenhoden Lipoide.

Literatur

1. Mancini, R. et al.: Development of Leydig cells in the normal human testis. A cytological, cytochemical and quantitative study. Amer. J. Anat. 112, 203 (1963).
2. Niemi, M. und M. Ikonen: Histochemistry of the Leydig cells in the postnatal praepubertal testis of the rat. Endocrinology 72, 443 (1963).
3. Wattenberg, L. W.: Microscopic histochemical demonstration of steroid-3β-ol-dehydrogenase in tissue sections. J. Histochem. Cytochem. 6, 225 (1958).

Symp. Dtsch. Ges. Endokrin. 16, 262-264 (1970)

Histochemische Befunde an retinierten und descendierten Hoden nach HCG-Behandlung

Histochemical Findings in Cryptorchid and Descended Testes Following Treatment with HCG

F. STÄDTLER und J. G. MOORMANN

Path. Institut und Urol. Klinik der Universität des Saarlandes

Summary

Bilateral testicular biopsies were performed on 53 boys aged between 4 and 18 years. Following application of HCG for 3 weeks, only a few testes show a slight activity of the 3β-hydroxysteroid dehydrogenase in the connective tissue. This poor reaction in cryptorchidism points to a primary genetic defect of these testes.

Bei 53 Knaben mit ein- und doppelseitigem Kryptorchismus wurden beidseitige Hodenbiopsien histologisch, histometrisch und histochemisch untersucht. Autoptisch gewonnene Normalhoden dienten zur Kontrolle. Die Tabelle zeigt beim unilateralen Kryptorchismus einen gegenüber den Kontrollen deutlich herabgesetzten Tubulusdurchmesser, stärker beim dystopen als beim descendierten Hoden. Die Zahl der Spermatogonien pro Tubulusquerschnitt ist in den retinierten Hoden immer, bei den descendierten Hoden häufig vermindert (1,2,3,4,5,6). Mit zunehmendem Alter nimmt die Zahl der Spermatogonien infolge der fortschreitenden Degeneration weiter ab. Beim bilateralen Kryptorchismus stellen sich die Verhältnisse ähnlich dar, wobei der rechte Hoden häufig stärker betroffen ist als der linke. In Einzelfällen können einseitig auch Normalwerte der Tubulusdurchmesser und der Spermatogonienzahl gefunden werden.

Bei 42 Fällen waren der Biopsie 1 oder 2 HCG-Kurven vorausgegangen und zwar in Anlehnung an das Behandlungsschema von Knorr (3). 11 behandelte Fälle von Kryptorchismus dienten als Kontrollen. Zur Prüfung einer Reaktion des Tubulussystems und des Interstitiums wurden an Kryostatschnitten die Aktivitäten der DPN-Diaphorase, der LDH, der 3β-Hydroxysteroid-Dehydrogenase und der Lipoidgehalt bestimmt. - Unabhängig von der Hormonbehandlung, vom Alter und der Lage des Hodens zeigt die DPN-Diaphorase im Tubulus und im Interstitium eine kräftige, seitengleiche Reaktion. Die Lactatdehydrogenase weist eine etwas schwächere, sonst weitgehend ähnliche, im Interstitium manchmal deutlich geringere Aktivität auf. Im Zwischengewebe findet man nach HCG-Applikation Lipoide häufiger als bei den Kontrollen. Eine Korrelation des Lipoidgehaltes mit dem Tubulusdurchmesser und der Anzahl der Spermatogonien besteht nicht. - Sowohl beim ein- wie beim doppelseitigen Kryptorchismus ist in der Regel die 3β-Hydroxysteroid-Dehydrogenase-Aktivität mit und ohne HCG-Behandlung negativ. Erst mit dem 11. Lebensjahr kann die Fermentaktivität im Interstium im behandelten wie auch beim unbehandelten Fall positiv sein. Sichere Unterschiede zwischen descendierten und retinierten Hoden bestehen nicht. In Einzelfällen sieht man aber nach HCG-Applikation doch auch schon vor dem 11. Lebensjahr eine schwache beidseitige Fermentaktivität. Soweit es die bisherigen Befunde erkennen lassen, besteht keine Korrelation zwischen einem positiven Fermentnachweis und den histometrischen Ergebnissen. - Insgesamt zeigen die vorgelegten Befunde, daß

Tabelle 1

		UNILATERALER KRYPTORCHISMUS						KONTROLLEN	
		Dystoper Hoden			Descendierter Hoden				
Alter	n	Tubulus-Durchmesser	Mittelwert	Spermatogonien pro Querschnitt	Tubulus-Durchmesser	Mittelwert	Spermatogonien pro Querschnitt	Tubulus-Durchmesser	Spermatogonien pro Querschnitt
5-6 J.	11	36 - 60	47	0 - 2	32 - 68	54	3 - 4	61	5
7-8 J.	6	40 - 52	46	0 - 2	52 - 72	62	2 - 4	61	6
9-10.J.	8	40 - 60	44	0 - 1	44 - 88	60	0 - 1	(72)*	> (6)*
über 11 J.	6	40 - 100	77	0 - 3	44-88	70	2 - 13	> (75)*	> (6)*
	31								

		BILATERALER KRYPTORCHISMUS						KONTROLLEN	
		Rechter Hoden			Linker Hoden				
Alter	n	Tubulus-Durchmesser	Mittelwert	Spermatogonien pro Querschnitt	Tubulus-Durchmesser	Mittelwert	Spermatogonien pro Querschnitt	Tubulus-Durchmesser	Spermatogonien pro Querschnitt
0-4 J.	2	40 - 44	42	0 - 2	40 - 44	42	0 - 2	57	4
5-6 J.	4	30 - 44	43	0 - 1	40 - 60	47	0 - 1	61	5
7-8 J.	7	36 - 48	41	0 - 2	32 - 68	47	0 - 2	61	6
9-10 J.	7	40 - 80	56	0 - 3	40 - 80	56	0 - 3	(72)*	(6)*
über 11 J.	2	56 - 128	112	0 - 12	64 - 128	96	0 - 5	über 75*	(6)*
	22								

* Die mit einem Stern versehenen Werte wurden der Literatur entnommen (1-6).

eine HCG-Behandlung die Morphologie und die histochemisch geprüfte Frementaktivität beim Kryptorchismus nur in Einzelfällen und dann auch nur schwach beeinflußt.

Gegenüber dem häufigen Kryptorchismus gibt es Einzelfälle von regelhaft entwickelten, sog. ektopen Hoden (5,6). Bei einem 6-jährigen Knaben mit linksseitiger Hodenektopie wurden nach 2 HCG-Kuren eine Orchidopexie und eine doppelseitige Hodenbiopsie durchgeführt. Im Gegensatz zu den Befunden an den kryptorchen Hoden fiel hier die 3ß-Hydroxysteroid-Dehydrogenase in beiden Hoden stark positiv aus. Die Tubulusdurchmesser entsprechen mit 60µ den Kontrollwerten. Die Zellen des Interstitiums zeigten eine eben beginnende Differenzierung. Damit wird deutlich, daß normale, infantile Hoden auf eine HCG-Behandlung ansprechen können. Die hier nachgewiesene, weitgehend fehlende Reaktion beim Kryptorchismus ist ein weiterer Hinweis auf die primäre Minderwertigkeit dieser Hoden.

Literatur

1. Charny, Ch. W., Conston, A. S., Meranze, D. R.: Fertil. and Steril. 3, 461 (1952).
2. Hedinger, Chr.: persönliche Mitteilung
3. Knorr, D.: Arch. klin. exp. Derm. 227, 707 (1966).
4. Mancini, R. E., Narbaitz, R., Lavieri, J. C.: Anat. Rec. 136, 477 (1960).
5. Mack, W. A., Scott, L. S., Ferguson-Smith, M. A., Lennox, B.: J. Path. Bact. 82, 439 (1961).
6. Tonutti, E., Weller, O., Schuchardt, E., Heinke, E.: Die männliche Keimdrüse. Stuttgart: Thieme 1960.

Symp. Dtsch. Ges. Endokrin. 16, 265-267 (1970)

Die FSH- und LH-Ausscheidung im Verlaufe der Pubertät

FSH and LH Excretion during Puberty

P. J. KELLER und A. PRADER

Universitätsfrauenklinik und Abteilung für Entwicklung des Kinderspitals Zürich

Mit 3 Abbildungen

Summary

Excretion of FSH and LH during puberty was regularly studied in 16 boys and girls between their 11th and 15th year. All results were compared with the development of pubes, testicles and breasts and with the menarche or breaking of the voice. In both sexes there were only slight changes in the FSH and LH excretion patterns during observation time; in the male group a certain increase of the FSH/LH ratio could be observed, the female values were practically unchanged. The pubertal parameters were not clearly reflected in the gonadotrophin excretion. It was concluded that regulation of puberty is based on a long-term interaction between the maturing gonads and the hypothalamo-pituitary unit.

Die Steuerung der Pubertät ist zufolge methodischer Probleme immer noch wenig geklärt. Die eher spärlichen Kenntnisse basieren dabei zum großen Teil auf unspezifischen Methoden, außerdem wurden die Resultate kaum mit der individuellen Entwicklung der sekundären Geschlechtsmerkmale korreliert.

In der vorliegenden Studie wurde bei 16 gesunden, seit Geburt kontrollierten Knaben und Mädchen die Ausscheidung der gonadotropen Hormone zwischen dem 11. und 15. Lebensjahr verfolgt. Gleichzeitig wurde der Pubertätsverlauf klinisch überprüft. Das Knochenalter wurde dabei nach Greulich und Pyle, die Entwicklung der Pubes und Mammae nach Tanner und das Testesvolumen nach Prader bestimmt. Als weiterer Parameter diente der Zeitpunkt der Menarche beziehungsweise des Stimmbruches. Die Bestimmung von FSH erfolgte im Augmentationstest, diejenige von LH im Ascorbinsäuredepletionstest.

Sowohl in Einzelkurven wie in den Mittelwerten (Abb. 1) ließ sich bei beiden Geschlechtern kein eindeutiger Trend im Verlaufe der Beobachtungszeit erkennen. Bei den Mädchen waren beide gonadotropen Aktivitäten weitgehend konstant, ebenso ihr Verhältnis; bei den Knaben lagen die Werte zunächst etwas tiefer, wobei vor allem das FSH einen gewissen Anstieg aufwies, was sich auch in einer diskreten Verschiebung des FSH/LH-Quotienten äußerte. Die Entwicklung der sekundären Geschlechtsmerkmale war dabei nicht mit einer auffallenden Änderung der gonadotropen Muster verbunden. Die Korrelation der einzelnen Pubertätsparameter mit den FSH- und LH-Werten (Abb. 2, 3) zeigte während der Beobachtungszeit wiederum keinen eindeutigen Trend. Auffallend war immerhin die starke Streuung der Einzelwerte in der Frühpubertät, die Ausdruck eines noch unreifen Feedback-Systems sein könnte.

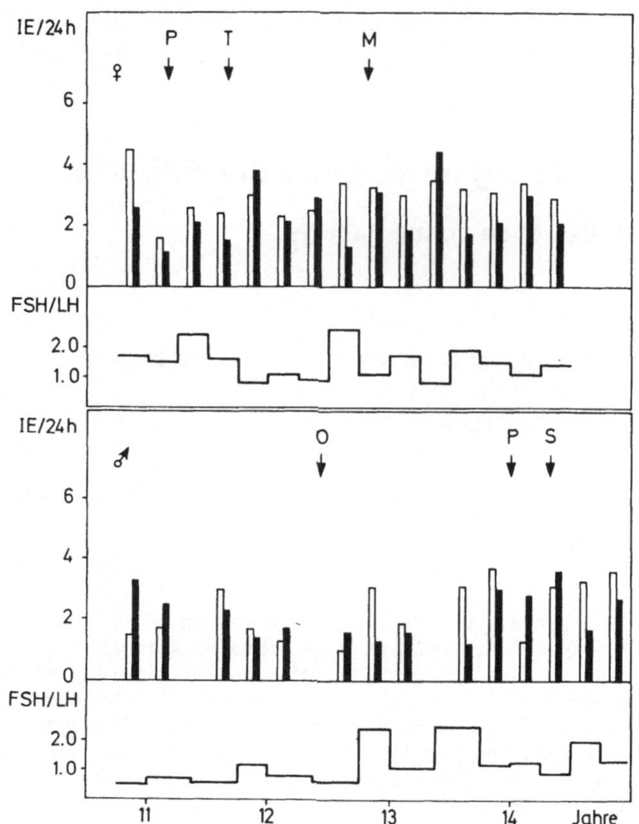

<u>Abb. 1.</u>
Mittlere FSH- und LH-Ausscheidung in der weiblichen und männlichen Pubertät
■ FSH □ LH

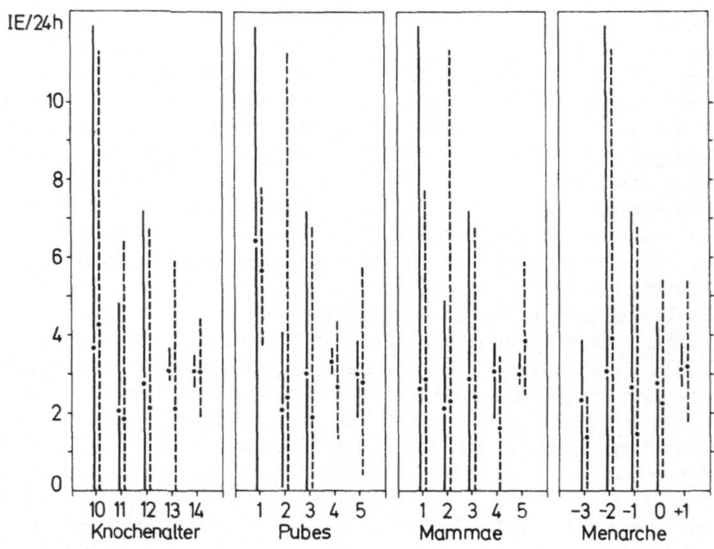

<u>Abb. 2.</u> Korrelation zwischen FSH- und LH-Ausscheidung und Entwicklung bei Mädchen —— FSH --- LH (Mittelwerte und Streubereich)

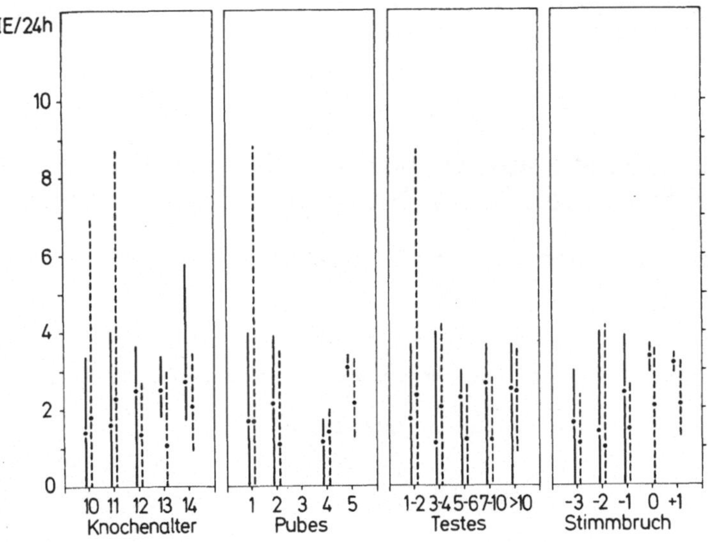

Abb. 3. Korrelation zwischen FSH- und LH-Ausscheidung und Entwicklung bei Knaben
—— FSH --- LH (Mittelwerte und Streubereich)

Die vorliegenden Resultate zeigen, daß die gonadotrope Beeinflussung während der Pubertät ein weitgehend konstantes Muster aufweist. Es dürfte sich demnach bei der Reifung um ein langdauerndes Einspielen zwischen den zunächst unreifen und nur ganz allmählich ansprechenden Gonaden und der hypothalamo-hypophysären Einheit handeln.

Literatur

Greulich, W. W., Pyle, S. I.: Radiographic Atlas of Skeletal Development of the Hand and Wrist, 2nd Ed., Stanford University Press Calif. 1959.

Prader, A.: Triangle 7, 240 (1966).

Tanner, J. M.: Growth at Adolescence, Oxford: Blackwell 1962.

Symp. Dtsch. Ges. Endokrin. 16, 268-269 (1970)

Die Ausscheidung von Gonadotropinen und Oestrogenen bei Mädchen in der Prae- und Postmenarche

The Excretion of Gonadotropins and Estrogens in the Pre- and Postmenarche

R. KAISER, W. GEIGER und E. KASPER

I. Frauenklinik und Hebammenschule der Universität München

Mit 1 Abbildung

Summary

In 46 female adolescents aged 10 to 16 years, urinary estrogen- and total gonadotropin-excretion was measured; in some of these cases also the excretion rate of LH was examined by radioimmuno assay. - In the 10 to 12 age group all levels were very low. The 12 to 14 age group had an estrogen-, total gonadotropin and LH-excretion nearly as high as in females 1 year after menarche. Estrogen excretion reached "the 10 limit" at this time. The menarche evidently was not a special time of hormonal changes. The highest increase of all concentrations was found at the beginning of the ovulatory cycle; this event may appear any year of the postmenarche. The levels of estrogen-total gonadotropin-LH-excretion showed a parallel course.

Bei Mädchen in der Pubertät zwischen dem 10. und 16. Lebensjahr wurde die Oestrogenausscheidung im Harn nach Brown, die Totalgonadotropinausscheidung biologisch mit dem Uteruswachstumstest und die LH-Ausscheidung radioimmunologisch bestimmt. In 31 von 46 Fällen erfolgten Parallelbestimmungen von Totalgonadotropinen und Oestrogenen und in 12 Fällen zusätzliche LH-Bestimmungen. Vor der Menarche wurden gewöhnlich 6 24/Std.-Urine und nach der Menarche in jeder Cyclusphase 6 24/Std.-Urine verarbeitet. Die Einteilung der Mädchen in der Praemenarche erfolgte in 2 Gruppen, nämlich in die 10- bis 12-Jährigen und in die 12- bis 14-Jährigen. Nach der Menarche wurden jeweils die Mädchen mit dem gleichen Jahresabstand zur Menarche zusammengefaßt.

In der Praemenarche war ein deutlicher Anstieg der Oestrogenausscheidung von den 10- bis 12-Jährigen zu den 12- bis 14-Jährigen nachzuweisen. Nach der Menarche wurden die 10-gamma-Grenze durchschnittlich erst im 4. Jahr deutlich überschritten. Im 5. Jahr erreichte die Oestrogenausscheidung dann mit durchschnittlich 25 µg/24-St.-Urin nahezu Normwerte. - Die Totalgonadotropinausscheidung lag während der Praemenarche noch unter 2 E/24Std./Urin. Eine definitiv aufsteigende Tendenz auf 3 bis 4 E war erst 3 bis 4 Jahre nach der Menarche zu beobachten. - Die LH-Werte erreichten in der Praemenarche 5 E und 2 Jahre nach der Menarche 15 E IRP 2.

Insgesamt ergab sich somit ein weitgehend paralleles Verhalten zwischen der Oestrogen-, Totalgonadotropin- und LH-Ausscheidung in allen Gruppen. Dagegen bestanden erhebliche Schwankungen der Durchschnittswerte in den einzelnen Jahren nach der Menarche infolge der unterschiedlichen Qualität der Ovarialfunktion. Während die Mehrzahl der Mädchen auch 3 Jahre nach der Menarche noch anovulatorische Cyclen hatten, verlief bei anderen die Ovarialfunktion bereits im ersten und zweiten Jahr nach der Menarche ovulatorisch.

So bot sich eine Einteilung des Postmenarchekollektivs in Mädchen mit einerseits anovulatorischer und andererseits ovulatorischer Ovarialfunktion an. Es zeigte sich dabei kein eindeutiger Unterschied zwischen den Werten der Mädchen mit anovulatorischer Ovarialfunktion gegenüber den 12- bis 14-jährigen Mädchen in der Praemenarche. Um fast das Doppelte höher lagen dagegen die Durchschnittswerte bei den Mädchen mit ovulatorischer Ovarialfunktion, obwohl hier eine Corpus-luteum-Insuffizienz noch relativ häufig vorlag. Die Parallelität in der Zunahme der Oestrogen-, Totalgonadotropin- und LH-Ausscheidung war dabei ganz offensichtlich (Abb. 1).

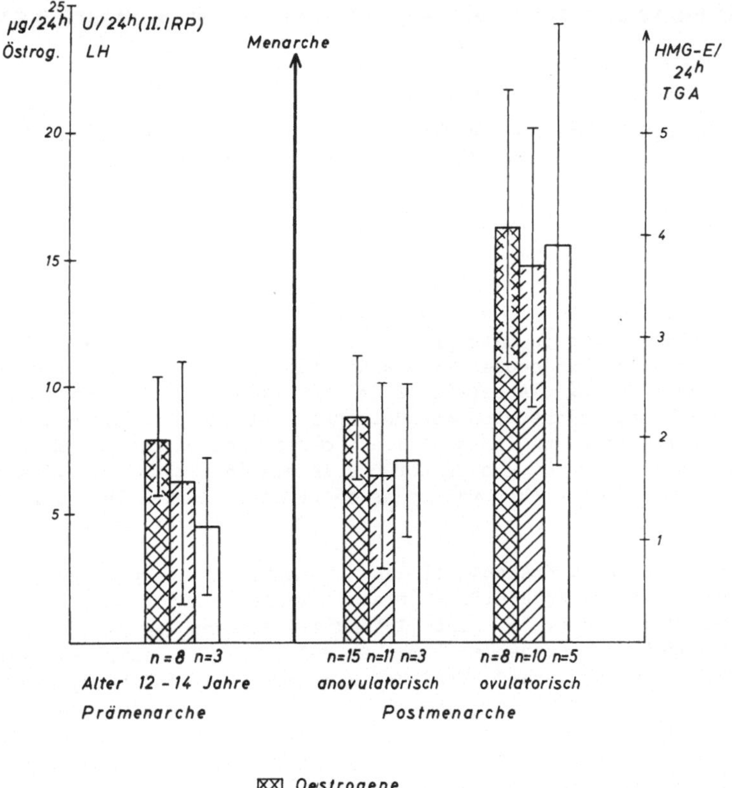

Abb. 1. Die durchschnittliche Oestrogen-, Totalgonadotropin- und LH-Ausscheidung bei 12- bis 14-jährigen Mädchen in der Praemenarche und bei Mädchen mit anovulatorischer und ovulatorischer Ovarialfunktion in der Postmenarche.

Aus diesen Analysen ergibt sich, daß die Menarche, hormonal gesehen, keine besondere Zäsur während der Pubertät darstellt. Zu diesem Zeitpunkt wird lediglich die 10-Gammagrenze der Oestrogenausscheidung erreicht, bei der erfahrungsgemäß Blutungen auftreten. Der erste leichte Anstieg aller Hormonwerte während der Pubertät wird bereits ein bis zwei Jahre vor der Menarche, der zweite ganz deutliche mit dem Einsetzen des ersten ovulatorischen Cyclus beobachtet.

Literatur

Kaiser, R.: Geburtsh. u. Frauenheilk. 26, 596 (1966).

Symp. Dtsch. Ges. Endokrin. 16, 270-271 (1970)

Hormonanalytische Befunde bei verschiedenen Formen von pubertas praecox

Hormone Excretion Values in Different Forms of pubertas praecox

ANNEMARIE KÖNIG und PETER STUBBE

Abteilung für klinische und experimentelle Endokrinologie der Univ.-Frauenklinik und Univ.-Kinderklinik Göttingen

Mit 1 Abbildung

Summary

11 girls and 2 boys with precocious puberty were observed. In one girl precocious menarche was caused by a brain tumor. In all children bone maturation was advanced for age. Analysis of urinary excretion of 17-ketosteroids, 17-OH-corticoids, oestrogens, and gonadotrophins revealed normal values in only one child. In the other patients at least one of the excretion values was above normal. Estimation of growth hormone levels in plasma following arginine infusion resulted in higher values as compared to normal children of the same

11 Mädchen und 2 Knaben, bei denen im Alter zwischen 1 und 8 1/2 Jahren Symptome sexueller Frühreife auftraten, wurden klinisch und hormonanalytisch eingehend untersucht. Bei einem 1-jährigen Mädchen lag ein aus undifferenzierten Nervenzellen bestehender Tumor am Boden des II. Ventrikels vor. Dieses in Intervallen menstruierende Kind hatte extrem hohe Gonadotropinausscheidungswerte. Die 11 übrigen Kinder boten keinen Anhalt für eine organische Ursache der Pubertas praecox, so daß sie der am häufigsten vorkommenden idiopathischen Form zuzuordnen sind. Tab. 1 zeigt, daß alle Kinder ein um 1/2 bis 6 Jahre vorverlegtes Knochenalter hatten und daß Pubarche, Menarche und Thelarche in Kombination nur bei 3 Mädchen am Beginn der Frühentwicklung standen. Ein Mäd-

Tabelle 1. Klinische Daten von 13 Kindern mit Pubertas Praecox
11 idiopathisch 1 Neurofibromatosis Recklinghausen
1 Tumor d. II. Ventrikels

Durchschnittsalter bei Beginn	Geschlecht	Durchschnittl. beschleunigtes Knochenalter bei Beginn	Thelarche	Pubarche	Menarche	Pubarche Thelarche	Menarche Thelarche	Pubarche Menarche Thelarche
6 Jahre (1-8 6/12)	11 ♀ 2 ♂	3,5 Jahre (6/12-6)	1 ♀	2 ♂	2 ♀	4 ♀	1 ♀	3 ♀

chen, dessen Frühreife mit Pubarche, Thelarche und beschleunigter Knochenentwicklung begann, hatte normale 17-Ketosteroid-, Oestrogen- und Gonadotropinausscheidungen, die anderen Kinder wiesen zumindest in bezug auf einen der untersuchten Parameter erhöhte Werte auf. Beide Knaben und 4 Mädchen hatten gesteigerte 17-Ketosteroidausscheidungen, die in 4 Fällen mit erhöhten 17-OH-Corticoidwerten einhergingen, so daß an eine prämature Adrenarche (Visser u. Degenhart, 1966) gedacht werden muß. Die Oestrogenausscheidungen lagen in Übereinstimmung mit den Angaben von Ramos et al. (1969) im oder oberhalb des oberen Normbereichs. Im Einklang mit Eberlein et al. (1960) fanden wir in der Hälfte der Fälle erhöhte Gonadotropinwerte. Bei zwei 6-jährigen Mädchen und einem 10-jährigen Jungen erfolgten Wachstumshormonbestimmungen im Plasma (Wool u. Selenkow, 1968) nach Insulinbelastung und Arginininfusion (Abb. 1).

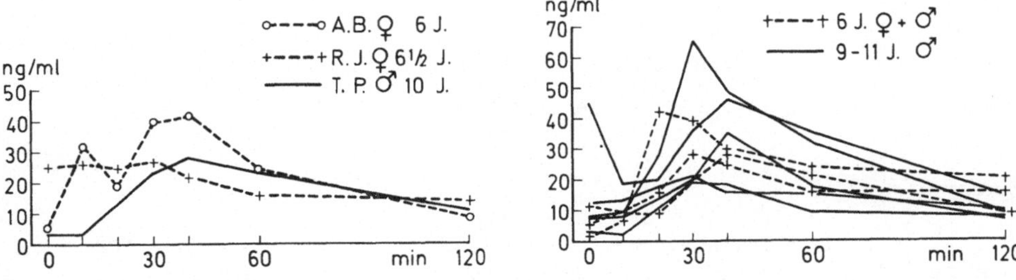

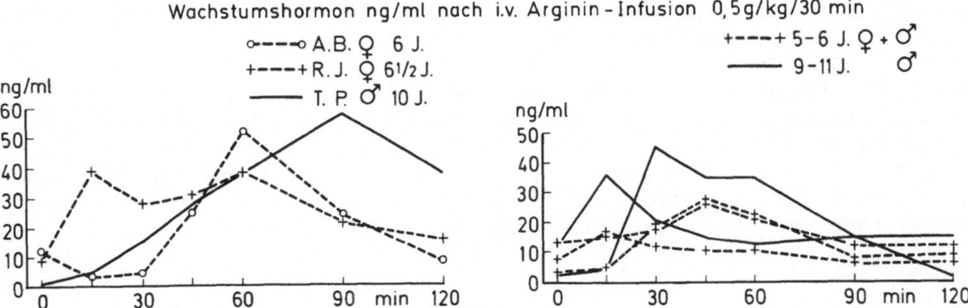

Abb. 1. Wachstumshormonspiegel im Plasma bei 3 Kindern mit Pubertas praecox und 8 normal entwickelten Kindern nach Insulin- und Argininbelastung.

In bezug auf die Insulinbelastung fanden wir an der kleinen Gruppe von 3 Patienten nicht die von Kaplan et al. (1969) publizierten Unterschiede zwischen frühreifen und normal entwickelten Kindern, während Arginininfusionen höhere Werte als bei Normalkindern zeitigten.

Literatur

Eberlein, W. R., Bongiovanni, A. M., Jones, I. T., Yakovac, W. C.: J. Pediat. 57, 484 (1960).
Kaplan, S. A., Frasier, S. D., Costin, G.: J. Pediat. 75, 133 (1969).
Ramos, F., Ruiz, J., Valverde, I., Vivanco, F.: Münch.Med.Wschr. 13, 787 (1968).
Visser, H. K., Degenhart, J. H.: Helv. paediat. Acta 21, 409 (1966).
Wool, M. S., Selenkow, H. A.: Acta endocr. (Kbh.) 57, 109 (1968).

Symp. Dtsch. Ges. Endokrin. 16, 272-273 (1970)

Isolierter Wachstumshormon-Mangel bei Kindern vor der Pubertät: Größe, Gewicht, Panniculusdicke, Knochenalter und Knochencortexdicke vor und unter Behandlung mit menschlichem Wachstumshormon*

Isolated Growth Hormone Deficiency in Prepubertal Children: Height, Weight, Skinfold Thickness, Skeletal Age, and Cortical Thickness of Bones before and under Treatment with Human Growth Hormone

A. FERRANDEZ, A. PRADER und M. ZACHMANN

Universitäts-Kinderklinik Zürich (Schweiz)

Summary

7 patients with isolated growth hormone deficiency, treated with HGH for a mean period of 12 months, were studied with respect to the parameters indicated in the title. In order to compare the results, the standard score method was applied. The normal mean values for age were obtained from the Zurich longitudinal growth study. Before treatment, height is the most retarded (about - 5SD), followed by all parameters (about - 3SD) with the exception of skinfold thickness, which is increased (about + 1SD). During treatment with HGH, all parameters tend towards normalization: Height catches up most. Subcutaneous fat is reduced, but weight increases, indicating an increase of body tissue other than fat (muscle, bone). In addition, a catch-up phenomenon is observed in both cortical thickness of bones and metacarpal diameter (the former more than the latter), indicating a gain of bone mass.

Die Behandlung des hypophysären Zwergwuchses mit menschlichem Wachstumshormon führt zu einer starken Beschleunigung des Wachstums, zu einer mäßigen Beschleunigung der Knochenreifung, zu einer Abnahme des Fettgewebes und zu einer Zunahme der Muskelmasse (1,2). Dies wurde vor allem an Patienten mit multiplem hypophysärem Hormonmangel studiert. Um die Wachstumshormonwirkung genauer zu beurteilen, haben wir 7 Patienten mit isoliertem Wachstumshormonmangel (5 Knaben, 2 Mädchen im Alter von 3, 5 bis 10,8 Jahren) untersucht. Die folgenden Parameter wurden vor, während und nach einer im Mittel 12 Monate dauernden Behandlung mit menschlichem Wachstumshormon untersucht: Größe, Gewicht, Panniculusdicke, Knochenalter, metacarpale Cortexdicke und metacarpaler Knochendurchmesser. Um die Resultate zu vergleichen, wurde die Abweichung jedes Parameters bei den Patienten vom altersgemäßen normalen Mittelwert (Zürcher Studie über das longitudinale Wachstum normaler Kinder) in Standardabweichungen dieses Mittelwertes ausgedrückt (standard score).
Vor Behandlung ist der Wachstumsrückstand am ausgeprägtesten (ca. - 5SD). Die Retardierung der anderen Parameter ist ebenfalls deutlich, aber weniger ausgeprägt (ca. - 3SD). Eine Ausnahme bildet die Panniculusdicke, die etwa 1SD über

* Mit Unterstützung des Schweiz. Nationalfonds zur Förderung der wissenschaftlichen Forschung.

der Norm liegt (leichte Adipositas). Im Verlaufe der einjährigen Behandlung verschieben sich die Verhältnisse im Sinne einer Annäherung an die Norm: Die Größe holt stark auf, die Panniculusdicke kehrt zur Norm zurück, obwohl das Gewicht eine leichte Aufholbewegung zeigt. Das Knochenalter nimmt zeitgerecht zu, ohne aber den Rückstand aufzuholen. Cortexdicke und Durchmesser der Metacarpalia zeigen beide ein deutliches Aufholwachstum, die Cortexdicke stärker als der Durchmesser. Dies bedeutet eine Zunahme der Knochenmasse, wie kürzlich auch im Tierexperiment festgestellt worden ist (3).

Zusammenfassend zeigt im Laufe einer einjährigen Behandlung mit menschlichem Wachstumshormon die Größe eine starke Zunahme, die Knochenreifung und der Knochendurchmesser eine geringe Zunahme, die Cortexdicke eine starke Zunahme und das Gewicht eine deutliche Zunahme trotz starker Abnahme des Fettgewebes. Die Zunahme des Gewichtes bei gleichzeitiger Abnahme des Fettgewebes und die Zunahme der Cortexdicke lassen eine Zunahme der gesamten Knochen- und Muskelmasse annehmen.

Literatur

1. Tanner J. M., Whitehouse, R. H.: Growth response of 26 children with short stature given human growth hormone. Brit. Med. J. 2, 69 (1967).
2. Prader, A., Zachmann, M., Poley, J. R., Illig, R., Széky, J.: Long-term treatment with human growth hormone (Raben) in small doses. Helvet. paediat. Acta 22, 423 (1967).
3. Harris, W. H., Heaney, R. P.: Effect of growth hormone on skeletal mass in adult dogs. Nature 223, 403 (1969).

Symp. Dtsch. Ges. Endokrin. 16, 274-275 (1970)

Arginin- und Glucose-induzierte Insulinsekretion bei Wachstumshormon-Mangel vor und nach Langzeittherapie mit Wachstumshormon (WH) bei 13 Kindern

Insulin Response to Intravenous Arginine and Glucose in Growth Hormone Deficiency Before and After Long-Term Treatment with Human Growth Hormone (HGH) in 13 Children

W. v. PETRYKOWSKI, S. L. KAPLAN und M. M. GRUMBACH

Universitäts-Kinderklinik Freiburg und Department of Pediatrics, Univ. of California San Francisco, San Francisco Medical Center

Summary

Decreased glucose tolerance is almost as frequent as hypoglycemia and insulin sensitivity in HGH-deficient children. To elucidate the role of insulin in HGH-induced growth, 13 children with HGH-deficiency were studied with i.v. arginine and/or glucose for insulin secretory capacity before and after long-term treatment with HGH. Of the many parameters used for statistical calculations in a paired t-test, none revealed significant changes caused by HGH-therapy with physiologic doses. The dose as well as the time interval following the last HGH-injection appear essential for demonstration of an insulinogenic effect to HGH. Analysis of variance of the patients' data and their insulin responses versus their actual growth rate revealed a significant influence on growth rate by the length of treatment and of the peak insulin response to arginine only.The latter was inversely related to growth rate observed. A meaningful classification of children with HGH-deficiency regarding their growth prognosis - based on parameters of insulin secretion and insulin sensitivity (3.) - was not evident from the studies in these children with HGH-deficiency.

Hypoglykämie und gesteigerte Insulinempfindlichkeit gelten als charakteristische Störungen des Kohlenhydratstoffwechsels bei Kindern mit hypophysärem Zwergwuchs. Kaum Beachtung gefunden hat dagegen das gleich häufige Vorkommen einer verminderten Glucosetoleranz bei 45 bzw. 61% dieser Patienten (1.,2.). Gold u. Mitarb. machten eine niedrige maximale Insulinsekretion bei oraler Glucosebelastung als Ursache dieses Phänomens wahrscheinlich. Sie berichteten über verbesserte Glucosetoleranz und Insulinsekretion unter langfristiger WH-Behandlung bei 3 Kindern. Ähnliche insulinotrope Effekte meist größerer WH-Dosen sind seit vielen Jahren bei Versuchstieren und erwachsenen Menschen bekannt.

Zum besseren Verständnis der Rolle des Insulins beim WH-induzierten Wachstum wurde bei 13 Kindern mit WH-Mangel die Insulinsekretionskapazität mit i.v. Arginin-und/oder Glucosebelastungen (ATT/GTT) vor und nach Langzeitbehandlung mit WH untersucht. Es handelte sich um 10 Jungen und 3 Mädchen im Alter von 5-17 Jahren, Knochenalter 2-11 Jahre. 6/13 Patienten hatten einen isolierten WH-Mangel. Alle bis auf einen Patienten erhielten 6 mg WH wöchentlich. Behandlungsdauer bis zur Nachuntersuchung der Insulinsekretion minimal 5, maximal

28 Monate, im Mittel 12 Monate. Wachstumsraten zwischen 3,8 und 15 cm/Jahr. 5 Kinder hatten beide, 8 nur einen der Stimulationstests. Insulin (IRI) wurde radioimmunologisch mit menschlichem Insulin als Standard bestimmt. Statistische Auswertung mit t-Test für verbundene Stichproben. Untersuchte Parameter und Ergebnisse: (vor/nach Therapie; Mittelwerte) 1. ATT: (n=11): Nüchternblutglucose: 79/89 mg/100ml (p=0.02); IRI-Maximum: 37/27 µE/ml(p=0,1); Summe der IRI-Zuwächse über Nüchternwert: 38/26µE/ml(p=0,1). --- 2. GTT: (N=7): Nüchternblutglucose: 84/86mg/100 ml(p=0,5); Blutglucosemaximum: 279/281mg/100ml(p=0.9);k-Wert der Glucoseverschwinderate: 2,00/2,31%/Min.(p=0,6); IRI-Maximum: 30/25µE/ml(p=0,3); Summe der IRI-Zuwächse über Nüchternwert: 119/95µE/ml(p=0,3); Gesamtinsulinsekretion (planimetrisch: 611/413(p=0,1).---

Die insulintrope Wirkung des WH hängt neben der Dosis wesentlich vom Zeitabstand der Insulinbestimmung zur WH-Applikation ab: nach erfolgreich behandelter Akromegalie kann noch nach Monaten eine gesteigerte Insulinsekretion nachgewiesen werden; bei der Mehrzahl der Kurzversuche mit WH am Menschen wurden vergleichsweise große Dosen angewandt und die IRI-Sekretion unmittelbar danach bestimmt. Die eigenen Untersuchungen wurden nach Langzeitbehandlung mit "physiologischen" WH-Mengen und 3 bis 4 Tage nach der letzten Injektion durchgeführt. Damit sind die nicht nachweisbaren insulinotropen WH-Effekte auf die untersuchten Kriterien im Vergleich zu Gold's Patienten und älteren Zwergen mit isoliertem WH-Mangel (3.) am besten erklärbar.

Ob das unter WH beobachtete Wachstum unserer Patienten von den verschiedenen Einflußgrößen (Alter, Knochenalter, zusätzliche Hormonausfälle etc.) und gewonnenen Insulindaten in statistisch signifikanter Weise beeinflußt worden war, wurde mit einer Kovarianzanalyse berechnet. Ein signifikanter Einfluß ergab sich nur für die Therapiedauer und das IRI-Maximum unter Argininstimulation. Das letztere war umgekehrt proportional zur Wachstumsrate. --- Da alle Kinder auch auf ihre Insulinempfindlichkeit untersucht wurden, kann festgestellt werden, daß eine für die Wachstumsprognose bedeutsame Klassifizierung von Kindern mit WH-Mangel aufgrund von Parametern der Insulinsekretion und -empfindlichkeit, wie sie jüngst für ältere Zwerge vorgeschlagen wurde (3.), sich aus den Untersuchungen an dieser Serie von Kindern mit WH-Mangel nicht ergeben hat.

Literatur

1. Brasel, J. A., et al.: Am. J. Med. 38, 484 (1965).
2. Gold, H., et al.: Metabolism 17, 74 (1968).
3. Merimee, T. J., et al.: Lancet 1, 963 (1969).

Symp. Dtsch. Ges. Endokrin. 16, 276-277 (1970)

3β-Hydroxy-Steroid-Dehydrogenase-Mangel bei einem überlebenden Mädchen mit Salzverlust-Syndrom und normalem weiblichem Genitale*

Congenital Adrenal Hyperplasia due to Deficiency of 3β-Hydroxy Steroid Dehydrogenase. Surviving Girl with Normal Female Genitalia

M. ZACHMANN, J. A. VÖLLMIN, G. MÜRSET, H.-CH. CURTIUS und A. PRADER

Universitäts-Kinderklinik Zürich

Summary

The case of a 6 1/2 year-old girl with 3β-hydroxy steroid dehydrogenase deficiency is reported. The child had severe salt-wasting during infancy. After ACTH-administration, the predominant steroid was Δ^5-pregnenetriol, which was identified by mass spectrometry. Δ^5-pregnenediol was also identified. Testosterone, pregnanetriolone and tetrahydro-S were not detectable. The patient shows some differences compared to the classical description of the syndrome: the external genitalia are normal, and not dehydroepiandrosterone but androsterone was the predominant 17-ketosteroid. In addition, pregnanetriol was present. Like the only other surviving patient of our knowledge (Bongiovanni), this girl has most likely a partial 3β-hydroxy steroid dehydrogenase deficiency.

Ein Mangel der 3β-Hydroxy-Steroid-Dehydrogenase als Ursache einer kongenitalen Nebennierenhyperplasie wurde erstmals von Bongiovanni beschrieben. Die meisten bisher bekannten Fälle sind als Säuglinge während Salzverlustkrisen gestorben.

Wir konnten ein jetzt 6 1/2-jähriges Mädchen mit diesem Defekt seit dem Alter von 2 Wochen beobachten: Ein Bruder der Patientin ist mit 4 Wochen an einer Salzverlustkrise gestorben. Er hatte eine Hypospadia penis, und die Autopsie zeigte eine Hyperplasie der Nebennieren. Die Patientin wurde nach normalem Schwangerschaftsverlauf am Termin geboren. Das Genitale war normal weiblich, es fiel jedoch eine Hyperpigmentierung auf. Im Alter von 2 Wochen wurde das Kind wegen Trinkschwäche und Gewichtsverlust hospitalisiert. Es bestand eine Hyponatriämie und eine Hyperkaliämie. Die Ausscheidung der Gesamt-17-Ketosteroide betrug 4.1 mg/24h. Eine Behandlung mit DOCA und Kochsalz, später zusätzlich mit Hydrocortison, besserte den Zustand rasch. Während der folgenden 4 Jahre war der Zustand des Kindes im allgemeinen gut. Mehrere Salzverlustkrisen konnten durch Steigerung der Hydrocortison-Dosis und durch Zusatz von DOCA überwunden werden. Mit 4 Jahren wurde die Patientin hospitalisiert, um die Diagnose zu klären: Hydrocortison wurde abgesetzt, und je 1 mg ACTH wurde während 3 Tagen verabreicht. Sofort trat wieder eine Salzverlustkrise ein, und der Versuch mußte abgebrochen werden. Nach ACTH betrug die 17-Ketosteroidausscheidung 5.0 mg/24h. Unter den Pregnanderivaten war Δ^5-Pregnentriol das vorherrschende Steroid (10.7 mg/24h). Auch Δ^5-Pregnendiol

* Mit Unterstützung des Schweiz. Nationalfonds zur Förderung der wissenschaftlichen Forschung (Nr. 3.68.68).

wurde nachgewiesen (0.4 mg/24h). Dehydroepiandrosteron war ebenfalls erhöht (0.6 mg/24h), Androsteron und 11-Ketoandrosteron (2.0 und 1.1 mg/24h) wurden aber in größerer Menge gefunden. Auch Pregnantriol wurde nach ACTH in größerer Menge gefunden. Hingegen fehlten Pregnantriolon, Testosteron und Tetrahydro-S vollständig. Die Identität dieser Steroide wurde massenspektrometrisch bestätigt. Unter Behandlung mit Hydrocortison (15 mg tgl.) normalisierten sich alle Steroide mit Ausnahme des noch nachweisbaren Δ^5-Pregnendiol (0.12 mg/24h) und Δ^5-Pregnentriol (0.33 mg/24h). Unser Fall zeigt einige Besonderheiten im Vergleich zu den von Bongiovanni beschriebenen Fällen: Das äußere Genitale ist normal weiblich, Dehydroepiandrosteron ist nicht das vorherrschende 17-Ketosteroid und Pregnantriol ist vorhanden. Diese Besonderheiten können am ehesten durch einen partiellen Enzymdefekt erklärt werden. Der Defekt ist nicht kompensiert, da Salzverlustkrisen auftraten. Unseres Wissens lebt nur ein anderer Patient mit 3β-Hydroxy-Steroid-Dehydrogenase-Mangel. Dieser von Bongiovanni beobachtete Knabe hat wahrscheinlich ebenfalls einen partiellen, aber kompensierten Defekt (Hypospadie und vermehrte Ausscheidung von Δ^5-Steroiden, aber kein Salzverlustsyndrom).

Literatur

Bongiovanni, A. M.: The Adrenogenital Syndrome with Deficiency of 3β-Hydroxysteroid Dehydrogenase. J. clin. Invest. 41, 2086 (1962).

Symp. Dtsch. Ges. Endokrin. 16, 278-279 (1970)

Endogener männlicher und induzierter weiblicher Pseudohermaphroditismus

Endogenous Male and Induced Female Pseudohermaphroditism

P. GÖBEL und K. FABER

Medizinische Univ.-Poliklinik Tübingen

Summary

Firstly, a case of 17-hydroxylation deficiency in the male leading to "testicular feminization syndrome" on the one hand, and mineralocorticoid excess syndrome excepting aldosterone on the other; secondly, a case of androgen-induced female pseudohermaphroditism with partial 11ß-hydroxylation deficiency are described.

F. G., Fall 1) 36-jhr. gonadal und chromosomal männlicher Patient mit C_{17}-Hydroxylasemangel entspricht genital und somatisch einer "Testikulären Feminisierung" (primäre Amenorrhoe, spärliche Lanugo- sowie fehlende Achsel- und Schambehaarung, weibliches hypoplastisches äußeres Genitale mit einer auf 1,5 cm eingeschränkten Dammhöhe, blind endende Vagina von 2 cm Länge, Fehlen von Uterus und Adnexen, kryptorche Hoden beiderseits). Sie ist auf eine primäre Testosteroninsuffizienz bei 17-Hydroxylasemangel in den Testeszurückzuführen. Entsprechend der gleichfalls auf den 17-Hydroxylasemangel zurückzuführenden primären Oestrogeninsuffizienz findet man abweichend von der bisher beschriebenen Form der testikulären Feminisierung keine typisch weibliche Fettverteilung und nur mäßig ausgebildete Brüste mit Mamillenhypoplasie. Nach 3 Wochen je 250 mg Testosteronönanthat kommt es zu einem Wachstum der Genital- und Sekundärbehaarung. Im Vordergrund des klinischen Bildes steht ein Mineralocorticoid-Syndrom. Die Ursache stellt ein 17-Hydroxylasemangel der Nebenniere dar, der zur primären Cortisol-Insuffizienz führt. Diese wird durch eine beträchtlich erhöhte ACTH-Bildung zu Gunsten einer vermehrten DOC- und Corticosteronbildung aus Progesteron überbrückt. Nicht nachweisbares Plasma-Renin, Aldosteronausscheidung infolge Hemmung des Angiotensin-Aldosteron-Mechanismus erheblich vermindert. 17-Ketosteroid- und Oestrogenausscheidung im Urin stark vermindert, Gonadotropinausscheidung stark erhöht. - Resektion der linken und zur Hälfte der rechten Nebenniere, die eine knotige Hyperplasie ergibt. Nach Dexamethason-Dauerbhandlung geht die Hypertonie auf Werte um 150/100 mg Hg unter Normalisierung der Elektrolytwerte, des Säurenbasenstatus sowie Anstieg des Plasma-Renins zurück. ACTH-, DOC- und Corticosteron-Sekretion sind deutlich verringert, die Aldosteronausscheidung ist angestiegen. - Nach in vitro-Inkubation (1) von ^{14}C-Progesteron läßt sich durch ungenügende Bildung von 17α-OH-Progesteron im Vollblut ein 17α-Hydroxylasemangel nachweisen. Bei innersektorisch Gesunden beträgt der Schwankungsbereich für neugebildetes ^{14}C - 17α-OH-Progesteron dabei 14,2 - 16,7% der eingesetzten Radioaktivität, bei Pat. F. G. mit 17-Hydroxylase-Mangel 6,7%.

A. F., Fall 2) 14 jhr., bisher männlich erzogener Pseudohermaphroditismus femininus durch intensive Androgenbehandlung der Mutter. Sie erhielt in der 7.-10. Schwangerschaftswoche nach Operation eines Mamma-Ca. und Bestrahlung mit

4 000 r insgesamt 1 500 mg Testosteronpropionat und anschließend insgesamt 1 200 mg Methylandrostendiol bis zur Geburt der Patientin. Diese zeigt geringe weibliche Pubesbehaarung, keine Sekundärbehaarung, keinen Stimmbruch, bisher noch keine Menses. Mammae beiderseits altersentsprechend. Hypospadie, Membrum 1,8 cm, Ø 0,8 cm. Bei Pelveopneumographie Uterus, li. Lig. latum und re. Ovar nachweisbar. Wangenabstrich: chromatinpositiv 22%, 26%. Gonadotropin-, Oestrogen-, Pregnandiol- und 17 KS-Ausscheidung sowie individuelle Harncorticoide im unteren Normbereich mit Ausnahme einer auf 60 µg/d erhöhten 11-Desoxycortisol- und auf 140 µg/d erhöhten THDOC- und DOC-Ausscheidung. Pregnantriolausscheidung mit 1,09 bis 1,13 mg/d relativ hoch. - Nach Choriongonadotropin deutlicher Anstieg von Oestriol und Pregnandiol sowie der 17-KS, besonders der 3 Metaboliten von 11β-Hydroxy-Androstendion-11-Keto und 11β-Hydroxy-Androsteron, 11-Hydroxy-Ätiocholanolon - wahrscheinlich als ovarielle Fehlleistung bei Atrophie unter Stimulation. Zusammen mit einem normalen Ausgangswert des Plasmacortisols und einem ausreichenden Anstieg der Cortisol- und Corticosteronbildung unter ACTH handelt es sich bei der vermehrten basalen 11-Desoxycortisol- und DOC-Ausscheidung nebst überhöhtem Anstieg von THS und ausbleibendem Anstieg der 11-oxylierten 17-KS unter ACTH lediglich um einen leichten 11β-Hydroxylasemangel. Er wird durch eine ungenügende Bildung von ^{3}H-Corticosteron aus ^{3}H-DOC nach in vitro-Inkubation (1) im Vollblut bewiesen.

Unter anderen Erklärungsmöglichkeiten kommt vor allem ein erworbener Fermentmangel im Sinne einer fetalen intraadrenalen C_{11}-Hydroxylasehemmung durch Testosteron (2) in Frage.

Literatur

1. Blaquier, J., Forchielli, E., Dorfman, R. I.: Acta endocr. (Kbh.) 55, 697 (1967).
2. Sharma, D. C., Forchielli, E., Dorfman, R. I.: J. biol. Chem. 238, 572 (1963).

Symp. Dtsch. Ges. Endokrin. 16, 280-281 (1970)

Zum Einfluß des Thymus auf die Pubertät

Influence of the Thymus on Puberty

I. COMSA
Homburg/Saar

Summary

In infantile female guinea pigs repeated injections of a thymus extract were followed by a noticeable delay of the first oestrus and a lenghtening of the ovarian cycles. In hypophysectomized female rats additional thymectomy was followed by increased sensitivity of the ovary to hypophyseal gonadotropin. This could be suppressed by injections of the presumably pure thymic hormone.

1938 hat Pende (9) bei Jugendlichen ein Syndrom (charakterisiert u.A. durch Verzögerung der Pubertät) als Folge der Thymushypertrophie gedeutet. Experimentell konnte Verspätung des ersten Oestrus (1,4,8,10) als Folge einer dauernden Behandlung mit wenig gereinigten Thymuspräparaten beobachtet werden. Es war von Interesse, diese Beobachtungen mit zwei folgenden Etappen in der Kenntnis des Thymus zu konfrontieren: a) Die Herstellung eines gereinigten Thymusextraktes (6) und b) die Isolierung einer homogenen Fraktion aus diesem Extrakt (2), die (5,7) sämtliche Folgen der Thymektomie behebt.

In Versuch I wurde 8 weiblichen Meerschweinchen vom 19. Lebenstag an während 140 Tagen der Thymusextrakt (6) injiziert (4 Tieren täglich 25 Einheiten, 4 Tieren 100 Einheiten täglich). 4 Kontrollen bekamen täglich 1 ml NaCl 0,15 M.

Tabelle 1

	Am ersten Oestrus		
	Alter (Tage)	Gewicht	Anzahl Cyclen
NaCl	32 ± 3	225 ± 13 g	12,5 ± 1,5
25 E	62 ± 7	345 ± 17 g	5,5 ± 0,5
100 E	66 ± 4	370 ± 19 g	4,8 ± 0,5

Zum Versuch II wurden 48 weibliche Ratten im Alter von 40 Tagen verwendet. 24 waren hypophysektomiert (Serie I), 24 hypophysektomiert und thymektomiert (Serie II). Die Tiere bekamen am 10. und am 11. Tag nach der Operation in Intervallen von jeweils 12 Stunden 4 Injektionen eines ambivalenten gonadotropen Hypophysenpräparates (gespendet von H. Choay) in abgestufter Dosierung (4 Tiere pro dosi). Je 4 Kontrolltiere bekamen 4 Injektionen NaCl 0,15 M 1 ml. 12 Stunden nach der letzten Injektion wurden beide Ovare gewogen.

Im Versuch III bekamen 16 thymektomierte und hypophysektomierte weibliche Ratten während 8 Tagen nach der Thymektomie in abgestuften Mengen den Extrakt von Bezssonoff und Comsa (Serie 3) und 16 Tiere das mutmaßlich reine Thymushor-

Tabelle 2

Dosis (4x)	NaCl	0,3 E	0,5 E	0,7 E	1,0 E	2,0 E
Ovare Serie I (mg)	9,2±0,6	13,3±1,0	26,7±1,2	44,6±1,5	58,0±0,5	61,0±ns
Serie II	9,0±0,3	39,2±0,8	50,7±0,3	64,1±0,3	68,2±ns	76,2±ns

mon von Bernardi und Comsa (Serie 4). Am 10. und am 11. Tag nach der Operation bekamen alle Tiere zusätzlich einheitlich 4 x 0,3 Einheiten des gonadotropen Hypophysenpräparates (wie in Serie I und Serie II).

Tabelle 3

Dosis (pro die)	0	15 E	22 E	30 E	50 E
Ovare Serie III	39,2±0,8 (s.Versuch II)	35,7±1,8	20,9±1,9	16,1±1,4	13,9±1,7
Serie IV	-	33,1±1,2	22,5±1,4	17,6±1,6	14,8±0,8

Die gesteigerte Reaktivität der thymipriven Tiere gegen das gonadotrope Hypophysenpräparat (5. Versuch II) konnte durch Injektionen von Thymuspräparaten behoben werden. Diese Wirkung zeigte auch das mutmaßlich reine Thymushormon. Die antigonadotrope Wirkung des Thymus äußert also mutmaßlich einen Antagonismus zwischen dem zirkulierenden Thymushormon und den zirkulierenden Gonadotropinen.

Literatur

1. Anderson, D. H.: J. Physiol. 74, 49 (1932).
2. Bernardi, G., Comsa, J.: Experientia (Basel) 21, 416 (1965).
3. Comsa, J.: Arch. physique biol. 15, Suppl. 41, 15 (1942).
4. --, Physiologie et physiopathologie du thymus. Paris: DOIN 1959.
5. --, Amer. J. med. Sci. 250, 78 (1965).
6. --, Bezssonoff, N. A.: Acta endocr. (Kbh.) 29, 222 (1958).
7. --, Filipp, G.: Ann. Inst. Pasteur 110, 365 (1966).
8. Loewe, S., Voss, H. E.: Arch. Gynäk. 143, 557 (1931).
9. Pende, N.: Rev. Méd. (Paris) 55, 175 (1938).
10. Walter, A.: Arch. Gynäk. 141, 47 (1930).

Symp. Dtsch. Ges. Endokrin. 16, 282-283 (1970)

Die circadiane Rhythmik des hypothalamischen CRH von Ratten

Circadian Rhythmicity of Hypothalamic CRH in Rats

F. SCHULZ, M. KAHL und K. RETIENE

Zentrum der Inneren Medizin der Johann Wolfgang Goethe-Universität, Frankfurt am Main, Abteilung für Endokrinologie

Mit 2 Abbildungen

Summary

The well-known circadian periodicity of endocrine pituitary function was missed when measuring hypothalamic CRH. However, a standardized ether stress markedly reduced hypothalamic CRH in the morning and no alteration was observed in the evening. In contrast, pituitary ACTH increased for the same amount at each time of day. The hypothesis is proposed that a special rhythmic center in the CNS acts in an inhibitory way on hypothalamic hormone synthesis.

Synthese und Sekretion von Hypophysen- und Nebennierenrinden-Hormonen unterliegen tagesperiodischen Schwankungen (1,2,3). Da die Funktion der Hypophyse vom Hypothalamus gesteuert wird, ist auch für die Synthese und Sekretion hypothalamischer Releasing-Hormone ein derartiger Rhythmus zu fordern.

Als Versuchstiere dienten weibliche Albino-Wistar-Ratten von 180 - 200 g, die in einem isolierten Raum bei einem künstlichen Tag-Nacht-Rhythmus (LD 14:10) lebten. Von diesen Tieren wurden zu Beginn und am Ende der Aktivitätsphase am Morgen und Abend vor und nach Äthernarkose Hypophysenvorderlappen (HVL) und gleichgroße Hypothalamus-Fragmente gewonnen und in 0,1 n HCl extrahiert. Als Parameter für die ACTH-Konzentration in HVL und Hypothalamus diente der Corticosteron-Anstieg im peripheren Blut hypophysektomierter Ratten. Die CRH-Aktivität wurde nach Arimura und Mitarb. (4) bestimmt.

Der hypophysäre ACTH-Gehalt zeigt eine periodische Schwankung, die um 18^{00}, eine Stunde vor Beginn der Aktivitätsphase, das Maximum erreicht. Die Konzentration des CRH im Zwischenhirngewebe läßt dagegen nur geringfügige Änderungen im Laufe des Tages erkennen (Abb. 1). Nach der Äthernarkose steigt der ACTH-Gehalt im HVL zu allen Tageszeiten um den gleichen Betrag an und addiert sich dem aktuellen Ruhewert. Die gleiche Äthernarkose führt um 11^{00} zu einer signifikanten Verminderung der hypothalamischen CRH-Konzentration, während der CRH-Gehalt um 18^{00} durch die Belastung gering ansteigt (Abb. 2).

Die Befunde werden wie folgt interpretiert: Der Hypothalamus enthält in Ruhe eine gleichbleibende Menge CRH. Ein in seiner Lokalisation noch nicht definiertes Areal im Zwischenhirn hemmt jedoch mit einer Periodik von etwa 24 Stunden rhythmisch die Synthese von CRH. Kurz vor Beginn der Aktivitätsphase am Abend kommt die Neubildung in Gang, das Releasing-Hormon wird sofort über den Portalkreislauf dem HVL zugeführt und bewirkt hier die circadiane Rhythmik des Hypophysen-Nebennierenrinden-Systems. Eine Äthernarkose als Stress verändert den CRH-Gehalt im Hypothalamus nur geringfügig, weil die sezernierte Hormonmenge sofort durch Neubildung ersetzt wird. Nur die vermehrte ACTH-Konzentration im HVL läßt erkennen, daß CRH freigesetzt wurde. In den Vormittagsstunden ist der hemmende Einfluß des Rhythmus-Zentrums voll wirksam. Jetzt ist die Synthese blockiert, und der Äther-Stress führt zu einem Abfall des hypothalamischen CRH-Gehaltes.

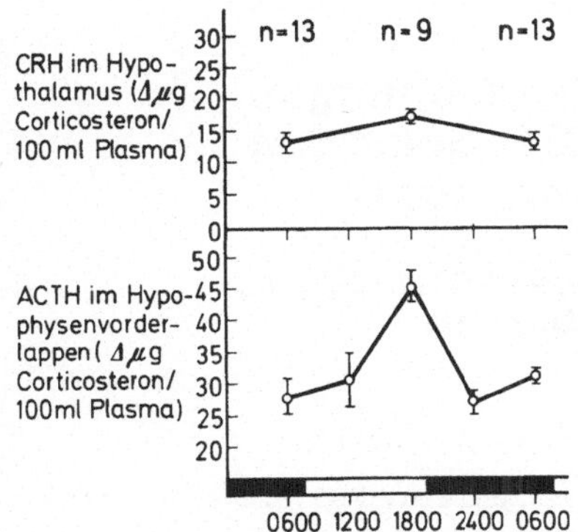

Abb. 1. CRH-Gehalt im Hypothalamus und ACTH im Hypophysenvorderlappen weiblicher Ratten bei normalem Licht-Dunkel-Wechsel

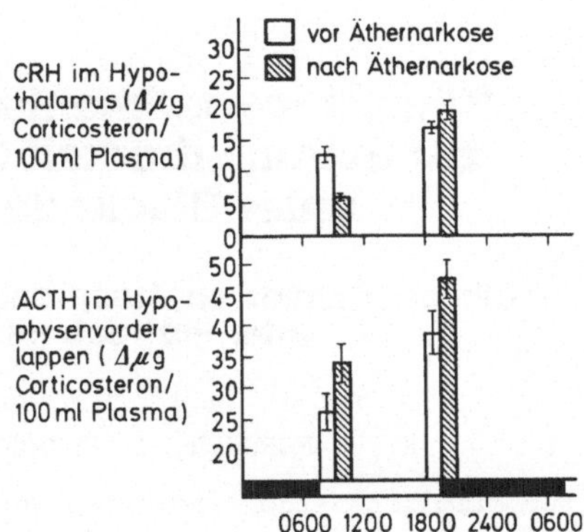

Abb. 2. CRH-Gehalt im Hypothalamus und ACTH im Hypophysenvorderlappen weiblicher Ratten vor und nach Äthernarkose. Normaler Licht-Dunkel-Wechsel

Literatur

1. Retiene, K., Schumann, G., Tripp, R., Pfeiffer, E. F.: Klin. Wschr. 44, 716 (1966).
2. --, Schulz, F., Marco, J.: Symp. Dtsch. Ges. Endokrin. 12, 263 (1967)
3. --, Zimmermann, E., Schindler, W. J., Neuenschwander, J., Lipscomb, H. S.: Acta endocr. (Kbh.) 57, 615 (1968).
4. Arimura, A., Saito, T., Schally, A. V.: Endocrinology 81, 235 (1967).

Symp. Dtsch. Ges. Endokrin. 16, 284-285 (1970)

Klinisch-experimentelle Untersuchungen zur Stimulierbarkeit der ACTH-Sekretion unter Blockade mit Morphium

Clinical Studies on Vasopressin-Induced ACTH Secretion after Pretreatment with Morphine

K. D. MORGNER, J. HERRMANN und H. L. KRÜSKEMPER

Abtl. für Klinische Endokrinologie, Dept. Innere Medizin, Medizinische Hochschule Hannover, Germany

Summary

Morphine effects a specific blockade of the hypothalamic centers which control the pituitary-adrenocortical system. It is not possible to stimulate ACTH secretion (measured indirectly by means of serum cortisol) with lysin-vasopressin after pretreatment with morphine.

Die Steuerung der Ausschüttung von ACTH unterliegt dem hypothalamischen Neurohormon Corticotropin-Releasing-Factor (CRF). Pharmakologische Dosen von Lysin-Vasopressin haben beim Menschen eine CRF-ähnliche Wirkung, d.h. sie führen zu einem raschen und kräftigen Anstieg des Plasmacortisols als Folge vermehrter Ausschüttung von ACTH. Dabei ist es letzten Endes nicht geklärt, ob Vasopressin direkt am Hypophysenvorderlappen angreift oder indirekt durch Stimulierung von CRF (1). Eigene Untersuchungen zu dieser Frage lassen einen primär-hypothalamischen Angriffspunkt von Vasopressin vermuten. Es gelang nämlich in keinem Falle nach Vorbehandlung mit Dexamethason oder Metopiron, die ACTH-Produktion, meßbar am Anstieg des Plasmacortisols, zu stimulieren.

Ähnlich den Corticoiden können auch verschiedene Pharmaka, wie Chlorpromazin und Morphium die Ausschüttung von ACTH blockieren, wobei nach tierexperimentellen Ergebnissen angenommen wird, daß Morphium entweder zu einer pharmakodynamischen Unterbrechung im Portalkreislauf oder zu einer Hemmung der Funktionen neuroendokrin-aktiver hypothalamischer Zentren führt (2, 3). Eingehende klinische Experimente zu diesem Fragenkomplex liegen unseres Wissens noch nicht vor.

Wir untersuchten daher bei 7 stoffwechselgesunden, normalgewichtigen Versuchspersonen das Verhalten des Plasmacortisols fluorometrisch nach Gabe von Morphium. Nach Entnahme eines Leerwertes nüchtern um 8.00 Uhr morgens injizierten wir jeweils 20 mg Morphinum hydrochloricum subcutan. Nach einer weiteren Blutentnahme nach einer Stunde infundierten wir zur Stimulierung der ACTH-Ausschüttung 5 E Lysin-Vasopressin innerhalb von 60 Minuten. Eine Stunde nach Infusionsende erhielten die Probanden 0,4 mg β^{1-24}-Corticotropin/kg Körpergewicht intravenös injiziert. - Der mittlere Plasmacortisolspiegel betrug bei Versuchsbeginn 21,7 ± 1,5 µg%, wobei etwa 6 µg% auf die sogenannte Restfluorescenz entfallen. In der Vorperiode beobachteten wir nach Injektion von Morphium einen Abfall des Cortisols um 7 µg% auf 14,7 ± 1,6 µg% innerhalb von 60 Minuten. Die Differenz zum Ausgangswert ist statistisch hochsignifikant. Dagegen konnten wir im Leerversuch nur eine Verminderung um 1,4 µg% im Mittel messen. Der statistische Vergleich der Differenzwerte der beiden Gruppen ergab eine hohe Signifikanz.

Während der Infusion von Lysin-Vasopressin an Morphium-vorbehandelten Patienten konnten wir in 5 Fällen keinen Anstieg des Plasmacortisols feststellen. Dagegen fanden wir ein völlig normales Ansprechen der Nebennierenrinde auf β^{1-24}-Corticotropin. In 2 Fällen aus der Morphium-Gruppe sahen wir einen Anstieg des Plasmacortisols um 18 bzw. 22 µg% zwischen der 45. und 60. Minute der Vasopressin-Infusion. Das ist gegenüber der Norm erheblich verspätet. Bei diesen Versuchspersonen konnte mit β^{1-24}-Corticotropin keine weitere Stimulierung der Nebennierenrinde erzielt werden.

Morphium führt somit beim Menschen im akuten Versuch zu einer vollständigen pharmakologischen Blockade der ACTH-Sekretion. Nach Ansicht der Mehrzahl von Autoren, die sich im Tierexperiment mit dieser Frage beschäftigten, blockiert Morphium die Funktion neuroendokrin-aktiver hypothalamischer Zentren. Diese Ansicht kann nach dem Ergebnis unserer klinischen Untersuchungen bestätigt werden. Eine Beeinflussung der Cortisol-Synthese der Nebennierenrinde durch Morphium liegt nicht vor, da die Ansprechbarkeit der Nebennierenrinde auf ACTH erhalten bleibt. Die Dauer der Blockade ist individuell unterschiedlich. Die mangelnde Stimulierbarkeit der ACTH-Sekretion durch Vasopressin unter Morphium ist zum anderen ein weiterer Hinweis darauf, daß Vasopressin seine Wirksamkeit an hypothalamischen Zentren und nicht am Hypophysenvorderlappen entfalten muß. -

Damit bietet sich Morphium als Pharmakon zur gezielten Blockade hypothalamischer Zentren an. Da der Prozeß reversibel ist, kann der Einsatz von Morphium bei bestimmten pharmakologischen Untersuchungen stereotaktischen Methoden, die zu irreversiblen Läsionen führen, überlegen sein. Weiterhin ergibt sich für die klinische Praxis die Forderung, die Indikation zur Anwendung von Morphium - und das gleiche gilt wahrscheinlich auch für Dolantin und Phenothiazine, wie Atosil und Megaphen - stets unter dem Gesichtswinkel der möglichen Blockierung des Hypothalamus-Hypophysen-Nebennierenrindensystems zu prüfen.

Literatur

1. Hedge, G. A., Yates, M. B., Marcus, R., Yates, F. E.: Endocrinology 79, 328-340 (1966).
2. Briggs, F. N., Munson, L.: Endocrinology 57, 205-219 (1955).
3. McDonald, R. K., Evans, F. T., Weise, V. K., Patrick, R. W.: J. Pharmacol. Exp. Ther. 125, 241-247 (1959).

Symp. Dtsch. Ges. Endokrin. 16, 286-287 (1970)

Hemmung der durch intrahypophysäre Infusion von Corticotropin-Releasing-Faktor (CRF) oder von Lysin-Vasopressin (LVP) stimulierten ACTH-Sekretion durch Dexamethason am nicht narkotisierten Hund*

Inhibition by Dexamethasone of ACTH-Secretion Stimulated by Intrahypophyseal Infusion of Corticotropin-Releasing-Factor (CRF) or Lysin-Vasopressin (LVP) in the Unanestesized Dog

M. L'AGE und A. GONZALEZ-LUQUE

Med. Klinik, Klinikum Steglitz FU Berlin und Dept. Physiol. J. M. Vargas University, Caracas, Venezuela

Summary

Infusion of crude ovine CRF or LVP into the pituitary of the unanesthetized dog was followed by a sharp rise in cortisol secretion. This CRF or LVP response was totally inhibited 2.5 - 8 hours after a 4 mg/dog s.c.dose of Dexamethasone. It was concluded that the anterior pituitary may be a corticoid feedback point in the adrenocortical system, and that LVP may have CRF-like activity.

Es scheint heute allgemein anerkannt zu sein, daß Corticosteroide die Freisetzung von CRF durch Angriff am Gehirn hemmen. Die Frage, ob der Hypophyse als Ort einer Hemmung der ACTH-Sekretion durch Corticosteroide eine Bedeutung zukommt, wird nach wie vor diskutiert. In verschiedenen Tierspecies führten Implantationen (1) oder Infusionen (2) von Corticoiden in die Hypophyse zu keiner Hemmung der ACTH-Sekretion. In anderen in vivo (3) und in vitro (4) Versuchen konnte dagegen eine Hemmung der CRF-stimulierten ACTH-Sekretion überzeugend demonstriert werden. Der Nachteil dieser in vivo Versuche war jedoch, daß sie am narkotisierten Tier durchgeführt wurden, wobei Nebeneffekte der Narkotika auf das Hypothalamus-Hypophysen-Nebennierenrindensystem nicht ausgeschlossen werden konnten. Wir haben deshalb eine neue Technik zur intrahypophysären Infusion von Testsubstanzen in trainierte, nicht narkotisierte Hunde entwickelt.

Männlichen ca. 25 kg schweren Hunden wurden nach Incision des weichen Gaumens 6.5 mm caudal der Intersphenoidalnaht eine speziell präparierte Nadel 8.2 mm tief einzementiert. Ein mit der Kanüle verbundener Polyäthylenschlauch PE 10 wurde zum Hinterhaupt geführt und hier nach außen gebracht. Zur Bestimmung der Cortisolsekretion wurden die Tiere nach Hume und Nelson (5) operiert.

Die intrahypophysäre Infusion von CRF-Lösungsmittel - 42 µl/25 min - führt zu einer teilweisen Stimulierung des adrenocorticalen Systems. Die Cortisol (F) - Sekretion liegt bei 5 µg/min - Basissekretion 1.5 µg/min; die der in-

+ Die experimentellen Arbeiten wurden mit Unterstützung der Deutschen Forschungsgemeinschaft am Dep. Physiol. der Stanford University, California in der Gruppe von Prof. F. E. Yates durchgeführt.

trahypophysären Lösungsmittelinfusion folgende CRF Infusion - 170 µg/42 µl/25 min - führt zu einem kontinuierlichen Anstieg der F-Sekretion auf 22 µg/min. Innerhalb von 5 min nach Ende der Infusion fällt die F-Sekretion wieder auf 8 µg/min ab. Wird die Lösungsmittelinfusion über die gesamte Versuchsdauer von 50 min durchgeführt, so fällt die F-Sekretion von 5 auf 3 µg/min ab.

CRF in der gleichen Dosis i.v. gegeben, führt zu keinem Anstieg der F-Sekretion.

4 mg Dexamethason 3-8 Stunden vor Versuchsbeginn s.c. gegeben, hemmt den CRF-Effekt und die Stimulierung der F-Sekretion durch Vehikelinfusion vollständig.

Wir schließen aus diesen Ergebnissen auf eine Hemmung der CRF-stimulierten ACTH-Sekretion durch Angriff des Dexamethasons an der Hypophyse.

15 - 24 Stunden nach Dexamethasongabe findet sich keine Hemmung des CRF-Effektes mehr.

Die intrahypophysäre Infusion von 8.5 mU LVP/ 42 µl Vehikel in 25 min führt zu einem kontinuierlichen Anstieg der F-Sekretion auf 16 µg/min, der durch 4 mg Dexamethason 2.5 - 8 Stunden vor Versuchsbeginn gegeben, vollständig gehemmt wird. Die Ergebnisse mit Vehikelinfusion sind die gleichen wie bei den CRF-Experimenten. Wird die gleiche Dosis LVP i.v. gegeben, kommt es zu keinem Anstieg der F-Sekretion.

Literatur

1. Chowers, I. et al.: Amer. J. Physiol. 205, 671 (1963).
2. Stark, E. et al.: Neuroendocrinology 3, 275 (1968).
3. Russell, S. M. et al.: Endocrinology 1970, in press.
4. Arimura, A. et al.: Endocrinology 85, 300 (1969).
5. Hume, D. M., Nelson, D. H.: Surg. Forum 1955, V. p. 568.

Symp. Dtsch. Ges. Endokrin. 16, 288-289 (1970)

Untersuchungen über die Wirkung von Äthynil-Oestradiol auf die L-Cystin-Aminopeptidosen-Aktivität im Hypothalamus der weiblichen Ratte

Investigations on the Effect of Ethynil-Oestradiol on L-Cystine-amino-peptidase Activity in the Hypothalamus of Female Rats

H.-D. TAUBERT, H. HEIL und H. KUHL

Abteilung für gynäkologische Endokrinologie der Universitäts-Frauenklinik Frankfurt a.M.

Summary

The effect of estrogens on L-Cystine-aminopeptidase activity in homogenates of hypothalamus, palaeopallium, neopallium, and liver of ovariectomized rats was studied. Maximal enzyme activity was found after injection of 7 µg ethinyl-oestradiol/rat. The highest enzyme activity was seen 16 to 18 hours after treatment. Ethinyl-oestradiol was shown to be more effective than oestradiol. Stilbestrol proved to be completely inactive. There was no rise of enzyme activity in the liver and the neopallium after injection of ethinyl-oestradiol, but the rise observed in the hypothalamus was exceeded by that found in the palaeopallium. Aminopeptidase activity was shown to be high during metoestrous and to be low during prooestrous.

Durch Hooper wurde 1965 mit einer biologischen Methode der Nachweis geführt, daß der Hypothalamus des Kaninchens Aminopeptidasen enthält, welche Oxytocin inaktivieren und deren Aktivität durch Injektion von Äthinyl-Östradiol (ÄÖ) gesteigert werden kann.

Es wurden deshalb Untersuchungen durchgeführt, um festzustellen, ob die Verabreichung oestrogener Substanzen einen Anstieg der Aminopeptidasen-Aktivität im Hypothalamus, Palaepallium, Neopallium und in der Leber weiblicher Ratten bewirken würde, und ob sich derartige Aktivitätsänderungen im Oestruszyklus der Ratte nachweisen ließen. Es wurden Wistarratten von 200 g Körpergewicht, die unter Normalbedingungen gehalten wurden, 4 Wochen nach bilateraler Ovariektomie verwendet. Jede Gruppe umfaßte 4 bis 6 Tiere. AÖ und Oestradiol (Ö) bzw. Stilböstrol wurden in 0,5 ml einer Lösung von Arachisöl/Benzylbenzoat (6:4) s.c. injiziert. Im Gegensatz zu Hooper wurde die Enzymaktivität kolorimetrisch nach der Methode von Müller-Hartburg et al. bestimmt. Hierbei wurde die Aktivität der L-Cystin-Aminopeptidase als Funktion der Abspaltung von β-Naphthylamin aus dem als Substrat angebotenen L-Cystin-di-β-Naphthylamid gemessen. Zur Standardisierung der Ergebnisse wurden aus den Extinktionswerten der Enzymreaktion und des Biuretwerts der Probe ein Quotient gebildet.

Nach Injektion von ÄÖ konnte im Hypothalamus ovariektomierter Tiere eine, verglichen mit unbehandelten Tieren, signifikante Zunahme der Aminopeptidasen-Aktivität festgestellt werden. Ihren Höchstwert erreichte die Aktivität nach 16 - 18 Stunden, danach fiel sie schnell wieder ab.

Die Verabreichung von 0,5 µg ÄÖ/Ratte führte zu einer im Durchschnitt 25%igen Zunahme der Enzymaktivität im Hypothalamus (Tab. 1) Bei höherer Dosierung stieg die Aktivität weiter an und erreichte bei 7 µg ÄÖ/Ratte ein

Tab. 1
Anstieg der Aminopeptidasenaktivität im Hypothalamus ovariektomierter Ratten 16 Stunden nach s.c. Injektion von Äthinyloestradiol. Jede Gruppe umfaßte 4 - 6 Tiere. Bestimmung der Enzymaktivität nach Müller-Hartburg et al. (1959).

Äthinyloestradiol µg/Tier	% Aktivitätszunahme I	II	III	IV	V	VI	Mittelwert ± σ
0,5	24	24	23	37	23	25	26,0 ± 2,2
1,0	29	33	38	44	33	35	35,3 ± 4,7
3,0	36	40	49	56	52	37	45,0 ± 7,7
5,0	39	45	50	55	51	50	48,3 ± 5,0
7,0	44	63	61	55	64	55	57,0 ± 6,8
10,0	31	35	49	41	42	45	40,5 ± 6,0
25,0	41	40	40	-	-	-	40,3 ± 0,5
50,0	38	40	40	-	-	-	39,3 ± 0,9

Maximum (50 - 60%), welches auch bei Dosen von 25 und 50 µg nicht überschritten wurde. Die Korrelation zwischen Dosis und Aktivitätszunahme war im linearen Bereich (0,5 - 7,0 µg/Tier) hoch signifikant ($p < 0,01$). Entsprechende Ergebnisse wurden auch mit intakten, unreifen weiblichen Ratten erzielt. In Leber- und Neopallium-Homogenaten konnte nach Injektion von 1,0 µg, 5 µg und 25 µg ÄÖ keine Änderung der Aminopeptidasen-Aktivität nachgewiesen werden. Im Gegensatz hierzu führten diese Dosierungen im Palaeoplallium zu Aktivitätssteigerungen, die beträchtlich über denen im Hypothalamus der gleichen Tiere lagen. Bei einem Vergleich verschiedener Oestrogene bewirkte ÄÖ in Dosierungen von 1,0 und 5 µg einen stärkeren Anstieg der Enzymaktivität als Ö. Wenn die Dosierung auf 25 µg erhöht wurde, war der Unterschied nicht mehr ausgeprägt. Stilböstrol erwies sich in allen Dosierungen unwirksam. Während des Oestrus-Cyclus der Ratte fanden sich Aktivitätsschwankungen in der Größenordnung von 20 - 40%. Die höchste Aktivität wurde im Metoestrus gefunden, die niedrigste im Prooestrus.

Die enzymatische Inaktivierung von physiologisch aktiven Polypeptiden in verschiedenen Gehirnabschnitten wurde zuvor von Hooper (1962) beim Hund nachgewiesen. Durch die vorliegenden Untersuchungen konnte erstmals gezeigt werden, daß auch außerhalb des Hypothalamus der Ratte im Palaeopallium oestrogenabhängige Aminopeptidasen vorkommen. Im Hinblick auf die funktionelle Verknüpfung des limbischen Systems mit dem Hypothalamus erscheint diese Beobachtung von Interesse. Es ist vorstellbar, daß die durch Oestrogene verursachten Aktivitäts-Änderungen der Aminopeptidasen mit dem Metabolismus der Gonadotropin-Releasing Faktoren in Verbindung stehen, z.Zt. bestehen für diese Hypothese jedoch noch keine Beweise biochemischer Natur.

Literatur

Hooper, K. C.: The Catabolism of Some Physiologically Active Polypeptides by Homogenate of Dog Hypothalamus. Biochem. J. 83, 511 (1962).

--, Some Observations on the Behaviour of Hypothalamic Enzymes during the Time Blastocyst Implantation in the Rabbit. Biochem. J. 99, 128 (1966).

Müller-Hartburg, W., Nesvada, H., Tuppy, H.: Die Anwendung einer chemischen Methode zur Bestimmung des Oxytocinasespiegels im Schwangerenserum Arch. Gynäk. 191, 442 (1959).

Symp. Dtsch. Ges. Endokrin. 16, 290-292 (1970)

Das ACTH-bildende Zellpotential im experimentellen Hypophysentumor MtTF4

The ACTH Producing Cells of the Experimental Pituitary Tumor MtTF4

H.-J. BREUSTEDT und J. KRACHT

Pathologisches Institut der Universität Gießen, Lehrstuhl I

Mit 1 Abbildung*

Summary

Prolactin, STH and ACTH are produced by the autonomous transplantable pituitary tumor MtTF4. This plurihormonal potency of the tumor is in contrast to the monomorphous cell picture in light and electron microscopy. Since the tumor hormones can be distinguished from one another by biochemical methods it is discussed whether one tumor cell is able to produce three separate hormones.

Specific ACTH-detection in tumor tissue is possible by immunohistochemical methods. Using antibodies against pituitary and synthetic ACTH we could selectively demonstrate solitary tumor cells or small clusters of tumor cells by the indirect immunofluorescence method. They are thought to be the corticotropic cell potential of the autonomous tumor. Cell-bound tumor ACTG resembles pituitary ACTH immunologically. The secretory granula of the tumor cell type show staining reactions corresponding to those of the pituitary ACTH cell. Pituitary ACTH of tumor-bearing animals cannot be detected immunohistologically. These findings correlate with biochemical data and support the theory of a pluricellular tropin production of the tumor. Rather than molecular biological mechanisms induction of the tumor by long-term estrogen administration seems to be responsible for its plurihormonal activity.

Der autonome, transplantable Hypophysentumor MtTF4 produziert und sezerniert Prolactin, STH und ACTH (1;11). Diese Tumorhormone besitzen identische physiko-chemische und immunologische Eigenschaften wie die entsprechenden hypophysären Hormone (4;5;6). In der orthologen Rattenhypophyse sind Prolactin, STH und ACTH strukturell und immunhistochemisch differenten Zelltypen zuzuordnen. Der Tumor zeigt dagegen ein licht- und elektronenoptisch weitgehend monomorphes Zellbild (10). Aus dieser scheinbar fehlenden cellulären Differenzierung des pluripotenten Tumors resultiert die Vorstellung, daß eine Tumorzelle drei separate Hormone bildet.

Bates u. Mitarb. (1) bestimmten den absoluten ACTH-Gehalt des Tumors und den absoluten Plasma ACTH-Spiegel tumortragender Tiere. Aus diesen Größen errechneten sie die turn-over-Rate des Hormons und wiesen eine gegenüber der Sekretion gesteigerte ACTH-Produktion des Tumors nach. Diese Anreicherung von ACTH im Tumorgewebe mußte einen immunhistologischen ACTH-Nachweis ermöglichen.

Wir arbeiteten im indirekten Immunfluorescenztest mit Antikörpern gegen hypophysäres und synthetisches ACTH. Das chromatographisch gereinigte, FITC mar-

---

* s. Anhang S. 471

kierte Anti-Kaninchen-γ-Globulin besaß ein optimales Fluorescein/Protein-Verhältnis von 4,3 × 10^{-3} und eine Proteinkonzentration von 0,5 mg/ml. Das Tumormaterial stammt von Tieren der 4. Transplantationsgeneration, das Transplantationsalter der Tumoren betrug 6 bis 7 Wochen. Zu diesem Zeitpunkt bestanden als Ausdruck der corticotropen Aktivität durchschnittliche Nebennierengewichte von 700 mg, eine erhebliche Thymusinvolution und massive Milchsekretion mit Ausbildung von Milchcysten.

Unter Anti-ACTH reagieren selektiv entweder solitär im Tumorverband liegende Zellen oder aus 3 bis 4 Zellen bestehende Zellgruppen (Abb. 1). Mit den fluorescierenden cytoplasmatischen Ausläufern ähneln die Tumorzellen den ACTH-bildenden Zellen in der Hypophyse eines nicht tumortragenden Kontrolltieres (3). Die Anzahl fluorescierender Tumorzellen pro Gewebseinheit ist im Vergleich zur Dichte der hypophysären ACTH-Zellen gering. Der Befund korreliert mit einer biologisch gemessenen Tumor-ACTH-Konzentration von nur 3% gegenüber der Normhypophyse (1). Positive Resultate im Tumorgewebe und in der orthologen Rattenhypophyse sprechen für ein identisches immunologisches Verhalten von Tumor- und hypophysärem ACTH.

Vernikos-Danellis (12) berichtete von einer Reduktion des ACTH-Gehaltes der in situ-Hypophyse derartiger Tumortiere um 83%. Parallel hierzu ist auch das hypophysäre ACTH unserer Tumortiere immunhistologisch nicht mehr erfaßbar. Dieses Ergebnis ist nicht ausschließlich auf den Rückkopplungseffekt des stark erhöhten Plasma-Corticosteron-Spiegels zzrückzuführen. Denn adrenalektomierte Tumortiere zeigen eine biochemisch und immunhistologisch meßbar erniedrigte hypophysäre ACTH-Konzentration (12). Eine extrahypophysäre ACTH-Quelle kann demnach direkt im Sinne einer Autoregulation in die ACTH-Synthese und -Sekretion eingreifen. Einen analogen Rückkopplungseffekt bewiesen Mac Leod u. Mitarb. (7;8) auch für Prolactin und STH am Beispiel Prolactin und STH-produzierender Tumoren.

Zur cytologischen Eingruppierung der Tumor-ACTH-Zelle werden vergleichsweise Struktur und Färbeeigenschaft der hypophysären ACTH-Bildner herangezogen (3). Die fluorescierenden angulären Hypophysenzellen entsprechen in der Umfärbung mit der Perameisensäure-Alzianblau-PAS-Orange G-Methode vorwiegend chromophoben, teils schwach alzianblaupositiven Zellen. Die weniger bizarr erscheinenden Tumorzellen besitzen ebenfalls in der Mehrzahl chromophobe, nur vereinzelt schwach alzianblaupositive Granula. Bei der geringen Frequenz der gegenüber Anti-ACTH positiven Tumorzellen und ihrer kontrastarmen färberischen Reaktion wird verständlich, daß sie ohne vergleichbares Immunfluorescenzbild im Tumorgewebe kaum aufzufinden sind. Die umliegenden STH- und Prolactin-Bildner zeigen keine Fluorescenz.

Immunhistologie, Struktur und färberische Qualität beweisen die Existenz einer spezifischen ACTH-produzierenden Zelle im Tumor MtTF4. Dieser autonome, mammotrope Tumor wurde durch langzeitige Applikation von Diäthylstilboestrol induziert. Seine corticotrope Leistung manifestierte sich aber erst in einer späteren Tranplantationsgeneration. Unter der Annahme, daß der scheinbar monomorphe Tumor ausschließlich von den Acidophilen abstamme, die normale mammotrope Zelle aber die Fähigkeit, ACTH zu bilden, nicht besitze, wurde diese corticotrope Leistung einer neoplastischen Transformation der acidophilen Zelle zugeschrieben. Chromosomeanalysen aus den Kernen oestrogeninduzierter Tumorzellen ergaben aber identische diploide Sätze (2). Neuerdings wurde daher dieses Phänomen molekularbiologisch über eine Depression und Weckung von Schlummerfunktionen der gehörig differenzierten mammotropen Zelle zu deuten versucht (11). Mit sensitiven Testmethoden gelingt es heute in mammotropen Tumoren, die scheinbar nur Prolactin und STH produzieren, auch ACTH nachzuweisen (11). In Verbindung mit unserem immunhistologischen Nachweis einer Tumor-ACTH-Zelle nehmen wir hypothetisch an, daß primär durch die Oestrogengabe ein gemischtzelliges Hypophysenadenom induziert wurde. Die Fähigkeit des Tumors, unvermittelt hohe ACTH-Mengen zu produzieren, wird als Folge einer tumoreigenen oder wirtsbedingten clonalen Selektierung des ACTH-bildenden Zellpotentials gewertet.

Literatur

1. Bates, R. W., Milkovic, St., Garrison, M. M.: Endocrinology 71, 943 (1962).
2. Bayreuther, K.: Nature 186, 6 (1960).
3. Breustedt, H.-J.: Endokrinologie 53, 1 (1968).
4. Furth, J., Moy, P.: Endocrinology 80, 435 (1967).
5. Groves, W. E., Sells, B. H.: Cancer Res. 29, 409 (1969).
6. Kwa, H. G., van der Bent, E. M., Prop, F. J. A.: Biochim. biophys. Acta (Amst.) 133, 301 (1967).
7. Mac Leod, R. M., Abad, A.: Endocrinology 83, 799 (1968).
8. Mac Leod, R. M., DeWitt, G. W., Smith, M. C.: Endocrinology 82, 889 (1968).
9. Peake, G. T., Mariz, I. K., Daughaday, W. H.: Endocrinology 83, 714 (1968).
10. Schelin, U., Lundin, P. M., Bartholdson, L.: Endocrinology 75, 893 (1964).
11. Ueda, G., Takizawa, S., Moy, P., Moralla, F., Furth, J.: Cancer Res. 28, 1963 (1968).
12. Vernikos-Danellis, J., Trigg, L. N.: Endocrinology 80, 345 (1967).

Symp. Dtsch. Ges. Endokrin. 16, 293-294 (1970)

Antikörper gegen die biologisch aktive Aminosäuresequenz des ACTH bei einem mit β^{1-24}-Corticotropin behandelten Kind

Antibodies Against the Biologically Active Amino-Acid Sequence of Corticotrophin in an Infant Treated with Synthetic β^{1-24}-Corticotrophin

J. GIRARD, H. R. HIRT, U. BÜHLER und M. VEST

Universitätskinderklinik Basel, Schweiz

Summary

An infant treated with synthetic β^{1-24}-corticotrophin ("Synacthen" CIBA) developed antibodies against the biologically active part of the ACTH molecule. Using a radioimmunological method the binding of ACTH to the patient's serum was identified as an antigen-antibody reaction. The fatal course of an infection in this child might be explained by acute adrenal failure due to blocking anti-ACTH antibodies. The possible danger of introducing antibodies against the biologically active part of the ACTH molecule by long-term treatment is stressed.

Die Entwicklung von Antikörpern bei Langzeitbehandlung mit einem extraktiven Corticotropin ist ein bekannter Nebeneffekt dieser Behandlung. Die hochgereinigten extraktiven Präparate stammen vom Tier. Nur die C-terminale Sequenz des ACTH-Moleküls ist speciesspezifisch, und die entwickelten Antikörper sind üblicherweise gegen diese C-terminale biologisch inaktive Sequenz des Moleküls gerichtet. (1,2).

Das synthetische β^{1-24}-Corticotropin Synacthen enthält nur den species-unspezifischen biologisch aktiven Aminosäureanteil des ACTH. Das Präparat ist im Tierexperiment ein schlechtes Antigen. Trotzdem können beim Tier (3,4) und, wie die folgende Kasuistik zeigen soll, auch beim Menschen Antikörper gegen die biologisch aktive Sequenz des ACTH-Moleküls entstehen.

Ein 8 Monate altes Kind wurde wegen einer Hypsarrhytmie mit Synacthendepot behandelt. Der Patient erhielt total über eine Periode von 9 Wochen 26 Injektionen à 0,3 mg Synacthen i.m.. 6 Tage nach der letzten Synacthen-Injektion geriet das Kind innerhalb kürzester Zeit in einen schweren Schock mit hyperkaliämischer Acidose. Die Acidose und Hyperkaliämie wurden korrigiert, und der Patient erhielt 2 x 50 mg Solucortef innerhalb ½ Stunde. 5½ Stunden nach dem ersten Auftreten der Schocksymptome hatte das Kind einen irreversiblen Herzstillstand.

Unmittelbar postmortal wurde eine Blutprobe entnommen. Eine Verdünnungsreihe des Serums wurde zusammen mit einem Kontrollserum mit 30 pg Jod 125 markiertem ACTH reagieren lassen. Während das Kontrollserum nur eine anscheinende Bindung des markierten ACTH von 16-12% zeigte, konnte das Patientenserum - in Abhängigkeit der Serumverdünnung - 50-16% des markierten ACTH binden.

Da die hier verwendete radioimmunologische Technik nicht zwischen degradiertem und antiserumgebundenem Hormon unterscheiden kann, wurde das folgende Experiment angeschlossen. Die Ansätze mit Kontrollserum, Patientenserum, negativer Kontrolle und einem Kaninchen-Anti-β^{1-24}-Antiserum wurden nach 24-stündiger Inkubation bei 4°C für 5 Minuten mit 0,5 normaler HCl inkubiert. Durch die PH-

Verschiebung wurden das Kontroll-Plasma und die negativen Kontrollen nicht beeinflußt, da die Degradation des markierten ACTH durch die kurzzeitige PH-Verschiebung nicht verändert wird. Die positive Kontrolle mit Kaninchen-Anti-β^{1-24}-Antiserum hingegen zeigt keine Bindung mehr. Die Antigen-Antikörperreaktion wurde gesprengt. Die Bindung des markierten ACTH an das Patientenserum wird durch die PH-Verschiebung ebenfalls gesprengt. Damit ist der Effekt des Patientenserums auf das markierte ACTH als echte Antigen-Antikörperreaktion identifiziert. Abschließend wurde versucht, die Bindungskapazität dieses Patientenserums für ACTH zu prüfen. Eine konstante Menge des Patientenserums wurde mit einer abfallenden Menge von synthetischem 1-39-ACTH oder synthetischem 1-24-ACTH inkubiert und wiederum 30 pg markiertes ACTH zugesetzt. Die Bindung des markierten ACTH an das Patientenserum bleibt bis zu einer hohen ACTH- resp. Synacthenkonzentration konstant. Aus der eingesetzten Patientenserummenge errechnet sich eine Bindungskapazität des Serums von 2'000 ng Synacthen pro ml Serum.

Der Nachweis von Antikörpern gegen die speciesunspezifische biologisch aktive Aminosäuresequenz des ACTH-Moleküls legt die Annahme nahe, daß durch diese Antikörper auch das endogene ACTH blockiert werden könnte. Allerdings kann der fatale Verlauf einer Pneumocystis carinii-Infektion bei dem beschriebenen Patienten ohne weiteres durch den Infekt selbst erklärt werden. Der Verdacht einer Nebennierenkrise läßt sich nicht beweisen. Leider konnte wegen der Steroid-Therapie keine zuverlässige Plasma-Cortisol-Bestimmung durchgeführt werden.

Die offensichtliche Gefahr, durch Langzeit-ACTH-Therapie Antikörper gegen die biologisch aktive Sequenz des ACTH zu erzeugen, sollte jedoch dazu führen, daß bei jeder Langzeit-ACTH-Therapie die steroidogene Wirkung des Präparates periodisch kontrolliert wird, und daß mit einer empfindlichen Methode nach Antikörpern gesucht wird.

Literatur

1. Fleischer, N., Abe, K., Liddle, G. W., Orth, D. N., Nicholson, W. E.: J. clin. Invest. 46, 196 (1967).
2. Landon, J., Friedmann, M., Greenwood, F. C.: Lancet 1, 652 (1967)
3. Gelzer, J.: Immunochemistry 5, 23 (1968).
4. Fleischer, N., Givens, J. R., Abe, K., Nicholson, W. E., Liddle, G. W.: Endocrinology 78, 1067 (1966).

Symp. Dtsch. Ges. Endokrin. 16, 295-296 (1970)

Probleme der radioimmunologischen Eiweißhormonbestimmung

Problems in Radioimmunoassay of Peptide Hormones

J. GIRARD, J. B. BAUMANN, P. W. NARS und M. VEST

Universitätskinderklinik Basel, Schweiz

Summary

Radioimmunoassay is specific and sufficiently sensitive to detect ng or pg amounts of peptide hormones. "Results" are easily obtained, but for a correct interpretation the following points have to be considered: Immunological reactivity of the labelled hormone, behaviour of damaged hormone and free iodine in the separation system used, standardisation of antibody and reference preparation of the hormone, non-specific factors interfering with the antigen-antibody reaction. Several dilutions of the unknown should always be assayed in order to control the specificity of the reaction.

Die radioimmunologische Methodik beruht auf einer spezifischen Antigen-Antikörper-Reaktion, die durch Isotopenmarkierung empfindlich und quantitativ meßbar gemacht wird. Da nur Radioaktivität gemessen wird, sollte idealerweise alle Radioaktivität vom immunologisch intakten Hormon stammen, und das markierte Hormon darf sich immunologisch nicht vom unmarkierten Hormon unterscheiden lassen. Praktisch setzt sich die Radioaktivität in einem Inkubationsgemisch aus 4 Faktoren zusammen: freies immunoreaktives Hormon, antikörpergebundenes markiertes Hormon und daneben die "unspezifischen" Komponenten, nämlich degradiertes Hormon (das sich seinerseits aus einer Vielzahl von Fragmenten und Aggregaten zusammensetzt) und freies Jod. Keine der geläufigen Trennungsmethoden kann direkt zwischen allen 4 Komponenten unterscheiden. Um Fehlbestimmungen zu vermeiden, muß das Verhalten von degradiertem Hormon und freiem Jod im verwendeten Trennungssystem bekannt sein. Wir verwenden die Chromatoelektrophorese und die Kohledextrantrennung. Bei beiden Systemen wird das degradierte Hormon zusammen mit dem gebundenen markierten Hormon gezählt. Beide Systeme müssen für jedes einzelne Hormon für eine bestimmte Trägereiweißmenge kalibriert werden. Der erste wesentliche Punkt ist also die Degradation des markierten Hormons und, nahe damit verbunden, die Trennung von antikörpergebundenem und freiem Hormon.

Wesentlich ist weiter die genaue Definition des Standardpräparates. Der Standard ist die Größe, auf die sämtliche Werte bezogen werden.

Um mit der Methode die erfaßte Substanz genau definieren zu können, muß nicht nur der Standard als Bezugsgröße, sondern auch der Antikörper als Äquivalent eines chemischen Reagens möglichst genau bekannt sein.

Neben diesen sehr komplexen Problemen müssen unspezifische hormonale und nicht hormonale Faktoren ausgeschlossen werden, die die Reaktion beeinflussen können.

Um eine gewisse Kontrolle über die Spezifität der Reaktion zu haben, sollten immer mehrere Verdünnungen des Plasmas oder Untersuchungsmaterials angesetzt werden. Wenn Standard und Plasma in doppelten Verdünnungsreihen angesetzt sind, so muß dem Massenwirkungsgesetz folgend die Hemmwirkung des Plasmas der Hemmwirkung des Standards parallel gehen.

Parallelität ist aber kein Beweis, sondern nur ein Hinweis auf eine spezifische Reaktion. Das System arbeitet bei leichtem Antigenüberschuß, damit das Gleichgewicht möglichst labil bleibt. Damit führen kleinste Antigenkonzentrationsänderungen zu einer Änderung der Bindung des markierten Hormones. Gleichzeitig ist das System aber ebenso empfindlich gegen unspezifische Faktoren wie Salzkonzentration oder Harnstoffkonzentration.

Die Situation ist noch komplexer, denn auch Nicht-Parallelität braucht nicht unbedingt unspezifische Reaktion zu bedeuten. Bei einer ACTH-Bestimmung nach intravenöser ACTH-Injektion ist zunächst die Plasmakurve parallel zum Gefälle der Standardkurve. Bei der Bestimmung 60 und 90 Minuten nach Injektion weicht das Gefälle der Plasmakurve immer weiter von der Standardkurve ab. Die Erklärung dürfte hier darin liegen, daß immunreaktive Fragmente von ACTH auftreten.

Zum Schluß sei einmal mehr festgehalten, daß mit der Methode in der Art einer chemischen Bestimmung eine bestimmte Anzahl von Molekülen, oder besser eine ausgewählte Peptidsequenz aus diesen Molekülen erfaßt wird. Die Methode ist also kein Ersatz, sondern eine wertvolle Ergänzung der biologischen Bestimmung.

Literatur

Greenwood, F. C.: In: "Modern Trends in Endocrinology", series 3, pp 288-322 Ed. H. Gardiner-Hill, London: Butterworth 1967.

Berson, S. A., Yalow, R. S.: In "Clinical Endocrinology""II pp 699-720 Ed. E. B. Astwood and C. E. Cassidy, New York: Grune and Stratton 1968.

Symp. Dtsch. Ges. Endokrin. 16, 297-298 (1970)

„Solid-Phase"-Antikörper-Methode

Solid-Phase Antibody Method

J. GIRARD, J. B. BAUMANN und M. VEST

Universitätskinderklinik Basel, Schweiz

Summary

The solid-phase antibody method using antibody coated polystyrene tubes as described by Catt offers several advantages: an increase in "damage" to labelled hormone decreases the sensitivity, but not the precision of the assay. Incubation damage can be avoided by two-step incubation. The quality of an antiserum required for use in the solid-phase antibody technique has been found to rely on the concentration of gamma globulins directed specifically against the antigen (hormone): The total gamma globulin fraction of an anti-ACTH antiserum could not be used for coating. The isolated anti-ACTH-gammaglobulins, however, could be coated to polystyrene, which is shown by a consecutive tracer binding of about 40%.

Zu den Hauptproblemen der radioimmunologischen Eiweißhormonbestimmung gehören die Degradation des markierten Hormons, und damit im Zusammenhang die Trennung von Antikörper-gebundenem und freiem Hormon. Die "solid-phase"-Antikörper Methode mit Antiserum beschichteten Polystyrolgläschen bietet gegenüber den anderen Trennungsmethoden einige Vorteile. Eine Zunahme der Degradation des markierten Hormons führt nicht zu einem Präzisionsverlust, sondern nur zu einer Einbuße der Empfindlichkeit. Da das degradierte Hormon immunologisch nicht mehr reaktionsfähig ist, äußert sich eine Zunahme der Degradation in einer Abnahme der Bindung. Die Inkubationsdegradation kann ganz vermieden werden: In einer ersten Inkubation wird der Standard oder das Plasma mit dem polystyroladsorbierten Antiserum reagieren lassen. Dann wird der Inhalt der Gläschen abgesaugt. Ein Teil der Antikörpermoleküle ist nun neutralisiert, und die Gläschen können so trocken für längere Zeit aufbewahrt werden. In einer zweiten Inkubation wird nun das markierte Hormon nur in Verdünnungsmedium zugegeben. Die Gläschen können nach der ersten Inkubation für mehrere Wochen aufbewahrt werden, bevor das markierte Hormon zugegeben wird. Die zweizeitige Inkubation beeinflußt die Standardkurve und entsprechend die Plasmawerte nicht.

Die Inkubationsdegradation ist kein wesentliches Problem bei der Bestimmung des Wachstumshormons. Hingegen wird die ACTH-Bestimmung durch die Inkubationsdegradation gestört. Mit einem gegen β^{1-24}-Corticotrophin gerichteten Antiserum konnte die "solid-phase" Methode nicht verwendet werden. Die Voraussetzungen, die ein Antiserum erfüllen muß, damit es sich für die Methode eignet, wurden deshalb untersucht. Wiederholte Beschichtung von Polystyrolgläschen mit demselben Antiwachstumshormon-Antiserum führt zu einer Abnahme des Antiserumtiters. Im Gegensatz dazu bleibt der Titer eines Anti-ACTH-Antiserums auch nach 8-maliger Beschichtung unverändert. Die beiden Antiseren unterscheiden sich vor allem in ihrem Titer. Es ist anzunehmen, daß die Bindungsstellen des Polystyrols für Eiweiß kompetitiv durch Serumeiweiße und durch spezifisch antigengerichtete Gammaglobuline besetzt werden. Diese Annahme wird durch den folgenden Versuch bestätigt: Das Antiwachstumshormon-Antiserum wird zur Beschichtung nicht im

Puffer, sondern in Kaninchenserum verdünnt. Nun verhält sich dieses Antiserum bei mehrmaligem Beschichten wie das Anti-ACTH-Antiserum. Der Titer des Antiserums nimmt nicht ab.

Das ACTH wurde durch Polymerisation in eine unlösliche Form gebracht. Damit konnten aus dem Anti-ACTH-Antiserum die spezifischen antigen gerichteten Gammaglobuline isoliert werden. In einem abschließenden Versuch konnte gezeigt werden, daß mit den isolierten antigengerichteten Gammaglobulinmolekülen die Polystyrolgläschen beschichtet werden können. Im Unterschied zur Beschichtung mit dem totalen Anti-ACTH-Antiserum zeigt sich eine Bindung des markierten ACTH an die Polystyrolgläschen.

Der bestimmende Faktor für die Brauchbarkeit eines Antiserums für die "solid-phase"-Methode ist die Konzentration der spezifisch antigengerichteten Gammaglobuline.

Literatur

Catt, K. J., Tregear, G. W.: Science 158, 1570 (1967).
Baumann, J. B., Girard, J., Vest, M.: Immunochemistry 6, 699 (1969).

Symp. Dtsch. Ges. Endokrin. 16, 299-300 (1970)

Isolierung von hochgereinigtem LH aus menschlichen Hypophysen*

Isolation of Highly Purified LH from Human Pituitaries

D. GRÄSSLIN, Y. YAOI, F. LEHMANN, P. J. CZYGAN und G. BETTENDORF

Abteilung für klinische und experimentelle Endokrinologie der Universitäts-frauenklinik, Hamburg-Eppendorf

Summary

Crude gonadotropic material extracted from human pituitaries was subjected to QAE-Sephadex ion exchange chromatography. In a single run, highly purified LH was obtained with LH activity of 2100 IU/mg and less than 2 IU/mg of FSH. This proteohormone was free of plasma proteins, proven by immunological studies and polyacrylamide gel electrophoresis: LH shows two discrete bands.

Das von uns aus menschlichen Hypophysen extrahierte Gonadotropingemisch (E_3) enthält sowohl FSH- als auch LH-Aktivität. (1) Die biologische Aktivität von FSH liegt bei durchschnittlich 100 IE/mg, die von LH bei 400 IE/mg.

Beim Vergleich entsprechender Gonadotropingemische anderer Autoren waren bisher eine Trennung und Reinigung der beiden Proteohormone nur durch eine Kombination mehrerer, z.T. aufwendiger Techniken möglich. Ausgehend von E_3 ist es und gelungen, über eine einfache Ionenaustauschchromatographie an QAE-Sephadex ein LH-Präparat mit hoher biologischer Aktivität und hohem Reinheitsgrad zu gewinnen. Voraussetzung hierfür war ein Ausgangsprodukt mit relativ geringen Plasmaproteinverunreinigungen und eine vollständige Differenzierung des Proteinmusters mit Hilfe der Disk-Elektrophorese.

Eine Auftrennung in 5 Fraktionen gelang an dem stark basischen Anionenaustauscher QAE-Sephadex A-50. Als Startpuffer diente Imidazol/HCl, 0.02 M, pH 6.3. Im ersten Peak erscheint LH mit einer biologischen Aktivität von 2100 IE/mg und weniger als 2 IE/mg FSH. Die LH-Fraktion enthält ca. 7% des Gesamtproteingehaltes und ca. 40% der Gesamt-LH-Aktivität. Die nachfolgende Fraktion, eluiert durch Erhöhung der Pufferkonzentration mit NaCl auf 0.08 M, enthält noch eine relativ hohe LH-Aktivität von 1080 IE/mg und 160 IE/mg FSH. Die weiteren Fraktionen bestehen, außer FSH, aus Albumin und α_1-saurem Glykoprotein.

In der Disk-Elektrophorese (7.5%iges Gel, pH 8.9) stellt sich die Ausgangssubstanz in mindestens 8 Banden dar. Fünf gut getrennte Banden in Startpunktnähe müssen als LH-Bereich angesehen werden, eine schneller wandernde Doppelbande konnte dem FSH zugeordnet werden, während eine intensiv gefärbte, am weitest gewanderte Zone Albumin und α_1-saures Glykoprotein darstellt. Das hochaktive LH (Fraktion I) zeigt in der Disk-Elektrophorese zwei eng zusammenliegende scharf getrennte Banden von geringer Wanderungsgeschwindigkeit. Das Präparat ist frei von inerten Plasmaproteinen und FSH. Die Fraktion II ergibt zwei schwache Banden im LH-Bereich, die mit den LH-Banden von Fraktion I nicht identisch sind, so daß hieraus auf die Existenz von mindestens zwei verschiedenen LH-Formen geschlossen werden muß.

* Mit Unterstützung der Deutschen Forschungsgemeinschaft im Rahmen des SFB

Die Abwesenheit von Plasmaproteinen im isolierten LH-Präparat ließ sich auch immunologisch bestätigen. Nach Immunisierung von Kaninchen erhielten wir ein Anti-LH-Serum, das mit dem Ausgangsmaterial und mit HCG mit je einer Präcipitationslinie reagiert, während im System Anti-LH/Normalserum keine Präcipitation auftritt.

Neben den genannten Verfahren wurde mit einer weiteren hochauflösenden Technik, der analytischen Gel-Elektrofocussierung nach Awdeh et al. (2), zu klären versucht, ob die beiden LH-Species verschiedene isoelektrische Punkte besitzen. Im gewählten pH-Bereich 3-10 stellt sich die Ausgangssubstanz mit Bromphenolblau in mindestens 9 Banden dar, während jedoch das hochgereinigte LH überraschenderweise färberisch nicht sichtbar gemacht werden konnte. Auf anderem Wege gelang die Lokalisation von LH nach Markierung mit J^{131} im pH-Bereich 6-7. Wenige µg von markiertem LH wurden dem Ausgangsprodukt zugesetzt und elektrofocussiert. Das Maximum der Aktivität lag im angegebenen pH-Bereich.

Abschließend läßt sich sagen, daß über einen einfachen chromatographischen Schritt ein hochaktives LH isoliert werden konnte, das von FSH und inerten Plasmaproteinen praktisch frei ist. Das FSH/LH-Verhältnis liegt unter 0.001. Weder bei der Dialyse noch nach der Gefriertrocknung war ein Verlust an biologischer LH-Aktivität feststellbar.

Literatur

1. Bettendorf, G., Breckwoldt, M., Czygan, P. J., Fock, A., Kumasaka, T.: Gonadotropins, ed. by E. Rosemberg, Los Altos, Calif: S. 13, 1968.
2. Awdeh, Z. L., Williamson, A. R., Askonas, B. A.: Nature, 219, 64 (1968).
3. Grässlin, D., Yaoi, Y., Beitendorf, G.: Horm. Metab. Res. 2, 51 (1970).

Symp. Dtsch. Ges. Endokrin. 16, 301-302 (1970)

Prolactin-, LH- und Progesteronblutspiegel bei Kühen vor, während und nach der normalen bzw. corticoidinduzierten Geburt*

Blood Levels of Prolactin, LH and Progesterone in Cows Before, During and After Normal Resp. Corticoid-Induced Parturition *

H. KARG, D. SCHAMS, B. HOFFMANN und S. BÖHM

Institut für Physiologie der Südd. Forschungsanstalt für Milchwirtschaft, TU München, Freising-Weihenstephan

Summary

Plasma levels of progesterone (competitive protein-binding), prolactin and LH (radioimmunoassays) were determined in the peripheral blood of cows. Concerning progesterone a steady decline during the last weeks of pregnancy was followed by a sharp drop just at time of parturition reaching basic levels, which continued for the following days. LH-levels were continuously low until the first "preovulatoric peak" occured at the end of the first or during the second week post partum. Prolactin shows its typical pattern of diurnal variation and of absolute values before and after delivery; a most accentuated peak could always be observed immediately at the time of parturition.

The same pattern of hormone secretion was observed when parturition was induced 8 to 14 days before term by administration of 10 mg flumethasone i.m. per animal. In one case, where only 5 mg of flumethason were injected, lactation but not parturition was initiated. The prolactin peak, however, was also observed in connection with the later parturition and did not characterize the onset of lactation.

Progesteron wurde mittels einer kompetitiven Proteinverdrängungs-Reaktion (1), Prolactin (2) und LH (3) wurden mittels Radioimmunotests im peripheren Blut von Kühen um den Geburtszeitpunkt gemessen. Bei dieser Species sind keine placentären Gonadotropin- und Gestagensekretionen bekannt, das Corpus luteum graviditatis hat also über die Gesamtdauer der Trächtigkeit funktionelle Bedeutung. Der Abfall von Progesteron (unkorrigierte Werte bei einer Wiederfindung von ca. 70 - 75%) von 3 bis 7 ng/ml Plasma auf Werte unter 0,3 ng/ml Plasma war abrupt zum Geburtszeitpunkt festzustellen, nachdem bereits in den Wochen zuvor eine Tendenz der Abnahme des Progesteronspiegels erkennbar war. Diese Befunde bestätigen die anderenorts mit einer gaschromatographischen Methode erzielten Resultate (4). Die LH-Werte bewegten sich im Basisbereich von 0,5 - 2 ng/ml Plasma, LH-Gipfelwerte in Höhe der präovulatorischen Peaks traten - individuell verschieden - frühestens am Tag 5 nach der Geburt, meist aber später in Erscheinung. Am auffälligsten war der Prolactinbefund, für den generell Tagesschwankungen zu berücksichtigen sind (5). In allen bisher untersuchten 9 Fällen war ein akzentuierter Prolactingipfelwert zum Geburtszeitpunkt festzustellen. Aus einem Zufallsbefund, wonach bei Verabreichung von 5 mg des Glucocorticoidpräpa-

* Der Deutschen Forschungsgemeinschaft danken wir für eine Sachbeihilfe.

rats Flumethason am 260. Tag der Trächtigkeit wohl ein verfrühter Lactationsbeginn, aber keine vorzeitige Geburt ausgelöst wurde, ergab sich, daß dieser Prolactin-Gipfel mit dem Geburtsvorgang und nicht mit der Lactation in Zusammenhang steht.

Bei weiteren Versuchen mit höherer Dosierung (10 mg Flumethason pro Tier) 5 bis 10 Tage vor errechnetem Geburtstermin konnten innerhalb von 2 Tagen "normale" Geburten mit Lactation ausgelöst werden. Diese Glucocorticoidwirkung wurde bereits von anderen Autoren (6, 7) zur Induktion von Frühgeburten herangezogen, wobei aber - im Gegensatz zu unseren Befunden (möglicherweise aufgrund zu niedriger Dosierungen) - häufig retentiones secundinarum beobachtet wurden. Der bekannte Anstieg fetaler Glucocorticoide vor Geburtseintritt (8) ergibt einen Hinweis, daß es sich dabei um einen "physiologischen" Auslösemechanismus handelt.

Die gemessenen Hormonspiegel zeigten auch bei den corticoidinduzierten Geburten den oben geschilderten "physiologischen" Verlauf.

Literatur

1. Hoffmann, B., Karg, H.: Anal. endocrin., im Druck
2. Schams, D., Karg, H.: Milchwissenschaft 24, 263 (1969).
3. --, Acta endocr. (Kbh.) 61, 96 (1969).
4. Pope, G. S., Gupta, S. K., Munro, I. B.: J. Reprod. Fertil. 20, 369 (1969).
5. Schams, D., Karg, H.: Zbl. Vet. Med., Reihe A., 17, 193 (1970).
6. Adams, W. M.: J. Amer. vet. med. Ass. 154, 261 (1969).
7. Jöchle, W., Brown, W., Hidalgo, M. A., Sickles, J.: Symp. Dtsch. Ges. Endokr. 16, (1970) im Druck.
8. Bassett, J. M., Thorburn, G. D.: J. Endocr. 44, 285 (1969).

Symp. Dtsch. Ges. Endokrin. 16, 303-304 (1970)

Synthetic Corticosteroid Induction of Parturition in Cows

W. F. BROWN[1]; M. A. HIDALGO[2]; J. S. SICKLES[1] and W. JÖCHLE[1]
[1]Palo Alto, Calif., USA and [2]Mexico, D. F.

Summary

Synthetic corticosteroids administered to cows during the last trimester of gestation can induce premature parturition. The effect is related to corticosteroid dose and potency and to stage of gestation. Therapeutic doses may only induce signs of pending parturition which regress or persist until normal parturition. Higher doses during the last trimester induce premature parturition. Placentas are usually retained.

Flumethasone, the most potent corticosteroid tested, induced premature parturition at doses of 5-10 mg.

Veterinarians reported that therapeutic doses of synthetic corticosteroids during the last trimester of gestation initiated premature parturitions. Our objective was to repeat these observations and study the relationships of dose, potency, and stage of gestation. The corticosteroids flumethasone (9α, 6α-difluoro-16α-methylprednisolone, dexamethasone (9α-fluoro-16α-methylprednisolone), and prednisolone were compared at recommended therapeutic doses.

Experiment I (1967, USA): 3 normal pregnant dairy cows in the 8th mo. of gestation were treated twice within 24 hs. with 2.5 mg flumethasone, in a penicillin-streptomycin (PS) combination. Parturition was induced within 24, 31, and 36 hs. of the last dose and was 20, 30, and 33 days premature, respectively. The cows had retained placentas and subsequent metritis. 3 normal non-lactating Holstein cows 235, 249, and 252 days pregnant were treated twice within 24 hs. with 2.625 mg flumethasone in a PS combination. 1 cow delivered 72 hs. after the last injection on day 256 of gestation. The remaining 2 cows were again treated on day 250 and 264 of gestation with 3.75 mg flumethasone repeated within 24 hs. 1 cow delivered 36 hs. after the last injection on day 253 of gestation. The placenta was retained and metritis developed in both cows. The other cow delivered fetus and placenta 6 days after the last injection on day 271 of gestation.

Experiment II (1967/68, USA): 12 normal non-lactating Holstein cows were randomly assigned to 3 treatment groups (flumethasone, 2.5 mg; dexamethasone, 10 mg; and prednisolone, 200 mg). These doses were repeated within 24 hs. beginning on day 259 of gestation. All cows developed treatment-related signs of pending parturition consisting of udder development, pelvic ligament relaxation, vulvar enlargement. These signs appeared in 3-5 days and were variable in intensity and persistency. In only 1 cow, treated with flumethasone, was parturition clearly premature on day 265 of gestation. Clinical signs seemed more intense in the flumethasone group than in the dexamethasone group and least intense in the prednisolone group. All treatments induced significant changes in corticosteroid responsive blood values (neutrophilia, increased blood glucose, eosinopenia). In no instance were we able to demonstrate a significant biological difference between the corticosteroids at the dose used.

Experiment III (1967/69, Mexico): 10 pregnant cows or heifers, 1 Holstein, the others beef breeds and 2 Zebu cows, were treated with various doses of flumethasone. The animals were treated at various estimated stages of gestation. Breeding histories were unavailable.

5 beef cows were treated during approx. the 5th-6th mo. of gestation. 2 cows given 2.5 mg repeated within 48 hs. failed to have induced parturition; repeating the treatment in one of these cows failed. Of 3 other cows treated with a single dose of 5 mg, 1 had an induced premature parturition within 3 days and the other 2 required repeat treatment with 5 mg repeated in 48 hs., to induce premature parturition.

3 cows, 2 of which had previously failed to respond, were treated with 2.5 mg repeated in 48 hs. during approx. the 7th-8th mo. of gestation. Of the 2 previously treated cows, 1 failed to respond even when this treatment was again repeated; the other cow, previously treated twice, delivered in 7 days. The Holstein cow was not induced at 2x2.5 mg but did have a premature parturition 4 days after treatment with 5 mg repeated in 48 hs. 5 cows, including the 2 Zebus, were initially treated during the 8th mo. of gestation. 2 cows receiving a single dose of 2.5 mg delivered in 1 and 7 days respectively. The other 3 received this dose twice within 48 hs. 1 cow delivered in 1 day, the remaining 2 delivered 19 and 28 days later. A single dose of 2.5 mg induced parturition within 16 hs. in a Brown Swiss cow having prolonged gestation (300 days).

7 of 8 cows with induced premature parturition had retained placentas.

Symp. Dtsch. Ges. Endokrin. 16, 305-306 (1970)

Metabolische Untersuchungen mit Gonadotropinen bei der Ratte

Metabolic Studies on Gonadotropins in Rats

P. J. KELLER und J. BRUNNER

Universitätsfrauenklinik, Zürich

Mit 1 Abbildung

Summary

The rate of disappearance of various intravenously administered gonadotrophins has been investigated in rats by means of specific bioassays for FSH and LH. The approximate figures for the biological half-life were 11 hours for PMSG, 2.9 hours for human FSH (HMG), 2.8 hours for HCG, 2.2 hours for ovine FSH, 1.1 hours for human LH (HMG) and 0.45 hours for ovine LH. The possible sites of gonadotrophin metabolism were also investigated by estimation of the pre- and postrenal, pre- and posthepatic and pre- and postovarian serum and the ovarian tissue levels after intravenous administration of HCG.

Das metabolische Verhalten der Gonadotropine ist immer noch wenig geklärt, was zum großen Teil auf methodische Schwierigkeiten zurückzuführen ist. Die vorliegende Untersuchung stellte sich zur Aufgabe, das zirkulatorische Verhalten einer Reihe von exogen zugeführten, menschlichen und tierischen Gonadotropinen bei der Ratte zu prüfen und gleichzeitig mögliche Metabolisierungszentren zu entdecken. Es wurden zu diesem Zwecke hohe Dosen von PMSG, HCG, HMG sowie ovinem FSH und LH intravenös zugeführt und hierauf in kurzen Abständen Blutentnahmen vorgenommen. Die Testung der gonadotropen Aktivität erfolgte mittels des Augmentations- und des Ascorbinsäuredepletionstests.

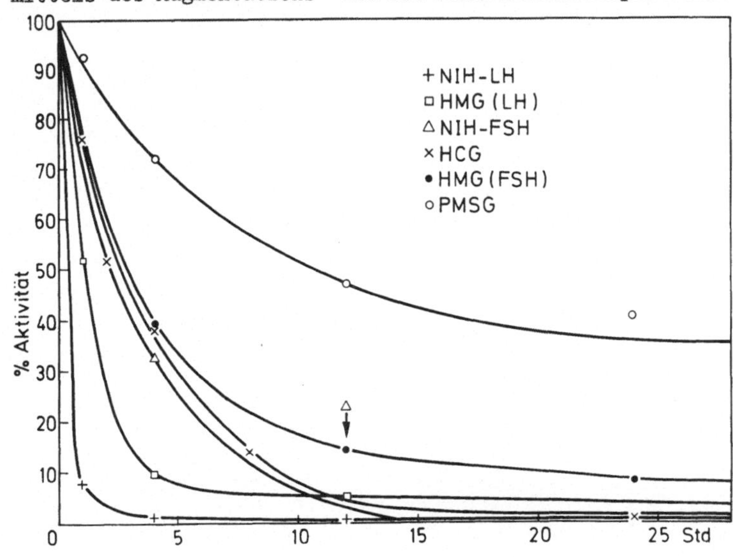

Abb. 1. Abfall der Aktivität exogener Gonadotropine im Serum infantiler Ratten

Abb. 1 zeigt die Verschwindensrate für die geprüften Präparate. Die längste biologische Halbwertszeit wies PMSG mit 11 h auf. Es folgte mit 2.9 h das menschliche FSH (HMG), mit 2.8 h das HCG, mit 2.2 h das ovine FSH, mit 1.1 h das menschliche LH (HMG) und schließlich mit nur 0.45 h das ovine LH.

Im weiteren wurden die Serumkonzentrationen von HCG vor und nach dem Ovar-, Leber- und Nierenfilter sowie im ovariellen Gewebe bestimmt (Tab. 1). Postrenal fand sich dabei ein signifikanter Abfall, posthepatisch ein gewisser Anstieg der Aktivität, während prä- und postovariell keine Differenz gefunden wurde. Im Ovarialgewebe selbst ließen sich nur Spuren von gonadotroper Aktivität finden.

Tabelle 1

Mittlere Gonadotropinkonzentration im zu- und abführenden Gefaßsystem von Ovar, Leber und Niere sowie im Ovarialgewebe nach intravenöser HCG-Zufuhr

Organ	zuführende Gefäße %	abführende Gefäße %	Gewebe %
Ovar	100	118	5
Leber	100	185	-
Niere	100	49	-

Aus den vorliegenden, präliminären Ergebnissen lassen sich folgende Schlüsse ziehen: Verschiedene Gonadotropine zeigen zweifelsohne ein recht unterschiedliches metabolisches Verhalten, wobei PMSG einen maximal langsamen, ovines LH einen sehr raschen Abfall aufweist. Das Nierenfilter, das wahrscheinlich zum großen Teil für die Elimination verantwortlich ist, reduziert die gonadotrope Aktivität, die Leber scheint sie dagegen möglicherweise durch gewisse Koppelungsvorgänge kurzfristig heraufzusetzen. Zumindest im infantilen Ovar findet keine wesentliche Fixation gonadotroper Hormone statt.

Symp. Dtsch. Ges. Endokrin. 16, 307-308 (1970)

Vergleich der Ergebnisse der HHG/HCG-Behandlungen mit denen verschiedener HMG-Präparate*

Results of HHG/HCG-Treatment in Comparison to the Results of Treatment with Different HMG-Preparations

Ch. NEALE, K. D. SCHULZ, Z. STARCEVIC und G. BETTENDORF

Abteilung für klinische und experimentelle Endokrinologie der Universitäts-Frauenklinik Hamburg

Summary

The results of HHG/HCG and HMG/HCG treatment were studied. The different extractions of HHG showed variable FSH and LH activities with a FSH/LH-quotient of 0.05 to 10. The HMG-preparation HUMEGON had a FSH/LQ-quotient between 0.09 to 1, PERGONAL of 1. Till now we could not find an influence of the FSH/LH relation on the results of treatment. There was nearly the same rate of ovulation, pregnancy and hyperstimulation in each preparation.

Während der letzten 10 Jahre wurden bei 151 Patientinnen in 258 Cyclen Gonadotropine zur Ovulationsauslösung angewandt. Dabei standen uns folgende Präparate zur Verfügung:

1. das aus menschlichen Hypophysen extrahierte HHG und
2. die HMG-Präparate Humegon und Pergonal.

Bei den verschiedenen Extraktionen des HHG ergaben sich unterschiedliche FSH- und LH-Aktivitäten mit einem FSH/LH-Quotienten zwischen 0,05 und 10. Bei jeder Patientin waren pro Behandlungscyclus unterschiedliche FSH- und LH-Aktivitäten nötig, um eine Reaktion der Ovarien zu erreichen. Es ergaben sich aus den Behandlungsergebnissen weder eine optimale FSH- bzw. LH-Aktivität noch ein optimaler FSH/LH-Quotient. Unter den Behandlungen traten 79% Ovulationen, 15% Graviditäten und 40% Überreaktionen auf. Bei den Überreaktionen handelte es sich meistens jedoch nur um geringfügige Vergrößerungen der Ovarien.

Beim Humegon standen uns Chargen mit verschiedenem FSH- und LH-Gehalt zur Verfügung. Der FSH/LH-Quotient lag zwischen 0,09 und 1. Echte Unterschiede bezogen auf den FSH/LH-Quotienten ergaben sich weder im Hinblick auf die Ovulationsrate noch auf die Frequenz der Überstimulierungen. Insgesamt wurden in 75% der behandelten Cyclen Ovulationen ausgelöst. In 21% kam es zu Ovarvergrößerungen, die Schwangerschaftsrate betrug 16%.

Beim Pergonal betrug der FSH/LH-Quotient 1. Insgesamt resultierten 75% Ovulationen, 24% Ovarvergrößerungen und eine Schwangerschaftsrate von 19%.

Tabelle 1. Vergleich der Ergebnisse nach HHG und HMG

	Pat.	Zahl d. Behandlg.	Ovulationen	Graviditäten	Überreaktionen leicht	Überreaktionen schwer
HHG	29	44	31	0	5	-
HHG + HCG	50	98	77(79%)	15(15%)	39(40%)	1
HUMEGON	38	57	43(75%)	9(16%)	12(40%)	
PERGONAL	34	59	44(75%)	11(19%)	14(24%)	1

*Mit Unterstützung der Deutschen Forschungsgemeinschaft

Beim Vergleich der verabreichten Gesamt-FSH- und der dazugehörigen Gesamt-LH-Dosis von Humegon und Pergonal mit der klinischen Reaktion ergaben sich folgende Unterschiede: Beim Humegon mußten erheblich unterschiedliche Dosierungen angewandt werden, um eine Reaktion der Ovarien zu erreichen. Beim Pergonal und beim Humegon mit dem Quotienten 1 schien die erforderliche FSH- bzw. LH-Menge umschriebener zu sein. Sie liegt im Durchschnitt bei 1000 IE, bei den Präparaten mit einem niedrigeren Quotienten bei 2000 IE. Demnach scheint ein größerer LH-Gehalt im Endeffekt eine höhere FSH-Dosis nach sich zu ziehen.

Die klinisch-experimentellen Befunde bei der Behandlung mit hypophysären und Menopausen-Gonadotropinen haben bisher keine Unterschiede zugunsten eines Präparates ergeben. Die Erfahrungen der letzten Zeit haben gezeigt, daß für eine erfolgreiche und risikoarme Therapie die individuelle Dosierung in Abhängigkeit von der regelmäßigen Kontrolle der Cervixfaktoren und vor allem der Oestrogenausscheidung von entscheidender Bedeutung ist.

Symp. Dtsch. Ges. Endokrin. 16, 309-310 (1970)

Quantitative Bestimmung von menschlichem Choriongonadotropin an Methallibure-behandelten infantilen Ratten

Quantitative Determination of Human Chorionic Gonadotrophin in Methallibure-Treated Infantile Rats

F. LEIDENBERGER

Universitätsfrauenklinik Heidelberg

Summary

A simple method for the quantitative determination of HCG is recommended. The response parameter is the growth of the prostate gland of Methallibure-treated, infantile Wistar rats. Its main advantages are the simplicity of performance, the wide useful range, the high sensitivity to HCG, the suppression of endogenous gonadotrophin production and, at least for the strain used, its specifity.

Einer der Vorteile des von GREEP et al. (1) angegebenen ventralen Prostatatests an hypophysektomierten, infantilen Ratten zum Nachweis von Hormonen mit luteinisierender Wirkung liegt in der Ausschaltung der endogenen Gonadotropinproduktion der Versuchstiere.

Da mit Methallibure (ICI 33 828), einem Abkömmling von Dithiocarbamoylhydrazin an den Gonaden und an den akzessorischen Geschlechtsorganen von Ratten Wirkungen erzielt werden können, die mit denen einer Hypophysektomie weitgehend identisch sind, lag es nahe, die Brauchbarkeit infantiler, männlicher, Methallibure-behandelter Ratten zur quantitativen Bestimmung von menschlichem Choriongonadotropin zu prüfen (2). Dies war das Ziel der vorliegenden Arbeit.

Die Gesamtprostata von Wistar-Ratten (35-45 gm) diente als Wirkungsparameter. Methallibure wurde gleichzeitig mit HCG während der 5-tägigen Versuchsdauer s.c. oder per os in einer Dosis von 0.5-4.0 mg/Tag verabreicht. Die Spezifität des zu prüfenden biologischen Tests auf HCG bzw. LH wurde durch gleichzeitige Injektion folgender troper Hormone geprüft: FSH (NIH-FSH-S6), ACTH (Schaf), Prolactin (Int.St.), STH (Int.St.).

Statistik: Mittelwertsvergleiche, Linearitäts- und Regressionsprüfungen erfolgten nach Rechenprogrammen des DRZ Darmstadt (Programme PAMV, LIPR, REV).

Die Ergebnisse zeigen:

1. Der Grad der unter Methallibure erzielten Atrophie der Prostata ist dosisabhängig. Mit der Applikation von 20 mg Methallibure innerhalb 5 Tagen erzielt man eine nahezu maximale Atrophie (45.5±5.7mg).

2. Die Letalität bzw. Morbidität der unter dieser Dosis Methallibure stehenden Versuchstiere ist gering (5-6%).

3. Die Reaktion der Versuchstiere auf HCG wird durch die Art der Applikation von Methallibure (s.c. oder p.o.) nicht beeinflußt.

4. Die Nachweisschwelle für HCG hängt von der Höhe der Methallibure-Dosierung ab: Unter hoher Methallibure-Dosierung genügen für eine signifikante Wirkung 0.2-0.3 IE HCG, während bei unbehandelten, infantilen Tieren zu einer signifikanten Wirkung 0.75-1.0 IE HCG erforderlich sind.

5. Der für die einfache statistische Auswertung geeignete geradlinige Bereich

der Dosis-Wirkungskurve (sog. useful range) vergrößert sich bei zunehmender Methallibure-Dosierung bis um einen Faktor 4.

6. Die Regression dieses geradlinigen Anteils der Dosis-Wirkungskurve ist unabhängig von der verabreichten Methalliburemenge.

7. FSH, ACTH, Prolactin und STH haben auf diesen biologischen Test keine meßbare additive oder potenzierende Wirkung.

Der quantitative Nachweis von HCG an mit Methallibure-behandelten infantilen Wistar-Ratten ist ein einfach zu handhabender, zumindest bei dem hier benutzten Rattenstamm spezifisch erscheinender biologischer Test. Seine Vorteile sind die Ausschaltung der endogenen Gonadotropinproduktion, ein großer "useful range", die Vermeidung der Hypophysektomie und eine hohe Sensibilität. Hinweise auf unspezifische Reaktionen liegen nicht vor.

Literatur

1. Greep, R. O. et al.: Proc.Soc.exp.Biol..(N.Y.) 46, 644 (1941).
2. Hemsworth, B. N. et al.: J. Endocr. 40, 275 (1968).

Symp. Dtsch. Ges. Endokrin. 16, 311-312 (1970)

Untersuchungen zur Wirkungsweise von LTH bei hypophysektomierten Tauben

Mode of Action of LTH in Hypophysectomized Pigeons

W. HÖCKER, S. DARDA und D. PETUTSCHNIGK

Zoologisches Institut der Universität Köln, 1. Lehrstuhl

Mit 1 Abbildung

Summary

No influence of exogeneous LTH could be detected on the thyroid and adrenal glands of hypophysectomized pigeons. Somatotropic effects of this hormone are not brought about by stimulation of these glands. It is suggested that the observed effects are due to a direct LTH influence on the liver.

Die beiden im folgenden skizzierten Voraussetzungen - theoretische Erwägungen (1) und klinische Anwendungsmöglichkeiten (2) - erscheinen relevant für die Prüfung somatotroper LTH-Wirkungen an hypophysektomierten Tauben:

1.) Niedere Wirbeltiere (Vögel, Reptilien, Amphibien, Fische) scheinen nach den bisherigen Befunden auf dieses Hormon ähnlich anzusprechen wie der menschliche Organismus; die Veränderungen des Stoffwechsels und die Wachstumswirkungen deuten zumindest darauf hin.

2.) Die Behandlung des hypophysären Zwergwuchses mit Wachstumshormon vom Menschen, HGH, ist mangels Masse nur sehr begrenzt möglich. Es wurde aber wahrscheinlich gemacht, daß Schafsprolactin ein sehr ähnliches Wirkungsspektrum hat wie STH vom Menschen - und dieses LTH steht reichlich zur Verfügung. Immunologische Komplikationen scheinen geringfügiger zu sein, als zu erwarten war.

Untersuchungen mehrerer anderer Autoren hatten ergeben, daß die Schilddrüse - allerdings bei nicht-hypophysektomierten Versuchstieren - durch LTH aktiviert wird. Da zumindest ein Teil der von anderen und von uns gefundenen LTH-Effekte mit dem Wirkungsspektrum von Schilddrüsenhormonen übereinstimmt, haben wir mit karyometrischer Methode diese Frage eines thyreoidalen Einflusses geprüft. Das Ergebnis war eindeutig negativ.

Ein besonders auffallender LTH-Effekt bei hypophysektomierten Tauben - die Körpergewichtszunahme - wurde erneut bei gleichzeitiger Applikation von Methylthiouracil untersucht. Die Gewichtsverläufe in beiden Versuchsgruppen sind einerseits nahezu identisch und weichen andererseits von dem Körpergewichtsverlauf unbehandelter Tiere deutlich ab. - Auch Drüsengewichtsbestimmungen erlauben keine Rückschlüsse auf eine Aktivierung der Thyreoidea. - Wir sind deshalb mit M. Olivereau (3) der Meinung, daß der von anderen Autoren gefundene LTH-Effekt auf die Schilddrüse über den HVL herbeigeführt wird.

Die in eigenen früheren Untersuchungen erwähnten LTH-Wirkungen auf das Plasmavolumen des Blutes und gewisse Ergebnisse über die Normalisierung der Serumelektrolyt-Konzentration lassen einen Einfluß von Prolactin auf die Nebennierenrinde vermuten. - Wir konnten allerdings mit Hilfe der Bestimmung der Relation Neutrophile : Lymphocyten, eines relativ empfindlichen Tests, keinen Einfluß bei hypophysektomierten Tauben nachweisen. - Auch hier ergaben Gewichtsbestimmungen der Nebennieren keinerlei Hinweise für einen direkten LTH-Einfluß auf dieses Organ.

Die in unseren früheren Arbeiten schon mehrfach erwähnten Ähnlichkeiten zwischen den STH-Effekten auf Laborsäuger und den LTH-Effekten auf hypophysektomierte Tauben erlaubt die Annahme, daß ein großer Teil der LTH-Wirkungen durch Beeinflussung der Leber zustandekommt. Die karyometrische Untersuchung der Leberepithelzellen ergab zuerst einmal, daß in der Zeitspanne 6 Std. bis 6 Tage nach i.m. Applikation von LTH eine deutliche Kernvergrößerung vorliegt.

Als Hinweis für eine unmittelbare Beeinflussung des Leberstoffwechsels interpretieren wir die Tatsache, daß diese Vergrößerung auch schon 3 Std. nach intravenöser Injektion erkennbar wird (Abb. 1).

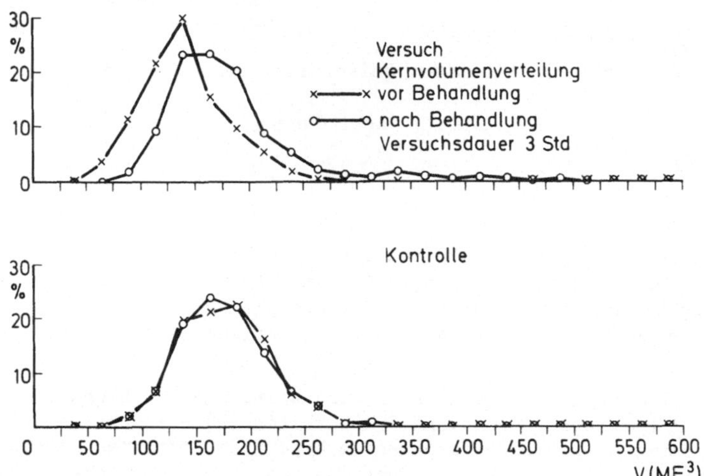

Abb. 1. Verteilung der Kernvolumen von Leberzellen bei hypophysektomierten Tauben; oben: Rechtsverschiebung durch 10 IE LTH; unten: 0,1 ml physiol. NaCl-Lösung i.v.; 4 x 500 Kerne

Weitere Versuche, die Aufschlüsse über den kürzesten Zeitraum zwischen Applikation und Wirkung erbringen sollen, sind im Gange. Untersuchungen an der durchströmten Leber, die Fragen des direkten Einflußes klären sollen, werden z.Zt. vorbereitet.

Literatur

1. Höcker, W.: Vortr. 63. Vers. Zool. Ges., Würzburg 1969, Zool. Anz. (im Druck).
2. McGarry, E. E., Rubinstein, D., Beck, J. C.: Growth hormones and prolactins: biochemical, immunological, and physiological similarities and differences. Ann. N. Y. Acad. Sci. 148, 559 - 571 (1968).
3. Olivereau, M.: Action de la prolactine chez l'Anguille. IV. Métabolisme thyroidien. Z. vergl. Physiol. 61, 246-258 (1968).

Symp. Dtsch. Ges. Endokrin. 16, 313-314 (1970)

Neutralisierung der biologischen Prolactinaktivität im Plasma mit einem Anti-Humanprolactin

Neutralization of Biological Prolactin Activity by an Anti-Human-Prolactin

P. BERLE und M. APOSTOLAKIS

Universitäts-Frauenklinik und Hormonlabor der II. Medizinischen Universitäts-Klinik Hamburg-Eppendorf

Summary

The biological activity of prolactin measured by the local pigeon crop test and found in physiologic and pathologic lactation could be neutralized by an anti-human-prolactin. These experiments show that the biological prolactin activity contained in human hypophyseal extracts is not an artefact of the extraction procedure.

Noch immer ist die Frage nicht ausreichend beantwortet, ob Prolactin und Wachstumshormon beim Menschen getrennt als zwei verschiedene Proteohormone vorkommen, wie es für viele andere Species inzwischen nachgewiesen worden ist. Neben Anhaltspunkten, die eine Identität beider Hormone nicht ausschließen können, gibt es Argumente, die dafür sprechen, daß Prolactin und Wachstumshormon tatsächlich auch beim Menschen zwei voneinander isolierte Hormone sind. Unmittelbar hiermit ist aber auch verbunden die Frage nach der Möglichkeit einer Reindarstellung menschlichen Prolactins aus Hypophysenextrakt. Diese Möglichkeit hat Apostolakis mit seiner Arbeitsgruppe eindrucksvoll aufzeigen können, indem er einen Hypophysenextrakt darstellen konnte mit einem Prolactin-Wachstumshormonquotienten zwischen 100 und 200. Es bleibt aber weiterhin der Einwand einiger Autoren im Raum, daß die im lokalen Taubenkropftest gemessene biologische Aktivität dieser Hypophysenextrakte ein Artefakt des Aufarbeitungsvorganges sei, das entstanden sein könnte durch eine geringfügige Änderung in der Konfiguration des Moleküls Wachstumshormon.

Diese Einwände zu entkräften, ist das Anliegen der folgenden Untersuchungen. Es wurde die bei physiologischer und pathologischer Lactation im Plasma vorhandene biologische Prolactinaktivität vor und nach Inkubation mit einem Anti-Humanprolactin im lokalen Taubenkropftest gemessen. Bei jeder Versuchsreihe wurde der internationale Standard NIH-PS 2 mitgetestet, so daß sämliche Ergebnisse nach den üblichen statistischen Methoden rechnerisch ermittelt wurden. Zur Gewinnung der Prolactin-Antiseren wurden Kaninchen immunisiert mit einem albuminfreien menschlichen Hypophysenextrakt G 100 B (APOSTOLAKIS et al. 1969), der eine biologische Aktivität von 10 bis 14 IE/mg Protein aufwies. Die zu untersuchenden Seren oder Plasmen wurden für 2 Stunden mit dem Antiserum inkubiert, bei einer eventuell auftretenden Trübung zentrifugiert und der klare Überstand schließlich im lokalen Taubenkropftest auf seine biologische Aktivität nochmals geprüft.

Die Prolactinaktivität einer Frau des 2. Wochenbett-Tages betrug 6,3 IE/100 ml Plasma, während die Plasmakonzentration einer Probandin des 3. Wochenbett-Tages bei 17,0 IE/100 ml Plasma lag. Nach Inkubation mit physiologischer Kochsalzlösung oder mit normalem Kaninchenserum lagen die Prolactinkonzentrationen praktisch unverändert in gleicher Höhe. Nach Inkubation mit einem Anti-Humanprolactin in einem Mischungsverhältnis von Antiserum zu Plasma wie 1:1 war die Prolactinaktivität im Plasma der 1. Probandin nicht mehr nachweisbar. Bei der Wöchnerin des 3. Wochenbett-Tages mit der höheren Prolactinkonzentration im Plasma hingegen war erst nach Inkubation mit der dreifachen Menge Antiserum die biologische Aktivität nicht mehr nachweisbar.

Im Plasma eines 18jährigen jungen Mannes mit pathologischer Lactation fanden sich Prolactinkonzentrationen zwischen 11 und 62,5 IE/100 ml. Nach Inkubation mit dem Antiserum in einer Relation Antiserum zur Plasmamenge wie 3:1 war die biologische Aktivität nicht mehr vorhanden. Eine geringere Menge Antiserum, physiologische Kochsalzlösung oder normales Kaninchenserum waren hingegen nicht in der Lage, die biologische Prolactinaktivität im Plasma zu neutralisieren. Auch bei einer Patientin mit einem Forbes'-Albright-Syndrom konnten die im Plasma gefundenen Prolactinkonzentrationen nach Inkubation mit dem Anti-Humanprolactin im lokalen Taubenkropftest nicht mehr nachgewiesen werden.

Es war also möglich, mit einem Anti-Humanprolactin, das durch Immunisierung von Kaninchen mit einem menschlichen hypophysären Prolactinextrakt gewonnen wurde, die im Plasma bei physiologischer und pathologischer Lactation gefundene biologische Prolactinaktivität zu neutralisieren. Aus diesem Grunde wird es für nicht wahrscheinlich gehalten, daß das Antigen, der hypophysäre Prolactinextrakt G 100 B, ein Artefakt des Aufarbeitungsvorganges ist.

Literatur

Apostolakis, M., Theile, L., Berle, P.: Endokrinologie 54, 145 (1969).

Symp. Dtsch. Ges. Endokrin. 16, 315-316 (1970)

Lokalisation von Wachstumshormon und Prolactin in differenten acidophilen Zellen des Hypophysenvorderlappens

Localization of Growth Hormone and Prolactin in Different Acidophilic Cells of the Adenohypophysis

W. WEIDNER, C. GROPP und U. HACHMEISTER

Pathologisches Institut Universität Giessen, Lehrstuhl I

Mit 2 Abbildungen*

Summary

Using fluorescein labelled antibodies to bovine growth hormone and prolactin these hormones were localized in different acidophilic cells of the bovine, ovine, and porcine adenohypophysis. In the rat growth hormone only displayed cross-reactivity. Restaining of sections by the technique of Brookes, which was presumed to differentiate growth hormone and prolactin cells, revealed a wrong classification by this staining method, at least for the species tested. The Herlant procedure proved to be inadequate as well.

Obwohl als gesichert angesehen werden kann, daß bei zahlreichen Säugetierspecies wenigstens zwei verschiedene Hormone von den acidophilen Zellen des Hypophysenvorderlappens synthetisiert werden, existieren kaum Färbeverfahren, welche eine zuverlässige Identifizierung der diesen Hormonen zuzuordnenden Zellen ergibt. Die Angabe einer neueren Methode, welche neben grün dargestellten basophilen Zellen einen orange Zelltyp von einem gelben acidophilen Zelltyp unterscheidet (Brookes(1)), veranlaßte uns, diese Färbung an Hypophysen von Rindern, Schafen, Schweinen und Ratten durchzuführen und durch Vergleich mit einer immunhistologischen Hormondarstellung die Validität dieses Verfahrens zu prüfen. Antikörper vom Kaninchen gegen die bovinen Hormonpräparationen STH:NIH GH B_{11} und Prolactin:NIH P B_1 ergaben nach wechselseitiger Absorption und nach Reaktion mit Rinderalbumin jeweils eine Präcipitationsbande in der Geldiffusion. Für die Hormonlokalisation bedienten wir uns des indirekten Verfahrens, als zweiter Schritt wurde Anti-Kaninchenglobulin vom Schaf benutzt. Die Koppelung mit Fluorescein, die Fraktionierung des markierten Serums und die Kontrollen entsprachen unseren früheren Angaben (3). Untersucht wurden Hypophysen der angegebenen Species nach Fixierung in Helly'schem Gemisch oder neutralem Formol. Nach der Inkubation mit den Antikörpern wurden die Ergebnisse fotografisch dokumentiert, die Schnitte anschließend umgefärbt und identische Stellen miteinander verglichen.

Nach Inkubation mit Anti-Prolactinserum fluorescieren in Rinder-, Schaf- und Schweinehypophysen relativ große, meist in Konglomeraten oder Rosetten angeordnete Zellen. Nach Reaktion mit Anti-Wachstumshormonserum stellen sich dagegen meist einzeln gelegene, überwiegend kleinere Zellen dar. In Rattenhypophysen ergab sich nur nach Fixation in neutralem Formol eine Kreuzreaktion

---

*s. Anhang S. 472

mit Wachstumshormon. Die nachfolgende Umfärbung gelingt bei dieser Species nicht ausreichend. Bei den anderen Species (Rind, Schaf und Schwein) stellen sich nach der Umfärbung deutlich unterscheidbar zwei acidophile Zelltypen dar. Der Vergleich mit der immunhistologischen Hormondarstellung ergibt, daß keine Übereinstimmung zwischen der Hormonlokalisation und der Einordnung nach Färbequalitäten besteht. Ein Teil der nach der Färbung als STH-Zellen anzusehenden Zellen enthält STH, ein anderer Teil jedoch Prolactin. Die färberisch als Prolactin-Zellen ausgewiesenen Zellen enthalten teilweise STH und teilweise Prolactin. Ein Vergleich mit der Färbemethode nach Herlant (2) ergab identisch schlechte Resultate.

Die geprüften Färbemethoden müssen, wenigstens für die Species Rind, Schaf und Schwein, als ungeeignet zur Differenzierung acidophiler Zellen nach den Kriterien der qualitativen Hormonsyntheseleistung angesehen werden.

Literatur

1. Brookes, L. D.: Stain Technol. 43, 41 (1968).
2. Herlant, M., Dubois, M. P.: Ann. Biol. anim. 8, 5 (1968).
3. Kracht, J., Hachmeister, U., Breustedt, H.-J., Zimmermann, D.: Mat. Med. Nordmark 19, 224 (1967.

Symp. Dtsch. Ges. Endokrin. 16, 317-318 (1970)

Untersuchungen zur subcellulären Hormonlokalisation

Investigations on the Subcellular Localization of Hormones

U. HACHMEISTER

Pathologisches Institut Universität Giessen, Lehrstuhl I

Mit 2 Abbildungen*

Summary

Sections of rat adenohypophysis were incubated with antibodies against rat prolactin. Subsequent application of an immune-enzyme system using peroxidase-labelled sheep anti-rabbit gamma globulin specifically isolated resulted in an electron dense precipitate within the cytoplasm of certain adenohypophyseal cells. The exact localization of the reaction was prevented by a selective ultrastructural damage to the positive reacting cells.

Mit immunhistologischen Verfahren konnten bisher eine große Zahl von Proteo- und Polypeptidhormonen intracellulär lokalisiert werden. Die Mehrzahl der Hypophysenvorderlappenhormone z.B. ließ sich so definitiven Zellgruppen als Syntheseorten zuordnen. Eine subcelluläre Lokalisation war wegen des begrenzten Auflösungsvermögens der Lichtoptik nur in Ausnahmefällen erreichbar. Um detailliertere Aufschlüsse über die intracelluläre Hormonverteilung und über morphologische Äquivalente einer Hormonbiosynthese zu gewinnen, ist die Erweiterung immunhistologischer Techniken in den elektronenmikroskopischen Bereich hinein erforderlich. Grundvoraussetzungen dafür sind die Anwendung elektronendicht markierter Antikörper und eine Gewebspräparation, welche die Antigene reagibel und gleichzeitig die Gewebsstruktur ausreichend beurteilbar erhält.

Als Versuchsmodell für weitere systematische Untersuchungen zur ultrastrukturellen Hormonlokalisation wählten wir die Darstellung von Prolactin in der Rattenhypophyse durch Antikörper mit Meerrettichperoxidasemarkierung. Dieses Enzym ergibt mit H_2O_2 und Diaminobenzidin einen elektronendichten und osmiophilen Niederschlag am Ort der Antikörper- und Enzymbindung. Rattenprolactin wurde elektrophoretisch isoliert (3). Antikörper gewannen wir vom Kaninchen nach Immunisierung mit kompl. Freund'schem Adjuvans. Anti-Kaninchengammaglobulin vom Schaf wurde an polymerisiertem Kaninchenglobulin spezifisch isoliert (2) und mit Meerrettichperoxidase, RZ 3,0, (Serva) gekoppelt (1). Rattenhypophysen wurden nach Fixation über 2 Stunden bei 4° C in frisch depolymerisiertem gepuffertem 2% Paraformaldehyd in Phosphatpuffer gewaschen und mit Polyäthylenglykol 1000 infiltriert, in Gelatinekapseln ausgegossen und in 6 - 8 Mikron dicke Schnitte zerlegt. Diese wurden nach Spülung in Puffer 5 Stunden bei 4° C in Antiprolactinserum und nach 3 x 30 Minuten Spülen 5 Stunden bei 4° C in markiertem Anti-Kaninchengammaglobulin inkubiert. Nach erneutem Spülen in Puffer wurden die Schnitte auf Filmstreifen aufgezogen (6) und 30 Minuten bei Zimmertemperatur in 3,5% gepufferter Glutaraldehydlösung nachfixiert. Nach Waschen in Puffer erfolgte die Inkubation in frischer, gepufferter Diamino-

---

*s. Anhang S. 473

benzidinlösung mit H_2O_2 unter Lichtabschluß (4) für 10 Min. Anschließend Osmierung in 2% OsO_4, Dehydrierung in Äthanol und Einbettung in Epon 812 durch Überstülpen einer gefüllten Gelatinekapsel. Nach vollständiger Polymerisation konnte der Supportfilm abgezogen werden. Dünn- und Semidünnschnitte wurden am Ultramikrotom OmU 2 (Reichert) hergestellt. Die Dünnschnitte wurden ohne Nachkontrastierung am Elektronenmikroskop EM 9 (Zeiss) betrachtet.

Kontrollschnitte wurden anstatt mit Anti-Prolactinserum mit normalem Kaninchenserum inkubiert, sonst gleich behandelt. Diese Kontrollschnitte erwiesen sich bei lichtmikroskopischer Kontrolle vor der Osmierung als vollständig ungefärbt, elektronenmikroskopisch waren sie gleichmäßig kontrastarm.

Die mit Anti-Prolactinserum behandelten Schnitte enthielten lichtmikroskopisch einzelne, im Cytoplasma körnig dunkelbraun gefärbte Zellen bei hellem Kern. Die übrigen Parenchym- und Bindegewebszellen waren ungefärbt. Elektronenmikroskopisch wiesen die lichtmikroskopisch braun gefärbten Zellen ein deutlich elektronendichteres Cytoplasma auf, was durch feinstkörnige Ablagerungen elektronendichten Materials an den cytoplasmatischen Granula und teilweise zwischen diesen bedingt war. Ein Teil der Granula war homogen geschwärzt, die Mehrzahl wies einen randständig betonten Niederschlag auf. Membranöse Begrenzungen waren in diesen Zellen größtenteils verwischt. Mitochondrien waren schattenhaft wahrnehmbar, kleinere cytoplasmatische Strukturen waren nicht sicher zu erkennen (Abb. 1) Im Gegensatz dazu wiesen die nicht reagierenden Zellen bei nur geringem Kontrast kaum derartige Läsionen auf.

Das negative Ergebnis der Kontrollinkubationen und die Übereinstimmung der lichtmikroskopischen Kontrolle mit Ergebnissen fluorescenzmikroskopischer Immunhistologie mit demselben Antiserum (5) nach FITC-Markierung erlauben den Schluß, daß die beobachteten elektronendichten Niederschläge Reaktionen von Antiprolactinserum mit dem Prolactin im Gewebe repräsentieren. Rückschlüsse auf eine tatsächliche in vivo-Lokalisation des Hormons verbieten sich jedoch wegen der selektiven Zell-Läsionen. Der Grund für diese Zellzerstörung ist nicht klar. Da sie in den Kontrollschnitten nicht auftrat, könnte eine Destruktion als Folge einer Enzym-Substratreaktion im angewendeten System erwogen werden. Nach Beobachtungen von Nakane und Pierce (4) treten in dem auch von uns benutzten System Zelldestruktionen auf, wenn nicht vor der Enzyminkubation ausreichend mit Glutaraldehyd nachfixiert wird. Wir werden diesen Punkt überprüfen. Auch ohne artefizielle Veränderungen der Art, wie sie in diesen Untersuchungen auftraten, ergeben sich Schwierigkeiten bei dem Versuch einer Darstellung von Hormonen innerhalb der Zelle mit markierten Antikörpern. Wir sehen prinzipielle, methodische Hindernisse darin, daß durch jegliche, bis heute unentbehrliche Gewebsfixierung intracelluläre Kompartimente artifiziell geschaffen werden, welche eine unterschiedliche Permeabilität für Antikörpermoleküle besitzen. Die Tatsache, daß ein cytoplasmatisches Granulum eine homogene Reaktion ergibt, ein anderes eine nur randständige Ablagerung von Antikörpern, kann sowohl Zeichen einer wechselnden Hormonverteilung als auch Zeichen einer unterschiedlichen Zugänglichkeit für Antikörpermoleküle sein.

Literatur

1. Avrameas, S.: Immunochemistry 6, 43 (1969).
2. --, Ternynck, T.: Immunochemistry 6, 53 (1969).
3. Groves, W. E., Sells, B. H.: Biochim. Biophys. Acta 168, 113 (1968).
4. Nakane, P. K., Pierce, G. B.: J. Cell Biol. 33, 307 (1967).
5. Weidner, W.: Symp. Dtsch. Ges. Endokrin. 16, (1970) im Druck.
6. Zagury, D., Model, P. G., Pappas, G. D.: J. Histochem. 16, 40 (1968).

Symp. Dtsch. Ges. Endokrin. 16, 319-320 (1970)

Die circadiane Rhythmik von hypophysärem TSH in Ruhe, nach Ätherbelastung und Dexamethason-Blockade bei Ratten *

Circadian Rhythmicity of Pituitary TSH in Normal and Dexamethason-Blocked Rats under Resting and Ether Stress Conditions

K. RETIENE, H. HOLZ und M. SCHMITT

Zentrum der Inneren Medizin der Johann Wolfgang-Goethe-Universität, Frankfurt am Main, Abteilung für Endokrinologie

Mit 2 Abbildungen

Summary

In contrast to earlier publications a marked circadian rhythm of pituitary TSH synthesis could be demonstrated in rats. This rhythmicity was well in phase with the fluctuation of ACTH. Ether stress provoked an increase of ACTH and a significant decrease of TSH at each time of day. Dexamethason abolished the rhythmicity, both in ACTH and TSH, and ether stress in these blocked animals resulted in an equal depletion of both hormones.

These results support the idea of a special rhythm center acting in an inhibitory way on hypothalamic hormone synthesis. Corticosteroids operate in a synergistic way to this center under resting conditions, whereas under stress conditions the hypothalamus is capable to react in very specific ways.

Die Synthese und Sekretion der meisten Hormone unterliegen einer endogenen circadianen Rhythmik (1; 2). Nur für das hypophysäre TSH wurde eine solche Rhythmik bisher vermißt (1; 3).

Weibliche Albino-Wistar-Ratten von 180 - 200 g Gewicht lebten unter standardisierten Ruhebedingungen bei einem künstlichen Tag-Nacht-Wechsel. Jeweils 1 Stunde vor Beginn und Ende der Aktivitätsphase wurden die Tiere entweder in Ruhe (innerhalb von 30 Sekunden) oder 15 Minuten nach Äthernarkose dekapitiert. Die Hypophysenvorderlappen (HVL) wurden gewogen, in 0,1 n HCl extrahiert und in dem Überstand die TSH-Aktivität nach McKenzie (4) und die ACTH-Aktivität anhand des Corticosteron-Anstieges im peripheren Blut hypophysektomierter Ratten gemessen.

In Ruhe konnte erstmals eine sichere Tagesrhythmik für hypophysäres TSH nachgewiesen werden, die der bekannten circadianen Rhythmik von ACTH parallel verläuft und mit dieser zeitlich synchronisiert war (Abb. 1).

Eine einmalige Injektion von 0,01 mg Dexamethason pro 100 g Ratte, 4 Stunden vor dem Tagesgipfel verabreicht, unterdrückt die Rhythmik von TSH komplett (Abb. 2), wie dies vom ACTH und den NNR-Hormonen seit langem bekannt ist (5).

Ein standardisierter Äther-Reiz bewirkte bei den unbehandelten Tieren zu allen Zeiten einen signifikanten Abfall von TSH und einen gleichzeitigen Anstieg von ACTH. Nach Dexamethson bewirkte die Belastung einen Abfall beider

* Mit Unterstützung der Deutschen Forschungsgemeinschaft

Hormone (Abb. 1 und Abb. 2).

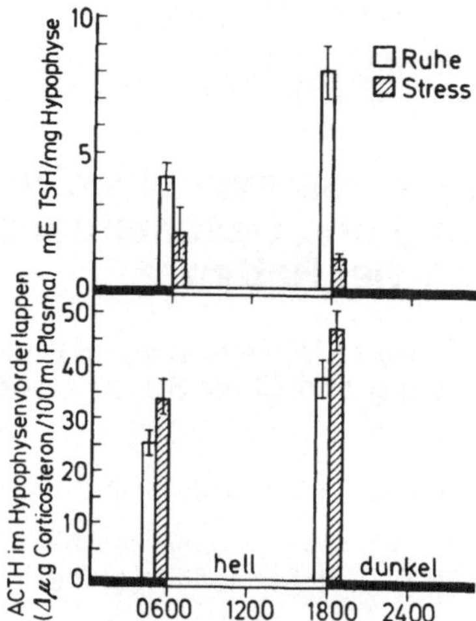

Abb. 1. Hypophysärer TSH- und ACTH-Gehalt in Ruhe und nach Ätherbelastung bei normalen Ratten (L:D = 12:12 Std)

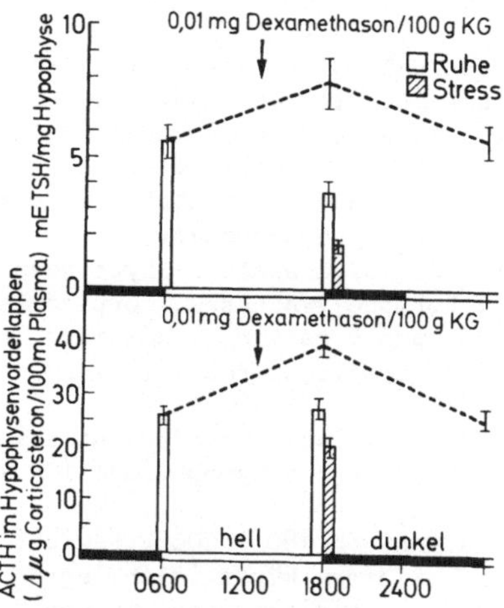

Abb. 2. Hypophysärer TSH- und ACTH-Gehalt nach Ätherbelastung bei Dexamethason-blockierten Ratten.

Die Befunde unterstützen die Hypothese, daß ein spezielles Rhythmuszentrum im vorderen Hypothalamus seine Wirkung im Sinne einer rhythmischen Bremsung der Synthese hypothalamischer Releasing-Hormone ausübt. Dexamethason wirkt synergistisch mit diesem Zentrum auf die Hormonsynthese. Unter Belastungssituationen ist der Hypothalamus zu sehr differenzierten Reaktionen in der Lage, wobei die Synthese und Sekretion eines bestimmten Hormones auf Kosten eines anderen stattfinden kann.

Literatur

1. Retiene, K., Espinoza, A., Marx, K. H., Pfeiffer, E. F.: Klin. Wschr. 43, 205 (1965).
2. --, Zimmermann, E., Schindler, W. J., Neuenschwander, J., Lipscomb, H. S.: Acta endocr. (Kbh.) 57, 615 (1968).
3. Bakke, L., Lawrence, N.: Metabolism 14, 841 (1965).
4. McKenzie, J. M.: Endocrinology 63, 372 (1958).
5. Retiene, K., Schulz, F., Marco; J.: Symp. Dtsch. Ges. Endokrin. 12, 263 (1967).

Symp. Dtsch. Ges. Endokrin. 16, 321-322 (1970)

Funktionsanalytische Untersuchungen des Hypothalamus-Neurohypophysensystems bei Patienten mit zentralem Diabetes insipidus

Functional Analysis of the Hypothalamic-Neurohypophyseal System in Patients with Central Diabetes insipidus

K. IRMSCHER, H. MOOSDORF, H. BETHGE, H. G. SOLBACH, W. WIEGELMANN und H. ZIMMERMANN

2. Med. Klinik und Poliklinik, Endokrinologische Abteilung, Düsseldorf

Mit 1 Abbildung

Summary

In 19 out of 35 patients with central polyuro-polydipsia syndromes the results of a combined dehydration and adiuretin test represented a partially impaired neurohormone secretion. Contrary to dipsomania the diagnosis of incomplete diabetes insipidus points to an organic process in the hypothalamic-neurohypophyseal region.

Gestützt auf ältere tierexperimentelle Untersuchungen von HEINBECKER und WHITE (1941) wird häufig die Ansicht geäußert, daß nur ein kompletter Adiuretinmangel einen zentralen Diabetes insipidus (D.i.) auslöst. Hingegen liegen keine repräsentativen Untersuchungen darüber vor, ob bereits ein partieller Ausfall der Adiuretinsekretion zu einer, wenn auch geringer ausgeprägten Polyurie führt.

Wir haben deshalb bei 35 sedierten Patienten mit einem zentralen polyuro-polydiptischen Syndrom verschiedener Ätiologie und bei 10 hydratisierten Kontrollpersonen einen meist 8-stündigen Durstversuch durchgeführt und daran regelmäßig einen einstündigen intravenösen Adiuretintest angeschlossen. Da eine empfindliche und spezifische Bestimmungsmethode für das Adiuretin im Blutplasma nicht zur Verfügung stand, untersuchten wir das Verhalten der Adiuretinsekretion indirekt durch Prüfung der renalen Neurohormonwirkung. Neben dem Harnvolumen, der Harn- und Serumosmolalität wurden noch die Kreatinin-Clearance und das Körpergewicht gemessen.
Auf der Abb. 1 sind an Einzelbeispielen die unter der Testbelastung beobachteten unterschiedlichen Reaktionen bei einer Normalperson und drei Patienten mit zentraler Polyurie wiedergegeben. Links auf dem Diagramm sieht man das Verhalten eines gesunden Mannes, der zu Versuchsbeginn mit Leitungswasser (20 ml/kg Körpergewicht) hydratisiert worden war. Er erreichte 8 Stunden danach eine Harnosmolalität von 759 mOsm/kg H_2O, die unter der Infusion einer Einheit Tonephin nicht weiter zunahm. Rechts daneben sind die Ergebnisse von einem Patienten mit idiopathischem D.i. wiedergegeben. Obwohl durch die Dehydratation das Körpergewicht um 5% abnahm, kam es nur zu einer mäßigen Reduktion der Harnflut mit geringfügigem Anstieg der Harnosmolalität auf 116 mOsm/kg H_2O. Dagegen führte die Adiuretininfusion zu einer kräftigen Erhöhung der Harnkonzentration auf 406 mOsm/kg H_2O. Es handelt sich somit um einen kompletten zentralen D.i.. Die auf dem dritten Diagramm aufgezeichneten Werte stammen von

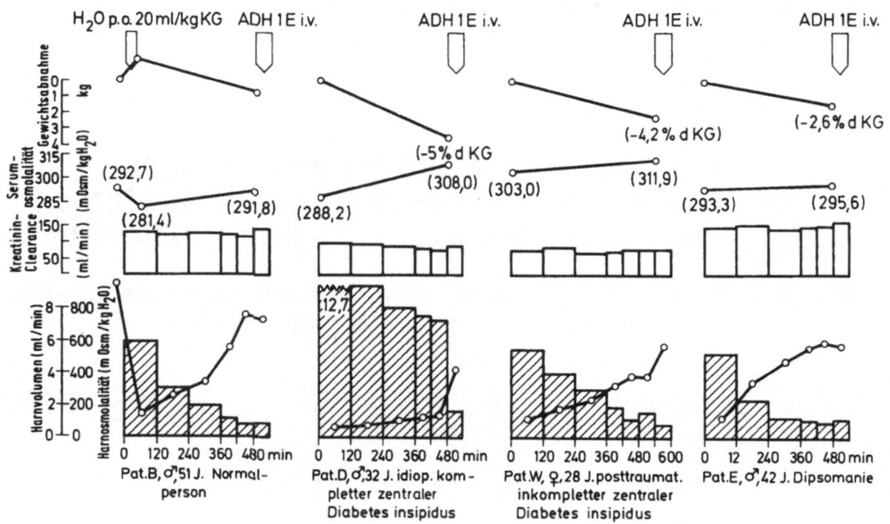

Abb. 1. Kombinierter Durst- und Adiuretin-Test

einem Kranken mit posttraumatischer zentraler Polyurie und durch Substitutionsbehandlung kompensierter Hypophysenvorderlappeninsuffizienz. Bis zum Ende des 8-stündigen Durstversuchs erreichte die Harnosmolalität den hypertonen Wert von 377 mOsm/kg H_2O, der auch nach Verlängerung des Flüssigkeitsentzuges um eine weitere Stunde nicht zunahm. Dieser Befund spricht für eine durch Dehydratation noch stimulierbare Restsekretion von Adiuretin, die aber submaximal war, da die Infusion des Neurohormons zu einem eindrucksvollen Anstieg der Harnkonzentration um weitere 190 mOsm/kg H_2O führte. Diesen Reaktionstyp bezeichneten wir deshalb als inkompletten zentralen D.i.. Das letzte Diagramm zeigt die Befunde eines Patienten, bei dem bereits nach dem klinischen Bild der Verdacht auf eine Dipsomanie bestand. Ähnlich wie bei der Kontrollperson führte eine Durstzeit von 8 Stunden zu einer hypertonen Harnkonzentration, die durch exogen appliziertes Adiuretin nicht weiter gesteigert werden konnte.

Von den 35 Kranken mit einer zentralen Polyurie reagierten 12 Patienten im Sinne eines kompletten zentralen D.i., bei 19 Kranken fanden sich Hinweise für eine Adiuretinrestsekretion und nur bei vier Probanden handelte es sich um eine Dipsomanie. Ein inkompletter zentraler D.i. ist also häufiger als zunächst anzunehmen war und ist meist durch ein niedriges Harntagesvolumen unter 5 Liter gekennzeichnet; eine starke Polyurie über 5 Liter pro 24 Stunden - wie sie 8 Patienten mit einer Adiuretinrestsekretion aufwiesen - wird als Ausdruck einer den Adiuretinmangel überschreitenden zusätzlichen Polydipsie gedeutet (s. SMITH u. McCANN, 1962). Bemerkenswert ist, daß von den 19 Kranken mit einem inkompletten zentralen D.i. 13 Patienten eine nachweisbare oder suspekte organische Ursache hatten.

Literatur

Barlow, E. D., De Wardener, H. E.: Quart. J. Med. 28, 235 (1959).
Buchborn, E., Irmscher, K.: Symp. Dtsch. Ges. Endokrin. 15, 256 (1969).
Heinbecker, P., White, H. L.: Amer. J. Physiol. 133, 582 (1941).
Irmscher, K.: Habilitationsschrift, Düsseldorf, 1967.
Smith, R. W., McCann, S. M.: Amer. J. Physiol. 203, 366 (1962).

Symp. Dtsch. Ges. Endokrin. 16, 323-325 (1970)

Untersuchungen zur Hypophysenvorderlappenfunktion bei zentralem Diabetes insipidus *

Anterior Pituitary Function in Central Diabetes insipidus

W. WIEGELMANN, H. G. SOLBACH, K. IRMSCHER, P. FRANCHIMONT, H. BETHGE und H. ZIMMERMANN

2. Med. Klinik und Poliklinik, Düsseldorf, Endokrinologische Abteilung und Institut de Médecine, Lüttich

Mit 1 Abbildung

Summary

In patients with central diabetes insipidus of unknown aetiology and defined symptomatic types (infections, traumata, tumours) anterior pituitary function was studied in detail. While in cases of symptomatic diabetes insipidus glandotropic and somatotropic functions are frequently impaired, in all patients with diabetes insipidus of unknown cause no glandotropic insufficiency was evident; STH-secretion, however, was diminished.

Obwohl im Hypothalamus die neurosekretorischen Systeme des antidiuretischen Hormons und der Releasing-Faktoren für die Hormone des Hypophysenvorderlappens (HVL) benachbart liegen, fehlen bisher repräsentative Untersuchungen über die HVL-Funktion bei einem Ausfall der Adiuretin-Sekretion. Wir haben deshalb bei einem größeren Krankengut von Patienten mit einem Diabetes insipidus (D.i.) verschiedener Ätiologie die einzelnen HVL-Funktionen untersucht. Die Diagnose des D.i. stützt sich auf den negativen Ausfall der osmotischen Sekretionstests bei erhaltener renaler Hormonwirkung (2).

Die Prüfung der verschiedenen Partialfunktionen des HVL bei D.i. unbekannter Ursache ergab, daß die adrenocorticotrope Funktion unbeeinträchtigt war, wobei als indirekte Parameter die 11-OHCS-Werte im Plasma unter der ACTH-Stimulation (10 Pat.) und im Insulinhypoglykämie-Test (11 Pat.) dienten. Die Schilddrüsenfunktionsuntersuchungen (Radiojod-Test, PBI, GU, Cholesterin) belegten eine euthyreote Stoffwechsellage (21 Pat.). FSH und LH konnten bei 5 männlichen Patienten mit einem ADH-Mangel unbekannter Ursache radioimmunologisch (1) im Plasma bestimmt werden und lagen im Normbereich; klinisch war bei den untersuchten Patienten der andrologische Status auch unauffällig. Das STH wurde bei 7 Patienten radioimmunologisch im Insulinhypoglykämie-Test gemessen. Abb. 1 demonstriert, daß die Basalwerte des STH im Vergleich zu einem Normalkollektiv keinen Unterschied aufweisen, unter der Insulinhypoglykämie jedoch bei den Patienten mit einem D.i. unbekannter Ursache nur ein subnormaler Anstieg erfolgt (die Patienten waren normalgewichtig).

Auf der Tab. 1 sind die Partialfunktionen des HVL bei einem Krankengut mit einem symptomatischen zentralen D.i. verschiedener Ätiologie aufgeführt. Es ist zu ersehen, daß bei dieser Patientengruppe relativ häufig Störungen der HVL-Funktion auftreten. STH zeigte dabei in allen Fällen im Insulinhypoglykämie-Test keinen oder nur einen minimalen Anstieg.

*Die in dieser Arbeit aufgeführten Untersuchungen wurden mit Hilfe der Deutschen Forschungsgemeinschaft, Bad Godesberg sowie des Landesamtes für Forschung des Landes Nordrhein-Westfalen, Düsseldorf, durchgeführt.

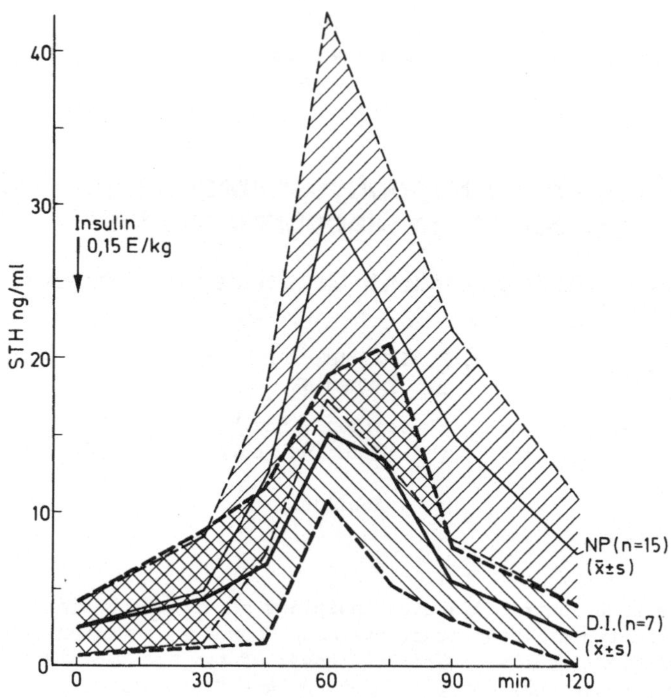

Abb. 1. STH-Spiegel im Insulinhypoglykämietest bei 7 Patienten mit Diabetes insipidus unbekannter Ursache im Vergleich zu Normalpersonen

Tab. 1. Hypophysenvorderlappenfunktion beim symptomatischen zentralen Diabetes insipidus verschiedener Ätiologie
( ) = Anzahl der untersuchten Patienten _ = Anzahl patholog. Testergebnisse

		Gesamtzahl	NNR-Funktion	Schilddrüsenfunktion	Gonadotropine LH	FSH	STH
Entzündungen		8	(5) 3	(7) 3	(3) 3	(3) 1	(4) 4
Schädeltraumen		8	(4) 1	(6) 1	(3) 3	(3) 0	(3) 3
intra- und supraselläre Tumoren	praeop.	15	(3) 2	(10) 6	(1) 1	(1) 0	(1) 1
	postop.	20	(15) 9	(19) 9	(7) 4	(7) 3	(2) 2

Beim symptomatischen D.i. bestehen somit partielle oder komplette Beeinträchtigungen der HVL-Funktion im Gegensatz zum D.i. unbekannter Ursache, bei dem allerdings ein im Durchschnitt vermindertes STH-Anstieg auffällt. Hierfür könnte ursächlich ein Prozeß infrage kommen, der die neurosekretorischen Systeme sowohl des Adiuretins als auch des Wachstumshormons gleichzeitig beeinflußt.

Nach SAWANO et al. spielen die Nuclei paraventriculares auch für die Synthese des Growth Hormon-Releasing-Faktors eine wichtige Rolle (3), die ebenfalls für die Adiuretinsynthese zum Teil verantwortlich sind. Ferner ist bekannt, daß die somatotrope Funktion bei pathologischen Prozessen im Hypothalamus-Hypophysenbereich besonders frühzeitig gestört ist (4).

Literatur

1. Franchimont, P.: Le dosage des hormones hypophysaires somatotropes et gonadotropes et son application en clinique, Brüssel: Arscia 1966.
2. Irmscher, K.: Habilitationsschrift, Düsseldorf (1967).
3. Sawano, S., Arimura, A., Schally, A. V., Saito, T., Bowers, C. Y., O'Brien, C. P., Bach, L. M. N.: Acta endocr. (Kbh.) 59, 317 (1968).
4. Solbach, H. G., Bethge, H., Zimmermann, H.: Symp. Dtsch. Ges. Endokrin. 15, 236 (1969).

Symp. Dtsch. Ges. Endokrin. 16, 326-327 (1970)

Besonderheiten einer vorwiegend Trijodthyronin produzierenden Struma

Nontoxic Nodular Goiter with a Peroxidase Defect Producing Mainly Triiodothyronine

K. HACKENBERG, D. REINWEIN und F. A. HORSTER

II. Med. Klinik und Poliklinik der Universität Düsseldorf

Summary

The case of a 20-year-old woman having a nontoxic nodular goiter with an extremely low PBI and a positive perchlorate test is presented. Laboratory findings disclosed a TBG-defect and demonstrated a very low concentration of free thyroxine and normal concentration of triiodothyronine measured according to the method of Sterling, thus maintaining the euthyroid metabolism. This combined defect appears to be a new form of faulty iodine metabolism.

Seit einigen Jahren wird in zunehmendem Maße die Frage diskutiert, in welchem Verhältnis die Jodthyronine Thyroxin (T_4) und Trijodthyronin (T_3) in der Schilddrüse sezerniert werden. Da entsprechende Nachweismethoden fehlten, mußte man sich in einigen Fällen auf die Vermutung beschränken, daß es sich um eine Verschiebung der T_4/T_3-Relation zugunsten des T_3 handeln könnte (4). Der Beweis für solche Annahmen läßt sich erst seit zwei Jahren mit spezifischen und empfindlichen Methoden erbringen (2,5).

Wir berichten über einen besonderen Fall, der bei euthyreoter Knotenstruma neben einer veränderten T_4/T_3-Relation noch eine weitere Synthesestörung aufwies.

Vor 1 Jahr stellte sich eine 20-jährige Patientin vor. Nach den Masern im 4. Lebensjahr war bei ihr eine zunehmende Innenohrschwerhörigkeit aufgetreten, die zu einer geringen Kontaktschwäche geführt hat. Im übrigen war die körperliche und geistige Entwicklung völlig normal. Aktueller Anlaß war eine Knotenstruma, die sich seit dem 14. Lebensjahr entwickelt hat. Wir fanden eine Struma der Größe I mit einem derben Knoten rechts, in dessen Bereich szintigraphisch vermehrt Jod gespeichert wurde. Die Patientin wirkte euthyreot.

Die Laboratoriumsdaten zeigt Tab. 1. Der einzig pathologische Befund war zunächst der extrem niedrige PBJ-Wert, der in Diskrepanz zu den übrigen Laboratoriumsdaten stand und zu weiteren Untersuchungen Anlaß gab.

Tabelle 1

Allgemeine Laboratoriumsdaten

	Patientin	Normal
Grundumsatz	+ 14%	-10 bis +30%
PBJ	1,6μg%	4 - 8μg%
T_3-in vitro Test	20,5	18 - 25
Cholesterin	180 mg%	170 - 250mg%

Spezielle Laboratoriumsdaten

	Patientin	Normal
^{131}J-Aufnahme	36%	20-60%
^{131}J-Aufnahme unter 80 μg T3	27%	positiv
Dijodtyrosin-Belastung	12% DJT Ausscheidung	< 15% DJT im Urin
TBG Kapaz.	11μg%	10-26μg%
T_4-Dejodierg. (Ery)	4%	2-6%

Beim Perchlorattest konnte mehr als 30% des gespeicherten Jodids wieder verdrängt werden, d.h. es liegt ein Defekt in der Organifizierung von Jod vor. Der Suppressionstest war normal. Auf einen Dejodasedefekt in der Körperperipherie ergab sich nach Belastung mit markiertem Dijodtyrosin kein Hinweis. Auch die Dejodierung von T_4 in der Peripherie (gemessen an Erythrocyten) (3) war normal. Die Annahme eines genetischen Defekts der T_4-bindenden Proteine (TBG) traf nicht zu. Mit dem tatsächlichen Nachweis einer normalen Bindungskapazität (1), den wir Dr. ROBBINS in Bethesda verdanken, konnte ein TBG-Defekt ausgeschlossen werden. Die Bestimmung des freien T_4 ergab erwartungsgemäß eine mit 0,59 µg% erniedrigte Konzentration. Den entscheidenden Befund lieferte erst die Analyse des T_3-Spiegels im Blut, die von Dr. STERLING, New York, nach der von ihm entwickelten Methode durchgeführt wurde. Sie zeigte mit 230 ng/100 ml Serum bei unserer Patientin eine eindeutig normale Konzentration (170 - 270 ng/100 ml Serum).

Ein PBJ-Wert von 1,6 µg% bei euthyreoter Stoffwechsellage ist ungewöhnlich. Er kommt durch eine Verschiebung der T_4/T_3-Relation zustande, bei der die normale T_3-Sekretion trotz verminderter T_4-Sekretion die euthyreote Stoffwechsellage aufrechterhält. Es handelt sich hier um eine noch nicht bekannte Anomalie, die nicht in das Schema der bisher beschriebenen Jodfehlverwertungen paßt. Sie weist erneut auf die metabolische Bedeutung hin, die dem T_3 neben dem T_4 bei verschiedenen Schilddrüsenerkrankungen zukommen kann.

Die Verschiebung der T_4/T_3-Relation und Konzentration im Serum bei unserer Patientin kann bedingt sein durch: 1) Störung der Kopplungsreaktion von Jodtyrosinen zu Jodthyroninen, in diesem Falle wäre der Peroxydasedefekt ein bedeutungsloser Nebenbefund. 2) Primäre Störung der Jodoxydation, die durch vorwiegende Produktion des stoffwechselaktiveren T_3 kompensiert wird.

Bei einer 20 Jahre alten euthyreoten Patientin mit Knotenstruma konnten wir eine neue Form einer Jodfehlverwertung nachweisen, die charakterisiert ist durch 1) stark erniedrigtes PBJ, 2) Peroxydasedefekt, 3) normale T_3-Konzentration im Serum bei stark erniedrigtem T_4.

Literatur

1. Blumberg, B. S., Farer, L., Rall, J. E., Robbins, J.: Endocrinology 68, 25 (1961).
2. Hollander, C. S.: Trans. Ass. Amer. Phycns 81, 76 (1968).
3. Reinwein, D., Durrer, H.: Hormone and Metabolic Research I, 241 (1969).
4. Shimaoka, K.: Acta endocr. (Kbh.) 43, 285 (1963).
5. Sterling, K., Bellabarba, D., Newman, E. S., Brenner, M. A.: J. clin. Invest. 48, 1150 (1969).

Symp. Dtsch. Ges. Endokrin. 16, 328-329 (1970)

Untersuchungen über die renale Jodausscheidung bei euthyreoten Personen aus dem endemischen Kropfgebiet in Südbaden

Estimations of Daily Urinary Excretion of Stable Iodine in Euthyroid Persons from the Endemic Goiter Area of South Baden

M. STELZER und D. P. MERTZ

Medizinische Poliklinik der Universität Freiburg i. Br.

Summary

In comparison with the only pre-existing estimation, daily urinary iodine excretion of euthyroid adults of both sexes from the endemic goiter area of South Baden increased from an average of 32 µg in 1938 (JÄGER) to 80,0 ± 47,5 µg at present. Considering the elimination of stable iodine there are no significant differences between inhabitants with or without goiter, patients with diffuse or nodular goiter, a rural or an urban population, or between goitrous persons, whether or not they arbitrarily used iodized salt..In adults with endemic goiter aged more than 60 years, the mean daily excretion of iodine was significantly lower than in younger adults. During the same time the incidence of goiter among the inhabitants diminished from 70 to 100% in rural regions and 50% in the center of larger towns to 60 and 40%, respectively, together with an improvement of the living standard.

Es ist bekannt, daß Südbaden ein Jodmangelgebiet ist. In unserem Kropfendemiegebiet fand JÄGER 1938 in 166 Untersuchungen eine durchschnittliche Jodausscheidung von 32,2 µg im 24-Stunden-Urin mit Grenzwerten von. 18,7 und 58,9 µ. Dagegen lag die Jodausscheidung in kropfarmen Gebieten bei 80 bis 100 µg täglich. Weitgehende Übereinstimmung ergab sich zwischen dem Grad des aus den Ausscheidungswerten gefolgerten Jodmangels und der prozentualen Kropfhäufigkeit der Bevölkerung. In den Grenzgebieten des Südschwarzwaldes, im Westen und Süden, wo geologisch Sedimentgestein vorherrscht, war die Kropfhäufigkeit geringer als im eigentlichen Schwarzwaldgebirge, wo der Boden in der Hauptsache aus Urgestein besteht.

Nach 20-jährigem weit gestreutem Wohlstand ist die Kropfendemie in Südbaden gegenüber den Vergleichswerten aus der Vorkriegszeit und den ersten Nachkriegsjahren deutlich zurückgegangen (MERTZ und SCHWOERER, 1967 a,b). Es bestand daher Veranlassung, die Jodausscheidungswerte im 24-Stunden-Harn zu überprüfen.

An insgesamt 110 unvorbehandelten euthyreoten Personen aus dem endemischen Jodmangelgebiet in Südbaden, und zwar an 88 Frauen und 22 Männern im Alter zwischen 18 und 77 Jahren, bestimmten wir die Jodausscheidungsraten im 24-Stunden-Sammelharn. 10 dieser Versuchspersonen hatten keinen Kropf und bildeten somit eine Kontrollgruppe. Unter Einhaltung der für eine repräsentative Verteilung notwendigen Voraussetzungen betrachteten wir die tägliche renale Jodausscheidung als Maß für die Jodzufuhr. Die analytische Genauigkeit (Methode nach KLEIN, 1954) war mit einem Variationskoeffizienten von 9,6% und einer durchschnittlichen Wiedergewinnungsrate von 98% bei Zusatz von 2 µg Jod/l gut. Bei Stichproben unseres Kollektivs betrug der Variationskoeffizient der Jodausscheidung von Tag zu Tag bis über 5 Tage im Mittel 28 Prozent mit einer Spanne zwischen 15 und 59 Prozent.

Gegenüber der einzigen Voruntersuchung ist die tägliche renale Jodausscheidung von durchschnittlich 32 µg im Jahre 1938 (JÄGER) auf 80,0 ± 47,5 µg bei Grenzwerten von 10 und 210 µg jetzt angestiegen. Dabei läßt sich kein signifikanter Unterschied hinsichtlich der Jodelimination zwischen einheimischen Personen mit und ohne Kropf, solchen mit diffuser oder knotiger Struma, zwischen Stadt- und Landbevölkerung oder zwischen Kropfträgern, die sich freiwillig einer Jodprophylaxe durch Gebrauch von jodiertem Salz unterzogen haben oder nicht, feststellen. Bei über 60-jährigen Kropfträgern war die mittlere tägliche Jodausscheidung mit 32,5 ± 22,0 µg hochsignifikant geringer als bei jüngeren Probanden. Keiner der über 60 Jahre alten Patienten eliminierte mehr als 80 µg Jod in 24 Stunden. In unserem Gebiet steigt die Kropfhäufigkeit etwa linear mit dem Lebensalter an (MERTZ und SCHWOERER, 1967 b). Es liegt nahe, diese Erscheinung mit der hier festgestellten signifikanten Abnahme der Jodausscheidung (und vermutlich auch der Jodzufuhr) im höheren Lebensalter in einen ursächlichen Zusammenhang zu bringen. Sozialfaktoren, einseitige Ernährung und längere Exposition gegenüber der Kropfnoxe scheinen hierbei eine Rolle zu spielen.

Im selben Zeitraum, nämlich von 1938 bis heute, verringerte sich mit Anhebung des allgemeinen Lebensstandards die Häufigkeit des Kropfbefalls unter der einheimischen Bevölkerung von 70 bis 100 Prozent auf dem Lande und 50 Prozent im Zentrum der größeren Städte (BERGFELD, 1951) auf etwa 60 Prozent bzw. 40 Prozent (MERTZ und SCHWOERER, 1967, a,b). Somit stellen unsere Befunde einen direkten Beweis für die Richtigkeit der Vermutung dar, daß der Rückgang der Kropfendemie in Südbaden in der Zeit nach dem 2. Weltkrieg auf einer vermehrten nutritiven Jodzufuhr durch abwechslungsreichere Ernährung als Zeichen des allgemeinen Wohlstandes beruht. Eine vollständige Beschreibung der hier mitgeteilten Ergebnisse erfolgt an anderem Ort (MERTZ und STELZER, in Vorbereitung).

Literatur

Bergfeld, W.: Gesetzmäßiges Verhalten in der Verbreitung der endemischen Struma in Südbaden. Verh. dtsch. Ges. inn. Med. 57, 138 (1951).

Jäger, H.: Untersuchungen über den Jodstoffwechsel der Bevölkerung Südbadens. Dtsch. Arch. klin. Med. 182, 300 (1938).

Klein, E.: Eine einfache Methode zur Bestimmung des anorganischen Blutjods. Biochem. Z. 324, 9 (1954).

Mertz, D. P., Schwoerer, P.: Häufigkeit des endemischen Kropfvorkommens in Südbaden. Med. Klin. 62, 369 (1967 a).

--,--: Verteilung des endemischen Kropfbefalls in Südbaden, Med. Klin. 62, 405 (1967 b)

--, Stelzer, M.: Beziehungen zwischen Jodausscheidung und Kropfendemie in Südbaden. Zugleich ein Beitrag zur Frage nach einer Schätzung der diätetischen Jodzufuhr. Schweiz. med. Wschr. (Im Druck).

Symp. Dtsch. Ges. Endokrin. 16, 330-331 (1970)

Enzymaktivitäten der menschlichen Leber bei Hyperthyreose und Hypothyreose*

Enzyme Activities of Liver from Thyrotoxic and Hypothyroid Patients

J. NOLTE, B. BACHMAIER, B. BAUER, P. KIEFHABER, D. PETTE und P. C. SCRIBA

Fachbereich Biologie, Universität Konstanz und II. Medizinische Klinik, Universität München

Mit 1 Abbildung

Summary

In thyrotoxicosis the activity of PGM was decreased, the activities of GAPDH, PEP-CK, ME and CAT were increased and the activity of GP-OX was unchanged.

Methode

Leberstanzzylinder wurden sofort in flüss. N_2 gefroren. Die Bestimmung der Enzymaktivitäten erfolgte in der Sediments- und Überstandsfraktion des Gesamthomogenats (2). - Radiojodtest wie üblich.

Ergebnisse

Hypothyreote Patienten (N = 7, PB ^{127}I = 1.3 ± 0.6 µg ./. {= x ± s}, sog. freies T_3 -^{125}J = 10.1 ± 1.3 ./.), Vergleichskollektiv bestehend aus Patienten mit diskretem Leberparenchymschaden (N = 19, PB ^{127}I = 5.6 ± 2.1, sog. fr. T_3 - ^{125}J = 17.5 ± 2.5) und hyperthyreote Patienten (N = 18, PB ^{127}I = 11.11 ± 3.3, sog. fr. T_3 - ^{125}J = 34.4 ± 8.6). Bei Hyperthyreose (Abb. 1) erniedrigte PGM-Aktivität (Glycogenolyse) und erhöhte GAPDH (Glycolyse), HK (Glucosephosphorylierung) und G-6-P DH (direkte Glucoseoxydation) erscheinen unverändert. PEP-CK (Gluconeogenese), bei Hypothyreose vermindert, bei Hyperthyreose erhöht, möglicherweise in Zusammenhang mit erhöhtem effektivem Cortisolspiegel (Hypothyreose: fluorimetrisches Serum-Cortisol = 17.4 ± 2.7 µg ./., sog. fr. Cortisol = 13.1 ± 3.5 ./.; Hyperthyreose: S.-Cortisol: 15,0 ± 6.4 µg ./., sog. fr. Cortisol 16.9 ± 8.9 ./.) und der verminderten Insulinempfindlichkeit (i.v. Glucose-Belastung bei Hyperthyreose (4).

Enzymaktivitäten des Citratcyclus mit Nebenwegen unverändert (CE, T-IDH, GOT, MDH, SDH).
ME bei hyperthyreoten Patienten erhöht. HAD (Fettsäureoxydation) unverändert. CAT (extra-intramitochondrialer Acetyltransport) bei Hyperthyreose erhöht. Überraschenderweise ist d. Aktivität d. GP-OX bei hyperthyreoten Patienten nicht erhöht. Bei Hyperthyreose kein Aktivitätsanstieg der GP-OX. Rückschlüsse aus Befunden an der Rattenleber (starke Erhöhung der GP-OX) sind im Falle der menschlichen Hyperthyreose nicht zulässig.

Abkürzungen

PGM (Phosphoglucomutase EC 2.7.5.1), HK (Hexokinase EC 2.7.1.1), G-6-PDH

* Mit Unterstützung d. DFG, SFB 51 München. K. GERBITZ, Konstanz, danken wir für die überlassenen CAT-Werte.

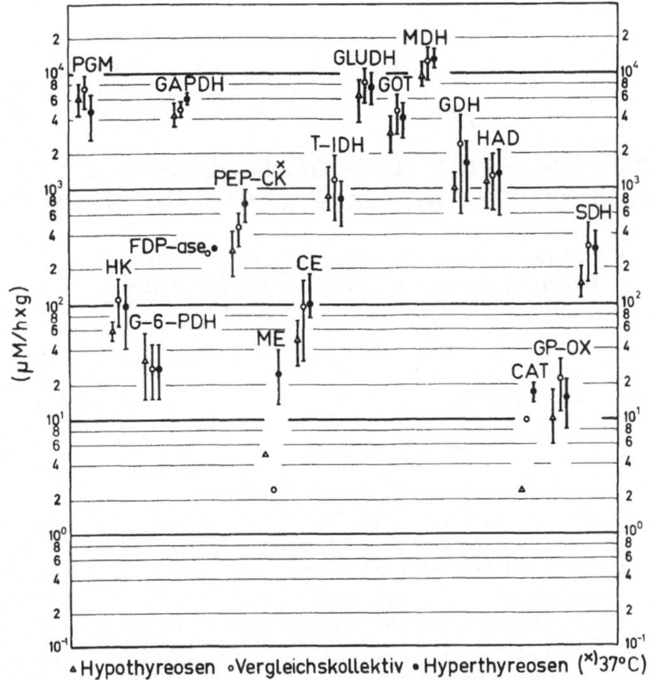

Abb. 1. Enzymaktivitäten in menschlichen Leberstanzzylindern

(Glucose-6P DH EC 1.1.1.49), GAPDH (Glycerinaldehyd-3P DH EC 1.2.1.12), FDP-ase (Fructosediphosphatase EC 3.1.3.11), PEP-CK (PEP-Carboxykinase EC 4.1.1.31), ME(Malic enzyme EC 1.1.1.40), CE (condensing enzyme EC 4.1.3.7), T-IDH (TPN-spez. Isocitrat DH EC 1.1.1.42), GLUDH (Glutamat DH EC 1.4.1.2), GOT (Aspartataminotransferase EC 2.6.1.1), MDH (Malat DH, EC 1.1.1.37), GDH (Glycerin-1P DH EC 1.1.1.8), HAD (3-Hydroxyacyl-CoA DH EC 1.1.1.35), CAT (Carnitin acetyltransferase EC 2.3.1.7), GP-OX (Glycerol-P DH EC 1.1.99.5), SDH (Succinat DH EC 1.3.99.1).

Literatur

1. Lee, Y. P., Lardy, H. A.: J. Biol. Chem. 240, 1427 (1965).
2. Pette, D.: Prakt. Enzymologie, ed. by. F. W. Schmidt, Bern, Stuttg.: Huber 1968, Vol. 1
3. Bachmaier, B., Diss. Univ. München, 1970.
4. Dieterle, P., Bottermann, B., Landgraf, R., Schwarz, K., Scriba, P. C.: Med. Klin. 64, 489 (1969).

Symp. Dtsch. Ges. Endokrin. 16, 332-334 (1970)

Kombination von Schilddrüsenüberfunktion und primärer Nebennierenrindeninsuffizienz

Combination of Thyroid Hyperfunction and Primary Adrenal Cortical Insufficiency

H.-D. ZIMMERMANN und J. KRACHT

Pathologisches Institut der Universität Gießen, Lehrstuhl I

Mit 1 Abbildung*

Summary

An 18-year-old girl, partially thyroidectomized because of GRAVES' disease 2 years ago, was treated under the diagnosis Anorexia nervosa. At autopsy primary "cytotoxic" atrophy of the adrenal cortex was found. The anterior hypophysis showed hyperplasia of S- and R-cells and hyalinization in some S-cells (S_2-type). In the parotid gland myoepithelial sialadenitis as seen in SJÖGREN's syndrome was found.

Die Kombination Hyperthyreose - primäre Nebennierenrindeninsuffizienz ist überzufällig häufig (1,2). Beide Endokrinopathien können gleichzeitig bestehen oder aufeinander folgen. Bisher liegen dazu nur wenige, meist inkomplette morphologische Befunde vor.

Fallbericht

18-jähriges Mädchen. Mit 15 Jahren medikamentöse Therapie, mit 16 Jahren partielle Thyreoidektomie wegen Morbus Basedow mit der klassischen Symptomen-Trias. Histologie: Stark thyreotrop aktivierte diffuse Struma. Postoperativ Rückbildung der Symptome. 2 Jahre später Kachexie. Asthenie, Hypotonie. Sekundäre Amenorrhoe. Excikose. Uncharakteristische fleckige Hautpigmentierung. Bis zum Tode psychotherapeutische Behandlung unter der Diagnose "Anorexia nervosa mit sekundärer pluriglandulärer endokriner Insuffizienz". Keine Hormontherapie. Zuletzt krampfartige Oberbauchbeschwerden, Erbrechen, Angstträume. Tod nach plötzlichem Temperaturanstieg.

Radiojodstudium (17 Tage a.e.): ^{131}J-Aufnahme der Schilddrüse: 2/48 h: 31/81%. Radioaktivität des Serums nach 48 h:1,07%. PBJ:2,4 gamma%. Grundumsatz: -8%. Cholesterin:162 mg.17-OH-Cortico- und 17-Keto-Steroidausscheidung stark vermindert. Gonadotropine im 24-h-Urin unter 3 HMGE.Blutzucker normal.

Morphologische Befunde

Zusammen 8,11 g schwere, stark aktivierte Schilddrüsenreste mit herdförmigen Rundzellinfiltraten (keine Struma lymphomatosa!). Links 0,68 g, rechts 0,87 g schwere Nebennieren mit dem Spätstadium der sog. cytotoxischen Rindenatrophie. Keine Rindenregenerate. Rundzellinfiltrate im intakten Mark. Ovar: Primär-, einzelne rückgebildete Sekundärfollikel; Corpora fibrosa. Uterus- und Tubenschleimhaut atrophisch. Milchdrüsen hypoplastisch. Hypophyse (Perameisensäure-Alcianblau-PAS-Orange G): Hyperplasie schwach granulierter plasmareicher R-Zellen mit großen aufgelockerten Kernen. Darunter sind einzelne Grüppchen besonders umfangreicher Varianten, die in entgranulierten Plasmaanteilen noch feine eosinophile Körnelung erkennen lassen (CROOKE-RUSSELL-Zellen). Daneben besteht eine Hyperplasie von S-Zellen: Neben typischen S_2-

* s. Anhang S. 474

Zellen und kleineren, unregelmäßig gestalteten S_1-Zellen sind verschiedene andere Spielarten des S-Zellenpotentials (große türkisfarbene oder hellblaue S-Zellen) vermehrt. Verstreut liegen einige hyalinisierte Zellen vom S_2-Typ mit oder ohne Restgranula, z.T. mit Vakuolisierung in Kernnähe, häufig mit Kernpyknosen (Abb. 1). Acidophile Zellen sind an Zahl und Größe vermindert. Hinterlappen unauffällig.
Parotis: Sog. myoepitheliale Sialadenitis wie bei Sjögren-Syndrom. Dichte, teils auf das Parenchym übergreifende periduktuläre lymphocytäre Infiltrate der Glandula submandibularis. Hyperplastischer Thymus (13,75 g) mit breiter Rinde und zahlreichen Hassal'schen Körperchen. Hyperplasie des lymphatischen Apparats. Ulceröse Proktitis.

Diskussion

Die Kombination Morbus Basedow - Morbus Addison, erstmals von Rössle (1914) beschrieben und zunächst nur in wenigen Fällen gesichert, konnte in den letzten Jahren häufiger diagnostiziert werden. Abgesehen von 16 unterschiedlich gut belegten Fällen der Mayo-Klinik (2), in denen überwiegend die Hyperthyreose voranging, ist nach den übrigen ca. 38 publizierten Fällen eine bevorzugte Reihenfolge der Erkrankungen nicht erkennbar. Morphologisch zeigt die Nebenniere gewöhnlich eine entzündliche Rindenatrophie (Fälle mit NN-Tbc:(4,10)), die Schilddrüse das Bild der diffusen Struma parenchymatosa (toxisches Adenom: (7,8)). Die Hypophyse wurde fünfmal unter Anwendung heute veralteter Färbemethoden untersucht (3,10,11,5). Zum Verständnis der R-Zellenhyperplasie des eigenen Falles ist zu erwähnen, daß in R-Zellen nach bisherigem Wissen ACTH gebildet wird. In S-Zellen wurden immunhistologisch LH und FSH nachgewiesen, während die Bildung von TSH im gleichen Zellpotential noch ungenügend gesichert ist (s.(13)). S-Zellen vom S_2-Typ werden in verschiedenen Varianten in adenomatöser oder diffus-hyperplastischer Form bei primärem Myxödem gefunden. Sie sind bei Hyperthyreose gewöhnlich vermindert (9). R- und S-Zellen-Hyperplasien fanden wir sonst bei der Kombination Hashimoto-Struma - primäre Nebennierenrindenatrophie (Schmidt-Syndrom),aber auch bei primärem Morbus Addison alleine. Hyalinisierte S-Zellen, die wir zahlreicher bei Fällen mit Thyreotoxikose fanden, wurden u.W. bisher nicht beschrieben. Sie stellen offenbar eine Parallele zur hyalinisierten R-Zelle (Crooke-Zelle) bei Hypercortisolismus dar. Die Hyalinisierung von S-Zellen bei Störungen der Schilddrüsenfunktion kann als Argument für die Annahme der TSH-Bildung in diesem Zelltyp gelten. Unter Berücksichtigung der pathogenetischen Rolle des LATS bei der Hyperthyreose sind auch die übrigen Befunde an S_2-Zellen mit dieser Hypothese vereinbar. Die mäßige S_2-Zellenhyperplasie im vorliegenden Fall ist mit den auf längere Zeit erhöhten Plasma-TSH-Werten nach partieller Thyreoidektomie wegen Morbus Basedow (6) korrelierbar. Eingehende Untersuchungen zur Ätiologie der Doppelendokrinopathie fehlen. Die sog. cytotoxische NNR-Atrophie ist vermutlich autoimmuner Natur. Bei M. Basedow ist überwiegend LATS, Immunglobulin vom Typ IgG, nachweisbar. Möglicherweise liegen hier Antikörper gegen Schilddrüsen- und NNR-Gewebe vor, die mit der Überfunktion des einen und Unterfunktion des anderen Organs einhergehen. Bekannt wurde die zusätzliche Kombination mit Diabetes mellitus und - in einem Fall - mit hämolytischer Anämie (5). Zur myoepithelialen Sialadenitis des eigenen Falles interessieren Befunde von Blizzard u. Kyle (1963), die bei 8 von 36 Addison-Kranken mit Nebennierenantikörpern Antikörper gegen Speicheldrüsenausführungsgänge fanden.

Literatur

1. Frederickson, D. S.: J. clin. Endocr. 11, 760 (1951).
2. McConahey, W. M., Myers, W. R., Gastineau, C. F.: Acta endocr. (Kbh.) Suppl. 51 (1960) - Mayo Clin. Proc. 39, 939 (1964).
3. Rössle: Verh. dtsch. Ges. Path. 17, 220 (1914).
4. Löffler, W.: Z. klin. Med. 90, 265 (1921).

5. Klaassen, C. H. L., van Dommelen, C. K. V., van Unnik, J. A. M.: Acta med. scand. 180, 289 (1966).
6. Lemarchand-Bérauld, Th., Scazziga, B. R., Vanotti, A.: Acta endocr. (Kbh.) 62, 593 (1969).
7. Gabrilove, J. L., Weiner, H. E.: J. clin. Endocr. 22, 795 (1962).
8. Kappeler, H. J.: Helvet. med. Acta 32, 435 (1965).
9. Murray, S., Ezrin, C.: J. clin. Endocr. 26, 287 (1966).
10. Järvinen, K. A. J.: Ann. med. fenn. 42, 96 (1953).
11. Houston, J. C., Price, T. M. L.: Guy's Hosp. Rep. 97, 254 (1948).
12. Blizzard, R. M., Kyle, M.: J. clin. Invest. 42, 1653 (1963).
13. Kracht, J., Hachmeister, U.: Symp. dtsch. Ges. Endokr. 15, 200 (1969).

Symp. Dtsch. Ges. Endokrin. 16, 335-336 (1970)

Die Amyloidosen der Schilddrüse

Amyloidoses of the Thyroid

D. MÜLLER, H.-D. ZIMMERMANN und J. KRACHT

Pathologisches Institut der Universität Gießen, Lehrstuhl I.

Summary

Among all endocrine glands the thyroid in particular is involved by amyloid. A case of amyloid goitre as an exceptional and rare form of secondary amyloidosis is described. Classification of thyroid amyloidosis and the pathogenesis of amyloid, especially in medullary carcinoma of the thyroid, are discussed.

Unter den endokrinen Drüsen bietet die Schilddrüse das vielfältigste Spektrum an Amyloidablagerungen, welche sich vom lokalen Amyloid beim C-Zellen-Carcinom über jene wechselnden Intensitätsgrade bei generalisierten, perireticulären und perikollagenen Amyloidosen bis zur Struma amyloides (lipomatosa) erstrecken.

Die quantitativ geringste Beteiligung der Schilddrüse bei generalisierter Amyloidose besteht im Befall lediglich der Gefäße, je nach dem Typ der Erkrankung perikollagen oder perireticulär. In fortgeschrittenen Fällen finden sich jeweils darüberhinaus diffuse Amyloidablagerungen zwischen den Schilddrüsenfollikeln. Adenomatöse Parenchymbezirke zeigen oft besonders starke Amyloidanhäufungen, vor allem im Zentrum der Adenomknoten. Dabei kann das extraadenomatöse Schilddrüsengewebe nur sehr wenig betroffen sein.

Die sog. Struma amyloides imponiert morphologisch als besondere Variante der Schilddrüsenamyloidosen, entwickelt sich jedoch immer im Verlauf einer generalisierten (perireticulären) Amyloidose. Sie wurde bisher in 35 Fällen beschrieben. Unter diesem Begriff werden Schilddrüsenamyloidosen zusammengefaßt, die mit rapidem, tumorförmigem Wachstum der Schilddrüse einhergehen und häufig zur klinischen Verdachtsdiagnose "Struma maligna" Anlaß geben.

Fallbericht

61-jährige Frau mit chronischer, mehrfach exacerbierter Lungentuberkulose, bei der sich eine rasch zunehmende Schilddrüsenvergrößerung mit erheblichen Schluckbeschwerden, Stridor und Heiserkeit entwickelt hatte. Klinisch bestanden die Zeichen einer Hyperthyreose. Grundumsatz: +54%, Serum-Cholesterin: 180 mg%.PB^{127}J: 15,9 gamma%.J^{131}-Aufnahme der Schilddrüse: 39% nach 24 h, 41% nach 48 h. Radioaktivität des Serums nach 48 h: 0,69%/1. Bei der Interpretation dieser Befunde ist die kurzzeitige Einnahme eines jodhaltigen Medikamentes zu berücksichtigen. Wegen eines schlechten Allgemeinzustandes wurde eine Radiojod-Behandlung und 2 Monate später die subtotale Thyreoidektomie durchgeführt.

Die auffallend brüchige, diffuse Struma zeigt histologisch massive Amyloidablagerungen, die die Follikel weit auseinanderdrängen und die interstitiellen Bindegewebsstrukturen maskieren. Auffallend ist eine stärkere Fettgewebsentwicklung im Interstitium, die dieser Struma auch den Zusatz "lipomatosa" eingebracht hat. Stellenweise sind dem Amyloid mehrkernige Riesenzellen angelagert. Das Follikelepithel ist flachkubisch, das Kolloid spärlich und dünn, einige Follikel sind atrophisch. Kein Anhalt für thyreotrope Stimulierung. Geringe Amyloidablagerungen in der Rectumschleimhaut zeigten, daß die hier vorliegende Amyloidstruma in den Rahmen einer generalisierten Amyloidose einzuordnen ist. Die bei Struma amyloides relativ häufig bestehenden Zeichen einer Hyperthyreose werden meist im Sinne eines zufälligen Zusammentreffens gedeutet (Hunter et al. 1968).

Pathogenetisch am schwersten zu interpretieren ist das lokale Amyloid im C-Zellen-Carcinom und in dessen Metastasen. Die Überfunktion der C-Zellen kann die lokale Amyloidbildung nicht erklären. So fanden wir beim primären Hyperparathyreoidismus mit kompensatorischer C-Zellen-Hyperplasie keinen Anhalt für Amyloid. Offenbar ist die lokale Amyloidentwicklung paraneoplastisch, d.h. in enger Beziehung zum Tumorstoffwechsel zu verstehen. Lindsay (1968) fand in spontanen Schilddrüsen-Tumoren der Ratte, die den medullären Schilddrüsen-Carcinomen vergleichbar sind, Amyloid nur, wenn Malignitätszeichen vorlagen. Unklar ist besonders, ob die Carcinomzellen selbst Amyloid produzieren oder lokal im RES Amyloidbildung induzieren. Für eine wichtige Rolle des lokalen RES sprechen die Befunde von Kozlowski et al. (1969), die in Tumorgrenzzonen vermehrt lympho-reticuläres Gewebe und in tumorfreien, aktivierten, regionären Lymphknoten geringe Amyloidablagerungen nachweisen konnten. Demgegenüber betont Baillif (1969) nach Untersuchungen an amyloidbildenden Tumoren der Maus die Diskrepanz zwischen der Anzahl der lokalen RES-Zellen und der Menge und Verteilung des Amyloids. Diese Diskrepanz ist auch für das C-Zellen-Carcinom auffällig. Elektronenmikroskopische Untersuchungen ergeben keinen endgültigen Aufschluß zur Frage der Amyloidbildung in Tumorzellen. (Meyer 1968; Hachmeister und Zimmermann 1970). Auf Parallelen zum Insulom des Pankreas wurde bereits hingewiesen (Steiner 1969, Zimmermann und Kracht 1969). Bemerkenswert ist, daß beide Tumoren Polypeptid-Hormone bilden und sich vom sog. Apud-Zellsystem herleiten.
peptid-Hormone bilden und sich vom sog. Apud-Zellsystem herleiten.

Literatur

1. Hunter, W. R., Mc Dougall, C. D. M., Evans, R. W.: Brit. J. Surg. 55, 12/885 (1968).
2. Hachmeister, U., Zimmermann, H.-D.: Verh. dtsch. Ges. Path. 54, 371 (1970).
3. Lindsay, ST., Nicholas, C. W., Chaikoff, I. L.: Arch. Path. 86, 353 (1968).
4. Kozlowski, H., Hrabowska, M., Halgas, W.: Arch. Geschwulstforsch. 34, 197 (1969).
5. Baillif, R. N., Jones, E. L., Luke, A. B.: Exp. molec. Path. 11, 224 (1969).
6. Svalander, Ch., Ahrén, Ch.: Zbl. Path. 110, 555 (1967).
7. Meyer, J. S.: Cancer 21, 406 (1968).
8. Steiner, H.: Virchows Arch. Abt. A.Path. Anat. 348, 170 (1969).
9. Zimmermann, H.-D., Kracht, J.: Symp. dtsch. Ges. Endokrin. 15, 402 (1969).

Symp. Dtsch. Ges. Endokrin. 16, 337-339 (1970)

Experimentelle Befunde zur Funktion der C-Zellen bei gestörtem Calciumstoffwechsel

Experimental Studies on the Function of C-Cells in Impaired Calcium Metabolism

H. LIETZ und E. ALTENÄHR

Pathologisches Institut der Universität Hamburg

Mit 2 Abbildungen

Summary

The mitotic activity of thyroid C-cells in the rat was studied by ^{3}H-thymidine autoradiography. The influence of low calcium diet, of low calcium and low phosphorus diet, of PTH and glycerophosphate was investigated. The number of labelled C-cells corresponded neither to the level of serum calcium nor to that of serum phosphorus. Mitotic activity was stimulated by low calcium diet and suppressed by exogenous PTH and glycerophosphate. From the experiments we hypothesize that the physiological role of calcitonin might be inhibition of bone resorption under conditions of restricted calcium intake.

Die biologische Bedeutung des Calcitonins und damit die Funktion der C-Zellen ist noch ungeklärt. Die Unsicherheit in der biologischen Bewertung liegt zum Teil daran, daß Über- und Unterfunktionszustände dieser Zellen - wenn wir vom medullären Carcinom absehen - nicht sicher nachgewiesen sind. Im Tierexperiment treten bei gestörtem Calciumstoffwechsel charakteristische Veränderungen auf, welche die endokrinen Eigenschaften von Calcitonin demonstrieren (Übersicht bei Hirsch und Munson, 1969).

Die morphologisch faßbaren Veränderungen an C-Zellen der Ratte haben wir im Experiment nach folgenden Gesichtspunkten untersucht:

1. Vergleich des Calcitoningehaltes mit histochemischen Methoden.
2. Vergleich hinsichtlich funktionsbedingter Veränderungen der Ultrastruktur.
3. Vergleich des numerischen Zellwachstums auf Grund des ^{3}H-Index nach ^{3}H-Thymidinmarkierung in Autoradiogrammen.

Wir beschränken uns hier auf die Autoradiographiebefunde und möchten zur Diskussion stellen, ob Veränderungen des Tritium-Index eine Aussage zur endokrinen Leistung und Steuerung von C-Zellen erlauben.

In einer früheren Serie (Lietz und Donath, 1969) konnten wir keine Steigerung des Tritium-Index bei Hypercalciämie, dagegen aber bei Calcium-armer Diät nachweisen. Abb. 1 zeigt in Fortsetzung dieser Untersuchungen den Einfluß der Diät auf die Teilungsaktivität von C-Zellen und Nebenschilddrüsenzellen. Der stimulierende Effekt ist bei Calcium- und Phosphor-armer Diät nach 2 Wochen noch nicht nachweisbar. Abb. 2 zeigt, daß exogenes Parathormon in einer Dosierung, die in 6 Tagen zur fibrösen Osteoclasie mit reaktiver Osteosklerose führt, den Tritium-Index vermindert. Fe_{III}-Glycerophosphat soll nach Eder (1961) in dieser Dosierung zur Stimulierung und Hyperplasie der Nebenschilddrüsen führen. Dies ließ sich autoradiographisch nicht bestätigen. Bei intakten und bei parathyreoidektomierten Tieren senkt das exogene Phosphat die Teilungsaktivität von C-Zellen.

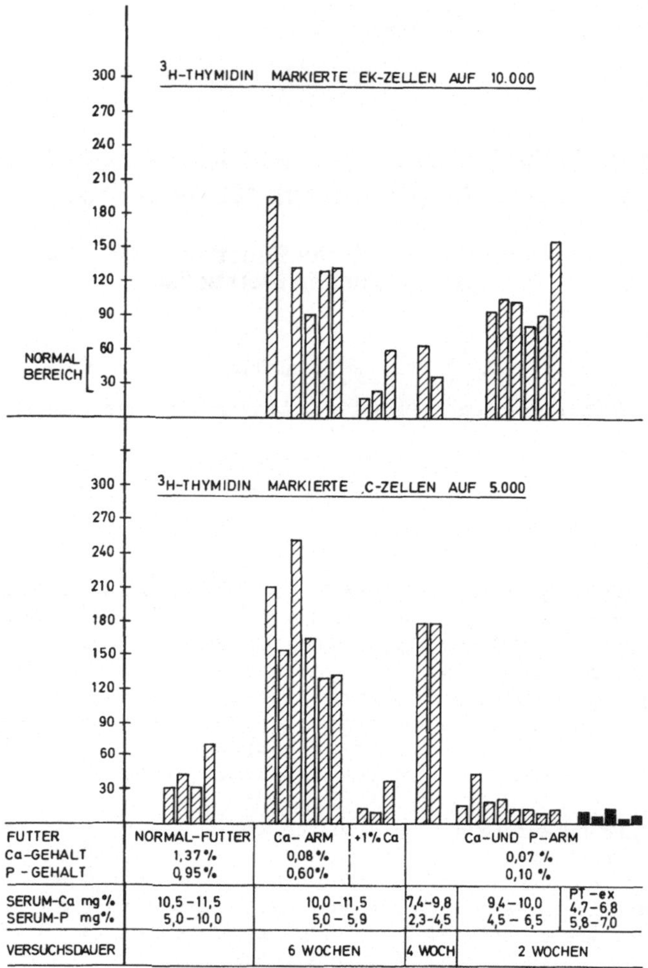

Abb. 1. Der Einfluß des Futters auf die Teilungsaktivität von Epithelkörperchen und C-Zellen. Die Werte eines Tieres sind untereinander dargestellt. PT-ex = parathyreoidektomiert

Wir fassen die Befunde wie folgt zusammen:

1. Im Gegensatz zum Epithelkörperchen wird das numerische Zellwachstum von C-Zellen nicht durch den Serum-Calcium- oder Serum-Phosphorspiegel reguliert.
2. Eine direkte funktionelle Kopplung von Epithelkörperchen und C-Zellen konnte nicht nachgewiesen werden.
3. Bei anhaltendem alimentärem Calciummangel wurde in der Rattenschilddrüse eine deutliche Steigerung der DNS-Synthese von C-Zellen als Ausdruck einer funktionellen Stimulierung beobachtet.

Auf Grund der Befunde kommen wir zu folgender Arbeitshypothese: Der Serum-Calciumspiegel ist der physiologische Sekretionsreiz für die C-Zelle. Im kurzfristigen Versuch ist die Calcitoninsekretion eine direkte Funktion des Serum-Calciumspiegels. Auch bei normo- und hypocalciämischen Bedingungen kann Calcitonin sezerniert werden und biologisch wirksam sein (Klein und Talmage, 1968). Vom Serum-Calciumspiegel unabhängig ist ein übergeordnetes Regulationsprinzip, welches die C-Zellen bei alimentärem Calciummangel stimuliert. Somit könnte eine physiologische Aufgabe des Calcitonins darin bestehen, den Knochen bei Calciummangelzuständen vor Entmineralisierung zu schützen.

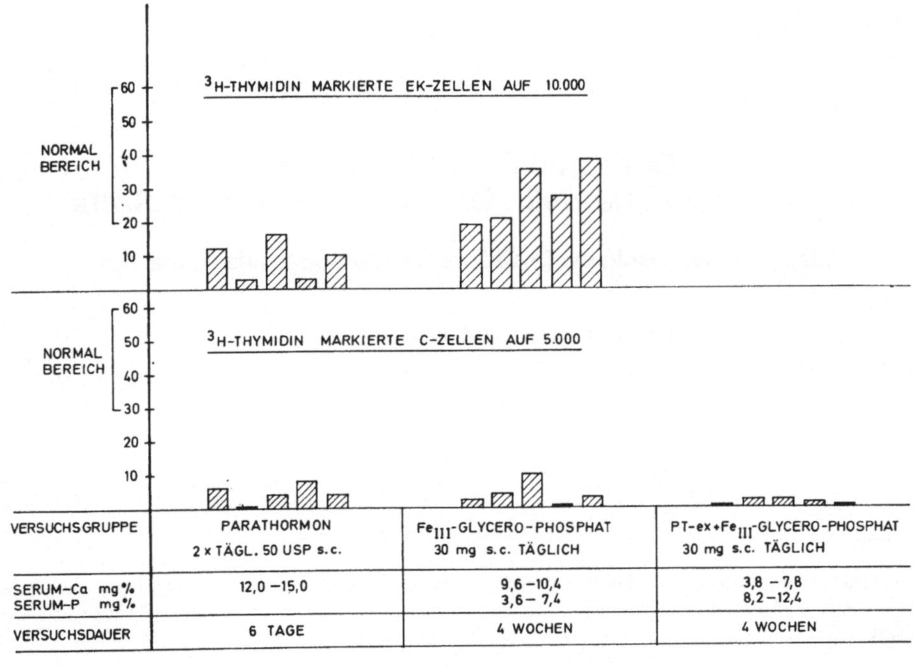

Abb. 2. Der Einfluß von exogenem Parathormon und Phosphat auf die Teilungsaktivität von Epithelkörperchen und C-Zellen. Die Werte eines Tieres sind untereinander dargestellt. PT-ex = parathyreoidektomiert

Literatur

Eder, M.: Experimentelle und histochemische Untersuchungen über herdförmige Hyperplasien im Epithelkörperchen. Virch. Arch. path. Anat. 334, 324-336 (1961).

Hirsch, P. F., Munson, P. L.: Thyrocalcitonin. Physiol. Rev. 49, 548-622 (1969).

Klein, D. C., Talmage, R. V.: Evidence for the secretion of thyrocalcitonin at normal and subnormal plasma calcium levels. Endocrinology 82, 132-136 (1968).

Lietz, H., Donath, K.: Cytochemical evidence for the presence of hormonal peptides in thyroid C-cells. In: Calcitonin. Proceedings of the Symposion on Thyrocalcitonin and the C cells. London 1969. London: William Heinemann Medical Books ltd. (in press).

Symp. Dtsch. Ges. Endokrin. 16, 340-342 (1970)

Der Einfluß von Calcitonin auf die experimentelle Osteoporose bei der Ratte

Effect of Calcitonin on Experimental Osteoporosis in the Rat

G. DELLING, S. BELLWINKEL und R. ZIEGLER

Abteilung für Endokrinologie und Stoffwechsel, Zentrum für Innere Medizin und Kinderheilkunde, Universität Ulm

Mit 1 Abbildung

Summary

In rats osteoporosis was produced by ovarectomy. Femur density was reduced. Dry weight and calcium content of the femora were decreased in relation to body weight. Calcitonin could not prevent these changes.

Die osteolysehemmende Wirkung des Calcitonins (CT) ließ eine günstige Beeinflussung von Osteoporosevorgängen durch Therapie mit diesem Hormon möglich erscheinen; Beobachtungen bei Osteoporosekranken unterstützten diese Annahme (Baud et al., 1969; Hioco et al., 1969; Milhaud et al., 1969). Am tierexperimentellen Modell der Kastrationsosteoporose (Saville, 1969) untersuchten wir den Einfluß einer CT-Langzeitbehandlung.

Methodik

16 weibliche Sprague-Dawley Ratten von 150 g wurden ovarektomiert; 8 Tiere erhielten täglich 200 MRCmE CT (Präparation nach Hirsch et al., 1964) in 5% Gelatine s.c. injiziert (Gruppe B), die anderen 8 ovarektomierten Tiere (Gruppe C) sowie 8 scheinoperierte Kontrolltiere (Gruppe A) erhielten nur das Lösungsmittel in 5% Gelatine. Die Ratten wurden nach 16-wöchiger Behandlung getötet und gewogen. An unentkalkten Knochenschliffen der 4. Schwanzwirbelkörper wurde das Spongiosavolumen mit dem Integrationsokular (Zeiss) histologisch bestimmt. Die linken Femora wurden unmittelbar nach der Präparation (Frischgewicht) sowie nach Entfettung (70% Äthanol; 100% Äthanol; Äther-Aceton 1:1) und Trocknung bei 100°C bis zur Gewichtskonstanz (Trockengewicht) gewogen. Die Femurvolumina ließen sich nach dem Archimedes'schen Prinzip bestimmen. Nach Veraschung bei 600°C wurde der Calciumgehalt der Knochenasche mit ÄDTA (Titriplex III, Merck) als direkte komplexometrische Titration gegen den Metallindikator Calcon-Carbonsäure (Merck) bestimmt.

Ergebnisse

Die Gewichtszunahme während des Versuchs betrug bei den ovarektomierten Tieren ohne CT 168 ± 7g und bei den ovarektomierten CT-behandelten Tieren 161 ± 10g und lag damit bei beiden Gruppen signifikant über der der Kontrollen mit 110 ± 6g. Das Spongiosavolumen der Wirbelkörper unterschied sich in den 3 Gruppen nicht. Die Absolutwerte der Frischgewichte, Trockengewichte und Volumina sowie des Calciumgehaltes der Femora zeigten beim Vergleich der 3 Gruppen keine statistisch signifikanten Unterschiede; jedoch war eine Tendenz zu erhöhten Volumina und zu erniedrigtem Femurcalciumgehalt in den Gruppen B und C zu erkennen (Abb.). Dagegen waren die Absolutwerte der Knochendichte

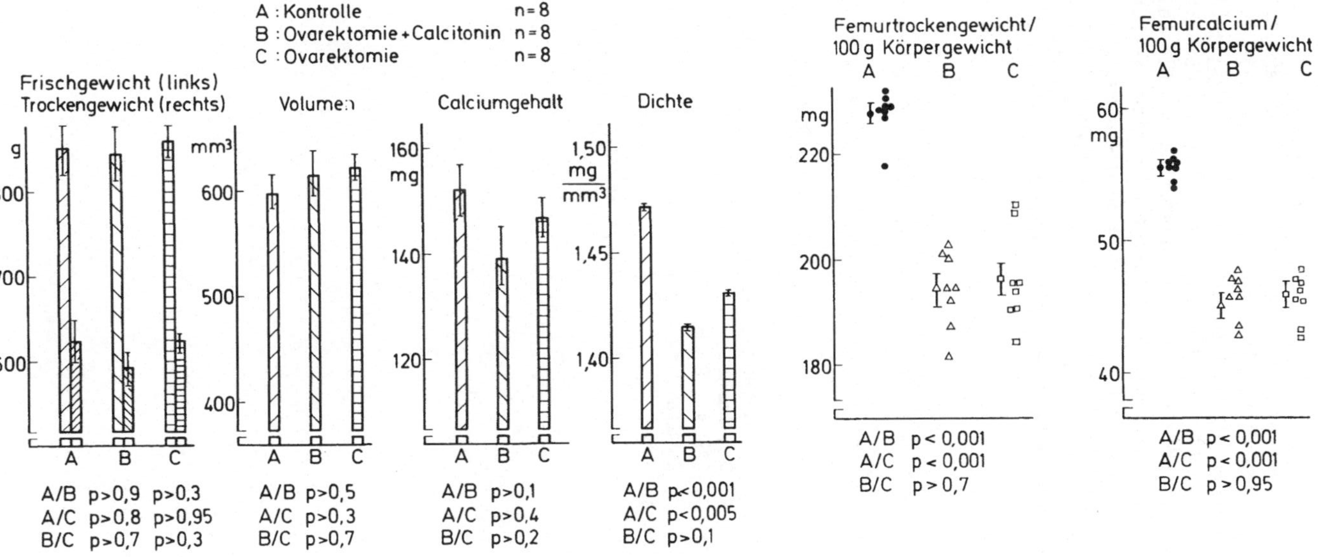

Abb. Parameter der Knochenanalyse bei scheinoperierten (A), ovarektomierten-CT-behandelten (B) sowie ovarektomierten-unbehandelten Ratten (C). Einzelheiten s. Text.

ebenso wie die relativen Werte von Femurtrockengewicht und Calciumgehalt (pro 100 g Körpergewicht) bei den ovarektomierten Gruppen unabhängig von der CT-Therapie signifikant erniedrigt (Abb.).

Diskussion

Der Begriff "Osteoporose" umfaßt eine Vielzahl pathogenetisch verschiedener Prozesse, denen eine Verminderung der Knochenmasse gemeinsam ist. Während Clark et al. (1968) 8 Wochen nach Kastration weiblicher Ratten keine faßbaren Knochenveränderungen sahen, fanden wir in Übereinstimmung mit Saville (1969) 16 Wochen nach Ovarektomie eine Osteoporose, die sich durch Abnahme der Knochendichte und eine relative Verringerung der Knochenmasse auszeichnete. Die Calcitonindauerbehandlung konnte die Entwicklung dieser Osteoporose nicht verhindern. Da die Tiere nicht parathyreoidektomiert waren, ist eine gegenregulatorische Stimulierung der Epithelkörperchen durch die CT-Gabe bei Gruppe B nicht auszuschließen; die Tendenz zu niedrigerem Calciumgehalt und geringerer Knochendichte im Vergleich zu Gruppe C läßt sich in diesem Sinne deuten.

Literatur

Baud, C. A., de Siebenthal, J., Langer, B., Tupling, M. R., Mach, R. S.: Schweiz. med. Wschr. 99, 657 (1969).

Clark, M. B., Pennock, J., Kalu, D. W., Bordier, Ph., Doyle, F. H., Foster, G. V.: Calcif. Tiss. Res. 2, Suppl. 18 (1968).

Hioco, D., Bordier, Ph., Miravet, L., Denys, H., Tun-Chot, S.: Symp. on Calcitonin and the C-Cells, London 1969. Heinemann, S. 514.

Hirsch, Ph. F., Voelkel, E. F., Munson, P. L.: Science 146, 412 (1964).

Milhaud, G., Moukhtar, M. S., Perault-Staub, A.-M., Ardaillou, R., Bloch-Michel, H., Coutris, G., Garel, J.-M., Job, J.-C., Klinger, E., Lambertz, J.-M., Sizonenko, P., Tubiana, M.: Symp. on Calcitonin and the C-Cells, London 1969. Heinemann, S. 182.

Saville, P. D.: J. Amer. Geriat. Soc. 17, 155 (1969).

Symp. Dtsch. Ges. Endokrin. 16, 343-344 (1970)

Histologisch-morphometrische Untersuchungen über die Wirkung von Calcitonin bei Skeleterkrankungen

Quantitative Histological Studies on the Effect of Calcitonin in Metabolic Bone Disease

A. J. OLAH, M. A. DAMBACHER, J. GUNCAGA und H. G. HAAS

Anatomisches Institut der Universität und Stoffwechselabteilung der Medizinischen Universitätsklinik Basel

Summary

19 subjects with a variety of metabolic bone diseases were treated over a period of 7 or 30 days with porcine or synthetic human calcitonin (CT). Iliac crest biopsies were obtained before and after treatment. Quantitative histological examination of undecalcified microtome sections revealed:
- divergent, unsystematic changes of osteoclastic bone resorption
- a significant decrease of the percentage of osteoid volume and
- correspondingly a significant fall of the skeletal calcium binding capacity
- effects pointing to an increased activity of the parathyroids which occured only after prolonged CT application.

These findings indicate that CT primarly enhances mineralisation, thus participating in calcium homeostasis.

Unsere Studie basiert auf Knochenbiopsien von 19 Individuen mit generalisierten Skeleterkrankungen. 15 Patienten erhielten während 7 Tagen 45-100 MRC Einheiten CT pro Tag, in 4 Fällen gaben wir täglich 90 Einheiten über 30 Tage. Zunächst wurde Schweine-CT verabreicht, seit der Verfügbarkeit von synthetischem menschlichem CT kam dieses zur Anwendung. Es sei vorweggenommen, daß wir zwischen den Wirkungen der beiden keinen Unterschied fanden. Von einem Teil des Kollektivs haben wir die Stoffwechsel- (2,4) und morphometrischen Befunde (5) bereits berichtet.

Vor und nach Behandlung wurden Beckenkammbiopsien entnommen und unentkalkte Mikrotomschnitte angefertigt. Die morphometrische Auswertung der gefärbten Präparate erlaubt eine quantitative Beurteilung der Umbauaktivität im Knochen anhand folgender Kriterien: Ausdehnung der osteoiden Säume, mit Osteoblasten bedeckte Trabekeloberfläche und prozentualer Anteil des Osteoidgewebes am gesamten Knochenvolumen als Parameter für den Knochenanbau, die Anzahl Osteoklasten pro Oberflächeneinheit (unser sog. Osteoklastenindex) und prozentualer Oberflächenanteil der Howship'schen Lakunen als Maß für die Knochenresorption.

Die Senkung des Serum-Calciums durch CT wird in der Literatur allgemein mit der Hemmung der osteoklastären Knochenresorption erklärt (3). Wider Erwarten waren die Veränderungen des Osteoklastenindex bei unseren 19 Patienten nach CT-Gabe recht unterschiedlich und erlauben keine Aussage. Wir nahmen deshalb an, daß beim Abfall des Serum-Calciums ein anderer Mechanismus im Spiel ist. Auf der Suche nach einem möglichen Substrat zeigte es sich, daß CT beim Patientenkollektiv ohne Mineralisationsstörung in jedem Fall zu einer Reduktion des prozentualen Osteoidanteils führte. Der mittlere Abfall des Osteoidvolumens war mit $p < 0{,}01$ statistisch signifikant. Im Anschluß an diese Beobachtung wurden Fälle von Osteomalacie mit und ohne sekundärem Hyperparathyreoidismus untersucht, bei denen primär eine massive Vermehrung des Osteoids zu erwarten ist. Trotz der kleinen Zahl der bis jetzt untersuchten 6 Fälle ist die Verminderung des Osteoidvolumens mit $p < 0.05$ signifikant.

Die Verminderung des nichtmineralisierten Knochengewebes bedeutet zugleich die Reduktion des wichtigsten Calciumfängers im Organismus. Entsprechend dieser Tatsache stellten wir durch Prüfung der Calciumbilanz vor und nach CT eine signifikant erniedrigte Calciumbindungsfähigkeit des Skelets fest.

In den über 30 Tage behandelten Fällen lassen die gefundenen Umbauwerte im Knochen auf eine Aktivitätssteigerung der Nebenschilddrüsen schließen.

Unsere Befunde deuten darauf hin, daß CT in erster Linie nicht ein Osteoklastenzügler ist, vielmehr beschleunigt es die Mineralisationsvorgänge im Knochen und wirkt, wie COPP (1) seinerzeit postulierte, als Regulator der Calciumhomeostase.

Literatur

1. Copp, D. H. et al.: Endocrinology 70, 638 (1962).
2. Dambacher, M. A., Haas, H. G.: Med. Klin 64, 496 (1969).
3. Forster, G. V.: New Engl. J. Med. 279, 349 (1967).
4. Haas, H. G. et al.: Calcif. Tiss. Res. Suppl. 2 (1968).
   Olah, A. J.: Verh. Schweiz Anat. 1968.

Symp. Dtsch. Ges. Endokrin. 16, 345-346 (1970)

Elektronen- und lichtmikroskopische Befunde an den Langerhans'schen Inseln nach Teilpankreatektomie*

Electron and Light Microscopic Findings on the Islets of Langerhans After Partial Pancreatectomy

MARX, M., W. SCHMIDT, R. GOBERNA und M. HERRMANN

Abteilung für Klinische Morphologie und Abteilung für Endokrinologie und Stoffwechsel der Universität Ulm

Mit 2 Abbildungen**

Summary

After subtotal pancreatectomy the amount of pericapillary connective tissue in the islets of Langerhans increases constantly and leads to the isolation of small groups of endocrine cells. The basement membranes of the endothelial cells of capillaries are enlarged. The morphological changes correspond exactly to the onset of manifest diabetes.

In den Langerhans'schen Inseln normaler Ratten ist der Bindegewebsanteil nur gering. Um die Inseln findet sich keine geschlossene bindegewebige Kapsel. Meist grenzen die endokrinen Zellen direkt an Acinuszellen an. Nur um die randständigen Capillaren ist bruchstückhaft eine Bindegewebskapsel vorhanden. Um die zentral gelegenen Capillaren finden sich gelegentlich Fibrocyten und kollagene Fasern, besonders da, wo die marklosen Nervenfasern verlaufen. Die endokrinen Zellen sind von den Capillaren nur durch einen schmalen, zellfreien Spalt getrennt. In diesem kann man außer den durchgehenden Basalmembranen der Endothel- und Inselzellen nur wenig fleckig angeordnetes, wenig elektronendichtes Material beobachten.

Nach subtotaler Pankreatektomie (FOGLIA 1944, 5% Pankreasrest) finden wir im Restpankreas erhebliche Abweichungen von diesem Zustandsbild. So ist 48 Tage p. Op. der Spalt zwischen endokrinen Zellen und Capillaren bereits vorbreitert und enthält mehr von dem vorher erwähnten, wenig elektronendichten Material. Dieses ist entweder diffus verteilt, sieht netzartig aus und ähnelt dem geronnenen Plasma in den Capillaren, oder es ist lamellenartig um die Capillaren herum angeordnet. Diese Lamellen können Kontakte zu den Basalmembranen der Insel- oder Endothelzellen aufnehmen. Außer diesem Material sind auch in zunehmender Zahl Gruppen feinerer und gröberer Fibrillen nachzuweisen.

Nach dem 60. Tag p. Op. nehmen die beschriebenen Veränderungen deutlich zu. Man kann jetzt größere Bündel kollagener Fasern mit typischer Periodik beobachten. Die Fasern können an einer Seite der Capillaren ganz fehlen, an anderen dagegen sehr zahlreich sein. Sie sind also nicht gleichmäßig stark im pericapillären Raum ausgebildet. Mit zunehmendem Abstand zur Operation scheinen manche Capillaren geradezu eingemauert, und ihr Lumen ist so eingeengt, daß es für Erythrocyten wahrscheinlich nicht mehr passierbar ist. Die Fibrocyten nehmen

* Mit Unterstützung durch die Deutsche Forschungsgemeinschaft
** s. Anhang S. 475

nicht nur an Zahl deutlich zu, sie weisen überdies Zeichen starker Aktivität auf. Besonders das ribosomenbesetzte Ergastoplasma ist vermehrt. In sehr dicken Bündeln kollagener Fasern können aber andererseits Fibrocytenanschnitte auffallend selten sein. In zunehmendem Maße treten auch unabhängig vom Verlauf der Capillaren kollagene Fasern gruppiert zwischen benachbarten endokrinen Zellen auf.

Bei den am 88. und 98. Tag p.Op. abgetöteten Tieren werden die Inseln von dicken Bindegewebssträngen zerteilt. Es kommt dabei immer mehr zur Isolierung von Zellgruppen und einzelnen endokrinen Zellen. Diese zeigen häufig Zeichen degenerativer Veränderungen bis hin zur völligen Auflösung. Dabei sind in den Bindegewebssepten oft intakt erscheinende Beta-Granula mit ihren membranösen Hüllen neben nicht mehr genau definierbaren Zellresten anzutreffen. In diesem Bereich findet man auch häufig Makrophagen und Glykogeneinlagerungen. In den späten Stadien weisen viele Capillaren eine deutlich verdickte Basalmembran auf. Beim diabetischen Hund findet sich diese Veränderung in fast allen Organen, wobei das Fettgewebe eine Ausnahme bildet (BLOODWORTH et al. 1969).

In allen Versuchsstadien finden sich aber auch vereinzelt Capillaren, die diese Veränderungen nicht aufweisen. Es spricht vieles dafür, daß es sich hierbei um neugebildete Capillaren handelt.

Wahrscheinlich führen die extreme Vermehrung des Bindegewebes sowie die Verdickung der Basalmembranen zu einer Erschwerung der Diffusion zwischen endokrinen Zellen und Capillarinhalt. Somit ist denkbar, daß die nekrotischen Veränderungen an den Beta-Zellen Folgen einer gestörten Diffusion sind. Dafür spricht, daß die beschriebenen morphologischen Veränderungen zeitlich eine gute Übereinstimmung mit dem von GOBERNA et al. (1969) nach subtotaler Pankreatektomie beschriebenen Auftreten eines manifesten Diabetes zeigen.

Literatur

Bloodworth, J. M. B. jr., Engerman, R. R., Powers, K. L.: Experimental diabetic microangiopathy. 1. Basement membrane statistics in the dog. Diabetes 18, 455-458 (1969).

Foglia, V. G.: Caracteristicas de la diabetes en la rata. Rev. argent. Biol. 20, 21-37 (1944).

Goberna, R., Fussgänger, R. D., Raptis, S., Ditschuneit, H., Pfeiffer, E. F.: Glybenclamid (HB 419) and the prediabetes of subtotally pancreatectomized rats. Horm. Metab. Res. 1, 175-177 (1969).

Symp. Dtsch. Ges. Endokrin. 16, 347-348 (1970)

Zur Beurteilung der endokrinen Zellen des Pankreas im elektromikroskopischen Bild*

Evaluation of Endocrine Pancreatic Cells in Electron Microscopy

MARX, M., W. SCHMIDT, M. HERRMANN und R. GOBERNA

Abteilung für Klinische Morphologie und Abteilung für Endokrinologie und Stoffwechsel der Universität Ulm

Summary

The results of our investigations concerning synthetizing and giving-off mechanism of insulin are discussed. There is large agreement with the two-compartment-theory of GRODSKY et al. Doubts are cast on the existence of emiocytosis and the nature of the so-called mixed endocrine exocrine cells.

Im elektronenmikroskopischen Bild zeigen die endokrinen Zellen der Langerhans'schen Inseln bei verschiedenen Versuchsbedingungen ein verändertes Aussehen. Will man jedoch von Veränderungen im Zellbild auf den Funktionszustand der endokrinen Zellen schließen, so ist folgendes zu beachten: Bei den Beta-Zellen wird oft versucht, von der Anzahl und dem Aussehen der Granula, welche nach allgemein akzeptierter Ansicht Insulin enthalten, auf den Funktionszustand der Zellen zu schließen. Mit den Granula allein wird aber sicherlich nur ein ganz bestimmter Teil des in der Zelle enthaltenen Insulins erfaßt. Der entweder frisch synthetisierte und noch nicht vom Golgi-Apparat zu Granula kondensierte Anteil oder das von den Granula bereits an die Zelle wieder abgegebene Insulin entziehen sich unserer Beobachtung. Hier handelt es sich nämlich um molekulare Strukturen außerhalb des Auflösungsvermögens des Elektronenmikroskops. Wie groß dieser Anteil ist, kann nur geschätzt werden. Daß er jedoch eine bedeutende Rolle spielt, geht aus folgendem unserer Versuche hervor: Bei subtotal pankreatektomierten Ratten (FOGLIA 1944, 5% Restpankreas) zeigen die Beta-Zellen am 15. Tag p.Op. ein sehr gleichförmiges Aussehen. Die Zellen sind wesentlich größer als normal und ihr Cytoplasma ist fast völlig von stark erweitertem, ribosomenbesetztem Ergastoplasma sowie gut entfalteten Golgi-Komplexen ausgefüllt. Endokrine Granula finden sich nur sehr selten. Die von GOBERNA et al. (1969) an diesen Tieren durchgeführten physiologischen Untersuchungen ergaben, daß die basale Insulinproduktion gegenüber den Normaltieren nur geringfügig herabgesetzt war, daß aber die intravenöse Glucosebelastung deutlich pathologisch ausfiel. Fünf Minuten nach der Glucoseinjektion war nämlich praktisch kein Anstieg des Insulins im Blut nachzuweisen.

Aus diesen Befunden kann der Schluß gezogen werden, daß Beta-Zellen, die fast keine Granula aufweisen, sehr wohl in der Lage sind, dauernd Insulin abzugeben (basaler Insulinspiegel). Dabei handelt es sich wahrscheinlich um kontinuierlich neu synthetisiertes Insulin. Der Anteil des gelösten Insulins, das in der Zelle vorliegt, kann mit morphologischen Methoden aber nicht bestimmt werden. Auf die Menge kann höchstens mittelbar aus dem Aussehen der Zellorganellen geschlossen werden. Daraus ergeben sich viele Möglichkeiten zu Fehlin-

* Mit Unterstützung durch die Deutsche Forschungsgemeinschaft

terpretationen. Daher sind der morphologischen Betrachtungsweise im Falle des Insulinsynthese- und -abgabemechanismus Grenzen gesetzt.

Andererseits ist es aber denkbar, daß bei plötzlichen stärkeren Glucosebelastungen auf in der Zelle gespeichertes Insulin zurückgegriffen werden muß. Das würde gut mit den Befunden von CURRY et al. (1969) am perfundierten Rattenpankreas und der darauf aufbauenden 2-compartment-Theorie von GRODSKY et al. (1969) übereinstimmen. Die Autoren glauben, daß für den ersten, nach Glucoseperfusion sehr schnell einsetzenden, aber nur kurz dauernden Insulinanstieg ein labiler, leicht mobilisierbarer Insulinanteil verantwortlich ist. Als solcher könnte das in gelöster Form in der Zelle vorliegende Insulin angesehen werden. Für den zweiten, zeitlich verzögerten Insulinanstieg soll zu einem beträchtlichen Teil Insulin in Frage kommen, das in der Zelle in Speicherform vorgelegen hat. Es ist naheliegend, dabei an die Granula zu denken.

Über die Art, wie Insulin bei Bedarf aus den Zellen abgegeben wird, herrschen verschiedene Ansichten. Der Auffassung einiger Autoren, daß Insulin in gelöster Form aus den Zellen abgegeben wird, hat LACY (1961) das Modell der Emiocytosis gegenübergestellt. Wir konnten aber bei gut fixiertem Material keine Bilder finden, die für letzteres sprechen. Wir fanden im Gegenteil, daß die Insulingranula in ihren membranösen Säckchen sehr resistent gegen eine physikalische Auflösung sind. So können bei untergehenden Beta-Zellen Granula auch dann noch weitgehend intakt aussehen, wenn vom übrigen Zellinhalt nur noch undefinierbare Reste vorhanden sind. Aufgrund von Messungen, die wir an den Granula und ihren Höfen vorgenommen haben, sind wir zu dem Schluß gelangt, daß die Beta-Zellen aktiv an einer Ablösung des Insulins aus den Granula beteiligt sein müssen. Hierin stimmen wir mit CREUTZFELDT et al. (1969) überein. So bleibt der Zelle eine Kontrollfunktion erhalten, die bei einer rein physikalischen Auflösung der Insulingranula außerhalb der Zellen entfallen würde.

Wir möchten hier nur noch ganz kurz auf die "Übergangszellen" eingehen. Solche sind in licht- und elektronenoptischen Arbeiten anderer Autoren wiederholt beschrieben worden. Mit zunehmendem Zeitabstand von der subtotalen Pankreatektomie finden zwar auch wir häufiger, bevorzugt am Inselrande, Zellen, die bezüglich ihrer Granula und ihrer Zellorganellen gleichzeitig den Acinus- und den Beta-Zellen zugeordnet werden könnten. Dabei waren aber häufig noch Bruchstücke von Zellmembranen neben sonstigen Zeichen degenerativer Veränderungen nachzuweisen. Wir halten sie deshalb für einen Ausdruck diabetesbedingter Zerstörungen von Zellstrukturen, nicht für funktionsfähige Neubildungen. Bezeichnend ist, daß zu dem Zeitpunkt, wo die sogenannten "Übergangszellen" am häufigsten zu beobachten sind, nämlich am 98. Tag p.Op., bei den Tieren keine basale Insulinsekretion mehr nachzuweisen ist.

Literatur

Creutzfeldt, W., Creutzfeldt, C., Frerichs, H., Perings, E., Sickinger, K.: The morphological substrate of the inhibition of insulin secretion by Diazoxide. Horm. Metab. Res. 1, 53-64 (1969).

Curry, D. L., Bennett, L. L., Grodsky, G. M.: Dynamics of insulin secretion by the perfused rat pancreas. Endocrinology 3, 572-584 (1968).

Foglia, V. G.: Caracteristicas de la diabetes en la rata. Rev. Soc. argent. Biol. 20, 21-37 (1944).

Goberna, R., Fussgänger, R. D., Raptis, S., Ditschuneit, H., Pfeiffer, E. F.: Glybenclamid (HB 419) and the prediabetes of subtotally pancreatectomized rats. Horm. Metab. Res. 1, 175-177 (1969).

Grodsky, G. M., Landahl, H., Curry, D., Bennett, L.: In vitro studies suggesting a two-compartmental model for insulin secretion. Vortrag, geh. beim Symposion on the Structure, Metabolism, and Function of the Pancreatic Islet. Umea: 17.-19. Febr. 1969. Centennial of Paul Langerhans Discovery.

Lacy, P. E.: Electron microscopy of the beta-cell of the pancreas. Amer. J. Med. 31, 851 (1961).

Symp. Dtsch. Ges. Endokrin. 16, 349-351 (1970)

Latenter Diabetes mellitus bei Meerschweinchen während der aktiven Immunisierung gegen Fremdinsulin

Latent Diabetes mellitus in Guinea-Pigs Induced by Active Immunization against Bovine Insulin

G. FREYTAG und B. MENKE

Pathologisches Institut der Universität Hamburg

Mit 2 Abbildungen

Summary

Guinea-pigs immunized against bovine insulin rapidly develop high antibody levels. Insulin-binding to lymphocytes can be shown to take place. The antibodies formed not only neutralize this heterologous insulin, but eventually also autologous guinea-pig insulin. The result is a moderate rise of the fasting blood glucose, a pathological reaction in the glucose tolerance test and a numeric hyperplasia of the islets of Langerhans. The antigen injection of bovine insulin finally results in a rise of blood-glucose.

Im Gegensatz zu anderen Tierspecies sollen Meerschweinchen während der aktiven Immunisierung gegen Rinderinsulin keine diabetische Stoffwechselstörung entwickeln. Wir untersuchten die Beziehung zwischen Antikörperbildung gegen Fremdinsulin und Bindung von autologem Insulin an 30 Meerschweinchen, denen im wöchentlichen Abstand 1 mg kristallines Rinderinsulin zusammen mit Freund'schen Adjuvans injiziert wurde. Bereits nach der zweiten Versuchswoche ließen sich präcipitierende Antikörper nachweisen. Die erzielten Insulinbindungskapazitäten lagen zunächst bei 6 E/ml mit geringer Streubreite. Mit zunehmender Versuchsdauer nahmen die Antikörpertiter und die Streubreite zu. Nach drei Monaten fanden sich Bindungskapazitäten von 3 und 16 E/ml. In der Immunelektrophorese ließen sich bei allen Tieren am Ende der Immunisierungszeit und abhängig von der Titerhöhe zwei charakteristische Präcipitationszonen nachweisen, die dem γM und dem γG-Bereich zugeordnet werden konnten. Die Abhängigkeit von der Titerhöhe und der Versuchszeit kam in einer Verlagerung der Immunglobuline zum Ausdrück. Es wurde eine Verstärkung der IgG und eine Abnahme der IgM gefunden.

Außer einer Bindung des Fremdinsulin an humorale Antikörper ließ sich bei den immunisierten Meerschweinchen eine erhebliche Bindung an Lymphocyten des Blutes, der regionalen Lymphknoten und der Milz nachweisen.

In Abb. 1 ist das Verhalten des Nüchtern-Blutzuckers im Versuchsverlauf dargestellt. Dabei wird deutlich, daß bei über 50% der Tiere Blutzuckerwerte über 160 mg% vorliegen. Bei 50 unbehandelten Vergleichstieren schwankten die Werte ziemlich eng zwischen 80 und 120 mg%. Keiner der Werte überschritt 140 mg%. Das gleiche gilt für Tiere, die Freund'sches Adjuvans allein erhielten. Demgegenüber fanden sich bei den injizierten Tieren Einzelwerte zwischen 120 und 210 mg%. Deutlicher tritt eine latente diabetische Stoffwechselsituation nach doppelter Glucosebelastung (je 1mg/g KG) hervor; 30 min nach der Injektion ist ein Blutzuckeranstieg auf Werte zwischen 220 und 260 mg% zu verzeichnen. Nach der 2. Injektion steigt der Blutzucker weiter an und bleibt über längere Zeit in dem überhöhten Bereich. Bei Normaltieren bewirkt die 1. Glucoseinjektion nur einen mäßigen Blut-

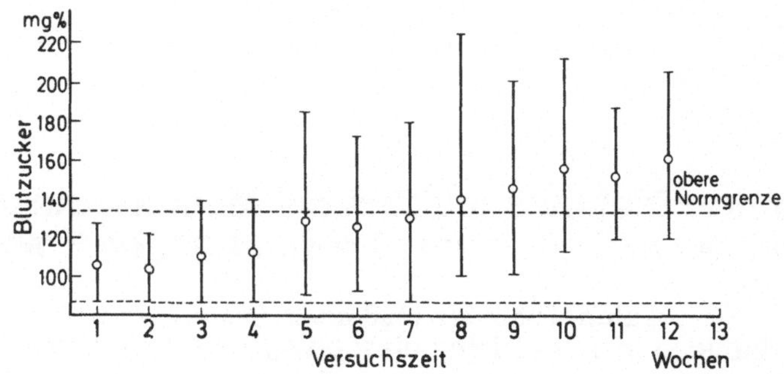

Abb. 1. Aktive Insulin-Immunisierung. Blutzuckerverlaufskurve (30 Tiere)

zuckeranstieg. Nach der 2. Injektion bleibt die Höhe des Blutzuckeranstiegs unter dem ersten Gipfel. Als weiterer Hinweis für einen erhöhten endogenen Insulinbedarf der Meerschweinchen ist der Befund an den Langerhans'schen Inseln zu bewerten. Bei allen Versuchstieren, die über längere Zeit immunisiert wurden, fällt im Schnittpräparat die große Anzahl der Inseln auf. In einem Feld von 3 x 3 mm wurden 25 bis 40 Inseln mit einem Durchmesser über 30 mμ gezählt. Bei unbehandelten Kontrolltieren und bei der Adjuvans-Gruppe lag der Wert dagegen bei etwa 15. Neber einer numerischen Inselhyperplasie wurde auch die Volumenzunahme von Einzelinseln gefunden. Durch Konfluenz benachbarter Inseln entstehen Riesen-inseln von über 500 mμ Durchmesser. Ferner ist eine Verschiebung der A:B-Relation zugunsten der B-Zellen festzustellen. Die B-Zellen besitzen eine normal ausgeprägte Granulierung.

Zu einem auffallenden Blutzuckerverhalten kommt es bei den Meerschweinchen nach der Antigeninjektion (Abb. 2). Bei 9 von 12 Tieren, die länger als 9 Wochen mit Rinderinsulin immunisiert worden waren, wurde die hormonelle Wirkung des zugeführten Insulins durch die Antikörper neutralisiert, und es kam zu keiner Blutzuckerreaktion. Bei einem Tier trat trotz nachweisbarer Serumantikörper

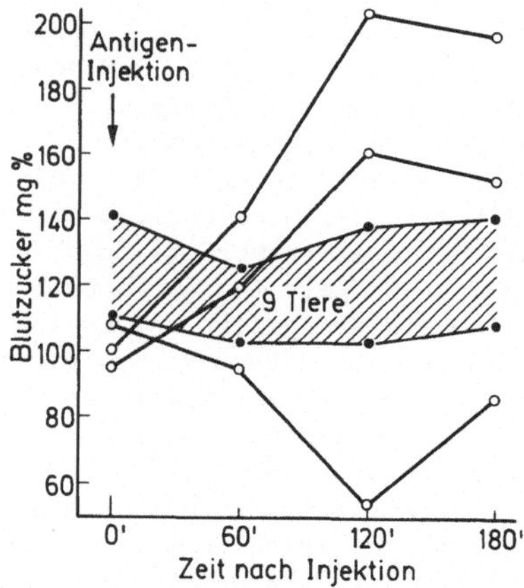

Abb. 2. Blutzuckerverhalten nach letzter Insulin-Injektion (Versuchszeit: 8 Wochen; 12 Tiere)

ein Blutzuckerabfall auf. Überraschend aber war das Verhalten von 2 Meerschweinchen, bei denen die Insulininjektion in paradoxer Weise zu einem Blutzuckeranstieg führte. Histologisch fand sich dann bei diesen Tieren eine fast vollständige Degranulierung der Inseln. Das paradoxe Blutzuckerverhalten kommt auch in den Mittelwertskurven nach Insulininjektion mit zunehmender Versuchsdauer zum Ausdruck. Während der ersten 4 Wochen trat ein typischer Blutzuckerabfall auf. Von der 6. bis 8. Woche blieb der Blutzucker trotz Insulingabe konstant. In der letzten Versuchsphase (8. - 12. Woche) hingegen wurde regelmäßig ein Anstieg gefunden. Wir deuten dieses paradoxe Verhalten als eine anaphylaktoide Reaktion in dem Sinne, daß größere Antikörpermengen durch die Antigen (Insulin)-Injektion freigesetzt werden und neben dem zugeführten exogenen Insulin auch das endogene Meerschweincheninsulin neutralisieren.

Symp. Dtsch. Ges. Endokrin. 16, 352-353 (1970)

Arginin-induzierte Sekretion von Insulin und Glucagon bei verschiedenen Diätformen

Arginine Induced Secretion of Insulin and Glucagon in Rats, Kept on Various Diets

H. LAUBE, R. FUSSGÄNGER, R. GOBERNA, K. SCHRÖDER, M. HINZ, K. STRAUB und E. F. PFEIFFER

Department für Endokrinologie und Stoffwechsel, Zentrum für Innere Medizin und Kinderheilkunde, Universität Ulm

Mit 1 Abbildung

Summary

Male Wistar rats were fed an isocaloric sucrose, starch and fat-rich diet. Arginine was given 0.5 g/kg, p/o and 50 mM on perfusion of the isolated rat pancreas. Insulin and glucagon were measured immunologically. Sucrose-fed rats showed in vivo a significant increase of insulin release and a prolonged hypoglycemia up to 45 min. On perfusion, arginine induced a biphasic insulin and glucagon release, much higher in sucrose-fed rats then in controls.

Verschiedene Befunde beim Menschen lassen vermuten, daß erhöhter Rohrzuckerkonsum für die Entstehung von Diabetes mellitus und Adipositas mitverantwortlich ist. 1. Voruntersuchungen bei Ratten ergaben, daß nach rohrzuckerreicher Diät basal wie auch reaktiv nach Glucosereiz ein erhöhter Insulinspiegel auftritt. Es erschien deshalb naheliegend, auch die Wirkung von Aminosäuren auf die Insulinsekretion bei verschiedenen Diäten in vivo und in vitro zu prüfen.

100 männliche Wistarratten gleichen Gewichtes wurden von der 3. Lebenswoche an für 3 Monate isocalorisch mit Fett, Reisstärke und rohrzuckerhaltiger Diät ernährt. In vivo-Untersuchungen wurden mit p/o Argininbelastung 0,5g/kg, durchgeführt und Insulin [2.], NEFA [3.] und Blutzucker [4.] nach 0,5,15,30 und 60 min gemessen. Zum Nachweis eines direkten pankreotropen Effektes wurde das isolierte Pankreas perfundiert, [5.] und nach Argininreiz mit 50 mM für 20 min, Insulin und Glukagon [6.] radioimmunologisch gemessen. In vivo kommt es bei rohrzuckerreicher Ernährung nach Arginin und Glucose zu einem signifikanten reaktiven Hyperinsulinismus. Vergleichsweise tritt eine hypoglykämische Wirkung auf. (Δ 20mg%), die auch 45 min nach Belastung noch nachweisbar ist. Bei Fett- und Reisstärkediät zeigt sich jedoch nach 30 min bereits eine geringe gegenregulatorische Hyperglykämie. Bei allen Diätformen ist eine Senkung der freien Fettsäuren nach Arginin zu beobachten. In vitro, am perfundierten Pankreas, kommt es nach Argininreiz zu einer biphasischen Sekretionsdynamik von Insulin und Glucagon. Die Sekretionsleistung des Organs lag bei rohrzuckergefütterten Tieren signifikant höher.

Bei der Beurteilung der in vivo-Befunde muß diskutiert werden: 1. Vermehrte Resorption von Glucose und Fructose bei Rohrzuckerdiät. 2. Vermehrte Freisetzung gastro-intestinaler Hormone mit pankreotroper Wirkung (Pankreozymin, Enteroglucagon, "TOT". [7.]) 3. Vermehrte Freisetzung intrapankreatischer Insulinstimulatoren (pankreatisches Glucagon). Auch bei den in vitro-Befunden liegt der Verdacht nahe, daß vermehrte und beschleunigte Freisetzung von Pankreasglucagon bei der Arginin-induzierten Insulinsekretion ursächlich beteiligt ist.

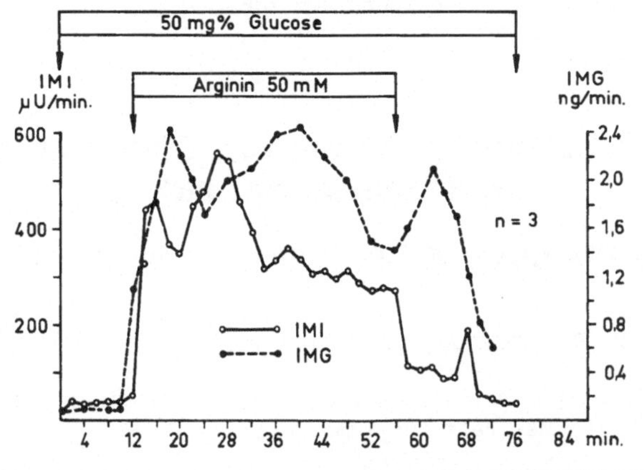

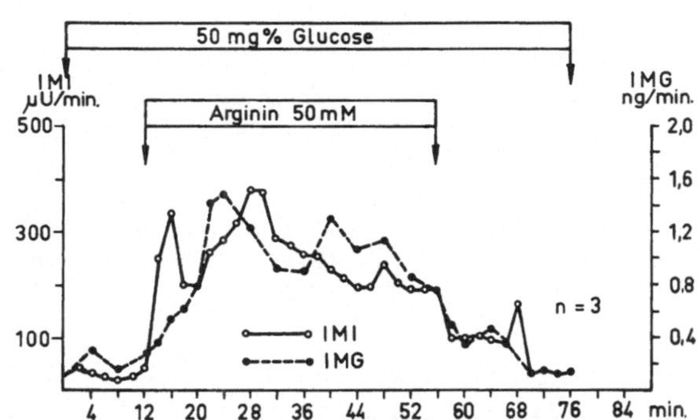

Abb. 1. Arginin-induzierte Insulin- und Glucagonsekretion des isolierten perfundierten Pankreas der Ratte nach rohrzucker- und stärkehaltiger Diät.

Literatur

1. Cohen, A. M., Teitelbaum, A.: Effect of dietary sucrose and starch on oral glucose tolerance and insulin like activity. Amer. J. Physiol. 206, 105 (1964).
2. Melani, F., Ditschuneit, K., Bartelt, M., Friedrich, H., Pfeiffer, E. F.: Über die radioimmunologische Bestimmung von Insulin im Blut. Klin. Wschr. 43, 1000 (1965).
3. Mc.Khee, A. J., Russel, A.: Effect of acute hypophysectomy and growth hormone on FFA-mobilisation in fasting rats. Endocrinology 83, 1162 (1968).
4. Stork, H., Schmidt, F. H.: Mitteilungen über eine enzymatische Schnellmethode zur Bestimmung des Blutzuckers in 5ul Capillarblut. Klin. Wschr. 789, 14 (1968).
5. Fussgänger, R., Goberna, R., Jaros, P., Schröder, K., Raptis, S., Pfeiffer, E.: Primary secretion of insulin and secondary release of glucagon from isolated perfused rat pancreas, following stimulation with pancreozymin. Horm. Metab. Res. 1, 224 (1969).
6. Heding, L. G.: The production of glucagon antibodies in rabbits. Horm. Metab. Res. 1, 87 (1969).
7. Moody, A. J., Markussen, J., Sundby, F., Steenstrup, C., Schaich-Fries, A., Agerbak, G. S.: Insulin releasing activities of extract of the pork intestinal tract. Diabetologia 1, 57 (1970).

Symp. Dtsch. Ges. Endokrin. 16, 354-355 (1970)

Kindliche Hypoglykämie Typ „Zetterström" I. Hormonelle Befunde *

Infantile Hypoglycemia "Zetterström" – I. Hormone Studies

H. U. TIETZE, R. P. ZURBRÜGG, K. A. ZUPPINGER, E. E. JOSS und H. KÄSER

Universitäts-Kinderklinik Bern sowie Stoffwechsel-Abteilung der Schweizerischen Zentrale für Tumorforschung Bern

Mit 1 Abbildung

Summary

In 8 patients suffering from infantile spontaneous hypoglycemia with lack of epinephrine response to induced hypoglycemia, immunoreactive serum insulin, human growth hormone and plasma cortisol were studied. Insulin levels were found within normal range under fasting conditions and after glucose or tolbutamide administration. Growth hormone showed, with one exception, a normal rise in insulin-induced hypoglycemia. In contrast, the increase of plasma cortisol in the insulin tolerance test was normal in only 4 of 15 tests performed.

Die normalerweise bei plötzlichem Blutzuckerabfall eintretende Adrenalin-Ausschüttung (4, 6) fehlt bei einem Teil der Kinder mit spontanen Hypoglykämien, wie BROBERGER, JUNGNER und ZETTERSTRÖM (1959) sowie andere (2, 3, 5) gezeigt haben. Die Bedeutung dieser mangelnden Reaktion des sympathischen Nervensystems für die Hypoglykämie der Patienten ist umstritten. Es wurden deshalb bei dieser Hypoglykämie-Form weitere, den Blutzucker regulierende Hormone untersucht.

Bei 8 Kindern im Alter von 2 - 6 Jahren mit spontanen Hypoglykämien vom Typ Zetterström wurden die Adrenalin-Ausscheidung im Urin (Trihydroxy-Indol-Methode), die Plasma-Glucose (enzymatisch), das immunoreaktive Serum-Insulin (IRI), das Wachstumshormon (radioimmunologisch) und das Plasma-Cortisol (fluorimetrisch) unter verschiedenen Belastungen gemessen.

Die Insulin-Spiegel lagen im Fastenzustand, nach Glucose- und nach Tolbutamid-Injektion im Normbereich. Allerdings war dabei der Insulin/Glucose-Quotient meist leicht erhöht. Das Wachstumshormon stieg während der Insulin-Belastung bei 7 der 8 Patienten normal an, bei einem Patienten kam es dagegen zweimal trotz eines niedrigen Ausgangswertes zu keinem STH-Anstieg. Auffallende Befunde ergab die Bestimmung des Plasma-Cortisols während der Insulin-Belastung: nur bei 4 von insgesamt 15 Belastungen stieg das Cortisol normal an, das heißt der Anstieg betrug mehr als 5 µg/100 ml, und es wurde ein Maximalwert von mehr als 21 µg/100 ml erreicht. Im Mittel lagen die erreichten

* "Ein Teil der Untersuchungen wurde mit Unterstützung des Schweizerischen Nationalfonds zur Förderung der wissenschaftlichen Forschung (Gesuch Nr. 4588) und der Fritz Hoffmann-La-Roche-Stiftung zur Förderung wissenschaftlicher Arbeitsgemeinschaften in der Schweiz durchgeführt."

Maximalwerte signifikant unter den entsprechenden Höchstwerten einer endokrinologisch gesunden Vergleichsgruppe (Abb. 1). Nach Synacthen kam es dagegen

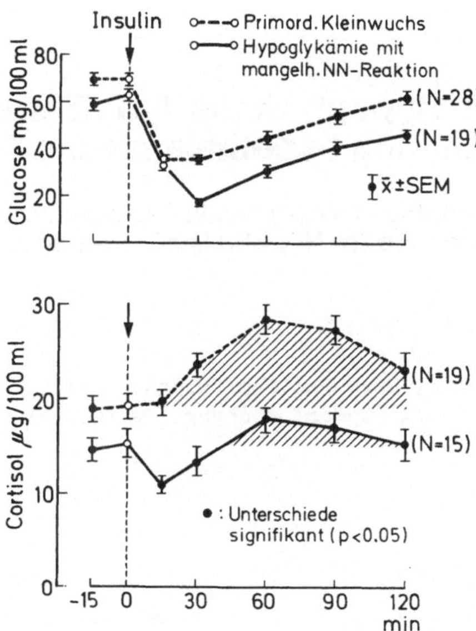

Abb. 1. Verhalten von Glucose (oben) und Plasma-Cortisol (unten) während der Insulin-Belastung. Mittelwertskurven von endokrinologisch gesunden Kindern (----) und von Kindern mit einer Hypoglykämie vom Typ Zetterström (———)

in allen Fällen und nach Vasopressin in 7 von 8 Fällen zu einem normalen Cortisol-Anstieg. Der Cortisol-Tagesrhythmus war biphasisch, seine Amplitude lag im Bereich der Altersnorm. Metopiron bewirkte eine quantitativ normale, zeitlich jedoch verzögert eintretende Zunahme der 17-OHCS im Urin.

Bemerkenswert erscheint die Beobachtung, daß nach Glucagon das Cortisol bei 3 Zetterström-Patienten im Gegensatz zu 3 Vergleichskindern nicht anstieg und daß die Adrenalin-Ausscheidung während dieser Belastung nur bei den Vergleichs-Kindern, nicht aber bei den Patienten zunahm.

Die aus den vorgelegten Befunden gezogenen Schlußfolgerungen werden im folgenden Referat erörtert.

Literatur

1. Broberger, O., Jungner, J., Zetterström, R.: J. Pediat. 55, 713 (1959).
2. --, Zetterström, R.: J. Pediat. 59, 215 (1961).
3. Brunjes, S., Hodgman, J., Nowack, J., Varner, J. J.: Am. J. Med. 34, 168 (1963).
4. von Euler, U.S., Luft, R.: Metabolism 1, 528 (1952).
5. Kinsbourne, M., Woolf, L. J.: Arch. Dis. Childh. 34, 166 (1959).
6. Wallace, J. M., Harlan, W. R.: Am. J. Med. 38, 531 (1965).

Symp. Dtsch. Ges. Endokrin. 16, 356-357 (1970)

Kindliche Hypoglykämie Typ „Zetterström" II. Hinweise für eine hypothalamische Dysregulation*

Infantile Hypoglycemia "Zetterström" II. Evidence for Hypothalamic Dysregulation

R. P. ZURBRÜGG, H. U. TIETZE, K. A. ZUPPINGER, E. E. JOSS und H. KÄSER

Universitäts-Kinderklinik, Bern und Stoffwechsel-Abteilung der Schweizerischen Zentrale für Tumorforschung, Bern, Schweiz

Mit 1 Abbildung

Summary

In some children with infantile hypoglycemia an independently impaired response of two counter regulatory hormones, namely epinephrine and cortisol, was found. It is suggested that the origin of the glucose dysregulation may be located in the hypothalamus (Fig. 1).

Bei einem Großteil unserer Patienten mit kindlicher Hypoglykämie vom Typ Zetterström konnten wir sowohl eine mangelhafte Reaktion der Nebennieren*rinde* als auch des Nebennieren*markes* nachweisen. Da enge Wechselbeziehungen zwischen beiden Nebennierenanteilen bekannt sind (1, 2, 3), galt es abzuklären, ob die beobachteten Störungen von Rinde und Mark voneinander abhängig sind.

Bei 11 von 15 Beobachtungen an Zetterström-Patienten kam es in der Insulin-induzierten Hypoglykämie nur zu einem ungenügenden Anstieg des fluorimetrisch bestimmten Plasmacortisols. Ungeachtet eines durchwegs mangelhaften Adrenalinanstieges im Urin erfolgte jedoch 4 x eine normale Cortisolausschüttung. Daraus geht *einerseits* hervor, daß die akute *Rinden*reaktion unabhängig von der *Mark*reaktion erfolgen kann. Andererseits konnte auch die Unabhängigkeit der *Mark*reaktion von der *Rinden*funktion nachgewiesen werden.

Zunächst gewährleistet ein normaler Cortisolanstieg, wie er bei einem kleinen Teil der Patienten zu beobachten war, noch keine Zunahme der Adrenalinausscheidung. Wurde zudem einem Zetterström-Patienten nach Insulin auch Vasopressin, zur endogenen ACTH-Freisetzung, verabreicht, so ließ sich wie beim Gesunden ein Cortisolanstieg herbeiführen; gleichwohl ließ sich keine Reaktion des Nebennierenmarkes erzwingen. Umgekehrt konnte zudem bei einem AGS, bei sekundärer Nebennierenrindeninsuffizienz und nach Hypophysektomie in der Insulin-induzierten Hypoglykämie ungeachtet einer gestörten Cortisolausschüttung ein normaler Anstieg der Adrenalinausscheidung beobachtet werden.

Eine gegenseitige Abhängigkeit der gestörten *Mark*- und *Rinden*reaktion scheint also nicht vorzuliegen. Vielmehr weist das gleichzeitige Vorkommen parallel geordneter Dysregulation von Mark und Rinde auf eine Störung übergeordneter Regulationszentren im Hypothalamus hin (Abb. 1).

---

*"Ein Teil der Untersuchungen wurde mit Unterstützung des Schweizerischen Nationalfonds zur Förderung der wissenschaftlichen Forschung (Gesuch Nr. 4588) und der Fritz Hoffmann - La Roche - Stiftung zur Förderung wissenschaftlicher Arbeitsgemeinschaften in der Schweiz durchgeführt."

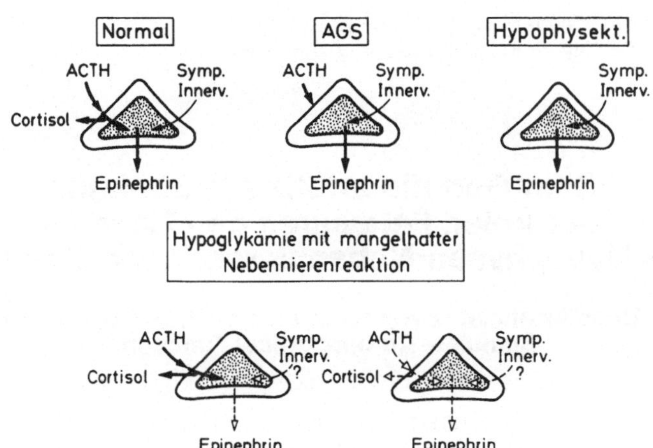

Abb. 1.

Weitere Hinweise sprechen für eine solche Annahme: ebenfalls mangelhafte Adrenalin- und Cortisolausschüttung während der Glucagonbelastung sowie ein pathologischer Metopirontest. Das fehlende Schwitzen spricht ebenfalls für eine zentral gestörte Sympathikusfunktion.

Es handelt sich fast ausschließlich um Mangel- oder Frühgeburten; die vermutete hypothalamische Störung könnte somit auf einem Prae- oder Perinatalschaden beruhen.

Literatur

1. Segre, E. J., et al: Acta endocr. (Kbh.) 53, 561 (1966).
2. Wurtmann, R. J.: Endocrinology 19, 608 (1966).
3. --, Axelrod, J.: J. Biol. Chem. 241, 2301 (1966).

Symp. Dtsch. Ges. Endokrin. 16, 358-360 (1970)

Stimuliert die artefizielle Senkung der freien Fettsäuren des Plasmas das Hypophysen-Nebennierenrinden-System?

Does Artefical Lowering of Plasma Free Fatty Acids Stimulate Adrenocortical Function?

G. GEYER und BRUNHILDE SOKOPP

I. Medizinische Abteilung des Kaiser Franz Joseph-Spitales der Stadt Wien und Laboratorium der I. Medizinischen Universitätsklinik Wien

Mit 1 Abbildung

Summary

Since lowering the blood sugar stimulates pituitary-adrenocortical function it was investigated whether lowering of plasma free fatty acids also exerts a similar effect. Plasma free acid concentration was lowered in a group of healthy subjects by administration of methylisoxazole-carbonic acid which acts as an inhibitor of adipose tissue lipolysis. While plasma free fatty acids decreased markedly during 6 hours after administration of methylisoxazole-carbonic acid, plasma cortisol concentration as well as blood sugar remained completely unchanged. This observation indicates that acute lowering of plasma free fatty acids does not stimulate adrenocortical function.

Die durch Insulin hervorgerufene Hypoglykämie stimuliert bei allen Species das Hypophysen-Nebennierenrinden-System und führt zu einem Ansteigen der Cortisolkonzentration im Plasma. Man kann darin eine sinnvolle Gegenregulation gegen die Hypoglykämie als Mangelzustand des energieliefernden Substrates Glucose sehen, denn Cortisol fördert die Gluconeogenese. Es schien von Interesse zu prüfen, ob auch der Mangel eines anderen energieliefernden Substrates, nämlich der freien Fettsäuren, ebenso wie die Hypoglykämie eine Notfallreaktion mit Stimulierung des Hypophysen-Nebennierenrinden-Systems auslöst. Auch beim Fettsäure-Defizit könnte eine solche Reaktion nämlich gegenregulatorisch wirken, denn Corticotropin fördert ebenso wie Cortisol die Mobilisierung der freien Fettsäuren (1,2,3).

Eine abrupte Abnahme der Konzentration der freien Fettsäuren im extracellulären Raum kann durch Pharmaca bewirkt werden, die durch Blockierung der Lipolyse die Triglyceridspaltung im Fettgewebe verhindern. Wir haben dieses Phänomen durch Gabe von Isoxyzolderivaten ausgelöst, Verbindungen, deren die Lipolyse blockierende Wirkung von DULIN u. GERRITSEN (4) sowie von SCHWABE et al. (5) demonstriert worden ist.

M e t h o d i s c h wurde so vorgegangen, daß zehn stoffwechsel- und endokrin gesunden Probanden, nachdem sie 12 Stunden nahrungskarent geblieben waren, Methylisoxazolcarbonsäure, 2 mg pro Kilogramm Körpergewicht, in Wasser gelöst peroral verabreicht wurde. Sowohl vor der Einnahme der Methylisoxazolcarbonsäure als auch 1, 2, 4 und 6 Stunden später – solange bleiben die Probanden nahrungskarent – wurden Blutproben gewonnen, in denen Glucose enzymatisch und in deren Plasma die freien Fettsäuren (6) und Cortisol fluorometrisch (7) bestimmt wurden.

Die in dieser Probandengruppe erhaltenen Ergebnisse sind in Abb. 1 dargestellt. Sie zeigen, daß die Gabe des Lipolyseinhibitors Methylisoxazolcarbonsäure bei normalen Ausgangswerten der untersuchten Parameter zu einem raschen Abfall der freien Fettsäuren des Plasmas, die nach 4 Stunden unter der Hälfte des Ausgangswertes liegen, führt. Der Blutzucker verändert sich während der gesamten Versuchsdauer nicht signifikant. Auch die Plasmacortisolkonzentration bleibt stabil.

Das bei stoffwechselgesunden Menschen beobachtete inerte Verhalten des Endokriniums auf die Induktion einer Hypolipacidämie differiert von der Reaktion die HASSELBLATT (8) bei hungernden Ratten nach Fettsäuresenkung beobachtet hat: Diese Tiere gelangen, wenn man ihnen nach 16-stündigem Hungern die Plasma-Fettsäuren durch Dimethylisoxazol absenkt, in einen Zustand akuten Mangels an metabolisierbaren, energieliefernden Substraten, dem sie durch reaktive Stimulierung des Hypophysen-Nebennierenrinden-Systems zu entgehen trachten: Die resultierende Mehrsekretion an Corticosteron bewirkt vermehrten Proteinkatabolismus und verstärkte Gluconeogenese. Es ist wahrscheinlich, daß die Versuchsbedingungen 12-stündigen Hungerns bei unseren Probanden noch genügend Glykogenreserven bestehen ließen, sodaß Glucose zur Verfügung stand und die Fettsäuresenkung allein nicht zu einem echten Energiedefizit geführt hat und deshalb eine hypophysär-adrenocorticale Stimulierung unterblieb. Die Feststellung, daß eine solche Reaktion unter dem Einfluß einer induzierten Hypolipacidämie beim Menschen nicht stattfindet, war uns aber deshalb wichtig, weil wir Lipolyseinhibitoren bei Diabetikern therapeutisch einzusetzen trachten (9,10,11).

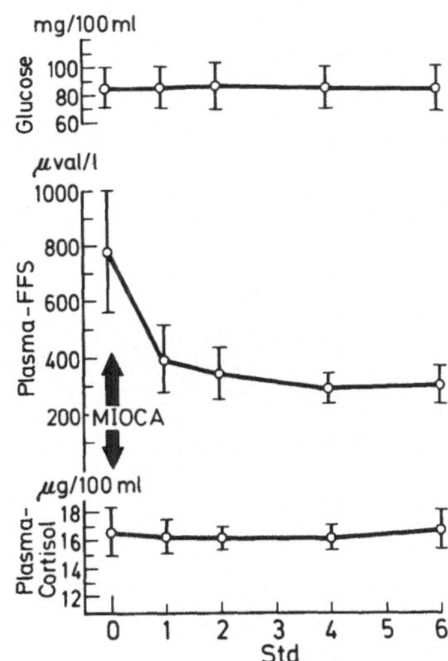

Abb. 1. Verhalten der freien Fettsäuren im Plasma, des Blutzuckers und des Plasma-Cortisol nach peroraler Gabe des Lipolyseinhibitors Methylisoxazolcorbonsäure.

Diese Studie wurde durch den wissenschaftlichen Fonds der Wiener Gemeindespitäler unterstützt.

Literatur

1. Jeanrenaud, B., Renold, A. E.: J. biol. Chem. 235, 2217 (1960).
2. Leboef B., Renold, A. E., Cahill, G. F.: J.biol. Chem. 237, 988 (1962).
3. Tragl, K. H., Pointner, H., Geyer, G.: Wien.klin.Wschr. 81, 680 (1969).
4. Dulin, W. E., Gerritsen, G. C.: Proc. Soc. exp. Biol. (N.Y.) 118, 499 (1965).
5. Schwabe, U., Kersten, E., Hasselblatt, A.: Naunyn-Schmiedebergs Arch. Pharmak. exp. Path. 260, 1 (1968).
6. Dole, V. P., Meinertz, H.: J. biol. Chem. 235, 2595 (1960).

7. Stahl, R., Hertling, I., Kanppe, G.: Acta biol. med. Germ. 10, 480 (1963).
8. Hasselblatt, A.: Naunyn-Schmiedebergs Arch. Pharmak. exp. Path. 262, 441 (1969).
9. Geyer, G., Sokopp, B.: Wien. klin. Wschr. 81, 701 (1969).
10. --: Med. u. Ernähr. 10, 115 (1969).
11. --: I. Internat. Donau Symposium, Wien 1969, Wien: Verlag d. Wiener Med. Akademie 1970.

Symp. Dtsch. Ges. Endokrin. 16, 361-363 (1970)

Klinische Beobachtungen zur Corticosteroidblockade der hypophysären ACTH-Ausschüttung

Clinical Observations on Corticosteroid Blockage of Hypophyseal ACTH-Release

A. ESPINOZA-ROMAN, S. PAL, E. F. PFEIFFER, K. H. VOIGT und G. WINKLER

Abteilung für Endokrinologie und Stoffwechsel, Zentrum für Innere Medizin und Kinderheilkunde, Universität Ulm

Die Erfahrungen mit den bisher bekannten synthetischen Corticosteroiden haben gezeigt, daß es mit fortschreitender Steigerung der therapeutischen Effekte, aber auch von Nebenwirkungen zur Zunahme der Blockade des Hypophysen-Hypothalamus-Nebennierenrindensystems (HHN-Systems) im Sinne einer Bremsung der ACTH-Ausschüttung kommt. Tierexperimentelle Untersuchungen von KRAFT und HARTING (5) mit einem dem Decortilen verwandten Steroid, ST-C-407 "MERCK", bewiesen jedoch, daß bei ihm im Vergleich zu den übrigen spezifischen Steroidwirkungen eine relativ stärkere Nebennierenrindenatrophie bei Ratten zu erzielen ist. Die Hemmung der ACTH-Ausschüttung der Hypophyse und der Einfluß der Substanz auf den Corticotropin-Releasing-Factor (C.R.F.) im Hypothalamus konnte tierexperimentell von BERTHOLD et al. (1) objektiviert werden. Die klinischen Untersuchungen von RAUSCH - STROOMANN et al. (8), GILLICH et al. (4) sowie von RAITH (7) an Patienten mit Hypercortizismus bei Morbus Cushing, Adrenogenitalsyndrom und adrenalem Hirsutismus ergaben nach der Behandlung als Folge einer verminderten Stimulierung der Nebennierenrinde einen Rückgang der Corticosteroide im Blut und im Harn, z.T. mit einer deutlichen Verbesserung der Stoffwechselsituation und der klinischen Symptomatik. Wir haben das Steroid bei verschiedenen Fällen von Hypercortizismus in unterschiedlicher Dosierung angewandt. Bestimmt wurden im Plasma die biologische ACTH-Aktivität nach PFEIFFER et al. (6), die freien 11-Oxycorticosteroide (11-OCS) fluorometrisch, modifiziert nach SPENCER - PEET, sowie DALY und SMITH (9); im Harn die gesamten 17-Hydroxycorticosteroide (17-OHCS), modifiziert nach FEW (3), sowie die 17-Ketosteroidausscheidung (17-KS), modifiziert nach DREKTER et al. (2).

In der folgenden Tabelle zeigen unsere Ergebnisse, daß es bei den Fällen von Nebennierenrindenüberfunktion unter dem Bild eines Morbus Cushing zu einem deutlichen Absinken der erhöhten ACTH-Aktivität im Plasma kommt; unter der Behandlung mit 10-30 mg ST-C-407 täglich kommt es zu einem Abfall bei der Patientin B. H. von 18,7 auf 1,6, bei der Pat. G. D. von 13,7 auf 0,7 und bei der Pat. M. H. von 34,4 auf 41,4 mU/100 ml. Bei dem 2. Fall (Th. B.) mit einem nur gering erhöhten ACTH im Blut von 2,2 mU/100 ml waren nach der Behandlung keine ACTH-Aktivitäten mehr nachweisbar.

In gleicher Weise findet sich unter der Medikation ein Abfall des in 2 Fällen auf 23,6 bzw. 17,8 µg/% leicht, in 2 Fällen mit 31,6, bzw. 41,4 µg% stark erhöhten Cortisols (11-OCS) im Blut auf Normwerte außer im Fall M. H., der nur kurzfristig behandelt wurde.

Die Ausscheidung der 17-KS war nur in 2 Fällen mit 22,4, bzw. 29,8 mg/Tag deutlich erhöht, der Abfall nach Behandlung nur gering. Die beiden ersten Fälle zeigen einen besseren Rückgang. Die Ausscheidung der gesamten 17-OHCS war bei den ersten drei Fällen leicht, bei Fall 4 (M. H.) mit 98,5 mg sehr stark erhöht und zeigte durchweg nach Steroidbhandlung einen zufriedenstellenden Abfall.

In der Tabelle sind ferner der Rückgang der entsprechenden Parameter nach Be-

Tabelle 1. Plasma-ACTH-Aktivitäten, Cortisolkonzentration im Blut sowie Aufteilung der 17-Ketosteroide und der 17-OHCS im Harn bei 5 Patienten mit dem Bild eines Cushing bei Hypercortizismus, bei 2 Fällen von Adrenogenitalsyndrom sowie bei 4 Patientinnen mit Hirsutismus.

		vor Behandlung				nach Behandlung			
	Steroid-Dosis	Blut		Harn		Blut		Harn	
		Plasma-ACTH mU/100ml	Cortisol u%	17-KS mg/d	17-OHCS mg/d	ACTH mU/100ml	Cortisol u%	17-KS mg/d	17-OHCS mg/d
M. Cushing	Bri.H.	18,7	23,6	11,3	22,5	1,6	10,9	9,7	1,52
	37 J.								
	30mg	3,6	± 0,6	± 2,9	-	0,7	-	-	-
	The-B	2,2	17,8	19,1	25,0	-	13,7	9,0	19,5
	48 J.								
	30mg	± 0,3	± 1,9	± 0,1	± 0,1	-	-	-	-
	Gis.D	13,7	31,6	22,39	16,49	0,7	15,6	21,9	10,78
	29 J.								
	10mg	± 6,5	± 3,0	± 1,02	± 1,9	-	±	± 0,7	± 3,2
	Mat.H.	34,4	41,4	29,8	98,5	20,8	33,5	21,3	60,2
	39 J.								
	20mg	± 5,9	± 4,5	-	-	± 4,1	± 7,9	±5,5	±13,8
Adrenogenital-Syndrom	Ste.M.	2,0	33,3						
	32.J.								
	10mg								
	And.P.	1,8	9,9	62,5	16,9	0,25	4,3	6,0	11,2
	9 J.								
	5 mg	± 0,4	± 2,7	-	-	-	-	-	-
	Die.P.	0,85				-			
	20.J.								
Hirsutismus	Urs.H.			23,7	23,0			16,9	15,6
	38 J.								
	15 mg			± 6,0	± 8,5			± 5,1	± 8,6
	Mar.B.			8,3	13,5			7,4	8,2
	34 J.								
	5mg								
	Eli.B.			8,6	13,1			5,3	3,0
	30 J.								
	5 mg			± 0,1	± 2,4				
	Hau.G.			16,4	8,5			13,0	7,2
	28 J.								
	15mg			± 1,2	± 1,7			± 5,2	± 3,8

handlung mit nur 5 mg ST-C-407 täglich bei einem neunjährigen Jungen sowie einem 22-jährigen Mann mit A.G.-Syndrom dargestellt. Die ACTH-Werte im Blut sind nur gering auf 1,8 bzw. 0,85 mU/ml erhöht und nach der Behandlung im untersten Normbereich oder nicht mehr nachweisbar. Die bei dem Jungen A. P. auf 62,5 mg/Tag stark erhöhte 17-KS- und 17-OHCS-Ausscheidung reagiert prompt auf die Steroidzufuhr mit einem ausgeprägten Abfall.

Bei den Fällen von adrenalem Hirsutismus im untersten Teil der Tabelle zeigt sich unter der Behandlung mit niedrigeren Dosen von 5-15 mg ST-C-407 eine Verminderung der z.T. leicht erhöhten, z.T. normalen Ausscheidungswerte. Ein Verschwinden des Hirsutismus und der Akne war in keinem der angeführten Fälle nachweisbar; jedoch ist vermutlich die Beobachtungszeit noch nicht lang genug gewesen.

In der nächsten Abbildung[1] ist der Abfall der Plasma-ACTH-Aktivität im Tagesprofil nach der Behandlung bei der Patientin H. S. (Fall 4 der vorausgegangenen Tabelle) dargestellt. Eine Langzeitbehandlung wurde bei der Patientin nicht durchgeführt. Die Abbildung zeigt die Plasma-ACTH-Aktivitäten bis auf 50 mU/ml erhöht mit einem Anstieg der Nachmittagswerte im Tagesrhythmus. Unter 3-tägiger Behandlung mit 20 mg ST-C-407 kommt es zu einem leichten Abfall des Plasma-ACTH; nach 4 mg Dexamethason tgl. ist der Rückgang ebenso ausgeprägt. Die entsprechenden Werte für das Cortisol im Blut (freie 11-OCS) zeigen ein unregelmäßig nivelliertes, jedoch ebenfalls stark erhöhtes Tagesprofil. Unter 3-tägiger Behandlung mit 20 mg ST-C-407 kommt es zu einem merklichen Abfall, ebenfalls nach 4 mg Dexamethason täglich.

Zusammenfassend zeigen die Ergebnisse, daß bei unseren Fällen mit Hypercortizismus unter der Steroidbehandlung ein Abfall der ACTH-Aktivität und damit auch der freien 11-OCS im Blut sowie der Harnausscheidung der 17-KS und der 17-OHCS nachzuweisen ist. Da Nebenwirkungen unter dieser Medikation nicht beobachtet wurden, erweist sich die Behandlung mit diesem synthetischen Steroid zur Diagnostik wie auch zur therapeutischen Senkung eines erhöhten ACTH-Spiegels als empfehlenswert.

Literatur

1. Berthold, K., Arimura, A., Schally, A. V., Petry, R., Rausch-Stroomann, J. G.: Study on mechanism of action of 6-Dehydro-16-methylene-hydrocortisone (St-C-407) in rats. 7th Acta Endocrinologica Congress, abstract Nr. 28, Acta endocr. (Kbh.) Suppl. 138 (1969).
2. Drekter, I. J., Heisler, A., Scism, R. G., Stern, S., Pearson, S., McGarran, T. H.: J. Clin. Endocr. 12, 55-65 (1952).
3. Few, J. D.: A Method for the Analysis of 17-Hydroxycorticosteroids. J. Endocrin. 31-46 (1961).
4. Gillich, K. H.,Ködding, R., Krüskemper, H. L., Morgner, K. D.: Treatment of adrenogenital syndrome with 16-Methylene-6-dehydrocortisol. 7th Acta Endocrinologica Congress, abstract Nr. 90, Acta endocr. (Kbh.) Suppl. 138 (1969).
5. Kraft, H. G., Harting, J.: Biological properties of St-C-407, a new cortisol derivative. 7th Acta Endocrinologica Congress, abstract Nr. 87, Acta endocr. (Kbh.) Suppl. 138 (1969).
6. Pfeiffer, E. F., Vaubel, W. E., Retiene, K., Berg, D., Ditschuneit, H.: ACTH-Bestimmung mittels Messung des Plasma-Corticosteron der mit Dexamethason hypophysenblockierten Ratten. Klin. Wschr. 38, 980 (1960).
7. Raith, L., Karl, H. J.: The influence of 6-Dehydro-16-methylene-hydrocortisone on the excretion of androgens and the secretion rate of cortisol in women with hirsutism. 7th Acta Endocrinologica Congress, abstract 105, Acta endocr. (Kbh.) Suppl. 138 (1969).
8. Rausch-Stroomann, J. G., Petry, R., Trenkner, G.: Die Behandlung des Cushing-Syndroms aufgrund von Nebennierenrindenhyperplasie mit 6-Dehydro-16-methylenhydrocortison Dtsch. Med. Wschr. 48, 2324 (1968).
9. Spencer-Peet, J., Daly, J. R., V. Smith: A simple method for improving the specificity of the fluorometric determination of adrenal corticosteroids in human plasma. J. Endocrin. 31, 235-244 (1965).

---

[1] zur Publikation nicht rechtzeitig eingegangen

Symp. Dtsch. Ges. Endokrin. 16, 364-365 (1970)

Vergleichende Untersuchungen über die Wirkung von 6-Dehydro-16-methylen-hydrocortison (StC 407*) und Dexamethason auf das Hypothalamus-Hypophysen-Nebennierenrinden-System von Ratten

Comparison of Effects of 6-Dehydro-16-methylene-hydrocortisone (StC 407*) and Dexamethasone on the Hypothalamo-Pituitary-Adrenal-System in Rats

K. BERTHOLD[1], A. ARIMURA, A. V. SCHALLY und J. G. RAUSCH-STROOMANN

Endocrine and Polypeptide Laboratories, Veterans Administration Hospital and Department of Medicine, Tulane University School of Medicine, New Orleans, La., USA - Medizinische Klinik, Endokrinologische Abteilung, Klinikum Essen, Ruhr-Universität

Summary

Both StC 407 and dexamethasone suppressed CRF activity in hypothalamus as well as CRF-induced ACTH release in pituitary directly. In suppressive action by StC 407 and dexamethasone on the hypothalamo-pituitary-adrenal-axis there were only quantitative differences.

Frühere in vivo-Untersuchungen an normalen und adrenalektomierten Ratten (1), die ein Beitrag zur Klärung des Wirkungsmechanismus von 6-Dehydro-16-methylen-hydrocortison (StC 407) auf die Hypothalamus-Adenohypophysen-Nebennierenrinden-Achse waren, hatten die Vermutung ergeben, daß StC 407 außer über eine suppressive Wirkung auf den CRF-Gehalt in der SME auch direkt an der Adenohypophyse durch eine Sensitivitätsverminderung gegenüber CRF angreift.

Der endgültige Nachweis, daß infolge Behandlung mit StC 407 der CRF-abhängige ACTH-Release in der Adenohypophyse direkt gehemmt wird, konnte in vitro nach der Methode von SAFFRAN und SCHALLY (2) erbracht werden:

1. Präinkubationszeit: Die zu untersuchenden Corticoide (StC 407, Dexamethason, Dexamethasonphosphat) wurden 2 Std. mit jeweils der gleichen Anzahl frisch gewonnener Adenohypophysen von Ratten im Dubnoff-Metabolic-Incubator bei 37°C und bei Begasung mit 95% O_2/5% CO_2 praeinkubiert.
2. Inkubationszeit: Das Medium der Präinkubationsphase wurde durch ein neues ersetzt, dem für die experimentellen Gruppen lyophilisierter SME-Extrakt von Ratten hinzugefügt wurde.
3. Die Bestimmung des ACTH-Gehaltes der Inkubationsmedien erfolgte in transaurikulär hypophysektomierten Ratten mittels Corticosteron-Bestimmung im Plasma.

hypophysengewebe nur dann durch CRF hervorgerufen wurde, wenn nicht mit einem der obengenannten Corticoide praeinkubiert wurde. Die Zufälligkeit dieses Ergebnisses schlossen wir durch Varianzanalyse aus.

Wie in vitro so machten wir auch in vivo vergleichende Untersuchungen über die Wirkung von Dexamethason und StC 407 auf die Hypothalamus-Adenohypophysen-Nebennierenrinden-Achse. Normale Sprague-Dawley Ratten wurden täglich für die

* E. Merck AG., Darmstadt

[1] Stipendiat der Paul Martini-Stiftung der Medizinisch Pharmazeutischen Studiengesellschaft e.V.

Dauer von 31 Tagen mit 4 µg Dexamethason oder 120 µg StC 407/100 b.w. i.p. injiziert. Die Dosierung von Dexamethason und StC 407 erfolgte annähernd im Verhältnis der antiinflammatorischen Wirksamkeit beider Steroide. Die Versuchsbedingungen entsprachen denjenigen früherer in vivo-Experimente (3). Im Vergleich zur nur mit Vehikel behandelten Kontrollgruppe bewirkten beide Steroide eine signifikante Verminderund des Nebennierengewichtes und der Corticosteron-Konzentration sowohl im Plasma als auch im Nebennierengewebe. Der CRF-Gehalt im Hypothalamus, bestimmt nach der Methode von ARIMURA et al. (4) an der C-M-N blockierten Ratte, und die ACTH-Konzentration in der Adenohypophyse waren signifikant nur nach Behandlung mit StC 407 erniedrigt.

Literatur

1. Berthold, K., Arimura, A., Schally, A. V., Petry, R., Rausch-Stroomann, J.-G.: Acta endocr. (Kbh.) Suppl. 138, 28 (1969).
2. Saffran, M., Schally, A. V.: Canad. J. Biochem. 33, 408 (1955).
3. Berthold, K., Arimura, A., Schally, A. V.: Accepted for Publ. by Neuroendocrinology (1970).
4. Arimura, A., Saito, T., Schally, A. V.: Endocrinology 81, 235 (1967).

Symp. Dtsch. Ges. Endokrin. 16, 366-367 (1970)

Untersuchungen über die zentralen und peripheren glucocorticoiden Eigenschaften von St C 407 an Ratten

Studies on the Central and Peripheral Glucocorticoid Properties of St C 407 in Rats

J. HARTING und H.-G. KRAFT

Endokrinologische Abteilung, E. MERCK, Darmstadt

Summary

St C 407, 6-dehydro-16-methylene-cortisol, proved to be a glucocortocoid active compound with relatively high ACTH-suppressive activity in comparison to its peripheral glucocorticoid effects. In this way St C 407 differs qualitatively from dexamethasone.

Es werden tierexperimentelle Ergebnisse von St C 407, dem 6-Dehydro-16-methylen-cortisol, berichtet, das sich nach den bisher vorliegenden Untersuchungen durch eine im Vergleich zu seiner peripheren glucocorticoiden Wirkung relativ starke Hemmung der ACTH-Sekretion auszeichnet.

Die Substanz wurde in verschiedenen nachfolgend aufgeführten Testen auf ihre biologische Wirksamkeit geprüft. Alle Versuche wurden entsprechend der von BLISS (1952) angegebenen Methode ausgewertet. Als Bezugssubstanz diente Cortisol, zum Vergleich wurden Prednyliden und Dexamethason mit in die Prüfung einbezogen.

Die Bestimmung der antiexsudativen Wirkungsstärke erfolgte im Granulombeutel-Test (ROBERT u. NEZAMIS, 1957) an männlichen Ratten bei täglicher oraler Applikation über 4 Tage. Die thymolytische Wirksamkeit der Substanzen wurde nach 2tägiger oraler Gabe der Substanzen an juvenile männliche Ratten bestimmt. Zur Messung der gluconeogenetischen Wirksamkeit wurden die Substanzen mit der Schlundsonde an adrenalektomierte männliche Ratten nach der von PABST et al. (1947) angegebenen Methode verabreicht.

Zur Messung der möglichen ACTH-Hemmung wurden die Substanzen einmal täglich über 14 Tage an einseitig adrenalelektomierte männliche Ratten mit der Schlundsonde verabreicht.

Tabelle 1. Wirkungsrelationen (Cortisol = 1)

Test	Prednyliden	Dexamethason	St C 407
Granulombeutel	15,00	378,21	14,50
Thymusinvolution	12,80	238,91	7,61
Gluconeogenese	51,22	333,35	20,85
Nebennierengewichtsreduktion	27,68	433,51	71,39

Die Ergebnisse dieser Untersuchungen sind in der Tabelle zusammengefaßt.

St C 407 unterscheidet sich in seiner peripheren glucocorticoiden Wirkung nur geringfügig vom Prednyliden. Dexamethason war in allen Versuchsanordnungen die wirksamste Substanz. Errechnet man aber aus den Versuchsergebnissen bei den geprüften Substanzen den Quotienten zwischen der Nebennieren-hemmenden und der antiexsudativen Wirkung, so zeigt sich, daß die ACTH-hemmende Wirkung von St C 407 im Vergleich zu seiner peripheren glucocorticoiden Wirkung etwa 4mal stärker ist als bei Dexamethason.

Diese Beobachtung wurde auch bestätigt, wenn dieselben Substanzen über 14 Tage an juvenile männliche Ratten oral verabreicht wurden und anschließend der Quotient aus Nebennieren-hemmender und thymolytischer Wirkung bestimmt wurde. Es ergab sich, daß St C 407 in dem oben genannten Sinne 3,7 mal stärker wirksam war als Dexamethason.

Literatur

Bliss, C. J.: The Statistics of Bioassay, 2. Auflage New York: Academic Press 1952.

Pabst, M. L. et al.: Endocrinology 41, 55 (1947).

Robert, A., Nezamis, J. E.: Acta endocr. (Kbh.) 25, 105 (1957).

Symp. Dtsch. Ges. Endokrin. 16, 368-370 (1970)

Suppressionswirkung von Corticoiden beim Menschen

Suppressive Action of Corticosteroids in Man

N. BOSS, F. KLUGE, A. C. GERB, H. HOFMANN und P. C. SCRIBA

II. Medizinische Klinik, Universität München und Klinik Höhenried

Mit 2 Abbildungen

Summary

The suppressive action of corticosteroids in man was determined by analysing the difference in the integrals of diurnal variation of serum cortisol from control persons and from patients receiving a single dose of fluocortolone or prednisolone. Linear log dose response curves were obtained.

Unsere klinisch-pharmakologischen Untersuchungen gelten der Frage, mit welchem Modell sich beim Menschen die suppressive Wirkung oraler Corticoidgaben quantitativ erfassen läßt (1, 2). Schematisch zeigt Abb. 1a mit der oberen Kurve den normalen 24-Std.-Rhythmus des Serumcortisols von Kontrollpersonen. Die untere Kurve entspricht den Cortisolwerten nach einmaliger oraler Corticoidgabe. Schraffiert ist die Differenz der Integrale dieser beiden Kurven bis zum Schnittpunkt wiedergegeben, die uns als Maß der Suppressionswirkung dient.

Methode

Die fluorimetrische Cortisolbestimmung nach SPENCER-PEET (3) wurde durch Verwendung einer Xenon-Hochdrucklampe und zweier Gittermonochromatoren und durch blasenfreie Füllung einer Spezialküvette bezüglich Empfindlichkeit, Genauigkeit und unterer Nachweisgrenze verbessert (4). Für jede Corticoiddosis (Fluocortolon, Prednisolon) wurde Gruppen von jeweils 5-9 Patienten (Abb.1,2) um 6 Uhr und nach der Corticoidgabe um 9, 12 Uhr usw. 2 Tage lang Blut für die Serumcortisolbestimmung abgenommen. Um die supprimierten Profile auf ein einheitliches Ausgangsniveau zu bringen, wurde jeder Cortisolwert jedes Patienten mit dem Faktor f = 6 Uhr-Wert des I. Tages + 6 Uhr-Wert III. Tag der Kontrollgruppe geteilt durch 6 Uhr-Wert I. Tag + 6 Uhr-Wert III. Tag der Corticoidgruppe korrigiert (Abb. 1a,b). Mittels eines programmierten Rechenablaufes wurde nun für jeden Patienten die Fläche zwischen Kontrollkurve und Corticoidkurve bis zum Schnittpunkt beider Kurven berechnet.

Ergebnisse

Um die Dosis-Wirkungsbeziehung zu analysieren, wurden die Flächen der Integraldifferenzen (Abb. 1b) mit dem Logarithmus der Dosis in Beziehung gebracht (Abb. 2) und die Dosiswirkungsgeraden für Fluocortolon und Prednisolon berechnet. Das absolute Glied a stellt die Suppressionswirkung für die fiktive Dosis 1 mg dar (Abb. 2). Der Genauigkeitsindex $\lambda = 0{,}142$ ist für eine biologische Bestimmung am Menschen erstaunlich gut. Bereits 2,5 mg Prednisolon oder Fluocortolon ergeben eine signifikante Integraldifferenz ($p < 0{,}0125$) der Cortisolkurven und damit Suppressionswirkung.

Abb. 2 zeigt, daß für die Präparate Fluocortolon und Prednisolon sich ein

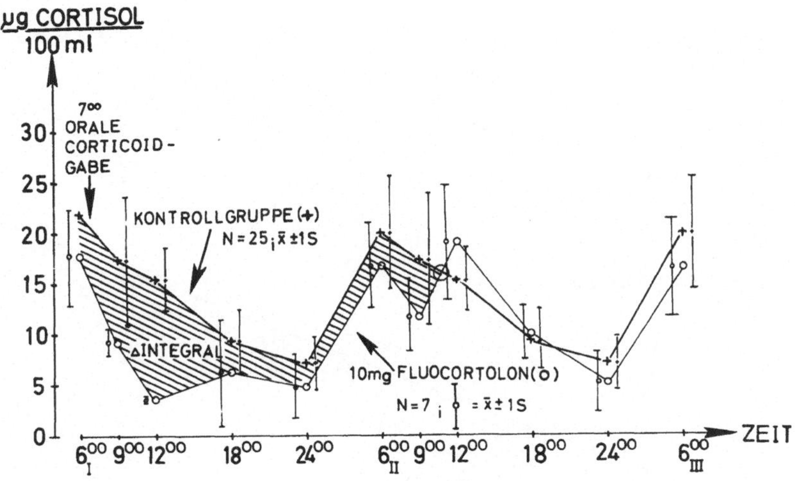

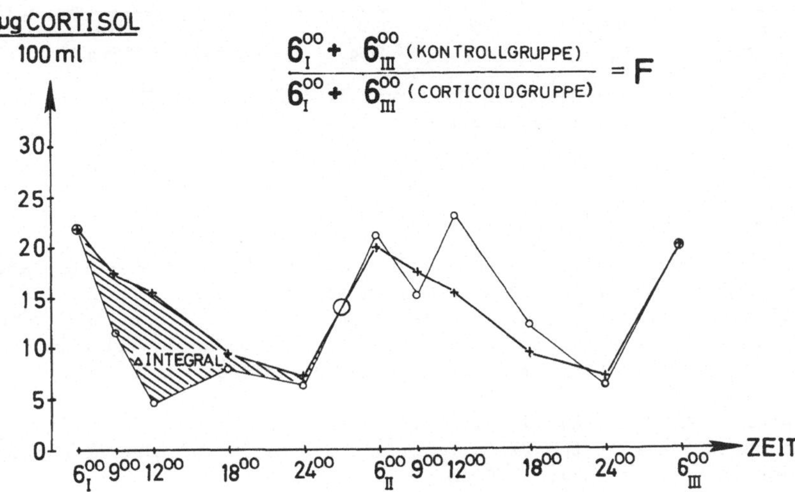

Abb. 1a+b. Integraldifferenz des Serumcortisols als Maß der suppressiven Wirkung einer einmaligen oralen Corticoidgabe.

Geradenschnittpunkt bei genau 40,0 mg ergibt. Dieser Schnittpunkt muß bestehen, da zwischen den Steigungen (b) ein Unterschied ($p < 0,1$) besteht. Wie kann man diesen Schnittpunkt und damit die Umkehr des Verhältnisses der Suppressionswirksamkeiten beider Präparate im höheren Dosisbereich verstehen? Prednisolon zeigt zunächst einen schnelleren Wirkungseintritt und eine stärkere Suppression im Vergleich zu Fluocortolon, dessen Wirkung dafür länger anhält. Bei höherer Dosis spielt der unterschiedliche Wirkungseintritt eine geringere Rolle, während die längere Wirkungsdauer des Fluocortolons effektiv bleibt.

Die vorliegende Untersuchung zeigt, daß der Vergleich mehrerer Corticoidpräparate einen Parameter verlangt, welcher sowohl die Zeit als auch den Serumgehalt berücksichtigt.

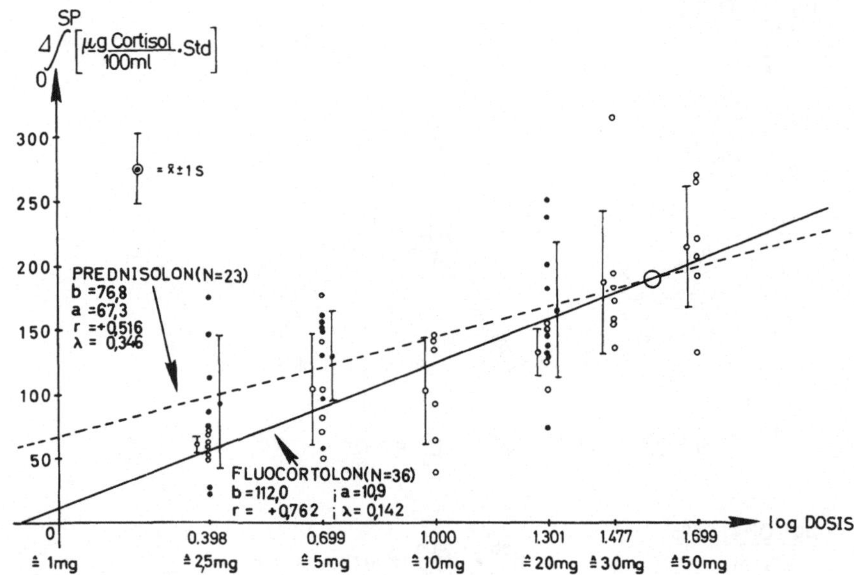

Abb. 2. Beziehung zwischen log Dosis von Prednisolon und Fluocortolon und Wirkung, d.h. Integraldifferenz des Serumcortisols (Abb. 1)

Literatur

1. Hedner, L. P.: Quantitative assay of the acute hypothalamo-pituitary depressing effect of corticosteroids in man. J. Endocr. 37, 57 (1967).
2. Radvila, A., Dettwiler, W., Rohner, R., Studer, H.: Die Bremswirkung antiinflammatorischer aequipotenter Dosen von Dexamethason und Triamcinolon auf den Sekretionsrhythmus der Nebennierenrindensteroide. Schweiz. med. Wschr. 99, 709 (1969).
3. Spencer-Peet, J., Daly, J. R., Smith, V.: A simple method for improving the specificity of the fluorimetric determination of adrenal corticosteroids in human plasma. J. Endocr. 31, 235 (1965).
4. Kluge, F., Gerb, A. C., Boss, N., Fahlbusch, R., Scriba, P. C.: Eine verbesserte fluorimetrische Cortisolbestimmung im Serum: Diagnostische Bedeutung und therapeutische Folgerungen bei NNR-Insuffizienz. Klin. Wschr. 48, 929 (1970).

Symp. Dtsch. Ges. Endokrin. 16, 371-373 (1970)

Suppressionseffekt von Dexamethason auf die Cortisol- und Corticosteronsekretion bei Normalpersonen und Patienten mit alimentärer Adipositas

Suppression of Cortisol and Corticosterone Secretion by Dexamethasone in Normal Subjects and Obese Patients

W. WINKELMANN*, E. SCHOMBURG, D. HEESEN und R. MIES

Med. Univ.-Poliklinik und Med. Klinik Köln-Merheim

Summary

In 10 normal subjects, dexamethasone (3 mg/24hrs, first day) suppressed the cortisol secretion rate by 63%, but the corticosterone secretion rate by only 27%. In 10 obese patients, the increased cortisol secretion rate was suppressed significantly less (45%). There was a significant correlation between the dose of dexamethasone per kg body weight and the suppression of cortisol secretion in both groups. On the other hand the decrease of corticosterone secretion induced by dexamethasone was not different in normal and obese subjects.

Der Dexamethasonhemmtest hat sich in der klinischen Endokrinologie ausgezeichnet bewährt, und die Bestimmung der 17-OHCS im Urin oder der 11-OHCS im Plasma ist dabei üblicherweise ausreichend. Über den Suppressionseffekt auf einzelne NNR-Steroide wie Cortisol und Corticosteron liegen bei Normalpersonen bisher nur einzelne und zum Teil unterschiedliche Ergebnisse vor (1,2), während bei der alimentären Adipositas entsprechende Befunde nicht bekannt sind.

Wir haben bei jeweils 10 Normalpersonen und Patienten mit einer alimentären Adipositas und einem durchschnittlichen Übergewicht von 88% neben der Ausscheidung der 17-OHCS im Urin die Cortisol- und Corticosteronsekretionsraten nach dem Isotopenverdünnungsprinzip unter Basalbedingungen sowie am 1. Tage unter 3 mg Dexamethason bestimmt.

Tab. 1 zeigt die Mittelwerte sowie die durchschnittlichen Suppressionseffekte in beiden Kollektiven. Die 17-OHCS fielen bei den Normalpersonen von 12,3 ± 1,6 um 42,4% auf 7,2 ± 0,9 und bei den adipösen Patienten von durchschnittlich 16,7 ± 2,6 um 23,9% auf 12,8 ± 3,5 mg/24 Stunden ab; die Differenz ist trotz der großen Streuung in der zweiten Gruppe statistisch signifikant. Die Cortisolsekretion ließ sich im ersten Kollektiv von basal 14,6 ± 1,7 unter Dexamethason um 62,9% auf 5,5 ± 1,4, bei den Adipösen dagegen nur um 45,1% von einem erhöhten basalen Mittelwert von 24,3 ± 8,4 auf 13,5 ± 6,0 mg/24 Stunden supprimieren. Der Unterschied ist statistisch signifikant. Die Corticosteronsekretion fiel bei den Normalpersonen von 3,8 ± 0,9 auf 2,8 ± 0,8 und bei den adipösen Patienten von 4,7 ± 1,0 auf 3,5 ± 0,7 mg/24 Stunden ab. Der Suppressionseffekt war mit 26,3 bzw. 27% in beiden Kollektiven nicht different, im Vergleich zur Hemmung der Cortisolsekretion jedoch jeweils sig-

* Mit Unterstützung des Landesamtes für Forschung des Landes NRW.

Tab. 1. Cortisol- und Corticosteronsekretionsraten sowie 17 OHCS im 24-Stunden-Urin bei jeweils 10 Normalpersonen und Patienten mit alimentärer Adipositas unter Basalbedingungen und am 1. Tag unter 3 mg Dexamethason.

	17 OHCS (mg/24 Std.)	Suppression (%)	Cortisol-sekretion (mg/24 Std.)	Suppress. (%)	Corticosteron-sekretion (mg/24/Std.)	Suppress. (%)
Normalpersonen						
basal	12,3 ± 1,6	-	14,6 ± 1,7	-	3,8 ± 0,9	-
unter Dexamethason n = 10	7,2 ± 0,9	42,4 ± 9,7	5,5 ± 1,4	62,9 ± 8,5	2,8 ± 0,8	26,5 ± 10,7
Patienten mit alimentärer Adipositas						
basal	16,7 ± 2,6	-	24,3 ± 8,4	-	4,7 ± 1,0	-
unter Dexamethason n = 10	12,8 ± 3,5	23,9 ± 15,2	13,5 ± 6,0	45,1 ± 7,4	3,5 ± 0,7	27,3 ± 7,2

nifikant geringer. Bei den Normalpersonen kam es dadurch zu einem Abfall des Cortisol-Corticosteron-Quotienten von 4,1 auf 2,1, bei den Adipösen dagegen nur von 5,1 auf 4,0. Zwischen der Dexamethasondosis pro kg Körpergewicht und dem Suppressionseffekt auf die Cortisolsekretion ließ sich in beiden Kollektiven eine signifikante Korrelation nachweisen (b = 0,748, r = 0,728).

In Übereinstimmung mit KONDO (1), der unter 2 mg Dexamethason am ersten Tage stark erniedrigte Cortisol- und nur gering supprimierte Corticosteron-Plasmaspiegel fand, konnte unter 3 mg Dexamethason am ersten Tag ein im Vergleich zur Corticosteronsekretion mehr als doppelt so starker Suppressionseffekt auf die Cortisolsekretion nachgewiesen werden. Unter Berücksichtigung der Befunde von RAITH und Mitarb., die bei 6 Normalpersonen am 3. Tag unter 3 mg Dexamethason einen gleichartigen Abfall sowohl der Cortisol- als auch der Corticosteronsekretion um etwa 70% fanden (2), kann geschlossen werden, daß unter Dexamethason die Cortisolsekretion bereits am ersten Tag nahezu maximal supprimiert wird, die Corticosteronsekretion dagegen mit einer zeitlichen Latenz. Die Befunde erhärten die Hypothese einer zumindest partiell unterschiedlichen Regulation der Corticosteron- und Cortisolsekretion. Bei extremer Adipositas läßt sich die erhöhte Cortisolsekretion signifikant geringer supprimieren. Unter Berücksichtigung der Dexamethasondosis pro kg Körpergewicht ist dieser Unterschied jedoch nicht mehr nachweisbar. Im üblichen Dexamethason-Hemmtest ist deshalb zumindest bei extremer Adipositas eine individuelle gewichtsbezogene Dosierung zu empfehlen, um vergleichbare Werte zu erhalten.

Literatur

1. Kondo, T.: J. Jap. Soc. Intern. Med. 54, 1349 (1966).
2. Raith, L., Marias-Alvarez, J., Karl, H. J.: 3. Intern. Congr. Endocrinology, Excerpta med. (Amst.) Intern. Congr. Ser. 157, Abstract 346 (1968).

Symp. Dtsch. Ges. Endokrin. 16, 374-376 (1970)

Prä- und postoperative Untersuchungen der Funktion des Hypothalamus, des Hypophysenvorderlappens und der Nebennierenrinde bei Patienten mit cortisolbildendem Nebennierenrindenadenom *

Pre- and postoperative Studies of the Hypothalamic – Pituitary – Adrenal Function in Patients Suffering from Cortisol Producing Adrenocortical Adenoma

H. BETHGE, J. M. BAYER und W. WINKELMANN

Endokrinologische Abteilung der II. Med. Universitäts-Klinik Düsseldorf, Chirurg. Universitäts-Klinik Bonn, Med. Universitäts-Poliklinik Köln und Med. Klinik Köln-Merheim

Mit 1 Abbildung

Summary

Hypothalamic- pituitary- adrenal (HPA) function was studied pre- and postoperatively in 3 patients suffering from cortisol producing adrenocortical adenoma. Before operation there was evidence of severe depression of the HPA axis function. After removal of the adenomas a prolonged period of adrenal hypofunction with the need of substitution therapy developed. After cessation of the substitution in two patients, complete restoration of the HPA function was obtained in one, whereas in the other, despite of well-being, the results of the tests performed were subnormal. In the third patient it was not possible to withdraw the substitution. Histological examination of the extratumoral adrenocortical tissue had revealed atrophy of a degree comparable to that found in Sheehan's syndrome, thus reflecting a total failure of the corticotrophic function of the hypophysis.

Cortisolbildende Tumoren der NNR führen zum Cushing-Syndrom. Der tumorbedingten Mehrbildung von Cortisol steht morphologisch die kompensatorische Atrophie des extratumoralen NNR-Gewebes und funktionell eine ausschließlich (1, 2) die Cortisolbildung betreffende NNR-Insuffizienz gegenüber. Mit der Entfernung des Tumors tritt die Rindeninsuffizienz klinisch in Erscheinung. Die Erholung der verbliebenen NNR kann sich lange hinziehen und eine Wochen und Monate oder selbst Jahre (3, 4) dauernde Substitution erforderlich machen.

Bei 3 Patienten mit einem cortisolbildenden NNR-Adenom wurde die Funktion der Hypothalamus-HVL-NNR (HPA)- Achse sowohl prä- als auch postoperativ untersucht.

Präoperativ war bei wechselnden Basalwerten die Tagesrhythmik der 11-OHCS im Plasma aufgehoben. 2 Patienten sprachen auf exogenes ACTH an. Dagegen wurde beim Dexamethason-, Metopiron-, Lysin-Vasopressin- und Insulin-Hypoglykämie-Test keine Reaktion beobachtet (Tab. 1).

* Mit dankenswerter Unterstützung durch die Deutsche Forschungsgemeinschaft (H.B.) und das Landesamt für Forschung des Landes NRW (W.W.)

Tabelle 1. Präoperative Befunde

	11-OHCS im Plasma µg/100 ml						17-OHCS im Harn mg/24h
	Tagesrhythmik		ACTH	Dexamethason	Insulin	Vasopressin	Metopiron
	9 Uhr	24 Uhr	Δ max	Δ max	Δ max	Δ max	Δ max
Pat. 1	15,1	12,6	+4,4	+2,9	+0,8	+0,1	+4,7
Pat. 2	23,4	22,9	+13,5	+0,8	+2,8	+0,7	+6,4
Pat. 3	25,4	24,1	+24,0	± 0	+1,7	+2,5	-2,2
Normalkollektiv	12,8 ±6,4	6,5 ±2,9	+35,8 ± 9,7	-11,4 ± 6,5	+12,0 ± 3,9	+12,3 ± 6,3	+21,6 ± 8,1

ACTH-Test: 25 E / 8 h i.v. Dexamethason-Test: 8 mg / 24 h p.o.
Insulinhypoglykämie-Test: 0,2 - 0,4 E/Kg i.v. Lysin-Vasopressin-Test: 5 E/h i.v.
Metopiron-Test: 70 mg/Kg p.o. Δ max = Maximale Änderung.

Bei den Patienten 1 und 2 wurde die Substitution 8 bzw. 11 Monate nach Entfernung der Adenome abgesetzt, ohne daß bei den gewöhnlichen Belastungen des täglichen Lebens Insuffizienzerscheinungen wahrgenommen wurden. Nach weiteren 7 bzw. 11 Monaten wurden die genannten Tests wiederholt. Bei Patientin 1 zeigte sich eine Normalisierung der HPA-Funktion (Abb. 1). Bei Patientin 2 wurden beim ACTH-

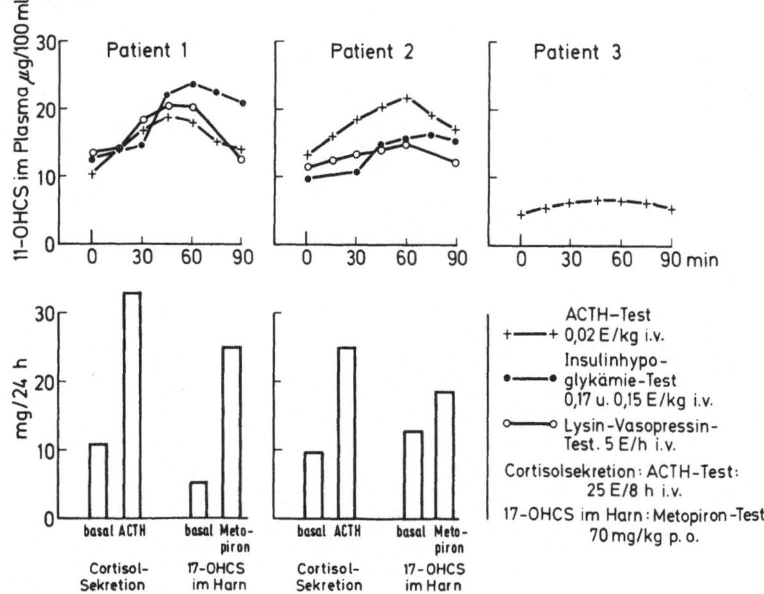

Abb. 1. Postoperative Befunde

Test annähernd normale, bei den übrigen Tests dagegen subnormale Werte gefunden. Die 3. Patientin ist bislang, über 2 Jahre nach der Operation, noch auf eine volle Substitution angewiesen. Der wiederholt durchgeführte ACTH-Test war erwartungsgemäß stets negativ. Bei der histologischen Untersuchung des extratumoralen, nicht druckgeschädigten NNR-Gewebes war in diesem Fall eine extrem hochgradige Atrophie festgestellt worden, vergleichbar mit den Befunden beim Sheehan-Syndrom. Sie spiegelt den völligen Ausfall der corticotropen Partialfunktion des HVL's wieder.

Schlußfolgerungen

Die kompensatorische Rückwirkung cortisolbildender NNR-Geschwülste betrifft alle Stufen der HPA-Achse.

Die Möglichkeit des Absetzens der Substitution nach Entfernung der Tumoren schließt auch bei Wohlbefinden der Patienten eine latente Cortisolinsuffizienz nicht aus.

Die graduell unterschiedliche Atrophie des extratumoralen NNR-Gewebes ist für die Wiederherstellung der HPA-Funktion und ihrer Dauer offenbar von prognostischer Bedeutung.

Literatur

1. Bayer, J. M., Holtmeier, H. J., Breuer, H.: Chirurg 31, 529 (1960).
2. Biglieri, E. G., Hane, S., Slaton, P. E., Jr., Forsham, P. H.: J. clin. Invest. 42, 516 (1963).
3. Forsham, P. H.: In: Textbook of Endocrinology, by R. H. Williams, Philadelphia and London: W. B. Saunders Company, 1963, p. 359.
4. Müller, J., Froesch, E. R., Meyer, U. A., Labhart, A.: Schweiz. med. Wschr. 97, 861 (1967).

Herrn Prof. Dr. E. TONUTTI, Abteilung für Klinische Morphologie der Universität Ulm, danken wir für die freundliche Überlassung der histologischen Befunde.

Symp. Dtsch. Ges. Endokrin. 16, 377-378 (1970)

Dexamethason-Kurztest unter Ovulationshemmern

Short-Term Dexamethasone Suppression Test in Oral Contraception

K. H. GILLICH und H. L. KRÜSKEMPER

Abtlg. f. Klin. Endokrinologie, Dept. Innere Medizin, Medizinische Hochschule Hannover

Mit 1 Abbildung

Summary

Although plasma cortisol level is increased and disappearance rate is decreased under contraceptive drugs, the percentage cortisol fall after dexamethasone is equal in normal subjects and in females under contraceptive therapy.

Eine Beurteilung des HVL-NNR-Systems ist bei Patientinnen unter Ovulationshemmern erschwert, da vorwiegend durch die Oestrogenkomponente sämtliche Parameter der NNR-Funktion verändert werden: Reduzierte Cortisolsekretion, durch vermehrte Cortisol-Proteinbindung erhöhter Plasmacortisolspiegel und verlängerte Halbwertszeit und korrespondierend hierzu herabgesetzte Ausscheidung der 17-Hydroxycorticoide und der 17-Ketosteroide. Da nach vollständiger Suppression der glucocorticoiden NNR-Funktion der Abfall des Plasmacortisols durch die Cortisol-Halbwertszeit quantitativ determiniert ist, muß bei erhöhten Cortisolausgangswerten und bei verlängerter Halbwertszeit ein nach Suppression gegenüber der Norm höherer Cortisolwert erwartet werden; der absolute Cortisolschwund im Plasma (in µg/100 ml) kann hierbei größer, der relative Abfall (in % des Ausgangswertes) müßte aber kleiner sein als bei einem Normalkollektiv. Zur Prüfung dieser Hypothese wurden die folgenden Untersuchungen durchgeführt.

Methodik

Bei 21 gesunden Frauen im Alter von 20 - 30 Jahren, von denen 12 ein bis mehrere Monate unter Eugynon[1] standen, wurde in der 2. Cyclushälfte ein Dexamethasonsuppressions-Kurztest durchgeführt. Nach Bestimmung des Plasmacortisol-Nüchternwerts um 8.00 Uhr wurden den Probandinnen am gleichen Tag um 23.00 Uhr 3 mg Dexamethason peroral verabfolgt und am nächsten Morgen um 8.00 Uhr erneut der Plasmacortisol-Nüchternwert bestimmt. Die Plasmacortisol-Bestimmung wurde fluorimetrisch durchgeführt. Bei total adrenalektomierten Patienten wird mit dieser Methode eine nichtcortisolbedingte Restfluoreszenz gemessen, die einem Cortisolwert von etwa 6 µg/100 ml entspricht. Da bei Gesunden mit 3 mg Dexamethason etwa der gleiche Wert erreicht wird, kann unter dieser Dexamethasondosis eine vollständige Suppression der Nebennierenrindenfunktion angenommen werden.

[1] Eugynon Schering: 0,5 mg Norgestrel, 0,05 mg Äthinylöstradiol

Ergebnisse und Diskussion

In Abb. 1 sind die Mittelwerte und Standardabweichungen des Plasmacortisol-Nüchternwertes vor und nach Dexamethason sowie der prozentuale Abfall dargestellt.

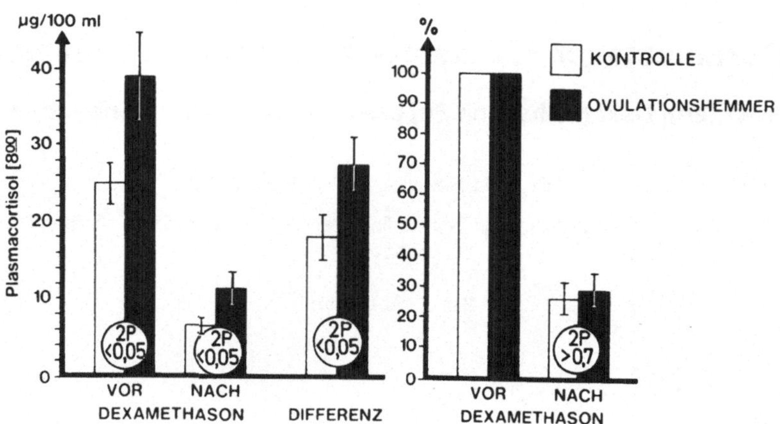

Abb. 1.

Das Plasmacortisol liegt bei den mit Eugynon behandelten Probandinnen mit im Mittel 39 µg/100 ml um 57% über dem Wert der Kontrollgruppe. Der nach Dexamethason-Applikation erreichte Cortisolwert ist mit 11,5 µg/100 ml um 76% höher und der Abfall von 28 µg/100 ml um 51% größer als bei dem unbehandelten Kollektiv. Der relative Abfall des Plasmacortisols nach Dexamethason (in % des Ausgangswertes vor Dexamethason) beträgt bei der unbehandelten Kontrollgruppe 74% und bei der Eugynon-Gruppe 71%, der prozentuale Abfall ist somit bei beiden Gruppen gleich (2P > 0,7). Diese Ergebnisse bestätigen die Arbeitshypothese nicht. Möglicherweise führt Dexamethason über eine kompetitive Verdrängung des Cortisols aus einer unter Oestrogenen qualitativ anderen Proteinbindung zu einer gegenüber von Dexamethason-Applikation kürzeren Halbwertszeit. Der prozentuale Abfall des Plasmacortisols nach Dexamethason um etwa 70% des Ausgangswertes ist ein Indikator für eine normale Funktion des HVL-NNR-Systems.

Symp. Dtsch. Ges. Endokrin. 16, 379-381 (1970)

Freies Cortisol im Harn als Parameter für die adrenale Funktion

Free Urinary Cortisol as a Parameter of Adrenal Function

H. STOLECKE

Kinderklinik des Klinikum Essen der Ruhr-Universität Bochum

Mit 1 Abbildung

Summary

1. Free urinary cortisol (F_{uf}) shows a positive correlation to the C-17-OHCS determined as Porter-Silber-chromogens
2. This correlation can be found also after metyrapone and after depot-ACTH.
3. F_{uf} shows a "lens-effect" after stimulation with ACTH regarding the Porter-Silber-chromogens.
4. A positive correlation between F_{uf} and the C-11-OHCS in serum can be demonstrated.

Die Arbeitshypothese, aus Quotienten der charakteristischen Harnmetaboliten von jeweils einen typischen Syntheseschritt darstellenden NNR-Hormonen (z.B. THS, Pregnantriol, Pregnandiol etc.) das stoffwechselwirksame Prinzip numerisch präzise beurteilen zu können, führte zu der Notwendigkeit, eine für die Cortisolmetabolitengruppe im Harn repräsentative Substanz zu finden. Eine solche Substanz konnte im freien Cortisol des Harns gefunden werden (1).

Methodik: a) Freies Cortisol im Harn: Modifikation der Methode von GERDES und STAIB (3,4).

b) Porter-Silber-Chromogene (PS): Modifikation der Originalmethode nach KORNEL (5).

c) C-11-OHCS: Methode nach GEISEN et al. (6).

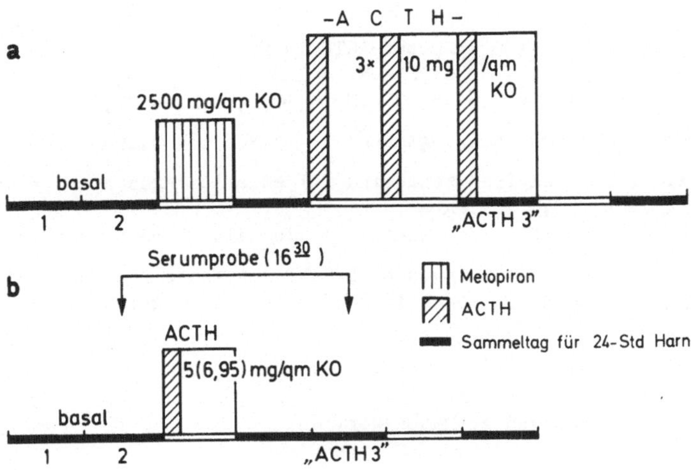

Abb. 1. Versuchsordnung

Patientengut: Säuglinge im Alter zwischen 4 und 9 Monaten, rekonvaleszent nach banalen Infekten, ohne klinische Krankheitszeichen.

Ergebnisse:

1. Basalwerte:

A) F_{uf} in µg/24 Std.: n = 38 (Mittelwert von basal 1 und basal 2); $\bar{x}$ = 10,03; S.E.M. = 0,69; S.D. = 4,23;

B) PS in mg/24 Std.: n = 41 (Mittelwert von basal 1 und basal 2); $\bar{x}$ = 0,43; S.E.M. = 0,03; S.D. = 0,20;

C) Korrelation: r = 0,42; Signifikanz gegen 0: p < 0,01 > 0,001;

2. Werte nach Metopiron-Belastung:

A) F_{uf} in µg/24 Std.: n = 15; $\bar{x}$ = 26,1; S.E.M. = 3,39; S.D. = 13,11;

B) PS in mg/24 Std.: n = 15; $\bar{x}$ = 1,56; S.E.M. = 0,14; S.D. = 0,55;

C) Korrelation: r = 0,60; Signifikanz gegen 0: p < 0,05 > 0,01

3. Werte nach ACTH - Depot[1]:

A) Wert "ACTH 3" (Versuchsanordnung A, s. Abb.)

a) F_{uf} in µg/24 Std.: n = 8; $\bar{x}$ = 2530,7; S.E.M. = 585,6; S.D. = 1656,5;

b) PS in mg/24 Std.: n = 8; $\bar{x}$ = 8,18; S.E.M. = 1,48; S.D. = 4,18;

c) Korrelation: r = 0,8; Signifikanz gegen 0: p < 0,05 > 0,01

B) Wert "ACTH 3" (Versuchsanordnung B, s. Abb.)

a) F_{uf} in µg/24 Std.: n = 12; $\bar{x}$ = 666,0; S.E.M. = 129,7; S.D. = 449,5;

b) PS in mg/24 Std.: n = 12; $\bar{x}$ = 3,90; S.E.M. = 0,57; S.D. = 1,96;

c) Korrelation: r = 0,7; Signifikanz gegen 0: p = 0,01;

4. Werte der C-11-OHCS im Serum in µg% (Blutabnahme um 16^{30} Uhr):

a) basal: n = 11; $\bar{x}$ = 11,80; S.E.M. = 1,20; S.D. = 4,30;

b) Wert "ACTH 3", Versuchsanordnung B, ACTH-Dosis jedoch 6,95 mg/qm KO n = 11; $\bar{x}$ = 93,99; S.E.M. = 10,61; S.D. = 33,60;

c) Korrelation mit freiem Cortisol im Harn:
basal: r = 0,80; Signifikanz gegen 0: p < 0,01 > 0,001;
ACTH 3: r = 0,83; Signifikanz gegen 0: p < 0,01 > 0,001;

5. Steigungsmaße von F_{uf} und PS nach ACTH, Wert "ACTH 3":

Versuchsanordnung A: 3 x 10 mg Depot-ACTH/qm KO

a) PS: n = 8; $\bar{x}$ = 19,8; S.E.M. = 3,2; S.D. = 9,0;

b) F_{uf}: n = 8; $\bar{x}$ = 228,3; S.E.M. = 38,1; S.D. = 107,8

c) Differenz der Steigungsmaße: t = 5,46; p < 0,001

Versuchsanordnung B: 1 x 5 mg Depot-ACTH/qm KO

a) PS: n = 12; $\bar{x}$ = 12,6; S.E.M. = 2,8; S.D. = 9,8;

b) F_{uf}: n = 12; $\bar{x}$ = 61,6; S.E.M. = 10,9; S.D. = 37,6;

c) Differenz der Steigungsmaße: t = 4,37; p < 0,005

Trotz der z.Zt. noch kleinen Zahl sind folgende Aussagen statistisch mindestens mit einem p < 0,05 belegbar:

1. F_{uf} zeigt eine positive Korrelation zu den als PS bestimmbaren C-17-OHCS.
2. Diese Korrelation besteht auch nach Gabe von Metopiron und Depot-ACTH.
3. F_{uf} zeigt nach ACTH ein wesentlich höheres Steigungsmaß als die PS, "Lupeneffekt".
4. Es läßt sich eine positive Korrelation von F_{uf} und den C-11-OHCS im Serum nachweisen; sie besteht unter Basalbedingungen und nach ACTH; nach Metopiron liegen noch zu wenige Daten vor.

---

[1] Präparat: Cortrophine-S-Depot ORGANON (β^{1-24}-tetracosactid, synthetisch)

Die Bestimmung des freien Cortisols im Harn erweist sich somit als ein zuverlässiges und sensibles Maß für die Beurteilung der adrenalen Leistung, speziell hinsichtlich des letzten Syntheseschrittes. Der Parameter freies Harn-Cortisol ist sowohl unter Basalbedingungen als auch im Rahmen einer funktionellen Analyse mit chemischer Adrenostase und nach spezifischer Stimulation sehr brauchbar.

Literatur

1. Stolecke, H.: Vortrag VIII. Meeting European Society for Paediatric Endocrinology, Juni 1969, Malmö; Acta paediat. scand. 58, 671 (1970).
2. --: Vortrag Arbeitstagung pädiatr. Forsch., Febr. 1969, Marburg; Klin. Wschr. 47, 731 (1969).
3. Gerdes, H., Staib, W.: Klin. Wschr. 43, 744 (1965).
4. Stolecke, H.: Horm. Metab. Res., im Druck.
5. Kornel, L.: Metabolism 8, 432 (1959).
6. Geisen, W. et al.: Z. Kinderheilk. 107, 175 (1969).

Symp. Dtsch. Ges. Endokrin. 16, 382-383 (1970)

Einfluß der Nebennierendurchblutung auf die Cortisolsekretion des nicht narkotisierten Hundes*

Influence of Adrenal Bloodflow on the Cortisol Secretion of the Unanesthetized Dog

M. L'AGE und A. GONZALEZ-LUQUE

Med. Klinik, Klinikum Steglitz FU Berlin und Dep. Physiol., J. M. Vargas University, Caracas, Venezuela

Summary

In the unanesthetized dog the relationship between adrenal blood flow and cortisol secretion under conditions of constant ACTH-stimulation was studied. It was demonstrated that adrenocortical response to ACTH is strongly dependent on adrenal blood flow in the range of submaximal stimulation of the gland by ACTH.

Von Arbeiten von URQUHART (1) mit isolierten Nebennieren des Hundes ist bekannt, daß zwischen Durchblutungsgröße dieses Organs und der Cortisol (F) - Sekretion bei submaximaler ACTH-Stimulierung eine enge Beziehung besteht. Wir untersuchten die Frage, ob dieser Regulationsmechanismus der F-Sekretion am intakten, nicht narkotisierten Hund eine Bedeutung hat.

Männliche ca. 25 kg schwere Hunde wurden zur Bestimmung der Nebennierendurchblutung nach einer Modifikation der Technik von HUME und NELSON (2) operiert; die F-Bestimmung im Nebennierenblut erfolgte fluorometrisch. Infusionen wurden über einen Jugulariskatheter gemacht.

Zur Steigerung des Nebennierenblutflusses wurden zwei völlig verschiedene Vasodilatatoren in Dosen benutzt, die nicht zu ausgeprägten Hypotensionen führten. Infundiert wurden: 1.2 µg/kg/min Histaminphosphat oder 1.5 µg/kg/min β-Methyl-Acetylcholin (Methacholin).

Bereits 5 min nach Infusionsbeginn beider Substanzen steigt der Blutfluß der Nebenniere um 100% an und fällt nach Ende der 20 min langen Infusionsdauer innerhalb von 5 min wieder auf den Ausgangswert ab. Beide Substanzen setzen über einen zentralen Mechanismus ACTH frei. Diese endogene ACTH-Sekretion kann durch 4 mg Dexamethason, 12 - 23 Stunden vor Versuchsbeginn s.c. gegeben, gehemmt werden. Unter Dexamethasonblockade wird durch Infusion von 2mU/min ACTH die F-Sekretion bis zu einer submaximalen Sekretionsrate stimuliert, die nach 45 min ein Plateau erreicht.

Wird jetzt zusätzlich Methacholin über 20 min infundiert, so steigen innerhalb von 5 min die Durchblutungsgröße von 3 auf 6 ml/min und die F-Sekretion von 2.5 auf ca. 5 µg/min an, beide Meßgrößen sinken 5 min nach Ende der Methacholininfusion wieder auf die Ausgangswerte ab.

Die gleichen Ergebnisse erhält man unter Histamininfusion nach Dexamethasonblockade und unter konstanter Stimulation der Nebenniere mit 2 mU/min. ACTH.

---

* Die experimentellen Arbeiten wurden mit Unterstützung der Deutschen Forschungsgemeinschaft am Dep. Physiol. der Stanford University California in der Gruppe von Prof. F. E. Yates durchgeführt)

Die Korrelation zwischen Durchblutungsgröße und Cortisolsekretion ist hochsignifikant. Der lineare Korrelationskoeffizient ist 0.47 ($p < 0.001$), obwohl diese Werte nicht korrigiert sind für die unterschiedlichen Größen der Tiere und Nebennieren.

Die Abhängigkeit der F-Sekretion von der Durchblutungsgröße besteht nur, wenn die ACTH-Stimulation submaximal ist. Wird die F-Sekretion durch die Infusion von 25 mU/min maximal gehalten, - die F-Sekretion steigt auf 20 µg/min an - dann hat die durch Histamin gesteigerte Durchblutung keinen weiteren Einfluß auf die F-Sekretion.

Aus diesen Ergebnissen läßt sich ableiten, daß die F-Sekretion weder bei schwacher noch bei maximaler ACTH-Stimulation durchblutungsabhängig ist, daß eine enge Kopplung in dem physiologisch bedeutsamen Zwischenbereich besteht.

Der Anstieg der F-Sekretion mit submaximaler ACTH-Stimulation durch Steigerung der Durchblutung der intakten Nebenniere erfolgt ebenso rasch wie nach ACTH-Infusion bei konstantem Blutfluß.

Bei allen biologischen ACTH-Tests an der hypophysektomierten Ratte sollte eine Änderung der Nebennierendurchblutung ausgeschlossen werden, da unter dieser Voraussetzung nicht mehr auf die zu testende ACTH-Menge geschlossen werden kann.

Literatur

1. Urquhart, J.: Amer. J. Physiol. 209, 1162 (1965).
2. Hume, D. M., Nelson, D. H.: Surg. Forum, 1955, V, 568.

Symp. Dtsch. Ges. Endokrin. 16, 384-388 (1970)

Cholestenon in Rattennebennieren*

Cholestenone in Rat Adrenals

D. LOMMER

I. Medizinische Klinik und Poliklinik der Johannes-Gutenberg-Universität, Mainz

Mit 3 Abbildungen

Summary

For the first time it has been proven that cholest-4-ene-3-one is an endogenous constituent of adrenal tissue. Concentrations of cholestenone in quartered rat adrenals after 3 hours of in vitro incubation were comparable to those of progesterone. However, from specific radioactivities of tissue cholesterol and progesterone and from those of tissue cholestenone and progesterone after incubations with either 4-^{14}C-cholesterol or 4-^{14}C-cholestenone it has been concluded that, at best, cholestenone plays a minimal role as a C_{27}-intermediate of corticosteroid biosynthesis.

Cholest-4-en-3-on stellt nach theoretischen Überlegungen eine mögliche C_{27}-Zwischenstufe der Corticosteroidbiosynthese dar (1). Beim Ablauf der 3β-ol-Dehydrogenase-5-4-Isomerase-Reaktionen bereits auf der Stufe des Cholesterins wäre Cholestenon als Zwischenstufe zu postulieren, und als primäres C_{21}-Steroid würde statt des Pregnenolons das Progesteron entstehen.

Man kennt Cholestenon als Produkt mikrobiologischer Cholesterinoxidation (2,3), als Zwischenprodukt des Cholesterinstoffwechsels (4,5,6,7) und als Vorstufe von Cholestanol (8,9), Cholestanon und Gallensäuren (9). In der Literatur konnte bisher jedoch kein Hinweis auf die Existenz des Cholestenons als endogener Bestandteil von Nebennierengewebe gefunden werden, und nur für den speziellen Fall der Goldhamsternebenniere wurde ein Hinweis auf die Bildung von Corticosteroiden aus Cholestenon entdeckt (10).

Im Verlaufe eigener in vitro-Untersuchungen über die Corticosteroidbiosynthese in Rattennebennieren wurde bei der dünnschichtchromatographischen Auftrennung von Gewebeextrakten regelmäßig ein UV (253 nm)-positiver Bereich in der Nähe des Cholesterins beobachtet. Chromatographische Vergleiche der aus diesem Bereich eluierten Substanz mit authentischem Cholestenon erbrachten völlige Übereinstimmung. Absorptionsspektren in Methanol ergaben wie bei authentischem Cholestenon ein Maximum bei 244 nm, das für die Steroid-4-en-3-keto-Konfiguration charakteristisch ist. In der Gaschromatographie wurden für den aus Rattennebennieren isolierten Stoff die gleichen Retentionszeiten gemessen wie für Cholestenon, und aus der Mischung der Substanz mit Cholestenon resultierte im Gaschromatogramm ein einziger, symmetrischer Peak (Abb. 1). Die der cholestenonähnlichen Verbindung entsprechende gaschromatographische Fraktion wurde präparativ angereichert, und es gelang, aus nur etwa 3 µg Material ein Massenspektrum anzufertigen. Wie bei authentischem Cholestenon

* Die Untersuchungen wurden im Rahmen einer postdoctoral fellowship am Syntex Research Institute of Hormone Biology in Palo Alto, Calif., USA, durchgeführt.

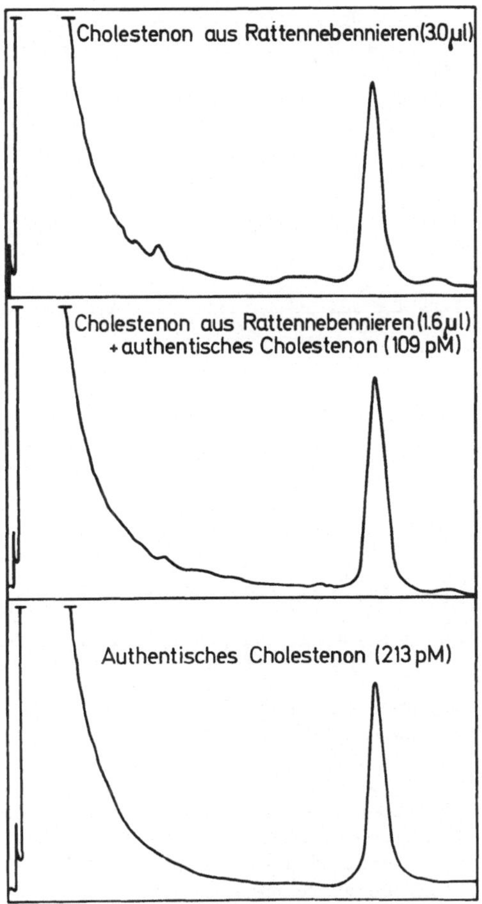

Abb. 1. Gaschromatographische (3% OV-1 auf 80-100 mesh Gas Chrom Q, N_2, FID, 250° C) Identifizierung von Cholest-4-en-3-on aus Rattennebennieren

zeigte das Molekülion ein Molekulargewicht von 384, und mit einer Ausnahme, B, 271, konnten alle Signale für die wesentlichsten Spaltprodukte des Cholestenons nachgewiesen werden (Abb. 2). Nach diesen Kriterien aus Dünnschicht- und Gaschromatographie, Absorptions- und Massenspektrographie kann mit einiger Sicherheit angenommen werden, daß es sich bei dem aus Rattennebennieren isolierten Produkt tatsächlich um Cholest-e-en-3-on handelte. Es mußte jedoch in Erwägung gezogen werden, daß das isolierte Cholestenon während der Extraktaufbereitung durch Autoxidation von Cholesterin entstanden war (11). Eine der normalerweise zur in vitro Inkubation eingesetzten Gewebemenge entsprechende Cholesterinportion (5700 nM) wurde deshalb unter identischen experimentellen Bedingungen 3 Stunden inkubiert und anschließend zur Analyse aufbereitet. Das vorgelegte Cholesterin wurde zu 100% wiedergefunden, und es konnte keine Spur von Cholestenon nachgewiesen werden. Es kann demnach angenommen werden, daß Cholestenon ein endogener Bestandteil der Rattennebenniere ist.

In Abb. 3 sind die nach dreistündiger Inkubation geviertelter Rattennebennieren ermittelten Gewebekonzentrationen an freiem Cholesterin, Cholestenon, Pregnenolon und Progesteron zusammengefaßt. Die gleiche Größenordnung der Konzentrationen von Cholestenon, Pregnenolon und Progesteron könnte durchaus da-

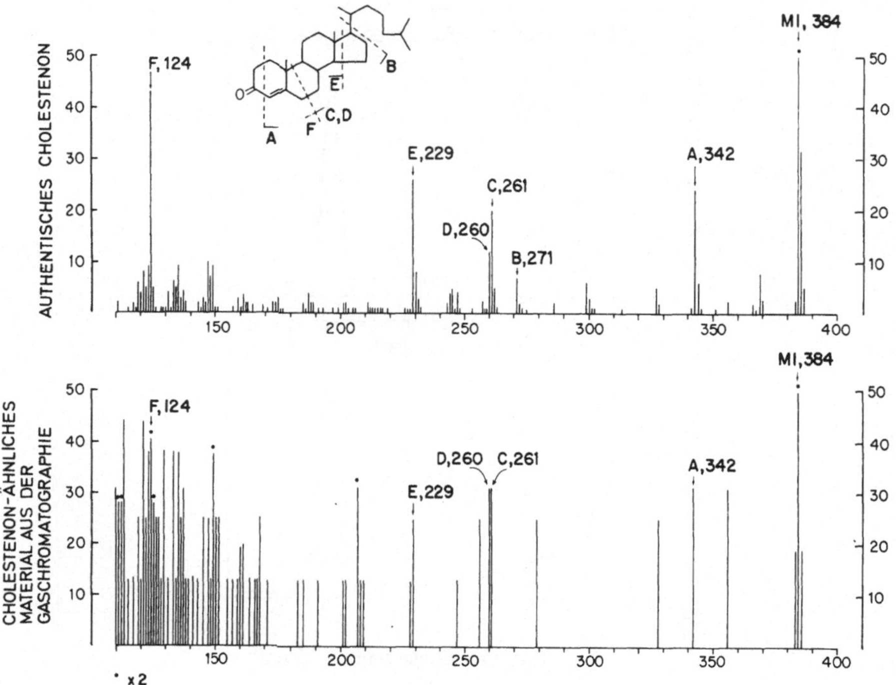

Abb. 2. Massenspektrographische Identifizierung von Cholest-4-en-3-on aus Rattennebennieren nach gaschromatographischer Isolierung

für sprechen, daß dem Cholestenon eine ähnliche Zwischenstufenfunktion zukommt wie den beiden C_{21}-Steroiden. Aus Untersuchungen mit Rindernebennieren existieren jedoch eine Reihe von Befunden, die gegen eine Beteiligung des Cholestenons an der Corticosteroidbildung sprechen (12,13,14,15). Zur Klärung dieser Frage für die Rattennebenniere wurden vergleichende Radioaktivitätseinbaustudien mit $4\text{-}^{14}C$-Cholesterin und $4\text{-}^{14}C$-Cholestenon durchgeführt. Der Radioaktivitätseinbau in das Progesteron betrug aus beiden Vorstufen etwa 0.0001%

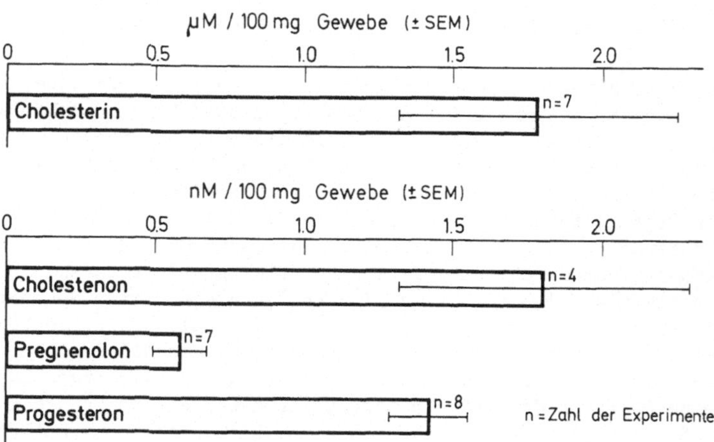

Abb. 3. Konzentrationen von Cholesterin, Cholest-4-en-3-on, Pregnenolon und Progesteron (gaschromatographische Bestimmung) in geviertelten Rattennebennieren nach dreistündiger Inkubation in KREBS-RINGER-Bicarbonat-Glucose-Lösung bei 37°C

der eingesetzten Radioaktivität pro 100 mg Gewebe. Erhebliche Unterschiede ergaben sich jedoch beim Vergleich der spezifischen Radioaktivitäten (Tabelle). Zugesetztes ^{14}C-Cholesterin wurde durch die große Menge endogenen Cholesterins zunächst stark verdünnt, für die spezifischen Radioaktivitäten des aus dem Gewebe isolierten Cholesterins und Progesterons ergab sich jedoch größenordnungsmäßige Übereinstimmung. Die spezifische Radioaktivität des Gewebecholestenons lag dagegen nur wenig unter der des vorgelegten ^{14}C-Cholestenons, während die spezifische Radioaktivität des isolierten Progesterons gegenüber der des Gewebecholestenons ganz erheblich vermindert war. Aus diesen Relationen wurde geschlossen, daß nur ein geringer Bruchteil des in der Rattennebenniere synthetisierten Progesterons über die Zwischenstufe Cholestenon gebildet wird. Das Cholest-4-en-3-on scheint also auch in der Rattennebenniere als C_{27}-Zwischenstufe der Corticosteroidbiosynthese allenfalls eine untergeordnete Rolle zu spielen.

Tabelle 1. Spezifische Radioaktivitäten und Radioaktivitätsverdünnungen aus den Radioaktivitätseinbaustudien mit 4-^{14}C-Cholesterin und 4-^{14}C-Cholest-4-en-3-on

	spezifische Radioaktivität dpm/nM	Radioaktivitäts-verdünnung
A exogenes 4-^{14}C-Cholesterin	110 000	
B Gewebe-Cholesterin nach Inkubation	657	B:A = 1:168
C Gewebe-Progesteron nach Inkubation	177	C:B = 1: 3.7
A exogenes 4-^{14}C-Cholestenon	70 400	
B Gewebe-Cholestenon nach Inkubation	53 350	B:A = 1: 1.3
C Gewebe-Progesteron nach Inkubation	326	C:B = 1:164

Literatur

1. Hechter, O., Zaffaroni, A., Jacobson, R. P., Levy, H., Jeanloz, R. W., Schenker, V., Pincus, G.: The Nature and Biogenesis of the Adrenal Secretory Product. Recent Progra. Hormone Res. 6, 215 (1951).
2. Arnaudi, C.: Oxydations Microbiennes des Stéroides. Experientia (Basel) 7, 81 (1951).
3. Stadtman, T. C., Cherkes, A., Anfinsen, C. B.: Studies on the Microbiological Degradation of Cholesterol. J. Biol. Chem. 206, 511 (1954).
4. Rosenheim, O., Webster, T. A.: Precursors of Coprosterol and the Bile Acids in the Animal Organism. Nature 136, 474 (1935).
5. --, The Mechanism of Coprosterol Formation in vivo. I. Cholestenone as an Intermediate. Biochem. J. 37, 513 (1943).
6. Weinhouse, S.: The Blood Cholesterol. Arch. Path. 35, 438 (1943).
7. Bloch, K.: The Intermediary Metabolism of Cholesterol. Circulation 1, 214 (1950).
8. Stokes, W. M., Fish, W. A., Hickey, F. C.: The Fate of Injected Cholestenone in the Intact Rat. J. Biol. Chem. 213, 325 (1955).
9. Harold, F. M., Abraham, S., Chaikoff, I. L.: Metabolism of Δ4-Cholestenone in Rat Liver. J. Biol. Chem. 221, 435 (1956).
10. Schindler, W. J., Knigge, K. M.: In vitro Studies and Adrenal Steroidogenesis by the Golden Hamster. Endocrinology 65, 748 (1959).
11. Prelog, V., Tagmann, E., Lieberman, S., Ruzicka, L.: Untersuchungen über Organextrakte. (12. Mitteilung) Über Ketosteroide aus Schweinetestes-Extrakten. Helv. chim. Acta 30, 1080 (1947).

12. Stone, D., Hechter, O.: Studies on ACTH Action in Perfused Bovine Adrenals: Failure of Cholestenone to Act as a Corticosteroid Precursor. Arch. Biochem. 51, 246 (1954).
13. Kowal, J., Forchielli, E., Dorfman, R. I.: The Δ 5-3β-Hydroxysteroid Dehydrogenase of Bovine corpus luteum and Adrenal. I. Properties, Substrate Specificity and Co-Factor Requirements. Steroids 3, 531 (2964).
14. Krüskemper, H. L., Forchielli, E., Ringold, H. J.: Δ5-3-keto Isomerases - Specificity and Inhibition Studies in Bovine Adrenal Homogenate Fractions and Distribution in Rat Tissue. Steroids 3, 295 (1964).
15. Raggatt, P. R., Whitehouse, M. W.: Substrate and Inhibitor Specificity of the Cholesterol Oxydase in Bovine Adrenal Cortex. Biochem. J. 101, 819 (1966).

Symp. Dtsch. Ges. Endokrin. 16, 389-390 (1970)

Wirkung von ACTH auf die „in vivo" Umwandlung von Progesteron in Corticosteron bei der Ratte

Effect of ACTH on "in vivo" Conversion of Progesterone into Corticosterone in Rats

H. KESSLER und P. VECSEI

Pharmakologisches Institut der Universität Heidelberg

Mit 1 Abbildung

Summary

It was possible to demonstrate the "in vivo" conversion of radioactive progesterone into corticosterone and aldosterone in rats. ACTH treatment for 9 - 25 days increased the conversion of radioactive progesterone into corticosterone. The formation of aldosterone remained unchanged.

Bei Ratten wurden 5-10 µCi 7-H^3-Progesteron in die V. saphena injiziert, das Nebennierenvenenblut 4 Stunden lang gesammelt und aus dem Dichlormethanextrakt des Nebennierenvenenblutes - nach Zugabe entsprechender nicht markierter Steroide - radioaktives Corticosteron und Aldosteron isoliert und deren Radioaktivität gemessen. Die 4-stündige Blutentnahme wurde durch ein automatisches Blutersatzsystem möglich gemacht.

Im Durchschnitt erscheinen 6,4% der eingespritzten Radioaktivität im Nebennierenvenenblut und 1% im Dichlormethan-Extrakt des Nebennierenvenenblutes. In diesem Extrakt finden sich nicht metabolisierte Steroidzwischenstufen, welche in der Synthese des Corticosterons und Aldosterons eine Rolle spielen können.

Einer Gruppe von Ratten haben wir 6 I.E. ACTH/Tag verabreicht. Das Präparat Cortrophin Z wurde uns von der Firma Organon GmbH, (Klinische Forschung) München, zur Verfügung gestellt. Die Nebennieren vergrößerten sich schon nach einer 5-7 tägigen Behandlung. Behandelt man die Ratten länger - 8-24 Tage lang - entsteht keine zusätzliche Hypertrophie.

Die Abb. 1 zeigt die entstandenen Corticosteronradioaktivitäten. Diese wurden sowohl als Prozente der Radioaktivität des Dichlormethanextraktes, als auch als Prozente der eingespritzten Progesteronradioaktivität ausgedrückt. Nach einer 5-7 tägigen Behandlung haben wir keine Veränderung feststellen können. Nach einer längeren ACTH-Behandlung haben wir mit jeder Ausrechnungsart, wobei die entstandenen Corticosteron-Radioaktivitäten als Prozente der eingespritzten Präkursorradioaktivitäten ausgedrückt worden sind, eine Tendenz der Erhöhung gefunden, welche sich in der Verlagerung der Werte in der Richtung des oberen Normalbereiches manifestiert. Drückt man die entstandenen Corticosteronradioaktivitätswerte als Prozente der Radioaktivität des Dichlormethanextraktes aus - in diesem Fall fallen die durch die individuellen extraadrenalen Metabolisationsunterschiede gegebenen Fehlermöglichkeiten weg, - konnte eine signifikante Erhöhung der Corticosteronwerte nachgewiesen werden.

Der Angriffspunkt des ACTH wird im allgemeinen zwischen dem Acetat und dem Pregnenolon vermutet. Unsere Resultate sollten dagegen auch für eine Wirkung zwischen dem Progesteron und Corticosteron sprechen. Die Zahl der bisherigen

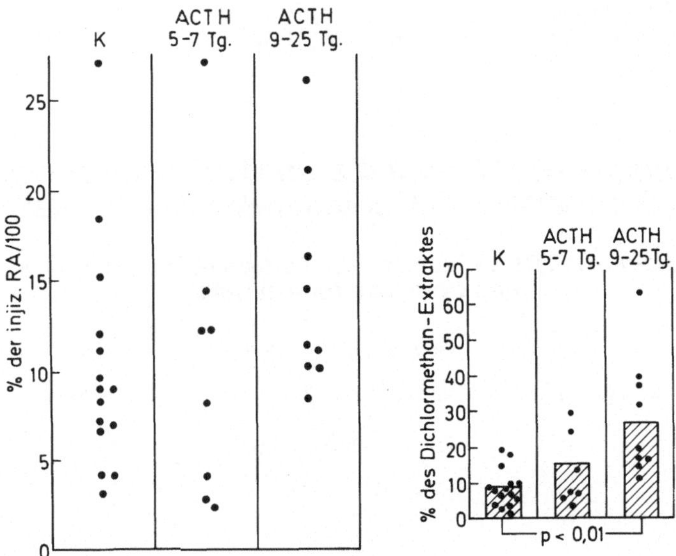

Abb. 1.

Literaturangaben, welche für einen möglichen Angriffspunkt hinter dem Progesteron sprechen, sind recht gering. Dazu kommt, daß die diesbezüglichen Ergebnisse mit der "in vitro" Inkubation von NN-Schnitten und Homogenaten erreicht worden sind, wobei das Fehlen eines Kreislaufes und die Probleme der Auswahl einer entsprechenden Inkubationszeitdauer Verwertungsprobleme mit sich bringen.

Bei den Aldosteronwerten war keine signifikante Veränderung aufzufinden. Die Tatsache, daß die Bildung des Corticosterons aus Progesteron zunimmt, die des Aldosterons dagegen nicht, ließ eine Hemmung der Corticosteron-Aldosteron Umwandlung nach ACTH-Behandlung vermuten.

Symp. Dtsch. Ges. Endokrin. 16, 391-392 (1970)

„In vivo" Konversion von Corticosteron in Aldosteron bei Ratten mit Nebennierenhypertrophie verschiedenen Ursprungs

"In vivo" Conversion of Corticosterone to Aldosterone in Rats with Adrenal Hypertrophy of Different Origin

P. VECSEI und H. KESSLER

Pharmakologisches Institut der Universität Heidelberg

Mit 1 Abbildung

Summary

It was possible to demonstrate the "in vivo" conversion of radioactive corticosterone in aldosterone in rats. ACTH treatment diminished this conversion whilst repeated injection of formaldehyde remained without any effect.

Radioaktives Corticosteron wurde in die V. saphena eingespritzt und Nebennierenvenenblut 1.5 Stunden lang gesammelt. Im Durchschnitt haben wir 0,015% der eingespritzten Radioaktivität als Aldosteron aus dem Nebennierenvenenblut nachweisen können. Dieser Prozentsatz scheint auf den ersten Blick sehr gering zu sein. Man muß aber bedenken, daß nur ein Teil, ca. 14% der eingespritzten Radioaktivität im Nebennierenvenenblut erscheint und deren größter Teil aus extraadrenal entstandenen Metaboliten besteht. Nur 3,2% der injizierten Radioaktivität erscheint im Dichlormethanextrakt des Nebennierenvenenblutes. In diesem Extrakt befinden sich nicht metabolisierte Steroid-Zwischenstufen, welche in der Aldosteronbiosynthese eine Rolle spielen können. Nimmt man die Radioaktivität des Dichlormethanextraktes als Bezugsgröße, dann erhält man einen Prozentsatz von 0,48%, welcher nicht weit unter den "in vitro" Experimenten liegt.

Um die Möglichkeit einer extraadrenalen Konversion auszuschließen, wurde das Blut der arteria femoralis von adrenalektomierten Ratten[1] gesammelt und aufgearbeitet. Eine meßbare Aldosteronradioaktivität konnte nicht festgestellt werden. Das bedeutet, daß man eine extraadrenale Corticosteron-Aldosteron-Konversion ausschließen kann.

Man nimmt allgemein an, daß die wiederholte Stress-Einwirkung durch die Mobilisierung des endogenen ACTH wirkt. Frühere, teilweise eigene, Untersuchungen haben dagegen gezeigt, daß die Aldosteronproduktion aus endogenen Präkursoren wesentliche Unterschiede aufweist: die Aldosteronsekretion erwies sich nach chronischer ACTH-Gabe als erniedrigt, nach Formalinbehandlung als erhöht (1, 2).

Wie die Abbildung 1.) zeigt, ist die Corticosteron-Aldosteron-Konversion nach chronischer ACTH-Gabe signifikant vermindert, bleibt aber nach Formalinbehandlung im wesentlichen unverändert.

Es ist bekannt, vor allem aus den Arbeiten von LARAGH und BIGLIERI (2,3), daß die Aldosteron-Sekretion auch nach chronischer ACTH-Gabe beim Menschen

[1] nach dem Einspritzen des radioaktiven Corticosterons

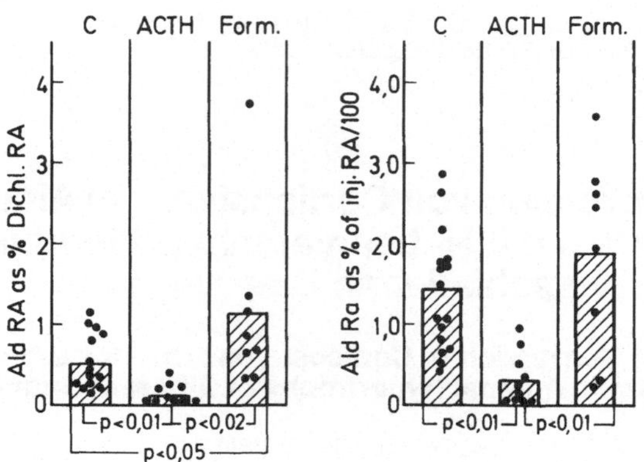

Abb. 1.

abnimmt. Der Mechanismus dieses Effektes ist z.Z. umstritten. Unsere Befunde über die verminderte Corticosteron-Aldosteron-Konversion können Hinweise für die Aufklärung dieser Erscheinung geben.

Die großen Unterschiede, welche zwischen den mit ACTH und den mit Formol behandelten Tieren hinsichtlich der Aldosteronbiosynthese festzustellen waren, erlauben uns die Folgerung, daß es sich bei wiederholten Stresseinwirkungen nicht, oder besser gesagt nicht nur um eine erhöhte ACTH-Sekretion handelt, sondern daß auch andere Faktoren eine Rolle spielen dürften.

Literatur

1. Weisz, P., Marton, J., Gosztonyi, T., Purjesz, I., Ritter, L.: Acta endocr. (Kbh.) Suppl. 51, 149 (1960).
2. Stark E., Fachet, J., Mihaly, K.: Canad. J. Biochem. 41, 1771 (1963).
3. Newton, M. A., Laragh, J. H.: J. clin. Endocr. 28, 1006 (1968).
4. Biglieri, E. G.: Progress in Endocrinol. Amsterdam: Excerpt. Med. Found. p. 1160, 1960.

Symp. Dtsch. Ges. Endokrin. 16, 393-395 (1970)

Zur Biosynthese von Steroidhormonen; Cholesterin kein obligates Zwischenprodukt

Biosynthesis of Steroid Hormones; Cholesterol not an Obligatory Intermediate

W. DIRSCHERL und B. KADIB-ELBAN

Physiologisch-Chemisches Institut der Universität Bonn

Mit 3 Abbildungen

Summary

Incubation of adrenocortical homogenates (rat, Cushing patient) together with (1-^{14}C)-acetate and Elipten (Ciba), an inhibitor for the degradation of the cholesterol side-chain, leads to the synthesis of cortisol. Therefore, a second pathway from acetate to steroid hormones, not using cholesterol as an intermediate, must exist.

Der Körper kann aus Acetat über Cholesterin Steroidhormone synthetisieren. Nicht entschieden, trotz mancher Bemühungen, scheint aber zu sein, ob Cholesterin das obligate Zwischenprodukt darstellt, oder ob es einen 2. Weg gibt, der nicht über Cholesterin führt. Mit dieser Frage haben wir uns 1968 beschäftigt.

Nach KAHNT u. NEHER (1965, 1966) wird die Entstehung von Corticosteroiden aus (^{3}H)-Cholesterin bei Inkubation mit NN-Homogenat (Rind) durch α-(p-Aminophenyl)-α-äthyl-glutarsäureimid (Elipten, Ciba) blockiert, wahrscheinlich durch Hemmung der 20-Hydroxylase, welche den 1. Schritt zum Abbau der Seitenkette einleitet. KIMURA et al. (1966) haben die Wirkung des beteiligten Enzymsystems gemessen, indem sie Acetontrockenpräparate aus Ratten-NN auf (26-^{14}C)-Cholesterin einwirken ließen und die abgespaltene radioaktive Isocapronsäure durch Erhitzen entfernten. Die Radioaktivität des Trockenrückstandes nimmt entsprechend ab. CASH et al. (1967) haben mit dieser Versuchsanordnung die hemmende Wirkung des Eliptens studiert.

Diese Methoden erschienen für unsere Zwecke gut geeignet. Wenn es gelang, mit NN-Homogenat unter Bedingungen, bei denen durch Elipten die Cholesterinspaltung völlig unterdrückt ist, aus radioaktivem Acetat radioaktive Steroide, z.B. Cortisol, zu erhalten, war die Möglichkeit eines 2. Weges erwiesen.

Die Methode mußte modifiziert werden. CASH et al. verwendeten Elipten in benzolischer Lösung. Da aber nach unseren Versuchen Benzol selbst stark hemmt, haben wir wässrige Lösungen angewendet (Totalhemmung bei 0,8 bzw. 1,7 mg/ml). (Abb. 1 und 2). - Zur Entfernung der abgespaltenen Isocapronsäure erhitzten wir bei 120° zur Trockne, anschließend 10 min auf 80° /1 Torr.

250 mg feuchte Nebennieren reifer Rattenmännchen (Sprague Dawley) wurden mit 1 ml Phosphatpuffer ph 7 (Niacin, NAD, ATP und $MgCl_2$ enthaltend) bzw. mit konz. Eliptenlösung (die Pufferkomponenten enthaltend) homogenisiert, mit 0,5 mc (1-^{14}C)-Na-Acetat in 0,15 ml Wasser versetzt und bei 37° 5 h unter O_2/CO_2 (95:5) geschüttelt. Die Trockenrückstände der Ätherextrakte wurden 3-stufig zwischen n-Heptan und Methanol-Wasser (80:20 v/v) verteilt.

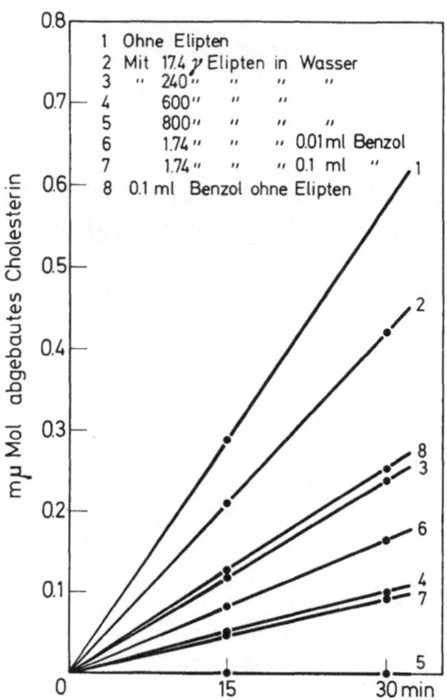

Abb. 1. Hemmung der Abspaltung der Seitenkette aus je 10 nC (26-^{14}C)-Cholesterin (spez. Akt. 24,0 mc/m Mol) mit Homogenat aus Rattennebennieren (1 ml)

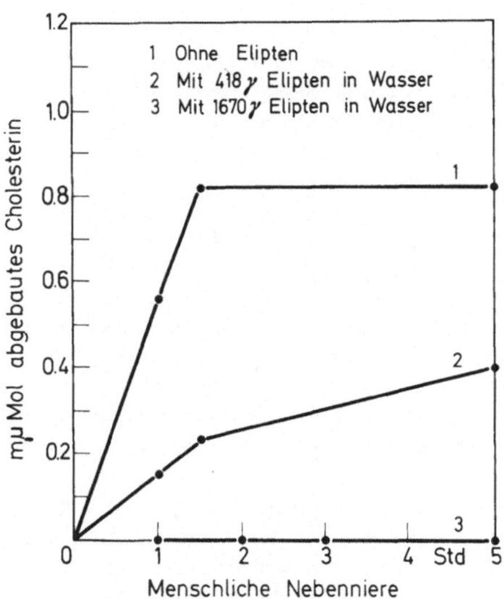

Abb. 2. Dasselbe mit Homogenat von menschlicher Nebenniere (Cushing)

Tabelle 1. Gesamtaktivitäten in cpm

	n-Heptan-Phase (Sterine)	Methanol-Phase (Steroide)	Bzl.- Meth.- Wass. (2:1:1) I	II	III
ohne Elipten	12 240	239 940	98 048	-	17 968
mit Elipten	8 940	388 260	187 320	38 132	7 990

In beiden Versuchen ist die Gesamtaktivität in der Steroidfraktion vielfach größer als in der Sterinfraktion, besonders im Eliptenversuch. Die Radiopapierchromatographie im System Benzol-Methanol-Wasser (2:1:1; Bush 5) ergab ohne Elipten 2 Gipfel (I und III), mit Elipten zwischen I und III einen zusätzlichen Gipfel II (Abb. 3). Eine Hälfte der Fraktion II wurde in Cyclohexan-Methanol-Wasser (100:85:15), dann in Toluol-Äthylacetat-Methanol-Wasser (9:1:5:5; Bush C) rechromatographiert. Mitlaufendes authentisches Cortisol befand sich stets an der gleichen Stelle wie Fraktion II. Die andere Hälfte der Fraktion II aus dem ersten Chromatogramm verhielt sich bei Isotopenverdünnung ebenfalls wie Cortisol. - In der Sterinfraktion ließ sich radiopapierchromatographisch in 3 Systemen Cholesterin nachweisen.

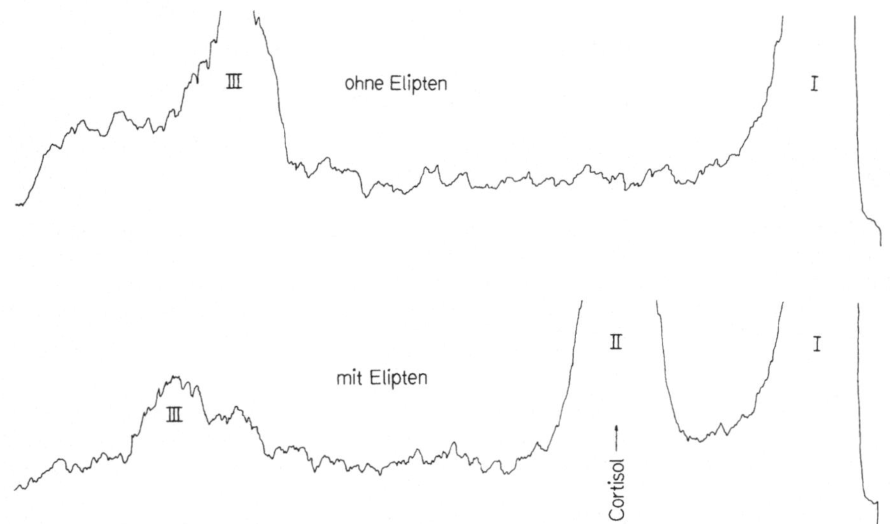

Abb. 3. Radiopapierchromatogramm der Methanolphase (Einzelheiten s. Text)

Auch Inkubation von radioaktivem Acetat (0,05 mc in 0,06 ml) mit 1 ml NN-Homogenat eines Cushing-Patienten mit doppelseitiger Hyperplasie (wir danken Herrn Prof. J. Bayer, Bonn, für die Überlassung eines Teiles der NN) ergab grundsätzlich das gleiche Resultat bei veränderter Aufarbeitung (an Stelle der 3-stufigen Verteilung Säulenchromatographie an Kieselgel Mallinckrodt). Auch hier trat nur im Eliptenversuch eine Fraktion (ca. 25 000 cpm) auf, die sich in mehreren Systemen und bei Vergleich mit 12 Referenzsubstanzen wie Cortisol verhielt.

Da Cortisol unter Bedingungen auftrat, bei denen die Seitenkette des Cholesterins nicht abgespalten wurde, muß es aus Acetat auf einem anderen, wahrscheinlich verkürzten Wege, gebildet worden sein. Elipten scheint diesen 2. Weg, der nicht über Cholesterin führt, zu begünstigen.

Literatur

Cash, R., Brough, A. J., Cohen, M. N. P., Satoh, P. S.: J. clin. Endocr. 27, 1239 (1967).

Kahnt, F. W., Neher, R.: Helv. chim. Acta 48, 1457 (1965); 49, 123, 725 (1966).

Kimura, T., Satoh, P. S., Tchen, T. T.: Analyt. Chemistry 16, 355 (1966).

Symp. Dtsch. Ges. Endokrin. 16, 396-398 (1970)

In vivo-Perfusion der menschlichen Leber mit $7\alpha^3H$-Testosteron

In vivo Perfusion of the Human Liver with $7\alpha^3H$-Testosterone

W. WORTMANN, P. KNAPSTEIN, G. MAPPES und G. W. OERTEL

Abtlg. f. Experimentelle Endokrinologie, Univ.-Frauenklinik Mainz

Mit 2 Abbildungen

Summary

$7\alpha^3H$-testosterone was injected into the portal vein of a 40-year-old man. In the following 40 min 8 blood samples were withdrawn from one of the liver veins and analyzed for free and conjugated steroids. The data showed that free testosterone underwent rapid conjugation and metabolism. The metabolite pattern in plasma and urine is reported.

Über den Testosteronstoffwechsel der Leber liegen in vitro Experimente auch mit menschlichem Lebergewebe vor, während in vivo-Untersuchungen nur tierexperimentell durchgeführt wurden. Eine in vivo-Perfusion der menschlichen Leber schien daher von besonderem Interesse.

Bei einem 40-jährigen Patienten wurde über die v. cubitalis sinistra ein Polyvinyl-Herzkatheter unter Sicht des Bildwandlers über den rechten Vorhof in eine Lebervene geführt. Intraoperativ wurde sodann in einen Ast der v. mesenterica superior 1,7 µg $7\alpha^3H$-markiertes Testosteron mit etwa 27 x 10^6 dpm injiziert. In den folgenden 40 Minuten erfolgte in bestimmten Abständen die Entnahme von 8 Blutproben, die heparinisiert, zentrifugiert und später analysiert wurden. Weiterhin wurde der 24-Stundenharn post perfusionem in zwei 12-Stundenportionen gesammelt und aufgearbeitet.

Die Verteilung der ^3H-Aktivität in den entsprechenden Plasmafraktionen zeigt zunächst die rasche Konjugation des Testosteron auf. Bereits nach einer Minute überwiegt die Konjugatfraktion mit 72%. Wie in Übereinstimmung mit tierexperimentellen Untersuchungen zu erwarten, stellen die Glucuronide in der Konjugatfraktion den größten Anteil. Die Hauptmenge markierter Steroide trat nach 5 Minuten auf, um nach 10 Minuten in unterschiedlichem Ausmaß durchschnittlich abzunehmen. Diese Ergebnisse entsprechen nicht ganz denjenigen von TAMM und VOIGT (1) nach Perfusion der Hundeleber mit hohen, nicht markierten Testosterondosen. Offenbar vermochte die Hundeleber unter den gegebenen Bedingungen nicht so schnell zu konjugieren wie die menschliche Leber.

In der Abb. 1 wird das Verteilungsmuster der einzelnen Metaboliten in den 3 Plasmafraktionen dargestellt. Auch hier wird der schnelle Abbau des Testosteron offenkundig. Androstendion konnte nur in der freien Fraktion, 16α-Hydroxy-Testosteron nur in der Konjugatfraktion festgestellt werden. In der freien Fraktion überwog bei weitem Androstendion. Nach Solvolyse der Sulfate wies Testosteron mit 39% den größten Anteil auf, Epitestosteron machte 21% und 16α-Hydroxy-Testosteron 5% aus. Androsteron war in der Sulfatfraktion nicht nachweisbar. In der Glucuronidfraktion bot sich ein quantitativ ähnliches Bild. Auffällig war das geringe Vorkommen der Ring A reduzierten 17-Ketosteroide, was nach EIK-NES, VAN DER MOLEN und BROWNIE (2) annehmen läßt, daß die

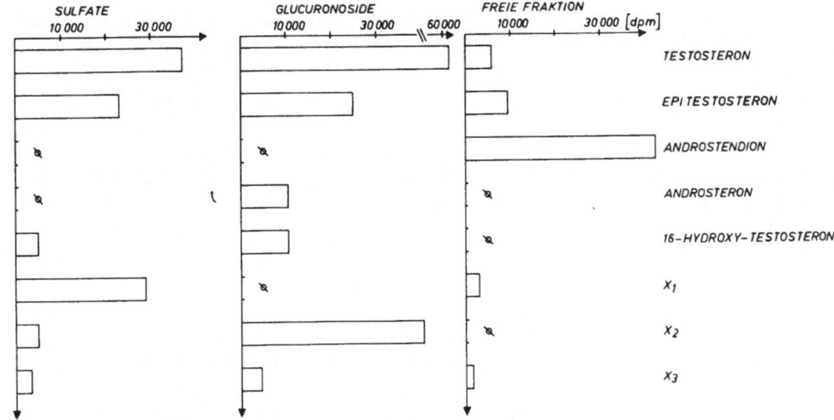

Abb. 1. Plasma: Verteilung der ^{3}H-Aktivität verschiedener Steroide aus unterschiedlichen, vereinigten Plasmafraktionen (dpm). Die Werte wurden auf 100% Wiedergewinnung der freien oder konjugierten Steroide nach Hydrolyse berechnet

Δ4-Hydrogenasen in der Leber bevorzugt 17-Hydroxy-Steroide reduzieren.

Das Vorkommen von Epitestosteron und Testosteron stimmt im wesentlichen mit bereits bekannten Ergebnissen überein. Auch wir konnten wie WILSON und LIPSETT (3) Epitestosteron hauptsächlich in der Glucuronidfraktion nachweisen. STARKA und BREUER (4) stellten übereinstimmend mit anderen Autoren einen verminderten Epitestosteronstoffwechsel in der Rattenleber fest. Als Ursache nahmen sie eine geringe Reduktion der Δ4-3 Oxo-Gruppe an sowie eine fehlende Oxydation der 17α Hydroxygruppe. Diese Beobachtungen können durch vorliegende Ergebnisse insofern bestätigt werden, als Epitestosteron in der freien Fraktion gegenüber Testosteron überwiegt, während die Konjugatfraktionen ein umgekehrtes Verhältnis aufweisen.

Die mit x bezeichneten Substanzen wurden bisher nicht eindeutig identifiziert.

Bezüglich der Steroide im Harn ergab sich ein quantitativ und qualitativ verändertes Bild. Die Verteilung der ^{3}H-Aktivität auf die 3 eluierten Urinfraktionen zeigte, daß freie Steroide fehlten, während bei den Konjugaten in den ersten 12 Stunden post perfusionem die Glucuronide, in den folgenden 12 Stunden die Sulfate überwogen. Das Gesamtverhältnis Glucuronide zu Sulfaten betrug 3,7 zu 1. Die 17-Ketosteroide Androsteron und Ätiocholanolon stellten mit 46% den bedeutendsten Anteil. Derartige Resultate kommen den von BAULIEU und MAUVAIS-JARVIS (5) mitgeteilten Werten nach Testosteronbelastung nahe.

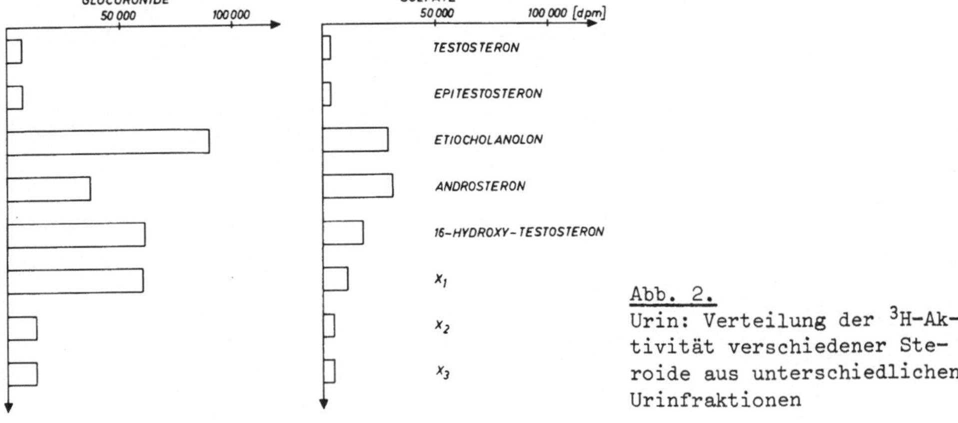

Abb. 2. Urin: Verteilung der ^{3}H-Aktivität verschiedener Steroide aus unterschiedlichen Urinfraktionen

Bezüglich der Ausscheidung von Testosteron und Epitestosteron fand auch BROOKS (6) etwa gleiche Werte. Der hohe Prozentsatz von 16α-Hydroxy-Testosteron erfährt eine gewisse Erklärung durch die Feststellung von SCHRIEFERS, KREMER und OTTO (7), daß nämlich eine Hydroxylierung in Position 16α bevorzugt wird.

Zusammenfassend scheint der relativ rasche Metabolismus und eine entsprechende Konjugation des Testosteron in der menschlichen Leber beachtenswert, was weitgehend den aus in vivo- und in vitro-Experimenten bekannten Resultaten entspricht.

Literatur

1. Tamm, J., Voigt, K. D.: Schering Workshop on Steroid Metabolism "In vitro versus in vivo" Berlin: 1968, p. 155.
2. Eik-Nes, K. B., van der Molen, H. J., Brownie, A. C.: Steroid Hormone Analysis, ed. Hans Carstensen, N.Y.: 1967, p. 319.
3. Wilson, H., Lipsett, M. B.: J. clin. Endocr. 26, 902 (1966).
4. Starka, L., Breuer, H., Hoppe-Seylers Z. physiol. Chem. 349, 1698 (1968).
5. Baulieu, E. E., Mauvais-Jarvis, P.: J. biol. Chem. 239, 1569 (1964).
6. Brooks, R. V.: Steroids 4, 117 (1964).
7. Schriefers, S. H., Cremer, W., Otto, M.: Hoppe-Seylers Z. physiol. Chem. 348, 183 (1967).

Symp. Dtsch. Ges. Endokrin. 16, 399-400 (1970)

Enzyme des Steroidhormonstoffwechsels bei Hemmung der sexuellen Entwicklung

The Influence of Disturbed Sexual Development on the Activity of Enzymes of the Steroid Metabolism

HERBERT SCHRIEFERS, INGEBORG DISSE und DIETER MAYER

Abteilung für Biochemie der Universität Ulm

Summary

Decisive enzymes of the metabolism of steroid hormones in the rat liver are sex-dependent. Treatment of male rats with the anti-androgen cyproterone-acetate during the first sixty days of life lowers the activity of 3β-hydroxysteroid dehydrogenase and 20-keto reductase but leaves the activity of Δ^4-5α-hydrogenase unchanged. From this one can conclude that in the cases of 3β-hydroxy-steroid dehydrogenase and 20-keto reductase androgens function as enzyme inductors. The low Δ^4-5α-hydrogenase activity, typical for the male sex, is not due to a repressive action of androgens. Interference with sexual differentiation by giving testosterone propionate to female and oestradiol benzoate to male rats on day 5 of life leads to an inversion of the activity pattern of the above cited enzymes, inasmuch as male animals exhibit a female-type activity pattern and female animals a male one.

The "feminisation" of the enzyme activity pattern in male rats neonatally treated with oestradiol has metabolic consequences. In liver slices of these animals after puberty, testosterone turnover reaches the value of normal females, and the metabolites produced are predominantly of type 5α-androstane as is characteristic for the female sex.

Entscheidende Enzyme des Steroidhormonstoffwechsels in der Leber der Ratte sind in ihrer Aktivität geschlechtsabhängig. Die Δ^4-5α-Hydrogenase ist beim weiblichen Tier, die 3β-Hydroxysteroid-Dehydrogenase und die 20-Keto-Reduktase sind beim männlichen Geschlecht besser entwickelt.

Setzt man geschlechtsabhängig gleich sexualhormonabhängig, so könnte dies heißen, daß Androgene für die Enzyme 3β-Hydroxysteroid-Dehydrogenase und 20-Keto-Reduktase als Induktoren, für die Δ^4-5α-Hydrogenase als Repressoren fungieren. Die Vermutung ist richtig, soweit es sich um die 3β-Hydroxysteroid-Dehydrogenase und die 20-Keto-Reduktase handelt, sie ist unzutreffend für den Fall Δ^4-5α-Hydrogenase. Behandelt man nämlich männliche Tiere vom 1. bis zum 60. Lebenstag mit dem Antiandrogen Cyproteronacetat, so zeigen die beiden erstgenannten Enzyme eine erhebliche Depression ihrer Aktivität, während die Δ^4-5α-Hydrogenase, von der man erwarten sollte, daß sie sich im Sinne einer Aktivitätssteigerung entwickeln würde, unverändert bleibt. Die für das männliche Geschlecht typische geringe Aktivität der Δ^4-5α-Hydrogenase kann somit nicht die Folge einer androgenbedingten Enzymrepression sein, es sei denn, man verträte die Ansicht, das Antiandrogen könne nur androgenbedingte Enzyminduktionen nicht aber -repressionen blockieren.

Greift man in die sexuelle Entwicklung der Tiere dadurch ein, daß man am 5. Tag post partum den männlichen Tieren einmalig Oestradiolbenzoat und den weiblichen Tieren einmalig Testosteronpropionat injiziert, drückt also von der Höhe und dem Modus der Gonadotropinsekretion her gesehen den männlichen Tieren einen weiblichen und den weiblichen einen männlichen Stempel auf, so entwickelt sich das Aktivitätsmuster der in Rede stehenden Enzyme beim männlichen Tier zum weiblichen, beim weiblichen zum männlichen Typus hin. Diese Inversion des Aktivitätsmusters kann zum Teil auf der Basis einerseits verringerter (männliche Tiere nach Injektion von Oestradiolbenzoat) und andererseits vermehrter (weibliche Tiere nach Injektion von Testosteronpropionat) Androgenproduktion erklärt werden. Eine Ausnahme macht wiederum die Δ^4-5α-Hydrogenase-Aktivität: ihr Aktivitätsanstieg beim mit Oestradiolbenzoat behandelten männlichen Tier kann nicht die Folge verringerter Androgenproduktion sein, denn sonst hätte das Enzym in gleicher Weise auch auf die Behandlung mit Antiandrogen reagieren müssen. Somit ist dieses Enzym in seiner Aktivität zwar geschlechtsspezifisch, die Geschlechtsspezifität wird aber offensichtlich von extragonadalen Faktoren geprägt.

Das Auftreten eines weiblichen Enzymaktivitätsmusters nach einmaliger postpartaler Applikation von Oestradiolbenzoat an männliche Neugeborene hat seine stoffwechselphysiologischen Folgen: Inkubiert man Leberschnitte solcher Tiere nach Erreichen der Geschlechtsreife mit Testosteron, so ist das Spektrum der isolierten Metabolite ein typisch weibliches, insofern als der Testosteron-Umsatz erheblich beschleunigt ist und vornehmlich die biologisch aktiven 5α-Reduktionsprodukte in Erscheinung treten (Tab. 1).

	% der eingesetzten ^{14}C-Aktivität		
Tiere	Testosteron	5α-Androsteron	5α-Androstan-3.17-dion
Normal entwickelt	13,9 ± 3,1 (11)	0,12 ± 0,08 (12)	1,4 ± 0,6 (8)
Gestört	4,0 ± 2,1 (8)	6,9 ± 2,1 (6)	2,4 ± 0,6 (8)

Tab. 1. Ausschnitt aus dem Metabolitspektrum nach Inkubation von Testosteron mit Leberschnitten normal entwickelter und durch einmalige postpartale Applikation von Oestradiolbenzoat sexuell gestörter männlicher Ratten.
Zahlen in Klammern: Zahl der Versuchstiere.

Die postpartal herbeigeführte Umfunktionierung der hypothalamischen Regulationszentren hat somit, wenigstens beim männlichen Tier, nicht nur die bekannten morphologisch und verhaltenspsychologisch faßbaren Ausdrucksweisen, sondern auch charakteristische stoffwechselphysiologische Konsequenzen.

Symp. Dtsch. Ges. Endokrin. 16, 401-402 (1970)

Kinetische Untersuchungen von 7-Hydroxysteroid-Oxidoreduktasen der Schweineleber

Kinetic studies with 7-Hydroxysteroid-Oxidoreductases of Pig Liver

B. FILLMANN und H. BREUER

Institut für Klinische Biochemie und Klinische Chemie der Universität Bonn

Summary

The microsomal fraction of pig liver contains an enzyme system which catalyses the oxidoreduction of 7α- as well as 7β-hydroxy-5-ene steroids. The 17β-hydroxysteroid-oxidoreductase which is also present in the microsomal fraction (100 000 x g sediment) is less stable than the 7α(β)-enzyme and is completely inactivated after 10 days. The apparent K_m-value for 5-androstene-3β,7α,17β-triol was found to be 1.75×10^{-4} M and that for the 7β-epimer 1.01×10^{-4} M. The pH-optimum for 7-hydroxysteroid-oxidoreductase in tris-HCl-buffer ranged from 6.0 to 11.0. The temperature optima were at 60° for both enzyme activities.

In der Schweineleber kommt ein mikrosomales Enzymsystem vor, das sowohl die Oxydation neutraler 7α-Hydroxy-5-en-Steroide als auch diejenige der 7β-Epimeren zu den entsprechenden 7-Oxoverbindungen katalysiert. Eine Reduktion neutraler 7-Ketone zu 7α- und 7β-Hydroxyverbindungen findet im Gegensatz zur Reduktion von 7-Oxoöstrogenen nur in geringem Umfang statt.

Das kurz nach dem Tod der Tiere entnommene Lebergewebe wird in 0,25 M Rohrzucker-Lösung homogenisiert und anschließend fraktioniert zentrifugiert. Die Mikrosomen-Fraktion, die bei 100 000 x g gewonnen wird, enthält eine 7α(β)-Hydroxysteroid: NADP-Oxydoreduktase. Bei den Oxydationsversuchen dient $NADP^{\oplus}$ als Coenzym; es ist etwa 5mal wirksamer als $NAD^{\oplus}$. Nach 30minutiger Inkubation bei 37° in 0,2 M Tris-HCl-Puffer bei einem pH-Wert von 8,6 werden die Steroide mit einem Äther-Chloroform-Gemisch (3:1) extrahiert. Die entstandenen 7-Oxoverbindungen werden auf äthylenglycolimprägniertem Papier mit n-Butylacetat chromatographiert und durch Messung der UV-Absorption bei 238 nm quantitativ bestimmt.

Die in der Mikrosomen-Fraktion ebenfalls vorhandene 17β-Hydroxysteroid-Oxidoreduktase weist eine wesentlich geringere Stabilität auf als die 7-Hydroxysteroid-Oxidoreduktase. 10 Tage nach Herstellung der Mikrosomen-Fraktion der Schweineleber ist bei der Inkubation mit 5-Androsten-3β,7β,17β-triol kein 3β-Hydroxy-5-androsten-7,17-dion, also kein 17-Oxosteroid, mehr nachweisbar. Dagegen zeigt eine Probe noch 20 Tage nach der Präparation volle Aktivität der 7-Hydroxysteroid-Oxidoreduktase; das Enzym ist erst nach 28 Tagen inaktiv. Durch Lyophilisieren der 18 Tage alten Mikrosomen-Fraktion kann die 7α(β)-Hydroxysteroid-Oxidoreduktase stabilisiert werden; nach 18 Monaten werden noch 60-80% der ursprünglichen Aktivität gemessen.

Mit der lyophilisierten Mikrosomen-Fraktion, die keine meßbaren Aktivitäten anderer Enzyme mehr enthält, werden enzymkinetische Untersuchungen durchgeführt. Hierbei werden 5-Androsten-3β,7α,17β-triol sowie das 7β-Epimere als Substrate verwendet. Die in 5 mg Eiweiß enthaltene Enzymmenge ist mit 2 µMol 7-Hydroxysteroid gesättigt. Die Bildung von 7-Keton aus 0,5 µMol der epimeren Triole in Abhängigkeit von der eingesetzten Enzymmenge erweist sich bis zu 2 mg Eiweiß als Reaktion nullter Ordnung. Im Bereich bis zu 30 Minuten besteht Proportionalität zwischen der Bildung von 7-Oxosteroid und der Inkubationsdauer. Der Verlauf der Substrat-Umsatz-Kurve bestätigt die Annahme einer Enzymreaktion. Unter den hier gewählten Bedingungen wird für 5-Androsten-3β,7α,17β-triol eine Michaelis-Menten-Konstante von $1{,}75 \times 10^{-4}$ M ermittelt; für das 7β-Epimere liegt ihr Wert bei $1{,}01 \times 10^{-4}$ M. Im pH-Bereich von 6,0-11,0 zeigt das Enzym volle katalytische Wirksamkeit. Enzympräparationen sind auch dann noch aktiv, wenn sie vor der Inkubation, die beim Standard-pH-Wert von 8,6 erfolgt, 10 Minuten den pH-Werten 5 bzw. 13 ausgesetzt werden. Die Temperaturoptima für die enzymkatalysierten Oxydationen von 5-Androsten-3β,7α,17β-triol und dem 7β-Epimeren liegen bei 60°. Die Oxydation der 7β-Hydroxyverbindung erfordert eine Aktivierungsenergie von 13,3 kcal/Mol. Für das 7α-Epimere wird ein Wert von 14,3 kcal/Mol ermittelt; nach Vorinkubation von Enzym und Steroid liegt der Wert bei 5,7 kcal/Mol. Die Erniedrigung der Aktivierungsenergie läßt den Schluß zu, daß der Enzym-Substrat-Komplex gegenüber dem Coenzym eine größere Reaktionsbereitschaft zeigt als der Enzym-Coenzym-Komplex gegenüber dem Substrat. Andere allylständige Hydroxylgruppen greift das Enzym nicht an.

Symp. Dtsch. Ges. Endokrin. 16, 403-404 (1970)

Eigenschaften der 17-β-Hydroxy-C_{19}-Steroiddehydrogenase aus menschlicher Leber *

Properties of 17-β-Hydroxy-C_{19}-Steroiddehydrogenase from Human Liver

K.-P. LITTMANN, H. GERDES und G. WINTER

Medizinische Universitätsklinik Marburg/Lahn

Summary

The human liver contains two different 17-β-hydroxy-C_{19}-steroiddehydrogenases reacting with NAD^+ or $NADP^+$ as cofactor. The NAD^+-linked enzyme is localised in the microsomal and soluble cell fraction with a pH optimum at approximately 10.3. The MICHAELIS-MENTEM constant was found to be 5.0×10^{-6} M testosterone for the enzyme of microsomal and 1.3×10^{-5} M for the enzyme of the soluble tissue preparation. Activity of 17-β-hydroxy-C_{19}-steroiddehydrogenase per mg protein from soluble fraction was three times higher than that from microsomal. This was mentioned to be in part a result of microsomal destruction during preparation procedure. The $NADP^+$-linked enzyme showed pH optimum at 9.8. The Km was 9.1×10^{-6} M testosterone. It was only present in the soluble fraction.

Die reversible Umwandlung von Testosteron zu Androst-4en-3,17 17-dion in der Leber wird von 17-β-Hydroxy-C_{19}-Steroiddehydrogenasen (17-β-C_{19}HSD) katalysiert. Dabei handelt es sich um Enzyme, die - wie aus Untersuchungen bei verschiedenen Tierspecies bekannt - hinsichtlich intracellulärer Lokalisation, Substrat- und Coenzymspezifität sowie ihrer Kinetik deutliche Unterschiede aufweisen. Menschliche 17-β-Hydroxysteroiddehydrogenasen wurden in Erythrocyten, Thymus, Placenta, Plasma und Schwangerenserum nachgewiesen und z.T. charakterisiert (3,5,6). Einige dieser Enzyme besitzen Substratspezifität für Oestradiol-17β. 1959 hat BREUER erstmals in Inkubationsversuchen mit menschlichen Leberschnitten die Reduktion von 16-α bzw. 16-β Oestron zu Oestriol bzw. 16-epi-Oestriol quantitativ gemessen (2). Bei der Bedeutung der Leber als Kontrollorgan des Androgenstoffwechsels erschien es uns interessant, auch an menschlichem Lebergewebe Untersuchungen zur Kinetik des 17-β-C_{19}-HSD-Systems durchzuführen.

Methodik (1,4): Intraoperativ gewonnenes Lebergewebe lebergesunder männlicher Patienten wurde mit 0.25 M Saccharose homogenisiert (= Fraktion I). Abtrennung der Mitochondrienfraktion. Präparation der Mikrosomen- und Cytoplasmafraktionen durch zweimaliges Zentrifugieren bei 105.000 x g jeweils 60 min.: Sediment (= Fraktion II = Mikrosomenpräparation) resuspendiert in 0.25 M Saccharose, Überstände (= Fraktion III = Cytoplasma) vereinigt. Testansätze: 0.02 ml Testosteron 0.01 M + 0.05 ml Fraktion I (Verdünnung 1:10) bzw. 0.25 ml Fraktion II (Verdünnung 1:10) bzw. 0.25 ml Fraktion III (Verdünnung 1:20) + Puffer (Tris/Hcl pH 7.2 bis 9.0 bzw. Glycin/NaOH pH 8.6 bis 12.8) auf 2.85 ml aufgefüllt. Start mit 0.15 ml NAD^+ 0.01 M bzw. $NADP^+$

* Durchgeführt mit dankenswerter Unterstützung der Deutschen Forschungsgemeinschaft

0.003 M. Messung bei 366 mµ gegen Vergleichsküvetten ohne Substrat. Proteinbestimmung: Fraktion I 158 ± 12.8 mg, Fraktion II 31 ± 4.2 mg, Fraktion III 90 ± 11.3 mg pro g Frischgewicht.

Ergebnisse (Tab. 1) und Diskussion: Die NAD^+-abhängige 17-β-C_{19}-HSD findet sich sowohl in der mikrosomalen als auch in der cytoplasmatischen Zellpräparation. Das $NDAP^+$-spezifische Enzym zeigt dagegen meßbare Aktivität nur im Cytoplasma. Das Verteilungsmuster entspricht unter Anwendung gleicher Präparationsmethodik etwa dem der Mäuseleber (1). Das pH-Optimum des NAD^+-abhängigen Enzyms liegt bei 10.3 in beiden Zellfraktionen. Die weitere Reinigung muß zeigen, ob die unterschiedlich gefundenen Michaelis - Menten Konstanten tatsächlich den Schluß zulassen, daß es sich um verschiedene Enzyme handelt. Im Gegensatz zu den aus Placenta bzw. Schwangerenserum isolierbaren 17-β-Hydroxysteroiddehydrogenasen besteht wahrscheinlich keine Substratspezifität (3,6). Oestradiol-17β wird in etwa gleichem Ausmaß oxydiert. Das NADP - spezifische Enzym liegt wie aus Tierversuchen bekannt in seiner Gesamtaktivität erheblich niedriger. Substratspezifität besteht ebenfalls nicht.

Tabelle 1. Eigenschaften der 17-β-Hydroxy-C_{19}-Steroiddehydrogenasen aus menschlicher Leber.

Substrat	Coenzym	Lokalisation	Aktivität[a]	pH Optimum	Km[b]
Testosteron	NAD^+	Mikrosomen	0.07±0.01	10.3	5.0×10^{-6}
	NAD^+	Cytoplasma	0.71±0.19	10.3	1.3×10^{-5}
	$NADP^+$	Cytoplasma	0.07±0.01	9.8	9.1×10^{-6}

[a] Aktivität in µmol - Testosteronumsatz pro min pro g Frischgewicht

[b] Michaelis - Menten Konstante für Testosteron in Mol/Liter

Literatur

1. Aoshima, Y., Kochakian, C. D.: Endocrinology 73, 106 (1963).
2. Breuer, H.: Arzneimittel-Forsch. 9, 667 (1959).
3. --, Meusers, W., Breuer, H.: Z. klin. Chem. 6, 163 (1968).
4. Endahl, G. L., Kochakian, C. E., Hamm, D.: J. biol. Chem. 235, 2792 (1960).
5. Jungmann, R. A., Kot, E., Schweppe, J. S.: Steroids 10, 397 (1967).
6. Langer, L. J., Engel, L. L.: J. biol. Chem. 239, 3683 (1964).

Symp. Dtsch. Ges. Endokrin. 16, 405-406 (1970)

Beeinflussung der Oestradiol-Rezeptorbindung durch nichtsteroidale Oestrogene und deren biologische Wirkung

Inhibition of Estradiol-Receptor-Binding by Non-Steroidal Estrogens and their Biological Activity

CH. SEYFRIED, H. KIESER, J. HARTING und H.-G. KRAFT

E. MERCK, Darmstadt, Endokrinologische Abteilung

Mit 2 Abbildungen

Summary

Competition with estradiol for the binding site of the extranuclear receptor present in calf uteri extracts was determined for a number of isoflavan derivatives. Density gradient centrifugation was used for quantitative analysis. The in vitro competitive potencies agreed with the observed biologic activities.

In den letzten 10 Jahren wurden einige Proteine, die für die spezifische Retention von Oestradiol in den Erfolgsorganen verantwortlich sind, beschrieben. Zumindest zwei davon sind heute näher charakterisiert. Es handelt sich um einen extranuclearen Transportfaktor (1), der bei 9S sedimentiert und an der Bildung eines zweiten Hormon-Protein-Komplexes im Zellkern teilnimmt (2). Der extranucleare Transportfaktor bindet Oestrogene in Lösung mit hoher Affinität. Er eignet sich deshalb zur Messung von Bindungskompetitionen, die sowohl von oestrogen-wirksamen Substanzen als auch von Antioestrogenen zu erwarten sind.

Wir verglichen das Ausmaß der Bindungskompetition mit der biologischen Aktivität folgender Verbindungen: U 11 100 A, EMD 16-795 (7-Methoxy-4{p-(2-pyrrolidinoäthoxy) phenyl}-3-isoflaven), EMD 18-988 (7-Methoxy-4{p-(2-pyrrolidinoäthoxy)phenyl}-isoflavanol-(4)) und EMD 17-427 (7-Methoxy-4{p-(2-diäthylaminoäthoxy)phenyl}-isoflavanol-(4)).

Die zu testenden Substanzen wurden Tris-EDTA-Extrakten von Kalbsuteri zugesetzt. Anschließend wurde ditritiiertes Oestradiol zugegeben. Die Messung der Bindungskompetition erfolgte mit der Dichtezentrifugation im Saccharosegradienten, wobei sich die Größe der Kompetition in der Verminderung der Fläche unter dem 9S-Peak ausdrückt. Das verdrängte Oestradiol erscheint bei 4-5 S an Serumproteine, wahrscheinlich Albumin, gebunden. Die Reproduzierbarkeit des Verfahrens ist gut. Mehrfachbestimmungen mit demselben Extrakt ergaben keine größeren Abweichungen als ± 5%.

Wie Abb. 1 zeigt, tritt bei der Konzentration von 10^{-6}M/L eine Zunahme der Inhibition in der Reihenfolge EMD 17-427 (21%), EMD 18-988 (45%) und EMD 16-795 (89%) ein. Zum Vergleich wurde Quinoestrol mitgeprüft, das sich als nicht wirksam erwies (4% Inhibition).

Bei halblogarithmischem Auftrag der untersuchten Konzentrationen gegen die Bindung in der 9S-Region ergaben sich die in Abb. 2 gezeigten Dosiswirkungskurven. 50%ige Inhibition zeigten U 11 100 A und EMD 16-795 bei $7 \cdot 10^{-8}$M/L, EMD 18-988 bei $1,5 \cdot 10^{-6}$M/L und EMD 17-427 bei $8 \cdot 10^{-6}$M/L. Bei der Prüfung der biologischen Aktivität der Substanzen im Vaginal-smear-Test und Uterusge-

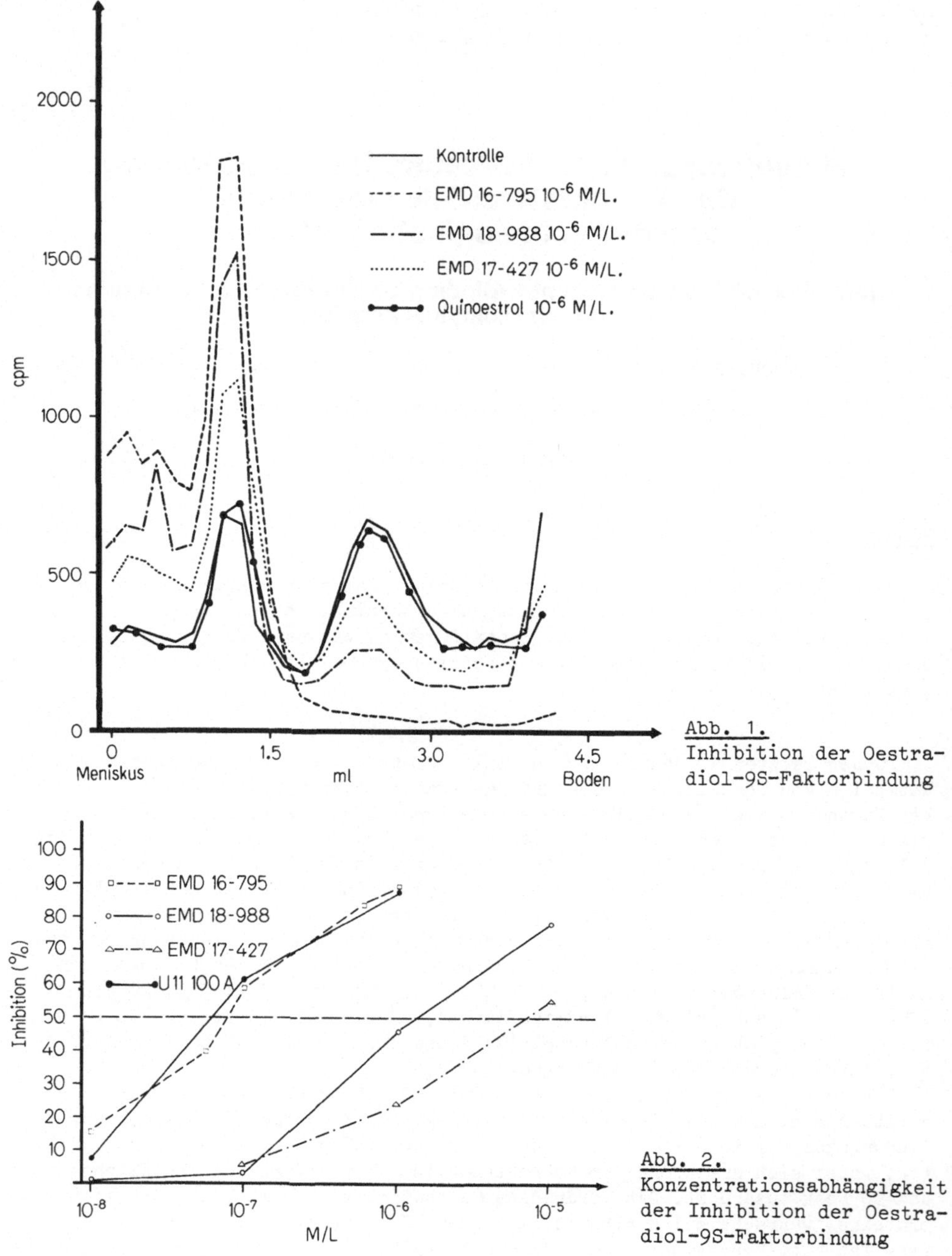

Abb. 1.
Inhibition der Oestradiol-9S-Faktorbindung

Abb. 2.
Konzentrationsabhängigkeit der Inhibition der Oestradiol-9S-Faktorbindung

wichts-Test an Ratten sowie im Antioestrogen-Test an Mäusen erwiesen sich U 11 100 A und EMD 16-795 als wirksamste Verbindungen bei gleicher Wirkungsstärke, während EMD 17-427 die am schwächsten wirksame Substanz war.

Literatur

1. Toft, G., Gorski, J.: Proc. nat. Acad. Sci. (Wash.) 55, 1574 (1966).
2. Jungblut, P. W. et al.: Über Hormon-"Receptoren". Die oestrogenbindenden Prinzipien der Erfolgsorgane. In: Wirkungsmechanismen der Hormone. Berlin-Heidelberg-New York: Springer 1967.

Symp. Dtsch. Ges. Endokrin. 16, 407-409 (1970)

Schnellbestimmung der extranuklearen Transportfaktoren für Oestradiol in Erfolgsorganextrakten

Rapid Determination of Extranuclear Transport Factors for Estradiol in Target Organ Extracts

R. K. WAGNER

Max-Planck-Institut für Zellbiologie, Wilhelmshaven

Mit 2 Abbildungen

Summary

A gel electrophoretic analysis of target organ extracts is described which allows a quantitative assay of the "9S" estradiol transport factor and its "4S" core and discriminates against unspecific binding to serum contaminants present in the extracts.

Der Transport von Oestradiol zum Zellkern erfolgt mit Hilfe des sog. extranuclearen "Rezeptors", repräsentiert durch zwei spezifische Proteine, die mit ca. 9S bzw. 4S sedimentieren. (Den Zusammenhang dieser Faktoren erläutert der nächste Vortrag.) Beiden ist gemeinsam, daß sie leicht und vollständig aus Erfolgsorganen zu extrahieren sind und den Extrakten zugesetztes $6,7^3$H-Oestradiol mit hoher Affinität (K_{ass} = 1.3 x 10^9 L/M) bis zur Sättigung binden. Die Messung der spezifischen Hormon-Makromolekül-Komplexe kann deshalb zur Konzentrationsbestimmung der Transportfaktoren benutzt werden. Dazu ist es notwendig 1. den Überschuß an freiem Hormon abzutrennen sowie 2. zwischen spezifischer und unspezifischer Bindung zu differenzieren. Bisher wurden dafür die Gelfiltration und die Zentrifugation in Saccharosedichtegradienten benutzt. Diese Verfahren erfüllen jedoch ohne vorherige Reinigung der Extrakte (z.B. $(NH_4)_2SO_4$ - Fraktionierung) die 2. Forderung nicht, weil alle Extrakte bis zu 40% mit Serumproteinen verunreinigt sind, von denen u.a. Albumin (Sedimentationskoeffizient = 4 - 5 s) ebenfalls Oestradiol bindet, wenn auch mit beträchtlich geringer Affinität (K_{ass} = 1 x 10^5 L/M) als die spezifischen Erfolgsorganproteine.

Abtrennung des freien Hormons und Bindungsdifferenzierung können in einem Arbeitsgang durch Gelelektrophorese bei 2° C erreicht werden. Bedingungen: 1%iges Agargel in 0.1 M Michaelispuffer pH 8.2; 16 x 50 µL der mit markiertem Oestradiol inkubierten Extrakte werden in die Startlöcher einer 2 - 5 mm hohen Gelschicht auf einer 85 x 100 mm großen Glasplatte eingefüllt; Elektrophorese in 90 min. mit 8 - 16 V/cm; Kühlung durch Auflage der Glasplatte auf eine soledurchströmte Kammer. Nach der Elektrophorese wird das Gel in 3 mm breite Querstreifen geschnitten und die Radioaktivität nach Elution mit Dioxan und Zugabe von "Fluor" im Szintillationszähler gemessen. Zur Kontrolle der Trennung werden Längsstreifen mit Amidoschwarz angefärbt.

Die Vorteile der Gelelektrophorese (EP) zeigen sich deutlich beim Vergleich mit der Dichtegradientenanalyse (DG): Im Gegensatz zur DG (Abb. 1) hält die Albumin-Oestradiol Bindung den Bedingungen der EP (Abb. 2) nicht stand. Das freigesetzte Hormon wird elektroendosmotisch zur Kathode verschoben. Deshalb

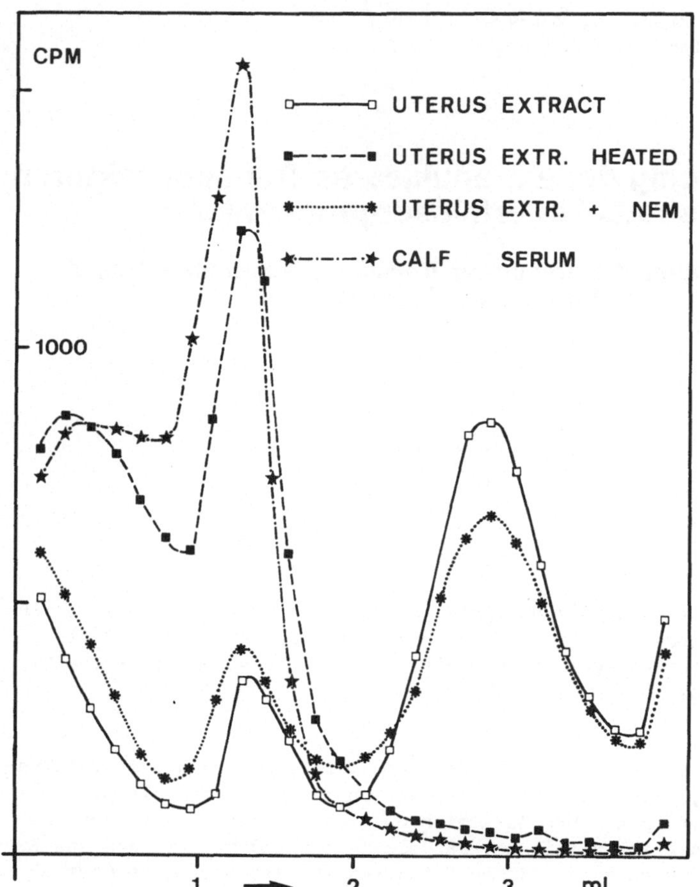

Abb. 1.
Dichtegradientenanalyse von Kalbsuterusextrakt 10 - 30% Saccharose in 0,01 m TRIS, pH 7.5
Auftrag 0,2 ml; SW 56; 14 Std.; +2° C.
"constant volume sampling"

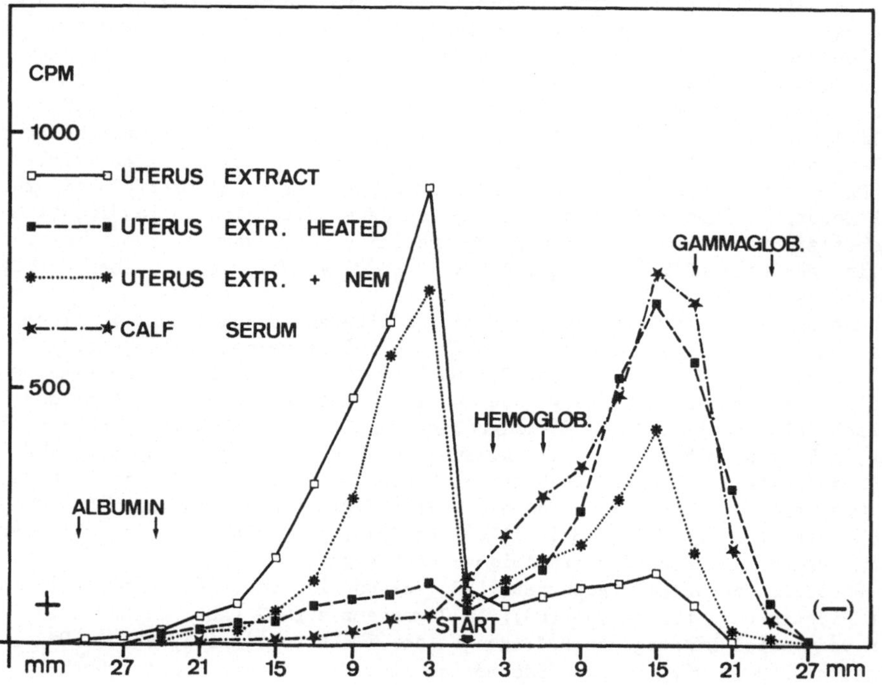

Abb. 2.
Gelelektrophoretische Analyse von Kalbsuterusextrakt (s. Text)

kann nach Hitzedenaturierung der spezifischen Bindungsfaktoren oder nach ihrer partiellen Inaktivierung mit N-Aethylmaleinamid auch kein Anstieg der Oestradiolkonzentration im Albuminbereich erfolgen, wie es in der DG der Fall ist, sondern nur eine Zunahme des kathodischen Gipfels von freiem Oestradiol. Beide Bindungsfaktoren (9 S und 4 S) wandern in der EP anodisch, eine vollständige Trennung erfolgt in der benutzten Versuchsanordnung nicht.

Die Methode kann außer zur "Rezeptor-Titration" in Erfolgsorganextrakten (z.B. Mammatumoren) auch zur Messung der Bindungskompetition oestrogener und antioestrogener Pharmaca verwendet werden.

Symp. Dtsch. Ges. Endokrin. 16, 410-411 (1970)

Orgin and Properties of the Estradiol „Cytosol-Receptor"

G. C. ROSENFELD, S. McCANN, LINDA GOERLICH, R. K. WAGNER und P. W. JUNGBLUT
Max-Planck-Institut für Zellbiologie, Wilhelmshaven

Summary

The available evidence does not support a cytosol origin of the 9S factor but rather indicates an in-vivo localization in extranuclear structures with synthesis occurring at the microsomal level.

A reversible dissociation of a 9S tetramere into 4S monomeres is also unlikely, instead a biosynthetic succession must be assumed.

The discovery by TOFT and GORSKI (1) that estradiol is bound to a "9S" macromolecule present in uterine extracts of immature and castrated rats led them to consider that this binding factor was a soluble cytosol constituent. ERDOS (2) and later KORENMAN (3), on further study of this macromolecule, demonstrated a salt-induced shift of estradiol from the 9S position of sucrose density gradients of uterine extracts to the 5S region and assumed a reversible dissociation of the 9S to be responsible for this phenomenon. KORENMAN suspected that a second estradiol receptor found in KCl extracts of isolated nuclei from uterine incubation experiments as described by JUNGBLUT and JENSEN (4), was an artefact explainable by this salt-induced shift. Experimental evidence disproving this claim has been presented in previously published papers from our laboratory (5).

The present paper will focus on three questions:

1) Is the extra-nuclear 9S factor, which is involved in estradiol transport to the nucleus, really a soluble component of the cytoplasm?
2) Is the interpretation of the salt induced shift correct? and
3) Is the 9S factor the precursor of a smaller estradiol transporting molecule and where is the 9S factor synthesized?

In answer to the first question the following experiment was performed: Aliquots of minced calf-uteri were homogenized in either hypotonic TRIS/EDTA buffer or with buffered 0.25 M sucrose containing 10^{-3} M Ca^{++} as a possible membrane stabilizing agent. The high speed supernatants were checked by density gradient centrifugation after addition of tritiated estradiol. Although both extracts had identical protein and serum albumin concentrations, which is present as a contaminant, the 9S peak of the sucrose/Ca^{++} supernatant was only 30% of that seen with the TE extract. It should be mentioned that Ca^{++}, added to a 9S extract from a TE homogenate, in a concentration of 10^{-3} M had little or no effect on the binding factor, ruling out possible destruction or precipitation of this macromolecule by the Ca^{++} treatment described. Further it was demonstrated that re-extraction of Ca^{++}-sucrose sediments with Triton X-100 + EDTA was more effective in releasing the remaining 9S material than was buffered EDTA alone. The solubilization effects of Triton on membranes are well known. It thus seems a reasonable assumption that hypotonic TE buffer as used by most investigators liberates the 9S factor which in-vivo is bound to extra-nuclear structures.

The possible dissociation of the 9S factor was checked in the following way: Aliquots of calf endometrium slices, washed several times with Krebs-

Ringer-Henseleit buffer to remove most of the contaminating albumin, was homogenized in either TE buffer or with buffered 0.3 M KCl which is believed to cause dissociation. In addition, part of the TE extract was subjected to solvent exchange by passage over a Sephadex G-25 column equilibrated with buffered 0.3 M KCl. The extracts were adjusted to identical protein concentrations and tested by density gradient centrifugation. A full dissociation did not occur, even after an exposure of 48 hours to the salt. We first attributed the approximately 4S peak seen in the KCl extract and the salt exchange experiment to an albumin contamination. However this turned out not to be entirely correct.

TRIS/EDTA extracts from mature animals usually contain a sizable 4-5S peak in addition to the 9S factor. If this slower sedimenting peak represents only excess estradiol bound to albumin, it should be possible to separate it from 9S with $(NH_4)_2SO_4$ fractionation procedures. The 9S fraction, however, precipitates over a wide range indicating a certain degree of heterogeneity. The 0 - 15% cut contains in addition to the 9S factor a 4S macromolecule with high affinity for estradiol which is not albumin as determined by immunodiffusion tests. Albumin itself does not precipitate from cow uterine extracts until an $(NH_4)_2SO_4$ concentration of 40 - 50% w/v is reached. Since the two extra-nuclear estradiol binders are immunologically related and the 4S macromolecule is not found in immature or castrated animals, one can suspect that the latter might be derived from the heterogeneous 9S factor.

It would be expected that the most probable site of 9S synthesis should be in the rough endoplasmic reticulum. In a preliminary experiment this view is supported by the analysis of crude microsomal extracts from cow uteri which do indeed bind estradiol in the 9S region. Density gradient analysis of TRIS-TRITON extracts of microsomes show in addition a pronounced 4S peak.

References

1 Toft, D., Gorski, J.: Proc. nat. Acad. Sci. (Wash.) 55, 1574 (1966).

2 Erdos, T.: Biochem. biophys. Res. Commun. 32, 338-343 (1968).

3 Korenman, S. G., Rao, B. R.: Proc. nat. Acad. Sci., 61, 1028 (1968).

4 Jungblut, P. W., Hätzel, I., DeSombre, E. R., Jensen, E. V.: 18. Colloquium der Gesellschaft für Physiologische Chemie, Berlin-Heidelberg-New York: Springer 1967.

5 --, McCann, S., Görlich, L., Rosenfeld, G. C., Wagner, R.: Research on Steroids, Vol. IV in press.

Symp. Dtsch. Ges. Endokrin. 16, 412-414 (1970)

Gewinnung, Charakterisierung und Anwendung von oestrogen-bindenden Antikörpern *

Production, Characterization and Application of Estrogen-Binding Antibodies

P. W. JUNGBLUT, I. FISCHER, J. GAUES und P. TYKAL

Max-Planck-Institut für Zellbiologie, Wilhelmshaven

Mit 3 Abbildungen

Summary

Production, characterization and applications of estrogen-binding antibodies are described.

Antigenherstellung: 1 m M eines Gemisches von 2-HN_2 und 4-NH_2 Oestradiol wird in HCl, Triton X-100, KBr Lösung suspendiert und durch Zugabe von Nitrit in 1 Stunde diazotiert. Kupplung an 250 mg Rinderserumalbumin und Triton X-100 in 16 Stunden bei pH 9.5. Alle Reaktionen bei 0°C. Reinigung der Konjugate durch Schnelldialyse und Gefriertrocknung. (Es entstehen Albumin und Triton X-100 Konjugate, die durch präparative Elektrophorese getrennt werden können.)

Immunisierung von Kaninchen durch Injektion von 4 x 0.5 mg Antigen mit Freund's komplettem Adjuvans in die Interdigitalfalten. Booster nach 3-4 Wochen durch subkutane Injektion der gleichen Menge in Axillen und Leisten. 1 Woche später entbluten in Nembutalnarkose aus der Carotis. Gefriertrocknung des Serums.

Charakterisierung durch Dichtegradientenzentrifugation nach Zugabe markierter Steroide allein oder im Gemisch mit unmarkierten, potentiellen Bindungskompetitoren. Gemessen wird die Radioaktivität im γ-Globulinbereich im Vergleich zu freiem bzw. albumingebundenem Steroid. Die Berechnung der Assoziationskonstanten aus dem Scatchard-plot ergibt für Oestradiol: $K_{ass} = 4 \times 10^9$ L/M. Die relative Affinität der Antikörper für andere Steroide und die Bindungskompetition durch Aromaten sind in den Tabellen 1 und 2 aufgeführt.

Anwendung: Das Antiserum kann ohne vorherige Isolierung der γ-Globulininfraktion für die radioimmunologische Bestimmung von Oestrogenen verwendet werden. Abb. 1 zeigt die Titration des Antiserums mit der Kohleadsorptionsmethode nach KORENMAN, Abb. 2 eine Oestrogenbestimmung mit dieser Methode. Weniger störungsanfällig ist ein "solid phase" Verfahren mit lyophylisiertem Immunpräzipitat aus oestrogenbindenden Antikörpern von Kaninchen und Anti-Kaninchen γ-Globulinserum von der Ziege. (Abb. 3). Die angegebenen Werte sind Einzelwerte.

---

* Mit Unterstützung der Deutschen Forschungsgemeinschaft

Tabelle 1. Binding competition by aromatic compounds
(Versus 4 x 10^{-9} M/L ^{3}H estradiol)

Compound	Final Conc. (M/L)	% Competition
Equilin	4 x 10^{-7}	61
Tyrosine	4 x 10^{-5}	20
Serotonin	"	16
Adrenaline	"	7
β-Naphthoe	"	6
Phenylalanine	"	5

Tabelle 2. Relative affinities of E-2 binding antibodies to other steroids

^{3}H Steroid	Final Conc. (M/L)	% Binding (E-2 = 100)
Estradiol	4 x 10^{-9}	100
Estrone	"	100
Estriol	"	6
Testosterone	"	0
Dihydrotestost.	"	0
Progesterone	"	0
Cortisol	"	0

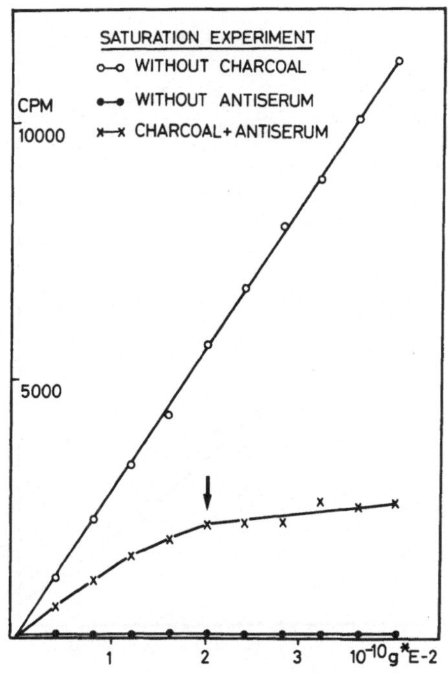

Abb. 1. Bestimmung des Sättigungspunktes eines oestradiolbindenden Antiserums

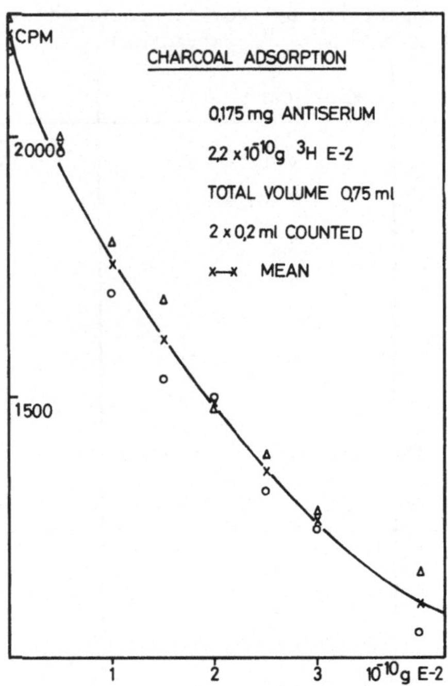

Abb. 2. Eichkurve mit der Kohleadsorptionsmethode nach Korenman

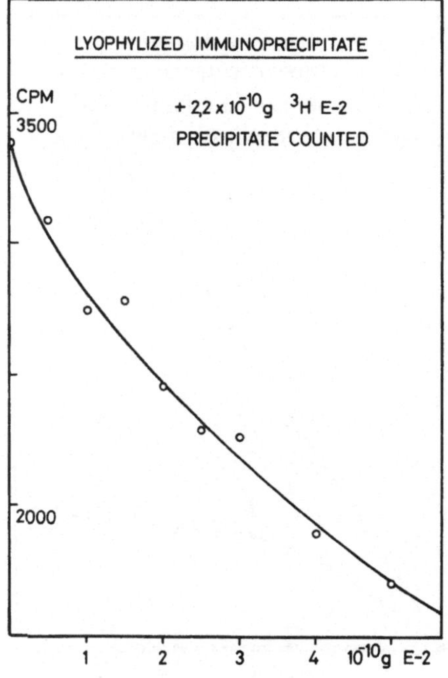

Abb. 3. Eichkurve mit lyophylisiertem Immunpräzipitat

Symp. Dtsch. Ges. Endokrin. 16, 415-417 (1970)

Bestimmung von Progesteron und 17α-Hydroxyprogesteron im Plasma mit Hilfe der Proteinverdrängungsmethode *

Determination of Progesterone and 17α-Hydroxyprogesterone in Peripheral Plasma Using Competitive Protein-Binding Method

Z. STARCEVIC, J. DARUP und G. BETTENDORF

Abteilung für klinische und experimentelle Endokrinologie der Universitäts-Frauenklinik Hamburg

Mit 2 Abbildungen

Summary

Progesterone was measured by the method of NEILL, 17α-hydroxy-progesterone by the method of STROTT and LIPSETT. The recovery for P was 85%, for labelled 17α-OHP 50%, for unlabelled 70%. The sensitivity for P was 0.3 ng/ml plasma, for 17α-OHP 0.2 ng/ml plasma. Both methods were used for estimation of P and 17α-OHP in plasma of patients treated with HMG-HCG. The results showed either a preovulatory peak of 17α-OHP or a preovulatory peak of P.

Die Proteinverdrängungsmethode wurde zur Bestimmung von Progesteron und 17α-OHP angewendet. Die Modalitäten unserer Versuchsanordnung wurden im Hinblick auf Empfindlichkeit, Spezifität und Schnelligkeit den klinischen Erfordernissen angepaßt. Wir benötigen eine aktuelle Plasma-Progesteronbestimmung, um eine unmittelbare Kontrolle des Plasmaspiegels bei den zur Ovulationsauslösung mit Gonadotropinen behandelten Patientinnen zu haben.

Methoden: Zur Progesteronbestimmung wendeten wir die Methode von NEILL et al. (1967), für 17α-OHP die von STROTT und LIPSETT (1968) an. Abweichend von der Originalmethode wurde anstelle von Humanplasma bei allen Bestimmungen ein Hundeplasma/Tritium-Corticosteron-Komplex benutzt.

Bewertung der Methoden:

1. Die Richtigkeit: Für Progesteron erhielten wir ein recovery von 85%. Für markiertes 17α-OHP war sie 50%, für unmarkiertes 17α-OHP jedoch 70%.
2. Die Genauigkeit (precision): Die Standardabweichung aller Punkte der Standardkurven lag unter 5%. Wir haben bei jeweils 20 Doppelbestimmungen im Bereich bis 0,5 ng eine Variationsbreite von 22%, im Bereich von 0,5 - 2 ng eine von 9,5%.
3. Die Empfindlichkeit (sensitivity): In unserer Standardkurve für Progesteron ist eine Konzentration von 0,1 ng deutlich von 0 zu unterscheiden. Da der Reagenzienleerwert im Mittel auch bei 0,1 ng liegt und Plasmaproben unter 1 ml verwendet wurden, ist die Grenze der Sensitivität bei 0,3 ng/ml Plasma. Aufgrund einer größeren Affinität von 17α-OHP zum Transcortin/Corticosteron-System liegt die Grenze der Empfindlichkeit hier bei 0,2 ng/ml Plasma.

* Mit Unterstützung der Deutschen Forschungsgemeinschaft (SFB 34, Project B)

4. Die Spezifität: Von den von uns untersuchten Steroiden hat 17α-OHP das größte Verdrängungsvermögen, gefolgt von Progesteron, Testosteron und 20α-OHP.

Resultate: Abb. 1 zeigt als Beispiel die Ergebnisse in einem normalen Ovarialcyclus. Beachtung verdient der Anstieg von 17α-OHP noch vor der Ovulation und der schnelle Anstieg von Progesteron nach der Ovulation. Abb. 2 zeigt die Ergebnisse bei einer Ovulationsauslösung mit HMG/HCG bei einer Patientin mit sekundärer eugonadotroper Amenorrhoe. Auch hier fanden wir einen deutlichen präovulatorischen peak des 17α-OHP, das heißt vor der zur Ovulationsauslösung erforderlichen Gabe von HCG. Bei anderen gleichgelagerten Fällen fehlte dagegen dieser peak, es ergab sich jedoch dann eine deutliche Progesteronerhöhung bereits vor der Ovulation.

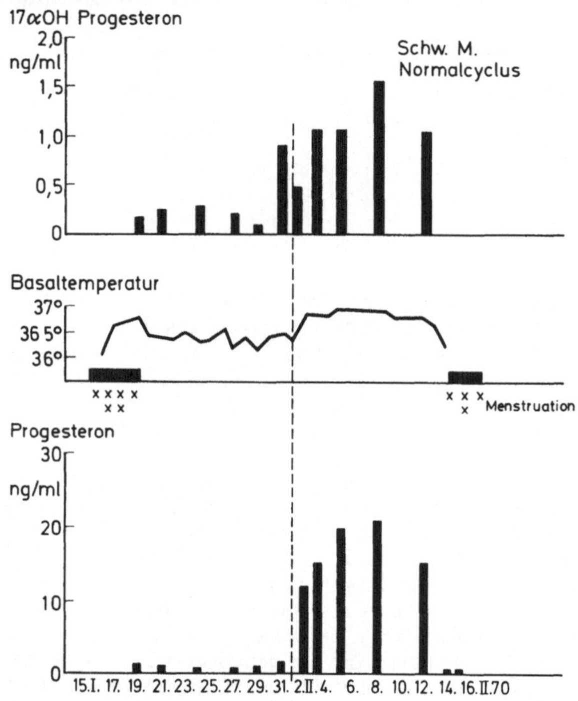

Abb. 1.

Zusammenfassend läßt sich sagen, daß die Proteinveränderungsmethode für Progesteron und 17α-OHP nach unseren Erfahrungen für den klinischen Gebrauch voll geeignet ist. Wir werden sie für die Verlaufskontrolle der Gonadotropinbehandlung weiter einsetzen. Möglicherweise wird ein Anstieg des 17α-OHP oder von P als Hinweis auf die bevorstehende Ovulation dienen können.

Literatur

Neill, J. D., Johannsen, E. D. B., Datta, J. K., Knobil, E.: J. clin. Endocr. 27, 1167 (1967).

Strott, Ch. A., Lipsett, M. B.: J. clin. Endocr. 28, 1426 (1968).

17αOH Progesteron
mg/ml
K.Chr. 24 Jahre
sec Amenorrhoe
Gt.-Behandlung
Humegon
Progesteron
ng/ml
Humegon
Basaltemperatur
HCG
xxx Menstruation
Farnkrauttest
Spinnbarkeit-cm
Gesamt-Oestrogene

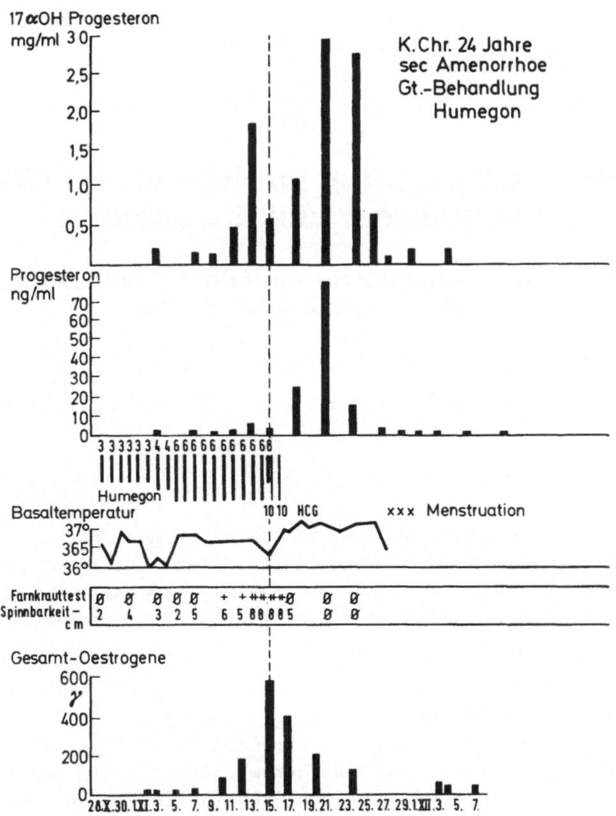

Abb. 2.

Symp. Dtsch. Ges. Endokrin. 16, 418-419 (1970)

17α-Hydroxyprogesteron im Nebennieren-Venenblut Jugendlicher und Erwachsener

17α-Hydroyxprogesterone in Adrenal Venous Blood of Young and Adult People

B. WEINHEIMER, G. W. OERTEL+, W. LEPPDA, H. BLAISE und L. BETTE

Med. Univ.-Klinik Homburg/Saar und Univ.-Frauenklinik Mainz+

Summary

In 14 young (14 - 19 years of age) and 19 adult patients of both sexes being 10 to 77% overweight we determined free steroid concentrations in adrenal venous blood. The mean ratio of cortisol:17α-hydroxyprogesterone concentrations in overweight was 30% that of normal weight patients.

Der Supressions-Test mit Dexamethason erlaubt ein ziemlich sicheres differentialdiagnostisches Erfassen des Cushing-Syndroms (1).

Ob und wie eine veränderte Nebennierenrinden-Funktion andere Formen von Übergewicht begünstigen kann, wurde bisher nicht schlüssig beantwortet (2,3).

Über systematische Untersuchungen zur Steroid-Biosynthese bei Übergewicht wurde bisher nicht berichtet. Eine derartige Studie erschien uns interessant, nachdem wir bei Jugendlichen mit labiler Hypertonie und Übergewicht freie Steroide im Nebennierenvenenblut bestimmt hatten (4,5). Vor allem das freie 17α-Hydroxyprogesteron war mit Konzentrationen zwischen 13 und 51 μg/100 ml Plasma aus linkem und rechtem Nebennierenvenenblut auffällig hoch. Zum besseren Vergleich der Ergebnisse untereinander wurde ein Quotient aus den Konzentrationen von Cortisol:17α-Hydroxyprogesteron gebildet. (Gleichzeitig wird damit eine Verfälschung der Ergebnisse durch eventuelle Beimengung anderen Venenblutes bei der Entnahme vermieden). Die Quotienten zeigen, daß die Konzentrationen des freien 17α-Hydroxyprogesteron im Nebennierenvenenblut der fünf Jugendlichen etwa 25 bis 50% der Konzentrationen des gleichzeitig bestimmten freien Cortisol betragen. Dieser Befund bedurfte einer weiteren Sicherung an einem größeren Kollektiv. Deshalb wurde insgesamt 68 mal (je 34 mal links und rechts) bei 33 Patienten mit 10 bis 77% Übergewicht Nebennierenvenenblut entnommen.

Im Plasma jeder einzelnen Probe wurden Cortisol und 17α-Hydroxyprogesteron bestimmt. Aus den Ergebnissen jeder Probe wurde, wie beschrieben, ein Quotient gebildet. Die Mittelwerte der Quotienten von links 5.5 und rechts 5.1 zeigten auch bei 5% Irrtumswahrscheinlichkeit keinen signifikanten Seitenunterschied (Standardabweichung: links 3.5; rechts 2.9; Berechnung nach dem t-Test).

Bei vier Patienten mit normalem Gewicht konnten insgesamt 7 Nebennierenvenen-Blutproben entnommen werden. Die Mittelwerte der Quotienten waren mit links 16.8 (4 Proben) und rechts 14.7 (3 Proben) deutlich von denen der Übergewichtigen unterschieden. Links war der Unterschied bei 1% Irrtumswahrscheinlichkeit, rechts bei 5% Irrtumswahrscheinlichkeit signifikant (Berechnung nach dem t-Test).

Nur ein Teil der 33 untersuchten Patienten hatte neben einem deutlichen Übergewicht eine labile oder manifeste Hypertonie. Einige der Patienten hatten keine auffällig hohe Konzentration von 17α-Hydroxyprogesteron im Nebennieren-Venenblut.

Die mitgeteilten Befunde zeigen eine Beziehung zwischen Übergewicht und 17α-Hydroxyprogesteron-Inkretion. Ob es sich dabei um das Ergebnis vermehrter Nebennierenrinden-Stimulation durch beschleunigte Cortisol-Clearance (6) oder eine latente 21-Hydroxylase-Schwäche handelt, ist fraglich.

Bei drei Patientinnen fanden sich nach Reduktion des Körpergewichtes Cortisol:17α-Hydroxyprogesteron-Quotienten unter 5 (zwischen 2.6 und 4.6). Eine temporäre, durch Übergewicht hervorgerufene Störung oder Veränderung der Nebennierenrinden-Funktion ist deshalb eher unwahrscheinlich.

Literatur

1. Liddle, G. W.: Tests of pituitary-adrenal suppressibility in the diagnosis of CUSHING'S Syndrome. J. clin. Endocr. 20, 1539 (1960).
2. Karl, H. J., Raith, L.: Die Corticosteronsekretion beim Menschen. II. Mitteilung: Vergleich zur Cortisolsekretion. Klin. Wschr. 43, 867 (1965).
3. Migeon, C. J., Greene, O. C., Eckert, J. P.: Study of adrenocortical function in obesity. Metabolism, 12, 718 (1963).
4. Weinheimer, B., Oertel, G. W,, Leppla, W., Blaise, H., Bette, L.: Die diagnostische Bedeutung der Nebennierenvenenkatheterisierung. Helv. med. Acta 30, 482 (1963).
5. --,: Adrenal venous 17α-hydroxyprogesterone in puberty with overweight. Acta endocr. (Kbh.) Suppl. 138, 99 (1969).
6. Schteingart, D. E., Conn, J. W.: Characteristics of the increased adrenocortical function observed in many obese patients. Ann. N. Y. Acad. Sci., 131, 388 (1965/66).

Symp. Dtsch. Ges. Endokrin. 16, 420-421 (1970)

Stoffwechsel von 17α-Hydroxyprogesteron in der Nebennierenrinde, im Phäochromocytom und im Paragangliom des Menschen

Metabolism of 17α-Hydroxyprogesterone in Normal Adrenal Cortex, Pheochromocytoma and Paraganglioma

G. S. RAO, M. L. RAO und H. BREUER

Institut für Klinische Biochemie und Klinische Chemie der Universität Bonn

Summary

Radioactive 17α-hydroxyprogesterone was incubated with slices of normal adrenals, and of pheochromocytoma and paraganglioma tumours. The metabolites were separated and purified by chromatography in different systems; their radiochemical purity was proved by crystallization to constant specific activity. Cortisol, cortisone, Compound S and testosterone were identified as metabolites from all three tissues. The formation of these metabolites was significantly lower in the tumour tissues. The study demonstrates that not only the pheochromocytoma, but also the extra-adrenal tumour, paraganglioma, contains enzyme systems capable of synthesizing steroid hormones.

Die Nebenniere besteht aus Mark und Rinde. Die hormonalen Sekretionsprodukte sowie deren Auswirkungen und Eigenschaften sind für die beiden Strukturen der Nebenniere charakteristisch. Das Mark setzt sich aus Zellgruppen zusammen, die aus chromaffinen, granulären Strukturen bestehen und Adrenalin sowie Noradrenalin speichern. Wenn ein Tumor des chromaffinen Gewebes, ein Phäochromocytom, vorliegt, so kommt es zu einer Überfunktion des Marks (1). Tumoren, die aus dem sympatischen Ganglion entstehen, leiten sich vom Paraganglion, nicht aber vom Ganglion selbst ab; sie werden deshalb als Paragangliome bezeichnet. Diese Tumoren synthetisieren Catecholamine und befinden sich entweder innerhalb oder außerhalb der Nebenniere.

Die vorliegende Untersuchung wurde ausgeführt, um genauere Informationen über die Biogenese von Steroiden im Phäochromocytom- und Paragangliomgewebe zu erhalten. Gleichzeitig wurde normales Nebennierenrindengewebe untersucht, um die Enzymaktivitäten in den verschiedenen Geweben besser vergleichen zu können. In allen Versuchen wurde radioaktives 17α-Hydroxyprogesteron als Substrat benutzt.

Tumorgewebe und normales Nebennierenrindengewebe wurden unmittelbar nach der Operation erhalten. Gewebeschnitte wurden mit glucosehaltigem Krebs-Phosphat-Puffer, pH 7,3, unter Sauerstoff 2 Stunden inkubiert. Das Inkubationsgemisch wurde dreimal mit Äther-Chloroform (3:1) extrahiert. Das Lösungsmittel wurde im Vakuum abgedampft, und der Rückstand in 96%igem Äthanol aufgenommen. Mit Hilfe der Papierchromatographie wurden Cortisol, Cortison und Reichstein's Verbindung S von 17α-Hydroxyprogesteron und Testosteron abgetrennt. Die Steroide wurden in jeweils 2 bzw. 4 verschiedenen chromatographischen Systemen weiter gereinigt. Cortisol, Cortison, Reichstein's Verbindung S und Testosteron wurden durch Kristallisation zur konstanten spezifischen Radioaktivität identifiziert.

Die Ergebnisse der quantitativen Untersuchungen zeigen, daß unter den gewählten Versuchsbedingungen normales Nebennierenrindengewebe 17α-Hydroxyprogesteron fast vollständig metabolisiert. Im Gegensatz dazu wird das Substrat von Phäochromocytom- und Paragangliomgewebe nur zu etwa 63 bzw. 50% umgesetzt. Die Bildung von Reichstein's Verbindung S und von Testosteron ist etwas höher im Phäochromocytom- als im Paragangliomgewebe. Aus diesen Befunden geht hervor, daß das Phäochromocytomgewebe eine C_{17}-C_{20}-Lyase, eine 11β-Hydroxysteroid-Oxidoreduktase, eine 11β-Hydroxylase und eine 21-Hydroxylase enthält. MULROW et al. (2), CARBALLEIRA und VENNING (3), ACEVEDO und BEERING (4), KOKAI et al. (5) sowie FAZEKAS und KOKAI (6) fanden diese Enzymsysteme ebenfalls im Phäochromocytom. Die Tatsache jedoch, daß auch Paragangliomgewebe die oben erwähnten Enzyme enthält, ist unseres Wissens bisher nicht beschrieben worden. Die große Ähnlichkeit sowohl in der qualitativen als auch in der quantitativen Metabolisierung von 17α-Hydroxyprogesteron in beiden Tumorgeweben zeigt, daß nicht nur Nebennierenmarkgewebe, sondern auch außerhalb der Nebenniere liegendes markähnliches Paragangliomgewebe Steroidhormone synthetisieren kann.

Literatur

1. Manger, W. M.: Hormones and Hypertension, p. 21. Springfield: Charles C. Thomas 1966.
2. Mulrow, P. J., Cohen, G. L., Yesner, R.: Yale J. Biol. Med. 31, 363 (1959).
3. Carballeira, A., Venning, E. H.: Steroids, 4, 329 (1964).
4. Acevedo, H. F., Beering, S. C.: Steroids, 6, 531 (1965).
5. Kokai, K., Fazekas, A. G., Kovacs, K.: Acta med. Acad. Sci. hung. 25, 107 (1968).
6. Fazekas, A. G., Kokai, K.: Steroids, 9, 177 (1967).

Symp. Dtsch. Ges. Endokrin. 16, 422-425 (1970)

Oestrogenproduzierender Leistenhoden in einem Fall von Pseudohermaphroditismus masculinus

Estrogen-Producing Inguinal Testis in a Case of Masculine Pseudohermaphroditism

P. MENZEL, A. JONAS, H.-J. GILFRICH und G. W. OERTEL

Abt. für Experimentelle Endokrinologie der Universitäts-Frauenklinik, Mainz und Abt. für Klinische Endokrinologie der II. Med. Universitätsklinik Mainz

Mit 3 Abbildungen

Summary

Inguinal testicular tissue of a male pseudohermaphrodite was incubated with labeled 7α-^{3}H-cholesterol, 7α-^{3}H-cholesterol-sulfate, 7α-^{3}H-pregnenolone and 7α-^{3}H-pregnenolone-sulfate. With all substrates a preferred metabolism via the Δ5-pathway was found. Rather large amounts of estrogens and testosterone could be identified as metabolites. Furthermore a distinct sulfokinase activity was established.

Ein als Mädchen aufgezogener männlicher Pseudohermaphrodit mit starker Sekundärbehaarung wurde im Rahmen der Carcinomprophylaxe einer Leistenhoden-Extirpation unterzogen. Praeoperativ lag im 24h-Harn die Konzentration der 17-Ketosteroide im männlichen unteren Normbereich. Postoperativ kam es zum Absinken dieser Werte in den weiblichen Normbereich.

Homogenisiertes Hodengewebe unterteilte man in 4 Aliquote und bebrütete mit folgenden markierten Substraten:

Versuch 1: 0.075 µMol 7α-^{3}H-Cholesterin mit 2 196 000 Ipm ^{3}H
Versuch 2: 0.075 µMol Na-7α-^{3}H-Cholesterin-Sulfat mit 241 000 Ipm ^{3}H
Versuch 3: 0.075 µMol 7α-^{3}H-Pregnenolon mit 7 828 000 Ipm ^{3}H
Versuch 4: 0.0625 µMol Na-7α-^{3}H-Pregnenolon-^{35}S-Sulfat mit 161 000 Ipm ^{3}H und 7 180 Ipm ^{35}S

Die freien Steroide wurden mittels Chloroform extrahiert und das praeextrahierte Inkubat sodann enteiweißt. Die Auftrennung in Steroid-Sulfatide,-Sulfate und -Glucuronoside geschah chromatographisch auf Polyamid im System Isopropyläther-Cyclohexan (1:1, v/v) bzw. auf Kieselgel G im System Chloroform-Methanol-Ammoniak (15:15:0,2 v/v). Nach Solvolyse der Konjugate mit Äther-Perchlorsäure bzw. Inkubation mit β-Glucuronidase wurden die freien und freigesetzten Steroide bzw. deren Derivate durch wiederholte Dünnschichtchromatographie in verschiedenen Lösungsmittelsystemen in Einzelverbindungen aufgetrennt. Die qualitative und quantitative Messung erfolgte im Berthold-Dünnschichtscanner bzw. im Packard-Tricarb-Spektrometer. Der eindeutigen Identifizierung isolierter Verbindungen diente die chromatographische Reinigung bis zu konstanter spezifischer Aktivität, gegebenenfalls nach umgekehrter Isotopenverdünnung.

Es ist hinlänglich bekannt, daß Hodengewebe aus Vorstufen der Steroide wie Acetat, Cholesterin und Pregnenolon aktive Hormone wie Testosteron und Oestrogene zu bilden vermag. Auch der Hoden dieses untersuchten Sonderfalles zeigte diese Fähigkeit. Auffallend war jedoch die Anhäufung von Sulfokonjugaten zahlreicher Steroide, die einmal einen direkten Metabolismus anzeigen, zum anderen auch auf eine signifikante Sulfokinasetätigkeit im vorliegenden Gewebe hinweisen. Abb. 1 verdeutlicht die Umwandlung von freiem Cholesterin und Pregnenolon

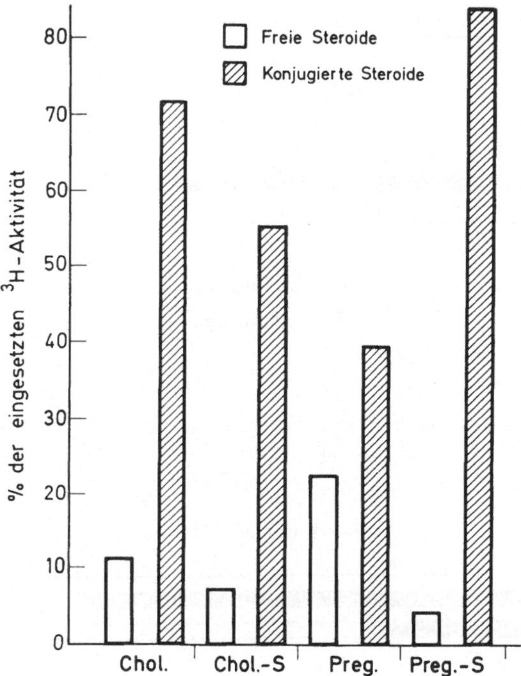

Abb. 1. Prozentuale Verteilung der freien und konjugierten Steroide nach Inkubation mit 7α-^{3}H-Cholesterin, 7α-^{3}H-Cholesterin-Sulfat, 7α-^{3}H-Pregnenolon und 7α-^{3}H-Pregnenolon-^{35}S-Sulfat.

in deren Sulfokonjugate, sowie die nur geringfügige Hydrolyse eingesetzten Cholesterin-Sulfats und Pregnenolon-Sulfats. Die Sulfokinasetätigkeit steht im Gegensatz zu früheren Befunden bei Perfusionsversuchen an normalen menschlichen Hoden (1-4), wo nur eine geringe Sulfokinaseaktivität feststellbar war. Dagegen zeigte das Ovar in ähnlichen Perfusionsstudien (5) eine bemerkenswerte Sulfokinasetätigkeit. So lagen in dem hier untersuchten Fall DHEA, Testosteron und Oestrogen überwiegend als Sulfokonjugate vor (Abb. 2 u. 3). Auffallend ist weiter die starke Anhäufung von Δ5-3β-OH-Steroiden wie Androstendiol und DHEA. Die hohen DHEA-Sulfat-Werte lassen eine Parallele erkennen zu Befunden wie sie MORRIS et al. (6) bei Bebrütung von feminisierendem Hoden erhoben: wird doch die Pathogenese der testiculären Feminisierung oft mit der vermehrten Bildung von DHEA in Verbindung gebracht. Da besonders hohe Werte für DHEA gerade nach der Bebrütung mit Cholesterin und Cholesterin-Sulfat zu verzeichnen waren, ist auch an einen direkten Abbau des Cholesterins zu denken, der nicht über Pregnenolon, sondern wahrscheinlich über 17α-20α-Dihydroxy-Cholesterin verläuft (7,8). Daß Δ4-Androstendion als Metabolit von DHEA ebenfalls vermehrt auftrat, unterstreicht nur die Bedeutung von DHEA als potentielle Vorstufe für Androgene und Oestrogene.

Aus dem Gesagten wäre zu folgern, daß die hohen Konzentrationen von Testosteron vornehmlich durch Umwandlung von DHEA entstanden sind, somit also über den Δ5-Weg. Die Diskrepanz zwischen Bildung von Testosteron und mangelnder allgemeiner Virilisierung läßt sich anhand vorgenannter Ergebnisse allerdings nicht erklären. Da Oestrogene nur in unphysiologisch hohen Konzentrationen Androgene zu hemmen (9-11) vermögen, scheiden diese trotz ihrer hier quantitativ bedeutenden Bildung als Ursache für die fehlende allgemeine Virilisierung aus.

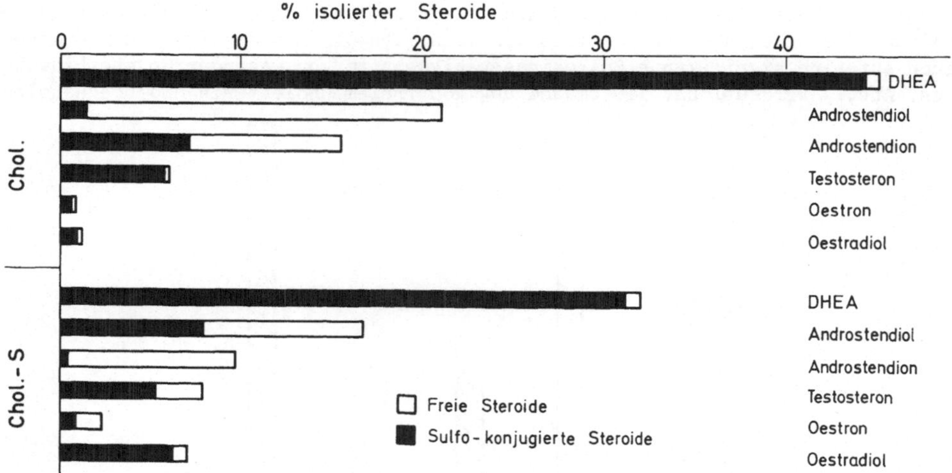

Abb. 2. Prozentuale Verteilung einzelner Steroide nach Inkubation mit 7α-^{3}H-Cholesterin bzw. mit 7α-^{3}H-Cholesterin-Sulfat

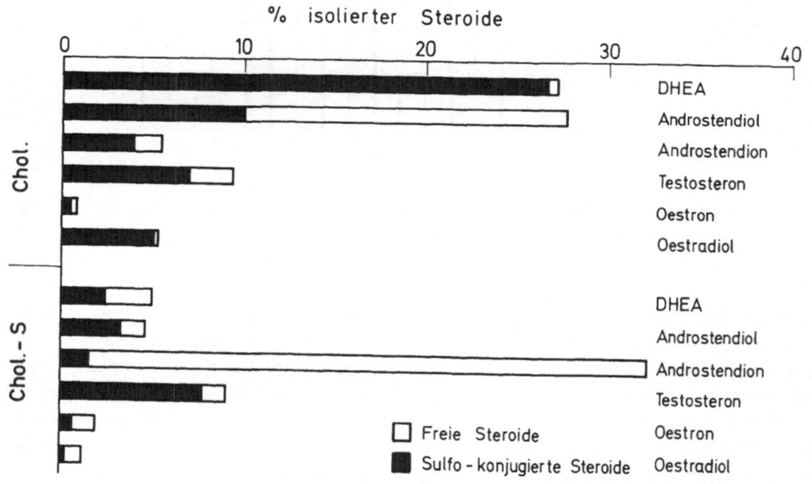

Abb. 3. Prozentuale Verteilung einzelner Steroide nach Inkubation mit 7α-^{3}H-Pregnenolon bzw. mit 7α-^{3}H-Pregnenolon-^{35}S-Sulfat

Inwieweit man Antiandrogene, Androgeninhibitoren (6,12,13), partielle Androgenresistenz der Erfolgsorgane (14) oder teilweises Fehlen der 5α-Reduktase (15,16) zur Erklärung anführen kann, wie etwa bei testiculärer Feminisierung, soll nicht weiter erörtert werden.

Möglicherweise ist die Oestrogenproduktion aber für den weiblichen Phänotypus verantwortlich. Ob die intraabdominelle Lage der Hoden zu einer vermehrten Oestrogenbildung Anlaß gibt, wie es FRENCH et al. (17) annehmen, bleibt offen. Allerdings ist aufgrund der vorliegenden Ergebnisse hinsichtlich Sulfokinasetätigkeit und der ausgeprägten Biosynthese von Oestrogen eine Ähnlichkeit des benutzten Gewebes mit ovariellem Gewebe nicht von der Hand zu weisen (5,18).

Literatur

1. Oertel, G. W., Treiber, L., Knapstein, P., Wenzel, D., Wendlberger, F., Menzel, P.: 14. Symposium der Dtsch. Gesellsch. für Endokrinologie, Berlin-Heidelberg-New York: Springer 1968.
2. Knapstein, P., Wendlberger, F., Menzel, P., Treiber, L., Oertel, G. W.: Hoppe-Seylers Z. physiol. Chem. 348, 1066 (1967).
3. Oertel, G. W., Wendlberger, F., Menzel, P., Treiber, L., Knapstein, P.: Europ. J. Steroids, 2, 299 (1967).
4. Knapstein, P., Wendlberger, F., Menzel, P., Oertel, G. W.: Hoppe-Seylers Z. physiol. Chem. 348, 990 (1967).
5. Oertel, G. W., Treiber, L., Wenzel, D., Knapstein, P., Wendlberger, F., Menzel, P.: Experientia 24, 607 (1966).
6. Morris, J. Mc. L., Mahesh, U. B.: Am. J. Obstet. Gynec. 87, 731 (1963).
7. Burstein, S., Dorfman, R. I.: Acta endocr. (Kbh.) 40, 188 (1962).
8. Gual, C., Lemus, A. L., Gut, M., Dorfman, R. I.: J. clin. Endocr. 22, 1193 (1962).
9. Carter, A. C., Shorr, E.: J. clin. Endocr. 12, 1059 (1952).
10. Hoskins, W. H., Koch, F. C.: Endocrinology 25, 266 (1939).
11. Lauritzen, C.: Acta endocr. (Kbh.) 45, 509 (1964).
12. Neher, R., Kahnt, F. W., Roversi, G. D., Bompiani, A.: Acta endocr. (Kbh.) 49, 177 (1965).
13. French, F. S., Bagget, B., Van Wyk, J. J., Talbert, L. M., Hubbard, W. R., Johnston, F. R., Weaver, R. P., Forchielli, E., Rao, G. S., Sarda, I. R.: J. clin. Endocr. 25, 661 (1965).
14. Wilkins, L.: The Diagnosis and Treatment of Endocrine Disorders in Childhood and Adolescence, et. 3, Springfield: Charles C. Thomes, 1965.
15. Mauvais-Jarvis, P., Bercovici, J. P., Gauthier, F.: J. clin. Endocr. 29, 417 (1969).
16. Northcutt, R. C., Island, D. P., Liddle, G. W.: J. clin. Endocr. 29, 422 (1969).
17. French, F. S., Van Wyk, J. J., Bagget, B., Easterling, W. F., Talbert, L. M., Johnston, F. R., Forchielli, E., Dey, A. C.: J. clin. Endocr. 26, 493, (1966).
18. Rice, B. F., Savard, K.: J. clin. Endocr. 26, 593 (1966).

Symp. Dtsch. Ges. Endokrin. 16, 426-427 (1970)

Inhibierung von Enzymen der Steroidhormon-Biosynthese aus Nebennieren und Testes durch Cyproteron und einige anabole Steroide

Inhibition of Adrenal and Testicular Enzymes Involved in Steroid Hormones Biosynthesis by Cyproterone and Some Anabolic Steroids

WOLFGANG EWALD

Zentrum der Inneren Medizin der Johann Wolfgang-Goethe-Universität, Frankfurt am Main, Abteilung für Endokrinologie

Summary

The activities of dehydro-epi-androsterone dehydrogenase, Δ^5-Δ^4-androstenedione isomerase and reduction of androst-4-ene-3,17-dione (at C-17) from guinea pig adrenal and testicular tissues were followed by spectrophotometric assays using the particulate fraction (250-30.000 x g) as enzyme source. Cyproterone (2.5 x 10^{-6} M) inhibited the activities of both testicular and adrenal dehydro-epi-androsterone dehydrogenase but not those of androst-5-ene-3, 17-dione isomerases from the two tissues and not reduction of androst-4-ene-3, 17-dione from the testes. Thus,it appears that this and other steroids applied in a dosage similar to cyproterone (100 mg/die) do influence the peripheral endocrine glands directly at the site of their effects on the diencephalic and peripheral receptors. Further,it is shown that cyproterone acts on both testicles and adrenal gland.

Vorausgegangene Beobachtungen führten uns dazu, die Wirkung von Cyproteron und einigen anabolen Steroiden auf die Dehydro-epi-androsteron:NAD-Oxydoreduktasen, die Δ^5-Δ^4-Androsten-3,17-dion-Isomerasen und die Reduktion von Δ^4-Androstendion in Meerschweinchen-Nebennieren und -Testes zu untersuchen.

Als Enzym-Präparation diente die zwischen 250 und 30 000 x g sedimentierende Zellfraktion. Die Aktivitätsbestimmungen erfolgten durch Registrieren der Absorptionsänderung bei 340 bzw. bei 249 mμ.

Inhibierungen durch Cyproteron

Die Tabelle gibt die Inhibitor-Konzentrationen an, mit denen eine Hemmwirkung auf $\frac{v}{2}$ der ursprünglich vorhandenen Aktivität erzielt wurde.

Organ	DHEA-Dehydrogenasen	Δ^5-Androstendion-Isomerasen	Δ^4-Androstendion-Reduktion
Nebennieren	2,5 μM	keine	
Testes	10 μM	keine	keine

Eine Absorptionsabnahme bei 249 mμ war während der Androstendion-Reduktion nicht nachweisbar, so daß diese auf C-17 bezogen werden darf.

Durch Cyproteron wurde die Dehydro-epi-androsteron-Dehydrogenase aus Testes-Gewebe in einer Konzentration von 2,5 x 10^{-6} M auf die Hälfte der ursprünglich vorhandenen Aktivität gehemmt, die der Nebennieren durch 1 x 10^{-5} M. Die Isomerasen dieser Gewebe und die Reduktion von Androstendion wurden kaum beeinträchtigt.

Es muß also bei der Applikation von 100 mg Cyproteron außer mit einem Angriff an den diencephalen und peripheren Receptoren auch mit einer direkten Wirkung auf die peripheren endokrinen Organe gerechnet werden. - Cyproteron wirkt nicht nur auf die Testes, sondern auch auf die Dehydro-epi-androsteron: NAD-Oxydoreduktase der Nebennieren. - Die Umwandlung von Δ^4-Androstendion zu Testosteron scheint durch Cyproteron nicht beeinflußt zu werden.

Symp. Dtsch. Ges. Endokrin. 16, 428-430 (1970)

Über den Einfluß von Cyproteronacetat, Norethisteronönanthat und Gestonoroncapronat auf die Hypophysen-Gonadenachse beim Mann

Influence of Cyproterone-acetate, Norethisterone-enanthate and Gestonorone-capronate on the Hypophyseal-Gonadal-Axis in the Male

R. PETRY, J. MAUSS, Th. SENGE und J.-G. RAUSCH-STROOMANN

Endokrinologische Abteilung der Medizinischen Klinik, Dermatologische und Urologische Klinik, Klinikum Essen der Ruhr-Universität.

Mit 3 Abbildungen

Summary

After treatment with the anti-androgen cyproterone-acetate (30 mg d.) oligo- or cryptospermia occured in 5 normal men after 7 1/2 - 15 1/2 weeks. Fructose in sperm plasma and total gonadotrophins decreased. The number of spermatozoa was within normal range 4 - 5 months after discontinuing therapy. The inhibition of spermatogenesis is explained by the anti-androgenic effect of CA and the depression of the gonadotrophins. In one case norethisterone-enanthate reduced the number of spermatozoa, too. Gestonorone-capronate had no effect on the gonadotrophins and spermatogenesis in one patient.

5 Patienten mit normaler Spermiogenese (36-44 J.) wurden mit täglich 30 mg Cyproteronacetat (CA)[1] über 11 1/2 - 15 1/2 Wochen behandelt. Einer dieser Patienten erhielt, nachdem er über 15 1/2 Wochen mit täglich 30 mg behandelt war, über weitere 6 Wochen täglich 5 mg CA. Vor, in 3-6-wöchigen Abständen unter Behandlung, sowie nach 1-5-monatigen Abständen nach Absetzen von CA wurden Ejaculatuntersuchungen (Karenzzeit 5-7 Tage) mit Bestimmung der Spermaplasmafructose durchgeführt. Gleichzeitig wurde die Gesamtgonadotropinausscheidung in 96 Std. - vor und im 48 Std.-Urinextrakt (1) unter Behandlung nach LORAINE u. BROWN (2) gemessen (II. IRP London). Bei 2 dieser Patienten führten wir vor und unter Behandlung eine beidseitige Hodenbiopsie durch. Bei gleicher Versuchsanordnung wurde 1 Patient mit dem Depot-Gestagen Norethisteronönanthat (NÖ), 200 mg i.m. in 3-wöchentlichen Abständen, insgesamt 4 mal, behandelt. Ein weiterer Patient mit normaler Spermiogenese erhielt Gestonoroncapronat (GC), wöchentlich 100 mg i.m. über 12 Wochen, dann wöchentlich 200 mg über weitere 12 Wochen. - Unter Gabe von CA (30 mg tägl.) trat in allen Fällen nach 7 1/2 bis 15 1/2 Wochen eine Oligo- bzw. Cryptospermie (unter 1 Mill/ml) mit eingeschränkter oder fehlender Motilität der Spermien auf (Abb. 1). In 4 von 5 Fällen nahmen die Ejaculatmenge und Fructosekonzentration im Spermaplasma ab. Die Gonadotropinausscheidung fiel unter Behandlung kontinuierlich ab und zeigte nach Absetzen von CA in 4 Fällen nach 10 - 27 Tagen ein deutliches

---

[1] Cyproteronacetat, Norethisteronönanthat, Gestonoroncapronat (Depostat) Schering AG, Berlin

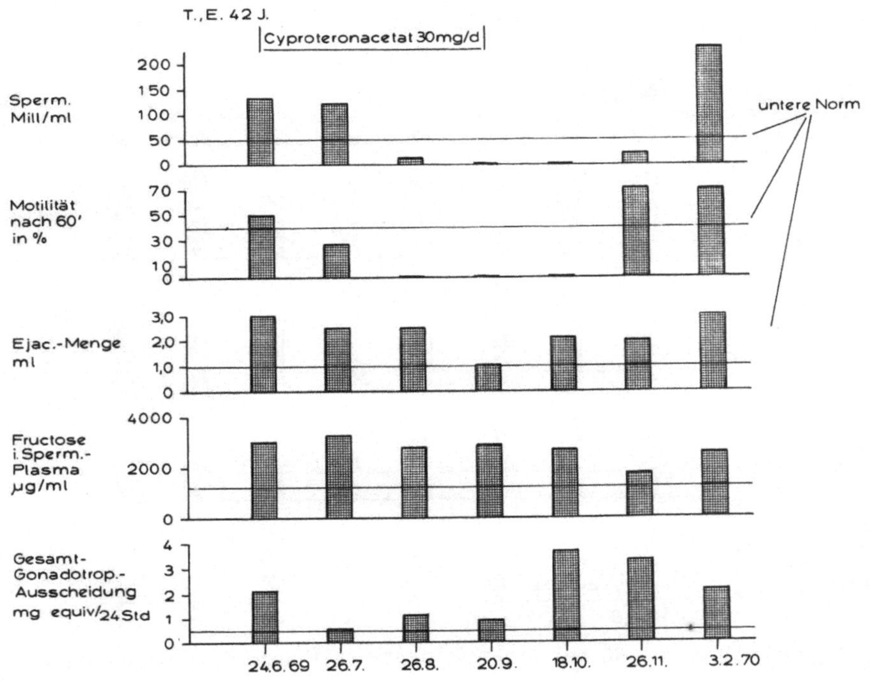

Abb. 1. Ejaculat-U., Gonadotropinausscheidung vor, unter und nach Behandlung mit CA bei einem von 5 Patienten mit normaler Spermiogenese

Reboundphänomen. In 3 Fällen wurden nach 120 - 146 Tagen nach Absetzen wieder normale Spermienzahlen mit normaler Motilität gefunden. Ein 4. Patient zeigte noch 10 Tage nach Absetzen eine hochgradige Oligospermie. Nach Erreichen einer Cryptospermie (täglich 30 mg CA über 15 1/2 Wochen) wurde bei einem 5. Patienten unter Weiterbehandlung mit täglich 5 mg am 48. Tag wieder eine Normospermie mit normaler Motilität festgestellt. Die Gonadotropinausscheidung war zu diesem Zeitpunkt noch leicht unterdrückt. Histologische Hodenuntersuchungen zeigten zur Zeit der Oligospermie eine Hemmung der reiferen Formen der Spermiogenese. Tubuli, Interstitium und Leydig-Zellen waren im Vergleich zur Voruntersuchung unverändert. Libido- oder Potenzstörungen wurden von keinem der Patienten angegeben. Unter Gabe von Norethisteronönanthat wurde nach der 3. Injektion eine Oligospermie festgestellt, die noch nach 6 Monaten bestand. Die Motilität war nicht wesentlich eingeschränkt, Ejaculatmenge, Fructosekonzentration und Gonadotropinausscheidung nahmen ab (Abb. 2). GC beeinflußte Spermienzahl und -qualität sowie die Gonadotropinausscheidung nicht (Abb. 3).

Nach unseren Untersuchungen hat GC die Spermiogenese auch in höherer Dosierung nicht unterdrückt. NÖ führte zu einer deutlichen Spermiendepression, die wahrscheinlich über die Hemmung der Gonadotropinsekretion erfolgt. CA hat einen deutlich hemmenden Einfluß auf die Zahl und Motilität der Spermien. Die Fertilitätsgrenze liegt etwa bei 20 Mill. Spermien/ml bei normaler Motilität. Es ist also möglich, mit tägl. 30 mg CA nach etwa 2-4 Monaten eine (reversible) Infertilität zu erzeugen. Täglich 5 mg CA reichten bei einem Fall nicht aus, um die unter tägl. 30 mg CA eingetretene Spermiendepression aufrechtzuerhalten. Die Wirkung des CA auf die Fertilität des Mannes kann man durch den antiandrogenen Effekt des Steroids an den Keimdrüsen erklären. Für den antiandrogenen Effekt sprechen erniedrigte Fructosewerte und eine verringerte Ejaculatmenge unter Behandlung mit CA. Neben der antiandrogenen Wirkung muß die Gonadotropinhemmung unter CA zur Erklärung der Infertilität diskutiert werden.

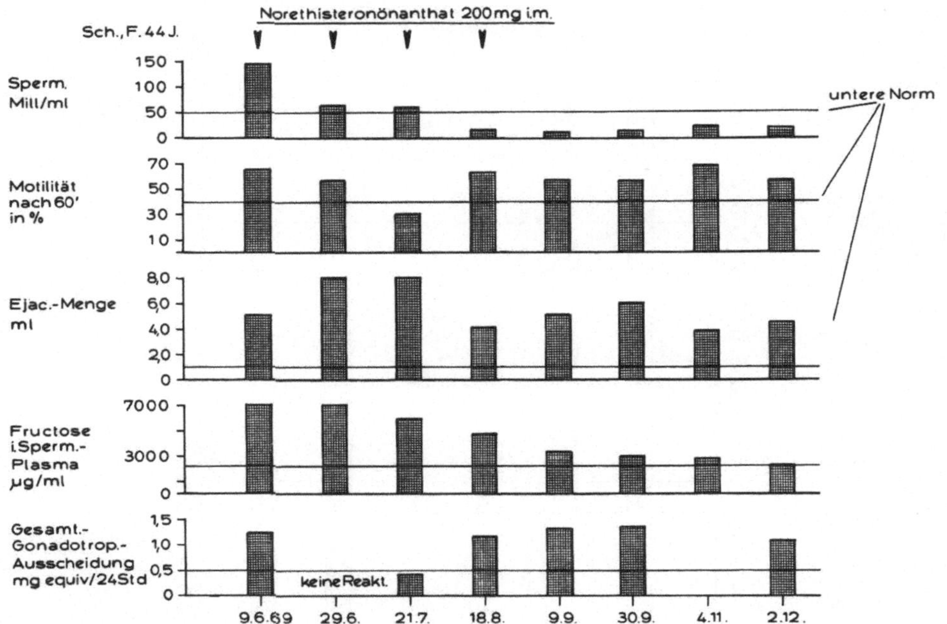

Abb. 2. Behandlung mit NÖ bei einem Patienten mit normaler Spermiogenese

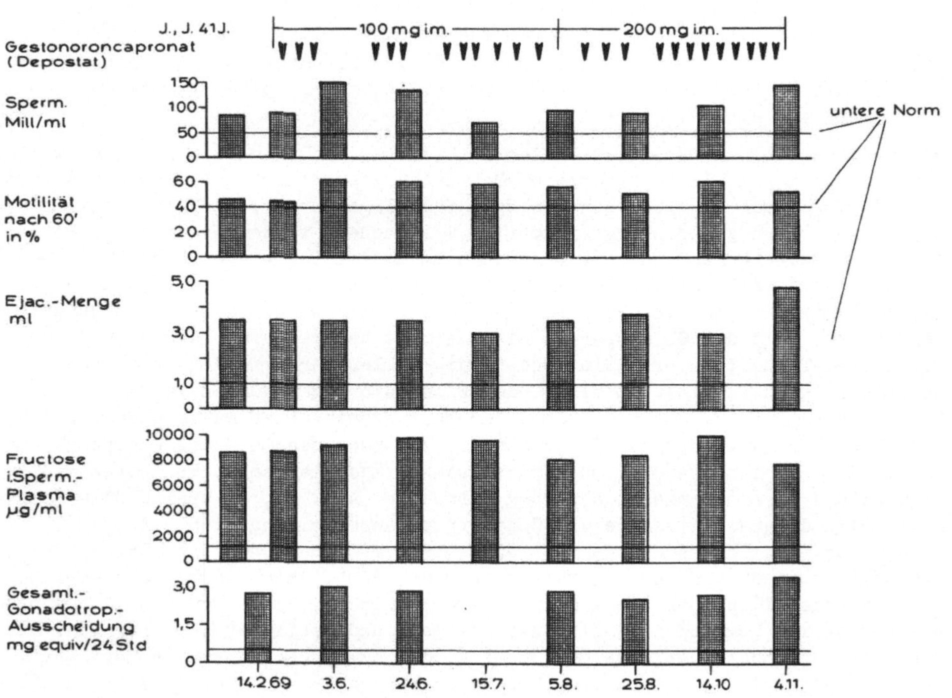

Abb. 3. Behandlung mit Gestonoroncapronat bei einem Patienten mit normaler Spermiogenese

Literatur

1. Albert, A., Kelly, S., Silver, L., Kobi, S.: J. clin. Endocr. 18, 600 (1958).
2. Loraine, J. A., Brown, J. B.: J. clin. Endocr. 16, 1180 (1956).

Symp. Dtsch. Ges. Endokrin. 16, 431-433 (1970)

Klinische und endokrinologische Untersuchungen unter dem Depot-Kontrazeptivum Norethisteronönanthat *

Clinical and Endocrinological Studies under Treatment with the Depot-Contraceptive Agent Norethisterone enanthate

D. TENHAEFF, R. PETRY, TH. SENGE und J.-G. RAUSCH-STROOMANN

Frauenklinik, Endokrinologische Abteilung der Medizinischen Klinik und Urologische Klinik, Klinikum Essen der Ruhr-Universität

Mit 2 Abbildungen

Summary

10 fertile women were given Norethisterone enanthate 200 mg i.m. every 12 weeks for 9 months. Results: Decrease of gonadotrophins in 9 cases. Only in 4 of 27 cycles slight pregnandiole increase during second part of cycle. Thermogenetic effect of basal body temperature for 6 weeks after injections. No or reduced ferning of cervical mucus, also antiestrogenic changes of endometrium and vaginal epithelium. Normal ACTH-response and OGTT before and during treatment, normal cholesterol and total lipids. No impairment of hepatic function. No pregnancy. Irregular bleedings between 10 and 40 days, mostly spottings. Trend to menstrual regularisation after third injection.

10 fertile Frauen wurden in Abständen von 84 Tagen (12 Wochen) mit Norethisteronönanthat (NEÖ) 200 mg i.m. über 9 Monate behandelt. Ergebnisse: Die Gesamtgonadotropin-Ausscheidung, Harnextrakt 96 Std. vor und 48 Std. unter Behandlung, nach ALBERT et al. (1) mit dem biologischen Test nach LORAINE u. BROWN (2) zeigte bei 9 von 10 Probanden unter der Behandlung einen deutlichen Abfall (Abb. 1). Die Pregnandiolausscheidung (3) nahm in allen Fällen um etwa 50% ab und verlief monophasisch. Beispiel: Probandin U.S. (Abb. 2). Viermal stiegen die Pregnandiolwerte in der 2. Hälfte des künstlichen Cyclus, kurz vor der nächsten Injektion, gering an, jedoch nicht über die "Ovulationsgrenze" von 2 mg. Die Basaltemperatur wies im Anschluß an die Injektion einen thermogenetischen Effekt für 4-6 Wochen auf. Die Cervixschleim-Menge war vermindert und nicht spinnbar, das Farnkrautphänomen verkümmert oder fehlte ganz. Die Endometriumbiospien ließen Proliferations- und auch Sekretionsphasen mit unterschiedlich starker Transformation erkennen, keine Atrophie oder Hyperplasie. Es bestand eine leichte Phasenverschiebung im Sinne eines antioestrogenen Effektes, der sich auch am Vaginalepithel zeigte: der Aufbau der tieferen Schichten war regelrecht, der Superficialzellen reduziert. In 2 von 10 Fällen lag der Plasma-Cortisol-Anstieg nach ACTH-Gabe etwas unter der Norm. Der OGTT fiel immer normal aus. Auch PBI, Lebertests, Cholesterol und Gesamtlipide im Serum blieben im Normbereich. Auffallend war ein unregelmäßiger Cyclusablauf mit Blutungen in Abständen von 10 bis 40 Tagen in unterschiedlicher Dauer und Stärke, meist Spottings. Nach der 2. Injektion betrug die Blutungsdauer zwischen 29,7

* Schering AG, Berlin

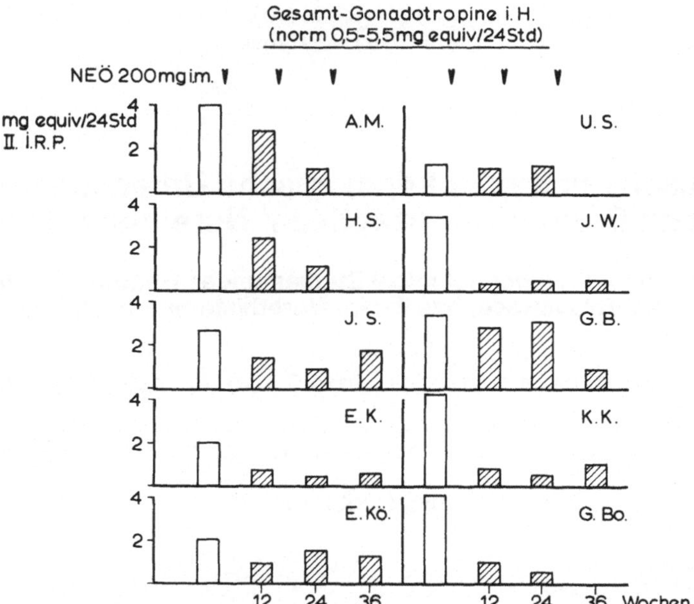

Abb. 1. Gesamtgonadotropine im Harn vor und unter der Behandlung mit NEÖ

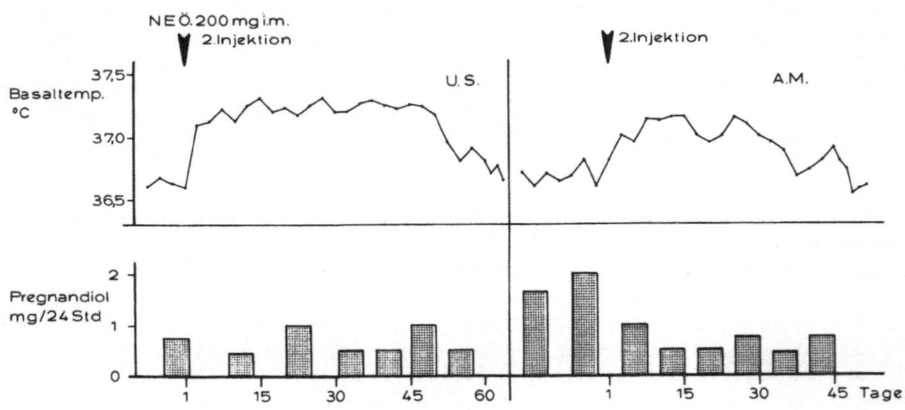

Abb. 2. Basaltemperatur und Pregnandiolausscheidung im Harn unter NEÖ bei 2 Probandinnen. Bei der Probandin A.M. bereits Pregnandiolanstieg kurz vor der nächsten Injektion!

und 20,2% (normal 16%), nach der 3. Injektion zwischen 23,8 und 16,6%. Es zeigt sich also mit zunehmender Applikationsdauer ein Trend zur Einregulierung des Cyclus. Es trat keine Gravidität auf. Nach einer größeren südamerikanischen Statistik ergab sich unter 200 mg NEÖ ein niedriger Pearl-Index von 0,77. NEÖ wirkt kontrazeptiv 1. durch die Ovulationshemmung (verminderte Gonadotropin- und Pregnandiolausscheidung), 2. durch einen Cervixfaktor als Spermaschranke, 3. durch nidationsstörende Milieu-Veränderungen des Endometrium. Die erste Spontanovulation kann nach unseren Beobachtungen bereits in der 13. bis 14. Woche nach der letzten Injektion auftreten.

Literatur

1. Albert, A., Kelly, S., Silver, L., Kobi, S.: J. clin. Endocr. 18, 600 (1958).
2. Loraine, J. A., Brown, J. B.: J. clin. Endocr. 16, 1180 (1956).
3. Waldi, D.: Klin. Wschr. 40, 827 (1962).

Symp. Dtsch. Ges. Endokrin. 16, 434-435 (1970)

Biotransformation von Androgenen in Explantatkulturen von Rattenovarien

Biotransformation of Androgens in Explant Cultures of Rat Ovaries

H. K. KLEY und H. SCHRIEFERS

Abteilung für Biochemie der Universität Ulm

Summary

The metabolism of dehydroepiandrosterone (DHA), androstene-3.17-dione (A) and testosterone (T) was studied in explant cultures of rat ovaries. There are two metabolic pathways: the 17β-hydroxy-pathway, starting with T, and the 17-oxo-pathway, starting with A. There exists a connection between the two pathways through the respective end products: 5α-androstane-3α.17β-diol and androsterone. The reaction A ⇋ T tends to the production of A. Part of the T produced during incubation with DHA originates from Δ^5-androstene-3β.17β-diol. Chemical nature and configuration of the metabolites isolated give information about the enzymatic pattern of the ovary, making apparent its close relationship to the liver of the female rat. During incubation with A, total androgen activity increases to 150%, and to 300 - 600% when using DHA.

Die Androgene des Ovars haben eine zweifache Funktion: sie sind Oestrogenvorstufen und Inkretionsprodukte. Eine dritte Funktion kann in Inkubationsversuchen mit Explantatkulturen von Rattenovarien und Dehydroepiandrosteron (DHA), Δ^4-Androsten-3.17-dion (A) und Testosteron (T) als Substrat aufgedeckt werden. Die genannten Steroide sind nämlich Ausgangssubstanzen eines intensiven intraovariellen Umsatzes, dessen Produkte Androgene mit relativ hoher, teils T nahe kommender, teils T überlegener biologischer Aktivität sind.

Aus der Tabelle ist zunächst abzulesen, welche Stoffwechselprodukte nach 48-stündiger Inkubation aus DHA, aus A und aus T entstehen.

Sodann zeigt sie, daß im intraovariellen Androgenumsatz zwei Stoffwechselwege existieren: der 17-Ketoweg und der 17β-Hydroxyweg. Der 17-Ketostoffwechselweg hat in A, der 17β-Hydroxyweg in T seinen Ausgangspunkt. Zwischen beiden Stoffwechselwegen existiert eine Verbindung;denn, ausgehend von T, entsteht relativ mehr Androsteron als ausgehend von A. Relativ mehr heißt bezogen auf die Produktion von Androsteronvorstufe, 5α-Androstan-3.17-dion. Bezogen auf 5α-Androstan-3.17-dion ist nämlich die relative Ausbeute an Androsteron in den T-Versuchen bedeutend größer (= 10) als in den A-Versuchen, wo sie nur die Größe von 4 hat.

Das Gleichgewicht der Reaktion A ⇋ T liegt auf Seiten der Bildung von A. Dies lehren die Ergebnisse der Versuche mit DHA als Substrat. Merkwürdigerweise entsteht aber aus A relativ weniger T als aus DHA, was nur so zu erklären ist, daß das in den DHA-Versuchen gebildete T zwei Quellen hat, einmal A und zum zweiten Δ^5-Androsten-3β.17β-diol.

Möglicherweise entstehen auch 5α-Androstan-3β.17β-diol und epi-Androsteron teilweise bzw. ganz aus Δ^5-Androsten-3β.17β-diol.

Chemische Natur und Konfiguration der aus den Inkubationen isolierten und identifizierten Metabolite geben Aufschluß über die Ausstattung des Ovars mit

Enzymen des oxydoreduktiven Steroidstoffwechsels. Dabei wird die nahe steroidstoffwechselphysiologische Verwandtschaft von Ovar und Leber weiblicher Ratten deutlich. Im Ovar wie in der Leber ist die Aktivität der Δ^4-5α-Hydrogenase erheblich höher als die der Δ^4-5β-Hydrogenase. Gleiches gilt für das Aktivitätsverhältnis von 3α- zu 3β-Hydroxysteroiddehydrogenase, das sowohl im Ovar wie auch in der Leber weiblicher Ratten gleich 10 ist.

Noch pointierter als der Stoffwechsel von T ist der von A und DHA auf die Produktion androgenwirksamer Substanzen hin orientiert. Praktisch alle untersuchten Transformationsprodukte aus den A- und DHA-Versuchen sind biologisch aktiver als das eingesetzte Substrat. Somit ist im Verlaufe der Inkubation eine Zunahme der Gesamt-Androgenaktivität zu verzeichnen, die bei den A-Versuchen je nach Testobjekt (ventrale Prostata, Vesiculardrüse, M. levator ani) zwischen 90 und 150%, bei den DHA-Versuchen zwischen 300 und 600% liegt.

Tabelle

Metabolit	Relative Ausbeute an Metaboliten nach 48-stündiger Inkubation von		
	Dehydroepiandrosteron	Δ^4-Androsten-3.17-dion	Testosteron
17-Keto-Weg:			
Δ^4-Androsten-3.17-dion	178	100	34
5α-Androstan-3.17-dion	8	12	1,6
5α-Androsteron	13	52	16
5β-Androsteron	--	5	3
epi-Androsteron	1	--	--
17β-Hydroxy-Weg:			
Testosteron	46	10	100
5α-Androstan-3α.17β-diol	1	6	21
5α-Androstan-3β.17β-diol	3	--	4
Δ^5-Androsten-3β.17β-diol	3	--	--

Bezugsgröße: Die nach 48 Stunden noch vorhandene Substratmenge = 100

Symp. Dtsch. Ges. Endokrin. 16, 436-437 (1970)

Über den Metabolismus von Androgenen in vivo und in vitro bei überzähligem Y-Chromosom

In vivo and in vitro Metabolism of Androgens in the Presence of Supernumerary Y-Chromosome

H. J. KARL, D. ENGELHARDT, M. WIEDEMANN und L. RAITH

I. Medizinische Klinik der Universität München

Summary

In 3 patients with supernumerary Y-chromosome (47, XYY or 48, XXYY) we injected ^{14}C-T and ^{3}H-Δ A or ^{14}C-DHEA and ^{3}H-DHEA-sulf. and calculated production and interconversion rates of these androgens from the specific activities of the urinary metabolites A, Ae, DHEA and T-gluc.. Values of T excretion and production were normal or diminished, but androgen metabolism showed an alteration of varying degrees. In vitro experiments with skin of the pubic hair region revealed also some differences in androgen transformation in YY-syndrome.

Das Y-Chromosom induziert den männlichen Phänotyp und steht somit ursächlich mit der Bildung androgener Hormone in Zusammenhang. Ob und inwieweit ein überzähliges Y-Chromosom durch Vermehrung des Gen-Materials die Sekretion und den Metabolismus von Androgenen verändert, ist bisher unklar und Gegenstand der Diskussion[2,4,6-8]. Es lag daher nahe, bei einzelnen Patienten mit YY-Syndrom eingehendere Untersuchungen des Androgenstoffwechsels in vivo und in vitro durchzuführen.

Methode: Nach Injektion von 4-14C-Testosteron und 1,2-3H-Androstendion oder 4-14C-Dehydroepiandrosteron und 7-3H-Dehydroepiandrosteronsulfat wurden einzelne Metaboliten dieser Hormone, die Glucuron- und Schwefelsäureester von Androsteron (A),Ätiocholanolon(AE),Dehydroepiandrosteron(DHEA) sowie Testosteron (T),säulen-,papier- und dünnschichtchromatographisch aus Urin separiert. Die Absolutwerte der Hormonausscheidung wurden nach gaschromatographischer Auftrennung auf einer 1% XE 60 Säule mit einem internen Standard berechnet sowie die 14C und 3H Aktivität der einzelnen Verbindungen nach "splitting" des Trägergases im Flüssigkeitsszintillationszähler gemessen.Produktions-,Sekretions- und Interkonversionsraten wurden nach den Angaben von GURPIDE (1) berechnet. Bei den Untersuchungen in vitro wurde den Probanden Hautgewebe (etwa 1g) aus der Pubesgegend excidiert und mit 4-14C-T(1,2-2,8 μg) und Cofermenten nach den Angaben von NORTHCUTT (5) 6 Std. inkubiert. Nach Extraktion des Inkubatmediums und chromatographischer Vorreinigung des Extrakts in 2 Systemen erfolgte eine gaschromatographische Auftrennung mit Bestimmung der Aktivität von T und seiner Metaboliten Androstendion, A, AE und Dihydro-T in den einzelnen Gasfraktionen.

Ergebnisse: Untersucht wurden 3 Patienten (F.R. 19 J. 47, XYY; F.B. 15 J. 47, XYY; W.H. 28 J. 48, XXYY), die keine Symptome einer inkretorischen Testesinsuffizienz hatten. Die Histologie der Hoden ergab jedoch eine Tubulusatrophie verschiedenen Ausmaßes mit Spermiohistogenesestop in 2 Fällen und eine Zunahme des interstitiellen Bindegewebes mit nicht sicher veränderter Zahl der Leydigzellen.

Wir fanden:
1) Die Ausscheidung der einzelnen Androgene im Urin betrug pro Tag:

F.R.	66 µg T-G	1690 µg A-G	1340 µg AE-G	130 µg DHEA-G
F.B.	~ 5 µg T-G	850 µg A-G	895 µg AE-G	30 µg DHEA-G
W.G.	16 µg T-G	1615 µg A-G	1360 µg AE-G	10 µg DHEA-G

2) Die Produktionsraten von T, DHEA und DHEA-S waren bei Pat. F.R. mit 7,8 mg, 14,5 mg und 13,3 mg/Tag in der gleichen Größenordnung wie bei einem 26-jährigen Gesunden (T=6,0 mg, DHEA= 15,6 mg, DHEA-S=8,7 mg); auch die Sekretionsraten von T unterschieden sich nicht signifikant (Pat. F.R. 5,1 mg; Gesunder 4,2 mg).
3) Die Interkonversion von ΔA in T war bei Pat. F.R. mit 4,8 mg/Tag und von T in ΔA mit 10,1 mg/Tag eindeutig größer als bei einem normalen Mann (3,2 mg bzw. 6,7 mg).
4) Bei 2 Pat. war die prozentuale Umwandlung der injizierten radioaktiven Steroide in Androsteron relativ größer als in die übrigen Metaboliten AE, DHEA und DHEA-S.
5) Auch in vitro war der von der Haut aus T gebildete Anteil von A und ΔA relativ groß. Bei Pat. F. R. war die Haut außerdem besonders stoffwechselaktiv, denn 73% der zugesetzten T-Menge wurden metabolisiert, bei allen übrigen Untersuchten dagegen nur etwa 50%.
6) Bei 2 Gesunden, 2 Pat. mit Klinefelter-S. und 2 Pat. mit YY-Syndrom errechneten wir aus den in vitro gebildeten Steroiden folgende Quotienten:

	46,XY Gesunde	46,XX Gesunde	47,XXY S.T.	47,XXY B.P.	47,XYY F.B.	47,XYY F.R.
DHT/T	0,09	0,11	0,04	0,11	0,07	0,21+
A/T	0,13	0,35	0,10	0,34	0,09	0,55+
A/AE	7,4	3,5	9,7	2,8	2,3	6,0

Die Ergebnisse zeigen, daß die Verdoppelung des Y-Chromosoms bei unseren Pat. keine gesteigerte T-Produktion und Ausscheidung zur Folge hat. Dieser Befund stützt die Untersuchungen von MURKEN (3), nach denen eine überzähliges Y-Chromosom weitgehend inaktiviert bzw. blockiert wird. Die quantitativen Veränderungen des Androgenmetabolismus weisen jedoch auf genetische Faktoren hin, die den Abbau und die Interkonservion der Steroide beeinflussen.

Literatur

1. Gurpide, E., Mann, J., Liebermann, S.: J. clin. Endocr. 23, 115 (1970).
2. Ismail, A. A., Harkness, R. A., Kirkham, K. E., Loraine, J. A., Whatmore, P. B., Brittain, R. P.: Lancet I 1968, 220.
3. Murken, J. D., Bauchinger, M., Karl, H. J.: Klin. Wschr. 48, 62 (1970).
4. Nielsen, J., Yde, H., Johansen, K.: Metabolism 18, 993 (1969).
5. Northcutt, R. C., Island, D. P., Liddle, G. W.: J. clin. Endocr. 29, 422 (1969).
6. Pfeiffer, R. A., Riemer, G., Schneller, W.: Med. Welt (Berl.) 20, 75 (1969).
7. Rudd, B. T., Galal, Q. M., Casey, M. D.: J. med. Genet. 5, 268 (1968).
8. Welch, J. P., Borgaonkar, D. S., Herr, H. M.: Nature (Lond.) 214, 500 (1967).

Symp. Dtsch. Ges. Endokrin. 16, 438-439 (1970)

Untersuchungen über den Steroidgehalt in Organen und der Muskulatur männlicher und weiblicher Ratten*

Determination of Steroid Content in Organs and Muscle of Male and Female Rats

A. T. A. FAZEKAS

Medizinische Univ. Klinik u. Poliklinik Homburg/Saar

Summary

Correlation between sexual difference, adrenal secretion and adaptability has been discussed for a long time. In our work semi-quantitative paper chromatographic steroid analyses were carried out in 9 different tissues of female and male rats. Qualitatively and quantitatively more steroid compounds were generally found in the female tissues (7-11) than in the tissues of the male animals (4-10). Total steroid content in all tissues, except the muscle, was significantly higher in the female than in the male rats. Using the results obtained in this work, the higher steroid concentrations of tissues in the female rats were set in relation to the more intensive adaptation and resistance abilities of the female animals.

Es ist bekannt, daß die Nebennierenfunktion ein wichtiger Faktor der Adaptionsfähigkeit ist, (3,10,17) in der die "peripherischen Steroidhormondepots" nach I. GY. FAZEKAS (11) eine wichtige Rolle spielen. Zahlreiche Autoren bringen geschlechtsspezifische Verhaltensweisen bei verschiedenen Tierspecies mit unterschiedlicher Nebennierenfunktion in Zusammenhang (2,6, 7,9,13,14,19). Die weiblichen Tiere zeigen eine größere Toleranz- und Widerstandsfähigkeit bei verschiedenen Vergiftungen (1,20), Adrenalektomie (5,15) und bakterieller Intoxikation (16) als die männlichen Tiere.

In der vorgelegten Arbeit haben wir geschlechtsspezifische Unterschiede in der Corticosteroidproduktion und der Verteilung im peripheren Gewebe bei männlichen und weiblichen Ratten untersucht. Die Untersuchungen wurden an 5 Gruppen von je 20 männlichen und weiblichen Wistarratten durchgeführt. Nach der Dekapitation wurde eine semiquantitative papierchromatographische Steroidanalyse nach FAZEKAS u. FAZEKAS (9) aus 9 verschiedenen Organen und Geweben vorgenommen. Bei den männlichen und weiblichen Ratten konnten wir je 11 Fraktionen isolieren. Die Fraktion nach Rf Werten im $Bush_5$-System:X_0 (Rf.0,10), THF(Rf.0,13),THE(Rf.0,17),F(Rf.0,23),X_1(Rf.0,35),E(Rf.0,45),X_2 (Rf.0,51),THB(Rf.0,61),X_3(Rf.0,67),B(Rf.0,78),A(Rf.0,86). Von diesen 11 Fraktionen waren 10 bei beiden Geschlechtern identisch. Die X_2-Fraktion (Rf.0,51) war nur bei den weiblichen, die X_3-Fraktion(Rf.0,67) nur bei männlichen Ratten nachweisbar. Bei den männlichen Ratten dominierten Corticosteron (Rf.0,78) und Tetrahydrocorticosteron (Rf.0,61). Dagegen fanden sich bei den weiblichen Tieren außer diesen beiden Hauptfraktionen X_0, (Rf.0,10), Cortisol (Rf.0,23), X_1-Fraktion (Rf.0,35) und Cortison (Rf.0,45). Außer in der

* Ein wesentlicher Teil der Arbeit wurde mit der technischen Hilfe von Frl. I. Molnár im Physiol. Inst. Szeged/Ungarn durchgeführt.

Muskulatur war die Anzahl der Steroidfraktionen in den Geweben der weiblichen Tiere größer (7-11) als bei den männlichen Tieren (5-10). Die Menge der einzelnen Fraktionen lag in den peripheren Geweben 0,3-15,0 µg%, in den Nebennieren 140-890 µg%. Außer in der Muskulatur war der Gewebegesamtsteroidgehalt bei den weiblichen Tieren höher in jedem Gewebe als bei den männlichen. Der Gesamtsteroidgehalt im peripheren Gewebe schwankt zwischen 7-100 µg%, in den Nebennieren zwischen 3400-4200 µg%. Quantitativ lag der Gesamtsteroidgehalt bei den weiblichen Tieren in den Nebennieren 1,3, in der Milz 3,6, in der Niere 2,9, im Herzen 2,1, in der Lunge 3,7, im Gehirn 2,3, im Blut 2,0, in der Leber 1,3 mal höher als bei den männlichen. Dagegen befinden sich in der männlichen Muskulatur mehr Steroidfraktionen und ein 1,5 mal höherer Gesamtsteroidgehalt als in der weiblichen.

Unsere Ergebnisse stimmen mit Befunden anderer Arbeitsgruppen überein. Es ist bekannt, daß die Corticosteroidsekretion bei den weiblichen Tieren durch ein höheres Progesteron- (7,8,18) und Oestrogenniveau (7,13,14) gesteigert ist. Die Oestrogene beschleunigen das Verschwinden einiger Corticosteroide aus dem Blut (4). Nach SCHMIDT et al. (16) könnte die größere Resistenzfähigkeit der weiblichen Tiere durch die Steroidproduktion der Ovarien erklärt werden. Nach unseren Ergebnissen muß diskutiert werden, daß möglicherweise die größere Toleranz- und Widerstandsfähigkeit des weiblichen Organismus durch eine intensivere Steroidsekretion und eine höhere Steroidkonzentration bzw. Änderungen des Metabolismus in den peripheren Geweben hervorgerufen werden.

Literatur

1. Angelucci, L.: Nature. 181, 967 (1958).
2. Bohus, B., Lissak, K.; Acta physiol. hung. 23, 27 (1963).
3. Cannon, W. B.: Ergebn. Physiol. 27, 380 (1928).
4. Diczfalussy, E., Luft, R.: Acta endocr. (Kbh.) 9, 327 (1952).
5. Dorfman, R.: Physiol. Rev. 34, 229 (1954).
6. Endröczi, E.: Acta physiol. hung. 18, 301 (1961). - 21, 195 (1962).
7. --, Telegdy, Gy., Bata, G.: Endocrinology 36, 324 (1958).
8. --, Lissak, K.: Acta physiol. hung. 21, 265 (1962).
9. Fazekas, I. Gy., Fazekas, A. T.: Endokrinologie 46, 247 (1964).
10. --: Endokrinologie 52, 315 (1966).
11. --: Acta morph. Acad. Sci. hung. 16, 155 (1968).
12. Hoffmann, R., Zarrow, M.: Mar. J. Physiol. 193, 547 (1958).
13. Holzbauer, M., Vogt, M.: J. Neurochem. 1 8 (1956).
14. --: J. Physiol. (Lond.) 148, 13P (1959).
15. Munford, R.: J. Endocr. 16, 57 (1957).
16. Schmidt, L., Bernbauer, W., Harnasch, P.: Arzneimittel-Forsch. 13, 783 (1963).
17. Selye, H.: The Physiol- and Path. of Exp. to Stress Acta Montreal (1950).
18. Telegdy, Gy., Huszar, L.: Acta physiol. hung. 21, 339 (1962).
19. Velardo, I. T., Sturgis, S. H.: J. clin. Endocr. 16, 496 (1956).
20. Wallgren, H.: Nature 184, 726 (1959).

Symp. Dtsch. Ges. Endokrin. 16, 440-441 (1970)

Über die Altersabhängigkeit der Testosteronausscheidung im Harn im Vergleich zur Ausscheidung der Einzelmetabolite der 17-Ketosteroide und Pregnane

Age-Dependency of Urinary Testosterone Excretion in Comparison with the Excretion of Different Metabolites of 17-Ketosteroids and Pregnanes

H. GLEISPACH, P. HEIDEMANN und H. BERGER

Universitäts-Kinderklinik Innsbruck

Summary

Urinary excretion of the 17-ketosteroids, of the pregnanes and of testosterone was measured by GLC in more than 200 boys. Finding a maximum in the excretion of pregnanes at the age of 9, of DHEA at the age of 13 and the maximal increase in testosterone excretion at the age of 14, we postulate a maturation of enzymes.

Von insgesamt mehr als 200 gesunden Knaben und Männern im Alter von 4-30 Jahren wurden 24-Stunden-Urine gesammelt und in diesen Urinen die Ausscheidung der Einzelmetabolite der 17-KS, der Pregnane und von Testosteron mittels Gaschromatographie bestimmt. Testosteron wurde getrennt von Epitestosteron gemessen. Von sämtlichen Probanden wurde Größe und Gewicht, sowie die Skeletreifung mit einem Handwurzelröntgen überprüft und die Probanden eliminiert, die diesen Kriterien der somatischen Reifung nicht entsprachen. Für unsere Untersuchung wurden die Probanden dem Knochenalter entsprechend geordnet. Fanden wir auch für sämtliche Steroide den maximalen Anstieg erst ab ungefähr dem 14. Lebensjahr, so ist doch der Verlauf in den vorhergehenden Altersabschnitten recht interessant. Bei den 11-Oxy-17-Ketosteroiden fanden wir für sämtliche Metabolite einen gleichen Verlauf in der Ausscheidung, wobei uns das wellenförmige Ansteigen der Ausscheidung interessant erscheint. Wir finden zwischen 8. und 9., sowie zwischen 11., 12. und ab dem 14. Lebensjahr den maximalen Anstieg in der Ausscheidung. Auch Androsteron und Ätiocholanolon zeigen im wesentlichen gleiches Verhalten. Auffällig ist ein leichtes Maximum in der Ausscheidung bei den 9-jährigen Probanden, vor allem aber, daß der starke Anstieg in der Ausscheidung dieser beiden Metaboliten früher einsetzt als für Testosteron gefunden wird, und daß zum Zeitpunkt der maximalen Zunahme in der Testosteronausscheidung nämlich dem 13., 14. Lebensjahr kein Anstieg, sondern eher ein Absinken in der Ausscheidung von Androsteron und Ätiocholanolon gefunden wird. Ebenso interessant ist, daß das Ausscheidungsmaximum, nämlich 80 µg/d bei Testosteron, bereits von den 15-jährigen Probanden erreicht wird, das Maximum in der Ausscheidung von Androsteron und Ätiocholanolon jedoch erst von den 20 - 30-jährigen. Das Verhältnis der 11-Desoxy-17-Ketosteroide zu den Pregnanen verhält sich bis zum 10. Lebensjahr wie 1:1, sinkt auf 1:1/2 und bleibt auf diesem Wert bis etwa zum 15. Lebensjahr, um dann auf 1:1/4 weiter abzusinken, wobei jedoch festzustellen ist, daß die absolut höchste Ausscheidung von Androsteron und Äthiocholanolon wie auch von Pregnandiol und Pregnantriol bei den 20- bis 30jährigen Probanden gefunden wird. Im Vergleich zu Testosteron fällt bei der Ausscheidung von Pregnandiol und Pregnantriol ein

Maximum bei den 9 jährigen Knaben, sowie das geringe Ansteigen zwischen 13. uńd 14. Lebensjahr auf. Sehr eigenartig ist der Verlauf in der Ausscheidung von Dehydroepiandrosteron. Ab dem 8. Lebensjahr finden wir einen starken Anstieg bis zum 11. Lebensjahr, kein Ansteigen in der Ausscheidung bis zum 12., dann ein Maximum mit 13 Jahren. Zum Zeitpunkt des maximalen Anstiegs in der Testosteronausscheidung, nämlich dem 14. Lebensjahr, finden wir ein Maximum in der Dehydroepiandrosteronausscheidung. Aufgrund dieser Ergebnisse nehmen wir eine schrittweise Reifung der für die Testosteronsynthese verantwortlichen Enzyme an: zuerst vermehrte Progesteronbildung und vermehrte 17-α-Hydroxylierung und damit eine hohe Ausscheidung von Pregnandiol und Pregnantriol, anschließend ein Anstieg der für die Seitenkettenspaltung verantwortlichen Enzyme und vermehrte Ausscheidung von Dehydroepiandrosteron und zuletzt maximale Bildung der für die Umwandlung von Androstendion und Dehydroepiandrosteron in Testosteron verantwortlichen Enzyme und maximaler Anstieg in der Testosteronausscheidung.

Symp. Dtsch. Ges. Endokrin. 16, 442-443 (1970)

Änderung des Verhältnisses der 5-α-H zu den 5-β-H 17-Ketosteroiden im Harn in Abhängigkeit von Alter und Geschlecht

Changes in the Proportion of 5-α-H to 5-β-H 17-Ketosteroids in Urine Depending on Age and Sex

H. GLEISPACH, P. HEIDEMANN und H. BERGER

Universitäts-Kinderklinik Innsbruck

Summary

The excretion of 17-ketosteroids was estimated by GLC in 400 boys and girls. We found that the proportion rates of androsterone to etiocholanolone change twice in boys and once in girls. This seems to be in correlation with the maturation of the gonads as we found no changes in this proportion for the different metabolites of the 11-oxy-17-ketosteroids.

Bei nunmehr mehr als 400 gesunden Personen beiderlei Geschlechts im Alter von 4 bis 30 Jahren wurde die Ausscheidung der Androgene und Pregnane gaschromatographisch bestimmt. Bei den Kindern wurden Größe und Gewicht sowie die Knochenreifung überprüft und diejenigen Probanden eliminiert, die diesen Kriterien der somatischen Reifung nicht entsprachen. Wir fanden bei Knaben ein Überwiegen der Androsteronausscheidung bis zum 10. Lebensjahr,dann steigt die Ausscheidung an Ätiocholanolon stärker an als dies für Androsteron beobachtet wird. Bis zum 15. Lebensjahr,aber auch noch in der Gruppe der 16 bis 20 jährigen männlichen Probanden,bestimmten wir im Durchschnitt ein Überwiegen der Ätiocholanolonausscheidung. Hingegen fanden wir bei 20 gesunden Männern zwischen 20 und 30 Jahren eine annähernd gleiche Androsteron- wie Ätiocholanolonausscheidung, allerdings scheint in diesem Altersabschnitt eher Androsteron zu überwiegen. Im Vergleich zum Ausscheidungsverhältnis der 11-Desoxy-17-Ketosteroide ist bei den 11-Oxy-17-Ketosteroiden auffällig, daß sich das Verhältnis 5-α-H zu 5-β-H nicht ändert. Bei nahezu sämtlichen Altersgruppen überwiegt die Ausscheidung an 11-β-OH-Ätiocholanolon die von 11-β-OH Androsteron und die von 11-Ketoätiocholanolon die Ausscheidung von 11-Ketoandrosteron. Ähnlich wie bei Knaben verhält sich auch die Ausscheidung der 11-Oxy-17-Ketosteroide bei Mädchen. Auch hier finden wir nahezu das gleiche Verhältnis in der Ausscheidung bei sämtlichen Altersstufen. Anders jedoch das Verhältnis der 11-Desoxy-17-KS,Androsteron und Ätiocholanolon. Während bei den männlichen Jugendlichen das Verhältnis dieser beiden Steroide sich im Verlauf der Reifung zweimal ändert, nämlich um das 10. und 20. Lebensjahr, finden wir bei den Mädchen ein starkes Fluktuieren im Verhältnis dieser beiden Steroide bis zum 15. Lebensjahr. Ab dem 15. Lebensjahr überwiegt dann aber die Ätiocholanolonausscheidung die Androsteronausscheidung,und im Gegensatz zu den Männern finden wir bei den Frauen zwischen 20 und 30 Jahren eher ein Überwiegen der Ätiocholanolonausscheidung. Nun noch zwei Fakten. Wurde die Nebennierenrindenfunktion durch Verabreichung von Dexamethason gebremst und gleichzeitig mit Choriongonadotropin die Gonaden stimuliert, so fanden wir bei nahezu sämtlichen Probanden unter 18 Jahren eine höhere Ätiocholanolon- als Androsteronausscheidung, während bei Probanbanden über 18 Jahren die Androsteronausscheidung unter diesen Bedingungen höher als die Ätiocholanolonausscheidung lag, selbst wenn in der basalen Ausscheidung die Ätiocholanolonausscheidung überwog. Das zweite Faktum betrifft die Ausscheidung bei Kastratinnen zwischen 18 und 30 Jahren. Unmittelbar nach der Kastration fanden wir ein Überwiegen der Ätiocholanolonausscheidung, während später nicht nur die gesamte Hormonausscheidung ansteigt, sondern vor allem auch die Ausscheidung an Androsteron die von Ätiocholanolon übersteigt. Keine Veränderung des Verhältnisses 5-α-H zu 5-ß-H fanden wir bei den 11-Oxy-17-KS. Es scheint das Ansteigen der Androsteronausscheidung ein Kompensationseffekt der Nebennierenrinde zu sein, da wir ja gleichzeitig mit dem Ansteigen der Androsteronausscheidung auch einen beträchtlichen Anstieg in der Oestrogenausscheidung der Kastratinnen fanden. Diese Ergebnisse werden noch an einer größeren Patientenzahl überprüft.

Vergleichende Endokrinologie der Fetalzeit (S. 11)

K. Benirschke

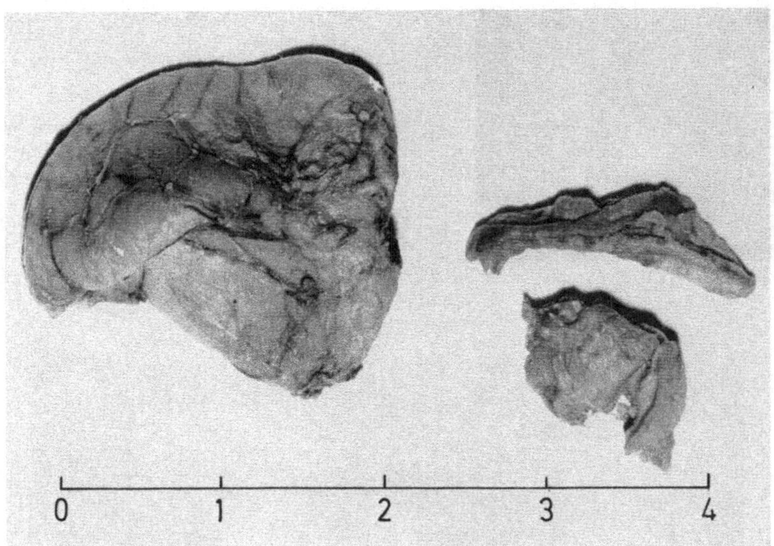

Abb. 2. Normale Nebenniere eines Neugeborenen (links) und die eines Anencephalen (rechts). Die pränatale Atrophie der anencephalen Nebenniere ist offenbar.

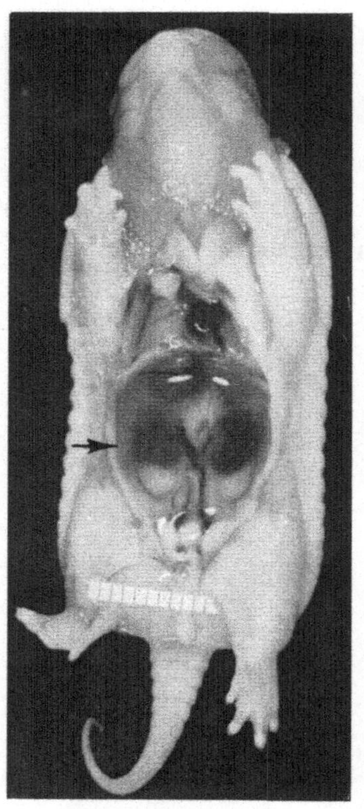

Abb. 3

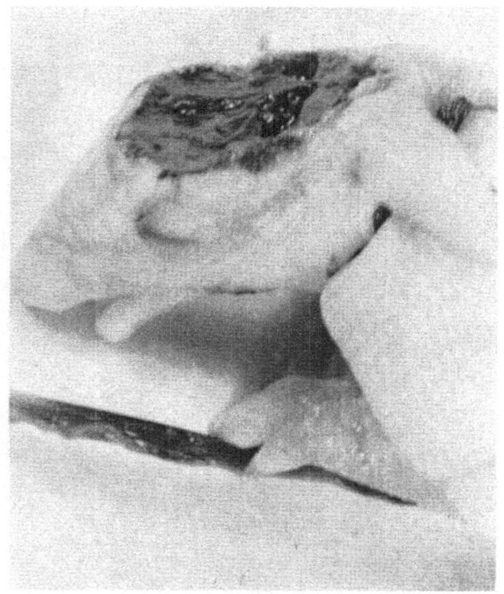

Abb. 4

Abb. 3. Situs eines neugeborenen Gürteltieres. Die großen, dunklen Nebennieren (Pfeil) sind von den helleren Nieren scharf abgegrenzt.

Abb. 4. Neugeborenes Gürteltier, 13 Tage nach völliger Zerstörung der Hypophyse (und des Gehirns) durch Elektrocoagulation. Histologisch konnte kein Hypophysenrest nachgewiesen werden.

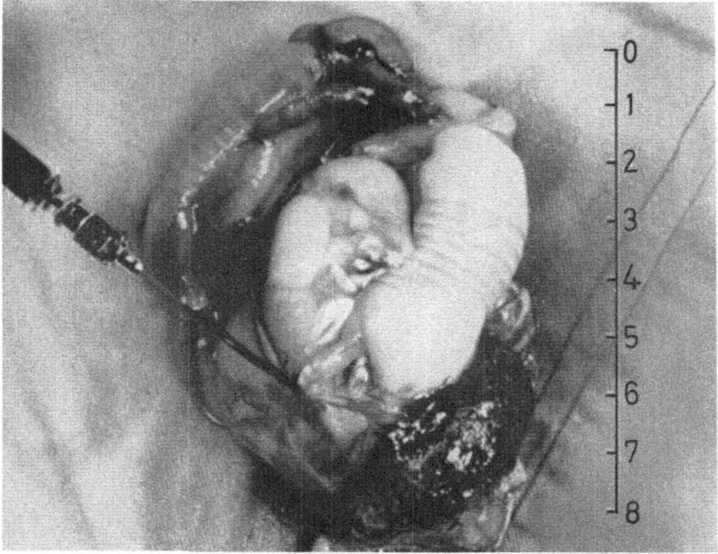

Abb. 5. Tuscheinjektion in den Nabelschnurkreislauf bei Hysterotomie am lebenden Gürteltier kurz vor Termin. Man beachte, daß sich nur einer der drei sichtbaren Föten (der vierte ist verdeckt) schwarz färbt (oben links). Es besteht keine vasculäre Verbindung zu den anderen Vierlingen.

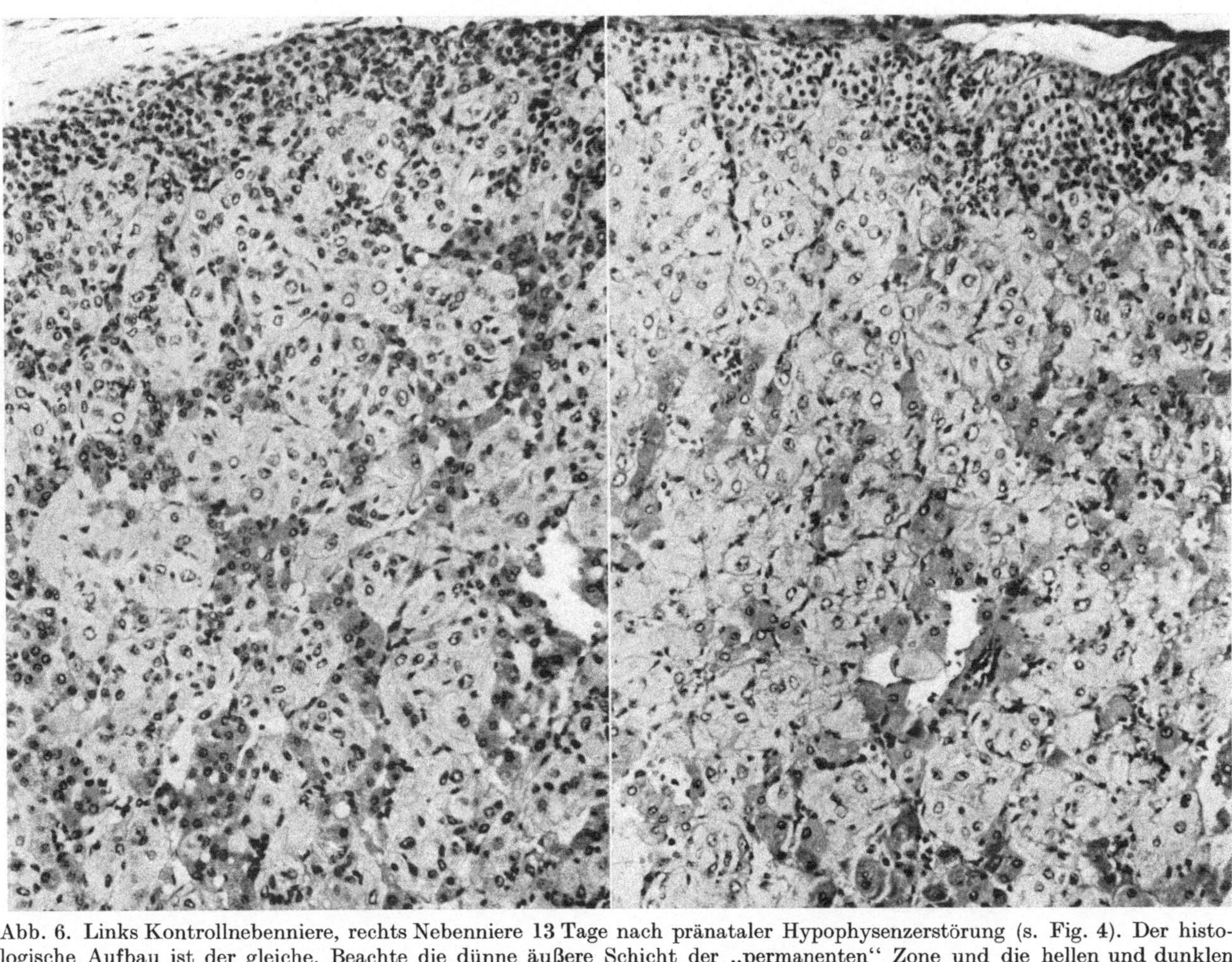

Abb. 6. Links Kontrollnebenniere, rechts Nebenniere 13 Tage nach pränataler Hypophysenzerstörung (s. Fig. 4). Der histologische Aufbau ist der gleiche. Beachte die dünne äußere Schicht der „permanenten“ Zone und die hellen und dunklen Zellen der Fetalzone. Medulla ist nicht im Bilde (H & E × 200).

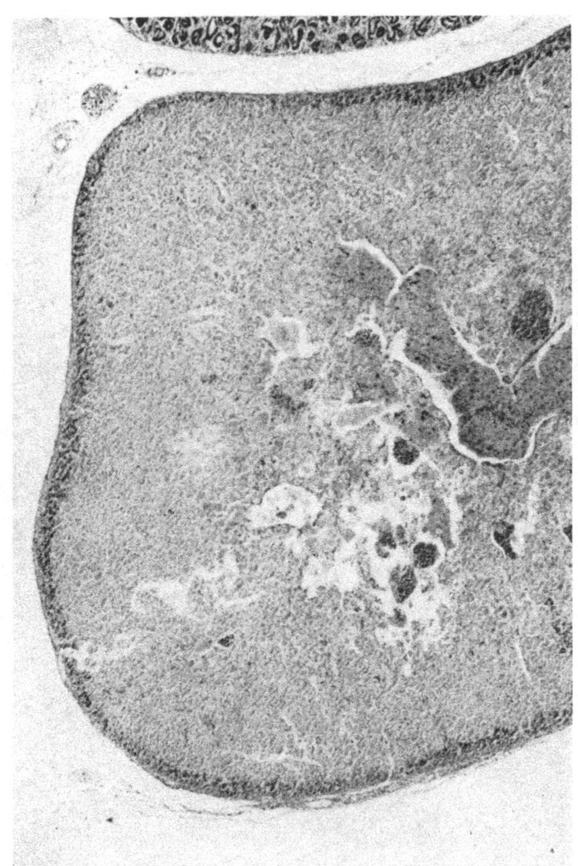

Abb. 7. Nebenniere eines unreifen Krallenaffenföten (*Cebuella pygmaea*) mit einem Teil der Niere (unten). Die „permanente" Zone umgreift die hellere, weite Fötalzone als dünne äußere Lage (7 cm CR-Länge. H & E × 30).

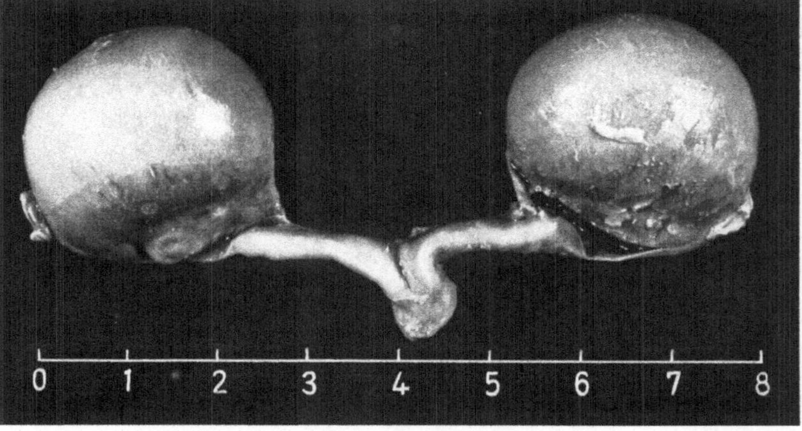

Abb. 8. Ovarien und Uterus eines terminnahen Eselfeten (30 cm Länge). Die Ovarien sind durch Stimulierung des Interstitiums in große runde Kugeln verwandelt, ein normales Verhältnis bei Equiden

Morphologie der Entwicklung und Reifung endokriner Organe (S. 21)

G. Dhom

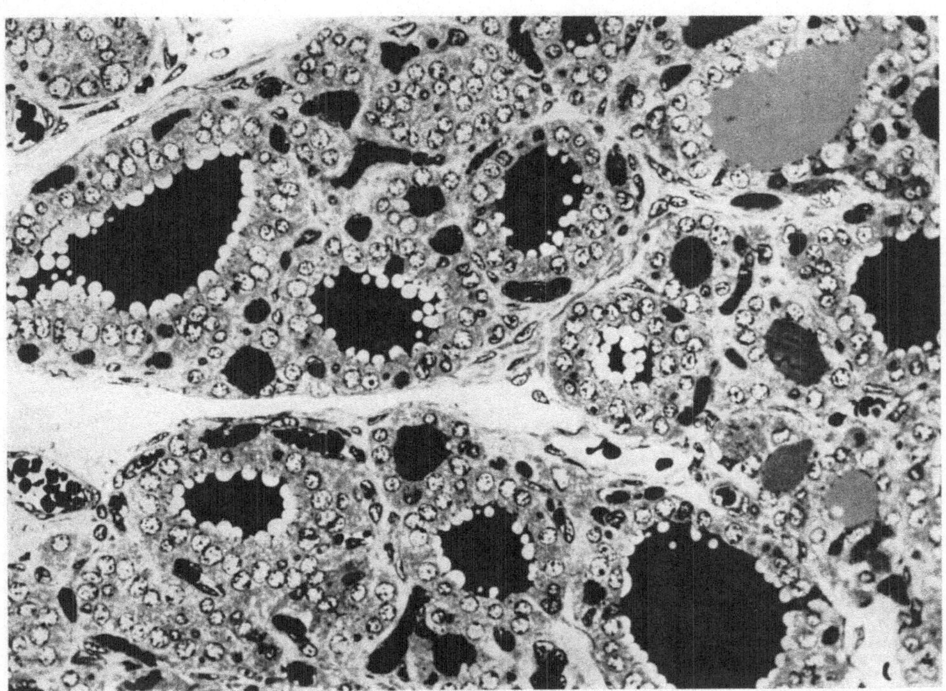

Abb. 3. Schilddrüse, 4 Tage alt gewordene Frühgeburt. 25 min. post mortem entnommen. Semidünnschnitt, Araldit-Einbettung. Keine Epitheldesquamation. Zahlreiche „Resorptionsvacuolen". 375-fach.

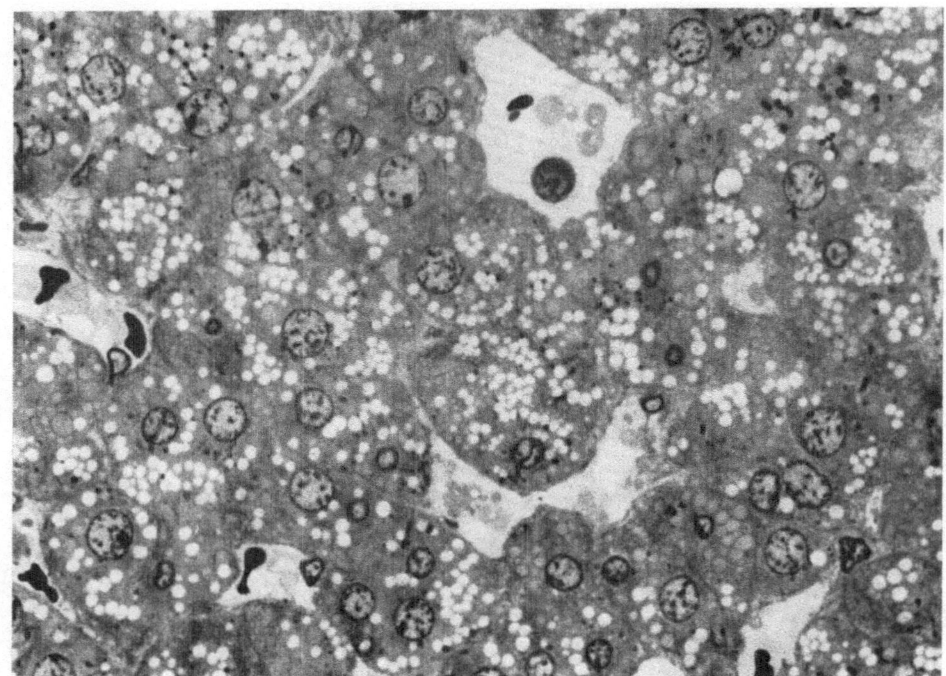

Abb. 5. Zahlreiche Fettvacuolen in der fetalen Innenzone der Nebennierenrinde bei beginnender Involution. 6 Tage alt gewordene Frühgeburt. Semidünnschnitt, Aralditeinbettung. 600-fach.

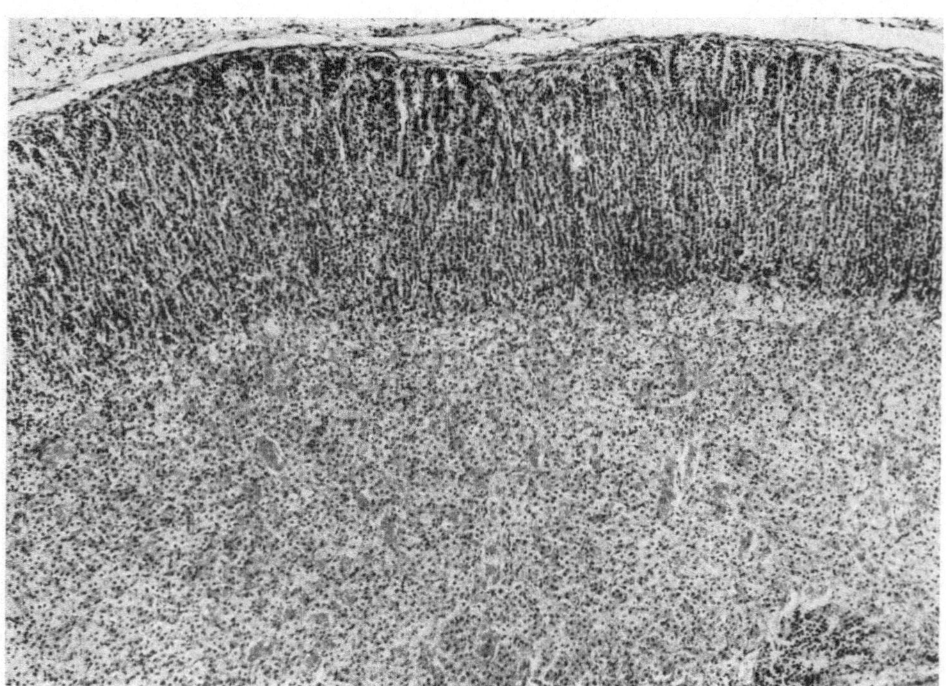

Abb. 6. Verzögerte Involution der Innenzone der Nebennierenrinde, ein Monat alt gewordene Unreifgeburt. Die Außenzone ist dem Alter entsprechend regelhaft entwickelt. Die breite, großzellige Innenzone zeigt noch keinen Abbau und keinen Kollaps des Gitterfasergerüstes. H. E. 60-fach.

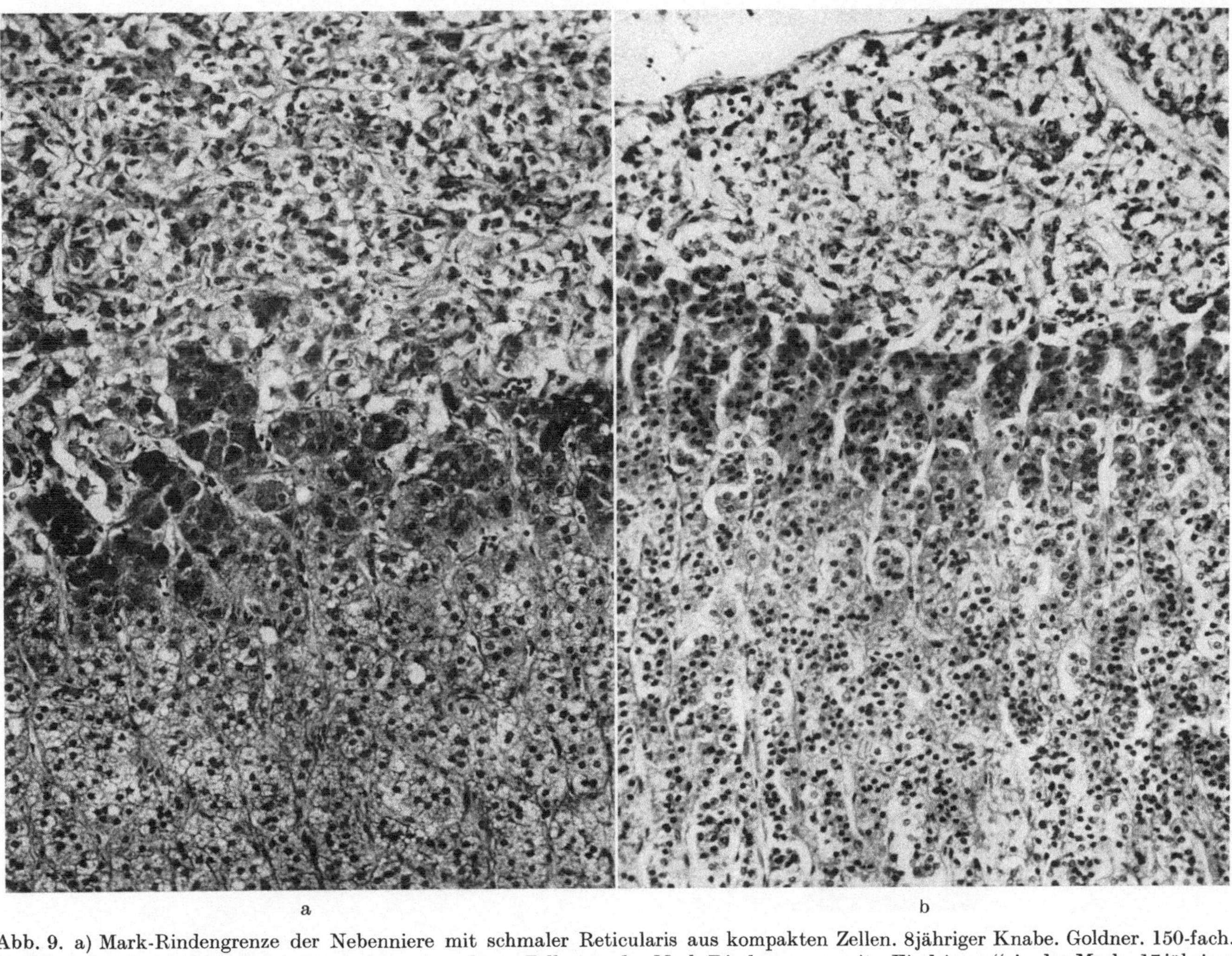

Abb. 9. a) Mark-Rindengrenze der Nebenniere mit schmaler Reticularis aus kompakten Zellen. 8jähriger Knabe. Goldner. 150-fach. b) Sehr schmale Reticularis aus kompakten granulären Zellen an der Mark-Rindengrenze mit „Eindringen“ in das Mark. 17jähriger Junge, Goldner. 150-fach.

Sexualdifferenzierung (S. 58)

F. Neumann, H. Steinbeck, u. W. Elger

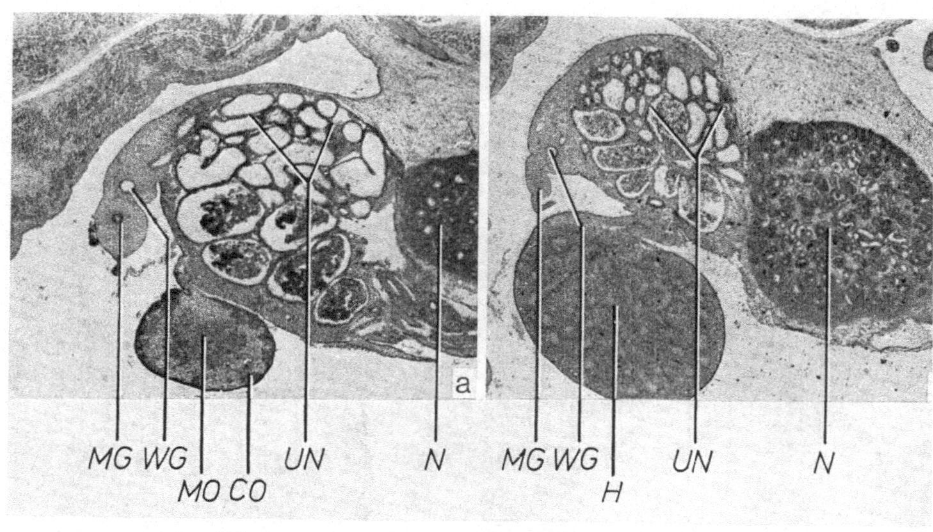

Abb. 2a

Abb. 2b

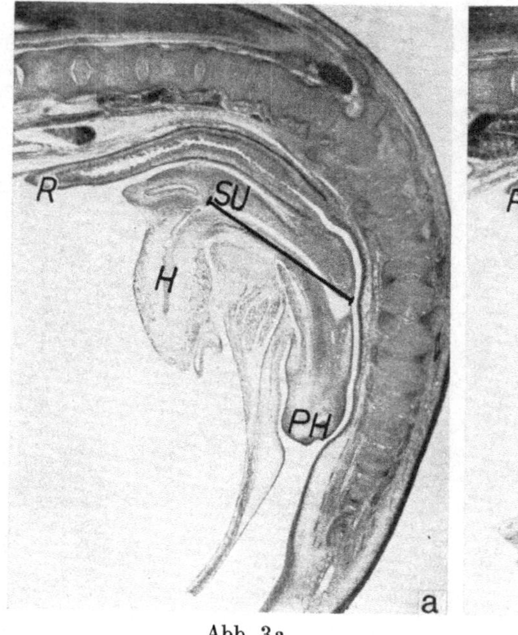

Abb. 3a

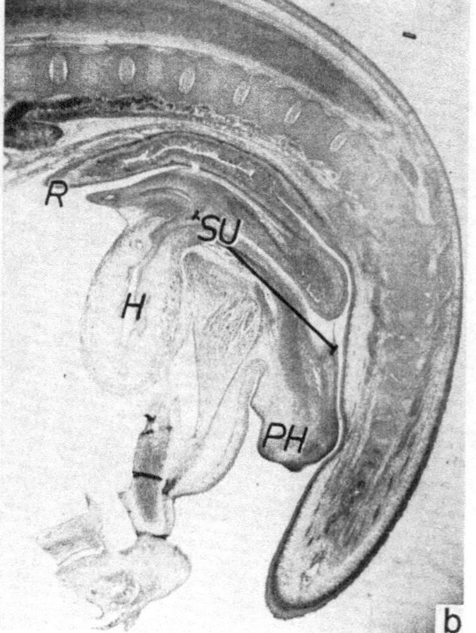

Abb. 3b

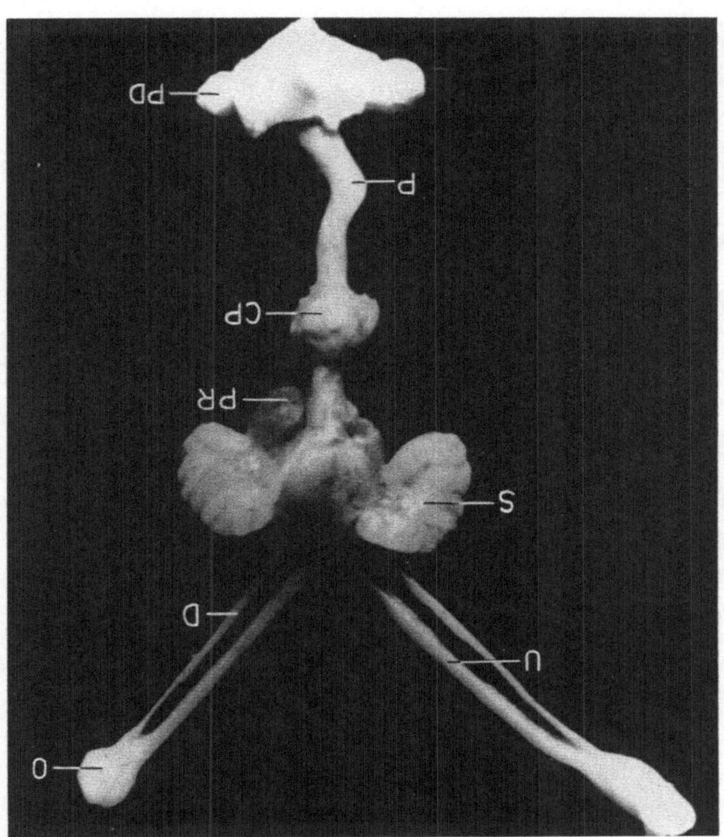

Abb. 4. Präparierte Sexualorgane einer ca. 5 Monate alten erwachsenen weiblichen Ratte. Die Mutter wurde vom 15.—22. Tag der Gravidität mit täglich 10 mg/Tier Methyltestosteron s. c. behandelt. Das Neugeborene erhielt in den ersten 10 Lebenstagen täglich 0.3 mg/Tier Methyltestosteron. Im Alter von 130 Tagen erfolgte eine 15tägige s. c. Behandlung mit täglich 0.3 mg/Tier Testosteronpropionat. Man beachte die doppelt angelegten inneren ableitenden Geschlechtswege, Uterus (U) und Samenleiter (D) nebeneinander, die starke Entwicklung der männlichen accessorischen Geschlechtsdrüsen, Samenblasen (S) und Prostata (PR) und den bei diesem Tier entwickelten Penis (P). Eine Vagina fehlt. Vergrößerung: ca. 6 ×. Zeichenerklärung: CP = Crura penis, D = Ductus deferens, O = Ovar, PR = Prostata PD = Präputialdrüse, P = Penis, S = Samenblase, U = Uterus. Das Ovar wird durch einen stark entwickelten Nebenhoden weitgehend verdeckt.

Abb. 2a u. b. Inneres Genitale von Hundenfeten vor der Differenzierung der Gonodukte (etwa 30. Tag der Embryonalentwicklung). a) Männlicher Fetus. Der Hoden (H) ist differenziert, im Interstitium treten Tubuli in Erscheinung. Die Müllerschen Gänge (MG) sind noch vorhanden, zeigen aber erste Anzeichen bevorstehender Rückbildung. b) Weiblicher Fetus. Das Ovar (0) ist differenziert, Cortex (CO) und Medulla (MO) sind deutlich unterschieden. Die Wolffschen Gänge (WG) sind noch gut erhalten. Vergrößerung: ca. 35 ×. Färbung: Hämatoxylin-Eosin. Zeichenerklärung: CO = Cortex ovarii, H = Hoden, MG = Müllerscher Gang, MO = Medulla ovarii, N = Niere, O = Ovar, UN = Urniere, WG = Wolffscher Gang.

Abb. 3a u. b. Sagittalschnitte durch Rattenfeten am 18. Tag der Embryonalentwicklung. a) Männlicher Fet. b) Weiblicher Fet. Bei beiden Geschlechtern ist der Sinus urogenitalis (SU) in Länge und Form identisch und liegt noch an der Phallusbasis (PH). Vergrößerung: 12 ×. Färbung: Hämatoxylin-Eosin. Zeichenerklärung: H = Harnblase, PH = Phallus, R = Rectum, SU = Sinus urogenitalis

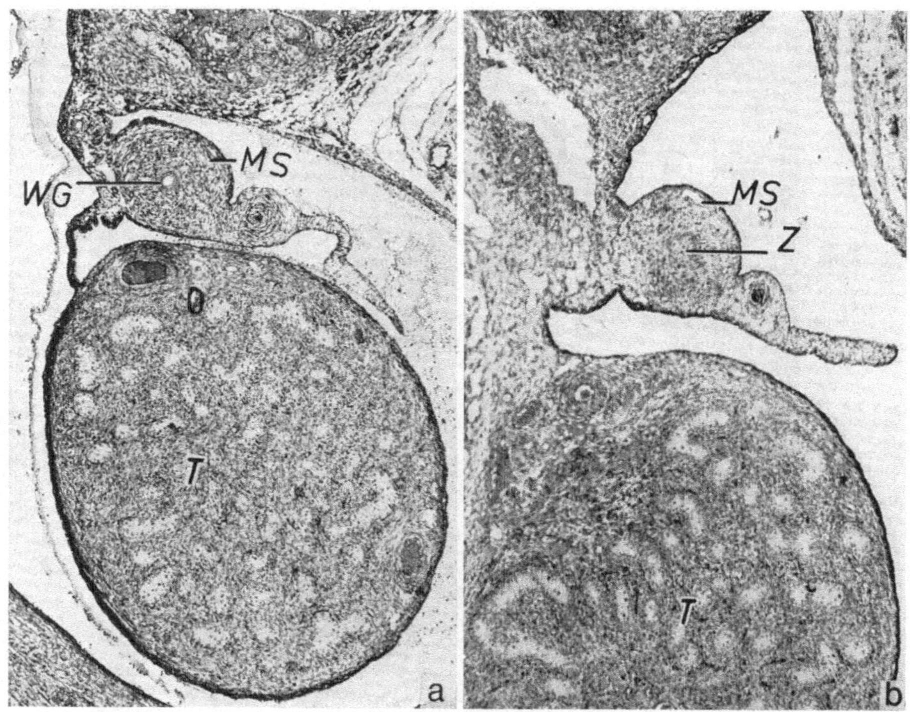

Abb. 5a u. b. Querschnitte durch Hundefeten in Höhe der Gonaden (44. Tag der Embryonalentwicklung). a) Männlicher normaler Fet. Im Mesogenitale (MS) befindet sich der Wolffsche Gang (WG). b) Gleichaltriger männlicher Fet — Behandlung der Mutter vom 23.—43. Tag der Gravidität mit täglich 10 mg/kg Cyproteronacetat i. m.. Gonadendifferenzierung ungestört, Tubuli im Interstitium deutlich erkennbar. Im Mesogenitale (MS) ist kein Gangsystem vorhanden. Nur noch eine Zellverdichtung (Z) in dem Bereich, wo normalerweise der Wolffsche Gang angelegt ist. Vergrößerung: ca. 80 × . Färbung: Hämatoxylin-Eosin. Zeichenerklärung: T = Testis, MS = Mesogenitale, WG = Wolffscher Gang, Z = Zellverdichtung.

Abb. 8a u. b. Querschnitte durch Hundefeten, etwa halbe Höhe zwischen Gonaden und Genitalstrang (44. Tag der Embryonalentwicklung). a) Männlicher normaler Fet. Man erkennt den Wolffschen Gang (WG) im Mesogenitale (MS). b) Gleichaltriger männlicher Fet — Behandlung der Mutter vom 23.—43. Tag der Gravidität mit täglich 10 mg/kg Cyproteronacetat i. m. Im Mesogenitale (MS) befindet sich kein Gangsystem. Vergrößerung: ca. 80 ×. Färbung: Hämatoxylin-Eosin. Zeichenerklärung: MS = Mesogenitale, R = Rectum, WG = Wolffscher Gang, T = Testis.

Abb. 9a u. b. Querschnitte von weiblichen Rattenfeten am 22. Tag der Fetalentwicklung. a) Behandlung der Mutter vom 15.—21. Tag der Schwangerschaft mit 1 mg Methyltestosteron/Tier täglich i. m. (Man beachte die Anlage von Wolffschen Gängen, Samenblasen und Prostataknospen). b) Behandlung der Mutter vom 15.—21. Tag der Schwangerschaft mit 1 mg Methyltestosteron und 30 mg Cyproteronacetat/Tier täglich i. m. Vergrößerung: ca. 64 ×. Färbung: Hämatoxylin-Eosin. Zeichenerklärung: VMG = Vereinigte Müllersche Gänge, MG = Müllersche Gänge, SB = Samenblasen, R = Rectum, U = Urethra, WG = Wolffsche Gänge, P = Prostatasprosse.

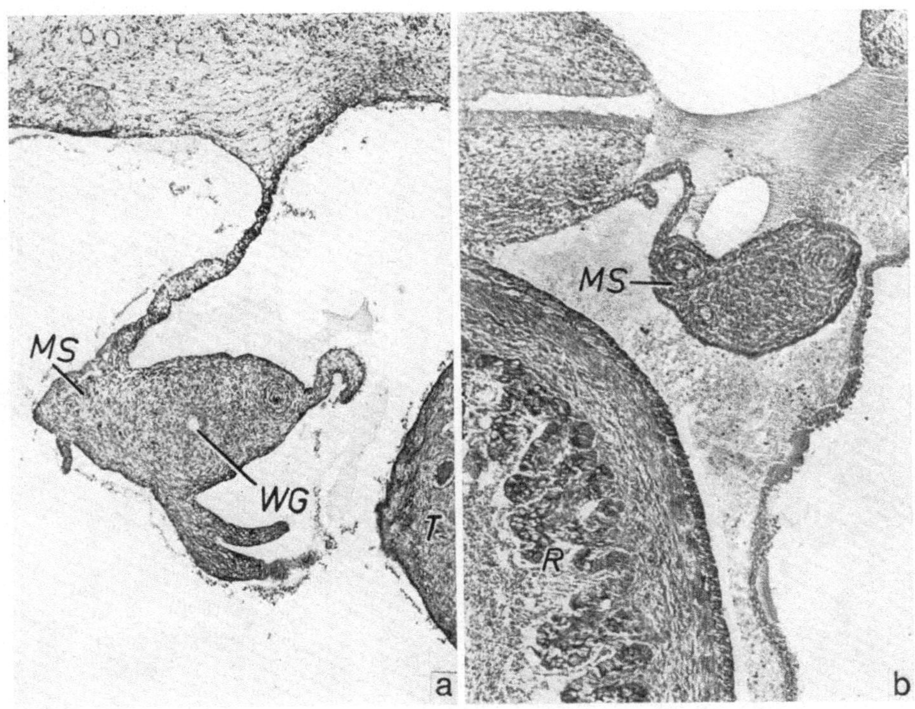

Abb. 8a

Abb. 8b

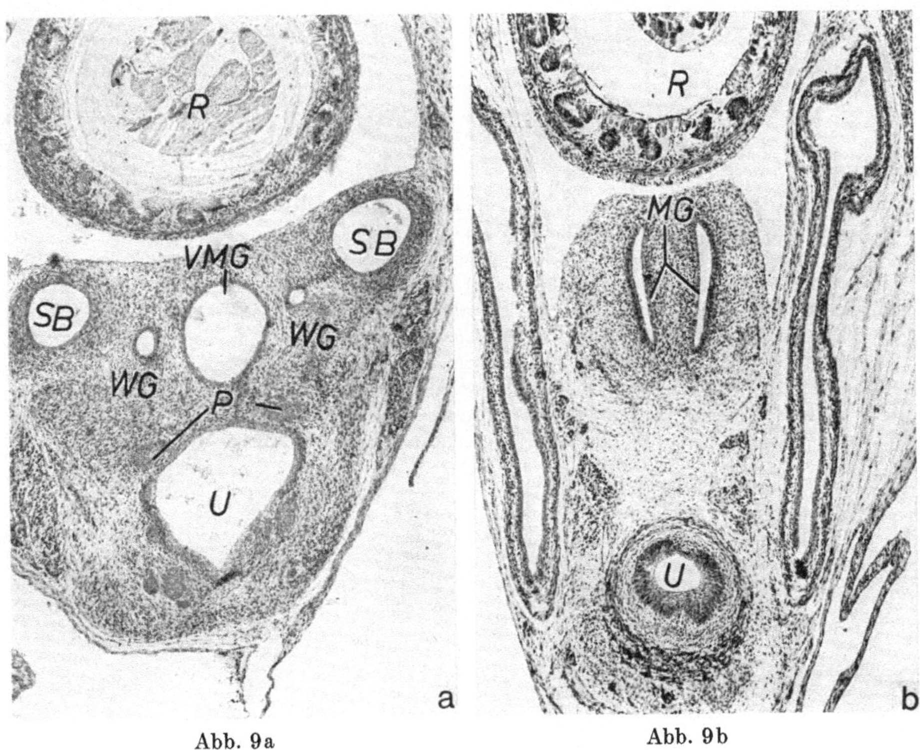

Abb. 9a

Abb. 9b

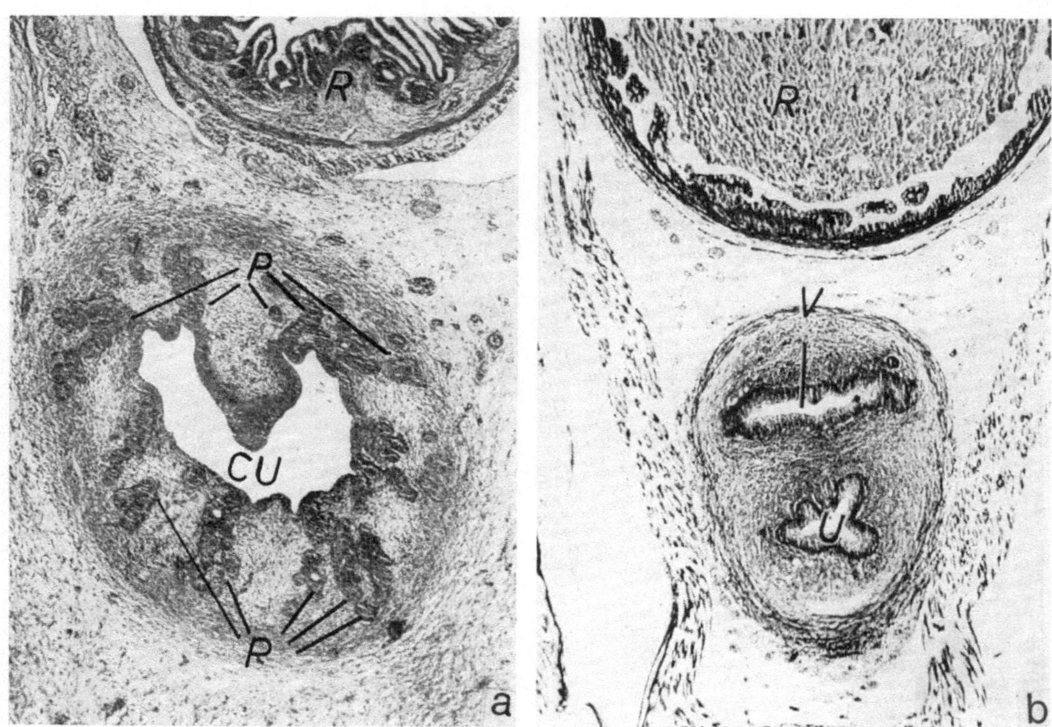

Abb. 10a u. b. Querschnitte durch Hundefeten in Höhe der Vagina bzw. kurz nach Einmündung der Gonodukte in den Sinus (männliches Tier) (44. Tag der Embryonalentwicklung). a) Männlicher normaler Fet. Die Gonodukte haben sich mit der Urethra zu dem gemeinsamen Harn- und Geschlechtsweg Canalis urogenitalis (CU) vereinigt. Um den Canalis urogenitalis erkennt man zahlreiche Prostatasprosse (P). b) Gleichaltriger männlicher Fet. Behandlung der Mutter vom 23.—43. Tag der Gravidität mit 10 mg/kg Cyproteronacetat i. m. Zwischen Rectum (R) und Urethra (U) liegt die Vagina (V) (aus dem Sinusepithel hervorgegangener Anteil). Eine Prostata fehlt. Vergrößerung: ca. 80 ×. Färbung: Hämatoxylin-Eosin. Zeichenerklärung: CU = Canalis urogenitalis, P = Prostatasprosse, R = Rectum, U = Urethra, V = Vagina (dem Sinusepithel entstammender Anteil).

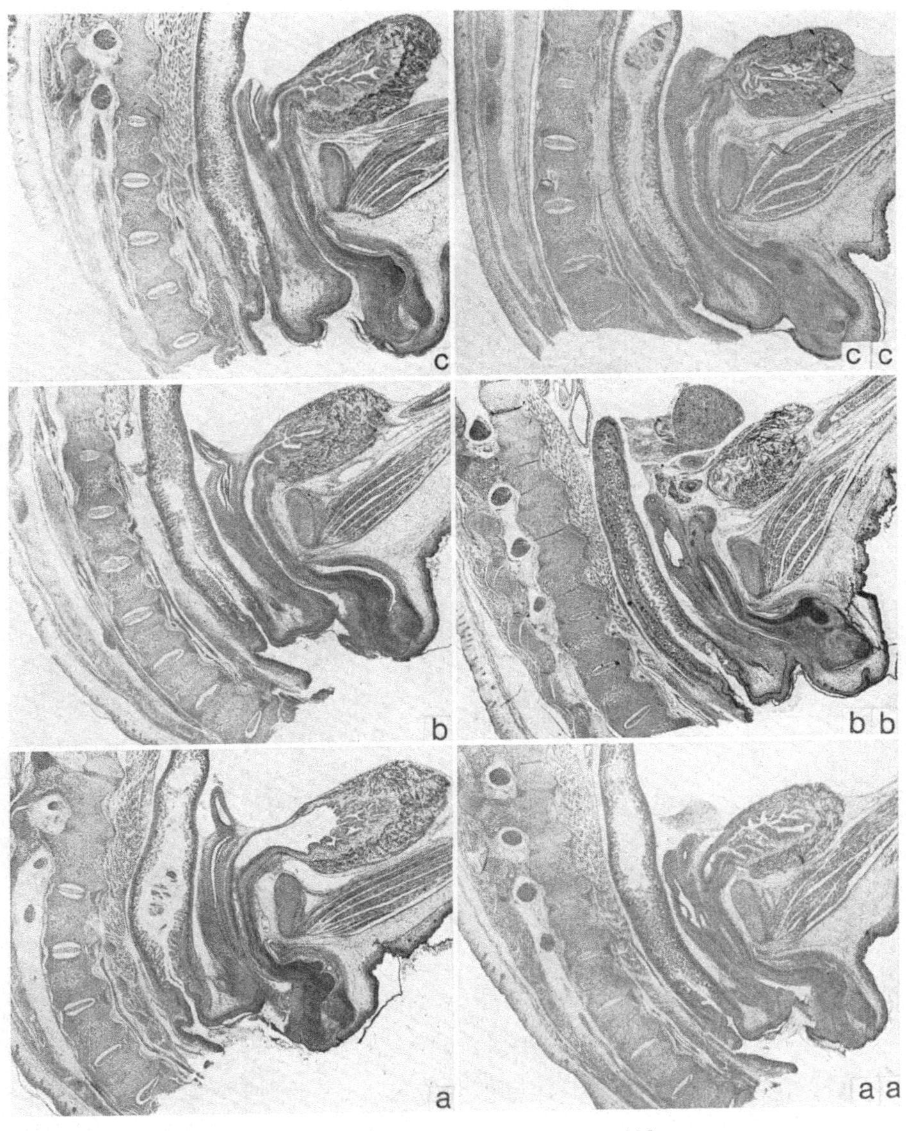

Abb. 13a—g u. aa—gg. Sagittalschnitte von Rattenfeten. a—g (linke Bildreihe): verschiedene Grade der Virilisierung weiblicher Rattenfeten (s. c. Behandlung der graviden Mütter vom 17.—20. Tag mit Methyltestosteron, Entnahme der Feten am 22. Tag). Dosierungen/Tier/Tag: a) 0.01 mg, b) 0.03 mg, c) 0.1 mg, d) 0.3 mg, e) 1.0 mg, f) 3.0 mg, g) 10.0 mg. aa—gg (rechte Bildreihe): Verschiedene Grade der Feminisierung männlicher Rattenfeten (s. c. Behandlung der graviden Mütter vom 17.—20. Tag mit Cyproteronacetat. Entnahme der Feten am 22. Tag). Dosierungen/Tier/Tag: aa) 30.0 mg, bb—cc) 10.0 mg, dd—ee) 3.0 mg, ff) 1.0 mg, gg) 0.1 mg. Die Bilder wurden so angeordnet, daß die jeweils nebeneinanderstehenden Abbildungen einander weitgehend entsprechen, wobei es sich immer um ein virilisiertes weibliches und ein feminisiertes männliches Tier handelt. Man erkennt auf den Abbildungen, daß die Strukturen, die bei weiblichen Feten durch Androgene am leichtesten zu beeinflussen sind, bei männlichen Feten am schwersten „feminisierbar" sind. Vergrößerung: ca. 10 ×. Färbung: Hämatoxylin-Eosin.

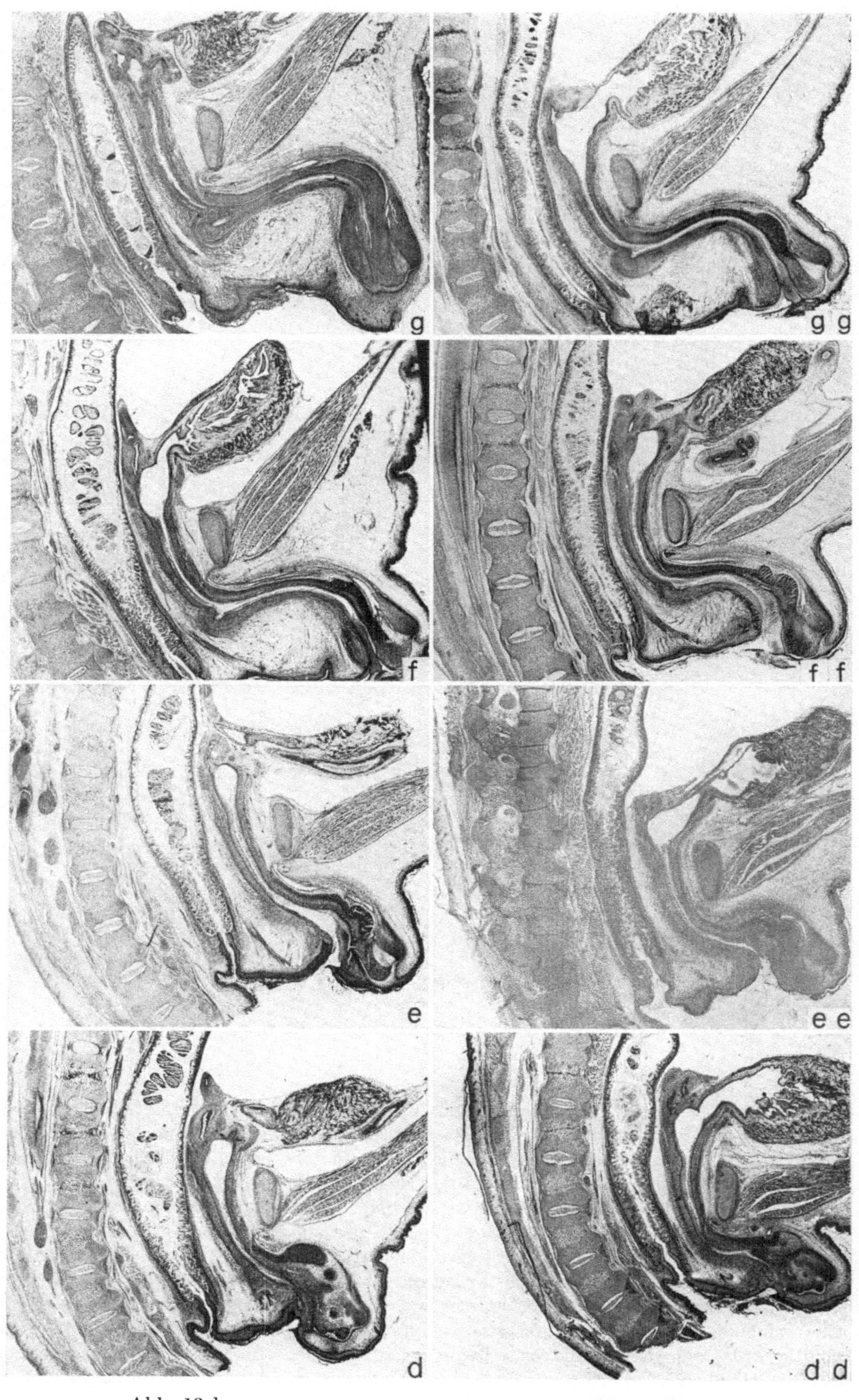

Abb. 13 d—g

Abb. 13 dd—gg

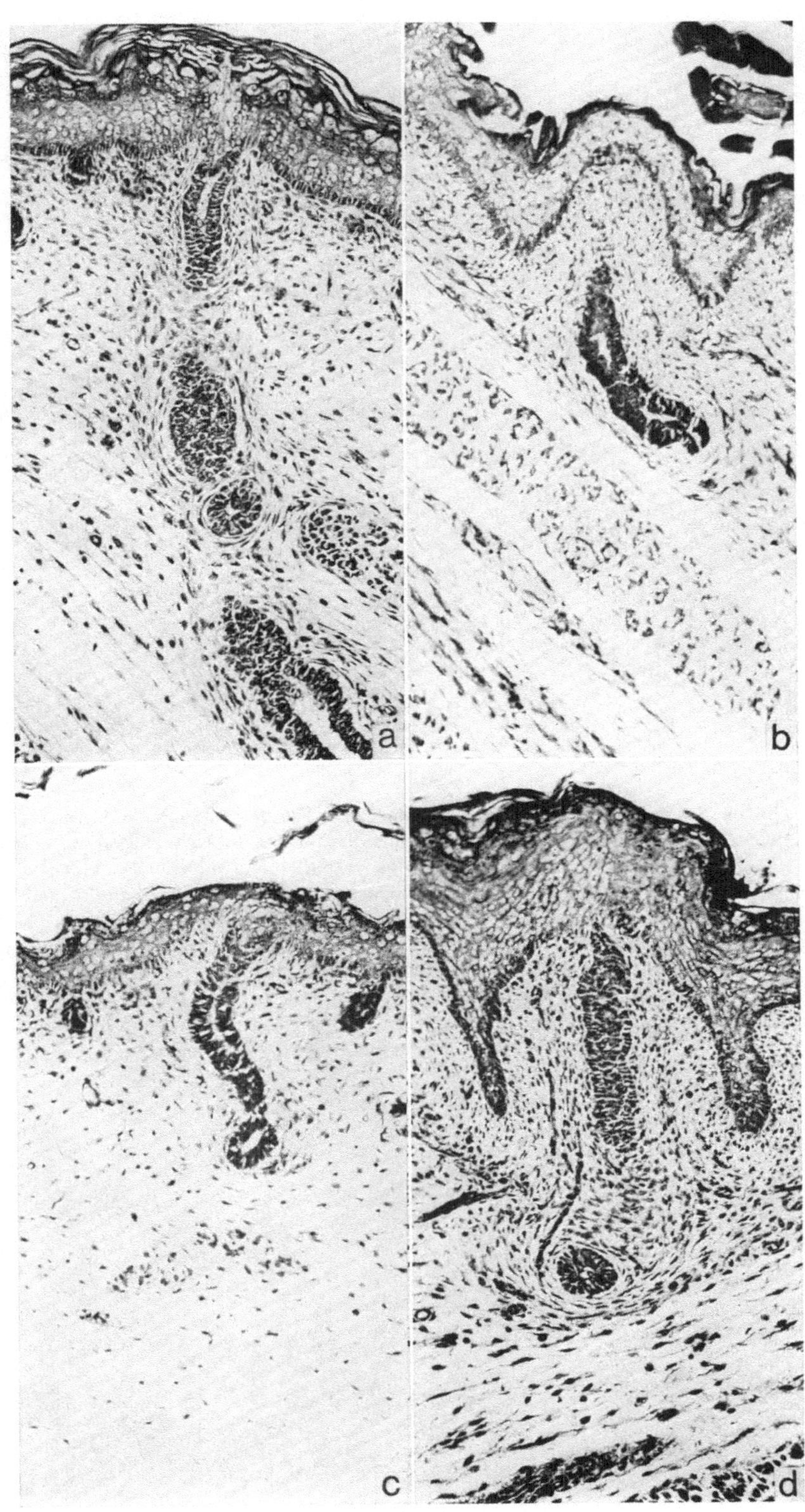

Abb. 15a—d

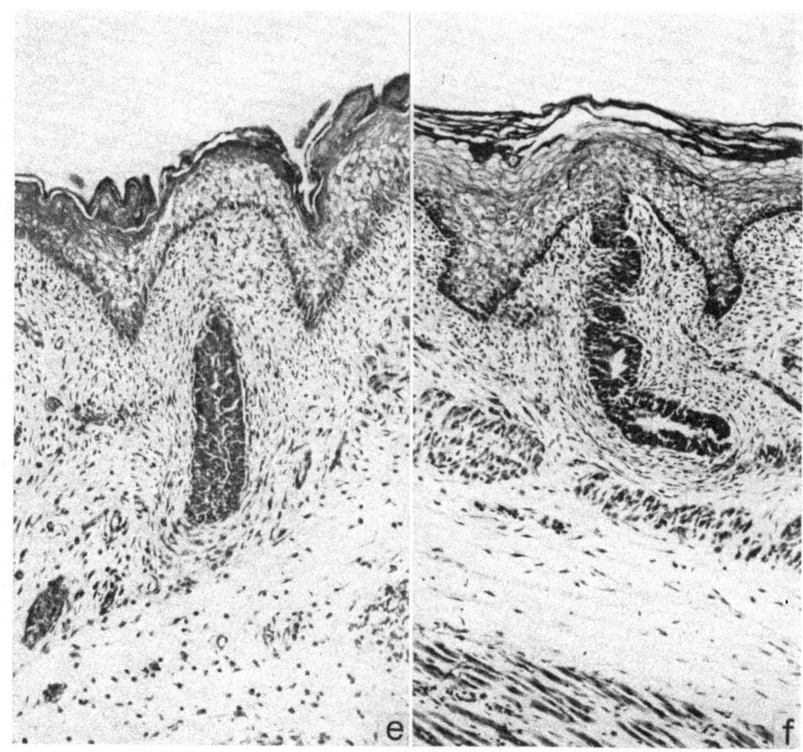

Abb. e—f

Abb. 15a—f. Saugwarzenentwicklung bei Ratten, 21. Tag der Fetalentwicklung a) Normaler männlicher Fet. b) Männlicher Fet — Behandlung der Mutter mit Cyanoketon s. c., 120 mg/kg vom 15.—20. Tag der Schwangerschaft. Man beachte die Saugwarzenentwicklung. c) Männlicher Fet — Behandlung der Mutter mit Cyanoketon und Testosteron 120 mg/kg plus 1 mg/kg s. c. vom 15.—18. Tag der Schwangerschaft, Saugwarzen sind nicht angelegt. d) Normaler weiblicher Fet. e) Weiblicher Fet — Behandlung der Mutter mit Cyanoketon, 120 mg/kg vom 15.—20. Tag der Schwangerschaft. Die Saugwarzenentwicklung ist teilweise gehemmt. f) Weiblicher Fet — Behandlung der Mutter mit Cyanoketon und Corticosteron, 10 mg/kg vom 15. bis 20. Tag der Schwangerschaft s. c. Die Saugwarzenentwicklung ist annähernd normal. Vergrößerung: ca. 140 ×. Färbung: Hämatoxylin-Eosin.

Kohlenhydratstoffwechsel in der perinatalen Periode (S. 108)

E. Rossi, K. Zuppinger u. R. Zurbrügg

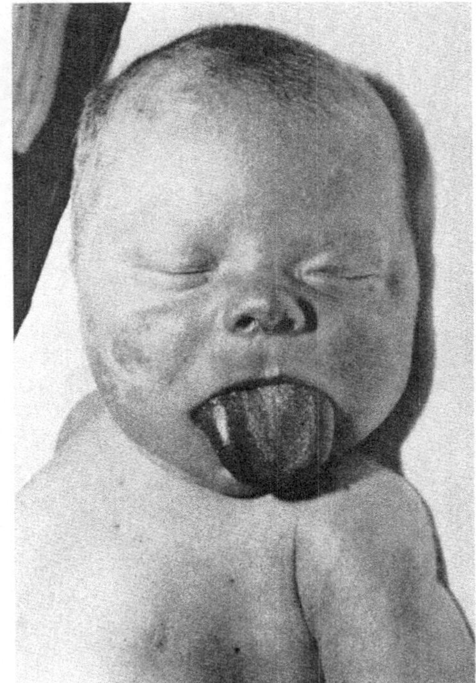

Fig. 4. Makroglossie bei Wiedemann-Beckwith-Combs-Syndrom.

Growth and Development at Adolescence (S. 117)

J. M. Tanner

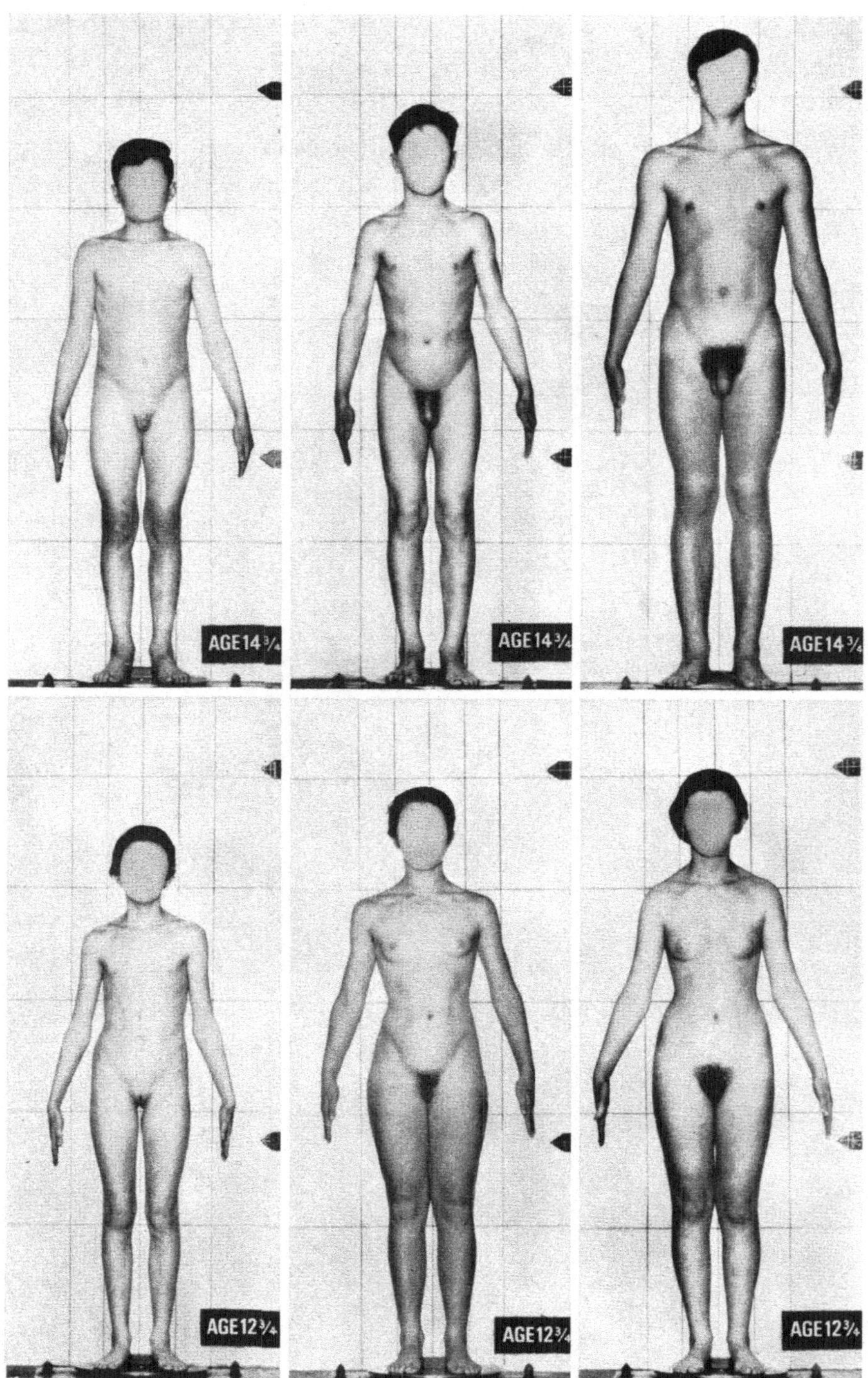

Fig. 7. Differing degrees of pubertal development at the same chronological age. Upper row three boys all aged 14.75 years. Lower row three girls all aged 12.75 years. (From Tanner, 1969)

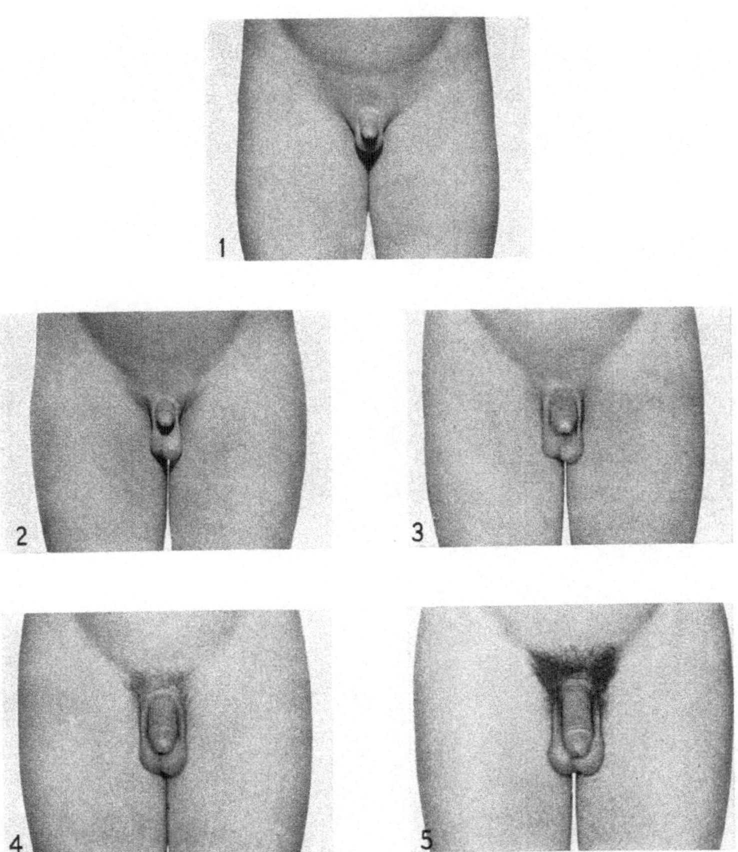

Fig. 8. Standards for genital maturity in boys (From Tanner, 1962).

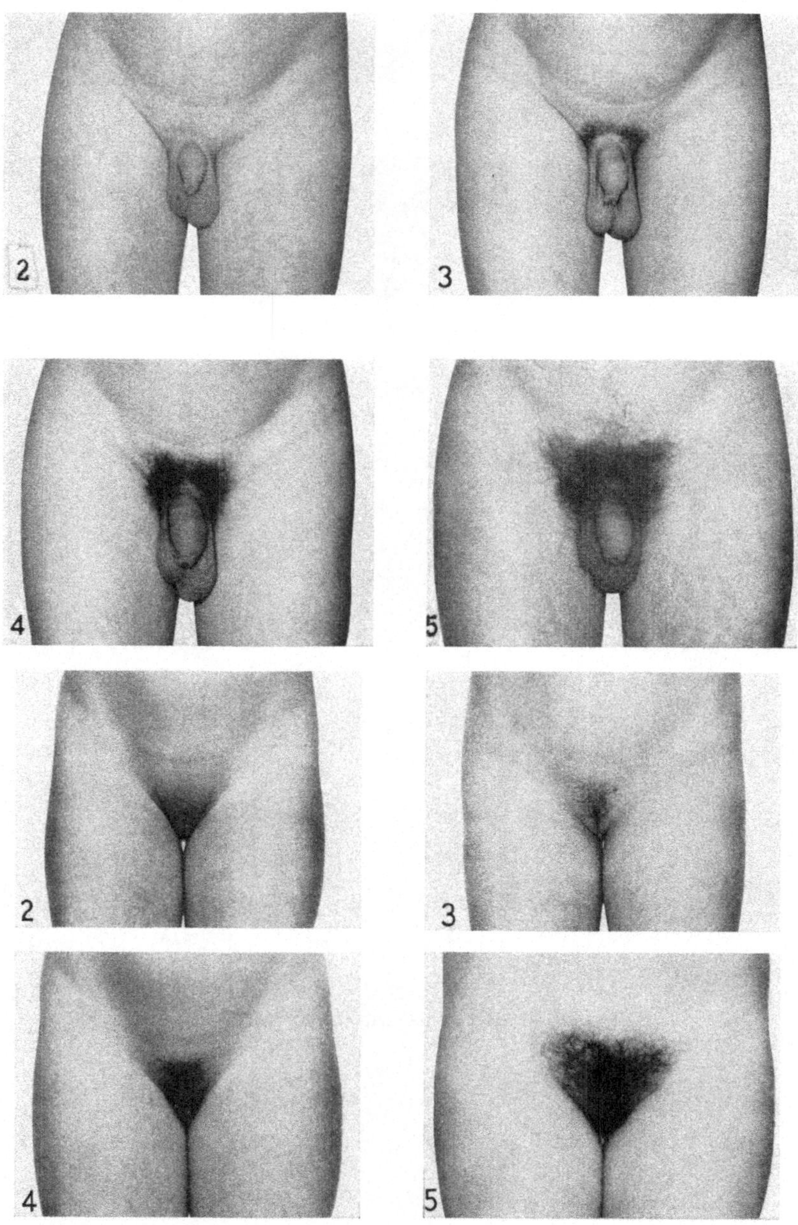

Fig. 9. Standards for pubic hair ratings in boys and girls (From Tanner, 1969).

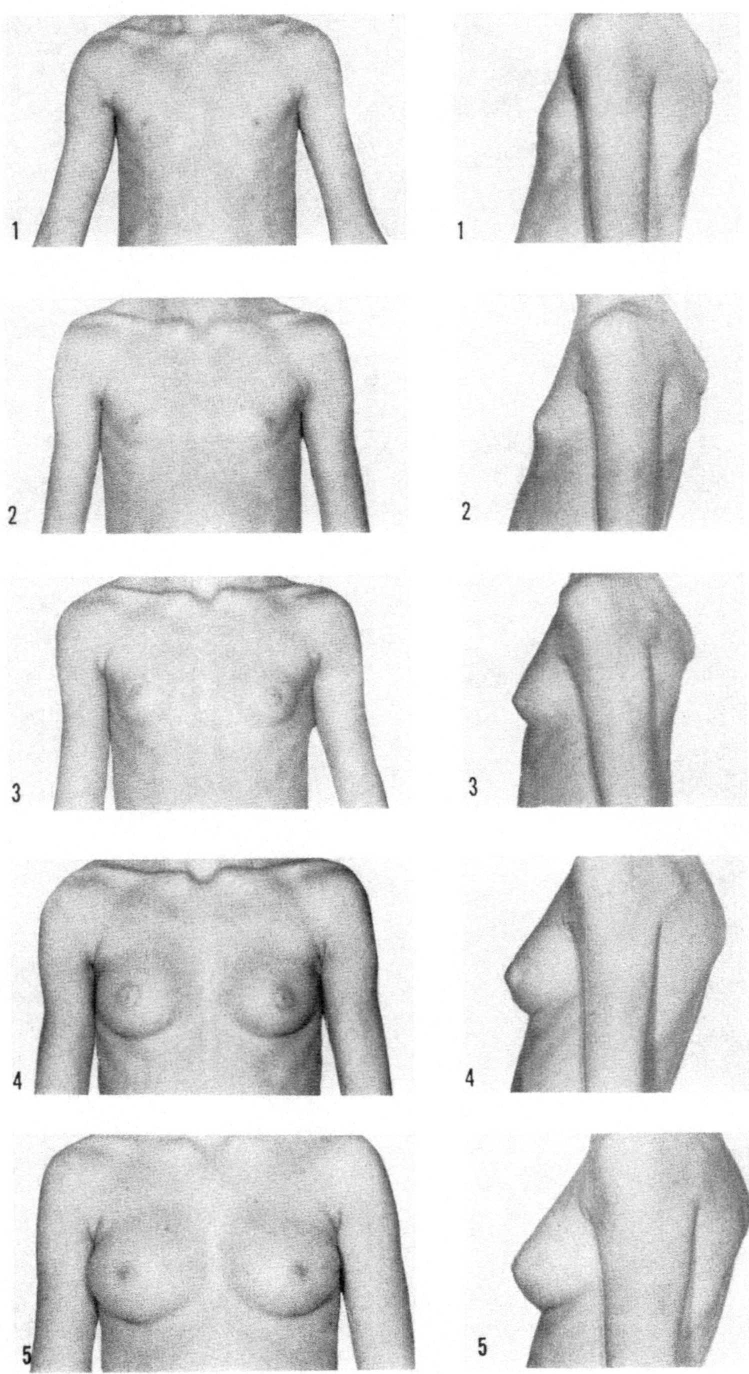

Fig. 10. Standards for breast development. (From Tanner, 1962).

Die Schilddrüse und ihre Hormone in der Präpubertät und Pubertät (S. 175)

E. Klein

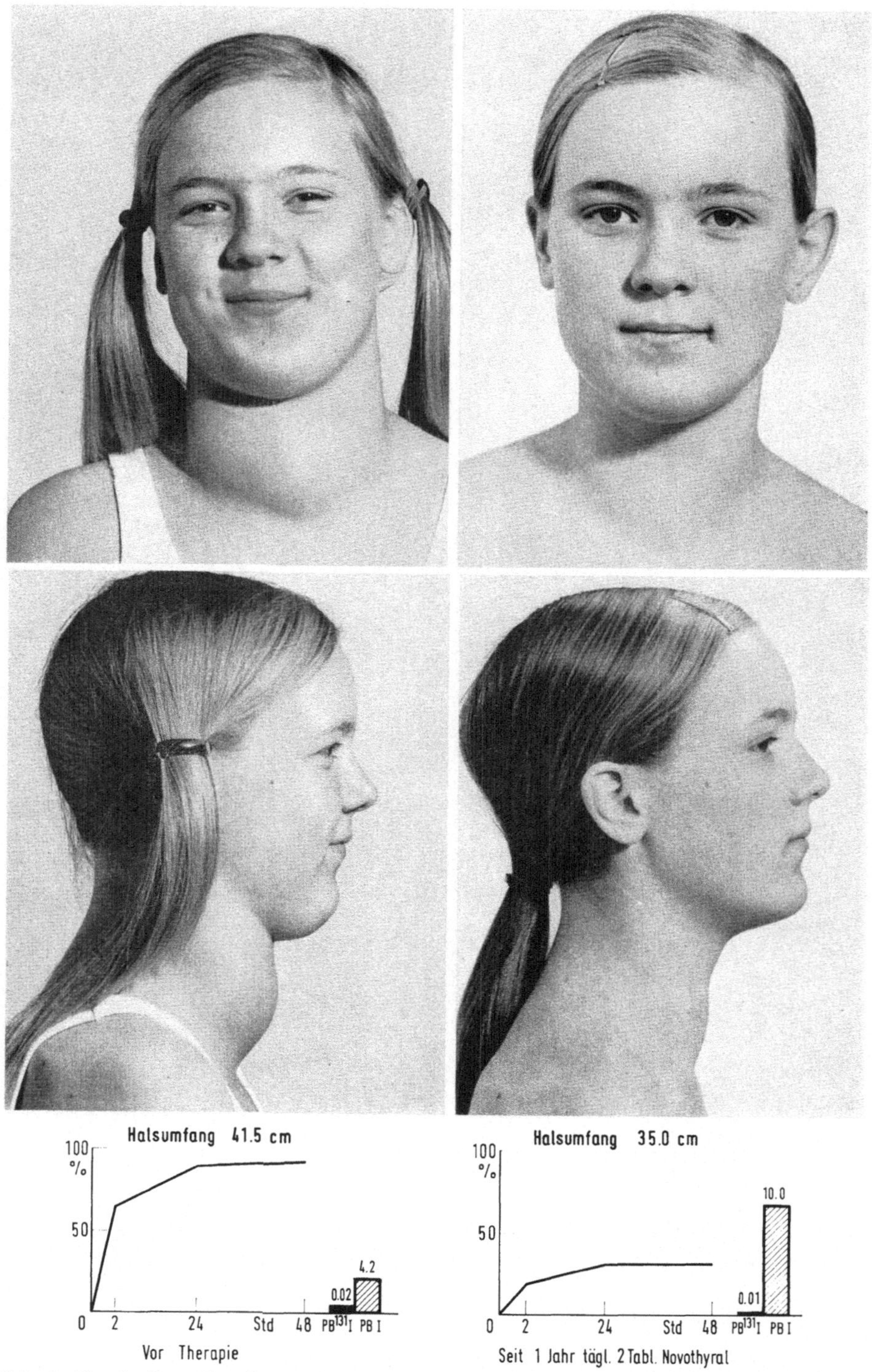

Abb. 4. Blande Juvenilen-Struma vor und unter der Behandlung mit Schilddrüsenhormonen (Annegret D., 13 Jahre alt, seit 2 Jahren Zunahme des Halsumfanges).

Pubertas praecox und Pubertas tarda (S. 183)

J. R. Bierich

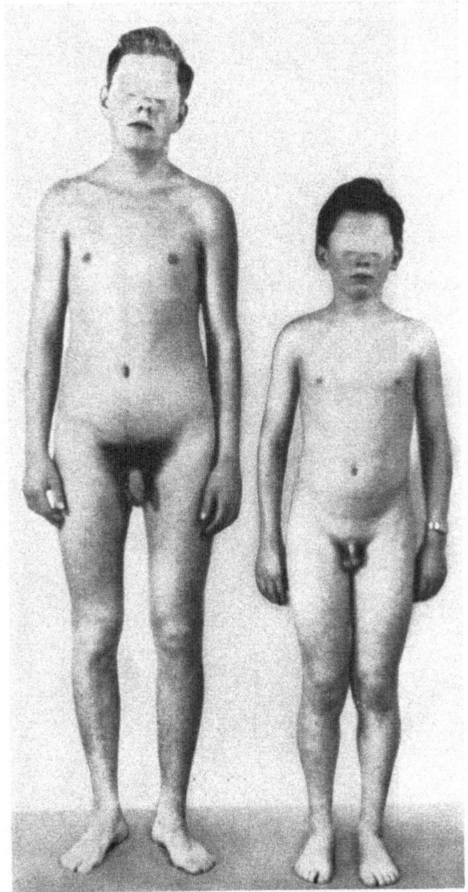

Abb. 2. 17jähr. Patient mit konstitutioneller Entwicklungsverzögerung; daneben gesunder Gleichaltriger (aus Bierich 1960)

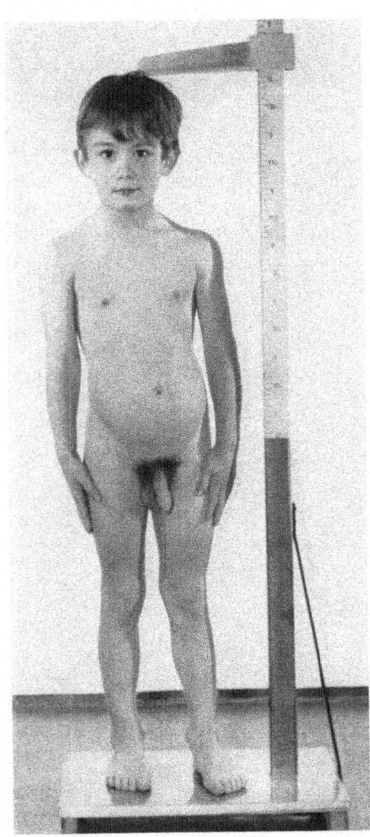

Abb. 4. 3 Jahre alter Junge mit sexueller Frühreife infolge Hamartoms des Tuber cinereum (aus Bierich et al. 1967)

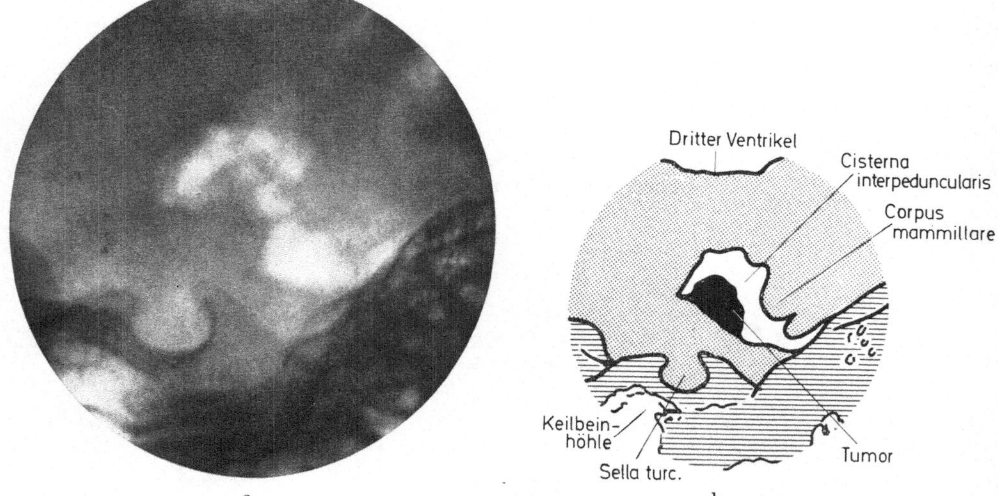

Abb. 5. a Seitliche Zielaufnahme der Sellaregion bei selektivem PEG im Sitzen. Der Tumor ragt von rostral in die Cisterna interpeduncularis. b Schematische Darstellung der Abb. 5a. Tumor schwarz, Hirngewebe punktiert, Knochen schraffiert, luftgefüllte Hohlräume weiß (aus Bierich et al. 1967)

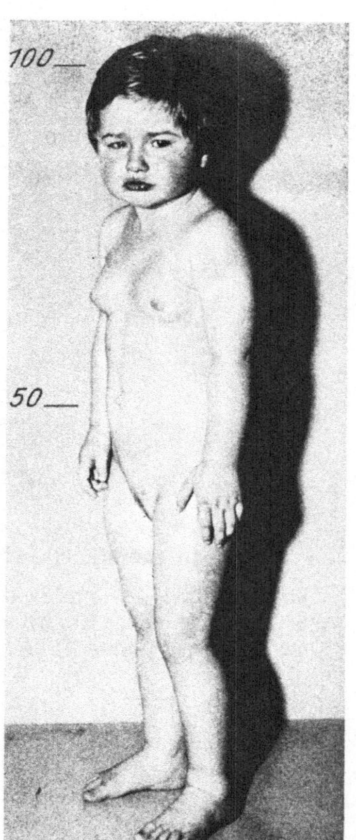

Abb. 6. 2 1/4jähriges Mädchen mit idiopathischer Frühreife

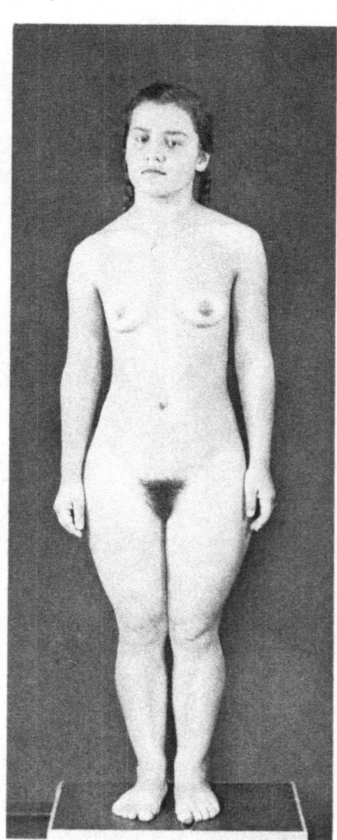

Abb. 7. 13jähr. Mädchen mit idiopathischer Frühreife, das bereits im ersten Lebensjahr menstruierte

Zur Frage eines ultrastrukturellen Geschlechtsdimorphismus der Nebennierenrinde der Ratte (S. 254)

E. Mäusle

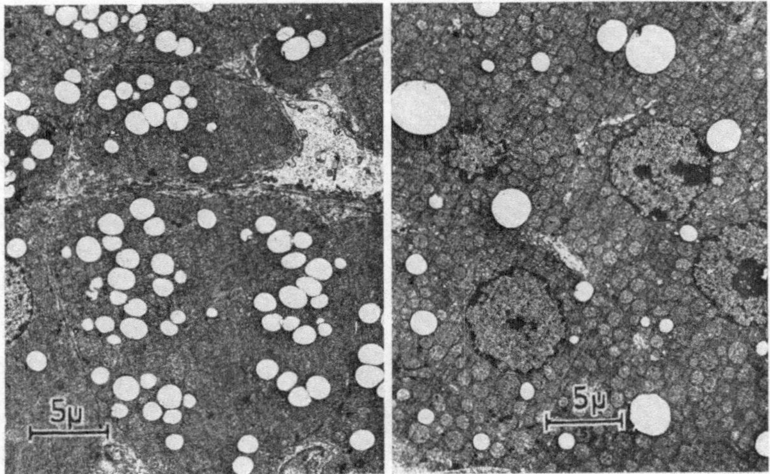

Abb. 1. Zona fasciculata 8. Lebenswoche, rechts: Männchen, links: Weibchen. Vergr. 1:2100

Elektronenmikroskopie zur Entwicklung der intestinalen endokrinen Zellen im Rattenmagen (S. 256)

J. Daldrup u. W. G. Forssmann

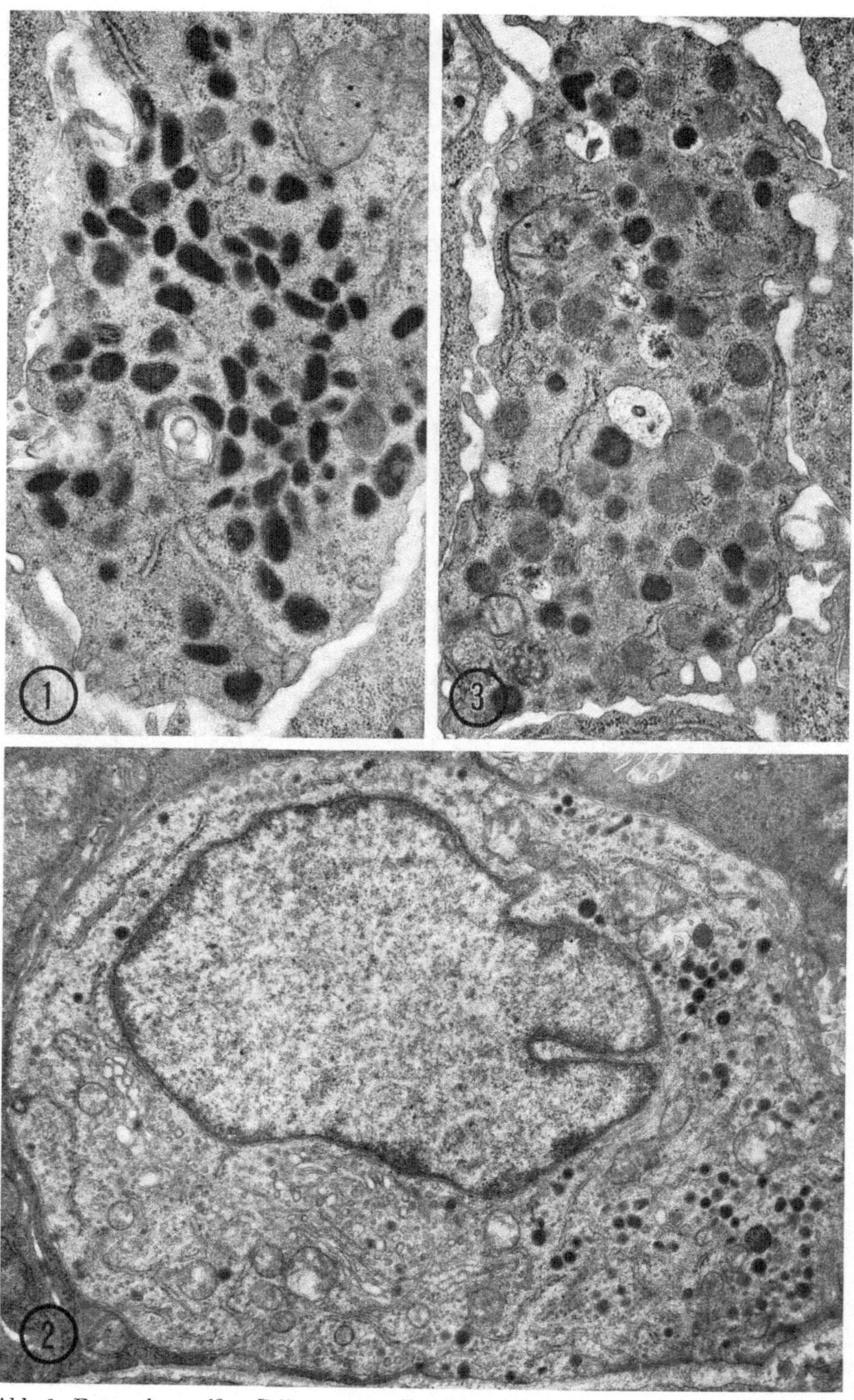

Abb. 1. Enterochromaffine Zelle aus dem Duodenum eines Rattenembryos von 20 Tagen. Vergr. 18000mal.

Abb. 2. Intestinale A-Zelle aus der Cardia eines Rattenembryos von 23 Tagen. Vergr. 8000mal.

Abb. 3. Gastrin-Zelle auf dem Pylorus eines Rattenembryos von 18 Tagen. Vergr. 18000 mal.

Das ACTH-bildende Zellpotential im experimentellen Hypophysentumor MtTF 4 (S. 290)

H.-J. Breustedt u. J. Kracht

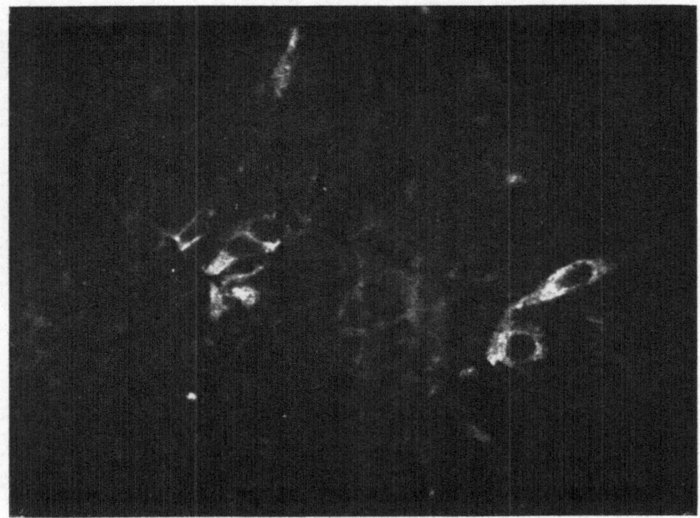

Abb. 1. Immunhistologische Darstellung ACTH-bildender Tumorzellen im mammotropen Hypophysentumor MtTF4 mit Anti-ACTH (indirekte Methode).

Lokalisation von Wachstumshormon und Prolactin in differenten acidophilen Zellen des Hypophysenvorderlappens (S. 315)

W. Weidner, C. Gropp u. U. Hachmeister

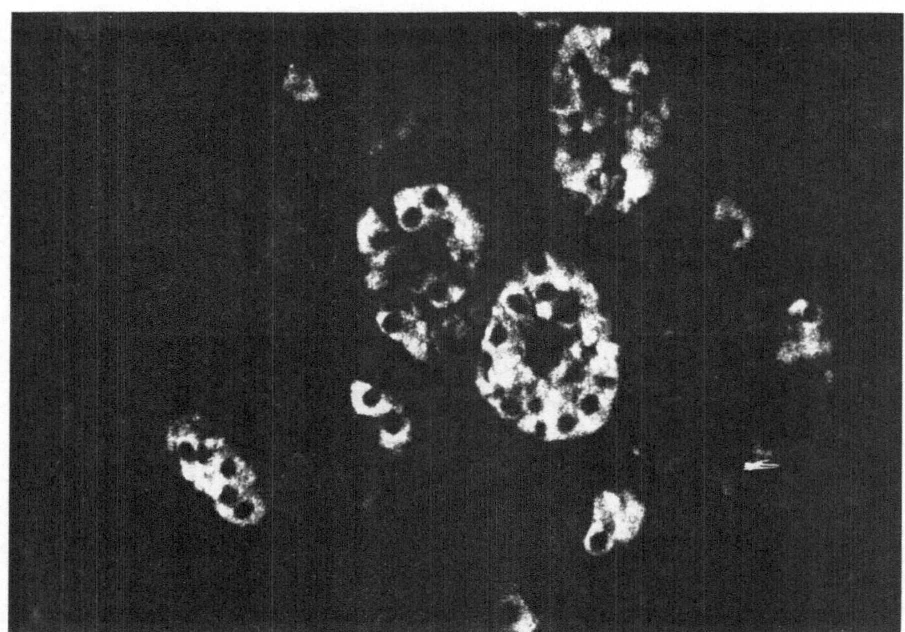

Abb. 1. Rinderhypophyse, Helly. Immunhistologische Darstellung von Prolactin.

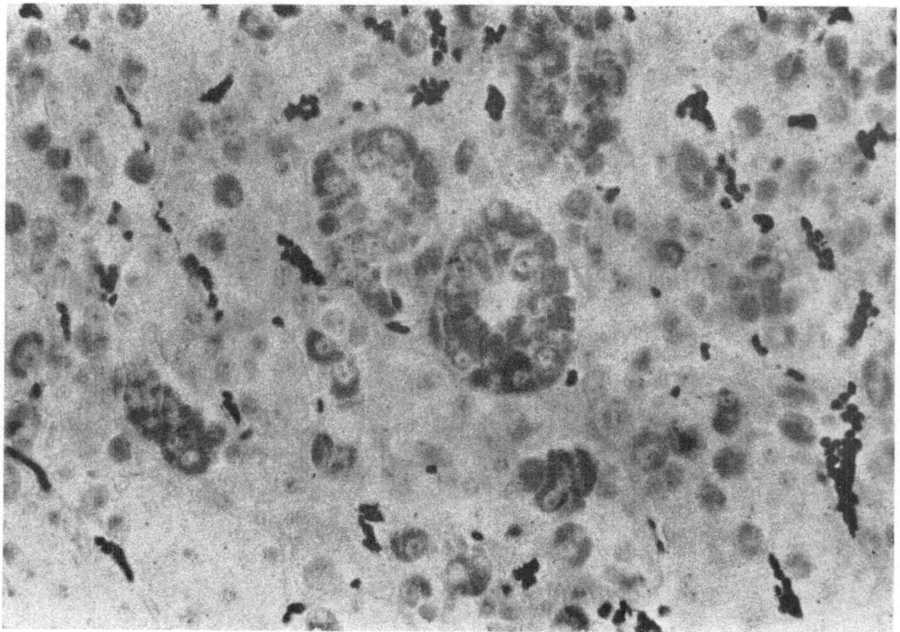

Abb. 2. Derselbe Schnitt, identische Stelle nach Umfärbung mit der Brookes-Methode. Nach der Färbenomenklatur wären nur die dunkel schwarz wiedergegebenen Zellen Prolactinzellen. Der Vergleich mit der immunhistologischen Prolactindarstellung erweist die falsche Unterteilung durch die Färbung. Beide Abb. 100fach vergrößert.

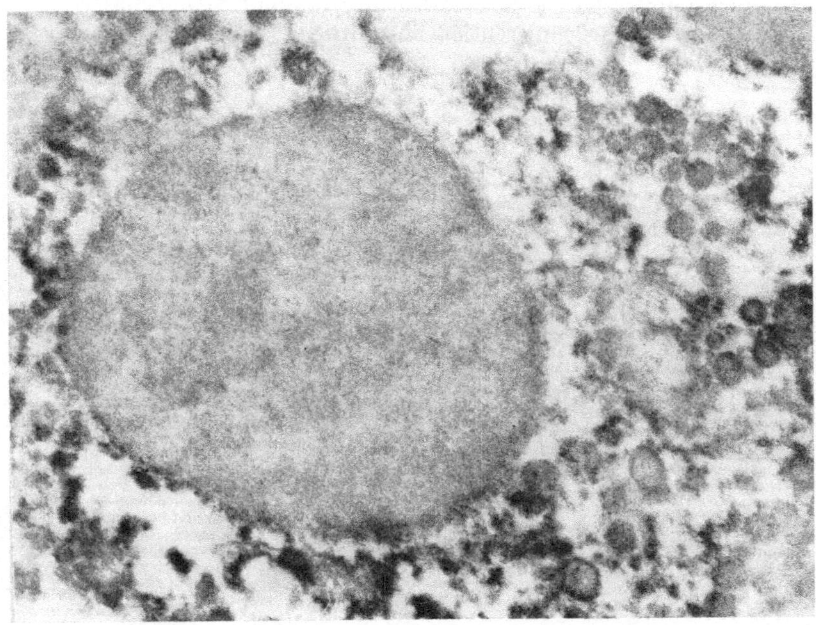

Abb. 1. Ratte, Hypophysenvorderlappen. Elektronendichte Präcipitate in und um Cytoplasmagranula. Zellzerstörung.

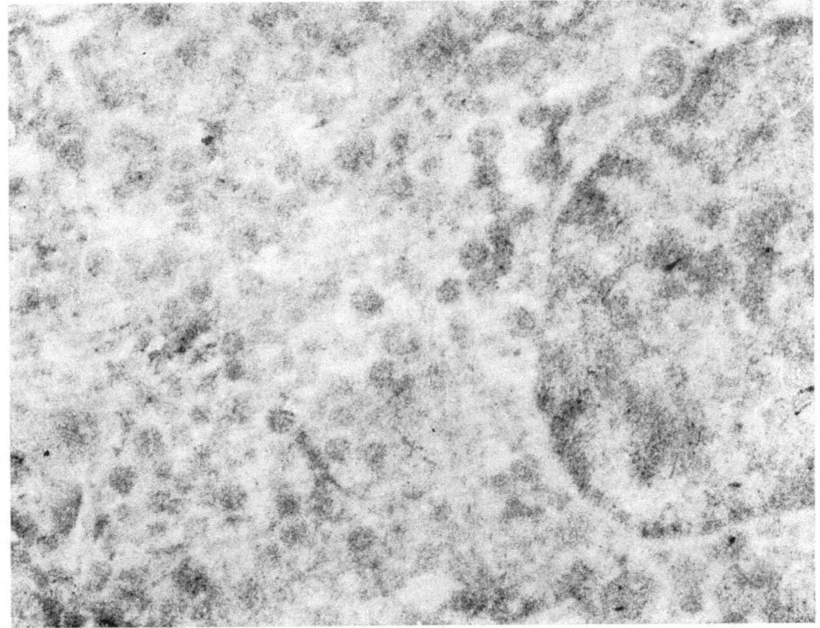

Abb. 2. Ratte, Hypophysenvorderlappen. Negativ reagierende Zelle, Geringer Kontrast, keine wesentliche Zelldestruktion. Beide Abb. Vergr. 64000fach.

Kombination von Schilddrüsenüberfunktion und primärer Nebennierenrindeninsuffizienz (S. 332)

H.-D. ZIMMERMANN u. J. KRACHT

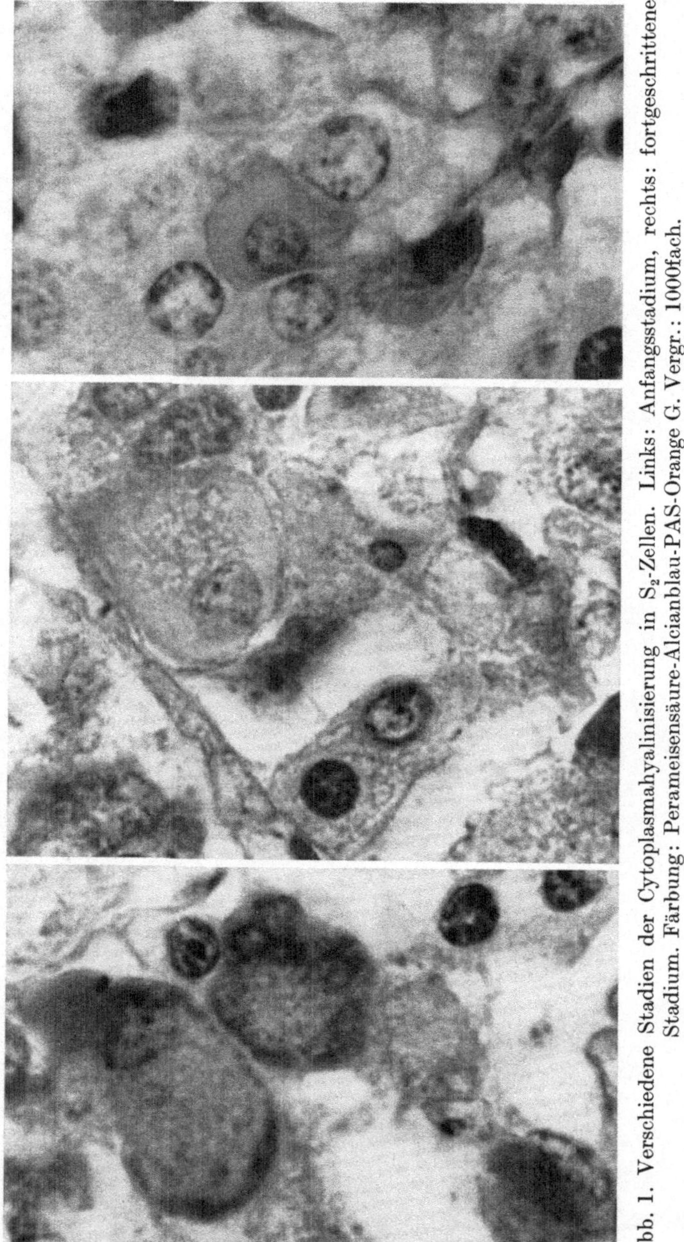

Abb. 1. Verschiedene Stadien der Cytoplasmahyalinisierung in S_2-Zellen. Links: Anfangsstadium, rechts: fortgeschrittenes Stadium. Färbung: Perameisensäure-Alcianblau-PAS-Orange G. Vergr.: 1000fach.

Elektronen- und lichtmikroskopische Befunde an den Langerhans'schen Inseln nach Teilpankreatektomie (S. 345)

M. MARX, W. SCHMIDT, R. GOBERNA u. M. HERRMANN

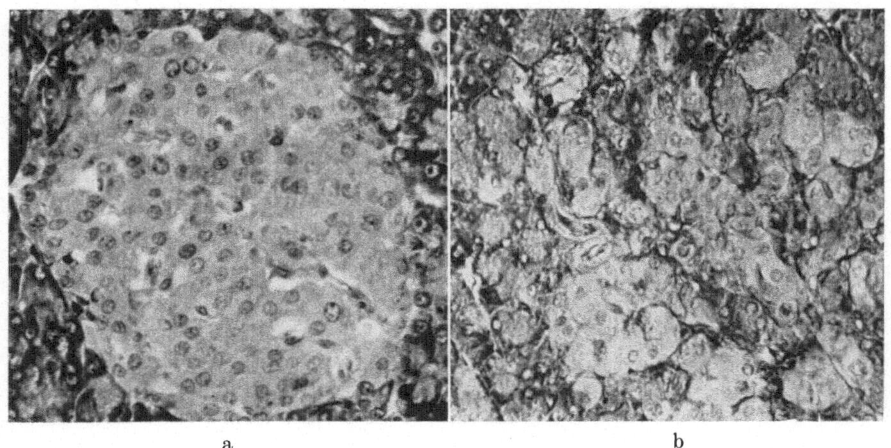

a b

Abb. 1a u. b. Langerhans'sche Inseln der Ratte. a) Normaltier, b) Versuchstier 88 Tage nach subtotaler Pankreatektomie. Vergr.: 300: 1.

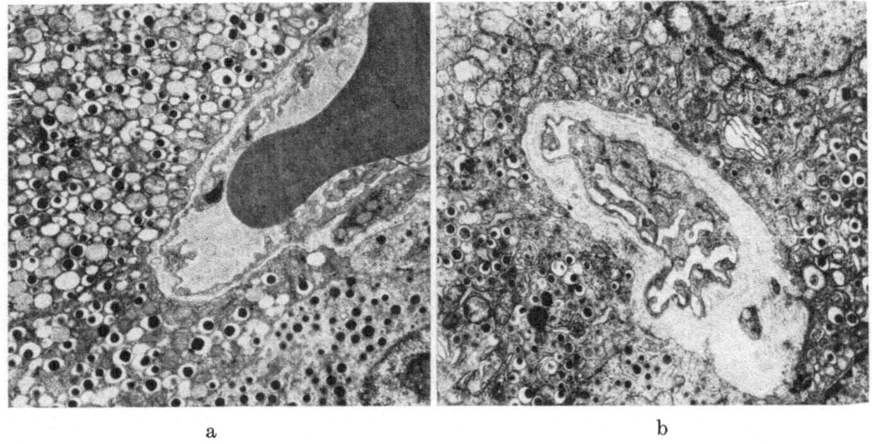

a b

Abb. 2a u. b. Inselcapillaren. a) Normaltier, b) Versuchstier 60 Tage nach subtotaler Pankreatektomie. Vergr.: 6000: 1